THE BATTLECRUISER HMS
HOOD

"胡德"号舰徽的定稿式样，由查尔斯·福克斯（Charles ffoulkes）少校设计，于1919年9月6日得到舰上的舰徽委员会批准。舰徽来源于海军上将胡德子爵的饰章，图案为一只康沃尔山鸦（红嘴山鸦，*Pyrrhocorax pyrrhocorax*）抓着一副金锚。鸟喙和双足实际为鲜艳的红色。座右铭"借好风之力"（Ventis secundis）也来自胡德子爵。通常被略去的年份"1859"与第一艘名为"胡德"的大型军舰有关：该舰原为装备80门炮的"埃德加"号，经改建后使用螺旋桨推进，并于该年下水；她于1860年1月改名为"胡德"号。舰徽上除海军金冠之外的部分被用于装饰军舰的舰载艇和火炮（在炮口栓上），以及舰上的其他制品和区域，包括副舰长会见区。最大的一枚舰徽直径超过22英寸，被安装在舰桥上。

1924 年 7 月 24 日，"胡德"号驶过巴拿马运河的佩德罗·米格尔船闸时，舰楼上的官兵们。（《伦敦新闻画报》）

指文® **海洋文库** /M001

英国皇家海军战列巡洋舰
"胡德"号图传
1916—1941

THE BATTLECRUISER
HMS HOOD
AN ILLUSTRATED BIOGRAPHY

[英] 布鲁斯·泰勒 著

裴萌 译

吉林文史出版社
JILINWENSHICHUBANSHE

皇家海军"胡德"号战列巡洋舰，
绘图者为托马斯·施密特。

THE BATTLECRUISER HMS HOOD: AN ILLUSTRATED BIOGRAPHY, 1916-1941
by BRUCE TAYLOR
Copyright: © BRUCE TAYLOR 2004
This edition arranged with Seaforth Publishing
through Big Apple Agency, Inc., Labuan, Malaysia.
Simplified Chinese edition copyright:
2019 ChongQing Zven Culture communication Co., Ltd
All rights reserved.

图书在版编目（CIP）数据

英国皇家海军战列巡洋舰"胡德"号图传：1916-
1941 /（英）布鲁斯·泰勒著；裴萌译. -- 长春：吉
林文史出版社, 2019.3
　　ISBN 978-7-5472-6042-5

Ⅰ.①英… Ⅱ.①布… ②裴… Ⅲ.①战列舰－巡洋
舰－史料－英国－1916-1941 Ⅳ.①E925.6

中国版本图书馆CIP数据核字(2019)第047715号

中文简体字版权专有权属吉林文史出版社所有
吉林省版权局著作权登记图字：07-2019-0002

YINGGUO HUANGJIA HAIJUN ZHANLIE XUNYANGJIAN "HUDE" HAO TUZHUAN: 1916—1941

英国皇家海军战列巡洋舰"胡德"号图传：1916—1941

著 /［英］布鲁斯·泰勒　　译 / 裴萌
责任编辑 / 吴枫　特约编辑 / 黄晓诗
装帧设计 / 杨静思
策划制作 / 指文图书　出版发行 / 吉林文史出版社
地址 / 长春市人民大街 4646 号　邮编 / 130021
电话 / 0431-86037503　传真 / 0431-86037589
印刷 / 重庆长虹印务有限公司
版次 / 2019 年 4 月第 1 版　2019 年 4 月第 1 次印刷
开本 / 787mm × 1092mm　1/16
印张 / 30　字数 / 520 千
书号 / ISBN 978-7-5472-6042-5
定价 / 209.80 元

纪念皇家海军"胡德"号战列巡洋舰
（1916—1941）

"一艘荣耀的军舰，一艘伟大的军舰，一艘欢快的军舰。"

人死万事皆空；然而大限未至，

当有所作为，成非凡之事，

方不愧为曾与天意相搏之男儿。

岩石旁闪现点点亮光；

长昼化为夜暗；明月缓缓升起；

四周大海在呜咽，似有万千话音。

来啊，我的朋友们，

欲寻找新世界，为时未晚。

开船，坐稳，各就各位，划开波浪；

因为我生命的意义一如既往，

驶向夕阳的远方，

驶向西面群星落入的天河，直到我逝去。

也许我们会被深渊吞没，

也许我们会踏上极乐群岛，

与伟大的阿喀琉斯，我们的旧友相逢。

虽然已经失去不少，仍可把握许多；

虽然昔日改天换地的力量，我们已不再拥有，

但我们便是我们自己；

同一颗英雄的心，历经岁月和厄运，虽已羸弱，

意志却依然强盛，去拼搏、探索、发现，不屈服。

——丁尼生《尤利西斯》，第51至70行。

作者注

在撰写下文的过程中，我遇到了一个问题：如何以一种前后一致且清晰易懂的方式，呈现来源各异的大量引文。我做了一切努力以保留原始资料体现的个性和意图，但纠正了拼写错误，并增加或修改了标点以求清晰。在这些方面，少年水兵弗莱德·库姆斯（1935—1938年驻舰）的回忆资料（帝国战争博物馆第91/7/1号档案）特别难处理，我必须删去大量不知所云的枝节和文法拗口的语句，但又不能破坏它作为一部独特的回忆录具有的优点。

为了方便读者厘清文脉，文中人名后给出了日期，以表示人物在"胡德"号上服役的起止时间。同样，本书通常也在适宜的地方说明了各位军官或士兵的衔级。这些做法导致表达方式千变万化，而在我看来这一点得到了补偿：由于这项研究是按主题顺序而非时间顺序组织的，且对象是一个高度等级化的集体，故补充上述信息是有价值的。读者可以判断这种写法的效果如何。

可能应当向读者说明英国在1971年改用货币十进制之前的传统币制：1先令（又称"bob"）等于12便士，1镑（又称"sovereign"或"quid"）等于20先令。基于这一体系发行的多种硬币中，有一种被称为"半克朗"，价值2先令6便士。

每一章开头的题铭选自威廉·布莱克1789年前后创作的诗—《老虎》。从公共记录办公室的文档中引用的文字，版权属于英国政府。其余大部分引文的版权属于作者或其后人。对于可以确定来源或版权方的照片，其下方会写明贡献者。作者做了大量努力来确定其余照片的版权拥有者，并邀请这些人士联系作者，提供版权证明。来自书籍和文章的引文，其源文献在边注中注明。

目录

译者序

　　《英国皇家海军战列巡洋舰"胡德"号图传：1916—1941》（以下简称《"胡德"号图传》）中译版成书之际，我再次想起书中个性鲜明的人物群像：不甘平庸的士兵威廉姆斯，勤恳的年轻军官勒·贝利，业务精湛、雷厉风行的普里德姆舰长，幽默而睿智的萨默维尔司令……将"胡德"号的历史地位主要归因于浏览数据便能了解的威力和欣赏照片便能感知的优美，无疑失之肤浅；全书始终强调，要做成一件事情，人起着关键的作用，并用大量资料支持这一观点。希望本书在讲述历史的同时，也把人物的敬业、勤勉和上进等品质传递给读者。

　　78年前，"胡德"号在战斗中爆炸沉没，但她的故事至今仍未完结。被打捞上岸的舰钟于2016年5月24日——军舰战沉75周年纪念日，在朴次茅斯古船坞由英国长公主再次敲响。参加仪式的有年过九旬的前舰员基斯·埃文斯，也有阵亡者的后人们。阵亡的轮机长格罗根于20世纪30年代录下了自己的话，这些唱片在散失多年后又于2018年巧合地回到了他的家人手中，被捐给了博物馆。苏格兰北方海岸的一片山坡上，白色的石头排成"胡德"号舰名，不时有志愿者前去除草、粉刷。

　　完成中译版《"胡德"号图传》离不开大家的协助。战争史同好赵国星先生和万龙先生介绍尚无译作在身的我翻译这本巨著，万龙先生将珍藏的原版书借给我，感谢他们的认可和支持。翻译过程中，作者布鲁斯·泰勒博士通过电子邮件耐心解答了我提出的上百个问题，分享了相关资料，并专门为中文版作序。泰勒博士的热情相助大幅度提升了成书质量，特此向他致谢。最后，也感谢出版社各位编辑们的辛勤工作和协助，使这本《"胡德"号图传》以如今的面貌呈现在大家面前。

　　《"胡德"号图传》是我翻译的第一本战争史专著，文笔也许不够成熟；疑难之处，虽然我已尽力思考、查证，但由于水平所限，疏漏难免。望读者赐教，共同交流提高。

裴萌
2019年3月

中文版序

　　本书英文版问世13年后，首个译本——中文译版即将付梓，而我有幸为其作序。将所有这些时间和地点、历史和文明结合起来看，我思考着其中非凡的意义。"胡德"号的一生反映了20世纪前半叶英国作为一个海权和贸易大国的衰落，而我们这个时代正在见证中国海军成为或者说重新成为一支强大力量的过程。绝非巧合的是，与此同时，中国在国际贸易中取得了瞩目地位，它将肩负起葡萄牙、西班牙、荷兰、英国和美国这些15世纪以来先后兴起的海上强国承担的责任。

　　"胡德"号以及皇家海军和英国的历史可以给中国读者怎样的启示？英国历史上最伟大的军舰无疑是纳尔逊勋爵的旗舰"胜利"号。特拉法尔加大捷确立了英国此后一个世纪的海上霸主和世界头号强国地位，在朴次茅斯保存至今的她展示着自己的历史影响。另一方面，"胡德"号已经不复存在，但谈及英国海权，她仍是不可忽视的。这一点并非直接归功于"胡德"号的作战经历：1939年，她曾经在昼间被空袭炸伤且未能还击；1940年，她将曾经的盟友打得溃不成军；最后，她在与德国海军的王牌战舰较量时，瞬间化为乌有。相反，而应归功于"胡德"号的象征作用。这一作用虽然在她的一生中已经显而易见，但在她沉没后有了更深刻、更广泛的意义。

　　为什么会这样？

　　"胡德"号于一战结束后不久完工，不仅象征着损失惨重的英帝国得以存续，而且代表了当时海军科技和舰船设计水平的巅峰。她成为两次大战间英帝国和皇家海军的使者，成为从旧金山到悉尼每座港口的明星。她是军事外交的突出代表。不过，人们还应当了解，"胡德"号代表了军舰和舰队的运行和操作的最高水平。这些工作被英国发展为一项高超的艺术，涵盖了方方面面的纪律规范、航海技能、舰船保养等，并嵌入了一种由行话和习惯定义的独特文化中。以时分计的工作背后是几个世纪的传统。皇家海军没有一艘舰船像"胡德"号那样，一生如此彻底地融入了这种文化。

　　海洋或者用浪花，或者用商品拍打着每个国家，如今地球上很少有人能与海洋隔绝。未来，中国海军无疑会带来自己铸造的和平与友好。人们不应忘记：最强大的武器既可以消灭生命，也应当拯救生命并让生命更美好。

　　见证裴萌翻译本书，我感到荣幸。为了译出原书的文意和细微之处，以及相当专业、艰涩的术语，他付出了巨大努力。以职业译者的身份，我特意写下以上的话。因此，我完全相信，在中国的文明和科技再次进步的今天，这本译著能让中国读者在技术、文化等方面的丰富全景中，了解英国的一件惊世杰作。

布鲁斯·泰勒

加利福尼亚州洛杉矶，2018年1月

序

海军中将路易斯·勒·贝利爵士（Sir Louis Le Bailly）
大英帝国爵级司令勋章、三等巴斯勋章、大英帝国官佐勋章获得者

我想，从1932年8月到1939年11月，在"胡德"号的最后四段服役期内都有驻舰服役经历的官兵中，我一定是最后一个健在者[1]。从学员到军官候补生，再到中尉和上尉，我用崇敬的目光注视过詹姆斯、贝利、布雷克、坎宁安、莱顿和惠特沃斯等将领。我的上级们还包括宾尼、塔尔、普里德姆、沃克及格伦尼等各位舰长，麦克拉姆、奥康纳、奥尔－尤因及戴维斯等各位副舰长，以及轮机部门的桑基、伯松及格罗根等各位轮机长，其中格罗根与舰共沉。每人都是独树一帜的伟大人物；其中个别人尤其伟大。

很少有人曾经像我这样一直幸运，有机会见识这么多有感召力的指挥官。那时的人们在创造历史，尽管我自然没意识到。一战中的种种不成功导致皇家海军在一届届海军部委员会的无能领导下，毁掉了费舍尔勋爵的许多努力，无情地令军官退役，并由于处理降薪问题失当，在1931年引发了1797年后第一起大规模海军兵变。我有幸在凯利、查特菲尔德、亨德森、巴克豪斯、拉姆齐、德拉克斯、W. W. 费舍尔、弗雷泽及其他数十名我从未认识的军官手下工作过，他们仅用了8年，就在精神层面上带领皇家海军及这个错综复杂的系统中的每一分子从因弗戈登的低谷走出，进入了战备状态。正是他们把皇家海军打造成我们的作战部队中如此坚不可摧的一部分，使它的兵力从1939年的161000人增加到了1945年的750000人。

"胡德"号被誉为建成过的最伟大的军舰，它是一件象征。从她诞生在约翰·布朗船厂到1939年，近20年里，她被马不停蹄地当作一颗政治棋子使用，展示出自己的全部美丽和力量，来维持英国主导下的和平，之后，她在历经两年的战火后被送进了沉寂的坟墓。1939年和1940年冬季，在她奉命履行自己的作战职责，作为舰队中坚去风暴频发的北方海域巡曳时，她的乘员组承受了十分不堪言说的艰辛。"胡德"号于和平时期的职责导致她没能接受恢复水密性的改装，以及抵御垂直下落炮弹的改造。于是，当她投入战斗后，几分钟内就不复存在了，1418名舰员中只有3人生还。而从她1939年8月最后一次离开朴次茅斯（Portsmouth）时，也就是海军部发出"对德全面作战"总信号的3周之前开始，这些舰员们一直凭着沉稳的精神与风浪抗争。

克里特岛（Crete）战役中的损失一小时一小时地上升，"胡德"号也被击

沉了，故1941年5月可能是整场战争中海军伤亡最惨重的月份。已经被空袭搅乱的朴次茅斯、德文波特（Devonport）、查塔姆（Chatham）三座造船城在快要进入夏季时一片寂静，人们泪如雨下。"坚持住。皇家海军一定不能让陆军失望。建造一艘军舰需要3年，但建立一种传统需要300年。"克里特岛战役中，坎宁安在手下的航空母舰、战列舰、巡洋舰和驱逐舰一艘艘在空袭中被炸沉炸伤后，他这样号召。虽然没有人能预见，但正是1941年5月这场从格陵兰到地中海东部同时进行的海陆空战役致使德国输掉了战争。在西部，虽然"胡德"号牺牲了，但"俾斯麦"号沉没后，德国在大西洋上再未发起水面作战行动。在地中海东部，英军和殖民地军队在希腊和克里特岛进行抵抗，飞行员们驾驶着不论型号的飞机与强大的轴心国空中力量搏斗，皇家海军承受着舰船和人员的惨重损失而奋战，这一切延缓了不可避免的失利，并重创了希特勒手下唯一完整的空降师。大西洋上敌方水面舰艇威胁被解除后，百万美军得以安全地前往位于英国的登陆行动出发点。争夺希腊和克里特岛的战役导致德国进攻苏联的"巴巴罗萨"行动被推迟了6周。按"巴巴罗萨"计划，德军将首先攻占莫斯科，进而消灭苏联，但德军如拿破仑一样，没能在俄罗斯的严冬来临前到达莫斯科。

"胡德"号安息在丹麦海峡9000英尺①深的海底。得益于科技的奇迹，她的残骸被拍摄下来，并展示给全世界。尽管如此，她爆炸解体的诱因仍然是一个谜。也许在大约10年内，对残骸的详尽检查能确认她的最后时刻到底发生了什么。写"胡德"号的书已有很多，但我不确定直到人类可以在9000英尺深的海底存活并行动之前，会否有如布鲁斯·泰勒所撰的这样一部历史、一本传记、一篇悼文问世。他努力完成了工作量惊人的研究，凭此不仅生动地再现了"胡德"号服役生涯中对和平事业不可替代的贡献，也揭示了提高她的战斗力的需求被忽视这一事实，并描述了她在战争时期的作战行动模式——尽管这些行动使英勇的乘员组处于难以忍受的状况，但他们仍想尽办法克服困难，让她航行不息。

亲见泰勒博士将一项宏大、繁杂的主题梳理成书实乃幸事。今后的很长时期，在着笔于英国海军史上这艘令人惊叹的名舰之文中，本书必为翘楚。

于康沃尔郡（Cornwall）圣图迪（St Tudy）

2004年情人节

① 编者注：为准确表达数据，中文版保留了原文的英制单位。1英尺＝0.3048米，此处9000英尺合2743.2米。下文出现该单位时，读者可自行换算。

前言

　　本书的写作目的是完成英国海军史领域两件早已应做的事情。其一是，对继"胜利"号（Victory）后升起过皇家海军旗的最伟大的军舰给予恰当评价，这一评价将解释她如何获得了自己的崇高地位，她的毁灭为什么一度动摇了英国军民的士气，可能还包括她为什么如此令那些从未了解她的人们关注。其二是，通过本书来提供关于舰船传记这一体裁的新尝试，第一次将舰船的技术信息与服役经历同人物的经历与内心结合起来——这是指那些向她注入了生命力、令她在林林总总的各个方面都与众不同的人。简而言之，本书将首次展现主角的完整历史，讲述20世纪最伟大的主力舰之一、一国之力的最高体现、技术和发明的巅峰产物以及军队中组织最复杂的集体。

　　任何历史学家如果尝试写一艘军舰的"全面历史"，都必须打起精神，准备面对多领域的零散信息进行漫长的研究。如同皇家海军多数近现代军舰一样，"胡德"号的结构及其变动已经得到了相当多的探究。这样做也无妨，因为海军史领域的研究者若要充分研究自己的对象，便须对其基本的物理和技术信息如数家珍。事实上，如果作者没有受益于约翰·罗伯茨（John Roberts）于1982年首次出版的力作"舰船解剖"（Anatomy of the Ship）丛书[1]，便很难想象本书能完成。不过，军舰的结构是一方面，行动则完全是另一方面。呜呼！得到15英寸[2]炮塔的结构图或照片不代表对它的运转过程有任何实质的了解，更不用说理解炮塔对其中操作人员产生的影响了。实际上，人们尤其在研究"胡德"号的引擎舱时便意味着要有这样的认识：特定的设备带有自己的个性，一种与负责操作或维护它们的那些人紧密相连的个性。当轮机部门的哪名成员想到锅炉室风扇间的时候，难道不会联想到查尔斯·W.博斯托克（Charles W. Bostock）轮机军士长吗？"胡德"号是她同级的唯一一艘，考虑到这段罕见的独特历史，上述的这点便有了重要意义——这点，再加上其他因素，一同意味了某些骨干专业士兵会超期服役。同样，虽然"胡德"号的生涯已广为人知，并在官方信息中有明确记录，但该舰上生活的基调至今很少得到研究，并且较难追踪或重建。这一点，对于任何要从社会角度来为一艘军舰撰史的人来说，都是几乎不可克服的挑战：尽管研究者们现在能得到越来越多各种形式的资料，但绝大部分资料，即使还存世，也在私人手中。这种现象将在很大程度上长期

---

[1] 约翰·罗伯茨《"胡德"号战列巡洋舰》（"舰船解剖"丛书），第2版，伦敦：康威堂，2001年；第1版：1982年。

[2] 编者注：为准确表达数据，中文版保留了原文的英制单位。1英寸=25.4毫米，此处15英寸合381毫米。下文出现该单位时，读者可自行换算。

延续。过去，海军史作家们经常邀请读者加入海军协会，而本书作者恳请读者们将自己的资料或服役回忆录捐赠给帝国战争博物馆[①]。

不过，有关该舰或生动或客观的历史，最重要的信息来源是笔者通过私人渠道接触到的那些曾经在她上面度过一段段服役期的、日渐稀少的在世者们。从这一点来说，"胡德"号留下的信息远不如其他规模相当的舰船充分，至少从资料数量上说如此。1941年5月24日，"胡德"号带着超过99%的乘员沉没，而从战争爆发后就一直在舰上服役的人可能有70%遇难，其中包括许多向她奉献了5年、10年甚至20年的人。因此，最了解她的舰员中，很大一部分要么已在丹麦海峡阵亡，要么在皇家海军二战中遭受惨重损失的整体形势下未能幸免。尽管如此，笔者仍能从健在的舰员处得到重要的信息，其中最早有从1933至1936年这段服役期内便在舰上者。1931至1933年的服役期内发生了因弗戈登兵变，重现这段时间的气氛则主要依靠口述历史，以及一位老兵的证言。由于显而易见的原因，1923至1924年的环球巡航是该舰历史中一段记载翔实的插曲，但岁月如刀，作者没能获得20世纪20年代四段服役期内的任何拥有丰富细节的资料或一手信息。如果深究，则一定会发现，这不仅有时代的原因——历史保护主义运动直到20世纪70年代之后才兴起，还归咎于20世纪20年代皇家海军一项刺眼的事实——无论军官和士兵，士气都愈发低落。

存世的材料可能有多种：信件、日记、回忆录、口述历史或与老兵的直接交流，但无论解读哪种材料，过程都存在障碍和陷阱。如果分别读同一段服役期内的军官和士兵的回忆录，就可以感受到这两个群体的观点和眼界存在巨大差异。诚然，面对困难时，他们之间表现出相互尊重、合作和同袍精神，但如果就此认定"胡德"号"全体乘员团结一致"，便忽视了舰上服役生活的基本现实。无论当时还是后来，官兵们表达的观点都从未脱离各自阶层的观念和现实处境，而这一点总体上仍然是英国，特别是英格兰社会的一项特征。这些观点来自各种人，从弗莱德·库姆斯（Fred Coombs）少年水兵到以威廉·詹姆斯（William James）海军上将为代表的军官，前者的言论常常充斥着异于常人的怨恨和憎恶，而后者则把仅见于一小部分士兵身上的和谐与满足假定为普遍情形。在这两个极端例子之间，一些人在他的回忆录中深入刻画了舰上的生活和气氛，其中最有价值的资料来自朗·威廉姆斯上等水兵和路易斯·勒·贝利海军中将。除以上所述，还有其他因素要考虑。虽然战争年代是该舰整个生涯中记载最详尽的时期，但在战争时期的审查制度以及后来的限制措施下，除个别明显的例外情况，战时资料并不如战前服役期留下的记录那般直白和有价值。

从1919至1941年，有15000名左右的官兵在"胡德"号上服役过，而本书则基于其中约150人的部分记录，这仅是总人数的1%。不可避免的是，书中引

① 地址：伦敦，兰贝斯路，帝国战争博物馆档案部（Department of Documents, Imperial War Museum, Lambeth Road, London）；邮编：SE1 6HZ。

用的很多话，无论这些话是当时还是事后说的，都反映了发言者鲜明的观点或意向。下文中，笔者会仔细区分哪些是完全属于发言者个人的观点，哪些是可以代表更广大人群的言论；也会区分哪些是当时写下的话，哪些是基于回忆的话——后一类代表了对事物较为理智和有条理的认识，但细节难免有出入，或者话中的情绪已与当时不同。接下来面临的问题是对信息的保密及封闭，如上文暗示。相比其他军兵种，潜艇部队的乘员写回忆录者甚少，再加上让他们透露这支"沉默部队"的秘密，他们总是表现得勉为其难。这种看似不可思议的心理一直强烈存在，只有怀着同样心情的人才能理解和产生同感。除了这点，舰上服役生活往往会打造一种忠诚和依存的纽带，只有死亡才能打破它。策划本书时，笔者发现，关于"胡德"号的很多信息——当然是指有关她不甚光彩的那些方面或时期的信息——虽然某些人心知肚明，但并不愿透露或承认。这一点本身就在某种程度上反映了本书记述的人们的内心、他们服役的集体的价值观，以及皇家海军当时和后来的自我感知。由此，下文会多处不加修饰地展现舰上生活，尤其是战争时期的；而更多例子，无疑，它们正逐渐被人遗忘。

任何一个大集体里都不可避免地有人犯下这样或那样的错误，但"胡德"号的整体状况则是另一个问题，无论军舰结构还是士气方面。至1939年，"胡德"号无疑已经处于严重老化的状态，而舰员们还要坚持数月、数年地忍受这种状态。皇家海军的许多军舰上，舰员们都必须在类似的或更坏的条件下服役，但很少有军舰承担像她那样重的责任，何况她的舰员们还要面对大型军舰上特有的困苦和纪律。"胡德"号的士气从未崩溃，但显而易见，至1940年年末和1941年年初，很多人已经感觉到难以忍受战时服役的压力了。自然，总有一些舰员比其他人更有忍耐力。本书第8章的内容可能对"强大的胡德"这一流行印象造成挑战，但对她的最后一批舰员来说，写下这些内容才是公平的。这是因为，假如她幸存下来直到被拆解，舰员们也最终得以享受和平的果实，那这些见闻就一定会被写下来。纪念的文字决不能抹杀事实。忍受过的艰辛使成就尤为伟大。

　　我们研究历史，最终要做到像了解自己的社会或集体一样，清晰、全面地了解被研究的那个社会或集体。以此为标准，本书一定在某方面有所不足。不过，本书虽有局限，但呈现的"胡德"号和她的世界，所提供的资料远超过之前已有的关于该舰的信息。实际上，任何一艘军舰都不曾有过如此详尽的传记。此外，本书提供了实验性的方法和策略，人们可以借鉴这些，推动"舰船历史"这门学问的进步，不再像之前一样，主要依靠毫无生活气息的技术资料和推测性分析。总之，本书致力于表达这样的观点：主力舰上的文化和舰员集体比其周围的钢铁舰身拥有更丰富多彩和令人难忘的组织架构。至少，本书试图说明：如果人们想理解一艘军舰的精华，首要的方法必须是通过她的舰员来观察她。皇家海军在二战中写下了最后的辉煌，在严酷的逆境中赢得了胜利，凭借的是钢筋铁骨的官兵，而不是钢铁铸成的舰船。但愿这一点永记心中。

1 起源、设计与建造

大功告成，正待端详，他有否笑逐颜开？
稚子温驯，源出他手，你可确由他打造？

　　从19世纪早期开始，有一个造船工业体系在技术、产能及创新能力等方面曾经领先世界。"胡德"号（HMS Hood）正是这个体系的精华之作。首先，她诞生于战争的严酷形势下和史上规模最大的海军造舰竞赛之中。尽管她后来惨遭厄运，"胡德"号至今仍被视为一座丰碑，代表着海军与工业体系的实力臻于巅峰的时代。下文讲述有关她的建造和就役过程的来龙去脉。

　　"胡德"号诞生的直接原因可以追溯到1915年10月的一份记录，这是一份由海军审计官弗雷德里克·都铎（Frederick Tudor）少将发给海军造船总监尤斯塔斯·特尼森·戴因科特爵士（Sir Eustace Tennyson d'Eyncourt）的文件[1]。都铎要求设计带有试验性质的战列舰，以优秀的"伊丽莎白女王"级（Queen Elizabeth）为原型，并吸纳最新技术以增强适航性和水下防护。海军部这份指示的核心要求在于，相比之前的军舰，新舰应有较高的干舷和较浅的吃水，这样的设计不仅利于更有效地操作处于战时载荷状态的军舰，也可以降低水下部分受损对军舰带来的威胁。1915年11月至1916年1月间，戴因科特拿出了五种设计，其中最被看好的一种为了满足减少吃水的要求，将舰体和舰宽都增大了许多。不过，大舰队司令约翰·杰利科爵士（Sir John Jellicoe）在一份冗长的备忘录中否决了这些设计。皇家海军尽管在战列舰方面相对公海舰队有可观的优势，但对于德国海军在建的"马肯森"级（Mackensen）大型战列巡洋舰则无应对措施。于是，六种新设计于2月出台，它们以之前的设计为原型，但在速度和防护间偏重前者。其中一种被选中以做改进，3月时演变出了另两种新设计。其中，代号为B的第二种方案于1916年4月7日得到了海军部委员会的首肯，此方案正是后来的"胡德"号的原型。在戴因科特的监督下，由斯坦利·V. 古道尔（Stanley V. Goodall）协助，皇家海军造船部战列舰分部主任E. L. 阿特伍德（E. L. Attwood）对设计进行了最后的改进。

　　这套设计有哪些特点？虽然B方案的标准排水量是36300吨，这比皇家海军的其他舰只至少大5000吨，但通过使用较轻的小管锅炉，速度仍可达32节。能

① 见诺斯科特《皇家海军"胡德"号》，第1—14页；罗伯茨《战列巡洋舰》第55—62页；布朗《大舰队》第98—100页。

容纳它860英尺长的舰体（接近足球场长度的两倍半）进行舰底维护的船坞在英国本土仅有三处：朴次茅斯、罗塞斯（Rosyth）和利物浦（Liverpool）。它将安装改进型主炮塔，共有8门15英寸炮，另有16门新式5.5英寸炮。归功于巧妙的倾斜装甲布置方式，人们相信它8英寸厚的主装甲带能提供比"伊丽莎白女王"级10英寸装甲更好的防护。不过，水平防护相对之前的军舰并无改进，最大厚度仅2.5英寸，并且仅布置在下层甲板。4月17日，海军部发出了3艘舰①的订单，其中一艘在克莱德班克（Clydebank）的约翰·布朗公司造船厂建造，这就是后来的"胡德"号。接着，日德兰海战爆发了。

　　1916年5月31日至6月1日，一场战斗在丹麦海岸100英里②外发生，它对日后的皇家海军产生了多方面深远影响。我们这里只关注其中一条：英国战列巡洋舰的结局。它们中有3艘在德军的轰击下爆炸。海军元帅费舍尔勋爵那想象力丰富的头脑催生了战列巡洋舰，这位难以捉摸的天才在一战前的岁月里给皇家海军带来了变革。费舍尔的意图不容易揣摩，但他无疑意识到，一场破交战——全力攻击英国商船的行动，将是即将到来的战争中德国海军战略的重点③。为了应对破交战，他凭借自己的另一件杰作——"无畏"号（Dreadnought）战列舰的主要新技术，创造了战列巡洋舰，将战列舰的尺寸和火力与巡洋舰的速度结合为一身。但舰船设计毕竟是一门要兼顾各方面的科学，所以，为了达到25节以上的航速，必须较大程度地牺牲装甲防护。由此，为应对破交战及与巡洋舰交战而建造的第一代战列巡洋舰成了一种有风险并且极为昂贵的产物，不过1914年12月的马尔维纳斯群岛海战和次年1月的多格尔沙洲之战证明这笔花费是值得的。在前一战例中，海军中将冯·施佩伯爵（Graf von Spee）的德国南方分舰队被"无敌"号（Invincible）和"不屈"号（Inflexible）在距离英国8000英里之外击沉，这使德国失去了持续打击英帝国贸易线的希望。在后一战例中，"布吕歇尔"号（Blücher）巡洋舰被海军中将大卫·贝蒂爵士（Sir David Beatty）的战列巡洋舰追上并被强大火力击毁。然而，在费舍尔的构想中，战列巡洋舰还有另一任务，即作战舰队的快速侦察舰，后来人们发现战列巡洋舰的装备水平对于这一任务远远不够。这一刻不可避免地到来了：战列巡洋舰开始与火力相当的对手进行齐射交火，而在这样的交火距离上，它们薄弱的水平防护受到严重威胁。事实证明，一战中的交火距离远大于舰船设计师们在设计舰船装甲布局时预想的距离。尽管多数主力舰都经过优化设计而能抵御4000、6000、8000码④上发射的炮弹，但日德兰海战中的交火距离特别大，达10000、12000、14000码，这使得炮弹击中目标的轨迹更陡，目标舰设计的防御变得不足。对英国战列巡洋舰而言尤为如此，因为它们的水平装甲板多数仅有1.5英寸厚。多格尔沙洲之战时，已经有第一起战例证

① 另两艘分别是："豪"号，由伯肯海德的坎梅尔·莱尔德船厂（Cammell Laird）承建；"罗德尼"号，由戈文（Govan）的费尔菲尔德船厂（Fairfield）承建。同年6月13日，第四艘舰"安森"号的订单下达给了位于纽卡斯尔的阿姆斯特朗·惠特沃思（Armstrong Whitworth）船厂。
② 编者注：为准确表达数据，中文版保留了原文的英制单位。1英里约为1.61千米，此处100英里约合160.93千米。下文出现该单位时，读者可自行换算。
③ 对战列巡洋舰的争论，记载由詹姆斯·戈德里克（James Goldrick）提出的"现代海军历史问题"，收录于约翰·B.哈登道夫（John B. Hattendorf）的《研究海军历史：发展之路文集》，第15—19页，美国海军战争学院出版社，罗德艾兰州纽伯特，1995年。
④ 编者注：为准确表达数据，中文版保留了原文的英制单位。1码约为0.9144米，此处4000、6000、8000码分别约合3657.6、5486.4、7315.2米。下文出现该单位时，读者可自行换算。

明它们无力抵御大角度下落的炮火："狮"号（Lion）被弗朗茨·冯·希佩尔（Franz von Hipper）海军少将的战列巡洋舰队多次命中后，失去了战斗力。然而，直到日德兰海战时，英国战列巡洋舰在设计和使用方面的固有缺陷才显露无遗。大舰队转向撤离时，当天参战的9艘战列巡洋舰已有3艘被击沉，舰员大部阵亡。虽然表面上不难看出，防止闪爆的措施不足和无烟火药的装卸不当是上述悲剧的部分原因，但深层次的严峻事实是：英国战列巡洋舰并未满足远距离交战对防御的需求。

尽管如此，战列巡洋舰仍是海军史上一件十分强大的进攻武器。虽然它的理念有缺陷，但它拥有同时代的其他军舰明显缺乏的优点。这个时代，技术的发展使得指挥官只要选择不交战，就容易成功撤走，而战列巡洋舰拥有迫使敌方交战的能力。日德兰海战中的事件固然令人震惊，但本来就没有一个指挥官真的会指望他的部队在和敌方主力交战后还能毫发无损。海战之道决定了必然会有官兵阵亡、舰船被毁。曾在日德兰海战时任"狮"号舰长的海军元帅查特菲尔德勋爵这样描述军官们的悲怆：

> 贝蒂决定举行海葬，舰上打出了信号。我下令乘员组聚集到舰尾。在贝蒂将军和我手下的官兵们面前，宣读了葬词。这是个艰难的任务。就这样，许多同船战友——在我手下服役3年多、我已十分了解的人就躺在吊床中，我们把他们投入了大海深处。但他们还能得到或者企盼更好的结局吗？他们为国家而不是自己服役了多年，我们则把他们留在了战场上，也许他们的先辈在纳尔逊时代也是这样被留在战场上的。[①]

即使在日德兰海战后，战列巡洋舰因身为舰队先锋，这使得它们拥有了皇家海军其他中队都无法比肩的声誉。对热切盼望与情况不明的敌人交战的军官来说，这场激战是值得经历的时刻，战列巡洋舰是服役的理想场所。从这个角度讲，贝蒂与手下官兵投入日德兰海战时的心理与25年后霍兰德（Holland）海军中将向"俾斯麦"号（Bismarck）发起进攻时的精神并无二致。无论历史的评判如何，无论战术或设计有多大缺陷，无论结局有多惨痛，战列巡洋舰传统上就是在这样的想法指引下被投入战斗的。

不过眼下，日德兰海战向"胡德"号的设计者们提出了一系列严峻挑战。加强防护的方案在6月被搁置了，但戴因科特于7月5日提交了B方案的修改版，这份设计最终于8月4日得到通过。相比3月的设计图，武器并无改动，但装甲带的最厚处被增加到12英寸，炮塔座圈装甲由9英寸增加到12英寸。倾斜的12英寸装甲带现在可以提供相当于14至15英寸垂直装甲的防护力。460英尺长、内装

① 查特菲尔德《皇家海军与国防》，第149—150页。

钢管的突出部提供了不输于二战前任何舰船的防鱼雷能力。不过，水平防护的改进却相对较小，虽然装甲增加了3100吨，但厚度仍不超过2.5英寸。假如"胡德"号没有按照英国军舰的标准设计，把火药库安装在炮弹库上方，那么这样的防护也许刚好足够。但杰利科和贝蒂都认为，对于此种布局，这样的防护水平并不够。在几周内，设计者便给出了改进炮塔和甲板防护的方案。在8月通过的最终设计图中，火药库上方的水平装甲厚度最大，达3英寸。其首要设计标准之一是，至少应有9英寸厚的装甲抵御射向火药库的炮弹，但多层薄甲板提供的防护力远不及一层厚甲板。简而言之，"胡德"号并没有装甲甲板。无论她的布局相比之前的军舰有多大优势，这一点都是设计上的致命弱点。虽然她有时被划分为快速战列舰，但按照后来的标准，"胡德"号只能算是战列巡洋舰。最终，事实证明她没能达到任何一艘军舰迟早必须达到的标准——能承受与自身武备水平相同的敌舰的打击。

长期以来，人们认为在克莱德班克铺设"胡德"号龙骨的时间正是战列巡洋舰队驶向日德兰参战的5月31日[1]。可能她命运多舛，460号舰的建造工作实际直到当年9月1日才开始。约翰·布朗船厂的前身是1847年在格拉斯哥（Glasgow）创建的汤姆森兄弟（J. & G. Thomson）工程公司。1899年，这家已成为世界造船业翘楚的工厂被约翰·布朗公司收购，后者同时拥有格拉斯哥的阿特拉斯板材与钢铁厂。它承建的名船包括：1880年为库纳德公司建造的"塞尔维亚"号（Servia），1887年为英曼航运建造的"纽约城"号（City of New York），二者均为当时最大的邮轮。它还分别为英国皇家海军和日本海军建造了"朱庇特"号（Jupiter，1895年）和"朝日"号（Asahi，1897年）战列舰。进入新世纪后，这个名单又增加了1904年和1911年分别为库纳德公司建造的"卢西塔尼亚"号（Lusitania）和"阿基塔尼亚"号（Aquitania）以及1913年为皇家海军建造的"巴勒姆"号（Barham）战列舰。后来则有了1930年建造的"玛丽王后"号[2]（Queen Mary）邮轮、1936年建造的"伊丽莎白女王"号邮轮及1941年的"前卫"号（Vanguard）战列舰。不过尤其值得一提的是，从1906年开始，约翰·布朗船厂建造的战列巡洋舰数量比其他船厂都多，共5艘："不屈"号、"澳大利亚"号（Australia，1910年）、"虎"号（Tiger，1912年）、"反击"号（Repulse，1915年）以及最后的"胡德"号。

"胡德"号龙骨铺下的一刻，从进入20世纪时就开始筹谋的战列舰建造计划可算如愿以偿。在德国的海军和工业力量带来的可怕威胁之下，英国面临无法保持海上优势的危险。为确保胜利，英国工业必须充分利用经验、技术及创新能力。这一切造就了"海军大竞赛"——工业革命的最后产物。由此，和如今一样，建造主力舰成了人类最有挑战性的工作之一。这个过程需要无数人的

① 见伊恩·约翰斯顿《为国造舰：克莱德班克的约翰·布朗公司，1847—1971》（格拉斯哥，西顿巴顿郡图书馆与博物馆，2000年）。伊恩·约翰斯顿对本章的贡献很大，作者甚为感激。

② 译注：该邮轮和同名战列巡洋舰都是以乔治五世夫人之名命名的。

技能和劳力：数千名男女工人、海军部的建筑师和工程师、谢菲尔德的冶炼工和锻工，以及船厂的放样员和钻工。全国各地的大小工厂、矿区和车间生产的4万多吨物资，有硬化板材，也有各种形状的木家具构件，纷纷通过水运、公路和铁路运来。围绕 "胡德" 号的建造过程本身就有望写一本书[1]了。同时，希望下文能让读者对这一过程代表的巨大成功，及其凝聚的智慧、辛劳和组织水平留下印象。

如我们所见，海军部向海军造船总监发出指示后，一艘舰船的设计工作就此展开[2]。根据指示，海军造船总监和他的团队开始计算舰体应有多大、具体结构和形状如何，推进装置、装甲和武备的重量怎样才能平衡，这些因素将主导设计。当舰体的试验模型制造出来后，它将在朴次茅斯附近哈斯拉（Haslar）的海军部试验场接受水池测试，以确定它的稳心高度、重心位置、浮力大小、耐波性及军舰的各项系数，还有推进器及水下部分舰体表面的最佳形状。下一步就可以做出详尽的设计，确定装甲及机械舱的布局，以及全舰的计划排水量、结构及尺寸。设计方案经海军部委员会批准后，立即被下发到签订造舰合同的船坞，以便制作设计的副本，同时开始绘制工作图。武备和机械的制造商经常自行绘制工作图，但具体到 "胡德" 号的例子，海军部远比以往更加依赖约翰·布朗公司自己的以及其他三家造船商的绘图员。第一项工作是在放样间中完成的，约翰·布朗公司的放样间是超过375英尺长的大厂房，龙骨模型被摆在

[1] 伊恩·约翰斯顿所著。
[2] 罗伯茨《"胡德"号战列巡洋舰》第10-13页；托马斯、帕特森《镜头中的无畏舰》第5-13页，第24-30页；约翰斯顿《比德莫尔建造》第38-39页，以及塔尔伯特-布斯《世界作战舰队》第3版第57-59页。

△ 1916年年底，在约翰·布朗船厂，460号舰的龙骨板和双层底正在3号滑道上成型。构成舰体基础的盒状结构如何建造，大致可知。照片从舰艉向舰艏方向拍摄。中景，准备放置舰体的木梁正在分步搭建。（苏格兰国家档案馆，爱丁堡）

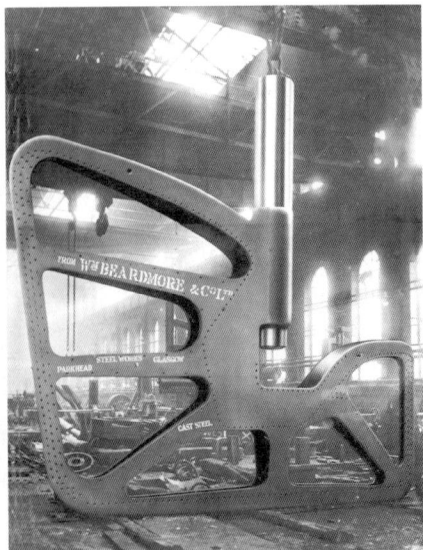

△ 1918年前后，格拉斯哥，威廉·比德莫尔公司帕克海德锻造厂，"胡德" 号的舵骨架。它上面将敷设冷杉木和金属板，之后安装在舰上。（苏格兰国家档案馆，爱丁堡）

地板上，等大小地描在刻线板上。每一套刻线板图样不仅表现出龙骨的形状，也要表明每颗铆钉、每个螺栓的位置，舷弧线和纵剖线的位置，以及龙骨连接在甲板的何处。这些刻线板被运到制板厂，制板厂会挑选出制造龙骨用的金属和各种钢条，对它们进行切割、加热，垫在钢锭上进行弯曲，直到这些材料的线形与设计完全吻合为止。这一步完成后，舰体装配工开始在指定的位置钻孔，这样，所有龙骨和钢条被运到船台上时，就可以立即先后用螺栓和铆钉安装到位。板材也要接受类似的处理流程，被钻孔、剪断、平整、折边、斜切，通过锻压得到指定的形状和曲度，以备安装在舰体上。同时，具有正确拱形的舰体横梁已制造出来，用于推进器轴支架等大部件的模具也已开好。建造舰体的第一步是铺设平板龙骨，这是军舰的脊梁骨，所以铺设的位置必须精心选择并布置妥当。接着，横向和纵向的各根龙骨被安装在平板龙骨上，以构成水密隔间，这些隔间是防止海水进入军舰的第一道屏障。这一步造出的盒状结构最早是在"声望"级上出现的，该结构之上则安装了多道舱壁，将"胡德"号分为25个水密分段。虽然甲板上有为烟囱排烟道和炮塔基座留出的大洞，但纵向强度仍得以保持，这是由于大梁纵贯全舰，加上舰楼和上层甲板组成了侧面倾斜的盒状结构的上半部分，有这个盒状结构，军舰的结构完整性才能保证。当安装舰艏和舰艉龙骨时，锻工车间马不停蹄地制造大小、形状各不相同的锻件，而电工们则开始铺设第一批线缆，要铺设的线缆总计达数百英里。下一步是安装螺旋桨轴、螺旋桨、突出部和艉龙骨。之后，油漆车间会派很多队工人来涂若干层红铅油漆，这一步完成后军舰便准备下水了。

　　"克莱德制造"的军舰以坚固闻名，这很大程度上归功于铆接工艺质量。历史学者伊恩·约翰斯顿（Ian Johnston）描述铆接班组和捻缝班组先后负责的工作：

　　有些班组使用机器，有些则用人工。人工班组中包括一名右利手的和一名左利手的铆工，两人轮流敲击一颗铆钉；一名站在板材后的"持钉员"，负责用一件叫"霍比"的工具将滚烫的铆钉固定住；一名"烧火小子"——哪怕有五六十岁。烧火小子责任重大，因为他加热铆钉的时候，得考虑大概会用到哪些种类的铆钉，保证加热妥当的各种铆钉随时够用。铆工会向烧火小子喊："先四颗，再一颗长的。"或"一颗小的。"如果工作空间狭小或不便于施展手脚，班组中还会增加一名被称为"插钉小子"的成员，负责插入铆钉。如果使用铆接机，班组中则包括一名操作机器的铆工、一名持钉员和一名烧火小子。当铆接工作完成后，捻缝工接手。他们用气动堵缝机把板材交叠处的缝隙全部填好，保证接缝处绝对不漏水，舰外壳就在他们手里完工了。①

① 约翰斯顿《比德莫尔建造》第39页。

△1918年前后，"胡德"号的4具螺旋桨经过400英里从伦敦的锰青铜与黄铜公司运到克莱德班克的约翰·布朗船厂。每具螺旋桨重量超过20吨，运输用的拖拉机是由布拉福德（Bradford）的H. 本特利先生公司提供的。全英国有数十家公司为建造"胡德"号付出了努力。（玛格丽特·贝瑞女士）

① 此处及之后若干引文来自格拉斯哥大学档案馆的《上克莱德船厂》，编号1/5/15–21。感谢伊恩·约翰斯顿惠赠。

虽然至1916年9月"胡德"号已经铺设龙骨，但由于设计不断变动，故建造工作会严重拖延。11月2日的一份船厂报告写道：

已经逐步从海军部得到了足够的信息，以订购该舰使用的材料并雇用更多的人手完成她的建造，但考虑到设计的变动，明年之前，进展难免相对缓慢。①

设计仍在处处变动，但1917年3月1日，约翰·布朗公司接到"海军部通知，应全力加快建造'胡德'号"。不过，由于德国潜艇对英国贸易线发动攻击，建造商船的需求变得急迫，船厂无法将全部力量都用于"胡德"号工程。一篇于1917年6月22日发出的报告称，进展令人满意，但舰体的建造却由于人手短缺而受阻。之后直到1919年1月，船厂提交的有关"胡德"号的报告都未见记录，此时她已下水，正在舾装。这段空白只能用有保密需求来解释，因为当时根据射击测试的结果和实战经验，军方反复提出过加强防护的要求。为加强防护，在1919年5月和6月，16门5.5英寸炮中的4门，以及8具水上鱼雷发射管中的4具先后被取消。到这时，由于建造工作已经完成了不少，之后就不再有重大改动了。早在1918年9月，最早的几块表面硬化钢制成的炮塔座圈板材就已经放进了舾装泊位中，它们是军舰装甲系统的一部分，这一系统最终用去14000吨钢板。制造装甲板的流程高度先进，所需硬件的大小和复杂程度在其他任何钢铁制造领域里都是闻所未闻的[①]。毛料是一块80至100吨重的钢锭。由于装甲板中有镍和铬成分，因此需要极高的炉温来加热钢锭以便锻造。加热后，钢锭在10000吨水压机下完成锻造，接着回炉，在功率极大的轧机上轧制。钢锭再次被加热，接着在水压作用下被矫直，并被刨薄以达到需要的厚度。这些板材最大重30吨，它们在车底式炉中被硬化。硬化过程可长达3周，碳渗透到表面。用于制造座圈或指挥塔的装甲则会经过另一台10000吨水压机的猛力锻打，形成需要的曲率。

在贝蒂和其他人的敦促下，一战停战后，"胡德"号的建造进程加快。至1919年1月底即下水5个月后，舰体的工作已进入最后阶段。2月27日，报告称已建成第二座烟囱，正在建造600吨的指挥塔。一个月后，舰上安装了装甲带，舰桥建筑也已成形。至5月1日，轮机都已安装到位；5月底，主桅杆耸立起来，大部分甲板也已铺设完毕。在短暂延迟后，7月29日，第一座15英寸炮塔从位于巴罗（Barrow）的制造商维克斯公司运到了克莱德班克，此时军舰被拖到了克莱德河（Clyde）中，这样炮塔就可以用200吨舾装起重机从"霍尔登"号（Horden）近海运输船吊装到舰上。炮塔的交付和安装工作一直进行到12月初。

1917年秋季，"胡德"号的主甲板接近完工的状态。右侧舰体向下弯曲处主要由2英寸板（实际为双层1英寸板）构成，此为军舰水平防护的重要组成部分。远处可见支撑主甲板其余部分的支架。（苏格兰国家档案馆，爱丁堡）

1918年春季，后甲板几乎铺设完毕的状态。"X"和"Y"炮塔座圈接近完工，但舯楼末端的框架还须敷设外板。右侧锻铁炉边可见铆接班组中的"烧火小子"。四周是5吨起重机，它们用于向舰上吊装材料、配件和装备。（苏格兰国家档案馆，爱丁堡）

不过，海军部愈发急切地希望"胡德"号完工，甚至在8月决定暂停"企业"号（Enterprise）巡洋舰的建造，这样就既能尽快完成"胡德"号，也不耽误船坞承接的商业项目。舰上有了1000名左右的工人，工作迅速推进，于是到10月底，细木工和电工已经在对军舰的生活区进行装修了。10月完成的另一项工作是按照5月时提出的要求在弹药库两侧的主甲板上安装附加装甲，这是"胡德"号最后一次安装附加防护。至11月，舰上已经在安装索具。12月9日和10日，引擎进行了系泊试车，以准备来年离开泊位进行船厂试航。工作已几近完成。

有关"胡德"号建造工作的个人回忆，至今已知的只有一份。这便是格拉斯哥艺术学院的伊恩·约翰斯顿在1997年对公司副董事长约翰·布朗爵士（Sir John Brown）进行访谈后记叙下的内容，它记载了布朗在1919年的某天以绘图学徒的身份私自参观"胡德"号的情景：

当他像以往一样在绘图室里吃午餐的时候，产生了去船坞里溜达一圈，看看那里情况如何的想法。他下到舾装泊位，看见"胡德"号被系泊在东墙边，上空有一台大型起重机。那是他见过的最大的舰船。虽然明令禁止登上这艘军舰，但他还是打算上去试试。上面对于这类事情很严厉，如果他被捉住将遭到斥责。他佯做出上舰办事的模样，沿着舰上安装的一道舷梯向上，开始探索。他在后甲板走走看看，接着向前走，开始爬通往舰桥的梯子。走了这么远还没被拦住，他决定继续向上，去瞭望台。一到那里，他就欣赏起一览无余的船坞和坞边北侧的丘陵，但因为怕被捉，还是只停留了一会儿。[①]

"胡德"号的建造过程始终少有声张，而且相当隐秘。1916年9月铺设龙骨时，似乎并未按常例举行这种场合下的相应仪式，但那是在战时，而且商业造船工程的开工场景比朴次茅斯、德文波特和查塔姆的皇家船坞造舰开工场景更冷清。1918年8月下水时，情况已经不同，但即使这次也弥漫着忧伤。在西线，协约国面对德军正取得节节胜利，但过去的4年中，不列颠及整个大英帝国已经付出了百万人死亡的代价。死者中包括日德兰海战时在"无敌"号战列巡洋舰上阵亡的霍勒斯·胡德爵士阁下（Rt Hon. Sir Horace Hood），他的美国遗孀在下水仪式上致礼。"胡德"号的名字第一次出现是在1916年7月14日海军部发送给约翰·布朗的文件中。按计划，她将是同级舰的首舰，后三艘则是"豪"号（Howe）、"罗德尼"号（Rodney）和"安森"号（Anson），四舰均以18世纪海军名将命名。本书主角"胡德"号之名则取自萨缪尔·胡德（Samuel Hood，1724—1816），他是多塞特郡（Dorset）索恩科姆（Thorncombe）一名教区牧师的儿子。他在55年的海军生涯中成为知名的优秀战术家，在圣基茨岛

① 伊恩·约翰斯顿2003年6月21日给作者的电子邮件。补充说明：约翰·布朗爵士终身就职的公司的创建者与他无亲缘关系。

（St. Kitts）、多米尼加（Dominica）、土伦（Toulon）和科西嘉（Corsica）等战斗中表现出色，最后在1796年被封为惠特利的胡德子爵。他并不是自己家族中最后一个著名的海军军人。萨缪尔的弟弟亚历山大（Alexander，1726—1814）在其海军生涯中参加了对法国的一系列战争，后于1801年被封为布里德波特子爵。下一代的两位是他们的侄子亚历山大（1758—1798）和萨缪尔·胡德（1762—1814），前者在指挥"战神"号（Mars）三级战列舰与装备74门炮的法国"大力神"号（Hercule）战列舰殊死战斗时阵亡，后者则于1798年在尼罗河口海战中担任纳尔逊手下的一位舰长。该家族后世人才辈出，包括1885至1889年担任第一海务大臣的海军上将、阿瓦隆的胡德勋爵。

因此，胡德家族的从军史长达175年，英国最新的战列巡洋舰的命名也可能和日德兰海战中殉职的胡德少将有关。不过，军舰的名字、舰徽和座右铭都取自他的四世祖。舰徽的图案是一只康沃尔山鸦抓着一只锚，山鸦是一种少见的、栖息于沿海地区的鸦科鸟类，很多人认为它们爱纵火。座右铭是拉丁语"借好风之力"。本书的主角并不是第一艘拥有此名的军舰。1797年，就在萨缪尔·胡德退役两年后，皇家海军一艘装备14门炮、名为"胡德勋爵"号（Lord Hood）的军舰服役，但第二年12月就被除名。直到1860年，这个名字才再次使用，这次是因为装备80门炮的"埃德加"号（Edgar）二级战列舰在20世纪50年代后期的海军危机[①]中，推进方式改为螺旋桨，同时被改名为"胡德"号。她因"勇士"号（Warrior）铁甲舰及其后续舰的问世而落伍，因此一生惨淡，先被编入后备舰队，又在查塔姆充当浮动兵营，最后于1888年被皇家海军出售。不过，下一艘"胡德"号则是一流的军舰。她是"皇家君主"级（Royal Sovereign）战列舰的第八艘暨最后一艘，于1891年下水。虽然该舰由天才的海军建造师威廉·怀特爵士（Sir William White）设计，但第一海务大臣、海军上将亚瑟·胡德爵士（Sir Arthur Hood）坚持让这艘承载自己之名的军舰安装封闭式炮塔，而不是姊妹舰的开放式座圈，故她与姊妹舰有所不同，也因此出现缺陷。这艘"胡德"号成为皇家海军最后一艘旋转炮塔舰，但炮塔也使她的干舷大幅减少，结果只要稍有风浪，战斗效能便会受到严重影响。1914年，使用水下呼吸器潜水的探险者们遇上了好事：作为对抗德国潜艇攻击的一项措施，"胡德"号在波特兰港（Portland Harbour）入口作为阻塞船被凿沉。至此，如果说"胡德"之名笼罩在光环中的话，那更多地归功于著名人物而不是著名军舰，但一切都会改变。

1918年8月22日，周四，13点05分，随着胡德夫人将一瓶酒摔碎在舰艏，"胡德"号舰艉向前，滑入克莱德河。下水仪式标志着从铺设龙骨前就开始的漫长的工作和计算过程告一段落[②]。建造过程中，舰体的重量由许多粗大的木梁承受，舭龙骨下也有无数的梁和楔支撑。为了使军舰下水，龙骨两侧连续铺设了固定滑道。固定滑道上则安装了动滑道，动滑道之上则是两具下水托架。一具下水托架位于5英寸装甲带的尽头，离舰艉约75英尺，另一具则位于外侧螺旋桨轴支架的两侧。托架的用途是在舰艉入水时承受舰体的重量，直到军舰停稳。随着下水时刻迫近，动滑道被涂上油，支撑结构被撤掉，最后军舰仅靠舰体与固定滑道之间的锁定装置固定在原位。也是在这时，舰艏前方已经建好了一座下水观礼台，供参加这一盛事的要人们使用。由一位女士为军舰施下水礼的传统也许能追溯到摄政王①时期，这位女士进行的仪式通常分为三部分。为军舰及所有随其航行的人们祝福后，她将一瓶酒掷向舰艏摔碎，接着按下一个按钮，解开最后几根使军舰固定在陆地上的缆索的安全装置。这一刻，军乐队奏响《统治吧，不列颠尼亚》，"胡德" 号开始沿滑道下滑，木料破碎声、链条的响动声和观众的欢呼声汇合在一起，越来越响。规划下水工作的人们需要把握好军舰的受力，使她既能滑入水中，又不至于入水后失控。为了约束正在下水的舰体，舰体上系上了粗大的制动链，以限制下滑速度，并使军舰下水后迅速停止，以便船坞拖船牵引她。由于 "胡德" 号下水时的排水量为21920吨，故不难理解这项任务有多么吃力。最后，下水过程完全顺利。

即使在下水后，"胡德" 号的知名度也不太高。《邓巴顿先驱报》（*Dumbarton Herald*）1919年1月15日称，"迄今很少有人注意到她的存在，所以 '胡德' 号将是远较如此惊世骇俗的 '嘘嘘' 巡洋舰〔"光荣" 号（Glorious）、"勇敢" 号（Courageous）和 "暴怒" 号（Furious）——作者注〕更出色的军舰"。②不过，5月19日，军舰以一种不应该的方式出了名：一间水密隔间里的一堆气瓶爆炸，造成2死6伤。于是，当她于1920年1月9日凭自身动力离开船坞时，气氛安静得令人奇怪，而约翰·布朗在之后几年内再未接到大型军舰建造合同。但稍后，当天下午，格林诺克（Greenock）则是另一番情景。"胡德" 号在那里受到了海关码头（Customs House Quay）和王子码头（Prince's Pier）上的人群的热烈欢迎，而未来还有很多次这样的欢迎在等待她。从 "狮" 号战列巡洋舰上调来的锅炉兵和水兵先遣队已经来到舰上，最终，"胡德" 号将在前者的乘员组驾驭下入役。副舰长拉克兰·麦金农（Lachlan MacKinnon）中校安排人在舰上挂了许多标志，以助士兵们识路。20年后，麦金农在担任SC7运输船队指挥官时遭到失利，SC7成了 "狼群战术" 即多艘U艇集中攻击的第一个牺牲品。而此刻，他必须应对另一种混乱，因为 "胡德" 号开始了列入皇家海军现役军舰之前的漫长工作。根据决定，"胡德" 号的舾装将在罗塞斯皇家船坞完成，以让约翰·布朗腾出舾装泊位，完成要紧的商业合同③。为了让乘员组初步体验 "胡德" 号的适航特性，他们这次航行绕着

① 译注：指乔治四世国王，他于1811至1820年因其父乔治三世患病而摄政。
② 伊恩·约翰斯顿《为国造舰》第166页引用。
③ 诺斯科特《皇家海军 "胡德" 号》，第14—19页。

苏格兰行驶，但在一场八级飓风中，她的艏楼和后甲板被浪吞没，而高速航行时，瞭望台处的振动也令人无法忍受。到达罗塞斯后，军舰不得不等待适宜的风和洋流，直到6天后她才被牵引进入2号船坞继续舾装。“胡德”号离开前，人们进行了一次试验以确定她的实际排水量，发现其深载排水量为46680吨，满载排水量则为42670吨——比1917年的最终设计多了1470吨，比1916年的初始设计则超出了17.5%，增加的排水量大部分来自装甲。

〈 1918年秋季，军舰准备下水时的舰体前部。左侧可见一具下水托架的左端，军舰下水时顺着托架滑下。离镜头较近的椭圆形物体是左侧水下鱼雷发射管。突出部已经完工，但5寸、7寸和12寸装甲带须待下水后才会安装。（苏格兰国家档案馆，爱丁堡）

﹀ 1918年8月21日，下水前一天，“胡德”号占满了约翰·布朗船厂东侧船坞。舰体除未安装装甲外已经完工。锅炉已经装好，但引擎未安装。（苏格兰国家档案馆，爱丁堡）

△ 1918 年年底，约翰·布朗船厂舾装泊位中，"B"炮塔 12 英寸厚的座圈装甲被吊到舰上。装甲板的边缘以舌槽法同相邻的板连接，装甲内侧用一系列螺栓固定。请注意"A"炮塔上方用于抵御恶劣天气的遮盖布。（苏格兰国家档案馆，爱丁堡）

＞1919 年 8 月 9 日，"胡德"号的第一门 15 英寸主炮被起重机安装在"X"炮塔右侧炮位。（苏格兰国家档案馆，爱丁堡）

△ 1918 年 8 月 22 日，"胡德"号咆哮着冲入克莱德河。英国国旗在舰艉旗杆上，约翰·布朗公司的旗帜在指挥塔基座上。（苏格兰国家档案馆，爱丁堡）

△ 1919 年 12 月 2 日，舾装最后阶段的"胡德"号。"A"和"B"炮塔的火炮已经就位，但外板未安装完毕。装甲指挥仪尚未加装外罩，高处的指挥仪还未安装。（苏格兰国家档案馆，爱丁堡）

＞1920 年 1 月 9 日即"胡德"号凭自身动力驶往格林诺克的当天，拍摄的指挥塔和舰桥建筑。（苏格兰国家档案馆，爱丁堡）

∧∨＞1920年1月9日，"胡德"号最后一次离开约翰·布朗船厂舾装泊位前，从西船坞的150吨悬臂起重机上拍摄的三张舰体照片。（苏格兰国家档案馆，爱丁堡）

∧ 1920年1月9日，4艘拖船将“胡德”号拖入克莱德河。当时没有特意举行仪式，但一大群人聚集在东船坞边缘目送她离开。（苏格兰国家档案馆，爱丁堡）

① 尤斯塔斯·特尼森·戴因科特爵士，“皇家海军‘胡德’号”，伦敦《工程》杂志109期（1920年1月至6月），第423—426页。

在对鱼雷武备进行了初步测试后，“胡德”号于3月初回到格林诺克，准备进行全面的船厂试航和炮术试验。如戴因科特和海军少将罗杰·凯斯爵士（Sir Roger Keyes）在舰上所见，这些工作取得了令人瞩目的成功。她设计中的所有新颖之处都被展示出来了①。得益于先进的锅炉和轮机技术，“胡德”号的动力装置重量与1916年竣工的“声望”级使用的相同，功率却比后者大1/3多。在阿兰岛（Isle of Arran）外海进行的全速海试中，“胡德”号以151280轴马力的功率达到了32.07节的速度，这使她以相当大的优势成为世界上最强大的军舰。当4具分别重20吨的锻造锰青铜螺旋桨的转速达到每分钟207转时，航速就会达到这么高，使她相对别国任何主力舰都具有几节的优势。不过，航速优势必定是以极大的油耗为代价的。“胡德”号的油料储量为3895吨，如果速度保持在32节，每小时则要燃烧70吨以上。另一方面，如果保持14节的经济航速，每小时需要的油料不过7吨，输出功率不过10000轴马力，这只是最大功率的7%；而

︿ 第一次公开亮相的"胡德"号：1920年3月，在阿兰岛附近海试的情景。（苏格兰国家档案馆，爱丁堡）

且仅用40%功率，该舰即可达到25节航速。无须多言，该舰不同航速下的续航力相差甚大，14节时可航行7500海里，而32节时仅稍超过1700海里。全速航行时，每航行9英尺就要消耗1加仑（4.564升）油料[1]。在持续整个3月的海试中，按照计划，除了轮机外，要测试的还有舰上的配件和设备，确定它们的性能上限。军舰在各种海况和航速下进行了大量的转舵和转向操作。结果发现，当舵转到38度的满舵时，她的战术直径（即回转直径）为1400码[2]。接下来主副炮接受了全面的炮术试验。15英寸火炮射击中，两具扬弹机发生过故障，"A"炮塔中也发生过一次火焰从炮尾冲出的事故，不过整体射击成绩令人满意。3月底，"胡德"号回到干船坞中，接受详尽的舰体和结构检查。3月29日，该舰在威尔弗雷德·汤姆金森（Wilfred Tomkinson）舰长的指挥下开始服役，但直到5月15日，皇家海军才在造船厂验收并正式接收了她。和平时期，她的舰员最初约有1150人。截至1929年，舰员都是从德文波特兵营抽调的。故事还没有完。海试

[1] 《"胡德"号：访客须知》第4页，约1925年。
[2] 普里德姆《"胡德"号操舰说明》第3页。由本书作者整理的这份文献即将出版。

∧1920年3月，"胡德"号在阿兰岛附近海试的另一张照片。（苏格兰国家档案馆，爱丁堡）

中，该舰留下了一系列高速航行状态的照片，所有看见这些照片的人都惊叹不已。世上有了这样一艘军舰，她是同时代的最大、最强者，其拥有空前绝后的优雅。"胡德"号横空出世了。

　　她的造价如何？英国政府实际为它手下最强大的军舰支付了6025000英镑，其中约翰·布朗公司获得了214108英镑利润[1]。这一总额几乎达到之前任何军舰的两倍——"声望"号造价为3117204英镑——尽管我们应考虑战时通胀及"胡德"号的巨大尺寸[2]。"胡德"号平均每吨的造价为142英镑，仍比"声望"号高25%。除此之外，和平时期的年度维护费也必须算上，从1934年的274000英镑涨到二战爆发前的约400000英镑[3]。20世纪20年代，乘员组的薪酬共约为每月6000英镑[4]。自然，战列巡洋舰的概念以及最敏感的开销问题招致了各方面人士的批评。一名军官在《海军评论》（Naval Review）杂志上匿名发文，声称"胡德"号的性能诸元虽大多与"伊丽莎白女王"级战列舰相当，但前者为得到7节的航速优势，多用了2030000英镑[5]。其他人的言论则反映了一战后流行的一种看法，他们认为整笔开销都白费了。1924年，"胡德"号抵达澳大利亚和新西兰时，《澳大利亚劳工报》（Australian Worker）称：

建造一艘像"胡德"号这样的战列舰所花的钱，可以为英国贫民区仅有一个房间栖身的人们建10000间舒适的小屋。拥有完备的陆军或海军对国家安全有

① 皮布尔斯《克莱德河的军舰建造》第91页。
② 布朗《大舰队》第61页。
③ 布拉福德《强大的"胡德"》第93页。
④ 《"胡德"号：访客须知》第4页，约1925年。
⑤ 安农"'胡德'号及之后：主力舰航速的价值"，178页，载于《海军评论》第8卷（1920年）第176－182页。

作用——任何这类观点都是早已破灭的神话。①

　　但人们还有其他的担忧。1920年3月，海军少将厄恩利·查特菲尔德爵士（Sir Ernle Chatfield）在造船工程师学会的一次会议上说出"如果海军造船总监现在要设计一艘军舰，他不会设计出'胡德'号"②时，可能只是半开玩笑。当然，同一年设计的"G3"战列巡洋舰与"胡德"号在外观、武备及防护方面都几乎完全不同。参加了那次会议的海军造船总监尤斯塔斯·特尼森·戴因科特爵士后来在个人回忆录中阐明了自己对此事的观点：

　　防护方面，"胡德"号已经补强了不少，但本应该继续补强，后来……二战证明她的装甲仍然不足。［……］③"胡德"号没能在两次大战之间彻底增强防护，这是个可怕的悲剧。④

　　但这是20多年之后的事。当时，"胡德"号无论怎么看，都是世界上最伟大的主力舰。1919年2月，她的3艘姊妹舰被取消，而3年后的《华盛顿海军条约》则对军舰建造做出了限制。在这些事件后，只要和平在延续，世界上最伟大的主力舰的地位就不会旁落，"胡德"号就会一枝独秀。现在，这段和平归她而享。

① 引用于布拉福德《强大的"胡德"》第79页。粗体对应的报纸原文字母为大写。
② 《海军与军事记录》，1920年3月31日。
③ 编者注：原书作者在引用一些文件、对话时，为表述清晰和便于理解，自行补充或省略了部分文字。为与引用原文区分，这些文字统一使用方括号［］括起来。另在一些参考文献条目中，也用［］符号表示可能的著作权人。本书中需要用到嵌套括号时，外层括号为六角括号〔〕，还请读者注意区别。
④ 戴因科特《造船匠轶事》第96页。

2 "胡德"号一览

是何等伟大的巧手和慧眼，
将你令人心悸的匀称美造就？

　　"胡德"号给人印象最深的是它的美。从第一艘战列巡洋舰诞生到她出世不过十几年，而她也并非皇家海军第一艘因为轮廓洗练而受到夸赞的无畏舰。同类舰中最早的"无敌"号于1908年建成，浑身透着咄咄逼人的战意，这正是费舍尔在他的首个第一海务大臣任期内赋予皇家海军的品质。接下来，"狮"级于1912年出世，它们的每一寸钢铁都像是为惩罚自命不凡的德国海军而生的武器。装备着当时最大的舰炮——"骇人的13.5寸"，它们被一家鼓吹战争的媒体取了"威猛大猫"的昵称。下一步则是"伊丽莎白女王"级，作为一战爆发前英国最强大的战列舰，它们的威力和气质强烈地吸引着持主流审美观的人们，无论是职业水手还是感兴趣的平民。

　　不过"胡德"号属于截然不同的一种。她优雅、美丽、匀称的外形表现出自身设计的新颖和强大，令几乎每个人都会赞叹。这一点上，她超过了古今任何其他英国军舰。有十几艘军舰装备过威力无比的15英寸炮，但即使是"声望"号（Renown）和"反击"号也没能做到在如此巨大的舰体上把同样的速度和火力结合起来。事实表明，"胡德"号成功地结合了驱逐舰的轻快灵活、巡洋舰的优美外形和最强大的主力舰的威慑力。正因此，她很快得到了"强大的胡德"这一充满敬意的绰号，而其他军舰[①]的外号则要么狎昵（"一个烟囱的羊咩咩"），要么戏谑（"痞子比利"），要么有贬义（"改装、修理"）。这个民族仍然对海军没能带给他们所热切盼望的压倒性胜利而感到十分失望，而现在终于能真正证明，依海而生的大英帝国在战争的考验下变得坚强有力："上帝使您强大，使您更强大……"人们很快把象征了帝国的生存和延续之意义赋予了"胡德"号，这与其他荣誉一同伴其一生。V. C. 斯科特·奥康纳（V. C. Scott O'Connor）对1923至1924年环球巡航的记载中，对这一点进行了极为深刻、浪漫的描述：

　　巨大、高速、拥有完美武器的"胡德"号象征着厌倦战争的不列颠民族为了人类的利益，决心勇敢地保卫他们用数百年建立起来的广袤帝国毫发无损。正是这种象征意义让"胡德"号在机器下诞生，并在这艘灰色的巨舰上笼罩了一层壮丽的光晕。[②]

① 这几艘军舰分别是"拉米利斯"号（Ramilies）、"柏勒罗丰"号（Bellerophon）、"声望"号和"反击"号。之前于1893年完工的"君权"级战列舰"胡德"号被称为"本来能想到吗"，与"胡德想到了吗"谐音。
② 奥康纳《帝国巡航》第258–259页。

正因为她一生都承载着这种象征意义，所以多年后她的沉没才如此令人震惊。不过，尽管当时存在狂热的爱国思想，尽管她的设计包含缺陷，但罕有争议的是：戴因科特这最后一件作品是在美学方面极为精致的杰作，如同一部万众瞩目的戏剧般。即便在恶劣天气中，凭借巨大的舰体和航速，她也能保持着雄伟的姿态轻松航行。不过，至少在奥康纳看来，当"胡德"号于平静的夜晚在热带高速巡航时，她的力与美才展现得最淋漓尽致：

> "胡德"号……沿航线前行，如同那些星星一样，寂静无声。尽管军舰形体雄伟，舰后甲板上却有一个人站在离海很近的位置。在她平坦的舱面上，矗立着巨大的炮塔，似乎是为了显示军舰令人畏惧的本职。长长的炮管蓄势待发，藏着毁灭一切的威力；层层甲板高低错落。[1]

不过，"胡德"号的成名是因为她象征了英国作为一个海军强国的地位。这艘本应充满压迫感的军舰出现在海岸附近时，引发了强烈的自豪和兴奋。若干年后的一段文章写道：

> 当"胡德"号的大炮为英国而怒吼时，或者她锚泊在威茅斯湾，从内陆的山上可以看见她的前桅楼从威茅斯海滩旅馆房顶露出来时，南多赛特的人们就感到了安全。几千名度假者排在威茅斯码头海边，看着水兵们上岸。对他们来说，欣赏钩竿体操，观看"胡德"号、"反击"号和"声望"号及战列舰队派出的巡哨艇，或者围观夜空中交织的数十根探照灯光柱，都是开心的事。[2]

外国人也并非与这一切无缘。1925年，"胡德"号代表皇家海军参加了瓦斯科·达·伽马庆典。1月29日，庆典达到高潮时，里斯本（Lisbon）《每日新闻》（*Diário de Notícias*）这样报道：

> 世界上最强大的军舰——伟大的"胡德"号……已经在塔霍河停泊了一周，坚固、神秘、深不可测。这只熟睡的巨兽一直不开放甲板，不让人们的好奇心得逞，直到昨天。人们驾着船从她身边驶过，希望发现这座非同寻常的堡垒里可能有什么。但他们的希望落空了，"胡德"号保持着英国式的漫不经心和难以接近。现在，里斯本人的好奇心终于得到满足了。[……]人们终于可以近距离审视那些可畏的大炮，欣赏这艘伟大军舰停泊时用心才能看见的美。出人意料的是，人们最为赞赏的，却是将军和他手下的军官们面对数百名登舰游客时表现出的友好态度以及正规、得体的亲切举动。一个人进入一个英式家

庭时诚然困难，但只要进去了，离开时就会把心留在那里。

　　就这样，在20年里，从悉尼到旧金山，"胡德"号成了每处港口和锚地的明星。这有力地证明，虽然不列颠可能已经不再是强国的唯一标杆，但她的军舰仍是衡量别国军舰的模板。

　　"胡德"号的各方面都结合了新旧两个时代的特征，其中较典型的例子是外表。她是最后一艘装有无畏舰时代三脚桅和瞭望台的英国主力舰，也是最后一艘装备人工操作副炮的。另一方面，她则率先拥有了封闭式舰桥和两处主火控站。在她的远祖——1861年服役的"勇士"号战列舰之后，她是第一艘采用飞剪艏的主力舰。从"胡德"号开始，皇家海军彻底抛弃了有舰艏冲角的设计。她的一位舰长说，这造就了风帆时代以来最优美的主力舰。方方面面都明确说明了"胡德"号的角色——她是一位和平使者，但如果战争来临，她会利用高速追上无法逃避的敌人，用巨炮远距离将它们击碎。

　　"胡德"号是少数有魅力到让人热血沸腾地参加皇家海军的军舰之一。路易斯·勒·贝利注定能当将军，而年轻的他犹豫时，这一幕让他下定了决心：

　　去泽西（Jersey）看望了几位姨祖母，我们乘"圣海利埃"号（St Helier）轮船回来，驶进了风暴区。从驶过科比尔（Corbière）灯塔开始，我就痛苦不堪，直至到达威茅斯港。在那里，我第一次近距离看见了"胡德"号。轮船停靠时，"胡德"号派出的装有黄铜烟囱的巡哨艇穿过我们轮船的尾流，灵巧地停靠在码头的台阶边。驾驶员是一位看上去比我大不了多少的年轻军官候补生，后腰别着短剑。这就够了，于是我再没动摇过。[1]

　　1932年夏天，9岁的泰德·布里格斯在莱德卡（Redcar）的沙滩上第一次看见了"强大的胡德"。这一刻后来改变了他的一生。

　　我在沙滩上站了好一会儿，喝着水，欣赏着她的美丽、优雅和完美的强大力量。用"美丽"和"优雅"描述这样一艘巨舰未免荒谬，何况她主要是用来毁灭敌人的。但老实说，我以前，甚至今天，都不能想出更好的词来描写她。[2]

　　在和平年代的最后一个夏天，少年信号兵布里格斯从肖特利（Shotley）的

① 勒·贝利《不离引擎的人》第12页。
② 科尔斯、布里格斯《旗舰"胡德"号》第xii页。

"恒河"（Ganges）少年水兵训练基地结业，被分配到
"胡德"号上。他对此喜出望外：

> 我兴奋得快要吐了。虽然我刚吃过早餐，但觉得
> 胃是空的。我刚才一直咬着嘴唇等待，咬过的地方是干
> 的。然后我们看见了她。这一次不会弄错。别的军舰都
> 没有那巨大的艏楼。她令人敬畏。她令周围的一切都相
> 形见绌。我从来没觉得自己这样渺小和平凡，但同时我
> 全身涌动着骄傲和爱国心。我坚信自己在16岁那年就实现
> 了终生的志向。①

而对轮机中尉勒·贝利来说，离开4年后重回"胡德"号的一刻同样是奇
妙的：

> 从船厂来到了参加加冕阅舰仪式的大舰群中，这段路唤醒了在基汉姆
> （Keyham）那几年沉睡在我心里的一些东西。在这里，又见到了海军和一艘我
> 熟悉并热爱的军舰。虽然我的袖章只有一条杠，但与5年前我作为学员第一次登
> 舰时相比，我走上跳板时的信心强多了。②

军官走到跳板尽头时，会转身向海军旗敬礼，然后经过金属的防滑甲板走
上后甲板。③在这里，他会见到值班军官，后者把他带到副舰长即执行官处。
后甲板用经过漂白的柚木制成，接近300英尺长，是当时所有的军舰上最长的。
和平时期，海军的两个最重要的仪式每天都会在这里举行：早晨的升旗式和黄
昏的降旗式。如果把这1/3英亩（合1348.95平方米）的面积用帆布棚遮起来，把
火炮擦亮并上磁漆，使它们光洁如镜，这里就成了举办舞会和欢迎仪式的理想

速度与火力。1924年8月，在美国东部海域的高速试航中，"胡德"号实力尽显，火炮和测距仪都转向右舷。（美国海军历史中心，华盛顿）

① 科尔斯、布里格斯《旗舰"胡德"号》第132页。
② 勒·贝利《不离引擎的人》第37页。
③ 本章很大程度上得益于约翰·罗伯茨的《"胡德"号战列巡洋舰》（"舰船解剖"丛书），伦敦：康威堂，1982年。

"拿她跟其他船比真是掉价。"1937年前后，"胡德"号安静地停泊在马耳他大港的比吉湾。一艘蒸汽巡哨艇停泊在左舷系艇杆附近。马耳他平底小划船在港中来往。左侧是比吉的皇家海军医院。（"胡德"号协会/梅森收藏照片）

△ 1924 年 3 月，在墨尔本，一队军官正从"胡德"号后甲板离开。跳板上的第二人是轻巡洋舰中队旗舰"德里"号舰长 J. M. 派彭（J. M. Pipon）。舰名上方的方形舷窗里是司令餐厅。（"胡德"号协会/麦基收藏照片）

△ "胡德"号停在岸边。"B"炮塔上的起飞平台表明照片摄于 20 世纪 20 年代中期。军舰处于轻载状态，前端水线处可见逐渐内收的飞剪艏。（"胡德"号协会/麦基收藏照片）

场所。后甲板到舰尾的斜坡有6英尺的落差。这里除了气势逼人的"X"和"Y"炮塔，还遍布各种不显眼的通风口、舱口和系绳柱。其中最大的一些开口在建造时被木栅盖住了。只要天气和海况允许，军官们就会即兴在这里进行甲板曲棍球比赛。"胡德"号的后甲板也许是海军中最大的，但在海上也是最容易上浪的。站在这里，你的目光会被上层建筑后壁上镶嵌的舰名吸引，这些字母用磨光的黄铜制成；也可能会第一眼就从炮口栓和装饰铭牌上发现她舰徽上的图案——红嘴山鸦，它取自海军上将胡德勋爵的纹章。

接下来，想象力丰富的游客——比如1926年的记者乔治·阿斯顿（George Aston）[1]，可能会从后甲板沿梯子上到右舷的艉楼甲板，经过一处阳台，而后到达副舰长会见区，由此第一次进入军舰内部。在这里，一排闪亮的展示柜装满奖品，它们证明"胡德"号舰员的运动成绩是舰队中最出色的。除周日外的每个早晨，舰上的违纪者和因事务求见副舰长的舰员都会集合在这里，接受副舰长的裁决。再走一段，参观者的感官会受到另一次冲击，因为充满涂料、上光剂和燃油气味的空气会进入他的鼻孔。如果在海上，除了这种混杂气味，还会加上潮湿的循环空气的污浊味，偶尔还有烟囱排出的烟。舱壁和天花板总是洁白而明亮的，与之形成对比的是红棕色的地毯，水兵们的任务之一便是将地毯擦成暗棕色。在这之后，便是通风口不断发出的呼呼声、偶尔的机器轰鸣

[1] 1926年1月阿斯顿在"胡德"号上的访问和参观日记存于伦敦国王学院的利德尔·哈特军事档案中心，档案编号Aston 1/10，第51-61页。

声，还有一艘现役军舰在每天紧张的勤务中发出的无数种其他声响。

进入一条长走廊，阿斯顿来到了清静的高级军官生活区。在他左手边，有一扇敞开着的门通向舰队司令会客室，接着通向司令宿舍——舰上的1000多个隔间之一。穿过华丽的会客室就到达了司令餐厅。这个餐厅很高，宽达50英尺。这里，皇家海军陆战队勤务兵在宽大的自助餐台后提供食物，舰队司令有时一人用餐，而餐厅最多可容纳45名客人。这里有两处煤火取暖，有两处舷窗和四处方窗采光，是一处令宾客印象深刻的招待场所。不过，即使备感舒适和愉悦，访客只要抬头看看丝毫未加装饰的线缆和管道，就能记起他所在的这艘船毕竟主要是用来战斗的。如果搬走桌椅，餐厅里仍可同时跳两场苏格兰八人舞，就像1937年安德鲁·坎宁安（Andrew Cunningham）中将在马耳他（Malta）举办圣安德鲁之夜庆典一样[1]。通过餐厅后面的一扇门，可以到达昼间司令室。这是一间三角形的大舱室，俯视着后甲板。司令官可以根据自己的爱好和财力装饰司令室。通常，这里的装饰包括窗帘盒、印花棉布窗帘、防水布罩、几种形状的桌椅等，边桌上摆满瓷器和镶在银相框里的照片，还可用盆栽植物点缀，总之不宜过于凸显男性特征或过分时髦。司令室里有一个巨大的壁炉台，下面点燃煤火后，使这里成为船上少数真正的个人空间之一。坎宁安于1937至1938年在这里工作，他回忆：

对于一个在小舰艇上度过大部分生涯的人来说，我在"胡德"号上的住处是豪华、宽大、空气通畅的舱室，位于后甲板的上一层甲板，有着亮堂堂的窗户而不是通常的舷窗。比起来，我在"罗德尼"号[2]上的舱室都算小的。[3]

[1] 坎宁安《一个水手的冒险》第187页。
[2] 译注：安德鲁·坎宁安于1929年任"罗德尼"号舰长。
[3] 坎宁安《一个水手的冒险》第182页。

〈 1923 至 1924 年的环球巡航中，菲尔德海军中将的餐厅。请注意右侧宽大的自助餐台和天花板上的通风道。（《塔斯马尼亚图片邮报》）

︿ 1940 年秋季，宽阔的后甲板上最显眼的是 "X" 炮塔和 "Y" 炮塔；值班军官和手下士兵在右舷执勤。敞开的舱口通向军官舱室甲板。（当代历史博物馆，斯图加特）

︿ 1924 年前后，菲尔德海军中将的昼间舱室。烧煤壁炉四周有窗帘、窗帘盒、盆栽植物和长凳式围栏。（《塔斯马尼亚图片邮报》）

︿ 20 世纪 30 年代后期，皇家海军陆战队正在右舷副炮群安静地值晚班，这里是舰上的主干道之一。有人正在右舷 6 号 5.5 英寸副炮旁玩游戏，顶上有人挂了一具吊床。各种衣物被挂起来晾干。柱子之间的设备是副炮用的输弹带。（"胡德" 号协会 / 希金森收藏照片）

△ 1920年1月9日，"胡德"号升火，准备最后一次从她的建造地——克莱德班克的约翰·布朗船厂出航。这里的黑色浓烟说明锅炉燃烧室进气不足或供油过量。（苏格兰国家档案馆，爱丁堡）

△ 1920年1月9日，在克莱德班克约翰·布朗船厂拍摄的"胡德"号小艇甲板。军舰的两艘50英尺蒸汽巡哨艇停放在主起重机右侧的支架上，铰接烟囱向后放倒。另一侧，36英尺帆艇放置在42英尺大帆艇中，后者装有辅助马达。前方，一艘32英尺快艇挂在烟囱侧面的艇架上。近景，两种尺寸的卡利式（Carley）救生筏正待收纳。起重机下方的结构是前引擎室的尾部通风管。（苏格兰国家档案馆，爱丁堡）

小艇甲板或称遮蔽甲板

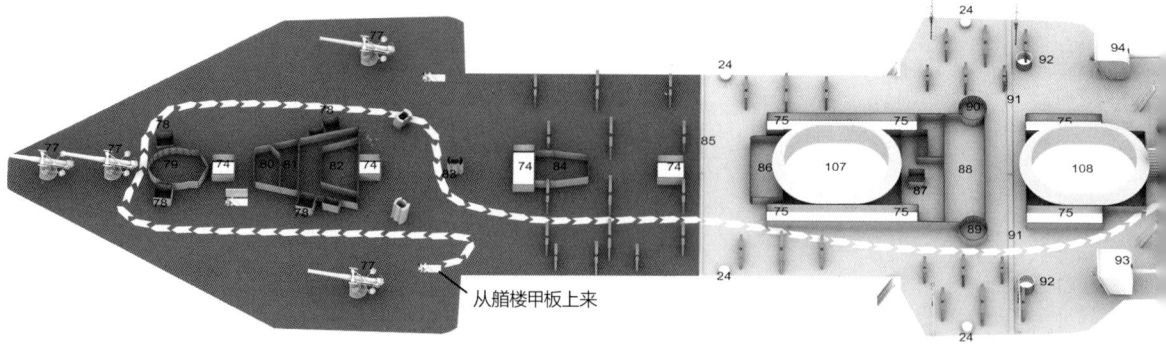

从艇楼甲板上来

艇楼甲板

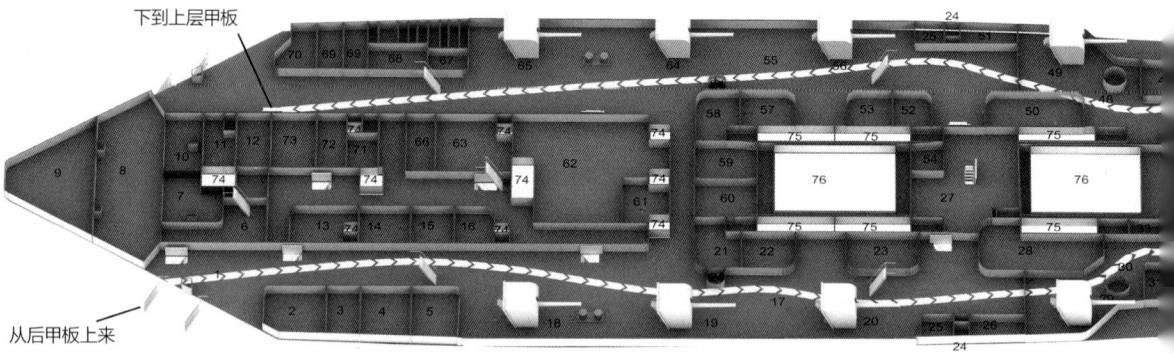

下到上层甲板

从后甲板上来

艇楼与小艇甲板（或称遮蔽甲板）

1. 副舰长会见区
2. 副舰长舱室
3. 炮术军官舱室
4. 炮术准尉即用品储藏室
5. 台球室（至1931年已改造）
6. 司令会客室
7. 司令食品储藏室
8. 司令餐厅
9. 司令昼间舱室
10. 司令卧室
11. 司令浴室
12. 司令备用舱室
13. 秘书舱室
14. 秘书下属书记员舱室
15. 轮机长舱室

16. 军医长舱室
17. 右舷副炮群
18. 右舷6号5.5英寸炮
19. 右舷5号5.5英寸炮
20. 右舷4号5.5英寸炮
21. 司令辅厨房
22. 肉库
23. 准尉食品储藏室
24. 5.5英寸炮塔指挥官战位与防护罩（小艇甲板上）
25. 厕所
26. 土豆库
27. 主厨房
28. 干燥间
29. 右舷3号5.5英寸炮

30. （小艇甲板上的）右舷2号5.5英寸炮支柱
31. 水手长即用品储藏室
32. 健身器材室
33. 破雷卫附件库
34. 右舷1号5.5英寸炮
35. 面包房
36. 面包冷却室
37. 电气技术兵工作间
38. 陀螺罗经调试间
39. 指挥塔（情报室所属层）
40. "B"炮塔
41. "A"炮塔
42. 破雷卫存放处
43. 鱼雷装卸舱口

44. 起锚机
45. 锚链筒
46. 左舷1号5.5英寸炮
47. 炮术准尉即用品储藏室
48. （小艇甲板上的）左舷2号5.5英寸炮支柱
49. 左舷3号5.5英寸炮
50. 炊事兵厨房
51. 即用防水布储藏室
52. 军官候补生室主厨房
53. 军官候补生室辅厨房
54. 空气压缩器间
55. 左舷副炮群
56. 左舷4号5.5英寸炮
57. 军官用干燥间

甲板布局

以下的布局图展示了“胡德”号在20世纪20年代时的内部结构。该舰的内部结构从未经过大规模改动，但各处空间（尤其是餐厅）的用途随时期而异，开战后变动得更加频繁。空间的编号大致按参观各层甲板的路线排列，即箭头所示。约翰·罗伯茨所著“舰船解剖”丛书的“胡德”号分册对制做该示意图起到了相当大的帮助，特此致谢。

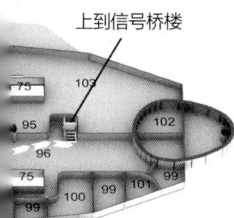

上到信号桥楼

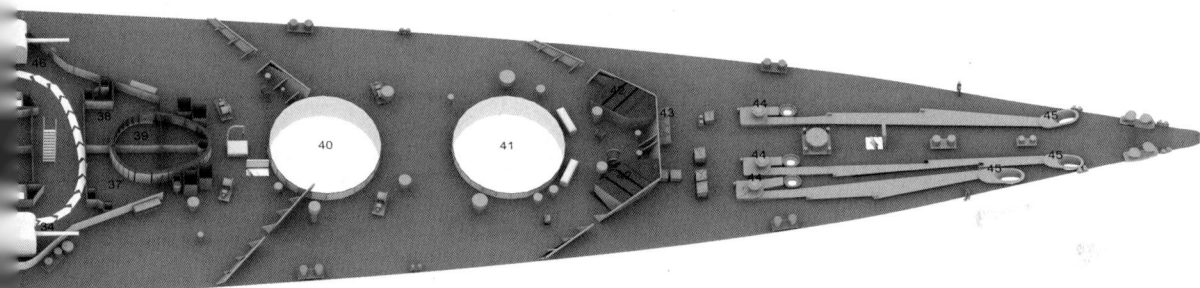

58. 军官活动室主厨房	73. 参谋长昼间舱室	88. 铜工车间（其上为艏部探照灯平台）	102. 指挥塔（信号分发所属层）
59. 军官活动室辅厨房	74. 引擎室通风口		103. 阅览室
60. 司令主厨房	75. 锅炉室通风口	89. 右舷5.5英寸炮指挥仪	104. 图书馆
61. 军官活动室食品储藏室	76. 烟道舱口	90. 左舷5.5英寸炮指挥仪	105. 线缆箱
62. 军官活动室	77. 4英寸Mk V高射炮[1]	91. 前部伸缩接头	106. 值班员储藏室
63. 军官活动室会客室	78. 4英寸即用弹药箱	92. 紧急传声筒	107. 后烟囱
64. 左舷5号5.5英寸炮	79. 鱼雷火控塔与15英尺测距仪	93. 右舷2号5.5英寸炮	108. 前烟囱
65. 左舷6号5.5英寸炮	80. 海军陆战队储藏室	94. 左舷4号5.5英寸炮	
66. 司令副官舱室	81. 防水布储藏室	95. 前桅	
67. 初级军官厕所	82. 夜间防御指挥所	96. 舰桥休息区	
68. 中高级军官厕所	83. 主桅	97. 信号间	
69. 中队参谋军官舱室	84. 蓄电池室	98. 通信军官舱室	
70. 军需长舱室	85. 后部伸缩接头	99. 值班军官舱室	
71. 参谋长浴室	86. 消毒间	100. 航海军官舱室	① 译注：Mk为“Mark”（型号）的缩写。皇家海军当时以罗马数字表示武器型号，Mk V即为5式。
72. 参谋长卧室	87. 铁工车间	101. 牧师舱室（之一）	

上层甲板

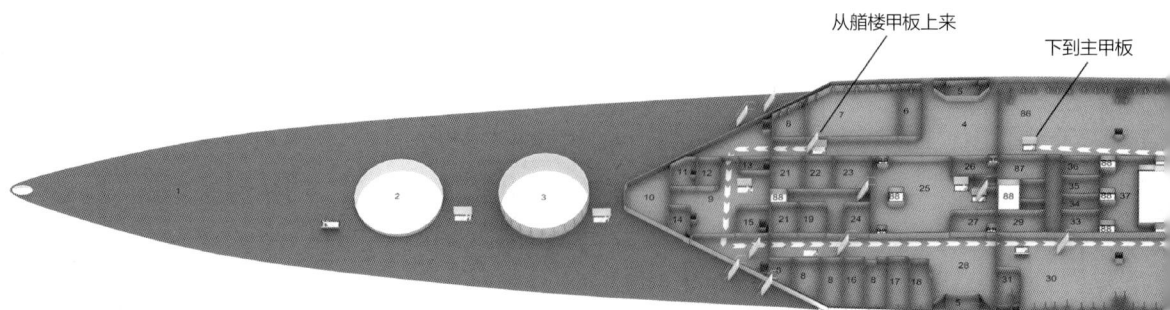

从艏楼甲板上来
下到主甲板

主甲板

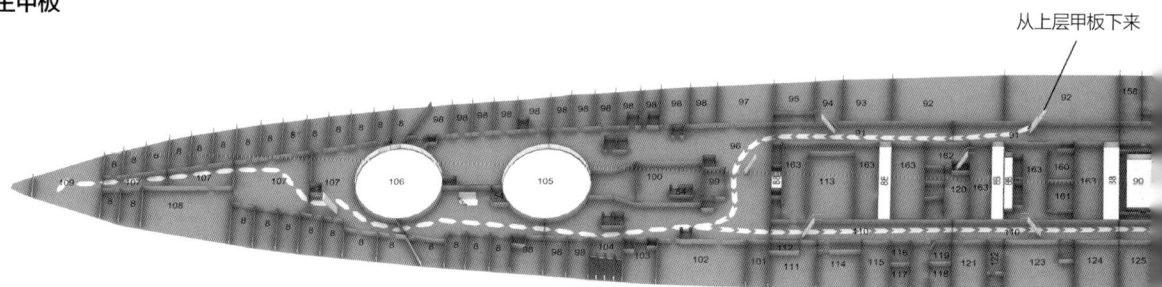

从上层甲板下来

上层甲板与主甲板

1. 后甲板
2. "Y"炮塔
3. "X"炮塔
4. 左舷鱼雷准备区与发射管
5. 装甲保护的战雷头库
6. 军官候补生室食品储藏室
7. 军官候补生室
8. 军官舱室
9. 舰长会客室
10. 舰长昼间舱室
11. 舰长卧室
12. 舰长浴室
13. 机要文件室
14. 舰长食品储藏室
15. 舰长办公室
16. 无线电报军官舱室
17. 高级轮机官舱室
18. 牧师舱室（之一）
19. 枪炮管理办公室
20. 鱼雷管理办公室
21. 秘书下属抄写员办公室

22. 电报室
23. 军舰办公室
24. 印刷所
25. 主起重机升降操作间
26. 初级军官与准尉勤务兵餐厅
27. 邮局
28. 右舷鱼雷准备区与发射管
29. 司令勤务兵与炊事兵餐厅
30. 陆战队营房
31. 陆战队士官餐厅
32. 瞭望台分队餐厅
33. 军士长餐厅
34. 中高级军官勤务兵与炊事兵餐厅
35. 军舰纠察办公室
36. 纠察长与秘书下属抄写员餐厅
37. 洗碗间
38. 瞭望台分队餐厅
39. 服务社
40. 炊事兵休息室
41. 艏楼分队餐厅
42. 纠察军士餐厅

43. 轮机官储藏室
44. 物资分发室外甲板
45. 牧师办公室
46. 物资分发室
47. 吊床储藏室
48. 指挥塔（辅助译电室与第三无线电报室所属层）
49. 军士餐厅
50. 理发店
51. 锅炉兵餐厅
52. "B"炮塔
53. 炊事兵与供给部门餐厅
54. 火药库注水控制间
55. 军士食品储藏室
56. 服务社人员餐厅
57. "A"炮塔
58. 医务室外甲板、备用餐厅
59. 书店
60. 药房
61. 医护兵餐厅
62. 鱼雷装卸舱口

63. 医务室
64. 隔离病房或称"玫瑰农舍"
65. 厕所
66. 司令副官舱室
67. 公共浴室
68. 手术室
69. 检查室
70. 造船技工工作间
71. 锚链舱
72. 造船技工即用品储藏室
73. 军士长与军士厕所
74. 主厕所
75. 水密隔间
76. 锅炉军士食品储藏室
77. 锅炉军士餐厅
78. 锅炉军士长办公室
79. 军士长与技术兵食品储藏室
80. 军士长与技术兵餐厅
81. 引擎室技术兵食品储藏室
82. 引擎室技术兵餐厅
83. 锅炉军士长与轮机军士长食品

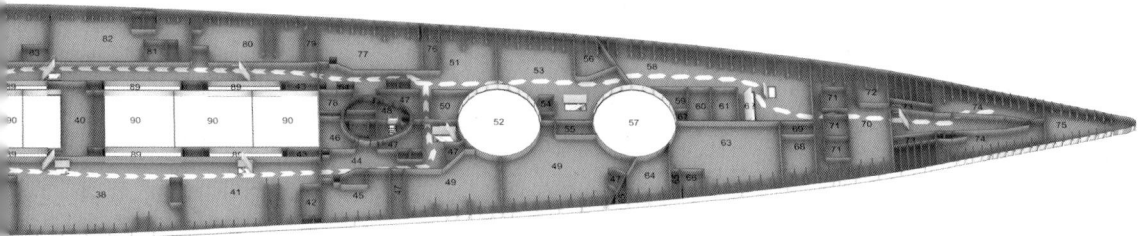

下到"Y"锅炉室

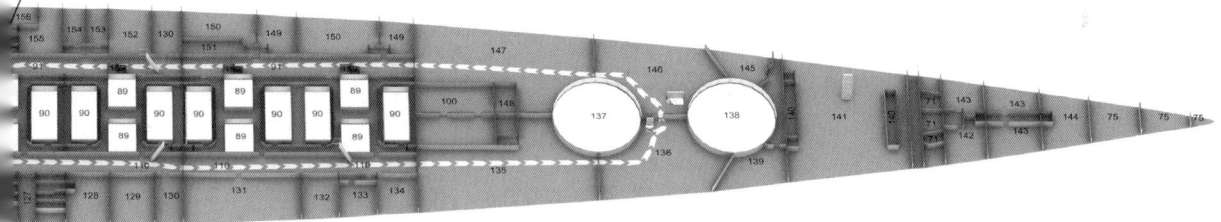

储藏室

84. 锅炉军士长与轮机军士长餐厅

85. 鱼雷兵餐厅

86. 后甲板分队餐厅

87. 炊事兵餐厅

88. 引擎室通风口

89. 锅炉室通风口

90. 烟囱开口

91. 左舷弹药运输通道

92. 轮机官工作间

93. 初级军官浴室

94. 初级军官换衣间

95. 灯具辅助储藏室

96. 准尉舱室外甲板

97. 军官候补生储物间

98. 准尉舱室（单人或双人）

99. 4英寸弹药准备区

100. 5.5英寸弹药准备区

101. 准尉食品储藏室

102. 准尉餐厅

103. 准尉浴室

104. 准尉厕所

105. "X"炮塔

106. "Y"炮塔

107. 后部舱室外甲板

108. 教堂

109. 军官候补生学习室

110. 右舷弹药运输通道

111. 中高级军官浴室

112. 副舰长浴室

113. 中央储藏室

114. 无线电报部门储藏室

115. 轮机官即用品储藏室

116. 司令勤务兵舱室

117. 司令炊事兵舱室

118. 军官活动室勤务兵舱室

119. 舰长勤务兵舱室

120. 无线电报室

121. 轮机办公室

122. 电气技术兵即用品储藏室

123. 电气技术兵工作间

124. 军械技术兵工作间

125. 军械员工作间

126. 军乐队乐器室

127. 禁闭室

128. 服务社储藏室

129. 煤仓

130. 应急信号站

131. 水兵浴室

132. 陆战队浴室

133. 军士长浴室

134. 军士浴室

135. 艛楼分队餐厅（至1931年已分配给锅炉兵）

136. 少年水兵餐厅

137. "B"炮塔

138. "A"炮塔

139. 天棚室

140. 鱼雷雷体升降机

141. 鱼雷雷体储藏室

142. 灯具储藏室

143. 服装配给室

144. 涂料室

145. 潜水设备储藏室

146. 备用餐厅（至1931年已分配给水兵）

147. 锅炉兵餐厅

148. 探照灯指令发送站

149. 锅炉兵换衣间

150. 锅炉兵浴室

151. 少年水兵浴室

152. 锅炉军士浴室

153. 锅炉军士换衣间

154. 锅炉兵厕所

155. 锅炉军士长与轮机军士长浴室

156. 锅炉军士长与轮机军士长换衣间

157. 引擎室技术兵浴室

158. 引擎室技术兵换衣间

159. 锅炉室电梯

160. 轮机修理工操作间

161. 备用设备辅助储藏室

162. 译电室

163. 引擎室风扇通风口隔间

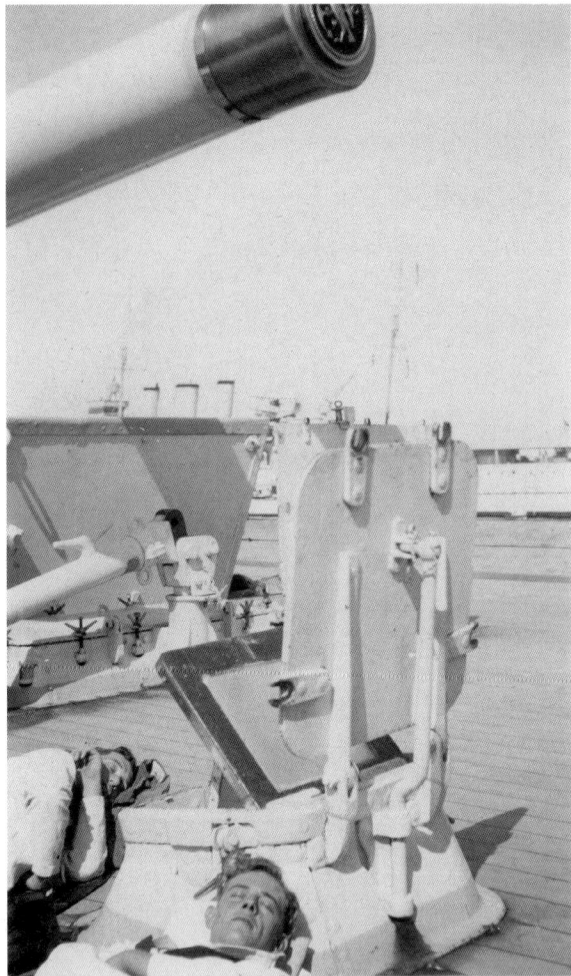

∧ 20 世纪 30 年代后期，舰楼上的小憩时光。舱口通往上层甲板上的医务室。中景的盒状物体是鱼雷装卸口，一旁有装卸起重机。远处一艘 "郡" 级重巡洋舰被前挡浪板遮住了一部分。（"胡德" 号协会 / 克拉克收藏照片）

∧ 从舰艏最前端观察到的舰楼和舰桥结构。"B" 炮塔的红、白、蓝三色条纹表明照片摄于 1937 年或 1938 年。"A" 和 "B" 炮塔、装甲指挥仪及顶部指挥仪转向左舷。起锚机、锚链和锚链筒盖涂上了颜料。（"胡德" 号协会 / 珀西法尔收藏照片）

————————

① 伦敦国王学院利德尔·哈特军事档案中心，档案编号 Aston 1/10，第 57 页。

司令宿舍还包括卧室、浴室以及一个配备了电温箱和洗碗池的食品储藏室。周边是参谋人员的舱室。沿靠海的一侧向前走，便到了副舰长室。在这里，罗利·奥康纳（Rory O'Conor）于 1933 年首创了广受欢迎的 "敞门" 做法，让士兵们有更多机会接触他。一旁是炮术军官舱室。再隔一间屋则是军官台球室，1926 年 1 月的一天晚上，这里的军官们带阿斯顿领略了用五球的 "寻开心" 玩法的乐趣①。经过军医长和轮机长各自的舱室后，可以沿走廊来到右舷炮群。这里有 3 门 5.5 英寸副炮，直至 1940 年拆除。靠内处有舰上的厨房，包括夹在两座烟囱中央的主厨房和前面的面包房，散发着温暖的香气。与舰上各处一样，厨房也会引人赞叹该舰设计和装备的新颖之处：

首先，在我们海军的主力舰中，她是第一艘装备烧油灶台的。灶台在艏楼甲板的士兵厨房中共有三处，很大，相当于船宽度的一半，可同时做1400份餐食。这里也有很棒的煮锅和炖锅，用蒸汽来煲汤、煮蔬菜等。还有一件有趣的新设备——为方便居住甲板上的餐厅沏茶、冲咖啡或可可饮料而专门安装的热水炉。一旁的小厨房有各种省时省力的先进器具：土豆削皮器和切片器、香肠机、培根切片器等。而且，我现在听说，厨房还要安装可做炸鱼薯条的灶台。[1]

即使得益于大量的现代方便设备，海军食物的质量也始终不让人放心。不过，很少有人对面包有怨言。超过750千克的面包每天分五次烤出来。1928年3月，西班牙王室在马拉加参观该舰时，埃娜王后品尝了面包房制作的一个圆面包和几勺厨房煲的汤[2]。她对这些食物印象如何，未见记载。在各种辅助隔间中有肉库，由一名皇家海军陆战队屠宰员管理，冷藏着几天分量的肉。还有一间是土豆库，每天这里要提供1500磅[3]土豆。离炮术准尉的小便池不远有宽大的干燥间，这里不仅用于洗衣，也供在恶劣天气中从哨位回来的士兵休息。再经过一道舱门，就到了右舷3号5.5英寸副炮。在这里可以看一眼艏楼。接下来是水手长的工具库，有卸扣、水手锥、工作锤和其他工具，供他和部下在船的各处完成工作。稍远处是右舷1号5.5英寸副炮，在那里可以很好地观察350英尺长的艏楼。目光经过挂在舰桥壁上的破雷卫、巨大的指挥塔，经过前主炮群和它们侧面的两道防浪板，再经过起锚机、锚链和链孔，就看见了俗称"军舰之眼"的舰艏。国旗在旗杆上飘扬。正是在这面国旗下，当1931年9月的因弗戈登（Invergordon）兵变发生时，船员集合在锚链中间唱歌、听讲话。不过，当艏楼装上遮阳篷时，它就是最惬意的睡觉处。一等水兵莱奥纳德·威廉姆斯（Leonard Williams）回忆1934年夏天在马耳他的那些难忘的夜晚：

夜晚如果我们不上岸，道格和我就来到巨大的艏楼天棚下，在舱面上睡觉。我俩都有行军床，我们就躺着，看卡斯蒂尔（Castille）通信站桅杆顶端的信号灯一闪一闪地向停泊在大港的舰队发出信号。我们无法看见被天棚遮住的星星。躺在那里是开心的事，听印度式马车（我们习惯这样称呼）上传来的钟声，看海边的酒吧和咖啡馆的灯光。还有些起伏不定的灯火，那些是小划船，它们奔向各自的去处。我们会聊到岸上的灯光一盏盏熄灭为止，不久我们自己也累了，睡着了。[4]

阿斯顿向左转，横越舰体，穿过面包房旁的面包冷却室，再经过指挥塔下的昼间电气操作室和陀螺罗经调试间。这里，他能见到右舷1号5.5英寸副炮。穿

① "乘'胡德'号出海"，《海军》期刊1920年2月刊第13页。
② 德雷尔《海上传统》第288页。
③ 编者注：为准确表达数据，中文版保留了原文的英制单位。1磅=0.454千克，此处1500磅合680千克。下文出现该单位时，读者可自行换算。
④ 威廉姆斯《行过远途》第123页。

过另一道门，沿右舷向舰后部走，他又再次来到军官生活区。这里有一排卫生间，分别供军官及军官候补生与学员使用，接下来是军需长和两名参谋军官各自的舱室。1941年春天，美国海军观察员欧内斯特·M.艾勒（Ernest M. Eller）少校参观了 "胡德" 号，被这里的军官卫生间吸引了：

> 这处卫生间同样是独特的。它位于军官餐厅外面甲板边缘的一处突出部上方。［……］英国人管它叫 "金銮殿"，它并不和甲板在同一高度。你走进去，再上两级台阶。它们的位置相当高，最多高于甲板6英尺……[1]

近旁是司令会客室。另一名美国海军观察员约瑟夫·H.威灵斯（Joseph H. Wellings）少校在这里度过了1940年圣诞至1941年新年的一段时间。一旁有一处舱口通向上层甲板，大部分舰员住在那里。

阿斯顿到达上层甲板后，身边是军官候补生室。稍远处是左舷鱼雷发射器，从军舰之外观察，可以通过装在舰体上的两具厚重护盾认出它们。内侧有一个大舱室，里面的引擎是小艇甲板上的起重机起吊时使用的。阿斯顿转身朝向船尾，走进可以俯瞰后甲板的舰长生活区。这一区域和位于上方的司令生活区一样，也可看出舰长的生活与其他军官的生活有什么不同。穿过两道拱形门，就到达了舰长会客室，这里昼夜都有一名皇家海军陆战队哨兵守卫。会客室里的漆面耀眼，器具铮亮，令人惊叹。舰长在这里正襟危坐，裁决舰上最严重的犯罪和违纪事件。这里的陈设中，有两条壮观的1∶64比例的本舰模型，每条超过13英尺长，其中一条是为迎接1935年的英王即位25周年阅舰式而制造的。其中一条的细节甚至表现了奥康纳中校的西高地梗犬，但两条舰模后来都毁于战争。在 "胡德" 号于1939年8月前往北方之前，它们被运到了岸上，1940至1941年间，它们在朴次茅斯遭到空中闪击时被炸毁[2]。会客室中还有两张周日早礼拜用的长凳，它们现在保存在新森林（New Forest）地区博尔德（Boldre）的施洗者圣约翰教堂里。弹药库、计算室等关键部位的钥匙也在这里的玻璃门橱柜里。会客室周围是舰长办公室、食品储藏室和机密文件室，后者严密保管着命令、密码本和其他保密材料，考虑到有一天它们可能必须被抛入海中，还配上了铅块。接下来是宽敞的昼间餐厅，舰长在这里用餐和招待宾客。舰长套间还包括卧室（仅在停泊时使用）和浴室。

从靠右舷一侧离开会客室，通过一道门，就到了舰上的管理中心。这是一排位于走廊旁的办公室，包括秘书下属抄写员的办公室、电报室以及军舰本身的办公室，以及管理武器——枪炮和鱼雷的办公室。最后是印刷所，这里印制舰刊《山鹊》以及其他印刷品。再向前走就到了邮局，这里由皇家海军陆战队

① 艾勒《回忆》第Ⅱ部分 463 - 464页。
② 感谢海军中将路易斯·勒·贝利爵士2001年11月23日用信件告知作者这一细节。

管理，停泊期间每天从分布在舰上各处的9个信筒里收寄信件，并分发来信。来信量的最高纪录可能是57袋，这是1924年4月，"胡德"号开始环球巡航7个月后，到达悉尼时收到的。经过分类的信件由每间餐厅的值日士兵带走，分发给他们的战友。写给船员的信要写明姓名、餐厅编号，最后是地址"'胡德'号，由伦敦邮政总局转交"。在邮局对门靠海的一侧，有一排舱室，其中一间属于高级轮机官——他可以在这里享受清静，逃离主机舱里可怕的噪音；还有一间通常由随舰牧师使用。不过1936年，埃德加·雷牧师（Rev. Edgar Rea）想方设法占用了舰桥里相邻的两个舱室，这引起了一些争议，一位和他地位相当的舰员不客气地说："一间晚上睡觉，另一间白天休息。"①

① 雷《好事与坏蛋》第120页。

〈 1925至1927年的某时期，从左舷副炮群向前方观察。停在左舷4号炮与5号炮之间，由自动运输工具公司生产的"旅行者"运动汽车属于哈罗德·雷诺德（Harold Reinold）舰长。军官的私人物品需要由士兵保持清洁并妥善维护，这是因弗戈登兵变前引发不满的原因之一。（"胡德"号协会/雷诺德收藏照片）

∧ 1924 年前后，位于军舰舯部上层甲板的服务社。这里层层叠叠地堆着食物和用品，用于改善水兵的伙食并满足每天的特殊需要。一旁是一名属于海陆空三军合作社（NAAFI）的服务社协理员。（《塔斯马尼亚图片邮报》）

向前走，经过右舷鱼雷发射器，阿斯顿又进入了一处照明完全依靠灯光、换气全凭强制通风的空间。这处餐厅是皇家海军陆战队营房，长70英尺，宽30英尺，天花板用三根细柱和一排10英尺高的通风管支撑。大约160名官兵居住在这里，他们的物品和大部分装备都存放在舷侧的肋骨之间。在"旱鸭子"看来，餐厅显得拥挤和压抑，但早期在人们的主流印象中，这里还算是宽敞的，对某些人而言甚至是要付出代价才能得到空间。一等水兵L. E. 布朗（L. E. Brown）说：

尽管"胡德"号还在船厂里，舰上不够干净，但她仍然令人振奋。我刚从一艘烧煤的巡洋舰上来，那里满是灰尘，光线昏暗，头快顶到天花板，拥挤不堪。而现在我发现自己在一艘宽敞、洁净的军舰上。她很大，在这里你可能迷路，所以需要贴上标识以指明通向上甲板的路。①

① 引用于科尔斯、布里格斯《旗舰"胡德"号》第10－11页，时为1920年1月。

这位水兵的司令官罗杰·凯斯虽然喜欢自己的居住区，却不同意他的看法：

> 这些舱室像宫殿般宽敞。水兵们的住处如此拥挤，而我却有这么多空间，我觉得羞愧。①

"胡德"号虽然拥有英国海军造舰史上最大的舰体，但她跟其他某些英国军舰一样，安装过一些最笨重庞大的机械装置，这些装置挤占了船员的居住空间。刷成白色的通道以及布满管道和线的封闭空间如迷宫一般，需要时间去熟悉，不过有一点儿几乎没有疑问：与大舰队那些烧煤的老爷舰和英国工业化后的贫民区相比，1920年时"胡德"号确实是一件空间宽敞、设施便利、令人舒适的杰作。在这点上，她是空前的，正如《海军》（The Navy）期刊通讯员1920年2月所写：

> ……我想我们过去一直过度倾向于紧抓海军的装备而忽视了人员。"胡德"号的设计则标志着这一方面及其他许多方面的改变……②

资深士兵和士官的封闭式小餐厅中，陆战队士官餐厅位于陆战队餐厅的一角。向前走，有一道舱门通向另一处同样大的餐厅，供该舰瞭望台分队③的多数成员使用。军舰的服务社位于一角，这间综合商店向水兵们供应卷烟、烟叶、洗漱用品、药物和文具，以及公共餐厅没有的水果和甜食等。这里以及全舰各处的饮料柜台都出售不含酒精的碳酸饮料和果汁饮料，这些饮料被水兵们称作"波纹"，这是对任何不含或少量含酒精饮料的贬称。商店由海陆空三军合作社运营，从1921年开始，其员工由海军消费合作社的文职雇员担任。这里的商品免税，利润主要流入由服务社委员会（Canteen Committee）管理的本舰基金。靠内侧，在烟囱的排烟道之间有取菜间，上面的厨房把为各处餐厅提供的食物用电梯送到这里，放在蒸汽温箱里保温，直到准备上桌。有了这套系统，全体舰员能在半小时内吃到饭。再向船尾方向过去是机器洗碗间，这是科技省力的神奇案例。电动洗碗机把所有从餐厅送来的盘子、刀叉等洗干净，收起来准备下顿饭用。

右舷的第三间餐厅是艉楼乘员分队用的，通过餐厅的一道舱门可进入一条走廊。走廊从物资分发室（中午12点30分，每日配给的茶、糖、牛奶、黄油和人造奶油就是从这里分发给舰员）和随舰牧师办公室旁边绕过，经过两间相邻的士官餐厅中的一间，从指挥塔的底层和B炮塔底座之间穿过，通到左侧。这里，在几间吊床储藏室之间，有家理发店，锅炉兵比尔·斯通（Bill Stone）于1921至1925年在这里工作，每次服务收费4便士。到达这里后，由于越向舰艏方向舰体越窄，加上两座前主炮塔的底座阻挡，所以不再有继续向前的通道。而要到达前面

① 哈尔佩恩（编）《凯斯文选》第II部分第26页。
② 《海军》期刊1920年2月刊第13页。
③ 译注：风帆时代指战位在桅杆上和瞭望台上的分队。一战后，沿用此名的分队多在军舰艏部工作。

的舱室，须沿左侧通过锅炉兵餐厅、炊事兵与供给部门餐厅，最后是医务室。医务室（详见下文[①]）位于A炮塔前的舰体左侧，包括一个大套间。"胡德"号的舰员把阅读当作一种主要的消遣。阅读愈发重要，到1926年，一旁的书店每次巡航会卖出超过400本书[②]。书店也提供文具及各种指南手册、明信片、带框的照片和小装饰品。后世存留下来的来自"胡德"号的实物不多，以上是其中一些[③]。显然，这里的价格对某些人来说便宜，对别人则可算高昂。1926年阿斯顿"花13先令买了刀、烟灰缸、火柴盒和一本关于'胡德'号的书"，而两年前S. M. 加尼（S. M. Ghani）和他的马来亚校友们却无力购买任何出售的物品[④]。前面的一道舱门通向造船技工的工作间和储藏室，这两处的部分空间被三个巨大的锚链舱占据。造船技工一直被俗称为"木匠"，他们以这里为驻地，对舰体、桅杆、横杆、泵、漆面和木质部分进行维护，这项工作似乎永无止尽。最后一道门通向舰艏的主卫生间，在"胡德"号的甲板下方闻到的难闻气味就是这里发出来的。该舰一生中安装的任何通风系统都没能把臭味减轻到可以容忍的程度。

很早以前，船只设计师们就把卫生间设置在船舶尖舱。除水密隔舱外，"胡德"号上最前面的空间都被卫生间占据。这里的设施由"厕所长"（负责清洁的水兵）维护，它们反映了船上与军衔对应的特权。高级士官可以用全高的铁门保证隐私，而其他士官和水兵只能用半高门凑合。泰德·布里格斯写道：

> 上厕所是我最紧张的时刻。我发现这令我尴尬：坐在"宝座"上，隔间的小门只够遮住我的"宝贝"，而我能从门顶上看见同伴们紧张的脸，他们就像栖息的鸟一样蹲成一长排。我害羞得不敢与其他水兵交谈，而大家一般都会说说话。在恶劣天气里我还要尽量憋住，否则军舰摇晃时，旁边便池的人可能会被浇一身尿。[⑤]

不过，情况还可能更糟。后来成为知名演员的二等水兵乔恩·帕特维（Jon Pertwee）生动地描写了他于1940至1941年在舰上的经历：

> 为了防止舰艏压低时海水从排污管倒灌，这些便池的水线下安装有单向翻板。不幸的是，在北海水域，舰艏压得很低，而且很频繁，所以那些翻板不再关着，而是被掀起来了，海水就从排污管里涌上来。所以，如果你没经验，就会发生下面的事：你进入没有门的厕所间，坐在马桶上，裤子脱到脚踝，开始"干活"。忽然军舰一个猛子往下扎，这使得海水不受挡板的阻隔，涌进了马桶。水位会上升，直到你排出的货落进了下面毫无准备的裤子里，而你还不知道。这场灾难会逗得老手们狂笑，然后他们会给你讲古老的"躲避"技巧。这

① 见第5章第226－227页。
② 伦敦国王学院利德尔·哈特军事档案中心，档案编号Aston 1/10，第61页。
③ 同上条，第60－61页。
④ 马来海战幸存者协会网站：www. forcez-survivors. org. uk/schoolboy. html。
⑤ 科尔斯、布里格斯《旗舰"胡德"号》第134－135页。

种技巧就是：下面什么都不穿，在马桶靠左舷或右舷一侧等着。水位一旦开始下降，你就赶紧把屁股对准马桶卸货，然后快快抬起屁股躲避迫在眉睫的危险。如果需要，就重复这些步骤。完事后，为了安全起见，如厕者会飞快地跑掉。[1]

虽然舰上处处可见便池，但只有舰艉这些允许水兵使用。因此，出海常常成了一件令人疲倦和有些漫长的事。参观过厕所后，阿斯顿向后穿过他刚才经过的两处餐厅，接着沿上层甲板的左侧穿过一系列封闭式餐厅与食物储藏室，它们依次属于锅炉军士、水兵军士长及技术兵、引擎室技术兵、军械技术兵及造船技工，最后一间属于锅炉军士长及轮机军士长。虽然它们和开放式的餐厅在多数方面相似，但这些住舱远没有那么拥挤，而且整体上更舒适，因为它们有用帘子隔开的衣帽间，以及摆放在一端休息区的安乐椅。而后，阿斯顿来到了走廊尽头，这里有一道舱门，通向另一处大舱室，这处舱室由后甲板水兵分队和鱼雷兵使用。角落里有一个舱口，装甲舱盖通过滑轮来开关。阿斯顿由舱口下到主甲板。

主甲板是第一层从艏到艉的甲板，也是有舰员居住的最低一层。从梯子上下来，阿斯顿发现自己正在轮机官工作间外。他转向舰艉，通过中央储藏室和初级军官浴室。1923年，军官候补生布伦德尔因"无礼"而在浴室的排水泵上蜷着身子被担任候补生队长的中尉杖责了12下[2]。这时，阿斯顿来到一道舱门前。这里昼夜有一名全副武装的皇家海军陆战队卫兵巡逻，确凿无误地说明，门另一侧就是军官生活区。通过门后，后甲板下有一处宽敞的休息区，通向两舷。此处与舰艉间是舰上大部分军官的居住区，尽管"胡德"号的低干舷导致该区域成了舰上最不舒适的部位之一。埃德加·雷牧师解释：

多数军官在后甲板下睡觉，只有当停泊或者海况极好时，他们才能打开这里的舷窗。这意味着，他们的卧室只能从内侧的通道里得到空气。只要可以保持内侧空间的空气新鲜，这也不失为一个令人满意的办法，但在海上这经常做不到。稍有波浪，水就会溅到后甲板上，这导致为军官提供新鲜空气的通风口不得不用

△ 士官餐厅中就餐情景的罕见照片，这里可能是舯部上层甲板的军士长餐厅，摄于1924年前后。周边陈设之简陋显而易见。虽然上方有通风管道，前后和左右的墙壁仍经常结满水珠。（《塔斯马尼亚图片邮报》）

[1] 帕特维《雪地靴和晚宴服》第150页。
[2] 帝国战争博物馆，第90/38/1号档案，第Ⅲ卷第3本，第3页。

厚帆布罩上，避免水流下去。结果，卧室里的和其他隔间里的空气有时都污浊得无法形容。舰里所有难闻的气味仿佛都向后飘，使情况更加恶化。[①]

除此之外，还要加上军舰全速航行时后部产生的剧烈振动。少年水兵弗兰克·佩维（Frank Pavey）说：

> 如果开大动力，她就会像魔鬼一样咆哮。我替军官候补生们感到难过，因为他们的住舱正好在后面——军舰的最后部分，螺旋桨的正上方。这样，我觉得，他们每次就寝时都得被按摩一次！[②]

左舷的第一个隔间存放着军官候补生们的柜子，但通常存放的数量比设计的要多。外面排着十几间准尉的舱室，其中最后一间的边墙就是4英寸厚的、连接"Y"炮塔基座和船舷的舱壁。穿过被巨大的"X"和"Y"炮塔扬弹通道占据的甲板到右舷，就到了准尉的餐厅、食品储藏室、浴室和便池以及另一排舱室。从这里去后部，只能通过连接在"Y"炮塔右侧的装甲舱壁上的一道门。过了门后是一排军官舱室和舰上教堂，再后面是军官候补生的学习室。这些舱室几间几间地排在一起，中间围着几间相连的休息室。教堂边的一处装甲舱口可以通向两层甲板之下的舵机间。战时在海上，这处舱口是关闭的，只能由损管部门从上面打开。

阿斯顿重走刚才的路，通过另一道由海军陆战队哨兵把守的门后，就到达了右舷的弹药通道。它在船的中部，接近300英尺长，另有一条在左舷。它们被称作弹药通道，是因为5.5英寸炮弹正是通过它们被运送到位于舯楼甲板和小艇甲板的人工操作的副炮上。每条通道中有6座扬弹机用于提升炮弹。内侧空间大部分被烟囱排烟道以及通向锅炉室与引擎室的通风管占据，而靠海一侧则有一系列隔间，它们包括舰上的许多工作、管理场所和辅助空间。其中第一间是军官浴室，装有副舰长的专用隔间，不过他也要从自己的舱室走下两层甲板才能抵达。水兵们只能使用淋浴，而这里则装有显眼的长浴盆，水经由一根蒸汽主管道加热。曾于1941年春季在"胡德"号上度过了14天的美国海军少校艾勒这样描述军官浴室及其使用过程：

> 他们有一间相当大的浴室。它一定有30英尺宽。里面有上了釉的漂亮浴盆。我看每天早晨每位军官都会洗澡。如果你想洗澡，你的勤务兵就会在——比如——7点15分放好水。这样，这段时间这个浴盆就归你了。你走进去，看见大家都躺在有点儿烫的水里。每个人就躺着，什么也不说。他们泡了一会儿，

① 雷《好事与坏蛋》第 119-120页。
② 引用于米恩斯、怀特 《"胡德"号与"俾斯 麦"号》第12页。

就会拿出搓澡布。这种大块的粗糙海绵有些像是清洗锅炉用的。他们会用搓澡布擦身，把自己已经泡过热水的皮肤擦得更红。然后他们走出浴盆，用毛巾使劲擦身，然后去吃早餐，还是什么也不说。①

接下来是若干工作间、办公室和储藏室，包括轮机部门办公室。海军中将路易斯·勒·贝利爵士这样回味它：

这里就像一间小商店，有一张轮机长的桌子、一张高级轮机官的稍小的桌子、一张轮机办公室抄写员——比根顿锅炉军士长的相当大的桌子、一处我的小空间（行政工作是我的一方面职责），没有空间留给其他7个值班员。其余的空间都摆满了军舰的图纸、两部电话、锅炉用水和给水的重要检测试剂，还有其他装备。头上有一个大书架，上面有多本厚重的日志。我的许多前任们和我一样，必须在上面记录1000台左右的机器每次检测和修理的细节——从和面机到主轮机组。轮机长对维护机器负责。②

前面第三间隔间就是军械技术兵工作间。舰上火炮和装备的备用零件通过车床、电钻、磨床和铣床生产出来。再过两扇门是皇家海军陆战队军乐队的乐器储藏室。它旁边是5间禁闭室，违纪者最高可以在这里被监禁14天，由陆战队哨兵看守。如果水下部分受损，可以用存放在军纪室里或禁闭室甲板上的玻璃柜里的钥匙开门，让受禁闭者及时撤离。违纪者在禁闭室里可以看哲理书籍来排解烦闷③。内侧则是舰上最敏感的两处地点——密码室和无线电报室④。要进入它们，只能通过上层甲板。

阿斯顿沿走廊继续向前，经过一排水兵浴室，进入了一间水兵的大餐厅。这是给艏楼分队使用的。沿右舷向前，还有一间大餐厅属于少年水兵，这是泰德·布里格斯在1939年夏天第一次挂起吊床的地方。靠右舷的方向还有两间餐厅，第一间是锅炉兵的，第二间则为容纳过多的人员而预备。4间餐厅围在"A"和"B"炮塔的巨大扬弹通道四周。阿斯顿无法到达这些餐厅前方的部分，那儿是其他储藏室和隔间，包括鱼雷雷体储藏室，它只有垂直的出入口。于是他向后转，经过探照灯指令发送站和5.5英寸副炮弹药工作间，来到左舷的弹药通道。通道两侧几乎排满了各种浴室和更衣室。这些房间都装有子母门，配有休息室。1939年9月，"胡德"号在北海遭到轰炸时，多间房间里的瓷砖受损。

经过浴室后，阿斯顿回到了他起初来过的两间轮机官主工作间。要从这里下去，只能乘坐他来时经过的走廊边的四座电梯。通过一道气闸进入电梯后，他按下铜面板上的"向下"按钮，降到下层甲板的轮机部门区。主甲板是第一

① 艾勒《回忆》第Ⅱ部分第463页。
② 剑桥大学丘吉尔档案中心LEBY 1/2号柜，《不离引擎的人》手稿第12章第1页。比根顿1941年5月随舰战沉。
③ 比德莫尔《变幻莫测的海域》第54页。
④ 有关无线电报室在第4章第166-167页有记载。

层从艏到艉延伸的甲板，也是最后一层大部分区域都可以通行的甲板。下层甲板则不一样，它的大部分都被只能从上面进入的锅炉室和引擎室占据了。这样，当电梯第一次停下时，阿斯顿一走出来就发现自己在一处密闭空间中。这处空间有50英尺宽，是"Y"锅炉室的风扇间，用于向燃烧室鼓风。四周全是管子，覆盖着厚厚的白色绝缘层，输送着饱和蒸汽。如果军舰锚泊不动，那么人们可能只会注意到这种令人窒息的气氛和高压风扇无休止的噪音。但如果她在航行，那么这里的酷热将使人无法忍受，其噪音也将无法形容，气压表的读数将比大气压高几英寸，每件表盘、气缸、手轮和面板都随着振动摇晃。全速航行时，风扇向工作区里吹着强风，但高温并没有明显缓解。阿斯顿回到电梯，再下行一层，到达上层锅炉舱，首次清楚地看见了"Y"锅炉室里的6座锅炉。它们相对排成两排，每排3座。上层锅炉舱有两处平台，用于检测锅炉上部的水位。顺着一条梯子向下几步，或乘电梯继续下行，他就到达了下层平台并进入锅炉舱。这里有锅炉使用的错综复杂的管道、泵、测量仪器、表盘和喷油器。锅炉室共有4间，前后延伸170英尺，布局都如此。

　　位于后方的3间宽敞的引擎室也只能从主甲板进入。它们的高度相当于4层甲板空间，前后延伸125英尺。该舰的内部空间中，这里是最让人惊叹的。从主甲板垂下的梯子看，会看见眼花缭乱的景象：各种机器、泵、汽轮机、压缩机之间交织着粗大的软管和硬管；4根最长300英尺的螺旋桨轴从这里引出，在14台齿轮减速汽轮机的尖啸声中，它们推动军舰以超过30节的速度航行；外侧的两根桨轴由前部引擎室的两座轮机驱动，左舷内侧和右舷内侧的桨轴则分别由中部和后部引擎室控制。有关"胡德"号引擎室里的生活的细节在别处讨论，阿斯顿现在已经观察了他想了解的一切，他满意地通过几段陡梯回到主甲板，继续参观。

◢ 难得一见的"胡德"号指挥塔上层内部照片，摄于1924年前后。主驾驶台位于山毛榉木格栅前方。命令通过操舵兵前方的传声筒传达到这里。四周可见其他传声筒和电话。狭长的观察口提供了有限的采光和视野。（《塔斯马尼亚图片邮报》）

　　主甲板上有许多舱口通往占据了下层甲板后部的机械室和储藏室。其中有直流发电机和涡轮发电机室、为主炮提供动力的液压引擎室，以及各种储藏室，包括舰长和司令使用的。有几处机械室一直向下通到平台甲板，它们也只能从上方进入。这一层甲板的储酒间储存着朗姆酒，以两道锁保护着。此外还有舵上方的操作间，以及"X"和"Y"炮塔的弹药库和转运间。接下来，在炮塔扬弹通道和旋转的推进器桨轴之间的军械舱中，分布着15英寸炮的炮弹室。这里是水线下25英尺，阿斯顿已经下到了军舰的最底部。他脚下是军舰的双层底。舰底采用坚固的盒状结构，是阻挡海水的第一层也是主要的屏障。

从艉楼下方主甲板上的舱口向下，在锅炉室前方，有一系列布局相似的隔间和甲板。下层甲板上有两间向下延伸到平台甲板的电动发电机室，还有主配电装置和全舰380部电话的交换台。交换台任何时候都有至少一名接线员，不过在罗利·奥康纳中校看来，它并未充分发挥作用，这是由于当可以使用传统手段时，人们不愿使用现代设备：

> 舰上的电话服务并没有时时最大限度地发挥作用。如果充分使用它，勤务兵就可以少来回跑很多路，而且勤务兵人数也可能削减。［……］一般大军舰的日常事务中大约会用到50个重要的电话号码，如果这些号码集中写在一个展示框里，挂在电话边，电话就可能打得更多。①

这里还有鱼雷和5.5英寸副炮的计算室。在它们正下方的平台甲板上是15英寸炮中央计算室，有28人在这里向主炮传送瞄准指示。有关中央计算室的描述相当少，不过除了德雷尔火控台外，还有一件装备让访客难忘——一辆自行车。如果停电，就用它来向火控台提供动力。同样在平台甲板上，"A"和"B"炮塔的弹药库和转运间的前方，有两具水下鱼雷发射管，它们将在1937年被撤除。与后部相同，甲板上还布置有弹药库和弹药箱，它们位于军械舱内和下层甲板上。

参观完下层甲板后，需要费力爬四段梯子才能回到"B"炮塔扬弹通道后面的主甲板和5.5英寸副炮弹药工作间。从这里，也只有从这里才能到达"胡德"号巨大的装甲堡即指挥塔，水兵们则叫它"安妮女王的大厦"。指挥塔是一座7层高的筒状建筑，截面为卵形，底部在上层甲板，顶部与司令舰桥等高。它的顶部是装甲指挥仪，四周则开有视野不佳的观察口。指挥塔虽与舰桥结构融为一体，却不与舰桥的任何部分相通。它由3至10英寸厚的大块弯曲装甲板构成，总重600吨。指挥塔的功能是保护该舰最重要的战斗机构，除了猛烈的舰内爆炸，没有什么可以击穿这个防护罩。相应地，位于上层甲板的第一层塔身设有第三无线电报室和辅助密码室，上层是情报室。再向上，与小艇甲板等高的一层则有信号发送室。在西班牙内战中，情报室率先截获了德国和意大利部队的信号。接着是其中一处鱼雷指挥所，从这一层开始可以通过观察口采光。上方则是错层式的指挥塔上半部分，其中以同心圆方式布置着司令塔、电话交换台、15英寸主炮火控站和驾驶台。驾驶台位于一块精致的山毛榉木格栅前方，指挥塔的名字便源于操舵。塔顶是装甲外罩保护的回旋式指挥仪。

① 奥康纳《管理大型军舰》第134页。

△ 1923年，小艇甲板
左侧。各种小艇和筏彼
此重叠或安放在支架上，
一艘32英尺快艇吊在
艇架上。左侧是左舷4
英寸Mk V高射炮。炮
的对侧是夜间防御指挥
所，上面有观察口，内
部有4英寸炮的即用弹
药箱。前方是主桅杆三
脚架的左脚，以及一根
排气管，后者属于平台
甲板上的后部柴油发动
机。（克里布）

阿斯顿探察了指挥塔，原路返回主甲板，沿左舷弹药通道来到后方的准尉活动区。他从"X"炮塔前的一处舱口上去，来到后甲板。这时，他几个小时以来第一次吸到新鲜空气。恢复精力后，他沿着右侧舱壁上的梯子返回艏楼甲板，接着通过另一段梯子上了敞开的小艇甲板。小艇甲板占全舰中央1/3长度。向舰外走，他发现自己正俯视着一层甲板之下的右舷副炮群。向上看，视野中主要是两座烟囱及它们之前的舰桥和前桅楼。他身后，150英尺高的主桅杆耸立在小艇甲板的后部分，它是全舰的最高点。战时，海军旗飘扬在桅杆斜桁上。那些在"恒河"训练基地120英尺高的桅杆上或在"圣文森特"（St. Vincent）训练基地的桅杆上受过训练的少年水兵们负责拉回松开的旗绳，或在军舰每次从罗塞斯的福斯大桥（Forth Bridge）下通过时放低主桅楼和前桅楼旗杆。泰德·布里格斯描述了一次爬上前桅楼的经历：

　　桅杆都不难上去，只有攀爬主桅杆最高处的6英尺时需要灵巧些，因为这里是一段垂直的圆杆。一天，前桅杆右侧上横桁的一根旗绳被吹开了，我奉命上去整理。我一点点挪到横桁末端，试图抓回那只英格尔菲尔德夹子。这时，引擎室的安全阀开了，一大团蒸汽向我袭来。我牢牢抓着，想着：如果那团旋转上升的白雾是热的，我就放手掉进海里。我宁可淹死也不想被活煮。所幸蒸汽

△ 1938 年 9 月，挂着防破片材料的后部上层建筑。两具 32 英寸探照灯之间是新安装的 Mk II "砰砰"炮指挥仪，远景是炮座本身。右侧是主桅，三脚架的其中一脚位于左侧。上层建筑和三脚架之间是舯部引擎室的主通风口。1941 年，调查军舰沉没原因的委员会重点研究了小艇甲板的这一区域。（"胡德"号协会 / 弗瑟林厄姆收藏照片）

包裹我时，它已经变得像一阵冷雨。①

主桅杆前方安装着舰上的起重机，操作它的滑车系统固定在两层甲板下的起重间里。它需要 80 名舰员使用 4 根拉索来运作。这本是一件累人的活，只有当吊臂升到接近桅杆处，人们听到"吊车快要到顶"的喊声时才会感到一阵开心。来自朴次茅斯，1939 至 1940 年服役的少年水兵吉姆·泰勒（Jim Taylor）记得这份苦差事：

……"胡德"号没有好用的起重机，在这方面她有点儿落伍。任何运到船上的东西都需要用人工或用主起重机搬运。我对 1939 年圣诞节印象很深，那次我们要把很多箱火鸡肉搬上船，一次搬 4 箱，花了半个夜晚才全搬上来。②

主桅杆后部是夜间防御指挥所以及它上方的探照灯控制所，后者有 4 座灯（1930 年代减至 2 座）。再向后是鱼雷火控塔，塔顶有一座装甲测距仪。近旁有 4 座 4 英寸高射炮，它们于 1939 年被撤除。司令卧室的天窗也在这里。1921 年夏季的一天，有人恶作剧地把军舰的吉祥物——山羊"比尔"塞进了天窗。如果说后甲板右侧是舰长的领地，那么小艇甲板后端右侧就是司令官的领地，他可以不受干扰地使用并享受这里。在蓄电池室和一些巨大的引擎室通风口周围，排列着"胡德"号的艇队，至少有 14 艘。接下来是 2 座烟囱，有 50 英尺高。该舰

△ 20 世纪 30 年代后期，从瞭望台观察小艇甲板。舯部探照灯控制平台位于两座烟囱之间。主桅的旗绳上是两种舵角信号旗，一个绿色圆形表示向右，两个红色圆锥形表示向左。中景是后部上层建筑和后甲板。画面右侧，人员正在一艘蒸汽巡哨艇上进行作业。对比战时情况，请看第 394 页的照片。（"胡德"号协会 / 珀西法尔收藏照片）

① 科尔斯、布里格斯《旗舰"胡德"号》第 136 页。
② "胡德"号协会档案。

① 帝国战争博物馆，第
90/38/1号档案，第Ⅲ卷
第3本第2页。

的操作手册说，每座烟囱里可以并排放下2列伦敦地铁列车。烟囱之间是舯部探照灯控制平台，其大部分于1939年拆除。后烟囱周围是医务室的消毒间、铜工车间和铁工车间。外侧是两台40英尺起重机，用于起吊前方存放的较小的艇。

1923年12月，在塞拉利昂外海，军官候补生乔治·布伦德尔驾驶巡哨艇时，由于涌浪，艇的烟囱撞在系艇杆上折断了[①]。一位和蔼的工匠整夜坐在铜工车间里修理烟囱。同时，铁工则在砧、锻铁炉和风箱之间自得其乐，直到需要把军舰固定在一个系泊浮标上的时候。在接下来的几分钟里，他是舰上最重要的一员，因为在他把止动销敲进浮标卸扣之前，谁也不能上岸。小艇甲板的最后一处看点是前烟囱两侧的5.5英寸副炮，至此，该舰的12座副炮都一一看过了。

阿斯顿注视着舰桥和前桅楼时，也许是带着些敬畏的。前桅楼在巨大的三脚桅上，分几层，最高处在小艇甲板上方100英尺。不过，他继续向前，进入位于

〈1936年春季，舰桥建筑右侧。照片拍摄者位于信号桥楼高度。信号桥楼上方的探照灯位于司令舰桥处。外延的围栏平台是前部舰桥的一部分，前方更远处可见罗经平台的边缘。更上方是前桅探照灯平台（1936年秋季拆除）和鱼雷瞭望平台（1941年拆除），最后是位于多角形底座上的瞭望台。

∨1924年6月，在夏威夷附近，从空中拍摄的"胡德"号舰桥和指挥塔。信号平台和上面的礼炮被天棚遮住。指挥塔后方的平台上有一名旗语兵和从辅助无线电报室引出的天线。一名军官在罗经平台门口对着镜头挥手。军官上方是前桅杆探照灯平台和鱼雷瞭望哨平台，一台用于集火射击的示距钟勉强可见。图片中部可见通往不同楼层的各种传声筒。（美国海军历史中心，华盛顿）

指挥塔背面的舰桥休息区。右舷侧排着舰上的一些采光最充分、最惬意的房间，它们属于值班军官、航海军官和通信军官。后两间通过一处舱口通向信号发送室——全舰最重要的房间之一。左舷侧主要有一间宽敞的阅览室，这在皇家海军作战舰船上开了先河。所有官兵均可使用阅览室，这里有五处舷窗提供采光。显而易见，它是舰上最受欢迎的地方之一。1936年，舰上一个笔名"罗斯林①人"（Rosslynite）的"笔杆子"以它为主题写了一首拙劣的打油诗：

> 说起怎样收拾阅览室，每个人都同意
> 更重要的物品应该快快搬出去。
> 精致的桌子、椅子、窗帘和一大堆军需官的厚呢，
> 这里的常客可以把疲惫的身子躺在上面，拿从前的日子吹牛皮。②

走出去便是会员图书馆。建立这处设施是为了服务"胡德"号上受教育程度越来越高的乘员组。"胡德"号服役时，得到了海军部提供的约700本书，"大部分是从古到今的普通经典小说"③。到20世纪30年代，这些保存在准尉活动区学习室里的藏书在人们看来显然已经有些乏味。罗利·奥康纳中校对在舰上建立会员图书馆的事拿出了一如既往的热忱④。图书馆从来自服务社委员会的50英镑贷款起步，购买了500本新书，每人花一便士可借一本书一周。这套方案立即获得了成功。两年后，在军舰的最后一段服役期里，图书馆以拥有5000本书、每周借出1000多本为荣。按舰员的喜好分类，借出的书中40%描写美国西部，25%以犯罪为题材，25%为一般小说，10%为军事书籍。

沿着阅览室旁的一道梯子，阿斯顿上到舰桥的第一层——信号桥楼。在它中央的是司令的航海舱室，舱室前面是紧邻指挥塔后部的信号室。平台两侧各有一排旗箱，信号兵举起里面的旗来指挥一队军舰的行动。这里还有5.5英寸副炮的火控塔，这是1934年从瞭望台上移来的。上一层是指挥塔平台，上面有舰长和参谋长的航海舱室。再上一层是封闭的司令舰桥，它包括司令的海图室和信号室，于1939年扩建后包围了控制塔。和平时期，在此处，被舰桥清洁员打扫得一尘不染的甲板上，将领可以指挥他的军舰完成战术训练、军事行动和机动航行。不过战时，他一般会在主指挥中心——前舰桥上，身边跟随着旗舰舰长和参谋们⑤。从司令舰桥通过一道梯子就可以到达前舰桥，这里有罗经平台、海图室、无线电报室和司令绘图室，它们和指挥塔及引擎室之间有很多传声筒。1929至1931年，这两层进行了大幅度的重新布置，目的是改善全周视野，并抵挡当后门和前窗同时打开时会横扫前舰桥的剧烈冲击波，避免人员被军舰自己的齐射轰倒。不过，如果海军中将杰弗里·布雷克（Geoffrey Blake）写给

---

① 译注：罗斯林为苏格兰一地名。
② 《山鸦》期刊1936年4月刊第14页。
③ 奥康纳《管理大型军舰》第154页。
④ 同上条，第153–154页。
⑤ 海军中将詹姆斯·萨默维尔爵士是个例外，战斗中一般在指挥塔里。见辛普森（编）《萨默维尔文选》第120页。

海军审计官、海军上将雷金纳德·亨德森爵士（Sir Reginald Henderson）的信可以作为证据的话，那么实际上直到1936年 "胡德" 号还几乎未得到这方面的改进[①]。如果不进行彻底重建，这也不可能纠正。因此，第二年在马耳他时，舰桥仅加装了钢化玻璃和雨刷，布雷克就无法要求更多了。

前舰桥上方是探照灯控制台，于1936年改成了防空指挥所，其后部早在1927年加装了鱼雷指挥所。通过三脚支架上的一段险峻的阶梯，可以到达上一层。这里是前桅杆上的探照灯平台，于1936年拆除。在它之上是狭长、封闭的鱼雷瞭望台，于1927年改为探照灯控制台，并在1941年的最终改装中撤除。最后看见的是巨大而壮观的瞭望台或称桅楼指挥所，顶部有15英尺火控测距仪，位于水线以上120英尺。出海时，攀上此处可能是一种考验。少年水兵吉姆·泰勒回忆:

在 "胡德" 号上时，我的战位就在顶部指挥仪上。它就在前桅杆的顶部，瞭望台上方。要到达那里是怎样的一段路啊。通常，人必须从桅杆支柱外侧的梯子爬上去。烟囱里排出的气体可以把梯子烤得很热。我记得有一次，我的连帽衣的帽子都被刮掉了，而我脖子后面也被烤伤了。当然，除了烫伤的危险，待在梯子上本身也是个问题。任何在 "胡德" 号上服役过的人都会告诉你，那艘舰横摇、纵摇得有多厉害。我可以证明，当你接近桅杆顶时，感觉有多糟。有时我会从桅杆支柱内侧上去。那里有无数的电缆、电线和分线铁箱，还得绕开桅杆内部的构造。到达瞭望台后，我必须从它的屋顶过去才终于能到达我的战位。[②]

到达那里后，剧烈的振动和军舰的大幅移动会使该战位上的很多人苦不堪言。但某些人觉得舰上其他地方不如这里有生机，虽然同样只能与大海和海鸟为伴。1935至1938年服役的少年水兵，来自谢菲尔德的孪生兄弟弗莱德·库姆斯和弗兰克·库姆斯（Frank Coombs）说:

越往桅杆高处，越能明显感到军舰左摇右晃。我们不知道这是不是想灭一灭我们的威风，但这项工作适合我们，而且我们发现在那里整夜值班是如此开心的事，我们其中一人还在喝茶时间赶回餐厅拿来了很多咸牛肉三明治。[③]

① 国家海洋博物馆 "胡德" 号舰船资料集第Ⅲ部分，第35号，直布罗陀，1936年12月23日。
② "胡德" 号协会档案。
③ 帝国战争博物馆第91/7/1号档案，第47页；1935至1938年。

瞭望台是设在一个巨大的星型支架上的封闭三角形建筑，它里面有舰上一些主要的炮术指挥和控制设备。炮术军官在这里指挥那些巨炮，他的军舰主要就是为这些炮而存在的。在它的上空，前顶桅高耸在15英尺测距仪上方，桅杆上飘扬着司令旗。

在内部结构方面，"胡德"号从开始设计时就采用了皇家海军大型军舰的传统布局，尽管分配给水兵的居住空间失之局促，而且作为战列巡洋舰，甲板也比战列舰小。战列舰上高级军官住在主甲板后部，而"胡德"号舰体设计得较长，故他们住在远比前者舒适的小艇甲板下方和舰桥里。皇家海军陆战队则按照传统占据了缓冲区，而其余的舰员则多数居住在上层甲板前部和中部，只有锅炉兵和少年水兵生活在主甲板上。同时，多数军官住在主甲板后部，"胡德"号的适航性使得他们的感受只是勉强算舒适。1920年，她完工时，除了美国的最新式战列舰，没有一艘船的设施能和她比，但随着时代变化、舰上的生活标准提高，这些设施也不像以前一样受到关注和称赞了。不过，高级军官的生活条件仍无可比拟，除了一点："胡德"号没有舰艉走道，不能让司令官和他的客人们在一个私密场所安静地凝视军舰的尾迹。只有"伊丽莎白女王"号、"厌战"号、"巴勒姆"号和"复仇"号直到二战时还保留了那件上个时代的遗物。

4小时后，阿斯顿的旅程结束了。他私自进入罗经平台上方和上层甲板下方，就已经违反了舰上的现行命令，命令还明确禁止访客进入指挥塔、鱼雷发射器舱和其他要害舱室。引擎区和主炮的内部布局只能以后再完整地参观。之后，阿斯顿揉着因为有时未及时弯腰或迈腿而撞上门框或围栏的头和小腿，回到自己的舱室洗澡、换衣，然后去军官活动室享用皇家海军的招牌提神酒"马脖子"——一种用白兰地和姜汁汽水调成的饮料。

火炮和引擎

军舰有两个不可或缺的要素：火力和机动性。从16世纪起，主力舰有了这样的定义：这种军舰能展示自身力量，并在世界舞台上展示她所代表的国家的力量。在法国革命战争中，英国皇家海军统治了大海，打破了拿破仑的大陆封锁体系并注定了他在陆地上的失败，由此木质军舰的战术和技术达到了巅峰。不过，仅仅几十年后，风帆战列舰就被另一场革命淘汰，帆、木质舰体和实心炮弹被蒸汽、钢铁和装药炮弹取代。尽管如此，直至20世纪早期，战列舰作为一种机动火炮平台的基本用途并未改变。战列舰设计中的两个要素对于充分实现这一用途至关重要。第一个要素是火炮的巨大威力和持续快速、准确、远程射击的能力——如费舍尔海军元帅直言，"首先命中、狠狠命中、继续命中"。海军有时会轻忽这一点，但从未遗忘掉。第二个要素是机械推进，军舰应有能力到达阵地并控制海域足够长的时间，以达到她的战术和战略目的。军方可能需要花很长时间才能把各种推进布局钻研透彻。一艘军舰的火炮无论有多么强大和精准，如果军舰的轮机部门不能完成自己的职责，在关键时刻把这些火炮交给作战军官接管，它们就是无用的。一艘强大的军舰作为作战单位或外交工具，其效能均取决于这两个要素。失去任何一项，她就毫无价值。

推进系统[1]

海因茨·古德里安（Heinz Guderian）上校在他于1937年发表的有关机械化战争革命性著作《注意！坦克！》（Achtung! Panzer!）中向读者强调，应当像对待火炮一样，把引擎作为坦克的一件武器来重视。谈到坦克，人们首先想起的可能并不是引擎，谈到战列舰时也如此。相反地，当想象出一艘主力舰的形象时，如V. C. 斯科特·奥康纳所说，人们更关注"她巨大的炮塔、蓄势待发的炮管……层层甲板"和水中行驶的舰体[2]。虽然能看见从烟囱冒出的烟，但人们在评估一艘主力舰的战斗力时还是经常忽视它的动力装置，而只关注寥寥几个描述航速、火力和射程的数字。这种状况以独特的方式反映了海军高层长期固守的观点。他们仿佛认为，轮机部门被关在自己极端难受的工作地点还不够，最好眼不见心不烦。直到20世纪50年代，人们才终于认识到，一艘军舰的攻击力、续航力和机动性就来自它的引擎。这些性能决定了军舰有多大能力展示出其他战争工具都不具备的威力和象征意义。在"胡德"号的大部分生涯里，她与其他主力舰最不同的有两点：速度和外表。从战术的观点来看，她仅凭速度便与那些不起眼的笨重巨舰"决心"号、"马来亚"号、"洛林"号（Lorraine）、"怀俄明"号（Wyoming）和"日向"号（Hyuga）不同。正是速度使得"胡德"号无论在平时还是战时都在皇家海军中处于先锋位置，拥有特别的价值。而这一速度正是归功于引擎室和那里的300名水兵。[3]

"胡德"号推进系统的根基是24台亚罗式小管锅炉。这种设计最初在"勇敢"级"大型轻巡洋舰"上采用。这些锅炉布置在船舯部前后相连的4座锅炉室里，它们比相同重量的大管型可以多提供30%的动力。每台宽17英尺，高16.5英尺，深13英尺，8台喷油器向巨大的燃烧室里供油，油则通过泵和加热器组成的系统从每间锅炉室旁的油箱里抽取。由于燃油要在油箱中均匀分布才能使船稳定，因此要监控表盘以确保军舰保持水平，并视情况调整。这是一项需要高度负责的工作，因为需要从较远的油箱里取油。锅炉上方的隔间里有6台90英寸进气扇进行强制通风，以达到特定炉温。从引擎室的4台主给水箱里供应的水受

① 本节得到了海军中将路易斯·勒·贝利爵士的很多建议和协助。
② 奥康纳《帝国巡航》第37页。
③ "皇家海军'胡德'号战列巡洋舰"，伦敦《工程》杂志109期（1920年1月至6月）第397–399页。

到加热后，产生235磅/平方英寸（约合1.62兆帕）的工作气压。这样的饱和蒸汽通过4条19英寸管道导入后方引擎室，向齿轮减速轮机提供动力。每套动力装置都和1条24英寸的桨轴相连，轴上的螺旋桨推动军舰航行。一战前建造的大多数无畏舰都装备帕森斯汽轮机，而"胡德"号装备的是美国制柯蒂斯型的一种改型，建造她的克莱德班克约翰·布朗船厂是该型号的英国授权生产商。每套装置包括1台高压轮机、1台低压轮机、1台倒伡轮机。前引擎室中的装置还装有巡航轮机，连接外侧的两根螺旋桨轴。单级减速齿轮用于使轮机轴转速降到螺旋桨的最优转速。在"胡德"号上，当高压轮机每分钟1500转的转速和低压轮机每分钟1100转的转速均被减速到每分钟210转的轴转速时，军舰将以32节的最高速航行。这种齿轮驱动方式需要用米歇尔式轴承传导轴向推力。3间引擎室内，控制台上的装置和引擎上的喷嘴阀可以控制蒸汽的供应量，从而调节航速。

　　蒸汽通过引擎后，便被排入每台低压轮机下的安装的一具冷凝器。冷凝器的用途是通过增大导入蒸汽和排出蒸汽的气压差，来提高引擎效率。完成这个过程时，两具泵制造真空，把海水吸入冷凝器中的管道，废气流过管道周围时被冷却。冷凝的蒸馏水作为这一过程的副产品被导入主给水箱，并再次进入锅炉，从而重复这一过程。很显然，这一循环使用的水比最终导回给水箱中的多，损失的水则由蒸发器和4间引擎室各自下方的110吨备用给水箱提供。"胡德"号有3台蒸发器，用充满废蒸汽的蜂巢状管道来煮沸海水，每天最多可以提供240吨蒸馏水。大部分蒸馏水专门用于锅炉给水，剩下的最多70吨则分配给生活区用于洗漱和饮用。不过，从20世纪30年代中期开始，备用给水箱以及冷凝器的紧要问题困扰着该舰的轮机部门。1937至1939年担任轮机军官的路易斯·勒·贝利描述了相关情况：

　　　　影响军舰机动性的另一个致命问题是：给水的纯度越来越差，腐蚀了锅炉。巨大的轮机下，军舰主冷凝器的管道已经老化并开始朽烂。含盐的海水通过真空吸上来，污染了周围正在冷凝、将流回锅炉的蒸汽，这种始于一战期间的舰船顽疾被称为"冷凝器炎症"。另外，双层舰底中的备用锅炉给水箱的裂缝导致漏水，加重了污染。这两个问题形成恶性循环。当锅炉用水被污染后，必须把它排掉，用蒸发器中的水补充，而后者有时不足以补充锅炉水量。这样就只能从备用水箱中抽水，而那水很可能被污染了。[①]

　　　　如果这种盐分污染继续下去，至少会损伤锅炉。而在最坏的情况下，"起爆药"——蒸汽中的小水滴在通过时会损伤蒸汽接口，导致损失更多锅炉给水，有时还会引发蒸汽阀门爆炸，导致周边人员死伤。无论哪一种情况，唯一的解决方法就是排掉被污染的水。要补充水，只能用蒸发器或送水船或其他运蒸馏水的工具。[②]

① 勒·贝利《不离引擎的人》第49–50页。
② 勒·贝利《从费舍尔到马尔维纳斯群岛》第23页。

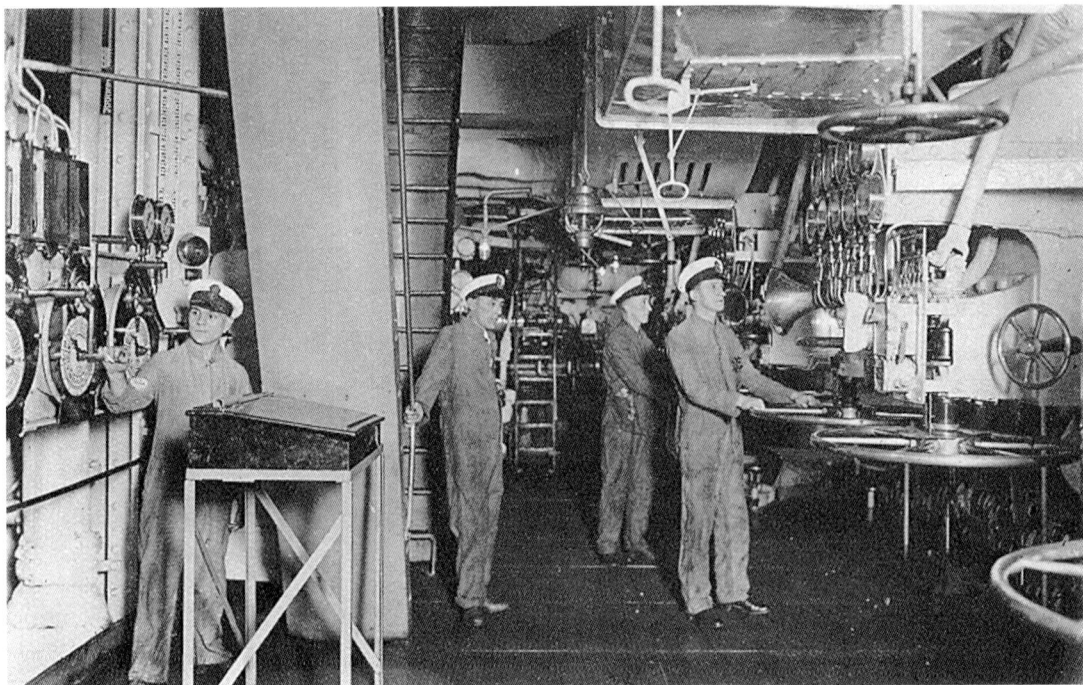

∧ 1931 年前后，4 名引擎室技术兵在后部引擎室的控制平台上。两人在操作气阀（分别控制正俥和倒俥），调整右舷内部桨轴的转速。左侧的桌子放着引擎室记录，每小时更新。记录本旁边是发往前部和中部引擎室及来自前部引擎室和舰桥的电报。送来的电报说明"全速""半速""慢速""停俥"（正俥和倒俥）。远景中隐约可见的设备是冷凝器。画面中央的油灯用于紧急照明。（塞利克斯）

① 见第8章第351 - 353页。
② 帝国战争博物馆有声档案，第16741号，第1盘。
③ 分别见奥康纳《管理大型军舰》第210页，及勒·贝利《不离引擎的人》第54页。
④ 见第8章第353 - 355页。
⑤ 皇家海军博物馆，1998/42号，1940年12月10日。

问题的程度相当严重，轮机部门稍有不力便会造成设备失灵。1939年9月26日，"胡德"号已经老旧的冷凝器被炸成重伤，几乎使她无法行动。虽然很少有人活下来记载之后的情况，但引擎室班组确实付出了超群的努力让她终能回港并恢复航行能力①。事实上，轮机中尉布莱恩·斯科特 - 加雷特（Brian Scott-Garrett）于1940至1941年在舰上服役的9个月里，大部分时间都用来修理被腐蚀的冷凝管②。这个问题对乘员组整体都有长期影响，因为如果需要从蒸发器里为锅炉供水，就不仅要减少洗漱和洗浴用的淡水量，而且在别处已经严重缺水的情况下，为避免浪费水，不能在舰上进行大量耗水的蒸汽供暖③。即使在1933至1936年的服役期，出海时的洗澡用水都是定量供应的；而战争时期，"胡德"号在北方海域活动的两个冬季，舰员餐厅无法供暖。

1939年9月26日的事件在别处有详细描述，从这件事可以看出"胡德"号服役日久后，引擎区的恶劣生活状况④。在理想情况下，轮机员的工作环境也充满风扇和轮机发出的震耳欲聋的噪音，高气压和酷热几欲令鼓膜爆裂，有些地方高达60摄氏度，出海时尤其严重。这样的条件使得水兵们很难长时间保持最佳工作状态，而没到过引擎区的舰员中，大部分人不够重视这个情况。在1940年12月的一次损管演习中，军官候补生菲利普·巴基特（Philip Buckett）登上了前部引擎室的控制平台。如他后来在日记里写的，"我很快意识到他们在如此难熬的热浪和污浊的空气中全力工作有多困难"⑤。这些恶劣条件与该区域的工作性质有关，但通常是由轮机硬件设备的基本缺陷导致的，即使提供全面通风系统也未能改善。路易斯·勒·贝利写道：

……改用烧油设备后可以得到高温蒸汽和高压，［但］绝缘技术和排热方法没跟上，焊接技术也没跟上，所以常出现漏气。下层又热又湿，情况一直糟糕，而且恶化了，所以中暑和衰竭情况相当常见。在这样的条件中工作需要超群的体质。①

但在那里，无论轮机军官中，还是长期服役的锅炉兵、轮机士官和技术兵中，都有许多佼佼者，他们无论在多么恶劣的情况下都保证军舰航行。

主机是怎样控制和操作的？"胡德"号的引擎室分四层。最下层限高不到5英尺，被称为"地牢"，是对每套轮机使用的气泵和润滑油泵进行维护的地方。在上方的低层平台上，安装着高压轮机和低压轮机的机身，轮机与驱动推进器轴的齿轮箱连接。在高处，穿顶上的很多段梯子和悬空走道通向蒸汽主管道上的阀门，阀门需要定时用3英尺长的大型扳手来开关。船舱天花板上装有大型排气扇，把热量从引擎室中抽走，排到小艇甲板上，但上部的温度仍可能接近60摄氏度。又大又长、表面凸起的管道贯穿这几层，向下方的主机输送蒸汽。对操作而言，最关键的一层是控制平台或称启动平台，它们位于每间引擎室前舱壁对面，下层平台之上15英尺。这里有控制每台轮机用的一对油门（"正传"和"倒传"），操作员根据引擎室从舰桥接收的电报命令来操作它们。在前部引擎室中，另有第三处油门控制每套轮机中的巡航轮机。这些油门呈大型手轮状，由一名引擎室技术兵操作。不过战争爆发后，由于军舰越来越多地依赖辅助主机，锅炉兵也需要经过训练来完成这项任务。值班轮机军官在"胡德"号推进系统的神经中枢——前部控制平台上监督整个操作过程。值班轮机军官简称为EOOW（说明其身份为任命的军官），他必须把舰桥下达的命令转换为易懂的操作指示，发给每台轮机。这些命令发到上述控制平台上，并被引擎室记录下来。他的职责还包括向锅炉室发电报，以保证正确地控制喷油器。他的工作本已费力，在入港时或作战中需要突然加速的情况下，任务就更复杂。在下一段中，路易斯·勒·贝利对比了"胡德"号和他1939年调到的"水中仙女"号轻巡洋舰，这段描述告诉了人们操作一艘大舰所需的判断力、预见性和镇定心态：

当俯冲轰炸机开始俯冲时，舰长会下令"全速前进"（紧急）并打左满舵或右满舵。在引擎室中，收到"全速前进"令（并听到"砰砰"炮开火）时，我就

① 勒·贝利《不离引擎的人》第32页。

① 给作者的信，2004年1月11日。
② 译注：摄氏温度C与华氏温度F的换算关系为：C =（F−32）÷1.8。故90华氏度约为32.2摄氏度，100华氏度约为37.8摄氏度。下文出现华氏温度时，读者可自行换算为摄氏温度。
③ 勒·贝利《不离引擎的人》第44页。

会通知锅炉室，他们会打开所有的喷油器。但是，我会先慢慢数十下，再让油门值班员尽快把油门开到最大。这是为了确保在油门打开之前，蒸汽压力已经上升了。不然，油门一打开，锅炉里的蒸汽就会过快地被带走，所有的发电机都会慢下来或停止运行，并且会有一系列灾难性后果，也许随着风扇减慢和蒸汽回落，动力也会失去。在"胡德"号这样的舰上，这个过程会发生得慢很多。但打开油门前始终要保证蒸汽压已经起来了，舰桥下令"减速"时喷油器必须关掉。①

　　锅炉室自身的运转也几乎与这同样紧张。承担这项任务的是一名锅炉军士长、他的锅炉军士助手，以及各负责操作一台锅炉的6名锅炉兵，锅炉室值班轮机军官负责整体监督。路易斯·勒·贝利回忆：

　　锅炉室通常有90至100华氏度②，这里仅仅靠防震灯和跳动的炉火得到昏暗的采光。锅炉军士长是这里的"管弦乐队"指挥。风扇提供助燃的空气，只要它们在转，人们就不可能像平时一样对话，耳朵也会遭到读数至少10英寸高、变化不定的气压猛烈冲击。锅炉军士长在控制流向风扇的蒸汽的同时，还要通过一台潜望镜观察烟囱冒出的烟，并观察流向燃油泵的蒸汽。燃油泵的流速和每台锅炉上的喷油器数量相关，最多8台。他进行指挥的方法是用扳手敲击炮弹壳，以此来要求每位锅炉操作员注意，并用手势指明是打开更多的喷油器并点火，还是关闭它们并合上风门片。一名锅炉兵操作错误……可能导致烟从烟囱里喷出；或者如果引擎油门关闭时喷油器未及时关闭，安全阀就会随着一声巨响被冲开……③

　　锅炉军士长只需通过潜望镜看一眼，就知道自己的工作做得怎样。供气相对供油太多，就会冒白烟，反之冒黑烟。

　　操作这类高性能设备始终存在固有的危险。为防止向锅炉供水或供油过多而发生危险，在锅炉室上层走廊上担任"司水员"的每名上等锅炉兵都始终忙碌着：

　　人们如果用平底锅把牛奶煮过头了，一定会注意溢到炉子上的白沫。类似地，当更多的喷油器打开，产生更多热量时（水位上升，故停止供水），或者喷油器关闭，产生的热量减少时（水位下降，故开始供水），自

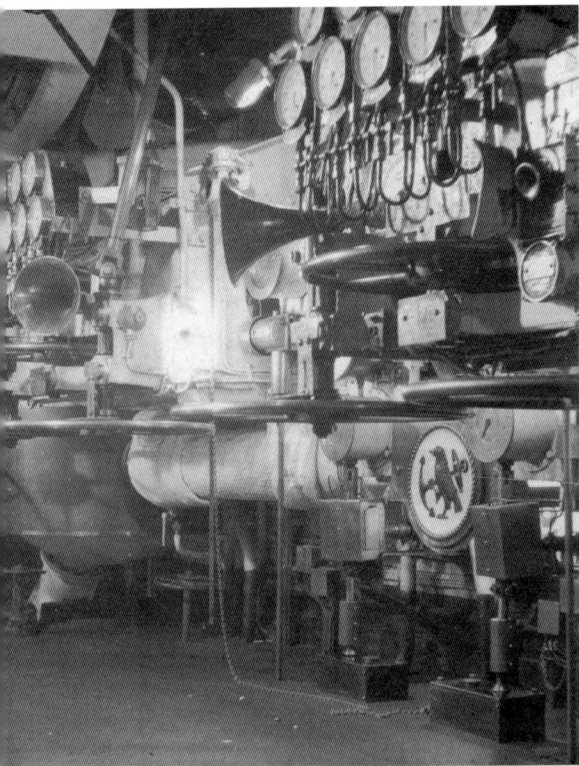

∨ 前部引擎室气阀和进气道的清晰照片，展示了军舰的山鸦舰徽。每具桨轴的气阀根据需要的航速、航向及锅炉室提供的蒸汽功率而开闭。协调桨轴状态是一项巧妙无比的工作。号角状物体是传声筒，控制气阀的引擎室技术兵通过它们接收指令。（"胡德"号协会/塞特收藏照片）

动阀门也控制水位。每名安全员监视3台锅炉的水位指示窗，这是因为，发生任何自动水位控制装置失灵的情况，都需要立即切换到手动操作，否则就会发生造成伤亡的重大事故。[1]

接下来就是清洗并修理锅炉和冷凝器的艰巨工作。不幸的是，连续几任海军部总工程师拒绝批准在给水中添加化合物，所以"胡德"号的轮机部门和所有其他军舰上的同行一样，不得不遵循每航行21天就清洗一遍所有锅炉的规定。路易斯·勒·贝利这样描述这项工作：

为了防止汽包和管道锈蚀，根据出海时间长短，必须经常揭掉隔热的绝缘层，打开每台锅炉，清洗它们，并在内部装置上覆以石墨，接下来通过一个小检修口，在3个汽包里重复同样的事，刷洗每条管道。我们向数千条管道里投入一定数目的球，以此确保没有堵塞。航行时，堵塞物会阻碍水循环，导致管道熔化并在燃烧室里爆炸，很可能造成伤亡。担任砖匠的上等锅炉兵和新手同伴会敲掉锅炉里损坏的耐火砖，清理碎块，然后制造并安装新砖。另一批人会把10英尺长的锯子插入管道之间，去掉烟垢和熔渣，从上到下打扫"胡德"号的巨大烟囱，并在其内壁上油。同时，技术兵和轮机士官会重装蒸汽阀、水阀和燃油阀，填补蒸汽道裂缝，把安全阀复位并修好相关的辅助机械。最后，我们用气泵把每台锅炉升到它的工作气压，测试是否泄漏。四间锅炉室共有24台锅炉，这项工作永远做不完。我们没听说过什么石棉肺，我们都在一团砖尘、石棉纤维和烟灰中待了挺久。我们通宵工作，根据温度和紧急程度决定6小时或8小时换班，直到完工。[2]

请注意，只要某天锅炉里加入给水，无论存留时间长短，这一天就算是一个航行日。即使在两次清理工作之间，也要经常维护锅炉，去除固结在水包上的烟垢和堆积在喷油器旁的熔渣。

"胡德"号虽然安装了直水管以方便清洗，但小管锅炉一方面具有高功率、低重量和小体积的优势，一方面又伴随着更大的维护工作量。不过另一方面，它的布朗－柯蒂斯齿轮减速轮机被证明是一种非常好的设计，输出功率高达144000轴马力，这一纪录在英国造舰史上直到1951年才被"鹰"号航空母舰打破。如果高速冲刺的时间较长，螺旋桨轴轴承有时会发热，或者，例如在米尔斯克比尔（Mers-el-Kebir）追击"斯特拉斯堡"号（Strasbourg）时，一旦叶轮上的叶片脱落，该轮机就必须关闭，从锅炉输入的蒸汽则重新分配。但这种情况毕竟罕见，"胡德"号的引擎装置属于它那个时代最出色的。

① 勒·贝利《不离引擎的人》第44－45页。
② 同上条，第43－44页。

轮机部门的工作并不限于推进系统。担任轮机长的轮机中校负责舰上的超过1000台机器，从厨房的切肉机到下层甲板的二氧化碳压缩机，再到向主炮提供动力的液压引擎。有一个主要的例子，该舰的发电装置主要由8台200千瓦发电机组成，它们的输出功率由鱼雷兵在主配电盘上控制，但每台发电机均由轮机部门操作和维护。此外，舰上还有数十台较小的发电机，由电动机驱动，为火炮、探照灯、火控装置等提供能源，每台一般由一名或多名锅炉兵值守。舰上还有大小与功能各不相同的泵，从在"X"炮塔基座中由锅炉兵肯·克拉克（Ken Clark）操作的50吨级型号，到每间锅炉室里的1000吨级涡轮舱底泵。[1]即使军舰停泊在港里，为了不中断关键功能，如生产水和发电，锅炉也需要一直燃烧并由轮机部门值守。由此产生了燃油的问题。在经济困难的20世纪30年代，燃油消耗是严格定量的。比根顿锅炉军士长有一项不成文的职责：无论事实如何，都要保证，在那些老爷们看来，"胡德"号用掉的燃油从没超过规定限额。路易斯·勒·贝利回忆：

> 在轮机部门拥挤的办公室里，比根顿锅炉军士长辛苦地在两本记录簿上记事。一本除了其他事项外，主要记录实际的燃油消耗，另一本则记录允许的消耗量。后一本是专门留给舰队轮机军官检查的，它显示我们令人不可思议地严格遵守了规定，无论事实如何。这两本记录是怎样吻合的，没人深究，也没透露。[2]

其中一个问题是，"胡德"号的风扇有时不能提供足够的气流供喷入锅炉的燃油燃烧。由于锅炉设计使用的燃料是优质阿拉伯原油，因此如果替换为西半球产的浓稠油料，问题就特别严重[3]。这个设计缺陷很可能导致烟囱冒出大量的烟，这在海战时会造成战术上的不利，而在港时又是一件尴尬的事情。尽管与一战时烧煤的无畏舰相比，她是干净的，但双层舰底班组的水兵们仍需要用布和桶清理她的油箱，这份脏兮兮的工作能让水兵得到每天6便士的额外津贴。执行这项任务时，监管军官需要仔细清点进去和出来的人数，注意是否有人被熏倒。锅炉兵肯·克拉克说：

> 油箱一空，锅炉兵就要去清理。士兵们会进入油箱，用棉布清理。这件事有一套专用用品——橡胶衣和木底鞋。但橡胶衣是漏的，许多水兵觉得脱了还更好，宁可光着身子进去清理油箱。[4]

遇上这种情况，人就会希望锅炉兵浴室里有足够的热水，干完活后把自己洗个干净。但这还不是最糟的。有时，如果锅炉的砖层因燃烧室高温而被严

① "胡德"号协会档案，1938—1940年。
② 勒·贝利《不离引擎的人》第39页。
③ 海军中将路易斯·勒·贝利爵士给作者的信，2002年12月24日。
④ "胡德"号协会档案。

重破坏，水兵们就要穿上浸湿的石棉服，钻进那座敞开大门的地狱进行修理，前一人坚持到倒下为止，后一人接着上。无可否认，轮机员通常是一个不令人喜欢的位置。在下面这段话里，"豪"号上的轮机中尉彼得·斯托克斯（Peter Stokes）描述了在港停泊期间一个典型的日子，这样的事发生在皇家海军的每一艘主力舰上：

① 引用于柯瓦德《战争中的战列舰》第95页。
② 勒·贝利，"海上生活百态"第56页。
③ 见第8章第361页。

在港里，值日轮机军官需要处理的乱事之多是无人可比的——涡轮发电机跳脱（导致所有的灯都暗下来）、在"紧急警报"情况下迅速烧好另一台锅炉、洗衣机"摔倒"、消防管路出现裂缝等，不一而足。这一天的高潮是轮机官巡检。如果按手册执行，巡检时会检查每一个由轮机部门值守的地方，把结果写在记录簿上。结束这些累人的事情之后，可以在军官活动室里体会高纯度的杜松子酒来放松一会，而不用检测锅炉给水的纯度，不过不久后值班巡哨艇就会被拖过来——它的螺旋桨坏了。舰上有一间房间专门放置在港时使用的设备，在出海时，虽然这里仍潜藏着危险，但事情真要少多了。①

战争时期要完成这些事情意味着什么，便不难想象了。"胡德"号的水兵采用双班制，而轮机部门采用三班制，每班8小时。不过，即使在和平时期，停泊在港时，如要进行常规锅炉清洗，每天每班的工作时间便更多。而在战时，海上每天的例行安排便是：主机运转每班至少8小时，损管战位和供弹战位每班8小时，此外黎明和黄昏军舰执行战斗部署方案时要求舰上的每人都在岗②。回到港口并不表示接下来的几天可以算是休息，而预示着海军中超负荷运转最严重的主力舰又要开始清洁锅炉。因此，1940年12月"胡德"号的锅炉兵几乎爆发兵变③便不足为奇。

∨ 1938 年前后，双层舰底班组的成员们在右舷 1 号 5.5 英寸副炮旁边摆拍。图中左一为锅炉兵肯·克拉克，昵称"诺比"（Nobby）。（"胡德"号协会 / 克拉克收藏照片）

显然，能够承受这种制度的只能是一种特殊的人。截至因弗戈登兵变之前，"胡德"号上的锅炉兵多数来自不列颠群岛的矿区。不过，到20世纪30年代中期，这些地区的人对参加皇家海军已经无甚兴趣，而海军部更不愿让海军染上这类人声称要传播的激进政治倾向。因此，海军部开始从英格兰南部的海军传统兵源地征召少年锅炉兵。尽管有人忧虑新兵的文化水平不高，但培养他们读文写字的措施并未付诸实行。与在岸上训练基地接受过至少一年训练的少年水兵不同，锅炉兵只须接受8周的基础训练，接着用2个月学习机械，之后就以二等锅炉兵军衔被分配去执行海上勤务。如果通过考核证明自己能熟练地操作各种机

① 勒·贝利《不离引擎的人》第38－39页。高级轮机官是兰斯洛特·福格－埃利奥特（Lancelot Fogg-Elliot）轮机少校。雷金纳德·F.埃德米斯顿、约翰·斯奈尔和伯蒂·海明斯1941年随舰战沉。

械，便可以晋升为一等锅炉兵。对有志者来说，担任3个月助理值班员后能参加一场考核，考得好便可获得资格认证，以及在岸上接受进一步训练的机会。其他人则会遵循轮机士官培养方案，该方案允许能力中等以上的锅炉兵专攻设备维护，提供晋升为准尉的前景。但是，在"胡德"号上，轮机部门的中坚除了8名轮机军官和3名轮机准尉外，则是35名引擎室技术兵——通过一场高难度的书面考试加入海军，并在接受至少4年训练后执行海上勤务的水兵。当时还是轮机中尉的路易斯·勒·贝利难忘他于1937年5月重返"胡德"号后第一次去引擎室的情景：

第一天早上，那位高级［轮机官］带我去了所有的主机舱，包括很多被称为"守车"的杂物间，它们放的主要是通风设施。但推开一间"守车"门后，他让我看见了5个穿着蓝色工装裤的年长水兵，他们大惊失色，每人拿着个玻璃杯。"这5位引擎室技术军士长——梅科克、布拉德菲尔德、埃德米斯顿、斯奈尔和海明斯，"他说，"是我们这里最资深的熟练水兵中的几位。我知道，他们也知道，他们并没有权利在早晨喝用郎姆酒和生鸡蛋调成的鸡尾酒，但他们会为军舰献出生命。如果我们必须紧急出海，就要依赖他们的技能。听他们的话，向他们学习，任何问题都不要介意问他们。如果6个月后，当你来取值班员资格证时，你把他们在舰上的工作学会了1/4，那么你就干得不错了。"①

▽ 1938年圣诞节，马耳他，一大群锅炉兵在舰艏。直至1941年5月军舰战沉前，轮机部门的人员更迭比例一直远比整体更迭比例小。（"胡德"号协会/珀西法尔收藏照片）

在"胡德"号上，轮机部门与其他部门的不同在于，这里的人员在舰上的服役期往往很长。随着时间的推移，这些人在工作中变得无法替代，并且与"胡德"号的精神融为一体。20世纪30年代后期，这里有负责冷凝器的轮机军士奇尔弗斯、负责摩托艇的引擎室技术军士长爱德华兹、负责蒸汽巡哨艇的轮机军士里奇恩和锅炉军士宾尼，以及"A"引擎室的骨干——锅炉军士长斯托伊尔斯。轮机军士长查尔斯·博斯托克（Charles Bostock）则监管各风扇间。他技术高超，但人有些古怪，最与众不同的一件事就是奈特利精神病院出具的证明说他精神完全正常。还有参加"'胡德'号的和声男孩"乐队的锅炉军士长凯斯摩尔、在办公室里拿着记录薄的锅炉军士长比根顿和锅炉兵纠察军士长阿伯特，后者在位于上层甲板的小办公室里处理了260名锅炉兵的违纪事件。接下来还有负责安排所有加油和油料供应工作的"双层舰底锅炉军士长"哈里·沃森（Harry Watson），他是唯一走遍全舰500个水密隔舱的人。与他无亲缘关系的锅炉军士沃森则多年负责前部引擎室控制平台上方的备用设备库。在勒·贝利来到引擎室之后的4年里，以上提到的人中有一半果真为军舰献出了生命。其中一人是锅炉军士长哈里·沃森，他是在"胡德"号的整个生涯中都为她服役的唯一一人，直到1941年5月24日早晨才结束了在该舰上21年从未间断的服役期。[①]

皇家海军所装备的舰船的表现和可靠性如何，通常更多地取决于舰员的技能和耐力，舰船设计则为次要。这是因为操作军舰时的条件往往很恶劣。水线下的生活本就有危险，战争的爆发则使情况更为残酷。厄运包括因蒸汽主管道破裂而烫伤，被鱼雷、水雷、炸弹、炮弹炸碎，在充满油和黑烟的密封隔间里淹死。船舷外面的敲击和爆炸的刺耳声音则无时不在，如同"巨人的水壶的内壁正在被一把大锤敲击，不知要干什么"[②]。海军培养出的最优秀的士兵中，有些人在军舰的引擎室里做着并不体面的工作，"在军舰深处炎热的心脏部位，如果军舰有难就几乎没有希望的那些水兵。"[③]虽然在甲板上作战的勇气令人充满幻想，但海军史学家们任何时候都必须同时着墨于另一些人的功绩。这些人为了让军舰投入战斗，向她的指挥官提供了一件永不可缺的武器：机动性。

火炮

19世纪与20世纪之交见证了一场海军火炮的革命，这场革命将改变海战的性质。至1914年前后，测距、火控以及火炮方面的发展使得军舰有能力进行远距离交战，这比10年前最大的可能距离还远得多。直至1908年，英国火炮设计师们还一直依赖增加炮弹的初速来增大射程，他们通过加长炮管倍径并增加发射药量来做到这一点。不过，他们很快意识到，这一成绩的代价是严重磨损炮管内膛线，

① 本段的细节来自勒·贝利《不离引擎的人》第39页、"胡德"号协会档案（1936至1938年驻舰的锅炉兵乔治·唐纳利），以及海军中将路易斯·勒·贝利爵士给作者的信（2002年7月12日和2004年2月1日）。除沃森外，还有以下人员于1941年5月24日阵亡：约翰·E.宾尼、西德尼·S.斯托伊尔斯、查尔斯·R.博斯托克，以及瓦尔登·J.比根顿。
② 勒·贝利《不离引擎的人》第82页。
③ 布拉福德《强大的胡德》第112页。

∧1932年7月，"胡德"号前主炮群为拍摄照片而转向右舷。每座炮塔的左侧斜壁上可见观察窗。（莱特与洛根）

命中率也相应下降。所以，正确的解决方案并不是增加炮弹初速，而是增大它的尺寸和破坏力，同时通过提高炮管仰角来达到所要求的射程。改进方案的产物便是13.5英寸火炮，1914年大舰队进行战争动员时，大部分军舰装备的便是它。这种俗称"骇人的13.5英寸"的武器的成功又为另一种武器的设计打下了基础。它遵循同样的低初速、重炮弹原则，但口径更大。它就是Mk I型15英寸炮，皇家海军使用过的最优秀的大口径炮。

Mk I型42倍径炮由维克斯设计，长度超过54英尺，含炮尾机构在内整整重100吨[1]。以30度的最大仰角，它能把重1920磅的炮弹发射到30180码（超过17英里，即27.36千米）外。带有穿甲被帽的15英寸炮弹能在14300码距离上击穿15英寸厚的克虏伯表面硬化钢板。而制造该炮所需的时间、技术和工程设备与炮本身一样惊人。[2]制造一根15英寸炮管需要2到3年，几乎和军舰自身的建造时间一样长。制造"胡德"号的8根主炮管另加备用炮的工作是由数家有资源参与这项工作的企业分别承担的。制造过程的第一步是把钢水倒进八角形的模具，得到重达500吨的钢锭。钢锭冷却后被运往加工厂，完成前后钻通镗孔的艰巨工作。下一步用时可能长达一个月，将这块钢锭反复加热和锻打，直到形成需要的形状。完成这项工作的是1万吨水压机，它有可以保持镗孔形状的水冷式芯棒。这块管型锻件被压紧后，又被巨大的车床刮平并打磨使表面光洁，接着回炉。在加热后，它通过长时间的立式油浴而得到退火。再下一步，炮管被移到另一台车床上，并由长达170英里的方形钢丝缠绕，然后接受打磨、回火和再次打磨。同时生产的是炮管的外罩，它的内径比缠绕了钢丝的锻件略小。经过加热后，外罩被套在炮管上，两者在冷却时熔合。这一过程会反复进行，制造出管材、钢丝层和外罩共计不少于6层的复合炮管。最后，炮管被移到一台膛线机上，这台机器力量巨大，却能精准地在内壁上刻出76条阴膛线，这些右旋膛线从炮尾到炮口共旋转一周半。直径15英寸的炮膛足以容纳一个较瘦的成年人，比如许多学生或年轻水兵就喜欢像马戏团的开场表演一样把自己塞进炮口里。虽然有瘦小的军械技术兵不定期用帆布带拴着自己进炮管检查膛线，但清洗炮管仍是炮塔成员的职责，他们用带绳

① 罗伯茨《"胡德"号战列巡洋舰》第16页。另见《动力驱动炮塔操作手册附录："胡德"号的15英寸炮塔》（非公开传阅，英国海军部，1920年，海军部公共记录办公室第186/249号档案）。
② 托马斯、帕特森《镜头中的无畏舰》第101-106页。

子的长刷从炮口插进去进行清洗。完工的炮管由特制的铁路车辆运到位于巴罗的维克斯工厂，它负责制造"胡德"号用的MK II型炮塔。在这里，炮管装在位于炮阱中的炮塔上进行试射，最后整套装置由经过改装的近海运输船"霍尔登"号运到克莱德班克。

　　"胡德"号的Mk I型炮与从1915年开始装在"伊丽莎白女王"级上的炮几乎毫无区别，而承载这些炮的Mk II型装置则经过了大幅度重新设计，只有"胡德"号用到了这些新设计。Mk II型装置与它的上一型类似，包括一台回转炮塔，其连同炮管共重达890吨。最上面的是炮塔或称炮室本身，接着是围井，最后是操作间。炮塔在一圈涂有阿尔戈林牌润滑油的滚道上回转，下方则连接着由数层回转结构组成的扬弹通道。"B"和"X"炮塔下的通道深40英尺，"A"和"Y"炮塔下的通道则深30英尺。炮弹和无烟发射药就沿着通道层层运到炮塔。炮塔由最厚处达15英寸的装甲保护，基座则由弧形钢板围成，露天部分的钢板厚12英寸，在主甲板和下层甲板处则减至5英寸。炮塔的动力则由4台液压蒸汽泵提供，它们位于下层甲板处以及军械舱附近，通过4台主炮塔共用的主回路输送压力。液压介质是一种不透明的混合物，由植物油、水和碳酸钾组成，监测介质的纯度则是军械技术兵的多项职责之一。如果介质严重泄漏，炮塔里就会像奶牛场挤奶一样忙碌。压力通过基座两侧的两对传导管从固定结构传到炮塔。操作间之下装有管道的接头，故它们能随炮塔在它300度的射界内一同回转。

　　在内部结构中，最能体现Mk II型新设计特点的部分是炮塔的中层即围井。Mk II型把炮的仰角从20度提高到30度，这一改进不仅要求围井加深以承受炮管后坐力，而且要求炮塔顶加高以保证炮管有足够的空间升到最大仰角[1]。不过，由于全角度装填机构并无改变，故仰角超过Mk I型的最大值20度时，链条填弹机便无法操作。这便造成在高仰角射击后，必须摇下炮管以便装填。体现在外观上，这种布局则使得"胡德"号的Mk II型炮塔比之前的型号更接近正方形，5英寸厚的炮塔顶部也更平坦，防御垂直下落的炮火的能力则更强。差别还不止这些。Mk I型炮塔用的15英尺测距仪被30英尺型号替代，目的在于提高任何射距上的命中率。由于在日德兰海战中装甲外罩被证明是一个弱点，它们被弃用，取而代之的是每台炮塔15英寸厚的倾斜壁上的3个观察孔，这些孔平时用黄铜装饰物遮掩。炮塔外观的最后两项特点是两套白帆布制的炮衣[2]和炮口的黄铜塞，炮口栓绘有舰徽上的山鸦形象。这些炮被一代又一代的水手擦亮、打磨、刷磁漆，而之后又在炮火的热量和冲击波下变得沧桑。这一切对火炮本身来说过于沉重。后来又出现了更大和更先进的各种武器，但没有一种对15英寸炮的改进有任何借鉴意义，"胡德"号上的Mk II改型由此牢牢地占据了"英国炮塔

---

[1] 罗伯茨《战列巡洋舰一览》第89页。
[2] 战时炮衣涂成灰色。

① 霍格、巴彻勒《海军炮》第121页。
② 勒·贝利《不离引擎的人》第52页。爱德华·格雷格森，重量级拳击冠军，最后升至炮术中校，于1941年随舰战沉。

设计的巅峰"①。这种火炮传承了源于19世纪60年代的设计史，它仍然是英国工业最伟大的成就之一。

"胡德"号的每台炮塔需要超过70名水兵来操作，舰上没有一种工作比把她的炮弹射向海平线上的目标所须的步骤更复杂了。这一过程从每座炮塔的火药库和炮弹库中开始，它们位于平台甲板和弹药舱中。每间炮弹库有21名水兵，由一名军士长或准尉指挥。1931年，每间炮弹库存放了160枚被帽穿甲弹、40枚高爆弹、24枚教练弹和12枚榴霰弹，不过炮弹的具体配置随时间而不同。榴霰弹在实战中可能只发射过一次，那是1939年9月26日在北海救援"旗鱼"号（Spearfish）潜艇时。海军中将路易斯·勒·贝利爵士说：

与"旗鱼"号会合后，我们转向回港，两架敌机在火炮射程之外跟踪。"皇家方舟"号的战斗机停在甲板上，准备应对德国轰炸机。"胡德"号炮术军官"小不点"格雷格森少校想出了一种壮观的方法来教训那两个跟踪者。"胡德"号的一座后炮塔奉命给两门15英寸炮装上榴霰弹，舰上以这种炮弹用于对岸轰击。没有命中，但海平线上发生了场面壮观的爆炸，使跟踪者便离得远远的。②

被帽装甲弹在装甲弹头之下装有延时引信，用来射入一艘有防护军舰的要害部位并在其中爆炸。相反，高爆弹只要接触目标，引信就会引发爆炸，因此

20世纪30年代后期，15英寸炮弹被运到舰上。请注意每枚炮弹的弹带都有绳圈保护。（"胡德"号协会/梅森收藏照片）

用来对付无装甲舰船或陆上目标。这些炮弹都有超过5英尺长，一个个平放着，就像一间怪异的香槟酒窖里放了许多大酒瓶。它们的上面是火药库，这里由专用冷却装置保持恒温，存放着装有无烟发射药的粉色斜纹里子布①药包。每个药包重107磅，每两包放在一个黄铜圆筒里。火药库班组的19名成员工作时穿着特制服装和毛毡靴子，以避免产生可能使军舰遭到大难的火花。英军早期使用的无烟火药不稳定得令人害怕，这在一战中已经葬送了4艘主力舰②，皇家海军的火药库规程长期印刻着这些灾难的烙印。在有专用冷却和通风系统的情况下，按照现行命令，每天"胡德"号的火药库要读取6次温度。保持恒温是极其重要的，1920年"胡德"号服役时编制的《炮术手册》中的一段反映了这一点：

　　如果在读取温度时，发现任何一间火药库的温度达到68华氏度，且相比上一值班时段上升了2度或更多，读取温度的士官应立即将便签置于轮机办公室，写明该间火药库需要开启冷却系统。当温度开始下降时，应立即按类似程序关闭冷却系统。③

　　这里补充说明，无烟火药在70华氏度以上时不稳定，可能引发危险。

　　发射"胡德"号主炮的工作从位于炮塔下50英尺的炮弹库开始，所有炮可以同时进行这个过程。④炮弹由安装在炮弹间天花板上的液压抓斗从弹箱中吊出，该步由一名操作员控制。抓斗将炮弹移到一台滑车上，接着移到位于扬弹通道底部的回转台车上。同时，火药库班组挑出两具黄铜药筒，把里面的火药交给转运间。完成这步后，他们身后的一道防闪爆舱门会关闭。在转运间中，药包被装入两个防闪爆的运输斗，其中两个药包带有红色的点火垫。当台车和运输斗就绪时，它们被夹住送进主扬弹笼中，该装置可到达炮塔的回转部分。这一步完成后，液压装置将它们一同送入炮室下的工作间。

　　在日德兰，仅因装甲薄弱、防闪爆措施不足和无烟火药装卸不当就葬送了3艘战列巡洋舰和几乎全部舰员，阵亡3300多人。另一艘，贝蒂的旗舰"狮"号只差分秒便会遭到同样的厄运。有鉴于此，海军制订了巨细无遗的措施和规章，从给所有传声筒加装带铰链的盖子到在各处安装防闪爆舱门，以防悲剧重演。Mk I型炮塔在接受后一种改装时加装的是上升式卷帘门，而"胡德"号装

∧ 20世纪30年代后期，为军舰补充炮弹。15英寸炮弹正由40英尺起重机从弹药驳船上吊到军舰上。第二具吊钩用于无烟火药。（"胡德"号协会／珀西法尔收藏照片）

---

① 斜纹里子布是一种用于制作衣物衬里的薄布，优点是燃烧后没有固体残留物。
② "堡垒"号（Bulwark）、"纳塔尔"号、"前卫"号和"格拉顿"号（Glatton）均毁于火药库爆炸。
③ 《炮术手册："胡德"号》（非公开传阅，英国海军部，约1920年）第33页。档案位于国家海洋博物馆"胡德"号舰船资料集第Ⅱ部分，第110号。粗体部分见于原资料。
④ 霍奇斯《大炮》第70-78页和第123-134页。

的是0.75英寸厚的旋转门。采用这种设计的原因之一是卷帘门在战斗中卡死的概率太大，不过旋转门在液压压力变化时也易受影响，军械技术兵伯特·皮特曼（Bert Pitman）于1939至1941年在舰上时就忙于修理"B"炮塔的门[1]。此外，按照弹药库标准安装的电气回路需要大量维护工作。实际上，整个炮塔结构被定义为一处弹药库，并且据信按此标准来运转。

现在炮弹和无烟火药被运到了工作间。这里遍布令人眼花的液压泵、阀门和操作杆，由7人操作，包括1名扬弹笼操作员和1名军械技术兵，后者随时准备处理可能出现的机械故障。[2]他的助手中包括炮塔班组的典型代表——被戏称为"炮塔耗子"的资格军械兵，他们是长期服役的一等水兵，并不追求晋升，但会狡黠地在工作时苦中作乐，使生活变得并非不可承受。海军可能颁布严厉的炮塔内禁烟令，但这既难以阻止一位水兵在四周都是待用炮弹的工作间里点燃打火机，也无法阻止他在地板上仔细摆上一堆金属条，然后把垫在底下的条状无烟火药柱点燃，巨大的热量瞬间完成焊接，把他姓名的首字母保存下来。在禁令下仍然会发生这种事：来自苏格兰的一等水兵"矮墩墩"巴尼（Barney）在拼命工作了一上午后，把烈性白酒和军需官的酸橙汁配成极其带劲的饮料来解渴。下班后，在"B"炮塔工作间中有足够的空间让资格军械兵们从事理发和制作烟卷的生意，他们靠这些来增加微薄的收入。任何一支海军都会得到其中成员赋予的特点，它的本职也总是在运作过程中与这些人的生活共存。

工作间的主要用途是把炮弹和无烟火药包从主扬弹笼中转移到装弹笼中，后者会把它们运到炮室中。一到工作间，无烟火药就被取出，放在等候位置，同时几扇防闪爆舱门为保证安全而开开闭闭，令人眼花缭乱。装弹笼就绪后，无烟火药被两具推弹器推进去，接着炮弹被推到装弹笼下层。装弹笼操作员执行这些操作依靠的是若干套连锁系统，控制每座炮塔运转的这类系统共有37套。这些系统中设置了操作杆的机械阻隔装置，系统的布局是为了使炮弹以及危险性更大的无烟火药从弹药库顺利运到炮尾，把撞击或意外事件引发毁灭性爆炸的可能性降到最低。任何时刻，每门炮使用的系统中最多只允许有3发炮弹，而在该过程中的扬弹笼归位阶段，只有两发与发射药放在一起。"胡德"号的炮术手册用粗体字规定了这一点：

在需要将火药装入主扬弹笼前，不得将火药从弹药库中运出。并且，在要求向炮中装填装弹笼中的上一枚炮弹之前，主扬弹笼不得装载另一枚炮弹上行。[3]

这样，当传下"装弹"命令时，第一发炮弹被向上送入炮室，第二发被向

① 帝国战争博物馆有声档案，第22147号，第3盘。
② 本段细节来自上一条资料。
③ 《炮术手册》第12页。

军械技术兵

阿尔伯特·皮特曼的回忆录音[1]是记录"胡德"号炮术系统的主要资料之一。他1939年4月来到舰上，担任四级见习技术兵。技术兵的存在要归功于海军元帅约翰·费舍尔爵士的远见和热忱。一战前，根据塞尔伯恩－费舍尔（Selborne-Fisher）方案，有特长的年轻人已经开始接受训练，执行维护和维修任务，这些做法保证了皇家海军从一战至二战的航海和作战。训练军械技术兵需要4年半，地点在"费斯加德"（Fisgard）训练场。该训练场最初建在戈斯波特（Gosport），1932年迁到查塔姆的机械训练基地。军械技术兵承担维护军舰火炮和火控系统的任务，为此需要了解这些设备的运行并学习各种金工技术，掌握了这些内容便不只是一名熟练技工了。一艘军舰依赖技术兵，不仅是为了让关键系统保持正常工作状态，也是为了在受损或出现故障时能制造修理设备所需的部件。军械训练先在位于查塔姆的装备15英寸炮的"苏尔特元帅"号（Marshal Soult）浅水重炮舰上，接着在朴次茅斯港的"卓越"（Excellent）炮术学校进行，皮特曼在后一地点第一次体验到了水兵对技术兵的不满。这些"手艺人"受的训练为他们换来了士官级别的军衔和制服，以及多数士兵无法企及的军饷，这是舰上产生厌恶情绪的原因之一。1931年前后服役于"约克"号（York）巡洋舰的技术兵罗伯特·布朗（Robert Brown）说：

如果你问其他士兵，他们会把我们评为自命不凡。嗯，我想我们是下甲板最先玩网球的人—我记得水兵们把球拍叫作"荒废的手"。但我们不算军官阶层的成员，虽然有时我们凭着专业兵种津贴等项目，比基层军官收入还高。[2]

在"胡德"号上，伯特·皮特曼一定是少数曾在后甲板上与军官击剑的士兵之一。产生嫉妒的另一个原因是技术兵和工匠有权在吊床上睡到6点或6点30分，这项晚起权传统上被称为"守卫与操舵"[3]。在技术兵餐厅吃早餐后，军械技术兵的工作日于8点开始，首先是拆卸机器，或对炮塔中的设备以及包括测距仪和德雷尔火控台在内的各种火控仪器进行例行维护。可能有某门炮的炮尾要拆开、清洁并上油，或者炮塔液压系统的一部分要打开并加润滑剂。皮特曼很快被派到"B"炮塔任军械技术兵，他的工具箱里常备钳子、可调扳手、钢锯、锤子和凿子，但一旦需要制作或改造零件，在主甲板的舯部及军械技术兵工作间还备有全套设备。和平时期，军械技术兵从不值班，而且当军舰停泊在母港时，他们如果晚上没有任务，还可以在岸上睡觉，第二天早8点继续工作。如果军械技术兵晚上执行了任务，他第二天下午就会休被称为"补衣假"的半天假。对伯特·皮特曼来说，战时日常工作无疑压力大了不少，因为黎明和黄昏执行战斗部署时要上战位，并负责使炮塔保持战备状态，但他躲过了同舰战友的厄运。1941年1月，皮特曼被抽调到"巴勒姆"号，当年9月该舰沉没时生还，之后两年在"格拉斯哥"号（Glasgow）巡洋舰上。1968年，他以少校军衔从皇家海军中退役。

① 帝国战争博物馆有声档案，第22147号，第3盘。
② 埃雷拉《因弗戈登兵变》第16～17页。资料并未说明布朗属于哪一专业的技术兵。
③ 译注：风帆时代，这两种岗位的士兵不必参加全体集合。

上送入工作间，当主扬弹笼返回扬弹通道底部时，第三发则被装上去，之后在上层用运输斗将无烟火药装入主扬弹笼。我们正在跟踪第一发炮弹的行迹，它现在沿着装弹笼轨道上行，通过另一道防闪爆舱门进入炮塔本身。

一座15英寸炮塔的炮组为20人左右，由炮长指挥。其中4人位于炮后的控制间：测距手（应对指挥权下放到炮塔的情况）、潜望镜观测员、戴耳机的通信兵和炮长，他们的战位有一层3英寸的附加装甲板保护。其余人由副炮长指挥，操作火炮。每门炮有一名瞄准手，他坐在炮左侧15英寸面板的对面。如果火炮由指挥仪指挥，他就盯着一个电子指针；如果炮独立射击，他就盯着一具望远瞄准器，此时该仪器由瞄准器装定手根据射程和提前量进行调整。他转动一个黄铜手轮，就可以使炮管在炮下方一个巨大的液压缸推动下绕着炮耳俯仰。每具瞄准器都根据每门炮特有的弹道特征进行了单独校准。在炮室的右侧，坐着一名回转手，他的任务是操作液压旋转斜盘引擎，利用支架和齿轮使炮塔回转，回转的速度为每秒2度，因此回转时炮塔相当平稳，炮组中很少有人会察觉。不过，在由指挥仪指挥时，炮塔回转是由工作间中的一处操作台控制的，此时操作员会遵循远程指令。炮组中还包括2名装填手、1名击发手、1名炮尾手和1名负责处理机械故障的军械技术兵，他们都受炮长指挥。还有1名隔离手，他的任务是在该处发生紧急情况时，切断炮塔的回路，使之与火控系统脱离，直到恢复战斗力为止。1939至1940年服役的上等水兵J. R. 威廉姆斯（J. R. Williams）等其他人则值守一旁的应急发电机，以备回路本身发生故障[1]。炮塔中充满在军舰上习以为常的油气味和金属气味，这里多数时候又冷又湿，炮塔顶部和侧面的铁罩里装的灯只能提供些许照明[2]。舰上很少有空间像炮塔里一样装满了钢铁和机械，官兵们四周都是倾斜的钢板，面前的巨炮使他们显得矮小。围井中，装弹笼的导轨通向深处，而炮尾周围有薄隔离网将人同围井的开口隔开。除了这一切，炮塔投入战斗时，还可以听到液压装置作响，装弹笼喧嚣不停，以及装弹过程中令人心悸的撞击声。幽闭恐惧症患者不应该来这里。

现在炮弹已经升到了与炮尾等高。拉动一根操纵杆，就可以启动一台液压链条填弹机，它会把炮弹沿着装弹槽推进炮尾，直到贴在炮弹底缘上的铜传动带深深插入刻有膛线的炮管。传动带不仅将炮弹安放在药室中，而且解除了装药上的引信的保险。操作另一根操纵杆，将一半的无烟火药装在装弹槽中，击发手则将火药推入炮中。几秒后，他则准备将剩下的214磅火药装入炮管。一处故障便足以中断从弹药库到炮尾的整个流程，而在争分夺秒的射击中，只要有一包火药上的红色打火垫装错方向，便会导致宝贵的时间损失掉。有时候，在炮弹装填后，如果操作员没有减短链条填弹机的行程，下一次击发时无烟火药便会被挤进炮弹的底部，造成的混乱也可以令整座炮塔停止运行。但若不发生这些意外，这个过程便接近完成了，炮闩会随着一声响亮的"砰"被关上。它沿着炮管上面不连续的螺纹旋转时，必须紧贴炮管的内衬，因为它很快就会承受释放出来的巨大能量的冲击。最后，炮尾手将一个小发火管装进点火室，装弹便完成了。这时，瞄准手和回转手会根据远程指挥仪传来的信号，在各自

① "胡德"号协会档案。
② 虽然和平时期炮塔内部为白色，但在战争爆发时重新粉刷成了深灰色。一般认为，这样做的理由是减少经观察口反射出的光线。

＜ 1926年，"X"炮塔转到射界边缘。右手侧的火炮处于30度的最大仰角。图片左侧的高物体是下层甲板第二无线电报室的无线电中继缆。舰艏方向为"反击"号。（美国海军历史中心，华盛顿）

的仪器上装定目标。当他们都完成装定后，电路会接通，炮塔报告："准备就绪！"顶部指挥仪的瞄准手会通过面前亮起的灯得知这一点。这一刻到来了。射击警报器会发出尖厉的"叮叮"声，通知军舰准备应对马上要发生的一切。随着巨大的震动和耀眼的闪光，炮弹以超过每秒2400英尺的速度冲出炮管，与此同时，一片火焰吞没了甲板。而在炮塔中，感受到的爆炸比听到的更强烈。由于炮室空气有正压，这里听到的只是一声闷响，但开火时的冲击会造成暂时真空，使许多人排尽了肺里的空气。在齐射时，这几秒钟意味着之后还有一次冲击，因为左侧的炮开始咆哮，炮管被后坐力沿着炮架深深推进炮井里。由一套驻退筒控制的复进机构会吸收后坐力，接着炮管被复位，完成这一动作的气动复位系统是Mk II型炮塔独有的。炮尾刚才承受了接近每平方英寸20吨的压力，现在压缩空气从扬弹通道中存放的气瓶里向它猛吹，以熄灭残焰。之后，随着炮闩打开，炮塔中充满火药燃气的刺鼻气味，水冲刷着炮尾，准备发射下一发。如果炮组经过训练后如机器般高效，加上设备可靠，从运出弹药到开火的过程可在一分钟内完成[1]。如果保证任何时候系统中都有3枚炮弹，每门炮可达到每发约30秒的射速。

　　"胡德"号主炮开火的过程如上所述。但她的炮是怎样捕捉目标的？要得到答案，我们来回顾19世纪末的海军炮术革命。直至19世纪90年代，海军火

[1] 不过，"胡德"号的炮塔确实遇到过一些服役初期的问题；见军官候补生罗伯特·埃尔金斯的日记，国家海洋博物馆档案编号Elkins/1，1921年9月29日。

炮射击时，还只能靠瞄准手操炮的感觉以及长官的命令来引导。不过从这时起，由于威力和口径更大的火炮投入使用，而炮的数量相应减少，重视技术的军官和非军方工程师开始考虑怎样提高新武器在远距离上的精度和威力。这方面的考量催生了许多项革新，它们后来构成了20世纪海军火炮发展的基础。其中一项是测距仪，第一种实用型号尺寸为4英尺半，由格拉斯哥大学（Glasgow University）的巴尔教授于1892年推出。巴尔测距仪属合像式，需要观测员将目标的两个分离影像用两面镜子和一套棱镜合在一起，在完成这一步调节后即可从仪器的一处标尺上读出距离。当图像重合或对齐的时候，距离可通过测量目标相对于观察点的视差角来算出。巴尔的设计以及各种基线更长的后续型后来给英军提供了一种有效的手段来测定目标的距离，但它们在可测距离、测量速度和精度方面则不敌位于耶拿（Jena）的卡尔·蔡司公司为德国海军生产的体视式型号。虽然后者需要视力极佳且训练水平高的操作员，但起初它至少让测距员的工作变得轻松，因为他只要用目镜压住仪器中看见的目标，就可以直接读取视野中的数字。另一方面，巴尔和斯特劳德型号则需要操作员不断调节以确定合像点，尽管一战后旷日持久的试验向海军部表明，两种系统的效果都更多地依赖于基线长度和现有光照条件，而不是任何一项基础设计要素。尽管情况或许如此，但到了20世纪30年代，包括"卓越"炮校[1]这样的圣殿里，皇家海军中似乎已经很少有人对哪方的测距设备较优抱有疑问了。

　　世纪之交，由珀西·斯科特（Percy Scott）上校新培养的一批炮术军官开始寻找方法，来准确地捕获距离和方位都可能不断变化的目标。约翰·德梅里克（John Dumaresq）上尉1902年迈出了解决问题的第一步，造出了三角计算器，并以他的名字命名。只要输入本舰的航速、航向及相对目标的方位，以及目标航速与航向的估算值，德梅里克计算器就会给出目标距离和方位的变化率。维克斯计算器则更进一步，如果给出目标距离及其变化率，就能通过一套复杂的机构，根据预测的变化率，更新所示的距离和提前量。有了这些数据，仅仅定时查看测距仪就可以持续齐射，不过命中率不一。而1904年，斯科特上校本人则设计出了能将数据传递给火炮并指导一体齐射的革新系统——指挥仪射击[2]。斯科特思想的精髓是，炮的瞄准、指向和射击均应该由一件叫"指挥仪"的设备来控制和同步，该设备由一名居高临下的观测员操作。这种情况下，瞄准指示会在一具主控瞄准器上设定好，并通过一种集中指挥系统传递给火炮，当火炮正确瞄准后，由指挥仪观测员通过发出电子信号下令侧舷齐射。这一系统被称为"20世纪最重要的单项炮术革新"，但它的潜力一直没能完全发挥出来，因为在海上追踪移动目标要解决球面三角学方面的艰巨问题，直到决定火炮命中率的火控设备得到改进，足以解算这些问题为止[3]。正是这一点以及海军部内根深蒂固的反对意见，

① 帝国战争博物馆有声档案，第22147号，第2盘。当时皇家海军的主要炮术学校是朴次茅斯港附近鲸岛上的"卓越"基地。
② 墨田（Sumida）《保卫海上霸权》第153页。
③ 帕德菲尔德《战列舰时代》第185页。

使得指挥仪射击系统推迟到1913年才在英国军舰上安装。

　　解决海军火炮远程射击命中率问题的，则是天才设计师亚瑟·亨格福德·波伦（Arthur Hungerford Pollen）生产的阿尔戈（Argo）计算器[1]。德梅里克的设备已经使军舰能在较以前远得多的距离上交战，但命中率并没有得到相应的提高，直到炮术军官们能持续读取目标诸元的相对变化率为止。1904年，波伦解决了这个问题，他的方法是设计了一种绘图桌[2]，它通过陀螺仪补偿军舰运动的影响而保持稳定，能不断给出本舰及目标的相对位置。绘图是在一条卷动的绘图纸上完成的，它的方位和转速根据军舰的航向和航速调整，一支固定的铅笔则在图上画出线来记录本舰的移动。同时，最新式的测距设备则把观测到的敌方距离和方位通过电子信号发送过来，这些数据则在图上用彩色绘出，给出目标相对于本舰的诸元记录。这样，本舰便能把航速和航向调整为与目标一致，炮术军官得到的接敌距离和提前量便是恒定的。另一种用法则是用绘图给出的相对方位来预测目标提前位置，并据此进行瞄准。阿尔戈计算器的最后一种改型——Mk V航向与航速绘图仪于1913年问世，它结合波伦设计的装在陀螺仪座上的测距仪，向皇家海军提供了梦寐以求的火控方式："不依赖舵轮的射击"，在本舰转向时仍能计算出射程和方位。但它没能登场。早在1908年，杰出的炮术军官弗雷德里克·德雷尔（Frederic Dreyer）上尉就已经制造了一种变量绘图仪。虽然它的用途有限，但因为它依靠的是已有的设备，相比波伦的产品整合起来更容易，故还是受海军部青睐。1910年，德雷尔在这种仪器的基础上造出了第一件以他的名字命名的火控台，这是早期变量绘图仪的发展型，但有几项关键的特征很大程度上是从阿尔戈计算器上剽窃的。德雷尔火控台是一件设计相当新颖的产品，但它的设计和概念都有缺陷，所以它虽然在练习场合下可用，但在实战中效果有限。结果德雷尔几乎在方方面面都剽窃了阿尔戈计算器，除了一点：后者采用自动而非手动方式绘制射程图，而本来可能有机会证明这方面的优势是决定性的。由于政治形势的变动、海军部中有德雷尔的盟友，以及对外人一贯的不信任，海军最终采用了德雷尔火控台，大舰队就装备着它于1916年5月31日驶往日德兰参加了那场决定性大战。虽然波伦系统从没接受全面的实战考验，但它的出局的确很可能对皇家海军的炮击命中率以及对"胡德"号本身产生了重大后果，"胡德"号建成时装备了Mk V型德雷尔火控台，并保留到最后[3]。德雷尔火控台的最后几种改型提供了一种理想条件下足够有效的火控系统，但没有波伦方案的先进功能，于是直到1925年，即阿尔戈计算器提供了让军舰不依赖舵轮即可射击的能力已近15年之后，皇家海军才具备了这项能力。即使这时，财政限制也导致海军部型火控台仅安装在"纳尔逊"级战列舰以及之后完工或改建的军舰上。"胡德"号当然不在其列，但讽刺的

[1] 墨田《保卫海上霸权》第79-80页。这几段中对皇家海军火控发展的解读很大程度上借鉴了墨田博士的著作，在此致谢。不过，应当注意，墨田博士的很多解读将受到一本即将出版的新书的挑战：约翰·布鲁克斯的《无畏舰炮术：火控与日德兰海战》（伦敦：弗兰克·凯斯出版社）。承蒙布鲁克斯博士的好意，本书作者得以一睹此书。
[2] 墨田《保卫海上霸权》第208-215页。
[3] 同上条，第315-316页。

是，当她安装的Mk V型火控台还在设计阶段时，整套德雷尔系统遭到了第一次集体发难，最终决定更换系统的海军部委员会也是在此期间成立的。[①]

那么，"胡德"号的主火控系统究竟包括哪些部分？它们如何运作？第一步是选择目标，由舰长或一位炮术军官完成，并通过一台埃弗谢德（Evershed）方位指示器发送给指挥仪。瞄准过程从顶部的指挥仪中开始，它安装在水线以上120英尺的瞭望台上。这里的主要仪器是一对陀螺稳定的火炮瞄准具，指挥仪瞄准手和回转手通过它们来捕捉并跟踪目标。回转手可以旋转手轮来使指挥仪回转，从而使它能不受军舰航向的影响而跟踪目标。通过一系列电气回路，每一个对这两具火炮瞄准器的调节动作都会表现在表盘的指针上，再手动使这些示数与事先设定的方位和仰角一致，就可以向军舰的火控计算器提供目标方位的变化情况以及命中它所需的仰角。同时，不断更新的目标航速和提前量估算值会通过耳机被发送给位于下方140英尺的同一台计算器。在这些数据之外还会由军舰的主测距仪补充目标距离，这台30英尺的巴尔和斯特劳德型测距仪安装在指挥塔顶的装甲指挥仪上。测距员会不停调节测距仪，使目标图像始终对齐。与火炮瞄准器类似，对齐操作会自动反映在表盘的指针上，在手动使示数与先前的设定一致，便可提供射程的变化情况。有了这种装备，就能以大约20秒一次的频率进行距离计算，计算结果同时在火控计算器上由打字机式设备绘成图。装甲指挥仪上也有一台德梅里克计算器，它接收目标航速与提前量的估算值，给出其航速与航向的变化率（即目标航向相对于观测员视线的角度）。得出的所有数据会以电子信号形式发送到"胡德"号火控系统的神经中枢——中央计算室。

在指挥塔正下方的平台甲板上坐落着15英寸炮的中央计算室，如果只列出舰上单一一处最重要的空间，也许就是这里了。它位于前主炮弹药库后方，与指挥塔有着相同厚度的装甲防护，军舰主炮的射击参数便在这里算出。中央计算室有17名舰上皇家海军陆战队军乐队的军乐兵值守，由一名炮术军官总体指挥。协助他的是军械准尉、若干名绘图员、电话接线员、传令兵和一名负责处理机械故障的军械技术军士长，人员共28名。"胡德"号中央计算室的核心部分是德雷尔火控台Mk V改型[②]。火控台实际上是一把巨大的机械型计算尺，它的工作方式是交叉核对理论数据与实际观测值，来将不断变化的射程和目标方位绘制成图。用C. S. 福雷斯特（C. S. Forester）的话来说，这种机械做到了"预见未来同时记录过去"[③]。这些数据是用差分法进行外推而得到的，齿轮式计算器一刻不停地向火控台给出射程和方位的数据流。向德雷尔火控台输入目标射程和方位、航速和偏角的估计值以及本舰航速和航向，再加上炮管温度、外部气温、气压、风速和风向，并对炮弹的漂移以及地球自转与军舰航向的关系造

① 墨田《保卫海上霸权》第312页。
② 见"胡德"号协会网站上威廉·施莱豪夫（William Schleihauf）的"'胡德'号火控系统概览"（www.hmshood.com/ship/fire_control.htm）。
③ C. S. 福雷斯特《舰船》（哈蒙德斯沃斯：企鹅出版社，1949年版；1943年第一次出版）第114页。

成的误差进行补偿，它就可以计算出射程的变化率。火控台的关键部分是射程计算器或称整合器，也被俗称为"陶工的转轮"。这件仪器的设计大幅度剽窃了波伦的阿尔格计算器，但不完全如此。它带有一个带孔的圆盘，以恒定的速度旋转。滚珠轴承对应射程而穿过圆盘移动。这些轴承带动一根转轴，轴上连有一支铅笔。这样，根据在运动示意图上画出的线，就可以进行比较性计算，得出目标射程的变化率。根据得到的图和数据，便可推算出目标的提前射程和方位，并把这些结果传输给主炮，在那里根据炮管仰角和朝向进行修正。火炮瞄准手和回转手立即根据这些通过电路发送的信号采取行动，他们操作面前主表盘的手轮来调整指针。这样，当下达开火命令时，发射出的炮弹瞄准的是空旷的海域，但可能在自己弹道的末端击中敌方。在大约10000码的射程上，炮弹的飞行大约需要15秒，而在30000码的最大有效射程上超过一分钟。

德雷尔火控台可以同时计算来自2座火控塔和4座炮塔的数据。一名"勇士"号（Valiant）战列舰上值守装甲指挥仪的年轻军官给出了如下的描述，从中我们可以一窥信息持续交换的过程，这是系统运作的基础：

在中央计算室的下方……是一台放大了的德梅里克仪器，它显示的数据由一支铅笔在绘图纸上画成一条线，当目标的距离被测出的时候就立即被绘成图。那么，如果我得到的数据画成的线与按测距员的方法绘出来的射程变化线重合，那么我对目标的航速以及偏角的大致估计就肯定相当准。［……］为了让我能与德雷尔操作员通话，我有一台个人直通电话，那头的军官候补生可以向我提出建议，根据他绘图推算的结果指导我的大致估计。我的座位紧挨着15英寸炮指挥官，所以我可以向他询问偏角和航速。如果从他观察到的弹着点来看，我的数据有误，他也可以迅速告知我。[①]

不过，尽管德雷尔系统极为复杂，它仍有几个致命的缺陷，这使各个子系统没能发挥出最大作用。由于它依赖对目标射程变化率的估计值，而这又是手动计算推导出而非自动设备得出的，所以德雷尔火控台就使计算结果中加入了人为误差因素。这会使命中率严重下降，在远射程上尤为如此。不仅如此，当军舰一边转向一边开火时，由于德雷尔火控台缺少陀螺稳定机构，它就不能稳定地绘制出射程变化率的图像，从而无法给出准确的数据。德雷尔系统的这些缺陷无法得到补救，而到了20世纪20年代，波伦的阿尔戈计算器有潜力应对无规律变化的航速，并具备了自动射程绘图功能，这终于使皇家海军有了真正有效的统一指挥射击系统。不过对于"胡德"号来说，这些新技术面世太晚了，由于没有说明的原因，她一直在勉强使用着功能不足的Mk V计算器。1935年版的《海军炮术进

① 引用于柯瓦德《战争中的战列舰》第40—41页。

展》说："'胡德'号使用了一种改进的方法，将射程的变化率自动输入射程钟。"①但这几乎不能补救上述的缺陷。1940至1941年冬天，美国海军官方观察员约瑟夫·H.威灵斯少校在"胡德"号上时，也一眼看穿了这种窘态：

> 我清楚记得我的惊讶。那是1940年12月17日，我考察"胡德"号的炮术部门时，看见了绘图室里的陈旧设备——主炮火控系统的大脑和心脏！在我看来，射程计算仪等目前还不如"佛罗里达"号（Florida）战列舰上的先进（我1928年在那里的绘图室任职）。我们的战列舰"西弗吉尼亚"号（West Virginia）和"科罗拉多"号（Colorado）绘图室用的仪器要好多了。①

这一切有多繁杂，当然不是普通水兵该关心的。二等水兵乔恩·帕特维1940至1941年的战位可能是在下层甲板的高炮火控站上。他这样描述自己的职责：

> 我的战位在军舰的腹部深处，在那里要转动一个小手轮。其他人也配合一下转手轮，我们的共同努力就能让"胡德"号的炮火达到更高的命中率。②

舰员们尽可不管海军炮术背后的复杂头绪，但他们在炮火中无法置身事外。每门炮进入待发状态后，合上一个阻断开关，顶部装甲指挥仪面板上的一盏灯便会亮起。当所有的灯就都亮起后，指挥仪瞄准手会把他的手放在主控握把上，眼中的目标仍然清清楚楚。这一刻令人无比激动，即使坚定质疑海军炮术的人也是如此，例如安德鲁·坎宁安将军：

> 我一生中从来没有经历过比这更激动的时刻，我听见指挥塔中传来一个冷静的声音——"指挥仪瞄准手观察到目标。"这确凿地表明火炮已经准备完毕，他的手指正放在扳机上。③

在指挥仪瞄准手的望远镜中有一具陀螺稳定的棱镜，它使观察者的视线落在目标上，而不受军舰航行的影响。陀螺机构同时也控制一套射击电路，在瞄准手按下扳机后，它直到军舰姿态平衡时才会闭合。这一刻终于到了。射击警报器的响声表示扳机被抠下，几秒钟后，惊天动地的火焰、巨响和烟雾便是400名官兵齐心协力的成果。

全口径弹射击的震撼难以名状。1922年上舰的少年信号兵雷格·布拉格（Reg Bragg）在"A"炮塔首先开火时认为这简直就是世界末日。炮塔班组基本没有受到噪音和冲击的影响，但其他人被从甲板上瞬间抛起，在空旷处的人

① 美国海军战争学院，威灵斯《追忆》第73页。
② 帕特维《雪地靴和晚宴服》第149页。
③ 坎宁安《一个水手的冒险》第332页，此处提及马塔潘角海战。

则有被湿布抽打脸的感觉。1936至1938年的随舰牧师埃德加·雷对于被威尔弗
雷德·欧文(Wilfred Owen)描述为"巨炮狂怒"的情景有这样的印象:

> 虽然一开始吓了我一跳,但它们一直让我迷恋。在巨大的火球和震天的响声
> 之后,是从舰艏传到舰艉的震颤,那种难受的感觉就像腹部被硬枕头击中一样。
> 不过很快,我战胜了恐惧,享受着这种兴奋。在我经常去的探照灯平台上,人们
> 可以清楚地见到炮弹启程飞向目标。它们就像4头巨鸟一样排成完美的队形,沿
> 着抛物线飞去,给人的印象就像铁轨消失在远方时又倏然会合一样。[①]

全主炮侧舷齐射时,官兵们会被震得仰面倒下,军官候补生莱瑟姆·詹森
(Latham Jenson)将震动描述为"一次令人窒息的巨大爆炸"[②]。军舰在后坐
力的作用下突然侧倾,海水沿着舷侧涌起的声音传来。使用护耳具的人会被耻
笑,结果一味逞强导致很多人的听力永久受损。其中一位是1933年在舰上服役
的军官候补生路易斯·勒·贝利:

> 去直布罗陀的路上,有人决定测试当"X"炮塔的15英寸炮以全装药向前
> 方射击时,新安装在主桅杆两侧的高射炮是否仍可正常操作。必须要有一位军

① 雷《好事与坏蛋》第
123—124页。
② 詹森《钢盔、雨衣和胶
靴》第97页。

官候补生带领的炮组充当试验用的 "小白鼠"。我们中被选出的6人差一点被刮到舷外去，其余3人都聋了！[①]

　　"胡德" 号的炮火造成的还不止这些。在波特兰外海的炮术练习中，多塞特郡海岸的窗玻璃在震动下嘎嘎作响，关闭的窗户有时还被震碎了。1932年7月，在英吉利海峡中齐射发出的怒吼最远传到了北安普郡（Northamptonshire）的达文特里（Daventry），这里离海130英里。9年后的5月的一个早晨，雷克雅未克（Reykjavik）的平静被炮声打破，那是 "胡德" 号在300英里外的丹麦海峡中发出了她的最后几次齐射。

　　昼间行动的标准做法是4炮齐射，先发射每座炮塔右侧的炮，几秒后再发射左炮，从而完成一轮双齐射。弹着点由位于瞭望台上的首席炮术军官或他指定的人来记录，通过 "加" "减" "左" "右" 的口令，以码为单位进行修正。日德兰海战后皇家海军摈弃了 "夹叉" 法，而改用 "级梯" 法确定射程。使用后一种方法时，火炮实际上被当作辅助测距仪来使用。约翰·罗伯茨用以下例子描述了各种可能情况：

　　如果估算的目标射程是14200码，第一次齐射的射程就定为这个值，瞄准目标提前位置的左侧。不待观察第一次齐射的弹着点，便瞄准该位置的右侧，进行第二次齐射。第一次齐射落在目标的左侧，第二次齐射角度正确但射程偏近。第三次齐射的提前量与第二次相同，但进行了 "加400" （14600码）的修正，第四次则再 "加400" 达到15000码的射程，这便完成了第二轮双齐射。第三次齐射偏近，第四次则偏远，这时目标已经被夹叉了。下一轮双齐射则 "减200" 瞄准14800码处。两次齐射都对目标形成了跨射。继续以此方位和仰角进行双齐射，直到目标消失。之后重复这一过程但减小修正幅度，比如用200码的步长。如果不能迅速重新捕获目标，就重新用400码步长。[②]

　　日德兰海战后英军改进的另一项技术则是集火射击，命两艘或更多的军舰射击单个目标。这样做不仅把绝对优势的弹药量投送到敌人头上，而且能让其他军舰利用它们安装的示距钟和回转角度计射击自身未观察到的目标。这些视觉参照手段后来被短途无线电报取代，通过这些手段可以通报接战目标的射程和方位，从而让一队军舰能集中瞄准同一目标进行射击。"胡德" 号的Mk V型德雷尔火控台是第一种具有集火射击功能的，它能把友舰的弹着点数据添加在卷动的绘图纸上，实现这一点的设备与显示射程计算结果用的打字机式设备相似。只有 "胡德" 号接受了这项改进，因此她在舰队和中队炮术演习中总是被

① 勒·贝利《不离引擎的人》第24页。
② 瑞文、罗伯茨《英国战列舰》第82页。

选为射击领舰①。

皇家海军大口径炮射击演习共有二种形式。第一种是偏移射击或称为偏角演习，两艘彼此交火的军舰上，每门炮的瞄准具都被特意扣除了一个提前量。这样，如果一切按计划进行，从一艘军舰上发射的炮弹的瞄准点就定在另一艘的舰艉后面一些。这类演习中影响最恶劣的一次里，最后"胡德"号与"声望"号在比斯开湾（Bay of Biscay）相撞，那是1935年。但总的来说，偏角演习本身达到了目的。1937至1938年服役的一等水兵弗莱德·怀特（Fred White）：

　　当"胡德"号出海射击时，站在那些战位上的感觉可不好受，"X"炮塔转来转去，你向15英寸炮管下方大约4英尺处看，就看到黑旗飘在横桁下。接着随着巨大的响声，你盯着15英寸炮弹离开炮管，奔向远方的目标。"反击"号向我们偏移射击时的感受总是很不错。我们看着海平线上的她，然后是炮口闪光，"她开火了！"那是什么感觉。过一会儿，我们听到了响声，同时炮弹落在我们舰艉后。②

　　1931年后，"胡德"号进行偏角演习时使用一些专为此而装载的次口径炮弹，这种炮弹共生产了96发。使用次口径炮弹，一是为了节省资金（1939年每发全口径炮弹的价格超过100英镑），二是为了减轻对炮管膛线的磨损。使用这些炮弹时需要先将几节内衬插入炮管，这些内衬的重量超过半吨，它们存放在炮室后部的板架上。

　　演习的第二种形式则是用全口径弹或次口径弹瞄准射击，目标通常是拖航的。如果使用"高速战斗练习目标"，它可能是一个筏子，上面搭着一个约40英尺长、用粗麻布遮盖的木架。目标装有帆以保持稳定性，它被一艘位于自己600码前的驱逐舰以30节速度拖航。一种更大的型号叫作"战斗练习目标"，设计类似，但长达145英尺。这个丑陋的目标由一艘护卫舰拖航，炮手们准备在最大达15000码的不同射程上击毁它。这些目标保证军舰能进行颇有裨益的练习，尽管练习时的战术条件很难做到接近实战中可能遇到的情况。一种成本有些高的替代手段则是使用无线电控制的"百人队长"号（Centurion）靶舰。这艘1911年问世的无畏舰被拆除了武装，换上了燃油锅炉，并装有各种天线。利用这些天线，设在"猎人"号（Shikari）驱逐舰上的遥控设备可以改变靶舰的航速和航向。

　　不过，在那些深知战争迫在眉睫的军官看来，这类人为设计的演习并不够。其中一位是1936年2月开始指挥"胡德"号的弗朗西斯·普里德姆（Francis Pridham）上校。"胡德"号的炮术在他的训练下达到了满意的效率后，他规定

① 感谢海军元帅亨利·利奇爵士提醒我注意这点。
② "胡德"号协会新闻报第1期，1975年。

军舰之后都要按照在实战中很可能遇到的条件进行射击练习。在坎宁安将军的支持下，他将条件定义为高速、夜间和恶劣天气。普里德姆回忆录中的以下一段初步揭示了1938年春天进行这方面努力时，遇到的技术和行政方面的障碍：

炮术训练所受的限制中，让我担忧的一条是对节约的考量。节约的一方面要求是燃油消耗量尽量少。这样做的后果就是，进行所有的演习和射击时，航速都不能超过全速的一半。我感到最急切的是，我们所有的射击都应该在军舰的实战航速下进行，具体说就是全速，而且经常在恶劣天气中航行。这两项结合起来，就能让军舰火控设备和规程的效率接受彻底考验。最前的两座炮塔，加上火炮控制塔（即装甲指挥仪），都可能被巨浪笼罩，导致测距仪的"眼睛"被遮住。我知道，当航速达到21节左右的时候，剧烈的振动会导致（后部探照灯平台上的）高炮火控站无法运行，尽管航速再提高的时候，振动就大大减轻了。我希望有一名海军造船官提供证据，来支持我对这个位置做一些结构改造的提议。

在接到下一次全口径射击的命令时，我原计划在全速和恶劣天气条件下进行射击。考虑到额外消耗的燃油，这没被批准。一个事实是，如果射击时只是全速航行而不考虑其他因素，那么额外消耗的燃油不会超过20吨，价格大概50镑！在我看来，为了在实战中可能遇到的条件下测试军舰的炮术，这个代价不算高。接受详尽的命令已经让我一直不快，这些命令本应该在与我商谈后再定下，或者让我自行决定一些细节——因为我是舰长，于是我考虑了用什么方式能达到我完全合理的目标。当与我的轮机长［C. P. 伯松（C. P. Berthon）］讨论这个问题时，他向我保证，把在恶劣天气中入港时的标准方案略加改动，即只开启24台锅炉中的20台，他就能让军舰达到28.5节至29节的航速，并保持15至20分钟。这已经足够理想了，10分钟很可能足够了。

这次射击确实成了我想要的那种测试。海况不佳，狂风带起碎浪。当军舰驶入风中时，前后都被大浪浇透。要观察到目标，只能登上前舰桥或者顶部火控站（指挥仪）。我之前命令过拖靶船在"胡德"号射击时转向全速顺风航行，同时我令军舰行驶到目标下风向的一个位置，接近目标时风力便会产生最大的影响。事实证明，这是一次真正的"射击测试"。在我的报告里我直言不讳地写出了实情：事实证明，29节航速下的射击练习经验是最有用的。事后并没有人要求我解释我为什么要在报告中写明军舰超过了总司令［海军上将达德利·庞德爵士（Sir Dudley Pound）］的命令中批准的航速！应我的邀请，总司令参谋班子中的海军造船官［W. J. A. 戴维斯（W. J. A. Davies）中校］在舰上观看了射击，我要他注意不同航速下高炮火控站处的振动情况。归功于他写的报

∧ 20 世纪 30 年代后期，"反击"号的一次齐射落在"胡德"号拖带的战斗练习目标稍远处。（"胡德"号协会 / 希金森收藏照片）

告，我关于加强该处结构的建议得到了批准。[①]

无须多言，操作和发射"胡德"号主炮的过程中并非没有意外或事故。最常见的问题是发火失败，无烟火药包没能点火并射出炮弹。有鉴于此，后来人们制订了一套流程并反复练习，清空炮管并为下一次发射做准备。这种情况固然危险，但最让人尴尬的还是打偏了的齐射，"胡德"号战前在地中海行动时遇到很多次。第一次是在1937年7月安德鲁·坎宁安海军中将就任司令不久的一次偏移射击中，目标是布网舰"保护者"号（Protector）。第一趟射击顺利完成，但当"胡德"号转回来进行第二趟射击时，一个错误导致炮上设定的偏角被清零，结果"保护者"号很快发现自己被4枚15英寸炮弹跨射。水兵弗莱德·库姆斯当时在"B"炮塔中：

我们射击时，航向通常与靶舰一致，但这次卡茨（Cutts）将军[②]命令我们向远海行驶，航向与目标相反，增加了射击难度。在"B"炮塔中，我们已经给两门炮都装上了弹，但齐射时只开左炮，修正射程后再开右炮。这次从炮中射出的4枚炮弹全都落在"保护者"号附近，我们收到的不是修正后的射程，而是"停止射击"命令，于是没有发射右炮。射击就这样结束了。按照舰桥信号兵的说法，我们从"保护者"号上收到的信号说他们舰上那只猫的九条命已经从

① 普里德姆《回忆录》第 Ⅱ 部分第168－169页。此套回忆录由本书作者整理的版本即将出版。据推测，后来在1938年，后部上层建筑上安装一座"砰砰"炮指挥仪的过程中，振动问题得到了解决。
② 译注：即坎宁安。

肚子里跑掉了八条，但如果卡茨看见的话他不会被逗笑。他要紧的事是确定该追究谁的责任，这对我们是好事，因为我们的地位太低，那些事与我们无关。一阵乱哄哄的声音传开，说瞄准具上先前设定了向左15度的偏移。但当我们的航向改为跟随目标时，又有没脑子的家伙命令设定向左15度的偏移，这只不过等于把炮校准了。但反正退出右炮中的炮弹已经够折腾我们了。[①]

指挥中央计算室的奈杰尔·亨德森（Nigel Henderson）炮术上尉受到事后成立的调查委员会批评，但他的上级S. H. 卡里尔（S. H. Carlill）少校当晚就收到了电报发来的晋升命令。两人后来都晋为将官。

此事虽然让人脸上无光，但一年后1938年6月30日"猎人"号发生的事故无疑有过之而无不及。在驶往克里特岛途中，"胡德"号计划向如常由"猎人"号遥控航行的"百人队长"号发射一枚5.5英寸炮弹。遗憾的是，目标识别过程中的混乱导致一轮双齐射落在"猎人"号周围，而地中海舰队总司令、海军上将达德利·庞德爵士正在该舰上观看演习。1936至1941年服役的一等水兵朗·威廉姆斯是另一个见证者：

我正在甲板上观看射击，顺着我们的炮指的方向看去。很明显，那不是准备挨炮弹的"百人队长"号。只有老天知道为什么那些管炮术的连这么明显的外观区别都没注意到，但他们很长时间都无法忘怀此事。没有资料记载总司令可能说了些什么！[②]

实际上，庞德下令发送一串信号来怒斥这一失误，后组织了另一个调查委员会。

所幸这两次事件都没造成伤亡，但炮术行动并不总是这样幸运。中队医务官的报告上每一页都记满了人员在高速航行时操作重型装置造成骨折和受伤的病例。当炮塔突然开始回转时，有人在工作间下的回转空间中被传导管挤压致死或重伤。上等水兵弗莱德·哈德（Fred Hard）等另一些人则被演习中的事故所害。由于链条填弹机意外启动，哈德的手臂被压在炮尾和炮弹间，导致"B"炮塔的演习中断[③]。弗莱德·库姆斯回想那可怕的一幕：

弗莱迪被争分夺秒地送到医务室，我看到了暗红色的血和他前臂下面流血的伤口，那里的肉没了，当我第一次看到这种骇人伤势的时候几乎被直接吓晕。一些炮手把弗莱迪送到医务室，其他人则开始清理狼藉的现场。我们至今清楚记得这种令人作呕的活儿，尽管后来我们还会看到更糟的事情。[④]

① 帝国战争博物馆第91/7/1号档案，第67页。齐射时，实际上右炮先于左炮开火。
② 威廉姆斯《行过远途》第126页。
③ 科尔斯、布里格斯《旗舰"胡德"号》第104页。
④ 帝国战争博物馆第91/7/1号档案，第67页

军舰立即转向驶向直布罗陀。在那里，哈德的伤口开始出现坏疽，他必须被转往马耳他的比吉（Bighi）医院。由于哈德接受了有效的干预措施，他得以完全恢复，但是水手们已经以他们独有的招牌式幽默来拿这次事故打趣了。据库姆斯回忆，有人风传哈德手臂上的植皮是从身体下方的重要部位环切下来的，结果他只要看到年轻女士，手臂就会令人难堪地昂然挺立。皇家海军里不存在面子上的同情。

这纷繁的组织工作的带头人则是炮术军官，舰上最重要的人物之一。指挥"胡德"号主炮被描述为最能表现英国海军科技水平的工作，与1924年8月当军舰在海地的外海全速航行时，轮机上尉杰弗里·威尔斯（Geoffrey Wells）在轮机室里忙上忙下的一幕相提并论[1]。杰出的炮术军官斯蒂芬·罗斯基尔（Stephen Roskill）上校完美地描述了这一点：

用"厌战"号之类军舰的武装进行一次射击，通过电话轻声下达几条命令就能启动装填和发射那8门炮的整套精密流程——这给人将巨大力量操控于股掌之间的感觉，很少有事情能与此相比。虽然那个时代的炮术军官一直是战友们善意调侃的对象，但双方都很清楚舰上最重要的工作是哪一项。[2]

罗斯基尔的结束语暗示了当时海军中其他人常向炮术军官抛出的非难，具体地说，他们指挥的武器的精度与他们的纪律和举止并不相符。如同海军中传开的说法一样，他们"只会说大话，打护腿"[3]。但情况不这么简单，如同1939至1941年的"胡德"号随舰牧师比德莫尔牧师（Rev. Beardmore）忍不住要向他的读者们揭示的一样：

炮术军官某种程度上是一群承受污名的人，很多人觉得他们喜欢故意把事情搅得无法进行；过去也许有这种倾向，但我保证，你会发现这一点，如同我发现的一样：现代炮术军官，尤其在战时，都会把你看作团队中的重要成员。他的工作代表着毁灭，那么虽然他并不喜欢在实战中用炮把人轰成碎片，但战争就是战争，他的任务就是做到高效，这样，每当挑战来临时，作为舰队中重要单位的军舰都不会因为低效而不能完成职责。[4]

在一战之前的若干年，炮术分部在海军中确立了自己前卫派的角色，而"卓越"炮校也成为许多未来炮术领袖的摇篮。不过，由于很多原因，一战表明，海军炮术并没有起到它的倡导者所预言的决定性作用，于是炮术军官们，连同与鲸岛[5]（Whale Island）及其传统有关的帮派倾向遭到千夫所指。海军上

① 见第4章第169–170页。
② 罗斯基尔《"厌战"号》第92页。
③ 译注：意为"徒有其表"。原注："护腿"指"卓越"炮校里传统的小腿护具，这里的日程相当一部分是阅兵和训练。
③ 比德莫尔《难以捉摸的海域》第33页。
④ 译注："卓越"炮校所在地。

将安德鲁·坎宁安爵士的观点有代表性，他对这个议题的意见被人记录如下：

如果火炮用得好，坎宁安就会对它保持理性的尊重，当正义的炮声响起的时候，他几乎会像小男孩一样喜悦。但他在军旅生涯中一定对那些郑重其事的炮术军官相当不满。结果，在火炮远程射击时用旁门左道处理地球曲率、耳轴倾斜等的一切方法，他都讨厌。[1]

对这一观点推波助澜的是，许多"吃咸肉的"——没有专业专长的指挥军官深信炮术专家通常缺乏从操舰开始的水手基本功。下一件事就是命中率这个大问题。有人听见坎宁安说马塔潘角（Cape Matapan）海战是在"连炮术军官都不会脱靶"[2]的距离上进行的。因弗戈登兵变时"纳尔逊"号战列舰的军需少校A. D. 达克沃斯（A. D. Duckworth）的观点并非不具代表性：

我们继续毫无意义的射击练习，打出去的是千百万镑金钱。过了15年，我们一点也不比在日德兰时更好，仍然做不到有意识地击中任何东西。[3]

这些观点当然与一场持续进行的争论密不可分，争论的主题是主力舰的用处和设计它们时针对的任务——舰队行动。这里基本不提及两次大战间海军政治和海军炮术进展这两个争论不休的问题，因为学术界正在花不少力气对它们进行重新审视[4]。英制火控系统的技术缺陷已有叙述。更要紧的是，在资金持续短缺的形势下，炮术训练成了特例而不是常态。如同在环球巡航中目睹一次表现拙劣的15英寸炮射击后，轮机上尉杰弗里·威尔斯在日记里所述一样，"如果不练习，炮术效率就说不准"[5]。"胡德"号身为两次大战之间海军的耀眼明星，这一论断给她带来的压力可能比对其他主力舰更重，但即使这样，也必须承认，炮术很难说是"胡德"号的强项。

无论如何，远程炮术课程继续吸引着海军中一些最聪明的人。在杰利科、查特菲尔德、德雷尔等人的领导下，炮术分部在两次大战之间继续保持着巨大影响，而且军衔带有"(G)"后缀的炮术军官中，许多人在"胡德"号上担任了副舰长、舰长、司令官等关键职务。美国海军少校艾勒1941年春天在"胡德"号上时，从英美两支海军的结构和观点的角度比较它们：

如同在其他一些舰上一样，炮术军官（E. H. G. 格雷格森中校）的炮术理念与我们不同。我们这些军官在火炮和设备的技术层面以及控制层面尽量多学习，而把实际工作交给负责相关岗位的人。如果你熟悉这些细节，你就会更擅

① 来自海军中将杰弗里·巴纳德爵士（Sir Geoffrey Barnard），引用于派克《坎宁安司令》第21页。原资料中对应"如果火炮用得好"的文字用斜体表示强调，为中文排版美观，此处及下文同类情况下用下划线表示。
② 英国总工会署名文章，《海军评论》第64卷（1976年）第150页。
③ 引用于埃雷拉《因弗戈登兵变》第150页。
④ 克里斯托弗·贝尔《两次大战间的皇家海军、海权与战略》（伦敦：麦克米伦出版社，2000年），及约瑟夫·莫雷茨《大战之间的皇家海军与主力舰》（伦敦：弗兰克·凯斯出版社，2002年）。
⑤ 摘自"环球巡航日记：1923至1924年"第46页。

长检查和修正。在"胡德"号上,炮术军官说:"我不需要知道这些东西。这位士兵知道。他上过学校,学过这些东西。如果他不称职,我就会让其他人接替这个位置。"①

　　艾勒很可能准确地指出了美国海军中的专家拥有更强的技术专长,但他同时也指出了英国海军最强的优势中的两点,这两点优势长期以来依靠资深水兵的技能和主动性,并且其指导理念相信严酷的海上工作能磨炼军官的意志和技术。

　　那么,这些努力和奉献带来了什么结果?安装在"胡德"号上的炮术系统究竟多有效?如同在米尔斯克比尔的行动显示,15英寸炮弹的破坏力毋须质疑。仅从这一战来看,Mk II型炮塔的设计和操作也没有问题。不过,这次交战的目标是静止的,几乎没有对"胡德"号的火控系统造成挑战。在海上的运动战则截然不同。虽然德雷尔火控台的缺陷使得远距离交战一开始就击中目标有些不太可能,但有了精确的观察加上先进的诸元变化率管理系统,就可能随着时间过去以及目标信息不断积累而不断地提升效果。问题当然在于,英制系统的优势只有在军舰生存足够长的时间后才能显示出来。1941年春季,艾勒少校目睹了"胡德"号的几次射击练习,事后在对比英式与美式射程测算系统时,对她的炮术给出了如下的高度评价:

　　……本世纪前半叶,美国海军早期的火控设备和知识多数是师法英军的。我们的道路或多或少是平行的。［……］在火控方面,双方都用一种相似的方法,就是开第一炮,之后如果落点近了,我们就会仰起炮管到足够的角度,使落点越过目标;反之则降低炮管。这样,我们用"梯级"的方式形成了夹射。下面,你将争取第三次齐射时命中。英军的基本理念是相同的。但我们尽量减小第一次齐射的误差,那么如果我们准确地执行了所有的弹道修正,就能立即击中。在"胡德"号上,炮术军官说第一轮打得太准并不重要。他计划在第三、第四或第五轮取得命中。接下来他就会一直这样打,只要给敌人的打击比敌人给他的多,他就能胜出。事实上,据罗斯基尔说,他觉得"胡德"号在第六轮齐射时算准了射程。我不知道他是怎么看出这一点的。但要我估计,那是在第四轮和第六轮齐射之间,因为那些官兵经验丰富。他们知道他们做的事情结果如何。但他没有坚持这样认为……②

　　有关"胡德"号的最后一战,最大的谜团之一是,海军部型火控台以及完全发挥优势的火控雷达可以对她起多大的作用。1941年春季,顶部指挥仪装上了284型火控雷达,它的作用范围为13英里,不过即使它投入了使用,也似乎是

① 艾勒《回忆》第 II 部分第462页。
② 同上条,第462 - 463页。这里提到的炮术军官是 E. H. G. 格雷格森中校。罗斯基尔的评论见于《海战》第 I 部分第403 - 404页,实际上指"威尔士亲王"号。

在她于丹麦海峡中开火前最后一刻才开机的[1]。

最终，从 "胡德" 号上得到的可靠数据不够多，不足以快速、有说服力地判断她的主炮效果如何。但如果德雷尔火控台的缺陷和普里德姆1938年在地中海描述的问题确实有影响的话，那么要完成击中高速航行的远程目标这种任务必定是有些费事的。1941年5月24日早晨的那次任务便是这类，她没得到机会去完成。

"胡德" 号副炮的主要用途是抵挡小型舰船和飞机的攻击，对于这项任务来说，炮弹飞行速度和火力密度比射程和炮弹重量更重要。在 "胡德" 号的副炮于1939至1940年间被撤除之前，它们主要包括12门5.5英寸后装炮，分为位于舰楼和艄部小艇甲板上的左右舷两个炮群。5.5英寸50倍径炮由考文垂兵工厂设计，最初用于希腊政府订购的两艘轻巡洋舰，两舰后于1915年被海军部接手，分别命名为 "伯肯海德" 号（Birkenhead）和 "切斯特" 号（Chester）。由于相比之前6英寸型号使用的炮弹，5.5英寸炮的82磅炮弹更轻，因此这种人工操作火炮不仅更易操作，而且能达到几乎两倍于前者的射速。同时由于仰角更大，它能达到18500码的射程，比前者增加了3000码。除 "胡德" 号外，这种炮还安装在 "暴怒" 号 "大型轻巡洋舰"、"竞技神" 号（Hermes）航空母舰和K17号潜艇上，但由于20世纪20年代出现了动力驱动型号，这一系列火炮的开发被终止。不过5.5英寸炮在历史上写下了一笔，因为日德兰海战中，少年水兵杰克·康韦尔（Jack Cornwell）在操作 "切斯特" 号上的一门炮时负伤不治，康韦尔成为一位耀眼的英国海军英雄，火炮则成为帝国战争博物馆的藏品。

火控程序则与主炮类似，只是设备小一些，也相对简单。瞭望台两侧各有一座指挥仪（1934年移到信号平台上），小艇甲板上还有两座，它们将目标数据提供给5.5英寸炮计算室。每座指挥仪顶端装有一具9英尺测距仪。计算室位于指挥塔下方的下层甲板上，通过两具F型火控计算器向火炮给出瞄准指示。与15英寸炮中央计算室不同，这里能同时给出两个目标的数据，每侧炮群对付一个。与主炮塔相同，火炮仰角和回转方向的修正值传输到每座炮的表盘上，瞄准手和回转手用手轮完成所需的调节。如果主系统失灵，火炮则改用四分组开火模式，12门炮平分为4组，每组由一名位于后甲板上近旁位置的分组军官指挥。最初计划安装的5.5英寸炮共有16门，其余4门则安装在舰楼和小艇甲板上，向后开火。但由于需要节省重量，这4门炮被取消。这样，"胡德" 号竣工时的副炮则无法打击位于后部两个象限30度内的目标。以这种方式安装的副炮的射

[1] 见罗伯茨《 "胡德" 号战列巡洋舰》第21页，罗斯基尔《海战》第I部分第404页，及罗斯基尔《丘吉尔与海军将领们》第296页。

界受到限制，左舷和右舷第一炮群的射界为0至135度，两舷第二炮群的射界则为30至150度。当然，每门炮都可独立控制。

"胡德"号5.5英寸副炮最值得一提之处是它们的供弹方式。副炮的炮弹库和火药库位于军械舱内，以及两处平台甲板上与主炮弹药库相邻处。炮弹和存放在克拉克森氏（Clarkson's）药筒中的22磅无烟火药包由人工取出，并被装载在八条挖泥船式的输送带上，输送带不断地将它们带到上方主甲板上的弹药工作间。在这里，它们被从输送带上取下，并通过防闪爆舱门移到一处等待区，那里有一队水兵和钢制手推车待命。装满炮弹和药包的手推车被用最快的速度沿着军舰两侧接近300英尺长的弹药通道推行。在通道中有第二套上行输送带，每侧输送带伺服该侧的6门炮。推车的水兵到达相应的输送带后，看着他的货物穿过防闪爆的输弹门，接着跑回去取更多弹药。人们想象战斗中的5.5英寸炮群时，脑中就会浮现这样的情形：许多水兵在主甲板上跑前跑后，边跑边躲避梯子和其他人，冲向宽度只容一辆手推车通过的门洞。事故经常发生，而且与一辆装着弹药的、重达200磅的推车相撞可不好受。路易斯·勒·贝利回忆：

……我最初收到战斗警报的时候，正在尽情享受一周来的第一次沐浴，那是军舰返回斯卡帕湾之后。我把毛巾围在腰间，跨过军官浴室的门槛，直接撞进了一辆装着两枚5.5英寸炮弹的钢制手推车里，推它的是一名行色匆匆的水兵。我的情况糟透了。我正努力给伤处止血的时候，"警报解除"的信号响了。[1]

5.5英寸弹药的供应中当然也有轻松时刻。根据1928至1929年在舰上服役的一等水兵约翰·布什（John Bush）的回忆，他们总是抗拒不住诱惑，用输送带向炮位传递其他与火炮几乎无关的东西：

我那段时间，大多担任资格军械兵的工作，战位在5.5英寸炮群。供弹的输送带让我感到有趣，因为它们有时候会莫名其妙带上来短袜和背心。有一扇供弹门正对着前部水兵浴室！[2]

发射火炮的过程是从下达"装车！装车！装车！"的口令开始的，这时弹药将从舰体深处出发，开始一段迂回的运输路程。一门5.5英寸炮的炮组为9人，包括一名瞄准手、一名回转手、一名瞄准器装定手和一名炮尾手，其余5人负责装填。当炮弹和发射药被运到炮群后，或运到小艇甲板上的左舷2号和右舷2号炮位后，它们被从扬弹机上的输弹槽中取出，准备装填。"开始"的口令下达后，炮弹会被推入炮膛，无烟火药会被推到它后面，接着炮尾被重重地关上。

[1] 剑桥大学丘吉尔档案中心LEBY 1/2号柜，《不离引擎的人》手稿第13章第4页。
[2] 约翰·布什致沃尔索尔（Walsall）的大卫·韦尔顿，1965年9月19日。

∨ 1935 年前后，操作左舷 4 号 5.5 英寸副炮的海军陆战队准备射击。炮的左侧，士兵们扛着炮弹和无烟火药待命。炮罩中，炮管左侧和右侧分别隐约可见瞄准手和回转手。站在底座上，身着连体服的人物可能是军械技术兵。炮尾手站在右侧，另一人准备用海绵蘸桶里的水清洗药室。（"胡德"号协会／威利斯收藏照片）

扳动操纵杆后，电路就闭合了。当瞄准器"对准目标"后，瞄准手会拉动扳机，火炮喷出一片黄色闪光，在炮架上后坐。火炮还未回到开火位置，炮尾闩就会被打开，以清洗炮膛并装填下一发炮弹。一个训练有素的炮组每分钟可发射12发。不过尽管5.5英寸炮弹性能良好，杀伤力却远不如之前的6英寸弹。火炮的实用射程比最大射程有差距，这是因为火控设备的布局实际已经导致它们无论如何都无法指挥火炮对较远目标射击，而且火炮在高仰角状态下装填也会遇到麻烦。另外炮位也容易受到恶劣天气的影响，更遑论区区1英寸厚的防弹板为炮手提供的防护甚至比康韦尔和他的战友们在日德兰被击倒时身前的防护还薄弱。最重要的是，"胡德"号的5.5英寸炮群需要极度密集的劳力，需要350名士兵供弹并操作它们，这仅比主炮群所需的人员少50人。

在战争的威胁下，皇家海军迫切需要一种现代化的武器来替代5.5英寸炮。最后在1939至1940年间，Mk XVI型双联4英寸高射炮装到了舰上。不过，由于海军火炮极度吃紧，"胡德"号的5.5英寸火炮还绝不能退役。

∨ 20 世纪 30 年代后期，右舷 1 号 5.5 英寸副炮后方舱壁上存放的备用炮弹和海绵拖把。（"胡德"号协会／希金森收藏照片）

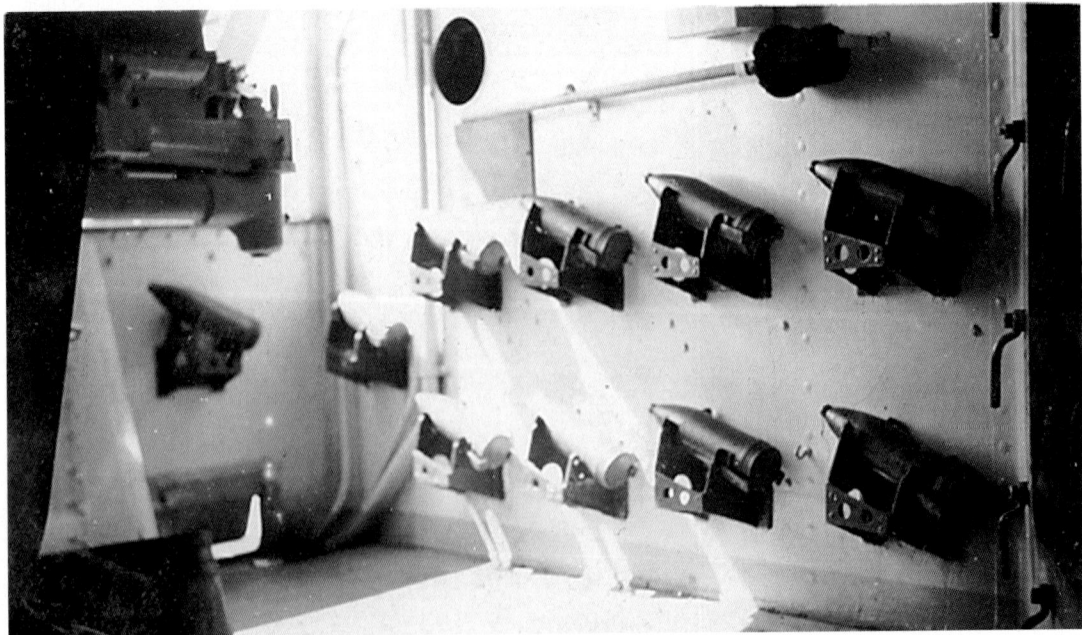

它们中至少有4门在1940年被分配给英格兰南海岸的岸防部队，而另一门至今仍耸立在法罗群岛（the Faeroes）的雷神港（Tórshavn）。还有两门炮被派到亚松森岛（Ascension Island），它们于1941年组成了一个俯瞰乔治城（Georgetown）的炮台。①它们很快投入了战斗，于12月9日与U–124号潜艇交战，当时后者上浮，炮击岛上的电缆站，以掩护轴心国潜艇救援袭击舰"亚特兰蒂斯"号（Atlantis）和补给船"蟒"号（Python）的幸存者②。这个炮台在战后被弃用，但它仍然凝视着大西洋。

　　5.5英寸火炮的替换工作于1938年夏季在马耳他开始，这时小艇甲板上的左舷2号和右舷2号炮被移除。全部工作于1940年4至5月完成，剩下的10门炮都被移除，这时左舷和右舷的炮位上已经没有火炮了。1940年春天移除的还有四门4英寸Mk V型速射炮，虽然它们的威力不足，但直到1931年"胡德"号安装了第一批"砰砰"炮前，它们一直构成了对空防御的主力。取代这两种火炮的则是7座双联4英寸高射炮，安装在经过重建的小艇甲板上。炮座为Mk XIX型，火炮为Mk XIV型，最大仰角则为80度，每门火炮的射速为每分钟20枚。要安装这些火炮，则需要撤除或改装当前所有的副炮用或高炮用的火控设备。信号平台的5.5英寸炮指挥仪经过适当的改装后，被保留下来对付海面目标，但高炮火控系统则被升级为Mk III改型，信号平台上装有两套，后部指挥所上还有一套。"胡德"号防空系统的神经中枢则是高炮火控站，它于1937年被移到撤除水下鱼雷发射器后留下的空间处。高炮火控的工作原理与指挥仪系统相同，虽然目标的速度及三维轨迹使这项工作稍复杂些。这样，高炮火控站的视距计算台不仅要向火炮提供仰角和回转角指示，还要指定炮弹的引信设置，使它们在与敌机同高度处引爆。通常，火炮由高炮指挥仪遥控开火，但也可以由火炮瞄准手或炮尾手击发。最终，"胡德"号并没有存活到一种真正有效的高炮系统安装在舰上的时候，故这方面一直是她防御中的一项弱点。1941年春天在"胡德"号上的美国海军官方观察员欧内斯特·艾勒少校的看法无可辩驳：

　　我在舰上的时候，把它上上下下仔细察看过，特别注意了防空武器使用的火控设备。它们功能不足。火控指挥仪远比我们的落后。炮是4.5英寸的（实为4英寸——作者注），无论射程和精度都不如我们的。③

　　由于新安装的双联4英寸火炮的火力密度增加，"胡德"号的副炮弹药库需要大幅改装。4英寸速射炮使用定装弹，所以炮弹存放在火药库或炮弹库中并无区别，但需要分开存放高射角炮弹和低射角炮弹，每门炮共有500发。在这样的要求下，不仅旧4英寸高炮的弹药库要改装，它下方平台甲板上的小口径火器

① 两门5.5英寸炮于1940年安装在东蒂尔伯里（East Tilbury）的寇豪斯堡（Coalhouse Fort），在那里放置至1950年。
② 感谢奈杰尔·林先生让我注意此事件。
③ 艾勒《回忆》第 II 部分第461页。

弹药库以及军械舱中的轮机部门仓库也要改装。输送带继续将炮弹向上运到主甲板上的两处工作区，但钢制手推车消失了，取而代之的是新规程。伺服下层炮群的十条输送带自然与炮一同撤除了，但为小艇甲板上两门5.5英寸炮供弹的输送带被保留下来，它们将4英寸炮弹从前部炮弹库运到小艇甲板上。后部的情况则有些不同，为旧式4英寸高射炮供弹的两条输送带暂时被用来为新炮供弹。这些输送带设计时的目的是将炮弹和无烟火药从下层甲板一步运到旧式高炮位上，那么它们一定接受了改装措施，在主甲板的后部工作区装载炮弹[1]。无论情况如何，在这样的布局下，众多的装填手仍需要在小艇甲板上跑前跑后，把65磅重的炮弹抱到炮位上。不过，永远不要指望这四条输送带提供的弹药足够支持长时间交战。为此，海军部不得不针对4英寸炮的供弹采取一种极其危险的应急法：在小艇甲板上安装许多方便取用的炮弹箱。"胡德"号的副炮得到了迟来的改进，但她在实战中的整体安全性则被牺牲了。1941年5月24日，小艇甲板人员为此付出了代价。

　　事后看来，副炮的性能也不足让人们能忍受它们现在对班组安全造成的危险。1934和1935年，"胡德"号的4英寸炮手在她参加的前两次本土舰队高炮射击赛中夺冠，但这样的炮术表现并没保持下去。1936年春天，普里德姆舰长明确对5.5英寸炮手们说："即使要打的是意大利佬，这些炮也不符合我对作战的要求。"[2]尽管普里德姆1938年离开后，情况得到了极大的改进，但由于重新服役，在船坞中度过了漫长的时间以及安装了新武器，这艘军舰在战争爆发时远未磨合好。训练和组织水平不尽人意，一个例子是，1939年9月一架容克斯Ju 88型轰炸机在北海成功地攻击了她而完全没有受到高炮的阻拦。直到1940年8月，海军中将詹姆斯·萨默维尔爵士（Sir James Somerville）还在报告中提到炮术方面"急需的演习和练习"[3]，使他明白这一点的无疑是意大利军在地中海的高空轰炸。

　　新式4英寸炮需要16人的炮组。一名瞄准手和一名回转手按照通常的方式根据指针进行瞄准，但每门炮都有若干人轮流将炮弹压进滑动炮闩里，火炮自动发射后抛壳。装填手应用拳头将炮弹用力推到位，不然手指就可能被炮尾机构碰伤。1940至1941年在舰上的二等水兵B. A. 卡莱尔（B. A. Carlisle）回忆这个步骤：

　　我们确实用4英寸高炮进行过射击练习，而且大多数受训的二等水兵都有一段时间负责装填这些炮。水兵需要抱起一枚4英寸炮弹，当轮到他装弹时，迅速上前将炮弹举起来装进炮尾，保证装到位：这些炮座上有两门炮，我作为一个完全右利手者，装填的幸好是左炮，这样我就可以用右肩和右臂完成必需的推

① 在向调查 "胡德" 号沉没情况的第二个委员会提供的证词中，一等水兵罗伯特·提尔伯恩模糊提到弹药 "从后烟囱侧旁的舱口" 装载，据推测他指的是军舰左舷侧的舱口；海军部公共记录办公室第116/4351号档案，第364页。
② 普里德姆《回忆录》第Ⅱ部分第168页。
③ 辛普森（编）《萨默维尔文选》第131页。

炮弹一步。开火时的噪音震耳欲聋，我不记得他们把耳塞发给了我。[1]

每座炮每分钟能发射40发，但射速很快就会下降，这是因为从炮弹箱里和输送带上取炮弹是费力的工作，而且装填手们要努力避免被炮周围堆积的空弹壳绊倒。除此不谈，炮的命中率似乎也从来没有达到特别高的水平，即使射击海面目标也是如此。1940年10月19日，"胡德"号在驶近斯卡帕湾时，进行了4英寸炮打靶。美国海军少校约瑟夫·威灵斯在"爱斯基摩人"号（Eskimo）驱逐舰上进行观察后，记录如下：

"胡德"号练习中的航速：20节。驱逐舰队继续担任反潜屏障。目标是一个战斗筏子，大约是我们用的2/3大小。目标航向与"胡德"号大致平行。目标航速约5节。左舷齐射射程约为7000～8000码。齐射间隔7～9秒。齐射次数：10。除两次外，所有齐射都远了至少500码并偏右。两次齐射方向正确，偏近约200码。右舷齐射射程约为5000～6000码。齐射间隔6～9秒。齐射次数10。第一次齐射落点偏近约800码。直到第7次齐射才落在远侧，但提前量不正确。[2]

30年后，威灵斯根据自己在太平洋的战时服役经历，评价了"胡德"号的主要炮术系统：

我们相信，"胡德"号的格伦尼舰长操作的军舰是灵巧、高效的，而且他非常重视炮术。他一有机会就要进行某种炮术演习。我们认为，"胡德"号4座

① 第二次世界大战亲历记录中心，第2001/1376号档案第5页。
② 威灵斯《英王麾下服役记》第44页。

左下：1932年7月，"胡德"号右舷4英寸Mk V高射炮的一部分炮手戴着防毒面具，在炮旁摆拍。一战后，如同皇家海军所有军舰一样，"胡德"号制订了一套细致的措施来应对毒气攻击。汤姆金森中将的30英尺六桨艇挂在艇架上，画面右侧远处是"声望"号。（莱特与洛根）

右下：1935年前后，准备放飞风筝，用于"砰砰"炮或4英寸高射炮的打靶练习。（"胡德"号协会/威利斯收藏照片）

① 美国海军战争学院，威灵斯《追忆》第74页。"我们"指威灵斯和"爱斯基摩人"号驱逐舰上的军官们。

双联炮塔上8门15英寸炮组成的主炮群在打靶练习中有过一些出色的成绩。不过我们也认为，"胡德"号由14门4英寸炮组成的副炮群有时相当不可靠，尽管整体来说副炮可评为合格。①

证据表明，威灵斯的结束语也许过于宽松，但和其他领域的指标一样，对于"胡德"号的战斗效能，有一方面只有关键时刻的评价才有说服力。

抛开她的3磅礼炮不谈，"胡德"号的传统武备中还剩下2磅"砰砰"炮和0.5英寸机枪。第一批"砰砰"炮于1931年装在前烟囱两侧，第三座则于1937年装在指挥所后方专门建造的、类似音乐台的平台上。这三座炮在海军中被称为"芝加哥钢琴"，最后被起名叫"彼得"（左舷）、"萨米"（右舷）和"阿姨"（后部）。这种八联装"砰砰"炮由8人操作，每分钟可以发射约800发的防空弹幕，有效射程约为1800码。据S. 皮尔森（S. Pearson，服役舰船不明）记述，操作"砰砰"炮有点像骑旋转木马：

在战斗中，只有炮长、瞄准手、回转手和电信员在炮座上。其他人则在钢制掩体里。我们要用滑轮组把一箱一箱的弹药从弹药库运上去。当炮上的装弹槽需要填满时，由于炮在不停地回转，有时情景很可笑。我们拼命追着炮，跳上

〈 这一系列照片展示了"胡德"号右舷3号4英寸Mk XIX高炮的海上射击练习。第一张中，炮手正在准备投入战斗。瞄准手和回转手在炮管两侧被遮挡的位置。装弹手抱着64磅炮弹排队。炮廓左侧戴白手套的手可能是炮班长的。第二张中，士兵正在将炮弹推入滑动炮刀里。炮座边缘两名穿粗呢连帽外套的士兵很可能是炮尾手。第三张中，两枚空弹壳正在自动抛出，落在甲板上，一名士兵正准备将它们清理走。请注意甲板上排列的炮弹和炮后的即用弹药箱。（杰弗里·威廉·克劳福德中校）

去，把一链一链的炮弹插上，推进去，并把相邻的弹链固定在一起。但就算在战斗中我们也能看到滑稽的一面。在战斗的间隙，我们忙着把空弹壳清理走，把它们倒到海里，接着在周围的炮弹箱里装满新的炮弹。[1]

具体到"胡德"号而言，方便取用的炮弹箱放在后部"砰砰"炮平台的下方，以及艉楼甲板上两座炮的下方。瞭望台上装有简单的手动指挥仪（后来移到前舰桥上），后部上层建筑上也有，向火炮提供瞄准和回转指示，只是不要指望没有稳定装置的火炮有多高的命中率。不过"砰砰"炮看上去当然还是像模像样的，人们对这种外形丑陋、开火时震耳欲聋的怪物也抱了很高期望。如军械技术兵伯特·皮特曼所说，"炮越小，噪音越响。"[2]1933年和1937年，四

① 引用于柯瓦德《战争中的战列舰》第79-80页。
② 帝国战争博物馆有声档案，第22147号，第3盘。

这张重要的照片展示了1938年下半年"胡德"号的辅助武备状态。安装在小艇甲板右侧的Mk V"砰砰"炮——"萨米"正准备开火。它前方是一门4英寸Mk V高射炮的复进调节筒，这一批4英寸炮当年夏季在马耳他安装在原来小艇甲板上5.5英寸炮的位置。"砰砰"炮稍后方的另一门4英寸炮则是1937年夏季安装在5.5英寸副炮群上方的两门之一。安装这些高射炮只是1939年换装4英寸双联Mk XIX高射炮之前的临时措施。近景中上盖打开的喇叭状物体是一根应急通话筒，这种通信系统是为了在信号桥楼人员死伤殆尽时从主甲板的指挥所向上传递信号。应急通话筒和"砰砰"炮之间可见一根伸缩接头。共有两根伸缩接头横穿小艇甲板，以应对舰体在大浪中弯曲的情况。右侧的大型建构是一座5.5英寸炮指挥塔。（"胡德"号协会/珀西法尔收藏照片）

① 引用于科尔斯、布里格斯《旗舰"胡德"号》第102页。
② 罗斯基尔《丘吉尔与海军将领们》第295-296页。
③ 见第8章，第381页。

座四联装0.5英寸机枪安装在指挥塔平台和小艇甲板上，它们的噪音几乎与"砰砰"炮一样大，但作用差了不少。前部的两座机枪得到了"嘟嘟"和"嘎嘎"的外号，这表明了它们在多数人眼中用处有多大。1936至38年在舰上服役的牙医上尉威廉·沃尔顿（William Wolton）做牙科手术的地方就在小艇甲板上，"嘎嘎"的正下方：

有时候，他们事先不给提醒就开火。那冲击简直要把我撕碎了。但好像机枪手们从来没能击中飞机拖着的任何靶标。①

下面这种装备被1939至1941年在海军部负责对空防御的斯蒂芬·罗斯基尔上校后来称为"怪胎"②。这就是林德曼教授的海军用拖线弹幕，更常用的称呼是无旋转弹丸发射器。这种装备的设计意图和使用中的不方便在别处讨论；这里只需要补充，由于要为这种弹药设置方便取用的存储处，"胡德"号小艇甲板上排列的弹药箱最终超过了40个③。

> 1940 年前后，一座四联装 0.5 英寸机枪，"胡德"号安装的就是此型号。每根水冷枪管都由自己单独的弹鼓供弹。

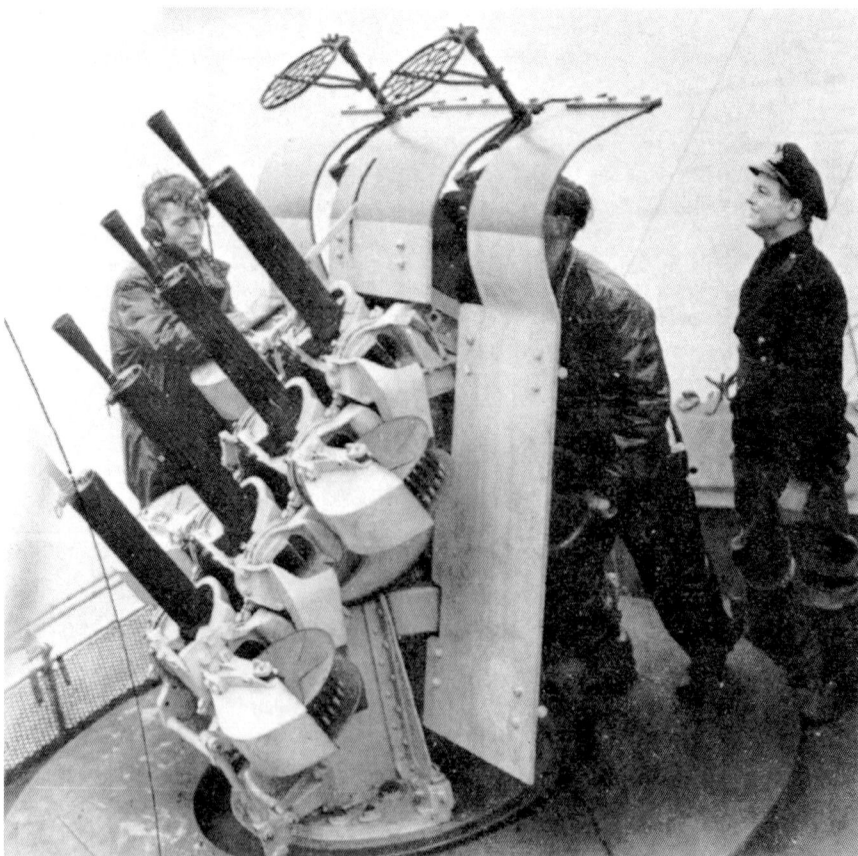

这样，"胡德"号最后的副炮则是以混合方式配置的，相比战前配置有很大改进，但仍不足以应对她很可能面临的任务。在她于 1941 年 3 月 18 日离开罗塞斯去追击"沙恩霍斯特"号（Scharnhorst）与"格奈森瑙"号（Gneisenau）之前，279M 型对空警戒雷达似乎已经安装完成，但可能从没完全形成战斗力。毫无疑问，人们感到，通过一次期待已久的改建彻底更新她的装备不能拖延太久。但"胡德"号已经没有时间了。如艾勒少校在另一段记述中所说，她无法挺过去，无法坚持够长的时间来得到第二次机会。

3 荣耀之舰

你眼中的火焰，
映在几许深的海，几许远的天？

　　1920年3月29日，"胡德"号以满员状态在福斯湾（Firth of Forth）的罗塞斯就役。并不奇怪的是，她的1150名官兵中有很大一部分来自"狮"号战列巡洋舰。在海军中将大卫·贝蒂爵士的指挥下，"狮"号成为一位在赫尔戈兰湾、多格尔沙洲和日德兰经过血火洗礼的老兵，成为皇家海军中最著名的军舰。当她被编入预备役的时候，没有任何一艘军舰比战后将承担皇家海军旗舰之责的"胡德"号更适合继承她的传统。年底前，"胡德"号已经完全继承了这一传统，并由此为自己之后20年的生涯定下了基调。"狮"号是一艘伟大的战争之舰，而"胡德"号将证明自己是一艘伟大的和平之舰。

　　3月15日，"胡德"号在罗塞斯起锚，首次向南航行。在考桑德湾（Cawsand Bay）停留时，她升起了泽布鲁格（Zeebrugge）之战的英雄——海军少将罗杰·凯斯爵士的旗帜，之后她又驶入普利茅斯湾中的母港，后来她使用该港长达10年。自到达德文波特起，她接受了第一项外交任务。通过连续执行多项这样的任务，她逐渐建立起自己在和平时期的声望。1917年11月布尔什维克革命爆发后，协约国认为：出于战略、商业和人道的目的，有必要在俄国和波罗的海地区先后进行干涉。皇家海军参与干涉后，不仅促成了在摩尔曼斯克（Murmansk）、阿尔汉格尔斯克（Arkhangelsk）及俄国其他地点的登陆行动，而且从1918年开始成为波罗的海的重要势力。皇家海军为此竭其所能地调用了自身资源，决心受到了极大考验。英国和盟国的努力没能阻止1920年前后苏俄力量压倒白俄和干涉军。当俄国内战的结果已经没有悬念时，英国政府改行了一种保存波罗的海诸国主权地位的政策，旨在维持自己在这一地区的利益和存在。为此，海军部命令凯斯指挥"胡德"号、"虎"号战列巡洋舰和9艘驱逐舰驶入波罗的海，以向在喀琅施塔得的苏俄舰队示威。在这一事件中，由于与苏俄的紧张关系有所缓解，英方也持续与它的邻国谈判，战列巡洋舰中队实际上仅进行了一次在斯堪的纳维亚半岛（Scandinavia）的友好巡航，而按原计划，这本是为行动所做的掩护。

事后来看，这次斯堪的纳维亚巡航可以说是海军外交的一个新时代的开端，而这一时代最伟大的使者就是"胡德"号，它华丽的外表下积蓄着英国海权的力量。5月31日晚在丹麦附近，当"胡德"号经过日德兰海战阵亡官兵的葬身之地时，威尔弗雷德·汤姆金森舰长举行了一次纪念仪式。距离上一代战列巡洋舰在德军的炮火下遭到厄运已过去了4年。但现在炮声已经停息，凯斯的中队在斯堪的纳维亚受到了热烈的欢迎。1920至1922年服役的皇家海军陆战队炮兵炮手"快如风"布里斯记得：

> 在战后第一次访问这些国家的英国军舰上，我们受到了一场怎样的欢迎啊。第一站是克里斯蒂安尼亚〔Christiania，今奥斯陆（Oslo）〕，溯峡湾而上……很多时候我们为了通过弯道，航速很慢，最后进入一片宽大、开阔的锚地，周围建着城区——这片土地午夜日不落，景象壮观无比。有很多参加典礼的仪仗兵之类。哈康国王（King Hakkon）和毛德王后（Queen Maud）来到舰上；王后是我们乔治五世陛下的妹妹之一。海滩上到处有开放的聚会，舰上还有招待活动——满眼都是庆典气氛。接下来去了卡尔马（Kalmar），准备访问斯德哥尔摩（Stockholm）。我们坐了一列烧柴的火车去那儿，一路走走停停加燃料。现在要去最后一个访问地点——哥本哈根（Copenhagen）了。这段行程的亮点是趣伏里公园（Tivoli Gardens），那里有各种开放聚会和娱乐活动，来到舰上的访客有几千人，包括瑞典国王、王后和丹麦国王。〔……〕后甲板一直搭着舞会用的天棚，海军陆战队乐队在演奏。①

"胡德"号的军官候补生度过了很痛快的一天。1920年在舰上的道格拉斯·费尔贝恩（Douglas Fairbairn）少校说：

> 整个晚上，军舰四面都围满了奥斯陆的年轻人和名媛们所乘坐的摩托艇和划艇，大型游艇从舰旁驶过，上面在举办聚会。军官候补生们度过了无比开心的时光，因为他们在追逐舰门外的"美人鱼"：他们把巧克力放在桨叶上，吸引舰旁划艇上的挪威金发尤物，让她们答应晚饭后来舰上跳舞。英国领事曾大大咧咧地说过，就算临时告知他，他也会找来至少50名会跳舞的挪威女士。我们让他践行了诺言，于是我们到达几个小时后，他们和"美人鱼"们就在后甲板上翩翩起舞了。②

这里的景色和民风自然美好，但毫无疑问，"胡德"号给所有见过她的人留下了同样难以磨灭的印象。费尔贝恩描述了沿奥斯陆峡湾上行的过程：

① "胡德"号协会档案。
② 费尔贝恩《海军普通一员的记事》第234–235页。

△1920年前后，"胡德"号挂着海军少将罗杰·凯斯爵士的旗帜，轻快地驶入德文波特。后部上层建筑之后的格子状物体可能是早期型无线电报设备。（当代历史博物馆，斯图加特）

再走几英里就到了最狭窄的部分，一条接近10英里长但只有半英里宽的海峡，舰底之下还有600英尺深的水。两侧长满森林的海岸向后退去，"胡德"号以典雅的姿态在狭窄的海峡中前进。我们经过的每一座小村庄都有一群群欢呼的挪威民众，有些人甚至向舰游过来。树林间有白色的旗杆，每根旗杆上飘扬着挪威国旗，当我们经过时会降旗致意，这样持续了一个小时。这样的欢迎棒极了，而对岸上的人来说，世界上最大的军舰——"强大的胡德"蜿蜒驶过内陆水域，一定是一幅壮观的景象。[1]

"胡德"号是国家力量的有形象征物，在这一方面她罕有匹敌。

对皇家海军来说，在知名度方面，能与"胡德"号的旗舰角色相提并论的，只有她在舰队中最出色的运动成绩，后者也是她让许多官兵铭记的原因。一位1933至1936年服役的舰员总结了这一观点：

她是怎样一艘军舰！高效、快速、快乐、漂亮的线条，擅长运动，足球、赛跑……每件事都出色。舰队的领头鸡！[2]

早在1920年5月，她在向南的处女航中，就为一种伟大的竞技传统打下了

① 费尔贝恩《海军普通一员的记事》第233-234页。
② "胡德"号协会新闻报第2期（约1975年）。

基础。那时水兵须接受选拔，代表军舰参加海军中举行的所有主要竞技项目。对运动的重视是两次大战间皇家海军的一项重要特点，不过讽刺的是，这一点源于战争而非和平。当大舰队在斯卡帕湾驻扎时，就开始组织体育活动，这是水兵们长期与世隔绝的生活中少数的发泄渠道之一。而战后由于经济拮据，训练机会减少，以及人们越来越深地认同需要体育活动来保持健康和士气，为了全体官兵的利益着想，有组织的赛事成为长期固定活动[1]。1920年3月，皇家海军和皇家海军陆战队体育运动管理委员会成立，附属于海军部体育训练分部，提供资金及其他方面支持，从此海军中举办体育运动再无后顾之忧。一年后，"胡德"号迎来了她的第一位体育与娱乐教官。对海军而言，尤其是在1931年的因弗戈登哗变之后，事实证明健全的身体造就完善的灵魂。20世纪30年代的诡谲风云中，人们把越来越多的精力投入到体育活动里。

舰上运动以部门间竞技展开，按照成员组、值班组、专业兵种和部门组织运动。具体到"胡德"号，则是水兵、海军陆战队队员、锅炉兵、技术兵和工匠，以及军需兵与通信兵。这些队伍参加若干项竞技，从其中选拔出的团队则代表军舰参加舰队赛事。部门间赛事和舰队赛事中，每项运动都由一名军官负责组织，本舰代表队获胜的希望则取决于他的热情和他手下士兵的士气。足球是最受欢迎的运动之一，既是可以在岸上组织的赛事，也是一种在本土和外国发扬友善精神的姿态。在1921年的煤矿和铁路罢工中，"胡德"号的水兵邀请爱丁堡（Edinburgh）附近参加考登比斯（Cowdenbeath）骚动的矿工参加比赛，缓解了紧张气氛[2]。这场比赛的结果并无记录，不过"胡德"号漫长的运动生涯中也必有一些失意时刻。比如1924年在温哥华，她的队伍被加拿大皇家骑警队击败，分差并未透露。不过，1922年战列巡洋舰中队代表队以7：2击败了巴西国家队，并以2：1击败了后来拥有球王贝利的桑托斯队[3]。到了20世纪30年代，"胡德"号能组织起十几支球队进行部门间竞赛，而从这些球队中选拔出的军舰代表队角逐国王杯——一项舰队年度赛事。另一项重要的运动是越野跑，每艘舰出一支30人的代表队，争夺俗称"铜人"的阿巴斯诺特奖（Arbuthnot Trophy）。1933至1936年的副舰长罗利·奥康纳是该舰运动成绩的幕后功臣，他记载：

跑步是一项健康的运动，它的明显优势包括不需要专门场地以及不受恶劣天气影响。不是每个人都会觉得跑步有趣，但它的拥趸越来越多。[4]

"胡德"号从1933至1935年蝉联三届阿巴斯诺特杯，可见舰上一定不缺跑步爱好者。不过，正如奥康纳所说，越野跑是一项考验，弗莱德·库姆斯和弗

[1] 关于这点，见《海军评论》第7卷、第8卷（1919年、1920年）上的文章与争辩。
[2] 科尔斯、布里格斯《旗舰"胡德"号》第19页。
[3] 关于巴西的细节见康纳《随"胡德"号里约往返记》第19页。
[4] 奥康纳《管理大型军舰》第149-150页。

① 帝国战争博物馆第91/7/1
号档案，第46页。

兰克·库姆斯这对孪生子也一定会同意这一点。那是1935年夏天：

……为了寻求些改变，我们利用上岸的机会参加了一次越野赛跑。那是一次令人追悔许久的错误。所有的跑者在威茅斯码头上岸，等待开赛。然后［我们］不幸发现了一个水龙头，自来水跟舰上久放无味的水比起来简直是美酒，于是我们灌了满满一肚子，这是个错误，因为在到达起点前没有找到厕所。在好一阵推推挤挤之后，大约150人出发了……但我们很快分开了。弗兰克以为弗莱德跑在前面，就加快了步伐，而弗莱德以为弗兰克在后面就放慢了步子，于是当我们终于碰面时，已经太晚了……弗兰克看见他已经跟上了前面那位……海军长跑高手——上等勤务兵巴恩斯的身影，就确信如果自己紧追他们，就有更大的希望在到达乡间路段时停下来解决内急。不幸的是，他始终没有到达乡间，直到他冲过终点线，满肚子的可口自来水还在折磨着他。而且，不幸的还有，当他看见厕所标志时，在鼓舞之下加速跑向那里，路上超过了正在争取晋升的资深选手——上等水兵波茨。后者因为被一个普普通通的少年水兵超过，落到了第5名，从而感觉受到了冒犯，据说他对这名机灵的少年水兵喷出了质疑对方身世的话……而弗兰克一回到舰上就去了医务室，被诊断为发烧并因此住院。军医查房时告诉他，他拉伤了胃部肌肉，要卧床一些日子。①

跑步与其他若干项运动一样，军官们和士兵们同场竞技，但其他项目例如

∨ 1938年冬季至1939
年年初，在马耳他，"胡德"号代表队赢得阿巴斯诺特杯后合影，这可能是她最后一次赢得主要体育赛事的冠军。一个舰载救生圈挂在"X"炮塔边的通风管道上。中间为哈罗德·沃克舰长。（约翰·海恩斯先生）

〈"胡德"号1926年在战列巡洋舰中队杯足球赛中夺冠后队员与军官合影。第二排中间为队长，他左手侧为哈罗德·雷诺舰长，右手侧为西里尔·富勒（Cyril Fuller）海军少将。照片摄于夜间防御指挥所右侧，指挥所的观察口被百叶窗遮住。

板球、高尔夫、壁球、马球基本还是军官们专属的。不过，一战后，英式橄榄球越来越多地有德文波特分舰队的士兵们参与，许多士兵无疑将这项运动看成在军官身上出一些气的完美机会。不止他们这样想。1940至1941年服役的军官候补生罗斯·沃登（Ross Warden）回想起1940年秋季的一场体育比赛，双方分别是中高级军官与中尉及军官候补生：

这次绝好的机会可以给那些未解决的矛盾一个了结。我们的信条是"怎么干都行"，但天啊，我们发现舰上的中高级军官们轻车熟路地用肘和膝盖还击我们，当裁判没看见时他们还会用拳头。有两次，担任裁判的副舰长威胁要暂停比赛。不过，没有人受伤，大家都享受了一段快乐的时光。[1]

皇家海军中有深远的橄榄球传统，1933年至少还有50位参加过国际比赛的皇家海军和皇家海军陆战队橄榄球联盟成员在世，其中一位是"胡德"号1937至1938年的造船主任W. J. A. 戴维斯，他仍被尊为这项运动最好的选手之一。

拳击自然是另一项能提供痛打军官的机会的运动。一等水兵弗莱德·科普曼（Fred Copeman），因弗戈登兵变的参加者，是一位拳击冠军，他说：

看好了，我既是拳击手也是足球员。我充满运动细胞。你瞧，我在海军里挺出名，尤其是在锦标赛里。我很走运，因为在……锦标赛里我总是与高大肥胖的军官对决。没有什么比痛击一名军官的兴奋感更令人快意了。我那时也

---

① 沃登 "'胡德'号战列巡洋舰的回忆"第84页。

经常把他们好揍一顿。我在那里的感觉实在是美妙。你知道，我也曾经被连揍好几下，但一旦我挺过去，对手就撑不住。他们总是盼着与弗莱德这老伙计较量。"好的。我们来！"[①]

但拳击赛绝不只是士兵痛打军官。1941年5月在 "胡德" 号上阵亡的炮术长 "小不点" E. H. G. 格雷格森从1925年到至少1931年蝉联重量级冠军。对库姆斯兄弟来说遗憾的是，他们在这项运动中表现得也不佳。1937年春季在马耳他：

当轮到到弗莱德登上拳台时，我们引得周遭的人群欢呼鼓掌。这些比赛在马耳他的科拉迪诺（Corradino）餐厅里举行，这里挤满了属于常备人员的水兵，他们是为了喝上几品脱而上岸的……岸上还有无数来观战的拳迷。那时，军方拳击赛是完全业余的，没有华丽的靴子和橡胶护齿。唯一的不同是，从拳台红角来的选手系着红腰带，而另一人系着绿腰带。其他就是海军的蓝色短袜和全白软鞋，它们之上是标准的运动短裤和背心。没必要像我们的教练一样剪个拳击手发型，舰上的理发师一定会让我们留着颈后和两侧都短的少年水兵发型，而这几乎等于光头。如同业余拳击赛一样，比赛进行过程中不允许喊叫或欢呼，这些只能留到回合之间来做。发现两名少年水兵的体格差距较大后，人群中传开一片嘈杂声。多数人支持弗莱德，因为占劣势的一方总是受到偏爱。但如通常所见的拳击赛一样，一名 "优秀的大个子" 总是会击败一名 "优秀的小个子"。弗莱德在第一回合中成功地击破了大个子对手的防守，我们便指示他继续这样做。我们认为他在第一回合中点数占优了，可以就这样按部就班地打下去。至于来自 "巴勒姆" 号战列舰的对手是否仅把第一回合当成一次练习，我们不得而知，但第二回合中间……弗莱德继续以左手长刺拳阻挡对方，并屡屡用我们俗称为 "打屁股" 的技巧击中对方。但反复多次使出这样的动作后，某次他又俯身击出右拳时，对手立即抬身打出左短拳，分毫不差地迎上了弗莱德那正落下去的下巴，打得弗莱德一屁股坐在地上。整个赛场一片死寂，弗莱德坐在那里试着转动脑袋，想确认它是否还在脖子上。在人群后面，[我] 打破了沉默，喊道："起来，弗莱德！"……弗莱德没在听，但其他人都听到了，他们爆发出一阵狂笑，把眼中含泪的弗莱德和 [我] 晒在那里。原来凄惨和可笑只有一墙之隔。此后，我们俩再也不用硬派打法参加比赛了。我们知道总有人出手比自己更狠，但这让我们受益。我们证明了自己身上除了那些会招来麻烦的毛病，还有很多东西。[②]

与橄榄球及足球一样，拳击是少数持续到1939年战争爆发的有组织赛事之

① 帝国战争博物馆有声档案，第794号，第12盘。
② 帝国战争博物馆第91/7/1号档案，第59页。

△ 1935 年前后，少年水兵在艉楼搭建的临时拳台上进行拳击赛。（"胡德"号协会 / 威利斯收藏照片）

△ 1935 年前后，在朴次茅斯，"胡德"号的神枪手在后甲板与奖品和武器合影。照片中有 F. T. B. 塔尔舰长、罗利·奥康纳副舰长和奥康纳的西高地梗犬"茱迪"。请注意"Y"炮塔的炮口上绘有山鸦舰徽的炮口栓。（"胡德"号协会 / 克拉克收藏照片）

一。1940年7月29日晚，停泊在直布罗陀的"皇家方舟"（Ark Royal）号航母上举行了一场拳赛，"胡德"号水兵在绿角，主队在红角。"胡德"号以6场比4场胜出。

其他运动包括拔河、击剑、射击、曲棍球、网球和水球。最后一项运动相当受欢迎，参赛记录包括1922年3月在直布罗陀与"马里兰"号（USS Maryland）战列舰比赛，1932年9月与哈特尔普尔（Hartlepool）市长带领的队伍比赛，以及5年后在斯普利特（Split）与一支南斯拉夫海军球队比赛。后者游到舰边，把"胡德"号的球队打得大败，在餐厅用完茶后，方才游回岸上[1]。接着有了劈刺格斗，这是击剑的一种，"胡德"号在奥康纳的带领下名列前茅，水兵蝉联了1934至1936年本土舰队的帕尔默奖。不过，分量最重的赛事是赛艇，尤其是舰队划艇大赛。春夏之交，舰员会在这些大赛上花很多精力。

从1920年3月"胡德"号服役的一刻起，她就在划艇竞技中捷足先登。从"狮"号上转来的舰员中，包括获得1919年首届罗德曼杯的快艇队。无须多言，当年秋季，他们并不费力地在波特兰重演了去年的成功，并赢下了于8月在阿兰岛的拉姆拉什（Lamlash）举办的战列巡洋舰划艇大赛。在每年6月举行的舰队划艇大赛中，"银公鸡"奖杯的获得者将获得巨大的荣耀。1933至1936年的副舰长罗利·奥康纳解释原因为：

　　划艇大赛会成为舰队中的主要赛事，是有充分理由的。代表军舰参加足球赛的只有11人，参加越野跑的队伍最多有30人，但一艘大舰参加划艇大赛时，需要接近300名官兵组成队伍合力划艇向前，为他们的军舰而战。这样，公鸡奖成为含金量最重的一项荣誉也就不足为奇了，这是对刻苦训练以及大批人集中努力的回报。［……］当将公鸡奖揽回舰上时，世上别无他物能媲美舰员们心中深切的成就感和喜悦——这一刻值得终身追求，值得付出努力。[2]

正如奥康纳在1935年描述的一样，胜利需要一个庞大的组织：一个由副舰长主持的大型委员会；20条艇各艇的指挥军官；经过挑选的、能使水兵们发挥最大潜力的舵手；一捆船桨；最重要的则是好几周的不懈训练。弗莱德·库姆斯和弗兰克·库姆斯也在奥康纳的划桨队伍中：

　　那时候……我们担心的事情只有一样：为了达到少年水兵快艇队的要求，我们把如此多精力都投入了艰苦的训练。要在工作时间内不时划快艇出去，我们并不在意这样的艰苦工作……但每天至少要从自由时间中抽出一小时，［……］握着船桨的柄，把它从水中举起来是一项不折不扣的艰苦工作，尤其

① 帝国战争博物馆第91/7/1号档案，第70页。
② 奥康纳《管理大型军舰》第141页。

是教官还要在我们中间走来走去，不时用一段打了结的短绳子抽打我们的双肩后面，以此敦促我们。在经历了不知多少个小时的练习和在器械上的模拟划船之后，被任命为少年水兵第二快艇队前桨手的一刻终于到来……白天的几乎每一个小时都有来自不同分队的选手在划艇，练了又练，就为了不知什么时候会来临的大赛日。[①]

　　中尉们和军官候补生们也有他们的用武之地。路易斯·勒·贝利海军中将这样回忆1933年的划艇大会：

　　詹姆斯将军和宾尼上校出去向舰员们灌输信念："胡德"号应当赢下即将到来的舰队大赛。我们这些年轻军官马上发现自己也在其中扮演了重要角色。按照传统，我们会参加大赛前一天的六桨艇比赛，争夺巴登堡奖。"胡德"号的基层军官们如果赢得比赛，就会被看作第二天的好兆头。不过，如果失手，就会被看作对军舰成为"舰队领头鸡"不利的兆头。我的身形瘦小，我相信自己是前桨手的当然人选。但我们为了那些即将承担艰巨任务的队员们组成了一支实力可畏的队伍。贝克维斯当尾桨手，还有瑟尔斯坦、温赖特、查尔斯、麦克法兰和格雷。[……]但我们年轻、充满激情，我们练得那个拼啊。J. C. 沃特斯牧师（Rev. J. C. Waters）本人就是一个知名的划桨手，他负责指挥。刚刚晋升中尉的埃尔文是一个非常有教养的城里人，他也出了力。就连餐厅值勤兵提供的食物也变好了（多年后听说，原来这是靠军衔比我高的军官们出的补贴）。我们在早晨和傍晚练习，有时下午也练。我有一项职责是管理工业酒精，我们用它来护理起泡的手和臀部。六桨艇的横板无论打磨得多彻底，都和砂纸没太大区别。[②]

　　两批人的努力都获得了胜利的回报。勒·贝利回忆：

　　"胡德"号的基层军官和候补生夺得了巴登堡奖。第二天，我们又参加了比赛，并且又赢了。随着"胡德"号成为"舰队领头鸡"，大笔金钱易主。那天晚上，宾尼舰长给基层军官们送来了一箱香槟。豪饮过后，我只隐约记得，自己被几个从某艘战列舰上闯到这儿来的军官候补生强行抬到了高级军官卧室，把我推进门去，再然后，我就什么也不记得了。第二天早晨，我从平生的第一次宿醉中醒来，好在人已经充分恢复。我和其他队员一起去"纳尔逊"号上，从名宿约翰·凯利（John Kelly）本人手中接过了奖杯。

① 帝国战争博物馆第91/7/1号档案，第44页。
② 勒·贝利《不离引擎的人》第26页。
理查德·贝克维斯军官候补生［1933至1934年驻舰］；
R.P.瑟尔斯坦军官候补生［1933至1934年驻舰］；
R.C.P.温赖特军官候补生［1933至1934年驻舰］；
J.查尔斯需军官候补生［1932至1933年驻舰］；
T. J.麦克法兰军官候补生［1933至1934年驻舰］；
A.格雷军官候补生［1932至1934年驻舰］；
C.K.S.埃尔文中尉［1933至1934年驻舰］。

弗莱德·库姆斯说：

当［这一天终于到来］的时候，很快就结束了，但是胜利和欢庆的感觉将经久不散，因为我们向整个舰队宣布了"强大的胡德"现在是"舰队领头鸡"。[1]

同样，让别人夺去公鸡奖则是最大的灾难。1921年10月19日，在斯卡帕湾，"胡德"号失去了战列巡洋舰公鸡奖，它旁落"反击"号。两天后的交接仪式上，现场气氛如同葬礼，海军陆战队军乐队领着军舰的吉祥物山羊"比尔"和一队拿着奖杯的军官候补生，在肖邦的《葬礼进行曲》中行进。不过，当达德利·庞德舰长代表"反击"号接过奖杯后，他在风笛演奏的中队队歌《战列巡洋舰》中登上了军舰[2]。

帆船比赛代表的荣耀虽然不如划艇大赛重要，但该赛事也相当受欢迎。弗朗西斯·普里德姆于1936至1938年担任"胡德"号舰长期间对此极为热心。他描述了1938年3月在直布罗陀的一次比赛，展示了比赛中的本领、风险和刺激：

本土舰队和地中海舰队一同在直布罗陀"稍息"的时候，"胡德"号创下了一项纪录，包揽了年度直布罗陀杯比赛的前三。比赛时风力十足，刺激感也十足，因为在9英里的路程中处处可见桅杆快要折断、几乎倾覆的船。我的"大白艇"一度是82艘参赛艇中唯一一艘没有收帆的。我对训练充分的队员和装配到位的帆具有信心。但我的运气到头了。我在船上多带了一个人作为"活人配重"，这相当有用，直到强风减弱下来。这人其他方面都出色，但和我配合参赛不熟练，当我们受到一阵突起的狂风冲击时，他没能牢牢站在上风方向。他倒在下风方向，导致船身倾斜，进水几乎漫到了横板。那时我们还遥遥领先，但为了保命而舀出水再重新上路之后，落在了后面，紧追那些超过了我们的船，不过有两艘太远追不上。最后，奥尔-尤因驾着快艇夺冠，坎宁安将军的大帆艇夺得第二，我的大白艇夺得第三。表现确实不错了，但，唉！只希望我没有弄进半舱的水，一直保持领先，那就更好了。我一直很希望击败将军，他是个著名的赛艇手，我功败垂成。[3]

一些人认为操船是对水兵技能的真正考验，另一些人则认为这是对于从海军生活中一步步消逝的帆船航海传统一种高贵的怀旧感，帆船大赛对这两种人都特别有吸引力。D. 阿诺德–福斯特（D. Arnold-Forster）海军少将于1930年前后写的文字完美地描述了这种情绪：

① 帝国战争博物馆第91/7/1号档案，第44页。
② 国家海洋博物馆，档案编号Elkins/1，日记，1921年10月21日。
③ 普里德姆《回忆录》第Ⅱ部分第162页。奥尔–尤因中校1936至1939年任"胡德"号副舰长。

∨ 20世纪30年代后期，在地中海举行的水球比赛。右舷系艇杆下方的小艇中，有一艘尖尾长艇和一艘载有艇员的蒸汽艇。（"胡德"号协会 / 珀西法尔收藏照片）

∨ 1934年本土舰队划艇大赛决赛，"胡德"号不敌对面的"纳尔逊"号而失去了公鸡奖。（"胡德"号协会 / 威利斯收藏照片）

△ 1935年前后，后甲板上的劈刺练习。"胡德"号的劈刺队一直有海军陆战队分队的代表。请注意透光门上的黄铜饰物。（"胡德"号协会 / 威利斯收藏照片）

< 1926年，"胡德"号夺得"舰队领头鸡"称号后，雷诺德舰长和手下的一支划艇队合影。这是大西洋舰队划艇大赛三连冠的第一次。舰长面前是"银公鸡"奖杯。他左手侧的中校应为1925至1927年的副舰长，后来的杰出海军将领亚瑟·J. 鲍威尔（Arthur J. Power）。人物身后是左舷4英寸Mk V高射炮。（"胡德"号协会 / 雷诺德收藏照片）

在一阵令人万分清爽的风中，一位对自己充满自信的驾船水手和他的队员将挑战极限，直到收帆减速前的最后一刻，即使下风一侧的船舷已经快被海水淹没。他的一只眼紧盯着帆的前缘，最有经验的队员牢牢掌握着帆脚索，在阵阵强风吹来时稍微调整方向，他用力紧紧把着舵柄使船转向，从而以合适的角度驶过恶浪，如果这些浪头直打过来就会淹没船。航行结束前，风常会减弱为和风，这时艇长也许会看见，他们刚才还堂堂正正地超过的讨厌对手又乘着一阵风悄悄跟上来了。没有什么事情比这更气人。船上的每双眼睛都扫视着海面，寻找波纹，那是起风的标志。包括调整控帆索在内的所有措施都做了，仿佛要最大限度地利用呼出的每一口气一般。艇长轻吹口哨，想让风向他刮过来，前桅手用指甲刮着桅杆，并在上面插刀——这是一种古老的海员迷信。这种情景可不多见：两艘分别代表各自军舰进行角逐的快艇在两列军舰中央驶向终点线，每艘艇的桅杆上都插着12把折刀，就像刺猬满身的刺。[1]

不过，有很多人认为，出色的竞技成绩是用战斗效能为代价换来的。其中一人是1927至1929年以"胡德"号为旗舰的弗雷德里克·德雷尔海军少将：

我们夜以继日地进行着高水平和颇有裨益的练习，我们在这方面做得很好。不过，如果竞争不只在舰队内部，而是为了整支皇家海军，我们本可以做得更好。在我看来，这种说法很奇怪："是的，我们将在比兹利（Bisley）靶场射击赛上展开精彩的较量，但我们不会举行全海军的大口径炮射击竞赛，那是一战前的事。"皇家炮兵的做法更明智——他们继续用岸防炮举行年度射击竞赛。[2]

应当指出，与德雷尔的司令官任期大致同时，"胡德"号的划艇手于1926至1928年蝉联三届公鸡奖和罗德曼杯。不难想见，罗利·奥康纳在他于1937年发布的军舰管理手册《管理大型军舰》中说：

把热忱的指挥官率领军舰赢得体育赛事的努力，批评为只要能出成绩什么事都涉足，这样说轻松，但说这话的人往往缺乏领导精神或说组织能力，缺乏坚持到底的意志。许多情况下，这只是掩盖懒怠或不重视的一种随口托词。和平时期，证明领导力的机会很少，所以每次都不能忽视。如果一艘军舰气氛沉闷冷漠，舰上不久还会有懂事理的人吗？相反，一艘充满热情和精力的军舰上呢？一艘好的军舰上，舰员们时时刻刻，要么在自己做的每件事上取得成就，要么就走在通向成就的路上。为自己的军舰竭尽全力，无论是工作还是比赛，没有别的路可走——当然，除非你打算心满意足地蹉跎到拿养老金时。[3]

[1] 阿诺德－福斯特《皇家海军之道》第116~117页。
[2] 德雷尔《海上传统》第276页。
[3] 奥康纳《管理大型军舰》第149页。

奥康纳有能力给他的舰员灌输巨大的精神力量，这甚至比他取得的成绩更惊人。这影响了方方面面。这种精神的化身叫"乔治"，一个穿着衬衫和短裤的漫画形象，他第一次出现在备战1935年的划艇大赛时。一年后，他又以这样一种形象出现在足球比赛中：

乔治

乔治是"胡德"号的精神化身。舰上每个人都带着他身上的一分子，所以只有当全体胡德人都在场支持的时候，他才能发挥全力。在球场上代表我们参赛的只有11人（不计裁判），但可以有1100人来支持他们！"不是11人，而是1100人"是"胡德"号的座右铭，当所有人都在球场边的时候，乔治也会出现在那里。[1]

1933年秋天，奥康纳第一次率队争夺国王杯的时候，一只放在杆子上的吉祥物山鸦伴随他经过了每一场比赛。军官们打着染成军舰标志图案——绿底与山鸦——的领带上岸。奥康纳在这一方面给予了他的队员们特殊待遇，"胡德"号的足球队被分在一个独立的餐厅，带有特别设计的衣柜。最后，一具山鸦剥制标本得到了"乔治"这个名字，被摆在满是奖杯的副舰长会见处的玻璃柜里。尽管如此，20世纪30年代后期，显而易见的是，体育运动已经完成治疗因弗戈登兵变所造成创伤的使命，随着战争阴云密布，远远更应得到重视的是战斗效能。奥康纳率队赢得赛事的妙法后来随着他本人沉入了冰冷的地中海，但带来这些成绩的精神没有湮灭[2]。

△ 1935年划艇大赛中"胡德"号的吉祥物"刹飞龙"（Chuffiosoarus），这是用"山鸦"和"桨"两个词造出的新词。下方的角色是"胡德"号体育成绩的精神化身"乔治"。这两个谐角无疑带有罗利·奥康纳中校的风格。（尼克西·塔文纳女士）[3]

[1]《山鸦》1936年4月刊第25页。
[2] 见第6章第315页。
[3] 译注：这幅漫画的上方文字为"'胡德'号，本土舰队划艇大赛，1935年，斯卡帕湾"。塔文纳为罗利·奥康纳之女。

◁ "不是11人，而是1100人。"1938年前后，"胡德"号与"巴勒姆"号进行足球比赛前，来自舰上的观众，其中有手持旗帜的啦啦队长。（"胡德"号协会/克拉克收藏照片）

　　20世纪30年代，军事行动的要求对皇家海军的赛事安排造成了愈发严重的干扰，尽管"胡德"号并不情愿将赢得胜利的责任等搁置在一边。由于要在西班牙外海执行巡逻任务，她没能参加1938年在埃及亚历山大（Alexandria）举行的划艇大赛，但她一生中累计的获奖次数已经让其他任何军舰望尘莫及。从1920年开始，至最后一个完整赛季即1938年，"胡德"号赢得了1次国王杯、至少4次罗德曼杯和至少4次阿巴斯诺特奖，并至少5次成为"舰队领头鸡"。在1933至1936年的服役期间，她在本土舰队的几乎每一项赛事中都至少夺冠一次。这些成功给了舰员巨大的荣耀感。1936至1941年服役的一等水兵朗·威廉姆斯说：

　　她可能是最受欢迎的现役军舰，所以我，一名刚来的、地位低微的鱼雷兵很荣幸成为她的一员。[1]

　　不过，作为舰队的明星，"胡德"号下定决心要做任何事时，都会有更大的成功机会。普里德姆回忆起1936年他接替指挥时的情景：

　　我清楚地记得，在朴次茅斯，最好的赛跑选手、拳击手和足球员都没来，就是为了使"胡德"号在任何项目中都取得好成绩。[2]

　　实际上，"胡德"号从一开始就受到偏爱。1920年11月，她的海军陆战队分队奉命于停战日在威斯敏斯特大教堂举行的无名战士葬礼上担任仪仗兵，他们立在伦敦林荫大道旁，目送遗体通过。不难想象，作战舰队的其他成员对此并不乐意，因为在他们看来，"胡德"号是同类舰中唯一一艘没参加一战的。在岸上的餐厅里喝上几口，有些水兵就会一边看着交通艇离开栈桥一边大声争论哪艘军舰是舰队中最好或最差的。20世纪20年代内维尔·坎贝尔（Neville Campbell）中校还是"胡德"号上的军官候补生：

　　当我在克罗默蒂（Cromarty）乘大艇回去时，一个鸡蛋扔过来，在我脚边碎裂。接着，近旁另一艘军舰上传来喊声："好哇！那么'强大的胡德'在该死的战争中又做了什么？"[3]

① 威廉姆斯《行过远途》第116页。
② 普里德姆《回忆录》第Ⅱ部分第146页。
③ 引用于科尔斯、布里格斯《旗舰"胡德"号》第47页。

　　频繁的争执反映出某种程度的不满，但也毫无疑问地表明，很多官兵骄傲地相信他们的军舰是海军中最出色的。如1938至1941年服役的一等水兵鲍勃·提尔伯恩（Bob Tilburn）所说：

上"胡德"号服役的人里大多数都相信：因为她是舰队的旗舰，所以他们也比普通人略强。[1]

不过这种对抗的本质基本上是善意的，它源于高昂的精神，而目的在于释放压力，以及满足不同母港的军舰之间一直存在的竞争欲望。在执行了好几个月艰苦的战时任务之后，"胡德"号与"罗德尼"号都把对方看作"至交之舰"，但在斯卡帕湾停留时，双方舰员还是展开了一场粗野的舌战，而这并不仅是因为两舰的母港分

别是朴次茅斯和德文波特。在1940至1941年那个冬天，"罗德尼"号上的一名水兵因为侵犯了一只羊而受到军事法庭审判，而对此事找不出更好解释的"胡德"号舰员们相信他的同舰战友都嗜好在奥克尼群岛（Orkney）刮着风的山坡上做同样的丑事。1940至1941年服役的水兵乔恩·帕特维说：

那天晚上我和一堆浑身酒气的"胡德"号战友一起摇摇晃晃地走在栈桥上，准备上交通艇。这时我们瞥见了五六十名"罗德尼"号水兵在岸上休完假，准备乘艇。"我们来看看这些喜欢羊的坏家伙会不会游泳。"一名头脑发热的鱼雷兵喊道。我们全体同意，挽着手臂慢慢前进，像扫地一样齐心协力地把那些可怜的水兵从栈桥的尽头推进了海里。我们中有几个走在前面的也不可避免地和他们一起掉了进去，因为在黑暗中，走在后面的人推人时无法分辨"罗德尼"号的水兵和我们的人，也不知道什么时候该停步。从栈桥尽头落水

① 帝国战争博物馆有声档案，第11746号，第1盘。

的高度差不多有15英尺，于是之后那些掉下去的水兵大叫着，一片大乱。再加上海水冰冷刺骨，我们便意识到，如果我们不快点出手就会有人溺死。宿怨瞬间被抛到了脑后——虽然只是暂时的。每个人都开始救援，救谁算谁。人泡在冷水里，所有的激情是怎样被扑灭的，这挺奇怪。这次背后袭击的结局既严肃又好笑，醉得比较深的人有好几个丢了帽子，无法辨认身份，直到发现自己上错了舰，才知道自己闯进了对方的老巢。自然，那天晚上之后"罗德尼"号和"胡德"号的舰员就再也不被允许同时上岸了。[①]

当然，这一切不可全信，但当时"胡德"号与另一艘战列巡洋舰"声望"号间存在一种更具庄重色彩的对抗。"胡德"号也许是海军中最伟大的军舰，但只有"声望"号可以称自己为皇家游艇。在1919年、1920年，以及又一次于1921至1922年，威尔士亲王乘坐"声望"号经过北美、大洋洲与南太平洋，最后到达印度和远东，非常成功地完成了这次巡航。1927年，约克公爵夫妇乘坐她对澳大利亚进行了国事访问，这样她便至少与"胡德"号有同等资格声称完成了"库克船长的旅行"——"胡德"号于1923至1924年的环球巡航中得到了这样的评价[②]。虽然战列巡洋舰中队各舰的关系从来没有非常亲密过，但并不妨碍从1932至1934年，它们在威廉·詹姆斯少将的指挥下，凝聚成一支士气高涨、战斗效能令人生畏的力量。不过，1935年，"胡德"号和"反击"号在于西班牙外海举行的提前量射击演习后相撞，导致情势一落千丈。这次事故在别处有记叙，詹姆斯的继任者西德尼·贝利（Sidney Bailey）海军少将的处理方式对他的形象很不利，他采取了一种极端护短的态度，试图为自己和"胡德"号军官们开脱关于此事的所有责任[③]。自然，这种做法很令"声望"号的人厌恶，因为他们认为自己是受害方，却要在之后的军事法庭审判上替人受过。正如詹姆斯后来所说："军法审判后，对司令来说正是去'声望'号上充分表现宽宏精神的最佳时刻。"但这一刻没有来，于是这场事故成了导火索，使朴次茅斯和"声望"号母港查塔姆的宿怨重燃[④]。结果，海军部并不同意军事法庭的意见，而是宣布双方都有责任，但伤害已经创下，两舰间弥漫着不和，直到1936年夏"声望"号离队接受改建为止。关系恶化还表现在多个方面，例如"胡德"号1935年6月夺得划艇大赛冠军时，"声望"号没有向她表示祝贺，两舰的舰员间也产生了种种鸡毛蒜皮的敌意。如果说"胡德"号的战时乘员组认定"罗德尼"号的人对羊有嗜好，那么1933至1936年那批乘员就认为"声望"号的水兵之间互相迷恋。1935至1938年服役的少年水兵弗莱德·库姆斯回忆1936年春的一次事件：

① 帕特维《雪地靴和晚宴服》第158页。
② "胡德"号协会档案，锅炉兵比尔·斯通回忆录（1921至1925年驻舰）。这个笑话指的是19世纪50年代，托马斯·库克为度假者推出的包办旅行方案。
③ 见第6章第303-309页。
④ 国家海洋博物馆，档案编号Chatfield/4/1-3，第57张纸正面至第60张纸正面：詹姆斯致查特菲尔德、丘特（Churt）、萨里（Surrey），日期未注明，但为1936年2月前后；第60张纸正面。

后来会有更好笑的。那是在直布罗陀，我们系留在"声望"号舰尾附近的北侧防波堤旁，我们的舰员上岸时需要从"声望"号旁经过。几个请假者上岸后，一队人整齐地排成一行。他们的战位卡一被拿走，就被搞混了，所以后来没法查出这支队伍里都有谁，我们怀疑这事是一些老兵做的。当时有人叫我们观看他们前进，于是请假者走过舷梯时，艏楼上有很多人都向船舷外面望去。上了岸，他们在一名上等水兵的指挥下神气地行进，经过了己舰，到了"声望"号后甲板旁时，上等水兵突然下了口令，这队人便开始高抬腿慢跑，一只手紧紧攥着，捂在臀部。他们就以这幅模样跑过"声望"号，直到出了船坞大门才改为正常跑步走。我们被逗得哄笑，但"声望"号上却笑不出来，对方到处打出信号、打电话投诉他们，不过作案者已经上岸，鞭长莫及了。我们的军官们一定也在背后笑了一通，但依然在通告板上给我们贴了一份警告通知。后来曾调查过那队里究竟有哪些人，但无果而终，然后此事便没人记得了。[1]

不过，这类较量并不只发生在皇家海军内部。20世纪20年代早期，主要由于《华盛顿条约》签订和人们意识到皇家海军已经失去了把持一个多世纪的霸主地位，皇家海军和美国海军关系紧张。火上浇油的是，英国水手嫉妒他们的美国同行的丰厚收入，后者在世界各地的港口趾高气扬。美国海军休·罗德曼（Hugh Rodman）少将可以展示刻有他名字的纪念杯，这是为了铭记"大舰队的英美海军官兵之间连接起来的，带着愈发坚实的友谊和手足情的纽带"[2]，但大舰队都不复存在了。早在1921年1月，联合舰队在直布罗陀外海演习时就假设皇家海军与"美国作战舰队"对抗，这也不是最后一次[3]。到了1922年9月，条约签订仅7个月后，巴西独立百年庆典在里约热内卢举行，这给了两支海军机会来展示在同档次海军里谁才是最强者[4]。"胡德"号被选中代表皇家海军的迹象最初在7月便出现了，那时乔治五世国王在托基（Torquay）视察了该舰。不久后，英方正式宣布她和"反击"号战列巡洋舰将前往里约，那里将为出席的各国海军举办运动会。7月和8月的大部分时间里，准备工作都在德文波特持续进行，一切迹象清楚表明这不仅仅是一次友好巡航。事关国家荣辱，战列巡洋舰中队为准备这次航行不计开销，不遗余力，舰队最优秀的运动好手也无一遗漏地被抽调过来。

8月14日，"胡德"号和"反击"号从德文波特出航，经过直布罗陀和佛得角，于9月30抵达里约。8月29日，"胡德"号第一次穿越赤道，舰员以古老的方式庆祝了这一事件。就连军舰的吉祥物山羊"比尔"也免不了上一趟海王法庭。W.康纳（W. Conner）说：

① 帝国战争博物馆第91/7/1号档案，第68页。
② 《皇家海军与皇家海军陆战队运动手册：1933年》（海军部皇家海军陆战队体育运动管理委员会，1933年）第263页。引言来自罗德曼海军少将的捐赠附信，写于1918年10月10日，斯卡帕湾"纽约"号战列舰上。
③ 国家海洋博物馆，档案编号Elkins/1，日记，1921年1月21日。
④ 见W.康纳《随"胡德"号里约往返记》（伦敦：威斯敏斯特出版社，1922年）。

我们的航程中，这一段会穿过赤道，所以我们为举行"跨线"仪式进行了准备。相关人员举行了多次会议，虽然细节遮遮掩掩，而我们中为数不少的新手则随着那一时刻的临近开始有些紧张，这主要是因为他们会受到"惩罚"的谣言甚嚣尘上。离开圣文森特4天后，我们到达了赤道，于晚9点跨过了这条"线"。稍早一点，海王由海后和庭上的成员陪同，聚集在舰的最前端，那里一片黑暗。士兵上舱面集合，卫兵和军乐队列队行进迎接海王一行。突然，舰桥上的瞭望哨报告："长官，正前方发现线。"舰长下令；"全体人员，清除此线。"引擎关闭，接着艇楼上传出向军舰致意的声音。随着探照灯打开，海王和他的法庭成员穿着全套礼服出现在甲板上。在询问了舰名和目的地后，整班人马由军乐队护送，迈着庄重的步伐来到后甲板，在那里受到了司令接见。双方互致问候，军官们被介绍给海王，接着海王宣布第二天早晨他会回到甲板上主持法庭，那时会授予人们各种荣誉，所有的新手也将准备在"沐浴仪式"[1]中完成嬗变。海后此时靠在司令的手臂上，接着海王与海后离开。第二天早上9点，海王和他的部下如期再次现身，行进到后甲板。在这里举行的授勋仪式上，少将、上校和其他军官接受了各种荣誉。接着海王下令，所有以前没有"跨过线"的新手，无论是军官还是水兵，都应立即嬗变。为此，舰上搭起了一个巨大的帆布浴池。准备参加仪式的新手们列队轮流接受海王的医生和随从检查。在吞下一些很不可口的"药"后，他们被交到理发师手里，后者用粉刷帚在他们头上涂满肥皂水和面粉，最后用木制剃刀给他们"剃头"。当流程进行到这一步时，这位"可怜人"会突然发现自己被扔到了一块滑腻的斜板上，斜板直通到浴池。20头左右魁梧的"熊"会把他结结实实按进水里，之后他会受到海王接见并被授予证书。仪式不间断地举行一整天，没人逃过一劫，就连军舰的宠物——一头挺壮实的山羊也成了最后一个接受仪式的[2]。

已经到达里约的有：巴西海军"米纳斯·吉拉斯"号（Minas Gerais）和"圣保罗"号（São Paolo）战列舰、日本帝国海军以老舰"出云"号（Izumo）领队的3艘巡洋舰以及分别代表葡萄牙和墨西哥的2艘护卫舰。9月5日，代表美国的"马里兰"号和"内华达"号（Nevada）战列舰接着到达。罗伯特·埃尔金斯（Robert Elkins）的日记体现了"胡德"号上的争强好胜心理：

"马里兰"号虽是已建造的最先进的战列舰之一，但和我舰以及"反击"号一比就很小了。而且她很脏。[3]

"胡德"号应该已经和"马里兰"号交过一次手了，那是3月在直布罗陀，

[1] 译注：与巴斯勋章（Order of Bath）同拼写。
[2] 康纳《随"胡德"号里约往返记》第12~13页。这里的司令官和舰长指瓦尔特·考恩（Walter Cowan）少将和杰弗里·麦克沃思（Geoffrey Mackworth）上校。
[3] 国家海洋博物馆，档案编号Elkins/1，日记，1922年9月5日及之后。

美军称前者为"一艘不错的巡哨艇"[1]。于是，两者之间就有了未解之怨。第一次找回场面的机会在7日，两艘舰各派出一个海军分队参加穿过城市的阅兵，埃尔金斯称"胡德"号是"至今最抢眼的"。他还声称战列巡洋舰中队当晚提供了最好的灯光，"因为只有我们两艘舰先灯火管制再接通电路"，尽管这无关紧要。于是，在提到田径运动员们，以及当月8日这个英方的凯旋日时，埃尔金斯几乎不能自制了：

> 我们的运动员在每个项目中都势不可挡，日本和美国选手仿佛不存在。这是提升英国荣誉感的事情，这荣誉感不久前还在扬基佬们手里受挫。

9日，当佩索阿总统检阅多国舰队时，只有英国皇家海军向军舰进行了致意。还有其他例子。不过，10日早晨，中队第一次遭遇不利，足球决赛中，巴西海军以2：0击败了英国队，尽管事后看来，这一结果并不令人意外。更糟的情况接踵而至。在下午的划艇大赛中，小划艇项目的冠军被巴西队夺得。更令英方难堪的是，水兵快艇项目又被美国人赢了。后来英国人通过赢得军官候补生快艇项目，稍稍挽回了一些颜面。等到11日的田径决赛时，形势就全然不同了——英方在15项赛事中夺得了9项冠军。埃尔金斯得意地说："把扬基佬打得一败涂地。拔河比赛完全就是走过场。"不过，这场"海军奥运会"最令人难忘的高潮则是拳击比赛。当天晚上，4000名左右英国和美国水手挤在城郊搭起的一个大帐篷里。比赛共有8回合，整场比赛的胜负由它们的结果决定。最后一回合前，英方暂以4比3领先。战列巡洋舰中队有理由充满信心，因为他们的最后一名选手正是海军暨全英业余冠军，"胡德"号的锅炉军士斯皮勒。1921年上舰，可能服役到1923年的军官候补生杰拉德·柯布（Gerald Cobb）讲述了当时的场面：

> 斯皮勒走上前，像之前回合的选手所做过的那样，准备与对手碰拳致意。这时美国佬突然一记左直拳击中了他，接着又一记右勾拳。斯皮勒躲不开。要闹起来了！[2]

事情没有恶化，完全归功于瓦尔特·考恩海军少将的迅速反应。他踏上拳台，命令他的部下向美国海军三次欢呼致敬。结果，这一回合被宣布无效，考恩的对手致歉。最终英方赢得了比赛。不过，按战列巡洋舰中队的说法，这次胜负本难预料。次日"马里兰"号起锚向纽约返航，经过"胡德"号舰员面前时得到了致意，不过至于他们心里到底怎么嘟囔的，倒是不难猜测。当晚，

[1] "胡德"号协会档案，皇家海军陆战队炮手"快如风"布里斯（1920至22年驻舰）的回忆录。
[2] 引用于科尔斯、布里格斯《旗舰"胡德"号》第25页。

"胡德"号在后甲板上举行了一场盛大的舞会，参加者有佩索阿总统和里约各界名流，这可能是"胡德"号上举办过的最奢华的活动。会场中央有一座巨大的喷泉，周围的棕榈树上挂着彩灯。埃尔金斯在日记中写道："准备工作极尽奢华，一定花了好几百镑。"第二天，战列巡洋舰中队带着在运动会上夺得的三项重奖，参加了百年庆典的闭幕式。这是一场在博塔弗戈湾（Botafogo Bay）举办的水上灯光盛会，"胡德"号的油漆工军士长扮作不列颠尼亚神祇。"胡德"号的一生中，在她所有意义重大的航行中，罕有与此同样辉煌的时刻。1922年9月14日，在一支巴西驱逐舰队的送行下，战列巡洋舰中队离开锚地，驶入大西洋。

　　这次巴西巡航风光无限，但之后的事迹更是无可比拟。1923年11月29日，一个中队的军舰踏上旅程，开始了皇家海军自安森准将1740至1744年的壮举之后最伟大的一次巡航。这次行动后来被称作特勤中队环球巡航。行动设想早在1923年春天就首次提出来。在当年秋天召开的帝国会议上，海军部提出，不仅应向海外自治领强调它们依赖英国海权，而且应当号召它们来参与维护海权，手段则是创建它们自己的海军，以及用金钱、军舰和基地设施来参与地区防御和贸易保卫。由此，环球巡航的目的便带上了相当明显的海军主义色彩，这比之前1919至1922年间，威尔士亲王乘坐"声望"号进行的三次巡航更进一大步。这次巡航的规模和昭显的野心也远比以前大。1923年4月，第一海军大臣写给第一海务大臣贝蒂的提议中便尽显这一点：

　　在依照计划重编舰队之前，我正在考虑有多大的必要性，派出一支由我们最现代化的军舰组成的有高度代表性的中队，进行环帝国航行，以（a）激发自治领的兴趣和热忱，作为对帝国会议上达成的合作协议的跟进步骤，以使这些协议可能得到实际执行；（b）让澳大利亚等地的当地军队不仅了解我们的工作标准等，而且有机会进行联合演习等，并保持全方面接触，作为建立一种更永久化的交流和协作体系的前奏；（c）让我们自己的军舰获得更多远程巡航的经验，以及去我们的海军已经近20年未曾实质探查的水域航行的经验。［……］我现在的想法是，一支中队由，比如，"胡德"号和"反击"号组成，另一支由新式轻巡洋舰组成。它们应在会议期间或闭幕后不久，比如11月，去往（1）南非，在那里停留3到4周；（2）印度——孟买或亭可马里[①]——在那里停留几天；（3）新加坡；（4）澳大利亚和新西兰，它们应在那里停留2到3个月，进行联合演习等；（5）温哥华；（6）巴拿马运河、西印度群岛和百慕大；（7）加拿大东部和纽芬兰，停留一个月左右，之后返回本土。我希望你能考虑这种可能性……让一艘澳大利亚巡洋舰与我们的舰队一同前往加拿大和西印度群岛——这不仅是为了让澳军获得经验，也是为了让加拿大了解澳军在做什么。还要考虑途中对美国西海

[①] 译注：今属斯里兰卡。

岸的旧金山和西雅图，以及美国东海岸一个或多个港口进行友好访问。①

　　特勤舰队主力的实际航线就是由这份文件稍加修改的版本。它们将在10个月中航行38000多英里。现在还需要进行大量的组织工作，使这次巡航变得可行：评估出航季节中超过30处锚地的安全性；确定有充足的燃油和补给；配合当地政府安排活动和娱乐；以及在派出6艘军舰和4600名官兵进行环球巡航前，对所需的巨大开销制订预算这一头等大事。以11节的经济航速航行，中队的燃油需求量预计为11万吨，价格约为每吨3英镑②。在例行勤务之外，改装工作、燃油和储备物资的额外开销预计239000英镑，这包括舰上娱乐活动用的8000英镑充裕拨款③。如果在一个地方访问超过一周，"胡德"号的友舰则会举办儿童聚会、舞会和其他娱乐活动，她自己将在停靠的每个主要港口代表中队举办"宾至如归"活动④。舰员将在岸上参加运动会。与两年前巴西巡航之前相同，"胡德"号在德文波特进行了两次改装，分别在1923年8月和11月。最后一步是把已查出的惹事惯犯送上岸。11月27日，两艘战列巡洋舰悄悄出航。对大多数人来说，他们开始的是一次难忘的旅程，是和平时期海军的巅峰壮举。而对另外一些人，比如刚结婚的轮机上尉杰弗里·威尔斯（1923至1924年在舰上服役），体会到的则是痛苦和不知所措：

　　我们解开了缆绳，7点30分左右，我们已经驶出基汉姆码头的6号泊位。随着轮机启动，我猛然意识到，我在这里，而伊内兹在伦敦。随着我们驶过普利茅斯高地，转向驶向大海，这种感觉愈发强烈。光去想想面前的10个月和3万英里未知的航程，我都不敢！⑤

　　特勤中队包括"胡德"号、"反击"号和第1轻巡洋舰中队，后者由海军少将休伯特·布兰德爵士阁下（The Hon. Sir Hubert Brand）指挥，包括"德里"号（Delhi）、"无畏"号（Dauntless）、"达纳厄"号（Danae）和"龙"号（Dragon）。"达尼丁"号（Dunedin）随它们航行，准备与皇家海军新西兰分舰队回合。中队的总指挥是海军中将弗雷德里克·菲尔德爵士（Sir Frederick Field），他以"胡德"号为旗舰。菲尔德的第一海务大臣任期内麻烦不断，其间遭遇因弗戈登兵变，这严重影响了他的声望，但他在这次环球巡航中的老练举止和外交手段使旧金山媒体于1924年7月打出了"弗雷迪·菲尔德不愧为好人"的标题，而他也将证明自己是当前职务的理想人选。他是一名天分很高的演说家，他的魔术技能（他是英国魔术协会成员）也一定会打破任何餐会上的冷场。巡航的第一站是塞拉利昂的弗里敦（Freetown），"胡德"号在这里收到

① 海军部公共记录办公室第116/2219号档案，第5张纸至第6张纸，莱奥·埃默里致海军元帅贝蒂伯爵，1923年4月24日。
② 海军部公共记录办公室第116/2219号档案，第9张纸正面与第24张纸正面。
③ 海军部公共记录办公室第116/2219号档案，第29张纸至第30张纸。
④ 海军部公共记录办公室第1/8662号档案，约翰·伊姆·特恩上校致海军中将弗雷德里克·菲尔德爵士与海军少将休伯特·布兰德爵士阁下，写于1923年11月8日，德文波特"胡德"号上。
⑤ 摘自"环球巡航日记：1923至1924年"第4页。

① 关于这次巡航的已出版文献主要包括奥康纳《帝国巡航》（多处被引用），C. R. 本斯特德《随战列巡洋舰中队环球航行》（伦敦：赫斯特与布莱基特出版社，1925年），布拉福德《强大的胡德》第64-88页，及科尔斯、布里格斯《旗舰"胡德"号》第28-42页。
② 细节来自海军部公共记录办公室第53/78914号档案，及"胡德"号1924年1月甲板日志。
③ "环球巡航日记"第21页。

了一根装在银底座上的象牙，这是她第一次收到这样的珍稀礼物，这些礼物将使她的军官活动室熠熠生辉15年[①]。下一站是开普敦（Cape Town），其余地点的活动如何安排就在这里定下来了：岸上的官方欢迎仪式；中队派出海军分队上着刺刀穿城行进；野餐会和对内陆地区的短暂访问；尽显宽容精神和爱国热情的活动，同时安排上舰参观和奢华的舰上娱乐活动。做介绍、交换礼物、签署文件。但也是在这里，中队遭遇了第一起逃兵事件，而巡航中总共发生了150多起。不过，这次巡航总体上维护了英国水手在异国表现出色的名声。

离开南非后，中队到达了英国的桑给巴尔（Zanzibar）保护国。桑给巴尔苏丹国是一个位于坦噶尼喀（Tanganyika）托管地外海的小岛，凭它的地位可能不足以作为特勤中队的目的地，但附近的水域带着一些皇家海军盼望洗雪的过去。1914年9月24日，"飞马座"号（Pegasus）小型巡洋舰在德国"柯尼斯堡"号（Königsberg）轻巡洋舰的强大火力下被迫降旗投降。这不仅是100多年以来第一起英国军舰投降事件，而且是在桑给巴尔居民的众目睽睽下上演的耻辱。1915年7月，从英国出动的浅水重炮舰在坦噶尼喀的鲁菲吉河（Rufiji River）中击毁了"柯尼斯堡"号，但海军部无疑感到需要重建荣誉。另外，桑给巴尔虽然离德属坦噶尼喀只有50英里，这里的苏丹却一直坚定地站在英国一边。中队于1924年1月12日早晨到达桑吉巴尔，赛义德·哈里发·本·哈鲁布（Sayyid Khalifa bin Harub）苏丹乘坐游艇，率领一队战船迎接了他们。"胡德"号信号桥楼上的3磅礼炮再次响起，为苏丹鸣21炮，接着对同时在港的美国"康科德"号（USS Concord）轻巡洋舰回礼15炮[②]。皇家海军陆战队的一个分队上了岸，带着野战炮进行了一次列队行进，并为桑给巴尔海峡中不会游泳的人提供了教学。官兵们参观了种植园，世界上75%的丁香来自这里。威尔斯上尉则试着修理苏丹的发电机，但没成功。[③]中队从一艘等待他们的油轮上加了油，"胡德"号补充了12吨新鲜肉类和蔬菜。接下来在闷热的15日，苏丹登上军舰享用午餐，礼炮兵再一次忙碌着。第二天，他乘着自己的游艇带领中队出海，在接受了21响礼炮的致意后，目送中队消失在海平面上。

下一步体验的是锡兰（Ceylon）重镇亭可马里的热带风情。接着在马来亚（Malaya）的吉隆坡（Kuala Lumpur），军官们勉强吃下了一顿中式筵席，同时水兵们则参观了橡胶种植园。随后又到达新加坡，皇

1935年前后，"胡德"号信号桥楼上4门3磅哈奇开斯礼炮中的2门鸣响。（"胡德"号协会/威利斯收藏照片）

家海军计划在这里修建一座坚固的基地，供军舰在战时使用，这是英日同盟破裂的标志。17年后，在同一条海岸线之外，由于英国在东方的战略遭遇惨重失败，"反击"号自己成了牺牲品。2月17日，中队起锚，开始了沿苏门答腊岛（Sumatra）东海岸10天的航程，穿过巽他（Sunda）海峡。1942年3月，"埃克塞特"号（Exeter）也在这里葬身于日本海军手下。中队经过喀拉喀托（Krakatoa）死火山，终于到达澳大利亚西部的弗里曼特尔（Fremantle）。在澳大利亚和新西兰，有最盛大的欢迎式等着特勤中队。在弗里曼特尔，中队有了新的吉祥物：沙袋鼠"乔伊"（Joey）。在阿德莱德（Adelaide），中队接待了近70000名访客，而在墨尔本则有486000名。轮机上尉杰弗里·威尔斯说：

我们在墨尔本停留了7天，被一大群一大群的人包围。数量空前的人挤满了军舰的每一个角落。舷梯几乎要被人群的体重压垮，有些女士在上面晕了过去。上岸需要高超的技巧和强大的臂力。"反击"号也遭遇了同样的事情。人群中的小男孩行动最方便，他们可以挤进他们的姐妹挤不进的地方，爬梯子也更快。[1]

4月9日，悉尼港有50万人观看中队驶入港湾。但在这里，在狂热气氛、体育比赛和庆祝活动中，皇家海军遭受了一次重大打击：伦敦宣布不会建造新加坡基地。不过，澳大利亚政府从英国造船厂订购了两艘重巡洋舰，并派出轻巡

[1] "环球巡航日记"第29页。

△1924年4月或5月，惠灵顿，"A"炮塔的炮管抬高到最大仰角。中队到达新西兰时已经疲态尽显。（托马斯·施密特）

洋舰"阿德莱德"号（Adelaide）和10名杰维斯湾海军学院的军官候补生随中队一同行动。在体育和娱乐活动中度过了11天后，菲尔德的舰队载着筋疲力尽的舰员向惠灵顿（Wellington）进发。军官候补生乔治·布伦德尔说：

> 我正在指挥一艘巡哨艇，这意味着要高负荷地从早晨6点工作到深夜2点或者0点。而我在不值勤的日子里，不是招待访客就是在岸上参与招待活动。那些招待活动是一项糟糕的工作。官方舞会就是一场噩梦，因为人们必须停留到午夜1点。连续几天缺乏睡眠以后，有时我简直站不住了。洗衣服并保持它们一尘不染也是一项噩梦般的活计。[1]

通过塔斯曼海（Tasman Sea）的艰难过程使军官和水兵们都疲惫不堪，在惠灵顿市内与市民互动的所有活动都不得不取消。不过时间和精力还是允许舰上举行了一场儿童聚会，海军也因此出名。也许这是因为舰员们与家人长期分离，但水手们为了让舰上的儿童开心总是绞尽脑汁。主起锚机上安装了旋转木马；舰桥下搭起了滑梯，底部有气垫落点；起重机挂着临时制作的吊椅供儿童体验"飞行"；海军陆战队军乐队卖力演奏；一位水兵在"众矢之的"游戏

① 引用于科尔斯、布里格斯《旗舰"胡德"号》第36页。

中躲避从四面八方扔向他的东西。军舰接受参观，打扮成海盗的水兵们在甲板上提供大量茶饮。5月8日，时任新西兰总督的杰利科伯爵登上了"胡德"号，他的将旗与菲尔德的旗并排升起。为了分担大家的压力，他在前往奥克兰（Auckland）途中自愿在舰桥上值午夜班（0点至4点）[1]。在那里又有78000人参观了"胡德"号，但据杰弗里·威尔斯记载，当前往斐济时，舰员们已经厌倦了这次环球巡航：

　　在舰上能特别明显地看出，离开新西兰后，大家似乎都已经对这次巡航感到厌倦了。我当然也是。环球巡航并不坏。事实上，拿着薪水在这样的条件下四海航行的感觉很棒，但在此期间，人需要放两个星期假来享受家的感觉。任何事情都要按这样的节奏做。[2]

　　斐济出产的令人着魔的饮料——卡瓦酒一下肚，加上5月29日"胡德"号在西萨摩亚（Western Samoa）停泊的几个小时中又见到波利尼西亚（Polynesian）美人，士气无疑重振了。但6月6日中队到达夏威夷时，为遵从美国当时的禁酒法律，下令逐步禁酒，这使菲尔德的舰员们无法过瘾。不过，在檀香山（Honolulu），1100名宾客在"胡德"号上参加了舞会，虽然其间向国王和柯立芝总统祝贺时只是以水代酒，舞会仍然作为这次航行中最美好的时刻留在记忆中。接下来在不列颠哥伦比亚（British Columbia），菲尔德执行了可能是最重要的任务：劝说加拿大在两侧海岸各保留两艘巡洋舰。这一建议引发了渥太华的一场抗议浪潮。在旧金山，中队享受了一次非常精彩的欢迎式，尽管制空权的倡导者比利·米切尔（Billy Mitchell）准将对此的回忆一定非常令人沮丧。起初，米切尔得知有人计划在仪式上驾驶一架飞机，将一把作为象征物的花形钥匙投放到"胡德"号的后甲板上，象征"开启金门海峡"之后，他决定亲自实施，意在进一步证明主力舰面对空中攻击的脆弱性。[3]不过他演砸了，钥匙在斯科特堡（Fort Scott）的礼炮声中落进了海湾里。这是40年来英国海军中队第一次在美国水域停泊。菲尔德的舰队不仅给这座城市留下了难忘的印象，而且也对两国关系产生了长远的影响。如市长詹姆斯·罗尔夫（James Rolph）所说：

　　我们相信，今天诸位与我们的共处将使英语民族的同盟更加亲密。我们对诸位的巨舰感到骄傲，我们感到它们唯一的用途是保卫世界和平。我们把我们的城市献给诸位。我们折服。[4]

　　同时可以明显看出，中队遵守禁酒令比岸上的东道主还要严格得多。杰弗

① 杰弗里·威尔斯轮机上尉"环球巡航日记"第35页。
② 同上条，第39页。
③ 格鲁纳《蓝水的节拍》第72页。
④ 引用于布拉福德《强大的胡德》第85页。

△ 1924 年 6 月，"胡德"号锚泊在檀香山。本图展现了舰体独特的外飘形状，这种设计是为了减小炮弹击中侧舷时轨迹与舰体的夹角。军舰放下了两具舰艏锚，锚链由转环连接。（作者收藏照片）

◁ 1924 年 7 月，旧金山，菲尔德海军中将的旗帜与美国国旗叠在一起。本图很好地展示了前桅的缆索布置。右舷信号横桁下方悬挂的可能是教堂礼拜旗。在它的上方，星形平台和前桅楼伸出的短杆上，有成对的航行灯。前桅上端安装着 40 英尺信号横桁，用于固定更多的旗绳，以及用于远程无线通信的 4 根"平房顶"天线。前桅上端与舰上悬挂司令旗的旗杆相连。右侧是右舷的一门 4 英寸 Mk V 高射炮。（美国海军历史中心，华盛顿）

▽ 1924 年 6 月 6 日，"胡德"号接近檀香山。不当班的舰员以分队为单位集合，锚链班组集合在艏楼上，准备下锚。从 5 日午夜开始，舰上完全禁酒。（美国海军历史中心，华盛顿）

里·威尔斯对旧金山的波西米亚俱乐部有这样的印象：

"我想你们这些小子们应该来一杯"，魔术师变兔子的时候，一位主人拿着威士忌说，然后把酒交给酒保，后者开始提供威士忌和碳酸饮料。我们在舰上的储备都被锁起来了，所以，我们受到了同情。可以看出，这一地区唯一不喝酒的地方就是英国军舰。有些人并不相信我们不喝酒，也不理解我们舱室里为什么没有酒瓶。我们没有酒瓶的原因就是喝酒不被允许。这可让美国人的脑子困惑了！[1]

7月11日，"胡德"号开始了整次巡航中最长的一段路：从旧金山到巴拿马的巴尔博亚（Balboa）的3440英里以及通过运河的过程。几乎在同时，第1轻巡洋舰中队与"胡德"号、"反击"号和"阿德莱德"号分离，前往秘鲁的卡亚俄（Callao），开始了在南美的长途航行。23日，菲尔德的舰队到达巴尔博亚，装载了信件和一些储备物资，接着前往运河。"胡德"号将成为穿越过运河的最大的船只。"胡德"号通过佩德罗·米格尔船闸时，舷侧突出部离两侧河岸分别只有30英寸。杰弗里·威尔斯如此评述这段路程：

遵照靠右行驶规则，我们进入右侧船闸。每侧厢型航道中有两座船闸，中间的隔墙大约有1000英尺长，两端都是大门。我们到达的时候，舰艏正对着墙。我们靠近后，一艘小船带来了绳索，我们把绳索拉到舰上，以便够到从四辆电力牵引车上牵来的钢缆的一端。四辆牵引车接着散开，一辆在前方，两辆在中间，一辆与舰舯部靠后的位置对齐。它们接受引水员用手势发出的命令。从外壁上牵来的钢缆被拉到舰上，在正对中间隔墙的舰艏缓慢调准方向的时候，钢缆使军舰能保持平稳。我们就这样稳稳地进入了船闸。两岸悬空的木制平台上都站着安全员，他们拿着旗子来标明军舰和船闸之间的距离，用举旗的姿势来表明这一距离是在增加还是在减少，距离少于1英尺时则开始使用红旗。我们没有多少犯错余地，但我们确实遇到一个出色的引水员。"减少到1英尺——红旗。"见到右舷安全员有动作，这位穿着灰色衣服、毫不张扬的矮小男子轻飘飘地向一辆牵引车挥了下单手，对着传声筒轻声说了句"左侓前进二"，便把烟卷放进嘴里咂巴。安全员举起旗，如果我们离近了，就向下挥。距离不过1英寸。接着，小灰衣人迅速对着传声筒说："船舯——右停伴。"他对着另一辆牵引车挥手，一根钢缆便拉紧了。信号显示1英尺，接着舰艏慢慢回归刚才偏移的中线，让我们的军舰与河岸保持距离。这时，我们已经接近船闸中横置的安全链，安全链的作用是防止船只撞击闸门。我们身后的双层门关

[1] "环球巡航日记"第50页。

上了，一条类似的安全链从我们舰艉下方升起。接着，闸门打开，我们迅速上浮。对一条大舰来说，不需要多少水就能把我们抬高31英尺。我们的几层甲板已经高过陆地了，船闸水位与盖拉德（Gaillard）人工渠平齐，内门打开，安全链降到水下。我们往前冲了一把，在牵引车的引导下进入了人工渠。[①]

引水员根据他的观察，评价了"胡德"号过船闸时的引擎操作水平。第二天早晨，中队启程准备通过8英里长的库莱布拉（Culebra）[②]人工渠，它是史上最伟大的土木工程。威尔斯回忆：

5点30分，我们进行了主引擎试位，一小时后离开了佩德罗·米格尔船闸，开始沿库莱布拉航行。一艘拖船提供协助。高级轮机官和我轮流快步到甲板上看人工渠。事实上，我们安排工作的方案保证引擎室的每个人都能看到这处开山引水的杰作的每一部分。我们以4节的速度前进，水道并不直，一路走走停停。有一段路，一处向右急转弯，水道经过金山（Gold Hill）。两侧河岸高耸的景色确实壮观，但当它距离大地只有若干英尺这么近时，连一艘42000吨的军舰一比也显得渺小。[③]

经过加通（Gatún）船闸后，"胡德"号终于进入了加勒比海。海军部为她的通航支付了22399.50美元——每吨50美分另加拖船费，当时折合5000英镑出头[④]。在"胡德"号上，"造船主任看见了海，他说那就是我们的妻子们看见的那片海，这时他带领全舰发出了压抑已久的欢呼"[⑤]，但军舰还要在牙买加、新斯科舍（Nova Scotia）和魁北克（Quebec）停留，之后才会溯圣劳伦斯湾（St. Lawrence）而上至纽芬兰（Newfoundland），最后回本土。在新斯科舍的哈利法克斯（Halifax），菲尔德必须应对他之前在不列颠哥伦比亚的维多利亚（Victoria）发言时引发的后果，但9月21日，"胡德"号、"反击"号和"阿德莱德"号终于离开了纽芬兰的托普塞尔湾（Topsail Bay），舰上响起了盼望已久的《回家》歌声。一周后，他们准确地在预定时间与布兰德的巡洋舰中队在利泽德半岛（Lizard）外会合，之后菲尔德率领舰队进入考桑德湾，最后回到德文波特。威尔斯上尉在日记中写道：

类似这样的喜悦难以名状。10个月前我与我刚拥有的人分离，现在我又和她在一起了。[⑥]

一次次大规模巡航继续进行，最著名的是1927年"声望"号至澳大利亚

① "环球巡航日记"第51 – 52页。
② 译注：盖拉德人工渠的现名。
③ "环球巡航日记"第54页。高级轮机官指欧内斯特·C.普朗特轮机少校。
④ 《巴拿马运河记录》第17卷（1924年），第51号，第731 – 732页。
⑤ "环球巡航日记"第54页。
⑥ 同上条，第60页。

和1931年"鹰"号（Eagle）至南美的两
次，但没有一次能和特勤中队这次相比。
事实证明，战列巡洋舰完全适合这种巡
航。这次环球巡航是一次技术、财力、组
织和机遇共同造就的壮举，它持续时间不
长却后无来者，这是两次大战间英国海权
最辉煌的时刻。对于参加巡航的4600名官
兵、200万名登舰的访客和千万名目睹舰
队驶过的民众来说，环球巡航留下的记忆
和体验现在才慢慢淡去。

　　虽然"胡德"号因她所经历的伟大
的巡航而出名，但这些只是特例，而不是
常态。更多情况下，她的生活按部就班，
遵循海军年的例行安排。最初是1月的春
季巡航，要求大西洋舰队即1932年后的本
土舰队在波特兰集结，前进到直布罗陀，
与地中海舰队一同演习。通过比斯开湾的

△1924年7月24日"胡
德"号在巴拿马运河的
加通船闸中驶向下游。
她用了两天时间驶过运
河，夜间在佩德罗·米格
尔锚泊。（美国海军历
史中心，华盛顿）

＜"胡德"号驶出加通
船闸的一侧航道，驶往
加勒比海。请注意舷窗
上安装的导风罩，这是
为了改善居住区的通风。
（美国海军历史中心，
华盛顿）

路往往是艰苦的，之后舰队会在西班牙西北的阿罗萨湾（Arosa Bay）进行愉快而短暂的停留，接着于1月底到达直布罗陀。海军上将弗兰克·特威斯爵士（Sir Frank Twiss）仍记得那种气氛：

> 直布罗陀将成为许多活动和每周操练项目的舞台。在这段时间里，士兵晋衔考核将和舰队的拳击、击剑、跑步、曲棍球、足球和网球赛同时举行，这还不算一到两天的卡尔佩（Calpe）猎狐、去阿尔吉西拉斯（Algeciras）体验雷娜（克里斯蒂娜）旅馆、去拉利内河（La Línea）看斗牛或者比较冷门的娱乐活动。此外还会举行舰队音乐会，地点如果不在煤仓里甚至也不在直布罗陀剧院的话，那就在去马略卡（Majorca）的波伦萨湾（Pollensa Bay）访问的某艘战列舰上。但在直布罗陀的日子也是最紧张的一段时期，并且是竞争白热化的时候。军舰的指挥官们对他们的舰船刷漆工作以及上岸水兵的言行最为费心，而来自英格兰的女孩们则无比积极地寻觅年轻男人，追求寻觅过程本身的兴奋和乐趣。[1]

不过，3月的联合舰队演习才是主要活动。目标是检验每支舰队的训练效果和指挥官的战术水平，以应对预计在大西洋或地中海可能发生的大规模战斗。这些演习"对士兵和基层军官而言极为枯燥，但令将领和舰长们很感兴趣并为此绞尽脑汁"[2]，它们在实战条件下进行，持续若干天。舰船实行灯火管制，舱门关闭，全体舰员就位。演习常常在公众不知情的情况下完成，但一切都在1934年改变了，而这一次"胡德"号无所作为。2月，两支舰队的高级军官获知了今年要应对的战术课题。本土舰队（"蓝军"）由戴单片眼镜的海军上将、科克与奥雷里伯爵（Earl of Cork and Orrery）威廉·波义耳爵士（Sir William Boyle）指挥，任务是护送一支假想的、位于亚速尔群岛（The Azores）的远征舰队东行800英里，在西班牙和葡萄牙的大西洋沿岸某处登陆。被比作古罗马海军名将、外号"阿格里帕大将军"（The Great Agrippa）的海军上将威廉·费舍尔爵士（Sir William Fisher）则指挥地中海舰队（"红军"），任务是阻止"蓝军"达成目标。3月10日，"红军"从直布罗陀出发，占领葡萄牙外海的巡逻阵位。费舍尔和他的参谋们判断"蓝军"将前往里斯本或此处以北250英里的阿罗萨湾。多数人认为波义耳的目的地最有可能是里斯本，但司令不同意，派出巡洋舰和轻型舰只往北，守卫通往阿罗萨的航路，它们在极高海况下完成了行动。同时，波义耳已经命令"胡德"号和"声望"号组成的战列巡洋舰中队在威廉·詹姆斯海军少将指挥下前往里斯本充当诱敌部队，而他的主力则与"运输队"一同沿更靠北的路线前往阿罗萨湾。天气不仅使双方军舰都遭到了严重损害，也使空中侦察在行动中毫无用处。由于能见度减至不到1/4英里，詹

① 特威斯《皇家海军的社会变迁》第18页。
② 同上条。

姆斯没能与一支"蓝军"巡洋舰中队会合，便没能搜索到费舍尔的战列舰，因为后者已经北上了。13日破晓时，"胡德"号和"声望"号被一艘"红军"潜艇发现，费舍尔派出四艘驱逐舰跟踪它们，而无意交战。不久，一艘"红军"巡洋舰报告波义耳舰队的主力正在前往阿罗萨湾。费舍尔立即命令战列舰驶向北进行拦截，同时安德鲁·坎宁安海军少将派出一支驱逐舰大队与波义耳的主力接触。14日早些时候，费舍尔与本土舰队交战，命令坎宁安从后方攻击，自己在仅7000码的距离上开火。南方远处，"胡德"号上的詹姆斯正在绝望地试图与他的长官会合。"胡德"号的"笔杆子"——军需官J. T. 施林普顿（J. T. Shrimpton）上尉用诗写出了她的处境：

白昼长长，海浪高高，

后甲板一片汪洋；

战列巡洋舰中队司令率领的部队

慢吞吞地去见面地点

准备与"A"舰队会合——

但当我们到达时，他们去哪了？

我们用双筒镜，

还用望远镜和蔡司镜找他们，

用巴尔与斯特劳德牌玩意什么的扫视云朵；

但我们的苦劳没有得到成功的回报，

我们没能找到威廉·波义耳爵士。

▽ 在直布罗陀准备1938年春季演习的联合舰队。本土舰队军舰涂装为深灰色（方案AP507A），地中海舰队军舰涂装为浅灰色（方案AP507C）。"胡德"号停泊在分离式防波堤处。舰艉后方有一艘"纳尔逊"级战列舰，可能正是"纳尔逊"号。远处是"反击"号。（"胡德"号协会/希金森收藏照片）

∧ 1934 年前后，英国主力舰进行棋盘路线机动。（"胡德" 号协会 / 克罗斯收藏照片）

碎浪溅开，又快又猛，
招来人群欣赏的目光；
但对支队长手下的驱逐舰来说
这并不那么美妙，
他们苦笑着，
一路80英里，一直目视信号联络。

在大小军舰的
一座座瞭望台上，
每名舰长都带着火气
调整他的望远镜，
直到摔打军舰的暴风雨
把目视联络也打断。

中午过去了；3点30分到来了又过去了
我们仍然不知所措
我们的司令官离得远还是近？
我们不能用无线设备
因为无线电静默的命令已下达——
于是他的老巢躺在那里，谁也看不见。

我们再也不找他们了；

该被笑话的是我们——搞恶作剧的人！
笑起来，心情要舒畅；现在是周日晚，
晚上的冷餐和闪烁的灯光。
你去要些饮料，让我们忘掉这些——
战争现在还不会开始。①

舆论将费舍尔称为海军战术大师，尽管如果当时是战时，他很可能得不到同样的机遇。不过，正如坎宁安回忆的：

这些大胆和高超的战术不仅写就了演习的结果，而且一锤定音地回答了这个争论已久的问题：英国的大型军舰是否有能力，以及是否应当在夜间行动中与实力相当的敌军单位交战。②

詹姆斯则基本完全明白"蓝军"为什么会战败：

战略的一条基本原则是，佯攻或分散敌人注意力时，不能使用主力舰队和与敌人主力交战时不可缺少的部队。我参与制订的计划忽视了这条基本原则……③

在一场漫长的分析讲评和更多的吃喝玩乐后，舰队会解散，军舰各自去地中海和大西洋的各港口进行友好访问，最后于3月底回到母港。20世纪20年代"胡德"号的母港是德文波特，20世纪30年代中则是朴次茅斯，每次紧张的舰队演习后"胡德"号都需要在这两处进行规模不等的改装和修理。海军元帅查特菲尔德勋爵描述了海军使用至20世纪20年代后期的改装流程：

……当时的通行做法是让军舰每年入坞接受改装。这样，就役后10个月，她就会进入一处皇家船坞。前景是诱人的："停在墙边"的2个月意味着回家和放假。毛病会在先前积累起来；修修补补没有用，应该等着让船坞妥善处理它们。在船坞里停留2个月后——这段时间官兵的战斗效能会下降，钱也已经花了不少，军舰浑身也会是一副脏乱样，甲板是黑的，漆面沾着污迹和油渍，她要出海。恢复效率、纪律和灵巧至少要1个月。这样，每艘舰每年都有两三个月不能作为舰队司令手中一个高效、随时处于战备状态的单位而在役。另外，这种体系太花钱。④

对"胡德"号来说，改装工作总是先在母港用掉1个月（通常是4月），

① ［施林普顿］《诗集》第18-19页，但比较早、较长的版本存于皇家海军博物馆，档案编号1993/54。战列巡洋舰中队司令缩写为A.C.Q.；巴尔与斯特劳德是英国一家主要的光学和测距设备生产商；目视信号联络缩写为V/S。
② 坎宁安《一个水手的冒险》第161页。
③ 詹姆斯《天空永远碧蓝》第177-178页。
④ 查特菲尔德《过去可能重演》第17页。

1937年秋季，"胡德"号在帕拉托利奥浮船坞中的另一个角度。无论对于军舰还是船坞，"胡德"号驶入船坞都是一项精细的工作。当水箱中的水被泵抽出，舰体随着船坞上升时，海军造船官用望远镜观察船坞上的标志以确定船坞的稳定性。如未能采取这样的措施，舰体可能发生中拱或中垂，船坞自身也可能遭到严重损坏。（"胡德"号协会/珀西法尔收藏照片）

接下来于7月或8月在朴次茅斯，会刮掉舰底的杂物并涂漆，水下设备也会被翻修。查特菲尔德于1925至1928年任海军审计官时，为舰队引入了一种全面的自维修体系，在这个体系下，皇家海军舰船上有了更多担任工匠的士兵，目的是争取让军舰在每段服役期内只接受一次大改装而不是多次改装，但这似乎没对"胡德"号造成任何明显影响，她继续每年春季或夏季入坞1个月。来自格伦希（Glenshee）的伊恩·格林（Ian Green）当时是罗塞斯船坞的焊工，他描述了改装过程中的工作：

如果有必要进行一次修理或大规模改装，就会组成一支由几名造船技工、一些普通工人和两三名焊工组成的团队。有时候，如果舰体钢板要更换，团队就会加入铆工、钣金工和捻缝工，如有需求还会找一名切割工兼焊工。无论谁带领团队，都要负责保证舱壁的另一侧以及火花飞溅的范围内没有可燃

1937年秋季，"胡德"号在马耳他大港地区帕拉托利奥（Parlatorio）的海军部浮船坞中。（"胡德"号协会/希金森收藏照片）

物或易损设备。带头人总是最可能让造船技工来担任。［……］在"胡德"号
上，我觉得船上最多可能有150人，坞底还有20人左右，所以它忙得像个蜂窝。
［……］总共有20个工作间存放各种岗位用的机器。有些工作间里挂着铁轨，
从前通到后，以供蒸汽驱动的起重机把钢板和型钢从架子上吊进来。①

如查特菲尔德所述，除了幸运的休假者不受影响，改装工作会对舰上的生
活和工作造成严重干扰，一瞬间"全是噪音、管道和船厂的伙计们"②。1940至
1941年在舰上的军官候补生菲利普·巴基特的日记记录了1940年4月在普利茅斯
发生的一起典型事件：

> 早礼拜在后甲板的水兵餐厅举行，由牧师主持。礼拜被风钻的巨大噪声打
> 断，那是在上面的船坞人员弄出来的。最后，当牧师开始布道时，那噪声被值
> 日少校叫停了。③

船坞人员和军官们之间不可避免地产生了冲突。伊恩·格林回忆：

> 一些海军军官和伙计们（船坞人员的俗称）互有一定程度的反感。他们觉
> 得我们懒。有点不公平，我想。人这么多，中间一定就有些是混饭的，而且当
> 然无法避免的是，在一些时候你只有闲待着，等待接受任务或等某人来。④

随着战争的进行，这种紧张关系演变成了公开的憎恶，诱因则是船坞人员
相比海军同行享受着更高工资和更舒适的生活，但"胡德"号和她的舰员们并
没有活到感受这种情绪的时候。

在两次改装之间进行了夏季巡航，其中的重头戏一直是斯卡帕湾或因弗
戈登的划艇大赛，但对"胡德"号来说，巡航是一次特别的机会，向英国人展
示现役部队最闪光的一面。当在崖顶上、海滩上或码头上注视着她的时候，多
少男孩立下了投身海军的志向？20世纪20年代，卢多维克·肯尼迪爵士（Sir
Ludovic Kennedy）儿时对大西洋舰队进入因弗戈登的情景有这样的记忆：

> 我把假期中最激动人心的一件事留在最后说，这件事是我一直热切盼望
> 的。那就是海军对因弗戈登一年一度的造访。一天大早，家里有人大喊："他
> 们来这儿了！"我们就都跑到草坪上去饱眼福。它们在眼前排成行，就在莫里
> 峡湾（Moray Firth）的那边，10英里远处，在北岸高地的背景下凸显出来，灰
> 色的涂装在朝阳下闪烁，它们就是［大西洋］舰队的军舰——战列舰、战列巡

① 给作者的信，来自爱丁
堡，2004年1月30日。
② 帝国战争博物馆第92/4/1
号档案，军官候补生H.
G. 诺克斯资料，日记，
1939年6月9日。
③ 皇家海军博物馆第
1998/42号档案，1940
年4月21日。牧师是哈
罗德·比德莫尔。军官
候补生菲利普·巴基特
1941年5月随舰战沉。
④ 给作者的信，来自爱丁
堡，2004年1月30日。

舰载机

早在一战时，航空力量在海上的价值就展示出来了，但由于飞机存放和回收的操作有困难，加上飞机本身不可靠，它们在英军主力舰上起初没能充分发挥作用，直到20世纪30年代军舰布局趋向合理为止。"胡德"号的设计中并没考虑起降飞机，但早在1921年，"B"炮塔和"X"炮塔上就安装了费尔雷"鹟"式飞机的起飞平台，很快飞机就出现在舰上。这些平台包括可沿平行于炮管的方向展开的坡道，炮塔回转到逆风方向以方便起飞。不过，当飞机还未装备浮筒和回收装置时，它们需要在机场降落，否则便要冒机毁人亡的危险水上迫降，这便限制了它们的作战半径。自然，对多数海军军官来说，这一切探索如同另一种新事物——航空母舰一样，几乎没有激起他们的热心。在人们看来，海上的空中力量最多处在草创阶段。以下是轮机上尉杰弗里·威尔斯于1923年11月的观点：

① "环球巡航日记"第2页。

今天下午，伊内兹来到舰上，我们在舰上四处走。[……]我不确定她是否重视它。我觉得1945年时没有谁会重视；我们也许会再次操作大小只有一半的、使用电子设备的军舰，或者可能根本没有大舰。另外，除了像蜜蜂一样的飞机，航空母舰可能还会带来些东西。①

当然，他大部分都说对了。在1929至1931年的大改装中，为让"胡德"号拥有航空力量，人们做了第二次认真的尝试。现在他们已经完全认识到自己需要观测与侦察用飞机，所以在"胡德"号后甲板上安装了费尔雷ⅢF型水上飞机的设备——用于停放飞机的新型Mk IV折叠式弹射器和一台用于回收飞机的吊放起重机。费尔雷IIIF型是一种性能良好的飞机，但它配备在"胡德"号上的做法实欠考虑。事情开始就不顺利，1931年6月26日，飞机在威茅斯湾起飞时坠毁并沉没。机组3人全被救起，飞机也于第二天被捞起，但"胡德"号上10人的皇家空军分队不会再随她航行了。由于军舰在改装中增加了重量，后甲板干舷进一步减少，而1932年年初的西印度群岛巡航更证明了整套设备在海上无法操作。皇家海军造船部的S. V. 古道尔的日记说明了一切："不夸张地说，'胡德'号的弹射器是个废品。"[1]一个月内，设备全被撤除。在"X"炮塔上安装弹射器的想法先后于1937年和1940年被提出，而军舰的改建计划包括双层机库和横置弹射器。但事实上再也没有飞机登上过"胡德"号，她是二战爆发时少数没有航空力量的主力舰之一。1940年11月，"胡德"号进行了一次巡逻，搜寻击沉"杰维斯湾"号（Jervis Bay）武装商船的凶手但未成功。如美国海军少校约瑟夫·H. 威灵斯事后所记：

> 无论"胡德"号还是那些巡洋舰都没搭载舰载机。总有一天的天气非常适合舰载机行动，也许还不止一天。如果有舰载机，它们会派上大用场。[2]

---

[1] 引用于布朗《从"纳尔逊"号到"前卫"号》第76页。
[2] 威灵斯《英王陛下服役记》第62页。武装商船辅助巡洋舰"杰维斯湾"号11月5日被"舍尔海军上将"号击沉。与"胡德"号一同追击德舰的是"水中仙女"号和"月神"号轻巡洋舰。

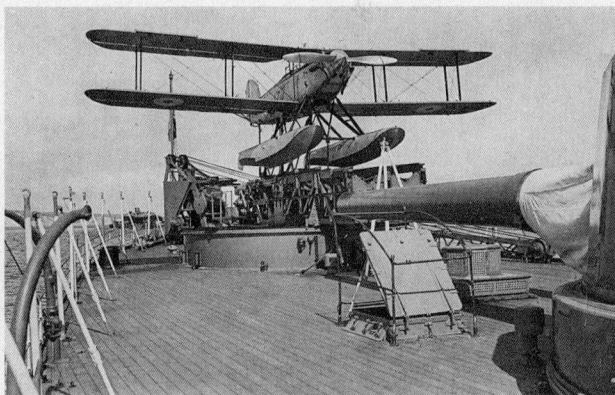

〈 1931 年前后，后甲板上皇家空军第 444 小队的费尔雷 IIIF 水上飞机，以及折叠式弹射器和收放起重机。起重机后方有一箱航空汽油。不幸的是，"胡德"号干舷过低，航空作业难以实施，结果整套装置于 1932 年被拆除。（塞利克斯）

∨ 1926 年前后，在朴次茅斯附近航行的"胡德"号，"B"炮塔上有一架费尔雷"鹟"式水上飞机。为方便水上飞机起飞，炮塔旋转到迎风方向。（当代历史博物馆，斯图加特）

① 肯尼迪《通向俱乐部之路》第47-48页。战争中，肯尼迪在皇家海军志愿后备队服役。他的父亲爱德华·肯尼迪上校1939年11月指挥武装商船辅助巡洋舰"拉瓦尔品第"号时阵亡。

洋舰、航空母舰、巡洋舰、驱逐舰，以及潜艇，简直就像玩具船，一艘艘缓慢而沉稳地驶进因弗戈登锚地。军舰很多，花了整个上午才都开进去。大多数时候，我用双筒望远镜或肉眼看，加上我父亲在我旁边解释每种军舰的功能，我看得发呆了。①

"胡德"号1925年去了安特里姆郡（Co. Antrim）的波特拉什（Portrush），1926年和1927年又分别去了舒伯里内斯（Shoeburyness）和海伦斯堡（Helensburgh）。1929至1931年的大改装后，她又分别于1932和1933年去了格恩西（Guernsey）和奥本（Oban）。1934年6月，在俯瞰埃里博尔湖（Loch Eriboll）处，舰员们用石头摆出了"胡德"号舰名，它们至今仍在该处。接着她回到朴次茅斯进行改装，并参与"海军开放周"这项盛大的年度公众活动，

1931年8月的海军开放周，游客登上军舰。"胡德"号刚完成长期改装。一项显眼的变化是，后部上层建筑上增设了Mk I型高射炮指挥仪。请注意小艇甲板栏杆上用大号字母摆出的舰名。一个月后，"胡德"号卷入兵变。（作者收藏照片）

该活动同时也在德文波特和查塔姆举行。第一届海军开放周于1927年的"8月银行假日"期间在朴次茅斯举行，它的最初目的是通过向公众开放舰船和船坞为军方慈善机构筹集资金[1]。不过，这一活动的成功使海军部看到了更多的可能性：在海军竭力避免兵力减少时，让公众更多地关注海军的生活和工作。20世纪30年代早期，海军开放周成了海军部的主要宣传手段，一项可以与奥尔德肖特（Aldershot）军事展览和亨顿（Hendon）航空展览平分秋色的盛事。"胡德"号在她参加的每一届里都是焦点。1935年，在朴次茅斯参加活动的161000人中，有超过100000人登上了她[2]。参加海军开放周的人数从1927年朴次茅斯的48000人增加到1938年最后一届全部3个港口的415000人。送走了如此大量的访客后，"胡德"号驶往北方，参加苏格兰外海的秋季炮术巡航，这是海军年中最重要的一段时间。舰队在愈发恶劣的天气中进行了2个月的练习和演习，其间的插曲只有高尔夫、国王杯和阿巴斯诺特奖竞赛。接着，舰队回到英吉利海峡，继续进行炮术和战术演习，一般在波特兰外海。最后舰队回到母港，值班组轮流休圣诞假。海军年就这样结束了。

当然，这种例行安排会受到干扰。"胡德"号的漫长生涯中，经常有礼仪活动、骚动事件以及接下来的战事扰乱她生活的基调。1922年的里约庆典取代了秋季炮术巡航，但环球巡航则使"胡德"号离岗15个月，直到1925年1月她才准备重新加入舰队。即使那时，她和战列巡洋舰中队也在里斯本度过了一周，代表海军参加瓦斯科·达·迦马庆典。1926年夏季的总罢工又迫使她在克莱德河停泊了近2个月，而1931年的秋季炮术巡航则由于因弗戈登兵变而整体取消。但还有更不幸的事情。西班牙内战扰乱了皇家海军很多部队的训练和人员配备体系，而1936年后，"胡德"号再也没能重拾早年的有序日程。

有时人们说，和平时期海军的生活平淡无奇。当然，这样的生活既没有战斗中的惊恐和警报声，也没有海上战时生活最明显的特点——折磨人的单调感。"胡德"号未来将会亲身感受这种单调感，但现在，人们尚可品味这些属于世界上最伟大军舰的无限精彩的生活和经历。

① 贝尔《皇家海军》第174－178页。
② 皇家海军博物馆第1993/54号档案。

4 例行事务、工作与休息

怎样的锤？怎样的链？
你的头脑在怎样的火炉中炼成？

与建造 "胡德" 号的技术成就相提并论的是巨大的组织力量，有了这一力量，她才能诞生，她身上千万吨的钢板、机器和设备才能如人们所愿地结合成一件令人敬畏的战争与和平工具。本章的主题是她的舰员在日复一日中是怎样做到和保持这一组织力量的，怎样在不停的劳作和不懈的警戒中度过每个日夜的，以及在辛劳之后是如何在岸上放松的。

如果不考虑战斗或不幸事件，一艘军舰的一生中最让人操心的时间就是入役日。早在几周或几个月前，副舰长、舰务助理官和部门指挥官就会来到舰上，手里拿着名单，为自己任期中最繁杂的一件事做准备。他们最重要的事情就是填写值班和人员职责表。有了这份表，超过1100名官兵才能知道自己属于哪个分队和值班组，自己的职责是什么，值班时和下班后应该在哪里履行职责，自己在哪里就餐，自己的吊床和制服储存在哪儿，以及最重要的一点——自己的战位位置在哪儿。这个异常艰难的任务完成时，便会制成一张张服役卡，并在每名官兵到达时交给他。例如1933年某个少年水兵来到 "胡德" 号上，他的服役卡就会告知他：他属于瞭望台分队，他随左舷第一值班组值勤，他将住在少年水兵餐厅，他的战位在瞭望台上、5.5英寸火炮用的提前量计算器旁，当军舰补充弹药时他的位置则在一间15英寸炮弹药库，而弃舰时他须乘坐6号救生筏[1]。舰上的每个人都会收到类似的说明。

入役日，很早就会有一队队来自兵营、军舰和岸上基地的卡车陆续到达，并把一队队水兵和他们的制服卸在栈桥上。其他人则会或单独或成群结队地从训练场或休假地赶来，所有人都带着吊床、背包、箱子、防毒面具和杂物提箱，他们将依赖这些东西在舰上生活。在上舰的踏板尽头，他们会向一名纠察士官报到，并告诉后者自己是 "能喝" 的还是 "不沾酒" 的[2]，然后按分队在舱面上指定的位置集合。人群集结起来后，分队指挥官就会带他们下去放好衣物和装备，并在餐厅挂起吊床，这间餐厅很可能会是他们今后两三年的家。布置好住处后，水兵会按命令在拥挤的餐桌边找一个座位，等着身边喧闹的人群收

① "胡德" 号协会新闻报第2期（约1975年）。
② 奥康纳《管理大型军舰》第35-38页。"能喝" 或 "不沾酒" 指士兵是否拿取他的朗姆酒配额。

拾停当。这个时刻常常让人紧张：

> 所有的军官和水兵都觉得自己颇像刚入学的新生，不熟悉周围的环境，想知道自己会不会遇到老朋友；想知道这会不会是一艘快乐的军舰。[1]

对大多数人来说，这个问题的答案很快就会揭晓。最后一批人到达后，海军旗冉冉升起，代表服役的三角旗升到桅杆顶，舰长会向港口总司令报告自己的军舰已经按要求服役。如果以该舰为旗舰的将官在场，舰长还会向这位将官报告军舰服役。司令官与旗舰舰长之间关系如何，在一艘伟大的军舰的一生中是一个关键因素。1939至1941年的随舰牧师比德莫尔牧师生动地描述了两者专门岗位的区别：

> 舰长把自己看作军舰的"神父"——他指挥它；司令则是一名乘客，这样说是因为他指挥的不是这一艘舰，而是以它为旗舰的整个中队或整支舰队。[2]

但司令的角色不止于此。海军元帅查特菲尔德勋爵说：

> 一位舰队司令比同时代其他部队里的同僚得到的关注多得多，因为他一直生活在那些他指挥的人中间。［……］他在战争时的职责是于战斗的最前沿指挥自己的舰队，为了胜任这一职责，他在和平时期也必须与那些他将要指挥和鼓舞的人在一起并保持友好的私人关系。当他走在后甲板上时，在所有人眼里他都像舰长和副舰长一样显眼。军官和士兵们看重这一点；他们了解自己的司令，所以从个人感情上讲，他们感到这是<u>他们的</u>旗舰，感到为她上面飘扬的旗帜增光添彩是自己的义务。[3]

由于"胡德"号是旗舰，所以舰长的权威几乎总是受到这种现实存在的人际关系的影响。下面这段话是"胡德"号1933至1936年的副舰长罗利·奥康纳对舰长职责的扼要描述，说明了舰长指挥权的性质，有了军舰才有指挥权，两者却又奇特地保持距离，直到关键时刻：

> 舰长任何时候都是舰上的高级执行官——他是在紧急情况下挑起责任，并做出决定的人，也是在必要时必须承担指挥职责的人。[4]

笔名"巴底买"（Bartimeus）的知名海军作家〔路易斯·里奇（Lewis

① 塔尔伯特－布斯《世界作战舰队》第3版第63页。
② 比德莫尔《难以捉摸的海域》第26页。
③ 查特菲尔德《皇家海军与国防》第41－42页。
④ 奥康纳《管理大型军舰》第17页。

Ritchie）上校〕对这种职责的性质描述如下：

　　一艘战列舰的舰长要为他舰上的人所说的每一句话、所做的每一件事承担领导责任。他也要为军舰的安全和战斗效能负更直接的责任。他在战争中的行为受到战争条令的指导，条令规定他应当"竭尽全力带领军舰投入战斗，并在这样的战斗中亲身鼓舞他的下级军官和士兵勇敢战斗"。这里你能看出，他的两点职责，即保障军舰的安全和带领她投入战斗，这两者之间需要权衡。〔……〕他必须个人做出所有决定，并为它们负全责，从这个角度来说，他完全是孤身一人。军舰驶过水域时，速度快慢全听他一句命令。炮手们都在自己的战位上。他只要下令，他们就会开火。他们开火时，能否击中敌人，取决于他确保这些炮手受到过怎样的训练，取决于庞大而复杂的火控设备和火炮机构是否维护妥当，从而在这种时刻达到最高的效率。最后，他还必须考虑到敌人的炮弹很快就会在舰上爆炸，若到了这个几乎无法避免的时刻，他的舰员将怎样应对，会对他们的士气产生多大或多小的影响。这些都取决于一些几乎不可名状的东西，取决于"过去的一切"，取决于他给全舰灌输的精神。身居要职的孤独感无可排解地伴随着他，无论在舰上、在海上还是在港里，无论平时还是战时。他在现实中孤独地生活，精神上也如此。[1]

　　副舰长作为执行官的职责，则是让一艘军舰能满足对她提出的任何形势和战术必要性要求，把她以此状态交到舰长手上（以及他身后的司令手上）。她的生活的每一方面，以及舰上每一个人的生活，都必须让步于这一点。

　　军舰服役后，第一次"分队集合"令之后的全体集合昭示了她的例行作息和组织开始运转。如果说舰长和他的军官们是这一组织结构的头脑，那么分队体系则是它的心脏。在这一体系下，"胡德"号舰员按照岗位和舰上部位被分为13个分队，每队约100人，他们要对自己的岗位和部位负责。水兵分为3个分队——艏楼分队、瞭望台分队和后甲板分队——每队操作军舰的一座15英寸主炮塔，第四座则由皇家海军陆战队分遣队操作，他们单独编为一个分队。舰上还有单独的鱼雷兵分队和通信兵分队，以及少年水兵、引擎室技术兵和轮机士官、军需部门分队，最后还有包括工匠、军械与电气技术兵、炊事兵、卫生兵的勤杂士兵分队。与水兵类似，锅炉兵队被分为3个分队，对他们来说分队也是值班组：红组、白组、蓝组。战争期间还会补充第14分队：仅在战时服役的士兵。每个分队由一名上尉或少校指挥，他们负责纪律、训练、服装和组织，而他们又最为依赖军士长和军士们，后两类人是"胡德"号乘员组的中坚。有了这一体系，整艘军舰的组织才能运转，它作为舰队战斗单位的根本用途才能实现。

---

[1]　"战列舰上的生活"，培根（编）《不列颠的光荣海军》第25页。

这样，入役日刚过中午，很多舰员便再次集结在后甲板上，以及左舷和右舷的炮群中。号角响起，他们去舰舯听舰长讲话。1926年在舰上服役的一等水兵朗·温科特（Len Wincott）记得这种场合中每次都有的期盼心情：

① 译注：指戏剧《哈姆雷特》的主角。前面引用的那句话是该剧中的著名台词。
② 温科特《因弗戈登兵变者》第75-76页。

这次事件将定下军舰舰员日后生活的基调。问题是"能成还是不能成"（To be or not to be），而在这种情况下，这个问题比那个丹麦年轻人①面对的更让人焦灼。不确定的一点是这艘舰是否会，或者说是否不会，成为一艘"快乐的船"——对立面就是一艘"糟透的船"。是的，这个说法基本只用来形容商船，海军士兵很少用，但他们照样想这个问题。②

餐厅炊事兵们无论是否已经安心，他们都会从储藏室里取出战友们的餐具，并赶紧做出舰上的第一顿食物——15点30分的下午茶。之后副舰长可能会通过"碰撞抢险部署"或"消防部署"等演习来训练士兵。如果军舰弹药充足，那么炮术部门接到的唯一指示就是继续记录弹药库温度。否则舰员们就会开始一项危险的任务：从各种装满了炮弹、鱼雷、无烟火药包和起爆装置的大小驳船上为军舰补充弹药。但这并不常见，对大多数人来说，入役日的最后一项正式流程就是在医务室内进行体检。接着人们会去餐厅，一边吃着晚餐，一边与同室战友或经历了上一个服役期的老兵活跃地讨论新服役期的前景。听到22点30分的"安静"令时，一些人开始确信自己选到了理想的吊床位置，而另一些人则会碰到舱壁，或者受到灯光或通风装置的折磨，这个夜晚将给他们些许不同的感受。

∨ 1933年9月初，"胡德"号在朴次茅斯岸边。8月30日，她在新舰长和新副舰长——罗利·奥康纳的指挥下开始了新的服役期。（当代历史博物馆，斯图加特）

清晨5点刚过，号角声响起，预示着服役后第一个完整工作日的开始。[①]5点30分左右，舱面上无论是大雨如注，还是积雪茫茫，值班士官已经在舱面下的餐厅中穿行，一遍遍喊着古老的歌谣："起床，起床，太阳出来了。阳光刺着你们通红的眼睛。"5点45分，一杯可可下肚后，值早班的值勤少年水兵已经在辛勤工作。之后，6点，大部分舰员会集合来"清扫军舰"。在接下来的一个小时左右里，整个后甲板都会被从后向前用力擦洗，一直到上层建筑后壁之下，系船柱和其他光亮的金属部分都会被擦得金光闪闪。在引擎室，尤其是在控制平台上，具体工作则是清洁钢地板、用白色涂料涂更显眼的绝缘材料层，以及擦亮遍布四处的黄铜传声筒、钢爬梯、表盘和指示器。军舰刚结束改装期时，打扫军舰将是最耗费舰员时间和精力的工作，直到她的清洁状况可以接受。偏偏"胡德"号又改装得十分频繁。特定情况下，舰上军官需要采取特殊措施。一等水兵温科特回忆道：

现在，为了按要求打扫得非常干净，一些舰长会诉诸一种不成文的传统：简单地说，就是把很多不当班的舰员拉来加班。舰长只要把话传给副舰长，后者就会……指使人想办法拉来足够的人数。所有的事情都只靠口头，没有任何书面许可，但舰上每个人都知道发生了什么。纠察长指挥纠察人员开始行动。

任何一项微不足道的不守纪行为都不被放过，就算真的没有不守纪，所谓欲加之罪何患无辞。于是，每天副舰长裁决违纪事件时，面前总会有一大群士兵，当然其中多是准备接受惩罚的水兵。[1]

无论这方法是否真用过，各项职责本身是一成不变的：

……人们分散在舰上各处，有些拿着砂纸，打磨船坞里涂过色的钢甲板，让它明亮如镜；有些拿着抹布和桶，桶里装着去污水——由等体积的水和某种强力清洁剂配成的混合液体，用它消除不想要的记号，保证比火烧还管用；当然很多人拿着必不可少的"圣石"，水兵们管它叫"水手的圣经"。[2]

△ 这张照片说明皇家海军陆战队也参与了打扫军舰。这队士兵可能是一座 4 英寸高射炮的炮组，他们正利用工间休息时间在小艇甲板上放松和吸烟。士兵负责清理舰上自己的工作区域，他们将一些日常工具放在前面。（"胡德"号协会/希金森收藏照片）

英国水手们会花相当多的时间做这些毫无章法的工作，直到熬过一段时间，或者一名上级士兵允许他免做这些。少年水兵弗莱德·库姆斯回忆道：

……并不奇怪，我们的生命并没用来实现水手的价值，而是用在无穷无尽、毫无意义的工作上，比如剥掉漆面、清洗它，以及所有费时且容易监督的工作。我们想要的工作是用刷子涂抹颜料这一类，而我们所做过的跟涂漆离得最近的事却是手脚并用到处爬行，在涂漆队干完后把漆面弄平；他们的时间比我们的宝贵。[3]

这种时候，水兵的脑海里就会不断咒骂："加入皇家海军，看世界。"骂得最多的则是："来吧，该死的 12 道关。"后者指水兵第一个服役期的 12 年。20 世纪 20 年代前后，新生代的海军军官开始认识到，要求水兵把大部分时间花在这类工作上是没有意义的，因为皇家海军在技术和战斗效能方面已经开始落伍了。但皇家海军中，传统是顽固的。官至第二海务大臣的海军上将弗兰克·特威斯爵士在回忆录中也如此承认：

> 在战斗中与敌舰作战需要多少人，舰上就需要多少军官和士兵。［……］这就是说，当没参战的时候，舰上生活的人数远超过让军舰不沉、保持干净和正常运转真正所需的人数。当然，不能让水兵闲下来是一条根本原则。没事干的人就会惹事；他们没有别的事情可干。所以，皇家海军中的日常作息，尤其在大舰上，完全旨在让水兵们不停工作和充满热情。现在回顾这种制度，可以说它是惊人的。例如，二战前，大西洋舰队的一般战列舰上可能有900到1000名士兵，其中只有部分人会经常擦亮所有的黄铜器、清洁所有的漆面、拿走引擎室中的油……诸如此类，他们在一天的头两个小时内就能轻松完成。那么，他们一天中的大部分时间干什么？[1]

答案是，他们会继续擦亮器具和清洁的工作，在 "胡德" 号上尤为如此，直到即将到来的战争需要他们在别处展示身手为止。不过，看见一大片污损的柚木甲板被抛光得像马尼拉纸一样锃亮仍是令人骄傲的。98岁的哈里·卡特勒（Harry Cutler）军士长于2003年6月离世。离世前14天，他为作者回忆了1922年他随 "胡德" 号出海时听见的诗句：

> 几滴水，
> 几粒砂，
> 水手拿着磨石
> 把甲板变得亮堂堂。[2]

被称为 "圣石" 的磨石是一块砂石，由海军部供给，但水兵们要得到他们在擦甲板和木制件时更喜欢用的银砂就只能用老办法。库姆斯兄弟于1936年年初被派去驾驶该舰的一艘快艇后，最早的任务之一就是驾快艇从朴次茅斯港航行到海林岛（Hayling Island），装一船银砂。这次出航期间，他们不仅在通过索伦特海峡（the Solent）返回时错过了涨潮，而且在铲砂时被随着货物铲到船上的沙蚤咬得体无完肤。"海上总有经验教训。"[3]

6点50分，当士兵们用橡胶地板擦清洁舱面时，号声响起，餐厅炊事兵开始去厨房升降机处为舰员取早餐。十分钟后，少年号兵们会一起吹响水手长的哨子，士兵们听到后便会感激地来到餐厅，享用厨房提供的食物。接着他们会洗漱、换上当天制服，接受7点55分的 "各部分清洁火炮" 命令。同时，一队信

① 特威斯《皇家海军的社会变迁》第23页。第二海务大臣的职责是海军人事与编制。
② 2003年5月23日，在德文波特的讨论。
③ 帝国战争博物馆第91/7/1号档案，第51页。

号兵集合在后甲板的海军旗旗杆边，准备进行皇家海军的第一项神圣仪式：升旗。8点（冬天在9点）钟声响起时，一名海军陆战队下士按照信号，敲舰钟8响。同时，"X"炮塔上的12名号手吹响"立正"号，同时皇家海军陆战队乐队开始演奏国歌《天佑吾王》。士兵们纹丝不动，军官们敬礼，所有人都面向后方，注视着海军旗沿旗杆缓缓升起，在最后几小节响时升到旗杆的黄金顶饰处。同时，艉楼上也在进行一场类似的仪式，出场的是水兵号手和英国国旗。8声钟响不代表8点，而代表上午班开始，这是组成每个海军日的6个各有4小时的时段之一。下午班从正午开始，16点则开始两段晚班，它们的职责将在下文描述。之后是20点开始的首班、午夜开始的午夜班，最后是4点开始的早班，这便完成了一个周期。由于很少有水兵带计时器，故多数人要依赖舰钟告诉他们时间。舰钟每半小时响一次，在一个值班时段内，每次比上次多响一声。这样，某个水兵去值早班前可能要求战友在午夜班时段"钟敲7下时（3点30分）叫醒我"，以便用半个小时收拾停当，准备工作。晚班则分为两班，这是为了让一艘采用双值班组作息的军舰隔天交替使用两套值班表。"胡德"号一生都采用了双值班组作息，称作"双班制"。这种制度把多数舰员分为两个相同的值班组，称为左舷和右舷值班组；不过轮机部门分为红、白、蓝三组。值班组轮流值守，这样在任何时刻，每个关键部位都人手齐全。多数情况下，该体系安排一个人一天工作8小时，出海时则增加到12小时，而战时根据需求或形势，可能增加到16小时甚至20小时。由于在一艘执行战时巡逻的军舰上，所有舰员无论有其他什么勤务，都必须于每天黄昏与黎明全体就位，所以剥夺人的睡眠对士气和效率有何影响就可想而知。但这是特例，通常状况下"双班制"代表一种完全可以忍受的生活方式。因此，如果说分队体系构成了舰上组织的基础，那么值班组体系决定了她例行作息的节奏。

　　升旗仪式结束后，舰上的工作继续。对许多人来说，这意味着继续清洗和抛光，或在一名体育教官手下进行必需的体育训练，对其中技术更好的水兵来说则包括铰接绳子和缆绳、保养滑轮组、制作索环和撇缆，这些用品使他们的船保持适航性。但对其他人来说，这时会开始另外一项花掉英国水兵很多时间的劳动：保养军舰的漆面。这项工作主要并不是刷上层层新漆，而是刮擦、平整、抛光和擦洗等，让军舰的表面变得完美以便涂漆。动手刷漆的工作只会留给技术最好的人。罗利·奥康纳中校是"胡德"号上最资深的漆工：

　　刷漆的正确方式是平着刷，最后再向上刷。每一下都要涂结实，刷子不能蘸太满。刷漆是一项熟能生巧的手艺，所以让没经验的人拿刷子就是浪费颜料。①

---

① 奥康纳《管理大型军舰》第94页。

舰钟

如果说"胡德"号之魂有一个家，那么这个家必定是舰钟。只要军舰的生命即服役期还在继续，就会有日复一日的钟声标记着一个个海军日。"胡德"号的舰钟可能是由胡德夫人捐献给军舰的，用以纪念她的丈夫——1916年在日德兰阵亡的海军少将霍勒斯·胡德爵士阁下。钟大约高18英寸，由黄铜铸成，美观的木质钟架顶端装饰着王冠。整套设备约高10英尺，被保养得一尘不染。钟舌上连着一条编织精美的拉绳。在港里，只要天气不恶劣，钟就会被放置在后甲板上；其他情况下则会被存放在舰长套间外面的一间会议厅里。20世纪初期之前，一艘军舰有一座钟便够用了，但后来军舰越来越大，主机的声音越来越响，最终第二座钟被安放在军舰的前部，以让舰员们及时知道每个值班时段进

行了多久。"胡德"号也采用了这种布局，直到20世纪30年代中期，新安装的天朗扩音系统把主舰钟的声音传遍全舰。

舰钟主要由皇家海军陆战队负责操作，只有一名皇家海军陆战队下士有权移动它，另有一名皇家海军陆战队哨兵根据自己哨位上的钟的走时，每半小时敲响舰钟。舰钟也被用来召集水兵们做晨祷和周日礼拜，还会响亮地发出消防或碰撞抢险演习警报。不过最重要的时刻则是12月31日，它会响起新年钟声。舰钟放置在后甲板上，在午夜前一分钟它会被敲16响，8响辞旧，8响迎新。传统上，进行这项仪式的是舰员中最年轻者，但1940年12月31日敲响新年钟声的则是一名才实习不久的军官候补生，这次敲响的钟无疑就是2001年在军舰残片中找到的那座。

< 1928年12月31日，"胡德"号乘员组中最年轻的舰员和一名海军陆战队下士在舰钟旁摆拍。午夜前一分钟，前者会敲钟16响，以此迎接新年。（《伦敦新闻画报》）

不过，难度最大的工作并不是刷漆，而是上磁漆：

> 如果决定给军舰上某处很特殊的休息间或表面涂磁漆，要求效果十分完美，足以让一只猫看见漆面映出它的胡须而大为惊奇，那么这项工作必须由技术最好的漆工来完成。①

这还不是全部。要保护精致的漆面，就不仅要防止自然剥蚀，也要阻止野蛮行径。具体措施则包括对肆无忌惮破坏漆面的人进行惩罚。更常见的情况是，军舰的外表面会在擦洗甲板时被溅脏或者被雨淋，或军舰出海归来，这时还需要用淡水清洗外表面。另外一个敌人则是铁锈，对付它则需要把表面打磨到只剩金属层，在刺眼的锈斑处上油。一年内军舰大约会全身刷漆4次，这是因为自然剥蚀、特殊情况或调到其他舰队。在舷侧、桅杆和横桁上刷一遍漆通常需要一天，这时军舰将无法执行例行作息，舰员们则乐于让生活得到这样的调节。1936年9月，军舰重新入役后在地中海舰队服役时，便出现了这种情况。一等水兵朗·威廉姆斯回忆道：

> 服役后不久，我们的第一项工作便是给"胡德"号的漆面换个颜色。几乎从建成起，她便一直涂成本土舰队的深灰色。我想，把地中海舰队的浅灰色抹上去的工作让我们都很开心。完工时，这位"老太太"看上去像一名芭蕾舞演

△ 为军舰刷漆。军舰1936至1938年"穿过海峡"去地中海之前，舰员为舰身涂上地中海舰队浅灰色（方案AP507C）。士兵们坐在可动工作台上，从上向下刷，接着向后方移动再这样刷。可用轻木制的筏子用来协助这项工作，但图中未见。上方有舰员给出建议和激励。（"胡德"号协会/希金森收藏照片）

———————
① 奥康纳《管理大型军舰》第97页。

员。我从来没见过哪艘舰变化这么大！[1]

"舰员为军舰刷漆"命令下达后，并不是没有危险。仅在战时服役的二等水兵B. A. 卡莱尔于1940年秋至1941年春季前在舰上服役，他描述了给上层建筑后壁刷漆时的一次事故：

> 我从来没表现出当手艺人需要的任何能力，当二等水兵时干水兵的活自然也不出彩。在港里，我和一个战友一起站在升降台上给军舰后甲板上的上层建筑刷漆，当时我想拉绕着我们头上立柱的绳子，把升降台放低，但拉不动，就傻乎乎地猛拉了一下。结果升降台翻了个底朝天，我的战友拼命攀在了台上，而我则狼狈不堪地掉到了值班军官面前。[2]

当然，人们狂热地追求清洁程度和油漆水平常常不仅是因为卫生、设备维护和美观的需求。在和平时期抹上去的层层颜料不仅增加了军舰的排水量，在战斗中也是严重的火灾隐患。无穷无尽的抛光工作也可能产生意外后果。海军中将路易斯·勒·贝利回忆起军舰1939年9月在北海被一架Ju 88轰炸机攻击后的混乱：

> ……更严重的是左舷八联装"砰砰"炮丧失了电力。那次冲击把一个断路器震掉了。然而电气修理组对"胡德"号上发生的事情无能为力：接线盒上的黄铜信息牌在抛光工作时暂时被取下，但放回去时却弄乱了。他们试图为"砰砰"炮连接应急电线，但费力半天只不过让士官用的食品保温箱热了一些，没怎么提高战斗力。[3]

据称，20世纪30年代粉刷军舰的外层花掉了135英镑和4吨颜料。配发颜料的工作是由中尉造船师和他手下的技工们负责的，但供给颜料则由军需长负责，后者管理舰上组织体系的另一个重要部分：中央库存系统。"胡德"号服役时，得到了海军部提供的10000件物资，它们总重超过400吨，可供军舰使用6个月。这些物资从寝具到菜籽油，应有尽有，分别存放在军舰下层各处的40间储藏室和隔间里，包括前部下层甲板上的油漆储藏室。军需部门负责时刻记录这些物资在数量和位置上的变动，大部分物资最终将从主甲板上的中央储藏室分发出去。军需官的分类账目上未记载的物品只有军械、轮机备件及轮机设备，这些由炮术和轮机部门分别负责保管。军舰的储藏室分为四大类：永久储藏室（例如软管、水管零件，它们有时需要更换），耗材储藏室（包括清洁用品、制绳纤维、帆布和油漆），各种食物和饮料，最后是衣物和烟草。衣物从

① 威廉姆斯《行过远途》第117页。
② 第二次世界大战亲历记录中心，第2001/1376号档案，B. A. 卡莱尔，第6页。
③ 勒·贝利《不离引擎的人》第53页。

上层甲板的配给室（被称为"衣物室"）购买，水兵们有每日3便士的衣物保养津贴，换掉破损衣服时这笔钱便花掉了，不过这主要是因为皇家海军没能定下一种实用的水兵工作服。舰上最多可储存4个月分量的食物，但肉、鱼和新鲜产品则只能等待机会在岸上从合同商处购买。另外，舰上还有14天分量的"硬质食品"口粮——饼干和咸牛肉，用于极端紧急情况。士兵的菜谱由军需准尉拟定，报军需长批准，餐食由超过30名炊事兵在各间厨房里准备。直接负责供应食物的是两名军士长、他们手下的若干名军需助理，以及由水兵组成的公共伙食队，后者负责"为全舰提供食物"。军需部门的这种特殊使命使"胡德"号的最后一批舰员中出现了几个令人难忘的人物。首先是"运粮小兵"，即军需军士长杰夫·波普（Geoff Pope），他特别照顾后来成为演员的乔恩·帕特维，让后者在弥漫着纯朗姆酒气味的一处食品供应间里私下喝几口。接着是他的助手，有3枚优良表现奖章的、令人敬畏的物资管理员，一等水兵"达比"W. E. S.艾伦（W. E. S. 'Darby' Allen）。这二人1941年5月阵亡时，已在"胡德"号上合计服役了18年。食品供应队让我们想起那些人数不多的团队，他们的工作和组织构成"胡德"号这个大集体的一部分。舰上的千余处空间、甲板和隔间中，数十个这样的团队无论能力和热情高低，都在履行着他们的职责：从司令艇上令人艳羡的工作，到双层舰底班组的脏活累活。正是这些人的劳作和性格使军舰有了独一无二的特质，有了这一特质，她才有了她的价值，才与别的军舰都不同，才让她的舰员一生铭记。

　　下面接着介绍军舰的和平时期在港作息。9点05分（冬季为10点05分），水手长下令"分队集合"，这是舰员一天内第二次集结。士兵们集合在炮群中和后甲板上，接受军官检查，并报告如数到齐——当然也可能出现未到齐的情况。接着由牧师引导做祈祷，传统的方式是舰员沿两舷各排成两行，面朝里，但对军舰的荣誉特别看重的奥康纳中校有不同的想法：

　　分队集合和晚间集合时，士兵们应该始终面朝外。盯着漆面是极其枯燥的，而如果能看见队列的脸而不是后背，从舰外看舰船外观感觉就会好些。［……］当副舰长叫出舰名时，各分队从休息姿势变为较严肃的稍息姿势，这时每个人都应该精神抖擞，站姿挺拔。①

　　分队集合的最后，通常会有一个信号，命令两个值班组比赛一系列演练项目，比如放下所有的小艇，或支起舰上的天棚。10点30分，演练结束，工间休息开始。在这10分钟里，士兵们可以吸烟或歇息来放松放松，接着继续工作到11点15分（传统上在11点）"把酒运上来"令下达的时候，这时上午班快要结束了。

① 奥康纳《管理大型军舰》第128页。

军需官和他手下的机构

直到一战前，军舰的库存物资和账目一直都由3名准尉负责：炮术准尉、水手长和木工长。他们没有受过任何正式会计培训，也没有文书人员协助，但他们仍在专业工作时间之余设法坚持做记录和账目。不过，战争爆发后，一艘现代主力舰要运转，显然其内部组织就必须专业化。这样，1917年，上述职责移交给了充分改组的会计分部。1922年前后，新成立的军需分部在皇家海军中引入了中央库存系统，这个系统与1920年的公共伙食制度都首先在新服役的"胡德"号上试行。之后，军需官有了三方面的职责。首个方面是发放士兵的工资和津贴，这也是"军需官"英语原名（Paymaster）的字面意义。写着发薪记录的分类账由舰上的十几名记员保管，最后呈交给海军部。第二方面是多种物资、饮食和衣物的供应，这在别处详述。"胡德"号要完成这些物品的获取、记账、保存和准备，就要依赖几名军官和50名左右士兵的工作，从军需军士长到舰上厨房的炊事兵，缺一不可。能力特别强的军需官还有最后一项职责：依照传统担任舰长或司令官的秘书。"胡德"号上，这个巨大的组织由中校军需长指挥，他通常同时担任中队会计官。协助他的有一名少校、几名上尉和军官候补生，以及名单列出的60名专业士兵。舰长和司令官每人另有一名军需官。"胡德"号上，舰长秘书一职由一名军需上尉担任，他的职责包括处理所有寄给舰长的信以及保管所有军官和士兵的服役记录。这个职位要求很高，需要人精通海军军法、条令以及密码，还要时刻表现出处事老练和善于交际。司令官秘书的性质与此类似，主要处理海军部事务和战列巡洋舰中队组织事务。1938至1939年基斯·埃文斯（Keith Evans）作为军需官候补生在"胡德"号上服役，他的工作反映了会计分部为远航服务的所有职责：

> 当然，我还在受训，服役地点包括军舰办公室（拿到分类账记录资格）、海军物资储藏室、食品供应间、厨房（做面包块和面包卷）以及舰长办公室（记录有事求见舰长者、违纪者等的情况）。[①]

20世纪最伟大的海军军需中将之一罗纳德·布罗克曼（Ronald Brockman）也在职业生涯最初于1927至1928年在"胡德"号上服役过。从1938至1965年的27年里，他先为巴克豪斯、庞德和蒙巴顿3位将领担任秘书。

---

① "胡德"号协会档案。

酒

11点，"把酒运上来"的命令标志着海军日中一个珍贵的时刻，即分发朗姆酒。1655年，从西班牙人手中夺取了牙买加后，英国人第一次有了充足的朗姆酒来饱口福。不出几十年，朗姆酒取代了啤酒成为皇家海军的首选酒类。最初，水兵们一次喝半品脱酒劲大的纯朗姆酒，后来海军上将爱德华·弗农爵士（Sir Edward Vernon）于1740年发现这个量兑四份水最好。弗农的水兵们根据他习惯穿的外套的材质叫他"老粗布"（Old Grogram），而他主张水兵们喝的有泡沫的兑水酒也被叫作"grog"，即此称呼的缩写。烈酒和水的相对比例在皇家海军中有一些争论，他们最终定下1/8品脱（约71毫升）朗姆酒混合2份水（有时3份）的配方，供满18岁者饮用。不过，军士长和军士仍有权享用纯酒。纯朗姆酒为95.5度，酒精体积占54.5%。美国海军少校约瑟夫·H. 威灵斯准确地回忆，它"颜色深，尝起来像我在金斯敦喝过的高

〈 1935 年前后，在左舷 1 号 5.5 英寸副炮边的艏楼上分发朗姆酒。当时是中午，每间餐厅的水兵长正准备用马口铁桶打酒。酒桶后方勉强可见装纯朗姆酒的小桶。两名海军陆战队士兵受命分发酒，而手持分类账的军需兵以及一名纠察军士在旁监督。（"胡德"号协会 / 威利斯收藏照片）

级牙买加朗姆酒"[1]。后部平台甲板上的储酒间里，军需官储存了3个月量的酒，酒共1000加仑，上了两道锁并由皇家海军陆战队哨兵时刻看守。每天11点，纠察长和俗称"吉米桶塞子"的制桶兵等一队士兵都会下去，从存放在那里的橡木桶中取出当天的配额：

　　房间在水线下，所以人一下子感到凉快，但烈酒的刺激气味让大家的鼻孔难受。气味太强了，有时候能让新手轻微中毒，老家伙们对此则挺开心。[2]

　　取出的酒被装在一个小橡木桶里，小桶最后和大酒桶一起被送到上面的艏楼上。大酒桶有盖子，桶身上有闪光的黄铜铭文"天佑吾王"。11点50分，听见"分发酒"的号声，各间餐厅的水兵长们来到艏楼，按照餐厅顺序在酒桶前排队。这里，在值班准尉和一名纠察军士的监督下，制桶兵精准地倒出每间餐厅的配给量，他的工具是一套共7件的专用铜量杯。同时，一名军需兵在分类账上将今天的配额划掉。分发完成后，准尉传令"把它倒掉"，残留的几品脱酒便被倒进大海，这是海军部的命令要求的。一项与此相关的传统叫作"大功告成"，指的是在完成艰苦任务或重大庆典后，君主或司令官让舰员多喝一杯。

　　在困难的20世纪30年代，喝配给朗姆酒的人较少，多数人选择把每天3便士的补贴留给妻子和家庭，不过战争爆发后喝酒者的百分比又上升到早先水平。1934年，"胡德"号指挥部门的人员中只有14.8%

喝朗姆酒，勤杂士兵（军械技术兵、引擎室技术兵、工匠、炊事兵、书记员和卫生兵）中这一数据则有29.5%，而收入高、工作累的轮机部门中有40.4%。军官和准尉的朗姆酒配额分别在1881年和1918年被取消了[3]。不过，对于那些要喝配给酒的人来说，酒在士兵餐厅里是一种好用的硬通货。据乔恩·帕特维回忆，以酒款待的规则是"三小口等于一大口，三大口等于一杯"[4]。在这样的情况下，1/8品脱酒可能走一段长长的路，尤其在年长士兵手中：

　　两周后……我认识了一名好说话的、拥有优良表现奖章的一等兵，让他呷几小口酒，他就会让我今后免做餐厅杂务。[……]我在士兵餐厅里的吊床展开挂在最好的位置，第二天早上再捆好并放在吊床收纳具里——做这些事的是一个友善的、有3枚优良表现奖章的酒徒，我每天给他两小口酒。此外，每天再分出一小口，另一个老酒徒就会为我洗所有的衣服。[……]再让人呷两小口，我就不用再干很多餐厅杂活，比如洗餐具、取库存物资、准备食物。这样，你就能明白为什么我管那些每天拿3便士而不要酒的人叫傻子。[5]

①美国海军战争学院，威灵斯《追忆》（手稿）第79页。
②坎贝尔《习惯与传统》第66–67页。
③见附录Ⅲ。
④帕特维《雪地靴和晚宴服》第147页。
⑤同上条，第146和147页。

11点40分左右，当朗姆酒管理员和他手下的士兵们把酒搬上艏楼时，舰员们正在整理各处甲板。将用品归位后，他们会去吃午餐。11点50分，可见到来自各间餐厅的水兵排队领取配给的朗姆酒，同时餐厅炊事兵在取菜间里拿取厨房升降机送来的餐食。15分钟后，午餐和酒已经被送到餐厅了。露天处允许吸烟，如果天气好，午餐后海军陆战队军乐队还很可能在小艇甲板上演奏多首流行曲，士兵们围坐在四周晒太阳。每周有一天——通常是周四，士兵们会得到传统上称为“补衣假”的半天假，15点40分前不必进行其他工作。其他日子，13点10分，当炊事兵们正忙着清理餐桌时，“放下烟斗”即掐灭烟的命令传来，5分钟内，士兵们再次集合，等待接受下午班余下时间里的任务。工作继续，其间14点20分人们会按“休息”令享受10分钟的工间休息。最后15点45分哨音会传达“收工”令，清洁用品存放在全舰各处的舱面杂物柜中，弹药库和储藏室会上锁，车床停止工作，直到第二天早晨。接着在16点，“晚间集合”的号声响起。

直到1939年前后安装了广播系统（“天朗”，the tannoy）之前，“胡德”号上所有的全舰命令都是由水手长的哨子或号角传达的。水手长的哨子用来下达大多数的日常命令：“分队集合”“收工”“就餐”等许多，2名副水手长和4名少年号兵走过甲板和通道，一路高声吹着哨，把命令传达给全舰。每当有军官来到舰上时，后甲板的传统仪式“舰舷哨声送迎”也会用到哨子。奥康纳中校在他1937年发布的指挥军官手册《管理大型军舰》中，遗憾地写道：“当迎接军官和进行舰舷哨声送迎仪式时，经常可在舷梯顶端见到舰员表现得相当散漫。”[①]他强调这个问题，毫无疑问和1934年在直布罗陀某个夜晚发生的恶劣错误有关。当时地中海舰队总司令、海军上将威廉·费舍尔爵士事先没通知就来到了舰上，而他登上舷梯时，发现只有一名海军陆战队号兵孤身迎接他。一小时后，当费舍尔领着“后甲板精英帮”的高级参谋和舰上高级指挥官们再次出现时，舷侧自然已经排满了舰员，哨子、海军陆战队卫兵，一切俱全。这里提到的号兵、当时仅15岁的T. 麦卡锡（T. McCarthy）讲述了此事：

> 我们的客人在哨声欢送中走下舰舷，似乎一切都完美结束了，但事实并不是这样。他走到栈桥时，停下步子，转过身，面对我们所有人。接着他说：“号兵，谢谢你迎接我登舰并漂亮地完成了你的工作。我向你敬礼！”然后他就依言做了。[②]

号角一方面执行礼仪功能，尤其是在“升旗”和“降旗”时，另一方面也与水手长哨一同指挥“胡德”号的日常作息，从6点的“全体集合”到21点的“归营完毕”。号角也被用来下达要求“锚链班组”“上岸休假者”“礼炮炮手”等特定人群执行的命令。号声中加入几声“G”高音，取决于向哪组人下令。不

① 奥康纳《管理大型军舰》第128页。
② 引用于威尔斯《皇家海军》第158页。

过在战时，号角的本职是传递事关生死的命令（"关闭所有水密门""灯火管制"）或警告舰员有危险逼近（"击退敌机""毒气警报"）。由于号角声传得远且有紧迫感，所以比水手长哨更适合传递这些命令。最后，扩音系统的引进在皇家海军中宣告了哨子和号角的消亡，尽管后二者直到二战后才彻底停止使用。阿诺德－福斯特海军少将在1930年左右描述了这种新设备被安装在皇家海军的大型军舰上的情景，他怀着同时代军官中很多人都有的不屑：

> 在这些军舰上，命令本来应该由副水手长响亮的哨声在甲板上传达，并由"少年信号兵"在底下的餐厅中重复，但现在其中许多命令是轻声软气地对着甲板上的发射器说的，接着全舰各处的扩音器把它们响亮、刺耳地复述出来。①

一言蔽之，他的话代表的是，当皇家海军引入了任何被认为会导致自己的看家本领生锈的新技术时，一个有影响力的军官团体对此会有何反应。这种观点引发的争论渗透到海军生活的每一个角落，尤其是"胡德"号，因为弗朗西斯·普里德姆舰长和罗利·奥康纳副舰长在1936年对舰上广播系统的使用发生了分歧。当出港或入港时，奥康纳认为：

> 副舰长必须在最短时间内掌控舱面……才能得到相当漂亮的结果。那么，扩音设备……对于他具备这种掌控能力有着无限价值。②

但普里德姆根本不这么看：

> 有人认为我应当用电话向艏楼下命令。我拒绝这样做：我声音洪亮，不需要电子设备辅助，只有在强风中我才用扩音器。③

话虽这么说，但普里德姆和他的历代继任者都频繁地使用扩音系统向士兵餐厅公布近期将进行的行动和国际局势。因此，哨子和号角在"胡德"号上继续服役，只是与扩音系统紧密配合。1939至1941年担任"胡德"号随舰牧师的比德莫尔牧师在他1944年发布的海军牧师手册上，生动地介绍了战时这些工具的使用情况：

> 你夜晚就寝时，把衣服放在手边，万一警报器响了你就立即穿上。白天，号角吹响对抗敌机的"准备战斗"和对抗水面舰艇的"全体就位"。夜晚，舰桥拉响警报器，接着广播传来"全体就位"的号声。④

① 阿诺德－福斯特《皇家海军之道》第27页。
② 奥康纳《管理大型军舰》第131页。
③ 普里德姆《回忆录》第Ⅱ部分第167页。
④ 比德莫尔《难以捉摸的海域》第59页。

烟草

在皇家海军服役的好处之一，就是可以得到免税烟草，每月可以买1磅，价格为1先令10便士。到20世纪30年代，大部分士兵把烟草存放在容量为半磅的铁罐里，取出来制成烟卷，但年长的士兵喜欢烟叶，用传统方式制作"烟棍"。来自南德文郡（South Devon），于1921至1925年在舰上服役的锅炉兵比尔·斯通讲解了这一步骤：

> 准备过程的第一步是把黑色叶柄切掉——那可以做鼻烟。做完这步，你就把烟叶打湿，把它们紧紧地卷成椭圆形，中间粗，两头尖。烟叶外面包上帆布，最后是细油麻绳——都裹紧。这样，烟叶可以长期保鲜。士兵们会按照需要把烟叶切开，制成烟卷。[1]

其他一些用法则需要加朗姆酒，制成的烟叶团也被切开，用烟斗吸或咀嚼。但就像高超的绳艺一样，保存烟叶的技术在皇家海军中快要失传了。结果，很多年长水兵们厌恶的是，年轻水兵喜欢吸味道较淡的罐装烟草卷成的烟，并管这叫"提克勒牌"[2]（Tickler's）。由于卷烟卷是一项累人的工作，所以士兵住舱中出现了很多"提克勒烟厂"，舰员们以半便士一根的价格出售卷烟，以秘密增加一点收入。在舰上，舰员吸提克勒烟就满足了，但水兵上岸时，会想要更好的东西，因此他们会去舰上服务社买"气派的"纸烟。战时，英国的烟草配给制度越发严格，但军队仍能享受免费纸烟。约翰·伊亚戈（John Iago）中尉说他于1939年9月加入"胡德"号时，烟价是每20根6便士[3]。尽管烟便宜，尽管终于有权吸烟，但军官候补生和少年水兵还是很少有钱享受。

安全、健康和烟草产量方面的原因使皇家海军对在舰上吸烟进行了限制。多数情况下，只有露天甲板上的指定区域能吸烟，且只有用餐时、"工间休息"的10分钟里以及21点55分之前不当班的时候能吸烟。舱面下允许吸烟的地方只有舰艏厕所、舰上办公室、遮蔽甲板上的娱乐区域以及军士长和军士餐厅——不过工作时间这些地方也不允许吸。另外，每晚军官们在频频祝酒的晚餐之后，允许在军官活动室里吸烟。规定虽如此，但由于官兵中尼古丁成瘾者比例都很大，故规定不太可能得到严格遵守，结果全舰处处烟雾缭绕——包括"B"炮塔里的军械技术兵伯特·皮特曼和军械技术兵出身、人称"萨姆"的军官萨利，两人每天烟斗不离口[4]。用餐时和"工间休息"时，甲板上会摆放27个盆形痰盂，供有权吸烟者使用，而这些时段一结束，痰盂便会被撤去。还应该说明，舰上不允许向这些痰盂里吐口水。

---

[1] "胡德"号协会档案。
[2] 译注：因烟草罐与皇家海军配发的"提克勒"牌果酱的包装罐相似而得名。
[3] 伊亚戈《书信集》（埃维湾，1939年10月3日至5日）。
[4] 帝国战争博物馆有声档案，第22147号，第3盘（1939—1941年）。军械技术军官"萨姆"约翰·C.萨利1941年随舰战沉。

但和平时期的夜晚很少有这种令人心惊的事，所以，16点的晚间集合号后，舰员们或者上岸，或者换下工作服，换上更舒适的衣服，安坐下来喝茶。对大多数人来说，白天的工作就完成了。黄昏，后甲板上会举行海军日的第三项，也是地位最崇高的仪式即"降旗"。此时，皇家海军旗会被降下，直到次日早晨再次升起。只有和平时期在港里才有降旗仪式，而在战时或在海上，旗帜会一直飘扬，直到被炸飞或被击碎。斯科特·奥康纳描写了1924年6月一天在不列颠哥伦比亚的维多利亚附近降旗的情景：

日落时，传统的降旗仪式比平常更美。奥林匹克山脉（the Olympic Mountains）座座银色的山顶高耸入云，俯视着我们，这遥远而孤傲的精灵散发着远不可及的美，它渐渐罩上了一层玫瑰红色；小片小片金色的云飘在加拿大冷杉林之上；随着太阳向海平线落去，为它送行的小号手们和一天结束时演奏的鼓手们集合起来，准备举行送走落日的仪式。他们纹丝不动地立正着，等待命令。每艘舰上，在舰艇的国旗和舰艇的海军旗两面旗帜旁边，各有两名水兵立着，等待降旗信号。后甲板的左右两侧还站着一些水兵，手里握着侧旗索。一名皇家海军陆战队军官立正着，臂下夹着望远镜。所有人静静等待信号。接下来信号突然发出，于是一整列旗帜飘扬着降到后甲板上；号角吹响"归营完毕"，海军旗缓缓降下，仿佛这骄傲的旗帜不愿向暗夜低头一样。头顶远处，在每根高大的桅杆顶端，都有一名水兵一步一步沿着上百级梯子爬下来，带着同样的镇定和从容离开岗位。最终，仪式结束了。在灰色的天空中，奥林匹克山脉的雪归为一色，华美不再；乐队开始演奏，鼓点响彻加拿大的晴空，大英帝国生命中的又一天就这样落幕了……①

接下来，19点吃晚餐前的几个小时里，舰员们会写信、玩游戏、补衣服、画画或阅读，心血来潮者还会为晋升而学习。他们也可能排练军舰自办戏剧协会（S. O. D. S.）的戏剧，舰上许多运动队伍中的一些也会进行训练。全舰广播着最新的热门舞曲和乐曲，这也是做交易的人群或称"商行"在休息区和餐厅里做生意的时候。20点30分，炊事兵们将餐厅收拾完毕以准备迎接21点的副舰长巡检后，就完成了自己当天的工作。巡检是一次短暂的视察，之前号角会吹响"归营完毕"。副舰长或值日军官要花20分钟检查完全舰的餐厅。不等检查彻底完毕，舰员们就会陆续取出吊床并将它们挂好以准备就寝。副水手长于22点下达"安静"令时，他的很多同舰战友要么已经投入了睡眠之神的怀抱，要么正在数天花板上的铆钉。

"胡德"号出海的一天终于来了。出航前4小时，轮机部门就已经开始生火，给锅炉点火并打开蒸汽主管道上的分段阀门，将能量输入轮机。出发的时刻越来越近，烟囱中开始升起一股股油烟。随着雷霆般的"隆隆"声，油烟带着锅炉产生的热量散开。最后的几艘小艇被放到了吊艇架上，锚链班组集合在艏楼上，准备解开军舰的系泊用具。海军上将弗兰克·特威斯爵士描述了那壮观的景象：

① 奥康纳《帝国巡航》第244－245页。

战列舰离开朴次茅斯是一件大事，对旗舰来说尤为如此。港口禁行，拖船停泊待命，有特殊含义的旗帜被升起。巨大的军舰上，乘员组集合在甲板上，锚链军官站在舰艏，铁工准备在必要时敲掉巨锚的锚链滑钩，司令在舰桥上，皇家海军陆战队卫兵和军乐队戴着白盔在后甲板上行进，等待出发的一刻。一名军官和一名军官候补生按照军衔身穿礼服或紧身短外套，各携一具望远镜守在后甲板上，确保一切都按恰当的仪式流程进行。［……］当马上就要解开缆索或系紧拖船时，后甲板上的活动热闹非凡。有走回舰桥的司令正与某位参谋军官商谈，有文件在最后一刻送达，有人离开军舰，官兵们以符合身份的方式敬礼，副舰长踱着步子，因一切都准备妥当而满意……吊车可以将被俗称为"眉毛"的舷梯移走了。在舰桥上的舰长收到报告称，军舰已经做好了出海准备，就放心了。[①]

不当班的舰员们以分队为单位集合。军乐队演奏海军陆战队进行曲《海上生活》。随着军舰离开栈桥，人群高声欢送。但对于双胞胎库姆斯兄弟来说，1935年5月随"胡德"号首次出海的经历极其令人失望：

当"胡德"号无声地贴着朴次茅斯港入口守备工事开始航行，欢呼的人群挥手为她送行时，我们因第一次作为"强大的胡德"乘员组中的一员出航而感到骄傲，但这种骄傲很快就得换种眼光来看了，因为有说法称，人群中有人为我们离开而感到开心。而且刚离开陆地，上面就下了清洁军舰的命令，我们没能饶有兴致地一边远眺怀特岛，一边近距离观赏位于沃尔纳（Warner）的灯塔船和纳布堡（Nab Fort）。第一次冒险给我们留下的印象只剩近距离欣赏甲板。我们跪在甲板上把在朴次茅斯留下的污垢擦掉，露出接近白色的木料——我们先前猜是白的。[②]

军舰起航后，本来在后甲板上做记录的值班军官回到舰桥继续工作，他在这里有更关键的职责。他本已要对军舰作息、纪律和运行方面的琐碎事务负责，现在还要承担起保障军舰及舰上所有人安全的重任。驻守在舰桥——英国主力舰的第一座封闭式舰桥上，他的任务是保证"胡德"号沿预定航线、以规定速度行驶，并时刻密切注意航运方面和自然地理方面的危险。[③]他的主要依据是舰长的现行命令，这是在对军舰的功能和操作性进行完全评估后制订的一整套指令，操作军舰应以这些指令为依据。即使得益于现行命令，并且舰桥上还有最多8名装备高倍双筒望远镜的瞭望哨，在天气恶劣或能见度不佳时驾驶军舰仍是一个难题，尤其是在军舰离海岸较近或有其他船只伴随时。在这些情况下，值班军官必须依赖巴登堡定位设备，包括一个用来确认相对方位的罗经刻

① 特威斯《皇家海军的社会变迁》第15-16页。
② 帝国战争博物馆第91/7/1号档案，第42-43页。
③ 应当补充，1936年已有建构顶部安装了防空平台，"胡德"号直到最后都带有该处防空平台。

度盘和一台用于测量附近船只距离的小型测距仪。但要当水兵，只会操作仪器还不够。如弗朗西斯·普里德姆上校所说，航海技术中最有挑战性的一项能力是"预见可能发生的一切。在这方面不犯错误才算真正的水兵"[1]。最能考验这项能力的情况是大雾：

① 普里德姆《回忆录》第Ⅱ部分第152页。
② 阿诺德－福斯特《皇家海军之道》第57－58页。

  ……按平常的经验，起了浓雾，任何一艘军舰舰桥上的人都会紧张和焦虑一阵子。在浅滩附近，尤其是有潮水的水域，必须时刻小心并保持精神集中，以保证航行安全，而且与其他船只相撞的危险一直都有。其他时候，视觉和听觉感官从不会如此紧张和警觉。[2]

当起雾或大幅偏离航向时，舰长和航海长如果不在舰桥上，他们就要立即从舱室中赶来。被称为"引航员"的航海长的首要职责是确定军舰的准确位置。为此，他首先依赖三件设备：其一是六分仪，用来确定太阳和已知的恒星的高度；其二是精密计时器，用来读取当前的格林尼治时间；其三是舰上罗经，用来操舰并确定物体的方位。舰桥上有磁罗经柜，前面有一具与下层甲板上主陀螺罗经相同的罗经，舰上还有几具。凭借这些，他可以确定当前经纬

1931年秋季，"胡德"号从朴次茅斯出航。虽然"胡德"号经常一次离港若干个月，但对舰员及其家人来说，轻松的一点是她并未像英国舰队其他许多舰船那样，定期长时间在海外服役。除战时外，"胡德"号离开母港最久的一次是1937年6月至1939年1月，她在地中海度过了19个月。（当代历史博物馆，斯图加特）

△ 漫画《离别的痛苦》。1932年1月6日，"胡德"号离开朴次茅斯，驶往加勒比海。上方正中文字："'胡德'号离开告别的栈桥，开始为期10周的巡航。可怜的老子弟们被派出海，背后是回响的啜泣声、喉咙的哽咽声和眼泪的溅落声。"岸上的人群："亨利，不要惦记那些姑娘。""爸爸，给我们带只猴子。""别忘了优惠券。""回来，老公。"水中的人："我不想自己留下来。""亲爱的，拖我们走。""我也要来。""我也可以来吗？"舰员："那么这根锚链怎么办？""嚯嚯！"（希拉·史密斯女士）

△ 1934年7月15日，"胡德"号在罗塞斯度过一段时间后，放下主桅旗杆，通过福斯大桥。至20世纪30年代，得益于无线电报技术的发展，军舰不再需要在高处安装"平房顶"天线，故"胡德"号是皇家海军中最后一批安装那种天线的军舰。（"胡德"号协会/梅森收藏照片）

① 沃登"'胡德'号战列巡洋舰的回忆"第83页。

度，最终在罗经平台后的海图室里设定舰船航线。如果天气恶劣或时间紧张，无法进行观察，他就必须依赖回音测深器得知舰船当前位置的水深，将测量结果与海图对比以推测军舰的位置。"胡德"号20世纪20年代后期安装的另一件新设备是无线电测向仪，凭这件仪器可以判明英国沿海各座灯塔的方位。另外，越来越多的灯塔发出声波脉冲，当军舰的水中听音器获取脉冲信号后，军舰就可以凭此将距离也算出来，尽管水中听音器的作用范围限制它们只能在沿岸水域使用。司令官和参谋们在司令舰桥上安装的电子绘图桌上工作时，会用到这些计算结果。1940至1941年在舰上服役的军官候补生罗斯·沃登解释了绘图桌是如何工作的：

出海时，我的战位在绘图室里，位于司令舰桥上，主舰桥下方。那是一间长约8英尺、宽约6英尺的小隔间。绘图桌长约3英尺、宽约2.5英尺。必需的海图放在玻璃面板上，玻璃下有一盏6便士硬币大小的、圆形的灯，灯上有一个十字，十字的交点即军舰位置。位置指示器移动的原理远非我能理解，设备维护则是电气专业人员的职责。绘图桌的全部用途就是时刻准确地显示敌方相对我方的位置。司令（萨默维尔）常来绘图室。①

不过，有时绘图设备也会出错：

教育长和我轮流值每天晚10点到第二天晨6点的夜班。我们可以在皮沙发上放松，但不能熟睡。我们离开运输船队后返回的那个晚上，敌军动向的报告很少，我好好放松了一把。3点左右，我突然注意到身边有些金杠，数量多得刺眼——只能是詹姆斯爵士（萨默维尔）本人。他瞟了一眼图，说："天啊，小伙子！我们是当皇家海军的，不是陆军。你看这里。"我吓了一跳，军舰正在以24节的速度穿过法属撒哈拉（French Sahara）。我第一时间纠正了这个机械错误。①

一旦军舰的位置得到确认，航线就会设定出来，而相应的命令就会通过传声筒传给指挥塔上端的驾驶台，如果需要改变航速，还会通过电报传给引擎室控制平台。令"胡德"号稳定地沿航线航行并非易事，尤其是风浪大时，因此一个人在驾驶台上最多连续工作两小时。有一种说法，好的操舵兵是天生的而不是打造出来的。需要相当高超的技能，才能充分预见风和海浪会产生什么样的影响，以防止军舰在大洋上偏航。皇家海军志愿后备队军官候补生罗宾·伯德（Robin Board）在1934年3月的一个夜晚，驾驶"胡德"号在诺森伯兰郡（Northumberland）外海航行了1个半小时：

午夜班已经过了一会儿。舵手室位于巨大的钢铁城堡从下往上2/3的高度上，小得惊人，灯光昏暗，像牢房一样。在那里，一名皇家海军志愿后备队军官候补生正在操舵。舵轮不大，安装在精心擦洗的山毛榉木格栅上。在他面前12英寸厚的装甲板上，有一个3英寸高、3英尺宽的观察口。舰艇轻轻起起落落，通过观察口，时而可以看见一溜灰色的大海，时而看见一溜灰色的天空。但他的眼睛盯着观察口上方的绿色显示槽，那里有很多数字在断断续续地变化。他的工作是让指针稳稳地指向330度，但指针总是动来动去，他身边的操舵兵每次轻轻转一两圈舵轮，让指针摆回去。一段时间后，他似乎看出了门路。指针一有微小的移动迹象，他就会把舵轮转三圈，接着大概20秒后，当刚刚能看出指针向该方向摆动时，他就会立即把舵轮反向转五圈，逐渐把舵轮在这860英尺长的军舰上产生的3度大小的钟摆效应消除掉。他能感到，在他脚下，军舰的推进器发出有力的心跳声……②

改变航向的命令下达，并由操舵兵执行后，860英尺长的"胡德"号需要一些时间来做出反应。最终，通过一系列将后部引擎室与舵柄头连接起来的联轴器、接收器和离合器的运动，舵开始旋转，军舰仿佛出于高贵一般，慢悠悠地

① 沃登""胡德"号战列巡洋舰的回忆"第83—84页。
② 引用于诺曼《"胡德"号》第36页。

开始随着舵轮动起来。主要机构是 "内皮尔"（Napier）差动螺旋传动装置，通过这套装置，舵机引擎的能量被用来驱动舵柄头向需要的方向转动。另一边，在罗经平台上观察陀螺罗经和舵指针的移动情况，即可确认军舰驶上了正确的航向，军舰日志也相应更新。

很多人说，乘 "胡德" 号航行是一种独特的体验。由于舰体又长又宽，有突出部，因此在大多数海况下稳定性都相当好：

在 "胡德" 号上，我们不怎么能感到天气的影响。她通常的横摇周期是16秒，而大西洋等大多数海区的横摇周期则是11秒。好的结果是，这位舰体宽大的女士横摇刚过一半，下一波海浪就到了她身上并将她稳住。［……］我们迎浪或顺浪航行时的情况大同小异——大西洋波峰间的平均距离约为400英尺，但 "胡德" 号长度超过800英尺的事实意味着她身边始终有两道海浪，有时有三道。[1]

人们常常评论这些适航特性，并且注意到，在1923至1924年的环球巡航中，菲尔德海军少将的舱室里没有使用平时把物品固定在桌上、架子上或壁炉台上所需的那些配件。稳定性有没有好到足以保证台球室在海上仍能使用则是另一个问题，不过1939年10月约翰·伊亚戈中尉度过他在舰上的最初几周时，他的体验反映了整体印象：

尽管海浪相当大，我舰一点也没有横摇，我从没想象过会有稳定性这么好的军舰。舰体就像防波堤，破碎的海浪顺着舰体直向上涌。[2]

但在横浪中，"胡德" 号会剧烈横摇，所以两天之后，伊亚戈就在重新考虑他先前的评价了：

军舰稳如磐石这话我说得有点早了！现在我们横摇、纵摇得厉害。大部分海军陆战队和许多水兵都晕船了，但谢天谢地，我还没被弄得晕船。[3]

军舰一生中，令人印象最深的也是持续时间最长的一次横摇发生在环球巡航时，在大澳大利亚湾（the Great Australian Bight）。上尉教官查尔斯·本斯特德（Charles Benstead）回忆道：

根据在舰上服役时间最长的人回忆，我们第一次和谐地、大幅度地、长时间地横摇；这种现象极其让人不安。我们都知道，大澳大利亚湾的名气只有比

① 肯特《信号！》第70页。
② 引用同上条资料，第70—71页。
③ 伊亚戈《书信集》（海上，1939年10月9日至11日）。

信号发送

皇家海军一直把旗号、信号发射器和旗语作为编队航行的军舰之间进行通信的主要手段，直到20世纪50年代无线电报终于使这些手段变得多余。皇家海军新入伍的年轻水兵中的聪颖者接受挑选，担任肩负这项任务的信号兵，并接受目视通信的四方面主要训练：旗语、莫尔斯旗信号、莫尔斯灯光信号，最后是旗号通信本身。和平时期，"胡德"号通信部门的信号分部有40人，由一名信号军士长指挥，但1939年7月当泰德·布里格斯以少年信号兵身份加入时，该分部已达最终规模的54人。他们在舰桥第一层两侧的信号桥楼上执行任务。舰桥两侧各有1名信号军士、1名上等信号兵、2名一等信号兵和2名少年信号兵或二等信号兵，他们构成了一个值班组。当"胡德"号单舰巡航时，这些"挥旗的伙计们"没有什么可做的。但编队航行则是另一种情况了，这时信号兵们必须密切

注视着其他军舰上挂起的旗和断续的灯光，同时在接到命令后立即打出自己的旗语或灯光信号。司令舰桥或罗经平台通过传声筒向信号桥楼下达打出信号的命令。信号军士立即报出哪一组旗应当升起，手下的信号兵们从排在信号桥楼上的旗箱里找出这些旗。"胡德"号携带一套标准的信号旗，共85面方旗、三角旗和燕尾旗，每面都带有名称、字母或数字，并有特定的称谓。旗不用时被仔细存放在格子里，使用时则用英格尔菲尔德夹子挂在旗索上。这些完成后，"升旗"的命令传来，旗就升起在军舰两侧的信号桁上。在所有随同舰只都升起了应答三角旗以表示收到命令后，信号旗就降下来，命令则立即得到执行。升旗由两名士兵负责，有时发送信号需时较长，因此升旗是一项繁重的工作，而且士兵还不免遇到难堪的意外。信号兵杰夫·肖（Geoff Shaw）写道：

没控制住旗绳是件要避免的事情——通常是由急切和粗心共同引发的，如果负责升旗的伙计升得太快了，其他人就来不及把所有旗都夹上去。信号旗就这样升上去了，但信号可能是不完整的。而旗有时并未夹在旗索的下端。这之后更是没有办法把旗帜信号降下来——因为降下旗帜信号就是示意执行命令。[①]

如果这种情况真的发生，没有别的办法，只能要那个不幸的信号兵吃力地爬上前桅杆，再顺着信号桁爬过去，而他的信号旗正在风中飘扬在所有人眼前。偶尔，如果信号发送步骤中出现严重错误，就会用到一种叫"舷号降半旗"的斥责手段，将带有犯错军舰的舷号的旗挂在桅杆中部，不过由于"胡德"号担任旗舰，任何一艘军舰用这种手段让她的名字蒙羞都是对自己极为危险的事情。"胡德"号的舷号为51，驻舰司令官的代号为"ACQ"，意为战列巡洋舰中队司令官。

△ 1935年前后，"胡德"号右舷信号桥楼上，信号兵打出字母"J"，两侧各有一门3磅礼炮。近景，一名士官，可能是信号军士，他正通过24英寸信号灯的望远镜进行观察。（"胡德"号协会 / 威利斯收藏照片）

---

① 引用于普尔曼《英国水手》第74页。杰夫·肖在"冒险"号布雷巡洋舰上服役。

∧ 1937年，"胡德"
号在比斯开湾的横浪中
发生横摇。后舱壁上工
作的那队舰员此时一定
难以忍受。（托马斯·施
密特）

斯开湾可以匹敌，但没人想到国王陛下的 "胡德" 号战列巡洋舰会晃得像雅茅斯（Yarmouth）捕鲱船一样。1924年3月7日，周五，早晨的某个时候，我们遇到了横向长涌浪，军舰开始横摇。左右横摇各达到17度，而且更糟的是我们毫无准备。全舰陷入了轻微的混乱。所有可能自由移动的东西都动了。我们听见电扇掉在住舱甲板上。书哗哗地从书架上掉下来。烟草罐、墨水瓶、牙膏管、剃须用具、相框、烟灰缸和一切人们能想到的会松动的物品都掉在甲板上，随着军舰晃动。17度的横摇不算太大……但仅仅因为我们通过大澳大利亚湾时遭遇了唯一一次幅度不小的横摇，这段航程就值得一记了。三天里，我们一直在这股长涌浪中航行，但在一开始那次猛摇之后，我们很少横摇超过10度；这种程度的横摇足以使后甲板浸水并使桌子上的物品一路滑到我们腿上。[1]

如果菲尔德的勤务兵先前没有把壁炉台上的东西都清空，那么大澳大利亚湾一定帮他完成了这件事。但这种情况是罕见的，后来直到二战时，军事行动的需要才迫使 "胡德" 号一刻不停地冒着恶劣天气在海上航行。来自朴次茅斯、1940至1941年在舰上服役的二等水兵比尔·霍金斯（Bill Hawkins）便是受害者之一：

有一天晚上，情况相当恶劣，轮到我下去拿可可时，她在大浪中横摇、纵摇。我向上返回时，她颠簸了一下，我的东西掉到了地上。我终于回到原位后，被要求去舰桥上向值班军官报告。他对我说，我刚才把一只手留给自己用了[2]，仅用一只手——而不是两只——拿可可。[3]

① 本斯特德《随战列巡
洋舰中队环球航行》第
135—136页。
② 译注：皇家海军当时有一
句俗语："一只手给自
己，一只手给海军。"
（One hand for me, one
for the Navy.）
③ "胡德" 号协会档案。

很多人被晕船折磨得痛苦不堪，1940至1941年在舰上的二等水兵乔恩·帕特维是其一：

我对加入皇家海军感到后悔的一点，就是晕船的诅咒。［……］我挂吊床的那处舱壁上，有个放餐具的壁橱，为了能少去几次遥不可及的舰艏厕所，所以我拿了一个中号果酱罐装呕吐物。我在罐里装了一些水和消毒剂，把它放在壁橱顶上晚上方便拿的位置。我是个坚守习惯的人，每天把它拿走、倒空并重新加进消毒剂，但即使是最完美的计划也会出现意外。一个暴风雨之夜，在罐子里吐了不少之后，我被叫出去紧急值班，无意间把那个讨厌的罐子放了壁橱顶。餐厅里一个坏脾气的上等水兵正在找果酱，找到了我的罐子。他看见里面的东西后，好一段时间里都对我没好脸色。[1]

不过，即使在她最平稳的时候，在浪中航行而不是将浪压在身下也是不好受的。由于"胡德"号建造过程中装甲逐渐添加，因此她入役时吃水已经超过设计值至少2英尺，满载状态下则超过4英尺[2]。这导致在最理想的情况下，后甲板与艉楼交界处的干舷也不过11英尺，而由于上部重量逐年增加，干舷还会减少。说到适航特性，这种状况意味着"胡德"号高速航行时，或者遇到中等以上的涌浪时，就成了一艘后部"湿透的船"——一种委婉说法。埃德加·雷牧师描述了1936年10月在英吉利海峡一次全速海试的情景：

太阳当空，海面如镜。随着功率逐渐加大，振动逐渐加强。舰艏浪起，从两舷一掠而过，但舰艉浪更醒目。那里，海水被搅成一个泛着白沫的大漩涡，漩涡在舰艉越涨越高，直到最后积水形成一条河，从舰艉流下，一刻不停地顺着后甲板流淌，通过排水口再次消失在海中。我见过的其他舰船，没有一艘的舰艉浪涌到过甲板上。[3]

无怪"胡德"号后来被称为"皇家海军最大的潜水艇""船下一道浪，船上七道浪"。剧烈的震动并不是唯一的后果。没有关好的舷窗、舱口和通风道进水，导致后部的军官居住区总是潮湿，也给军舰的配件和设备带来严重损害，例如1938年夏季人们发现"Y"炮塔的滚道在迅速生锈。而战时，舰前部的条件也几乎同样糟糕，水沿着通风井泼进餐厅，"A"炮塔的液压系统也被污染了。大风浪中军舰偶尔进水并不奇怪，但"胡德"号遭受的比大多数军舰更严重，巨大的浪向军舰砸来，涌进生活区。战争时，情况尤其如此，防浪板受损，舰上几艘小艇被砸毁，"干劲小组"的水兵们昼夜用拖把清理甲板上汹涌

① 帕特维《雪地靴和晚宴服》第150－151页。
② 罗伯茨《"胡德"号战列巡洋舰》第9页。
③ 雷《好事与坏蛋》第119页。

无线电报

19世纪末，皇家海军率先使用了无线电报，使赫兹波即电磁波得到实际应用。1896年，亨利·杰克逊中校成功地用莫尔斯电码，在"反抗"号（Defiance）鱼雷训练舰的一端向另一端发送了一条信息，这标志着无线电时代的诞生。不过，海军部对这项进展几乎没有给予关注，结果第二年，在伦敦为无线电报申请专利的是意大利科学家古列尔莫·马可尼（Guglielmo Marconi）。马可尼定居在英国。在杰克逊的全力奔走下，海军部最终正视了无线电报的意义，并于1899年从马可尼公司购买了多达32台设备。一战前，无线电领域中，技术和管理方面都取得了重大进展，但如同在其他领域中一样，皇家海军并没能在大战中利用无线电的优势。尤其是，日德兰海战暴露出训练、战术及技术方面的弱点，这些弱点与其他因素一起，使杰利科海军上将没能有效地指挥舰队打击撤退的德军。不过，英国吸取了教训，一战后的若干年里，无线电报业的规模和人数都大大增加。"胡德"号就是早期的受益对象之一，舰上一直有一名担任中队通信军官的信号专家——通常由司令官的副官兼任，以及一名中队无线电报军官，通常为通信少校军衔。

作者未能了解"胡德"号无线电报装置的准确细节，但巴里·肯特（Barrie Kent）上校的一段话无疑全面描述了她20世纪20年代的配置情况：

早期的电弧与电火花发送机逐渐被第一批电子管型号取代，工作频段为100至300千赫。大型军舰用的设备是35型和36型，驱逐舰则使用37型，后者的工作半径约为500英里，不过经常在1000英里甚至更远处也能接收到它们的信号。另一种即34型的引入是为了交换炮术观测信息。还有一种被称为43型的低功率发送机，使用一对NT1电子管——第一种在海军中服役的发送机电子管。43型安放在辅助无线电报室里，用于向港口发送信号，工作半径约为10英里，不过夏季黎明前后工作半径会增加很多。[1]

具体到"胡德"号，辅助（即第三）无线电报室位于指挥塔中。第二无线电报室位于下层甲板后部，安装有中程发送设备，但主要的远程发送和接收设备位于主无线电报室中。约翰·梅多斯（John Meadows）通信中校介绍了军舰1930年左右将拥有的设备：

[20世纪]20年代后期，一系列新的发送机投入使用，48型为大型军舰上的主要设备，49型用于驱逐舰。这些型号更复杂，功率更大，但工作波段仍分为低频和中频。取代矿石接收机的第一种热离子管接收机被称为C型，它装有一系列相互分离的线圈和电容，通过调节这些零件可以收到特定的频率。每台设备被螺钉固定在内部衬有薄铜板的降噪机柜里，各种零件由10号铜线连接在一起，铜线只能以水平及垂直而不能以其他角度布线。这些铜线用擦铜水进行过均一抛光，电感箱的触点和开关摇臂也这样处理过。这样处理后，放在舱壁前的设备闪着吸引人的光，激发人们与外界通信的欲望，但触点之间留下的擦铜水痕迹无助于提高装置的效率！[2]

小艇甲板上空、无线电报横桁之间安装的巨型"平房顶"天线用于进行通信。"胡德"号的主无线电报室布置有2座安装在降噪机柜里的发送机，以及一排共6座接收机。一根无线电中继缆将天线与主桅杆上的巨型天线连接起来。通常条件下，无线电报室由4至5名电报兵组成的值班组值守，一人负责发送莫尔斯码，其他人则把接收机调到特定位置，接收伦敦海军部发来的海军信号，或收听沃里克郡（Warwickshire）拉格比城（Rugby）的甚低频新闻广播，值班组由一名上等电报兵指挥。来自文特诺（Ventnor）的迪克·杰克曼（Dick Jackman）于1937至1939年在舰上担任电报兵，他解释了舰上无线电报系统是如何工作的：

[1] 肯特《信号！》第70页。
[2] 引用于上条资料，第70－71页。

"胡德"号有三处主要的无线电报室，在一些地方还可以遥控操作无线电报设备，例如舰桥、情报室等。有主无线电报室、位于它后方舰后部的第二室和前部上层建筑里的第三室。"胡德"号的主桅杆从主无线电报室中央穿过，我还记得那个在军舰进入战斗部署时，通过链动滑轮和滑车开闭的大舱口，它关闭时就通过中央的圆形小舱口进入无线电报室。［……］那时没有无线电话之类的设备，所有通信都只能用莫尔斯码完成，平均速度为每分钟22个单词，消息必须手持铅笔抄写在便签本上，还要写一份副本。我的一项工作就是"媒体转载员"，与其他3人分担。这项工作需要我们没黑没白地多次阅读从拉格比用莫尔斯自动电报发来的媒体报道，选取信息印在舰上的报纸上。我不幸在爱德华国王退位的那个晚上值午夜班（0点01分至4点）。要在有限的时间内发送很多信息，所以拉格比那边加快了发送速度，于是在近4小时内，我发狂般地写着译电，没时间在另一本便签上写副本，只好由别人代劳。[①]

通信兵们也负责密码室和测向室的工作：战时有10名密码员在密码室对信息进行加密和解密，测向室的低频设备用于航海。接下来就是指挥塔里的情报室，它在西班牙内战期间承担了大量工作，监测德国和意大利的信号。战时，由于发送信号很可能暴露舰船位置，故很少发送，但"胡德"号通信部门接收莫尔斯信号的工作仍然令人们使尽浑身解数，故1939年内电报兵从20人增加到40人。除了这些人和上述的10名密码员，部门还有20名负责维护部门设备的架线兵。信号兵种吸引了一些最有军官潜力的人，同样，新征召的少年水兵则喜欢当俗称"触发者"的电报兵。下一场战争中，皇家海军的技术进步带来的重担将压在他们肩上。舰队短程通信用的无线电话于战争初期安装，雷达则于1941年安装，但"胡德"号存活得不够久，没能享受到这些新设备的好处。

的水流。约翰·伊亚戈中尉在1939年11月写给家人的信中，写出了冬天在甲板下生活的感受：

今天上午想买几双水手靴，但不确定该买多大的。需要水手靴的原因是，甲板几乎总是湿透，加上我们横摇得很厉害，有时每侧达10度。皮鞋走路很滑，人得一直外八字、双腿分开着走！[②]

但这种棘手的情况打击的不仅是士气。后甲板上总是有几百吨水，这使得已经超负荷的舰体受到更大的压力。由于"胡德"号很长，前后主炮群相隔400英尺，因此航行时龙骨会发生幅度为10至12英寸的弯曲或称中拱，生涯末期中拱很可能更严重[③]。针对这一点，军舰每次进干船坞维修时，人们都会采取措施，入坞时将天线拉紧，出坞时再放松。同样，人们也做了最大的努力，保证她身下的支架既完全平整，又足够密集，以避免舰体过度中垂。而急需解决的问题不仅是军舰的结构完整性，还包括双层舰底上储量110吨的备用水箱的状况，向锅炉紧急供水时要依靠这些水箱，但到20世纪30年代后期，渗透军舰外板和水箱不严密的接缝处进入的海水已经把备用水污染了。如果锅炉继续使用水箱里的水，就会有毁灭性后果。设计师们考虑了舰体的弯曲，最明显的标志是小艇甲板的柚木板条和钢甲板之间用伸缩接头隔开。这项设计是为了保证舰体在

① 给作者的电子邮件，2003年12月1日。作者感谢迪克·杰克曼先生对这一部分提供的协助。

② 伊亚戈《书信集》（格林诺克，1939年11月2日）。
③ 《海军评论》通讯文章，第63卷（1975年），第371–372页及第64卷（1976年），第84–85页。

压力达到最大时产生的弯曲不致造成损害。不过，甲板板材不仅移动了，还彼此交叠，这证明老迈的舰体受到的压力越来越大。1937至1939年在舰上的电报兵迪克·杰克曼写道：

> 后甲板是木质的，甲板条沿前后方向铺设。不过，有一条约12英寸宽的金属板横亘整个小艇甲板，它的前端固定在舰体上，后端则未固定。结果在［发生中垂时］，人们可能看见这条金属板叠在后面的甲板条上，交叠范围最大达1.5英寸。[1]

∧1941年3月25日，"胡德"号在高速试航时舰艏穿过海浪。这时绝不适合去舰艏厕所。（托马斯·施密特）

　　这种接头当然不可能安装在舰底，所以一艘如此庞大的军舰自然会产生一定的损伤，同时这种损伤会引发漏水。这一因素与她的沉没是否有关，尚无定论。最后，甲板、龙骨和上层建筑吱嘎响个不停。美国海军官方观察员约瑟夫·威灵斯少校在1940年12月27日的日记中写道："当天气变坏时，'胡德'号扯着嗓子嘎嘎叫。"[2]

　　但早年，当她还没有像最后几年里那样处处陈旧老朽、时时令人操心时，随"胡德"号出海是一件无上的乐事。E. L. 梅里特（E. L. Merrett）描述了1937年6月某天在"反击"号上观看"胡德"号驶出马耳他大港，后者开始受到巨浪冲击时的情景：

> 我们跟着"胡德"号。在外面，海有些不安分，她的舰艏开始埋入浪中——一片片泛白的大浪吞没了她，她的舰艏被淹没。一切都舒心得难以置信。[3]

　　而在"胡德"号上，这种摇晃至少令舰员们感到不安。二等水兵乔恩·帕特维：

> 军舰的纵摇相当大。在如山的海浪中开到25节，她会慢慢地上升30英尺左右，摇晃、振动、颤抖，像是用力将舰艏从面前的碧浪之中穿过一样。穿过海浪后，她就像一条解开链子的灵缇犬一样向前冲去，舰艏都离开了海面。这使这艘42000吨的主力舰像失控的电梯一样砸下来，摔到远在身下的海面上。军舰

① 给作者的电子邮件，2004年1月13日。
② 威灵斯《英王陛下服役记》第84页。另见科尔斯、布里格斯《旗舰"胡德"号》第143页。
③ 戈弗雷《海军回忆录》第IV部分第62页。

的冲击溅起的水之多，令人难以置信，给每个在其他军舰上看见过这一幕的人留下了无法抹去的记忆。[1]

这么多的水溅到舰上，有时会产生始料不及的后果。战争时期，在北大西洋的一场暴风雨中，900吨的"A"炮塔因受到一道60英尺高的海浪冲击而沿着滚道回转。大量进水并不是唯一的麻烦。二等水兵比尔·霍金斯描述了人们可能遭遇的一种糟糕的困境：

> 舰艇厕所在正前方。当她严重纵摇时，你必须站起来，不然"你懂的"就会留在裤子里。有时候有点好笑，有时候则不。[2]

常规巡航速度是12至15节，"胡德"号使用24台锅炉中的9台便可达到这一速度[3]。在雾中，当进入狭窄或情况复杂的港口，例如马耳他和直布罗陀时，她会烧12台锅炉，使4台推进器短时间输出必要的大功率。若要开到25节，便要使用15台锅。使用18台则可达到26.5节，这时她的航速已接近最大。一等水兵朗·威廉姆斯描述了那一刻的力和美：

> 随"胡德"号高速航行是一种特别的体验。当航速约28节或更高时，舰艇浪像喷泉一样涌进每具锚链筒，而舰艇排开的水沿后甲板的前端溅到舰上，向后流淌，流到舰艉高处的锚链筒中。在地中海灿烂的阳光下，这些喷泉映出彩虹，五光十色，落下的水在甲板上弹起，像无数颗下落的钻石在阳光中闪烁。军舰开到31.5节，一路高速航行时，深蓝色的海中腾起明亮的白色浪花，翻滚着，此景令人激动。4小时后，我们开始减速，直到减到15节，便继续更悠闲地向马耳他驶去。[4]

最重要的是，世界上速度最快的主力舰在自己手中展示出最大的速度和力量是令人骄傲的。1924年8月1日，周五，"胡德"号在海地外海进行全速海试，轮机上尉杰弗里·威尔斯的日记简短地写道：

> 早7点30分，振动把我摇醒。我从身边的舷窗望出去，看见海水迅速向后退去。8点20分左右，达到全功率前的最后一小时开始了，我去后部引擎室值守。至7点，所有24台锅炉都已和主机接通，所以上午9点时，我们已经开到25节，15分钟后又达到26.5节。真正意义上的全速海试是9点30分开始的，这时已经开到了每分钟190转，还有17个用来进一步提升功率的喷嘴待用（28.5节），但因

---

① 帕特维《雪地靴和晚宴服》第149页。
② "胡德"号协会档案。
③ 普里德姆《"胡德"号操舰须知》第1页。
④ 威廉姆斯《行过远途》第120页。

为144000马力已经是指定的最大功率了，所以超过它没有意义。当把另一组轮机开到1/4的功率时，我们事实上输出了147000马力。我检查了Y锅炉室，对那里的凉爽和安静印象很深。一点儿没有感到军舰在跳动或姿态有异常。温度只有华氏120度，正压示数为2.5英寸。引擎室也一直凉爽，冷凝器的温度始终不超过华氏110度，不过它们的真空度读数只有25英寸。几乎感觉不到震动，除了在正后方那些舱室处。不过，在这些舱室处，舰体被抬到空中而离开了海面，结果挂着的画掉了下来，漱口杯弯曲变形。当我们以1节的速度优势从"反击"号身边超过时，我来到舱面上。我们出航时落后对方1.5英里，而在100分钟内就超过了她。11点30分我们开始减速。［……］9个月来，我们一直到处巡航，舰底也很脏——考虑这些，加上2节，28.5节就升到30.5节了。接着再把备用喷嘴打开，军舰大概能开到32节……所有轮机军官现在都聚集在办公室里吃午餐、喝啤酒。很快，如果有人随便看一眼，就会看见大概20个空酒瓶在办公桌上排成两行。这样，下午就过去了一大半。①

有时，"胡德"号驶过时会在岸上留下印记。至少有一次，她在英吉利海峡中进行高速海试时，排开的海水来势凶猛，最后把威茅斯海滩上的许多折叠躺椅卷进了海里。

新服役的军舰出海后的第一场操练是"战斗部署"，即武备、控制和轮机系统人员就位，准备战斗。战斗部署时，所有舰员都要登上事先指定的战位，接着损管队会从上到下关闭所有的水密门和舱口，以应对军舰遭到剧烈打击时可能出现的进水。其他各处，立柱、旗杆和吊艇架被放倒，弹药库被打开，甲板上铺设水管以备灭火。另一种操练是"碰撞部署"，这是19世纪海军的遗产。演练时，舰员们会假设舰体上有一个洞，把一张长宽各15英尺、厚2英寸、用椰壳纤维和帆布制成的垫子叠成菱形，从舰艏放下去，挂在假设有洞的位置。接着用滑轮组将一根链条从舰底之下穿过，再拉到甲板上，用链条将垫子固定住。同时，焦急的军官们在甲板上来来回回，手里握着秒表，因手下士兵演习中的迟缓和低效而恼怒，因为演习的表现某一天可能会决定军舰的命运。1941年1月3日临近中午时，军舰在法罗群岛外海收到发现炮火的报告，全体人员完成战斗准备时间不到4分钟半，据称这是该舰战时的纪录②。新服役的军舰难以企及这一纪录，但有充足的机会来提高。每年夏季，大西洋舰队（1932年改名为本土舰队）的军舰都会前往北方，进行一段时间高强度的航海和海战技

① 杰弗里·威尔斯轮机上尉"环球巡航日记"第57页。
② 皇家海军博物馆第1998/42号档案，军官候补生P. J. 巴基特的日记。

能训练。在北海以及苏格兰和北爱尔兰的锚地中，舰员们针对和平时期与战争时期军舰可能遇到的任何事件都要进行演练。演练还有其他的用意。海军部后来决心防止因弗戈登兵变重演，在他们看来，无休止的工作似乎是令舰员发泄精力的一种适宜手段。"无论白天黑夜随时命令舰员进行奇怪的演习或操练，使每个人始终不开心。"[1]至于这种权宜之计能否达到目的，则是另一回事了。

舰队集结后，总司令可能会下达"司令官带一个煎蛋向旗舰报告"之类的命令作为开场白，最著名的一次命令是"军乐队演奏流行广播曲，同时向旗舰报告"。之后正式演习就开始了。第一项演习通常是"全面操练"本身，弗莱德·库姆斯详述了那个难受的日子：

> ……我们奉命进行了一整天的全面操练，包括所有繁重的人工工作，例如按照传统方法用沉重的绞车棒和绞车拔起舰艏锚、紧急修理，以及战斗部署。每一项的同时还要手忙脚乱地放下小艇，把大艇划出2英里左右，接着被叫回去并被吊回舰上，所有工作都靠双手，都是非常累的活儿。每个部门都要做这样那样的累活，一天的竞争结束时，我们都筋疲力尽了。[2]

其他演习项目则要求舰员们拿出成就皇家海军盛名的高超技能和耐力。有一项是海军登陆组演习，这令人回想起1900年2月"强盛"号（Powerful）和"可怖"号（Terrible）防护巡洋舰在第二次布尔战争白热化时刻派出临时编成的炮兵，为南非的莱迪史密斯（Ladysmith）解围时立下的功劳。对"胡德"号来说，具体任务是用舰载小艇将舰上那门3.7英寸榴弹炮及水兵和海军陆战队分遣队运上岸，参与岸上的演习。对这类演习最拿手的人无疑是威廉·詹姆斯海军少将，他不遗余力地将演习设计得尽量贴近实战。[3]这种热忱后来也造成了意外后果。1933年10月，一次登陆演习中要围歼一群戴红袖标的"海盗"。因考虑不周，演习偏偏选在因弗戈登附近进行，导致媒体报道"胡德"号发生兵变。所以詹姆斯关于演习的主张并未受到同时期其他将领认可，也就不奇怪了。另一项是拖带演习，由军舰两两结对在海上进行。1915年1月，"狮"号战列巡洋舰在多格尔沙洲受创停伡，被"不挠"号（Indomitable）拖带300英里回到罗塞斯。后者因高超的航海技能获得了一座守护天使像，并将它展示在军官活动室里。从此，皇家海军便常演练"向后方拖带"及实战中有时可能进行的"向前方拖带"。"反击"号上的文职人员E. L. 梅里特记录了1937年6月在地中海，"胡德"号准备拖曳他的军舰时自己的印象：

> 那天的科目是"胡德"号拖带"反击"号。那次行动相当复杂、精妙，令

① 特威斯《皇家海军的社会变迁》第30页。
② 帝国战争博物馆第91/7/1号档案，第69-70页。
③ 詹姆斯《天空永远碧蓝》第171-172页。

20 世纪 30 年代后期，在全功率试航中，两座烟囱冒出浓烟。之前一刻，烟囱侧面的安全阀随着呼啸声打开。近景中，一艘舰载蒸汽巡哨艇停放在艇架上；右侧可见右舷后部 5.5 寸副炮指挥塔。（"胡德"号协会档案 / 塞特收藏照片）

人叹为观止——一枚炮弹带着拖缆，从"胡德"号后部分上空飞过。事实上，炮弹落在海军陆战队军乐队中间，他们当时正在等着为那些要拖拽绳子和缆索的水兵们奏乐。［……］只有得知这次演习要做什么，看懂了时间和距离方面必不可缺的计算工作时，人才能完全体会到驾驭庞然大物的千钧重任。①

和对其他一些事一样，奥康纳中校对此事有非常明确的看法：

多数人同意这个观点：如同"不挠"号将"狮"号从多格尔沙洲拖回本土那样进行海上拖带，即拖曳失去战斗力的舰船脱离战斗时，应当使用单根拖缆。海军顽固地认为最好提供并同时使用两套拖缆，因此操练"向前方拖航"时，经常做得太复杂，这大概是为了让所有舰员都有活干。如同一门炮装不了两枚炮弹一样，普通大小的艏楼上也放不下两套拖缆。②

另一项常见的演习则模拟在锚泊的主力舰眼中噩梦般的场景：驱逐舰或鱼雷快艇夜间攻击。在这类情况下，"胡德"号主要依靠8座探照灯（后减为6座）进行防御，探照灯由后部的夜间防御指挥所控制。阿诺德－福斯特海军少将写道：

△ 1934 年 6 月，在萨瑟兰（Sutherland）的埃里博尔湖，海军登陆组用人力将"胡德"号上的 3.7 英寸榴弹炮拖上山。这门炮据称参加过布尔战争，但 1940 年在挪威的悬崖边找到了它悲惨的归宿。（"胡德"号协会 / 威利斯收藏照片）

① 戈弗雷《海军回忆录》第Ⅳ部分第51－52页。
② 奥康纳《管理大型军舰》第112页。虽然奥康纳如此评论，但"不挠"号拖带"狮"号时无疑使用了两根拖缆，且其中一根多次拉断。

△ 1937年，在西班牙海域，"胡德"号为"冒险"号（Escapade）驱逐舰加油。（"胡德"号协会/希金森收藏照片）

　　夜幕降临，每座探照灯都随时有人值守。底下，一台专用发电机完成预热，转个不停，一名上等锅炉兵守在一旁准备立即打开它的蒸汽阀门。机敏的瞭望哨守在舰桥各处和各座指挥所，寻找来袭驱逐舰昏暗的轮廓。冒出火焰的烟囱会暴露敌舰，如果它们顺风攻击的话油料燃烧的气味也会暴露它们。如果从前方驶来的驱逐舰成功地找到了我舰，那么我舰的唯一目标就是在它们还没有驶近到可以用鱼雷准确命中我舰时就击退它们。一旦发现敌舰，舰长就会在舰桥上下令："打开探照灯！"用最前端的一座探照灯照射驱逐舰溅起的舰艏波，这总是首先被发现的。在驱逐舰迅速通过该探照灯光笼罩的扇形区域，向我舰舰艉方向行驶时，舰长回转手始终用他的光束照住这艘驱逐舰。他先确保另一座探照灯已经照住了敌舰，再将光束再次指向前方，搜寻另一片舰艏波。实际上，我舰的探照灯起初有利于敌驱逐舰舰长发动攻击，直到某束光照到他身上。接着，紧紧追着他的探照灯光就会令他头晕目眩，令敌驱逐舰极难判断我舰的距离和朝向，无法用鱼雷准确命中我舰。[1]

　　自然，这些演习中并非没有危险。路易斯·勒·贝利回忆起1933年1月在西班牙外海，当强度达25万烛光的灯光直照在他的巡哨艇上时产生了什么结果：

　　……整支舰队停泊在维戈湾（Vigo Bay）时，在一场夜袭演习中，舰队巡哨艇扮演鱼雷快艇。我的巡哨艇带领兵力佯攻，很快被发现，于是被十几束探照灯光照住，而主攻兵力从另一边攻击成功。然而我突患严重的"探照灯眼"，后被送进了医务室。[2]

① 阿诺德-福斯特《皇家海军之道》第167-168页。
② 勒·贝利《不离引擎的人》第23页。单具探照灯提供25000烛光的照明。

△ 1937 年在地中海，"胡德"号准备拖带"反击"号。"反击"号的一根拖缆已经在艏楼上准备就位。("胡德"号协会/希金森收藏照片)

　　下一项是破雷卫演练。破雷卫是一种呈鱼雷状的扫雷设备，使用时被拖在舰艉放出的一根长拖缆后面。它的原理是，如果水雷被拖缆缠住，就会被拖到破雷卫的头部，水雷的锚链迅速被那里安装的带锯齿切割器切断。水雷上浮后，舰员们可以用轻武器射击或用其他方式将它引爆。尽管破雷卫很有效，但使用中的真正难点是如何将它们放入水中和从水中吊回，这项演练需要水手长和他的手下在"B"炮塔旁侧架起起重机。"胡德"号上的破雷卫被放置在指挥塔侧后方的舱壁上，或第一道防浪板之后的箱子里。阿诺德－福斯特海军少将记叙了在摆弄这些"粗野的怪物"时遇到过什么困难：

　　当见到"放出破雷卫"信号时，舰员们冲向艏楼，准备各种装备。之后他们将两具破雷卫放在推车上推过去，并吊在两舷的吊柱上，准备放入海中。破雷卫被投入水中后，很快消失在海面下，悄无声息地落在军舰后面远处。有时候，破雷卫被投下时的角度不合适，或者内部有点异常，于是并不沉入水下漂远，而是腹面朝上，在水面一路扭来扭去。这时，我们就必须把它收回，重新吊上来。当它被收回的时候，也可能突然钻到军舰底下，就是不出来，这时军舰就得停下来等着处理它。不过，我们逐渐摸清了破雷卫的脾气后，使用它们时便很少遇到麻烦。①

　　西班牙内战期间，军舰在西班牙外海巡航过程中，普里德姆舰长在军舰每次驶近可能被交战一方布了雷的港口时，都会放出破雷卫以防万一。但在战

① 阿诺德－福斯特《皇家海军之道》第161页。

△ 1933 年春季，用折叠式起重机回收左舷破雷卫。起重机附近有一辆轮车，用于将破雷卫运回前防浪板后方的存放处。（作者收藏照片）

时，"胡德"号在巡逻期间都会始终拖着破雷卫，只有入港时才收回。

两次世界大战之间，皇家海军的精神很大程度上靠这些操练和演习来维持。条约的限制、政府的吝啬以及威望的下跌困扰着皇家海军，而他们始终坚信，决定战斗胜负最重要的因素是航海技能、膂力、耐力和资源，是行动速度和服从命令的坚决，是通过无数次重复练习和良性竞争磨炼出的效能。这种思想无疑在二战中对皇家海军起到了重要作用，但也反映出他们对技术进步的无动于衷，和对已形成的信条和做法食古不化，而这在战争爆发后将会导致他们的舰船和人员损失惨重。

最终，"胡德"号会因为需要补充燃油或接受改装而回港。尽管进港的航路可能已是众人皆知，并经过了详尽测绘，但每次进港时都会有一名测深员奉命驻守在军舰的一处"链子台"上，这指的是悬空的小平台，"胡德"号上的这些平台安装在指挥塔两侧的舰楼上。当测深手艺开始走入历史时，阿诺德－福斯特海军少将怀揣喜爱之情描述了这项经久不衰的水兵技能：

抛铅测深这种手艺只能通过练习来掌握。测深员牢牢地站在防滑地板上，将身体向舷外倾斜，靠在立柱上绑着的一块结实的帆布帘上。他将14磅的铅块向下放，直至把它放到手下方约12英尺处，然后开始前后摆动它。有力地摆动几下后，摆起的铅块将绳子带到了水平位置。他算准时间，用力一拉，将铅块在自己头顶旋转，一圈——两圈——放！铅块嗖地像火箭一样落入前方远处的水中，后面拖着绳子。测深员迅速左手一把右手一把地将松弛的绳子向上拉，以在军舰通过待测地点时将水中的绳子拉直，接着他根据绳子上的标记物读出以浔①为单位的水深。［……］如果铅块抛得漂亮，测深员就会用抑扬顿挫的声音喊，声音大得在舰桥都能听见："标——标——记——5浔！""估——估——测——6浔！"等等。②

同时，号角吹响，召唤不当班的值班组以分队为单位集合以准备入港；皇家海军陆战队军乐队在后甲板上奏响《统治吧，不列颠尼亚》。但在奥康纳中校看来，这还不够隆重：

一艘伟大的军舰进出港时，应当透着某种气派和显赫，应当号声齐鸣。为了做到这些，军舰两端的炮塔上各站了一排12名号手，"B"炮塔上是水兵，"X"炮塔上则是海军陆战队，他们的背景就是港口的天际线。两队号手借助电气手段接受统一指挥，每队都有自己的队长。他们吹奏时，其他的舰船和观众都被牢牢地吸引着。③

的确，"胡德"号也没有一次未能给人留下深刻印象。1937年9月，"胡德"号驶入马耳他大港时，蒂姆·福斯特（Tim Foster）留下了如此记忆：

我们正要停稳，战列巡洋舰中队司令官的旗帜和"胡德"号的瞭望台就出现在了里卡索利堡（Fort Ricasoli）的轮廓上。她通过防波堤时似乎在以高速航行。最近我们自己也做过同样的动作，我们可以在"反击"号甲板上欣赏和赞美"胡德"号航行的样子。她是一艘可爱的军舰，当减速、停止、转过舰身来到我们后面时，气势逼人，而在一片白色和绿色相间的漩涡中航行时会横摇。④

将一艘巨舰安全地驶入港中的能力是衡量航海技能的绝对可靠的标准。两次大战之间，没有第二位舰长能像弗朗西斯·普里德姆1936至1938年在地中海驾驶"胡德"号那样潇洒、灵巧地驾驭自己的军舰。对于希望成为操舰能手的舰长们来说，"穿过海峡"的任务中有两项棘手的挑战：在直布罗陀靠岸，以及在马耳他停泊，两项都不用拖船辅助。两地都有自己独特的难点。在直布罗陀，通往锚地的航道情况复杂，受从海峡进入港口的强风和洋流干扰。因此，

① 译注：1浔=6英尺 =1.8288米。
② 阿诺德－福斯特《皇家海军之道》第49页。
③ 奥康纳《管理大型军舰》第128页。
④ 戈弗雷《海军回忆录》第Ⅳ部分第242页。

▽ 下左: 1927年前后，在右舷链子台上拉起铅块。测深员身上围着帆布，防止腿被打湿。紧挨着他的手下方，有一张表示水深多少浔的标签。（"胡德"号协会／雷诺德收藏照片）

▽ 下右: 开尔文爵士（Lord Kelvin）的测深器，从一战爆发前开始逐渐取代链子台上的测深员。图中是后期的一种马达驱动改进型，"胡德"号在信号桥楼两侧各安装了一套。测深器可以连续不断给出水深值，操作方法是拉起或放出测深锤。测深锤系在缆绳上，缆绳挂在舰体两侧伸出的木杆一端。

舰船容易恰好在螺旋桨转速下降到一定程度从而无法准确转向时，被风和洋流推离航线。而在马耳他，大港的边界线曲折，舰长需要在安全系数很低的情况下具备果敢和判断力。另外，入港过程是在全港观众眼中进行的，经常一片沉寂，观众连向艉楼下达的每条命令都能听清楚。"胡德"号离港1.5英里时，航速会从12至13节减至6节[①]。离防波堤700码时，舰长会下令关闭引擎，军舰凭自身惯性滑行。此时轮机部门会待命，在普里德姆开始操舰时，他们会令螺旋桨输出50000马力的功率。"胡德"号的锚地在比吉湾（Bighi Bay），一进入港口就到了。要把她860英尺长的舰体停在那里，需要何等精湛的航海技艺，从以下普里德姆的记叙中可见一斑：

到达大西洋海军站后，我可以在进入马耳他大港时采取与平常不同的做法，平常的方法是让军舰直驶到泊位，再"舰艇向外"转向。"胡德"号是进入过该港口的最大的船。我在用军舰的比例模型和大港的大比例海图做了试验后，断定最安全、快捷的办法就是在驶过防波堤时停驶、转向，接着大胆地"后退"进入比吉湾泊位，在那里军舰艏艉各能系上一个大的系泊浮标。接着我很快清空了航道，让其他船立即入港。［……］我的经验随着时间积累，通过留意出现在"路边"的特定地标从而在海图上找到军舰的准确位置也对我有帮助，我还熟悉了军舰在水中的速度，于是我能得心应手地进行这项操作。当

我发现自己比从前少花若干秒钟，成功地把军舰停稳时，我十分喜悦。[1]

① 普里德姆《回忆录》第
Ⅱ部分第155－156页。
② 译注：费舍尔于当年11
月3日升上将军衔。
③ 此事件在查特菲尔德
《皇家海军与国防》第
41－42页有讲述。
④ 普里德姆《"胡德"号
操舰须知》第12页。

读者可以原谅普里德姆的自负，因为正是在这片锚地里，1901年，查尔斯·贝雷斯福德爵士（Sir Charles Beresford）将一个类似的机动动作做失败后，费舍尔将军[2]命令他："出海，再拿出水兵的样子重新驶进来。"皇家海军中一段激烈的宿怨从此结下[3]。话虽这样说，但普里德姆用来描述他的军舰操纵性的生动词句放在今天很难被人赞同：

像很多美丽的女士一样，她喜欢使性子，喜欢做你想不到的事。应该时刻紧紧地盯着她。如果她刚开始不规矩的时候，你就给她的引擎和舵狠狠来一下，她的举动就会马上像一位完美女士那般——就像人类中的女性一样，如果她知道自己该被强硬手段教训，她就会在强硬手段下服从！[4]

下面就是把军舰系在系泊浮标上的复杂任务。阿诺德－福斯特将军描述了这个过程，他的用词准确地写出了皇家海军海上生活和工作的细节——几分钟内完成的事情代表了几个世纪的传统：

巨舰从两侧都是堡垒的狭窄入口高速驶入时，有一艘挂在吊艇架上的快

∨1937年秋季，"胡德"号驶入马耳他。不当班的值班组以分队为单位在艏楼和后甲板上列队。（当代历史博物馆，斯图加特）

∧ 1937 或 1938 年，普里德姆舰长在不用拖船的情况下驾驶"胡德"号驶入马耳他大港。破雷卫被收回，放置在"B"炮塔两侧；锚链班组集合完毕，准备系泊军舰。（"胡德"号协会／希金森收藏照片）

艇已经坐上了人，上面有军官候补生艇长、14名水兵和带着工具包的铁工，接着小艇被吊到接近水面处。艉楼军官和水手长下达命令，舰员们开始为把军舰系泊在浮标上做准备工作。舰上一根粗大的缆索被从与它连接的锚上解开，缆索的末端慵懒地垂在锚链筒之下。舰员们将这根"接船索"的末端，连同像手表表带末端的搭钩一样的弹簧钩一起，从艉楼上拉下，放在那艘放低了一些的快艇上，快艇准备从系泊浮标的系船环边驶过。这根缆索将被挂在浮标上，同时铁工用卸扣将它固定。军舰的引擎已关闭，但她的速度仍完全能保证舵效。快艇接近浮标时，被从悬挂装置上放下，砰的一声落进水里，艉楼上一群舰员卖力地将它迅速往前拉，他们手中的艇绳从舰艉的一个块状物中穿过，连在艇艉。划几下桨，快艇就到浮标边了，［……］两名前桨手带着接船索跳上去，把它挂在系船环上，舰员们用起锚机把接船索的另一端小心地拉回去。现在军舰应该已经停得足够稳了，轮到铁工完成这项任务中他负责的部分，于是他带着工具包登上了浮标。他必须小心摆弄这根沉重的缆索的末端环，小心地将它固定在系船环附近的准确位置，接着将一根沉重的钢制插销插进弓形卸扣上的孔里，那些孔很紧。站在湿滑的、转来转去的系泊浮标上一边完成这件事情，一边注意不要把插销或卸扣掉进海里，绝不是容易做到的。艉楼上的舰员们拿着细绳子，将绳子一端抛给铁工，他用绳子固定住自己。水手长靠在护栏边，焦急地看着铁工吃力工作，并给他指导。插销插进去后，铁工用木槌几下把它打牢，再将一个较小的钢制止动销敲进去，并将一团软铅敲进止动销上喇叭形的孔里……除了有专用工具的铁工，没有人能把它再次拿出来。艉楼军官立即抑扬顿挫地向舰桥上的舰长喊道："卸扣装好，长官！"值班军官用电话通知引擎室："不用再开引擎了。"同时，下层的两根供艇系留用的系艇杆同时向外摆开，主起重机吊臂升起，准备吊放蒸汽艇，较小的艇从吊艇架上放下，舷梯也被放下。艏楼分队用系了单套结的绳子把铁工拉上来。[1]

做完这一步后，将世界上最大的军舰驶入大港的工作就完成了。多年后，路易斯·勒·贝利的回忆小结了这一幕壮观的景象带给所有目击者的震撼：

> 战前的岁月里，在马耳他最壮观的场景之一自然是A. F. 普里德姆舰长指挥"胡德"号驶过防波堤、原地转向（24台锅炉——右舷全速前进、左舷全速后退）并把她的舰艇和舰艉系泊在浮标上，仅用（我似乎记得）短短15分钟。[2]

同时，对普里德姆来说，分量最重的赞扬来自安德鲁·坎宁安中将，一位知名的操舰能手和严厉无比的监工。无怪乎他手下的军官候补生们参加中尉资格考核时，在航海技能科目上都出类拔萃。[3]

当然，即使有普里德姆的指挥，军舰还是偶尔会出现意外。最轻的情况是舷梯被撞坏或几根立柱掉落。但在操纵"胡德"号这么庞大的军舰时，设备故障、不幸事件或判断错误的后果会相当严重。1936年10月14日在直布罗陀靠岸时发生的事故导致二等水兵D. D. 史密斯（D. D. Smith）和海军陆战队下士W. J. 海沃德（W. J. Hayward）丧生。朗·威廉姆斯回忆此事：

> 我们正在用后部起锚机卷动缆索，将舰艉向栈桥牵引时，一阵突起的狂风导致缆索绷紧，卡在了起锚机上。缆索开始嘎嘎响，当它像一根纺线一样断开时，所有人都跳开了，但一名不幸的水兵动作不够快，缆索凶猛地向后扫来，打断了他的两条腿。他当天死在了医院里。当使用缆索移动军舰时，人们要时刻小心。你必须做好准备，当张力过大时立即将缆索放松。[4]

"胡德"号经常停泊在港里，同样也会经常在开阔水域抛锚。抛锚的演练虽然不像把军舰系泊在港口浮标上或在栈桥边靠岸那么麻烦，但也有自身的困难和危险，尤其是与其他军舰编队航行时[5]。操作军舰的锚、锚链、绳索和缆索是水手长的特别职责，没有其他项目能更好地检验他的技能高低和准备工作优劣。"胡德"号艏楼两侧各放置着一具威斯特尼–史密斯（Wasteney-Smith）型舰艏锚，每具超过10吨。另有一具大小相当的备用锚通过右舷的第三处锚链筒收放，用于紧急情况，不过它在1940年被移除了。在港内或港外的开阔锚地中，"胡德"号可能只抛下一只锚，这时在风、潮水或洋流的作用下，她会自由旋转。不过，在较狭小的水域中，她就必须抛下两只舰艏锚，并用卸扣将它们固定在双链转环上，防止军舰漂动。每具锚都连接着超过3000英尺的、带有

① 阿诺德–福斯特《皇家海军之道》第78–80页。
② 《海军评论》通讯，第64卷（1976年），第85页。
③ 帝国战争博物馆有声档案，军官候补生约翰·罗伯特·朗（1936至约1937年驻舰），第12503号，第1盘。
④ 威廉姆斯《行过远途》第117页。此事的后续处理请见第7章第323页。
⑤ 阿诺德–福斯特《皇家海军之道》第89–94页。

① 勒·贝利《不离引擎的人》第23页。这里提到的炮术军官很可能是埃里克·朗利－库克少校。
② 译注：锚链的1节=75英尺。

⌄ 20世纪30年代后期，穿着热带制服的士兵挤在"胡德"号的45英尺摩托艇上，准备上岸休息。（"胡德"号协会／塞特收藏照片）

链环横档的锚链，锚链用钢环连成，这些钢环的横截面直径接近3.5英寸。这些锚链存放在艏楼之下的锚链舱里，铁工将固定锚的锚链滑钩敲掉后，锚链就被释放出去了。锚猛地溅起水花，消失在水下。锚链咔咔作响，在团团锈尘和泥土中向外滑去，直到舰务助理官发出信号，一名军士去锚链绞盘的刹车处检查锚链放了多少。如果说这项操练存在危险时刻，那么这一刻就是。1932年11月，还是学员的路易斯·勒·贝利在斯皮特海德目睹了一次非常危险的情况。他回忆道：

秋季巡航结束时，"胡德"号在斯皮特海德下锚。风和潮水从舰艏方向来，在它们的作用下，锚链绞盘的刹车没能正常工作。巨大的锚链可能被全部拉出去并拉断。舰务助理官（一名炮术军官）扯着大嗓门命令人员离开艏楼。接着我们到舰艏躲避，在那里，他安慰我说我们大概会没事。幸运的是，当锚链舱里的锚链只剩不到半节的时候，刹车控制住了锚链。①

如果刹车正常，第二具锚就会被放下，这一过程会重复，直到释放了指定节数②的锚链为止。下一项任务是将两条锚链调整到等长，这一步是通过起锚机进行的，直到两条锚链都拉紧为止。最后锚链班组登场完成演练的最后一步，经过精细、繁重的工作将锚链固定在双链转环上。这一步完成后，即可认为军舰已经锚泊完毕。同时，舰员们就处于在港状态，面对在港时会发生的一切。

和平时期，对大部分舰员来说，16点的晚间集合命令就预示着一天工作的结束，而对某些舰员来说，这意味着晚上去岸上休假，还可能在岸上过夜直到天明。16点45分，上岸休假的舰员们已经换上了他们的一号制服，配上金色军衔标志和其他漂亮的

△1938年7月，"胡德"号的蒸汽巡哨艇在希腊的纳瓦林。

配套物品，在舱面上集合等待检查。他们接受了《武装部队军纪条例与海军部指令》的相关章节的训导后，乘坐舰上的小艇或附属的漂网船来到岸上。有人说"英国的最佳使者"就是"走在外国港口岸上的英国水手"①，这话的正确性无疑在20世纪20年代的几次伟大的巡航中得到了证明，因为这几次巡航中英国水手的行为无不堪称典范。但在本国港口、直布罗陀或马耳他，他们的表现就经常相反了，尤其是在马耳他。一等水兵朗·威廉姆斯写道：

在马耳他度过了一些相当欢乐的夜晚，它们无疑将长留在我记忆中，长留在全世界千万水手的记忆中。我们非常感谢马耳他普普通通的出租屋主兼酒吧经理们，他们耐心而和善，很多次把醉得不省人事的水手扶到床上。②

军官们上岸时，可能在直布罗陀的巨岩饭店享受盛宴，或在马耳他首府瓦莱塔（Valletta）的工会俱乐部度过夜晚。路易斯·勒·贝利回忆回忆道：

高级轮机官兰斯洛特·福格–埃利奥特（Lancelot Fogg–Elliot）虽然平时在舰上忙得顾不上个人生活，但经常每周和我们在瓦莱塔的公会俱乐部聚餐。俱乐部有一个仅限男士的入口，但我们可以从一个孔窥视那些对女人特别殷勤的年轻军官，艳美地看着他们和姑娘们当着一些很严肃的母亲的面玩耍。结束了

① 奥康纳《管理大型军舰》第6页。
② 威廉姆斯《行过远途》第123页。

令人气恼的偷窥后，转过头来就是长吧台和 "螺丝钻" 鸡尾酒（仍是最受欢迎的饮料），还有华丽的餐厅——马耳他骑士团曾经的用餐地点，以及一顿物美价廉的大餐。[①]

而舰员们回到母港后总是会享受另一些乐趣，可能是与妻子及家人重逢，而库姆斯兄弟各自的女友从谢菲尔德坐了很长时间的火车来看他们。那是1936年的海军开放周，在一片欢庆气氛中，"胡德" 号停在朴次茅斯的干船坞中，舰上满是访客。在弗莱德·库姆斯和弗兰克·库姆斯看来，只要可能，某些海军传统就应当遵守：

我们把军舰的舱面上下都好好逛了一遍，只是没敢给姑娘们看金铆钉。这个东西据说在皇家海军每艘舰船上都铆了，通常在某个偏僻角落，人们猎奇的眼光看不见。之后，［整个傍晚］我们消磨时间，在南海城公园拥吻、散步，公园后来被改成了一个长满草的大花坛。当时的流行曲是《月光下的教堂》，但南海城之所以出名，是因为这里太多女孩并非为祈祷而是为挣火车票钱而下跪，以及人们老说 "月光下扭动的臀部"。[②]

当然，岸上还有其他活动。众所周知，"恶魔饮料" 的消耗量无法控制，无论皇家海军如何设法阻止都如此。乔恩·帕特维记得战时的这件事：

当军舰锚泊在斯卡帕湾时，不当班的休假士兵经常去岸上体验莱尼斯村（Lyness）夜生活的乐趣。对于大多数舰员来说，体验乐趣就是去一间海陆空三军合作社的大型餐厅，凭着皇家海军配发的酒券，喝配给的两三品脱啤酒。不过，一些人聪明地进行以物易物，总是能设法多拿满满一口袋的酒券。凭这些，他们就能来一次盼望已久的狂饮。在几次上岸这样做后，我卖掉了自己的啤酒券，选择其他的感官享受方式。[③]

要让他们回到舰上就得使尽浑身解数了。1938年5月在蔚蓝海岸，岸上一夜狂饮后，库姆斯兄弟不幸负责驾驶一条派去运回舰员的小艇：

一群人醉得像蝶螈一样东倒西歪，在木栈桥上和他们的女朋友以及其他人一起站着，不愿上小艇。我们努力把一些人弄上了小艇，却见其中几人手脚并用，爬到小艇另一端并爬了出去。结果，我们回军舰时只带了愿意留在艇上的人，再次过去时运了6个大块头陆战队队员才把其他人弄到艇上。这事花了不

① 勒·贝利《不离引擎的人》第46页。
② 同上条，第52页。
③ 帕特维《雪地靴和晚宴服》第155页。

少时间，结果军舰的禁闭室里塞满了醉鬼，他们不得不把醉得稍轻的放出去，把地方留给醉得凶的。①

锅炉兵哈里·霍尔德尼斯（Harry Holderness）就是其中一个醉鬼：

没人想要回去，直到一名喝够了的锅炉军士说他要回舰上——很快我们就都跟他走了。当小艇行驶了3英里，回到"胡德"号边上时，军官们

△ 1938 年 7 月，希腊科孚（Corfu），几位"英国的模范使者"品尝当地饮料。④（"胡德"号协会／特收藏照片）

正为军舰没能出航而恼怒。我们大多数人一边唱着歌一边挥舞着长法棍面包。奥尔－尤因中校要求我们安静，并令各艇舵手驾艇绕军舰行驶，直到我们安静下来。但这个做法引得我们唱起"舷侧、舷侧、快乐的军舰舷侧"。不过，一开始绕着军舰走，我们就都安静了，并逐一上舰。那名锅炉军士喝得太多了，但因把我们大家带回舰上而受到表扬。②

难怪，把满满一船喝醉的士兵送回去是军官候补生在舰上期间可能遇到的最严峻的考验之一。醉酒者和闹事者会受到严厉处罚，但战争爆发后，上级意识到，允许舰员们宣泄精力也有重要意义，故而对待上岸喝醉的士兵较之前宽容。一等水兵朗·威廉姆斯还记得1940年年初"胡德"号在格林诺克时的情景：

克莱德河水域高潮和低潮时的水位相差挺大，再说小子们休假完开始往回走的时候，其中一些人疲惫不堪，吼着歌，因此让他们安全地顺着陡峭的梯子走下并登上小艇是一件相当困难的事情。格伦尼上校是一位聪明的绅士，知道水手们的作风。他已经告知乘员组：只要他手下的小子们确实回到了舰上，他不在乎他们以什么状态回来。他告诫我们："我不希望在紧急出海时丢下任何舰员。"结果，我们终于把士兵们弄回舰上时，他们的样子五花八门。有一次，我们把一张装补给用的钢网放到运士兵的小艇上，把无助的士兵们小心地放在网里，再用主起重机把他们吊回舰上。不过，我不记得我们曾经让舰长失望过。我们每次出航都满员。③

显然，对于某些水兵来说，最大的心愿是在岸上追求有钱的寡妇，不少人

① 帝国战争博物馆第91/7/1号档案，第69页。
② 引用于科尔斯、布里格斯《旗舰"胡德"号》第123－124页。
③ 威廉姆斯《行过远途》第140页。
④ 译注：图中招牌上的文字意为"赫里索马利斯啤酒坊"。

在海外服役时因此脱队。在1936至1939年的服役期中，舰上的一名潜水员"小不点"福勒（'Tiny' Fowler）是对此最热衷者。下面是弗莱德·库姆斯讲述的事件版本，日期可能是1938年1月，地点可能是马赛（Marseilles）：

我们的大个子……水鬼"小不点"福勒脱队引发了那次访问中最精彩的故事之一。他以前是否见过他的朋友们以及何时见过，我们只能猜，但他显然知道应该去哪里见他们，因为军舰锚泊地第一个夜晚他就去了岸上，之后我们一直没见到他，直到起航前，一艘漂亮的中型摩托游艇来到舷侧。他们肯定知道自己要做什么，因为他们来到了前部舷梯旁……在那里，一位光彩照人的年长女士和福勒来到底部平台上，拥吻了一会儿，接着几名纠察军士沿舷梯向下冲到"小不点"身边，把他押回来关禁闭。[1]

3个月后，在胡安湾（Golfe-Juan），福勒故伎重演：

无法无天的福勒这次被禁止上岸，但他使了个诡计，躲在运送军官们上岸的巡哨艇的船艏舱里。军官们一走开，他便迅速上了岸，艇员们还没拦住他，他就跑远了。艇员们发誓不知道他在艇上……之后我们一直没见到"小不点"，直到起航的日子。[……]第二天，我们去接收少数几名脱队者时……见到的第一批人里就有"小不点"福勒，他喝醉了，一手拉着一名貌似公爵遗孀的女士，一手拿着一束花和满满一篮鸡蛋，有些蛋破了，蛋液顺着他的裤子流下。如果他的情人是想用鸡蛋恢复他的元气，那么她失算了，因为"小不点"平安回来了。[2]

在马耳他科拉迪诺的军事拘留所，福勒有的是时间回味这些记忆。

下面讲逃兵事件。1923至1924年的环球巡航是"胡德"号一生中逃兵最多的时期。显然，对于一名不逃跑就会在军舰上再蹲8年或10年的士兵来说，从此过上自由生活的可能性远比被抓回的可能性大。因此巡航开始后6个月，特勤中队起航前往夏威夷时，7艘军舰已经出了151名逃兵，除10人外都是在澳大利亚逃跑的[3]。

无须多言，皇家海军在严酷的纪律条令下生活和工作，违反条令者会受到严惩。鉴于因弗戈登的教训，罗利·奥康纳上校提及约束每名舰员的根本法规框架时，语气相当直白：

……上级就能凭军队高层的权威和《海军纪律条令》，借助两院议员们的支持，冷静地采取措施。[4]

① 帝国战争博物馆第91/7/1号档案，第63页。
② 同上条，第69页。
③ 奥康纳《帝国巡航》第228页。
④ 奥康纳《管理大型军舰》第84页。

　　绝大多数士兵明白这个道理。如哈里·卡特勒（Harry Cutler）军士长所说："我们知道该做什么。那些惹了麻烦的人都是不服管的、拒绝遵守纪律的人。"[1]这套纪律的架构反映了军舰本身的组织结构。来自普利茅斯、后晋升为中校的上等水兵乔·罗基（Joe Rockey）说：

　　制度是相当严格的，也是合理制订的，如果你不执行，那就应当受到惩罚。如果你还违反制度，那就当然意味着你会被交给更高级的指挥人员，具体取决于你犯下了何种错误或违纪行为。[2]

　　皇家海军受《武装部队军纪条例与海军部指令》的管理，执行它们的职责则属于纠察长和舰上的3名俗称"弹压者"的纠察军士。纠察长的外号叫"满得意"，他的地位崇高。他是一名经验丰富的士官，要被选为纠察长还要凭严厉和机智，因此士兵们几乎没有什么事情能瞒住他。身为舰上地位最高的海军军士长，他是唯一享有个人舱室的士兵，因此有在床铺上睡觉的特权。他对士兵的影响巨大：

　　舰员应与舰上的纠察长这个人合作并发展友谊。他就像一条规则，如果他看见大家都全力支持他在舰上消灭逾假不归、偷窃、不道德行为等，这条规则就最有用。一名能干的纠察长做的贡献一般能比其他任何士兵都大，让军舰的乘员组快乐并满意。[3]

　　但鉴于纠察长的权力相当大，如果他选择使用强硬手段，那么许多士兵将无法承受，对那些不明智到了"横挡在他面前"地步的人来说确实会如此。当需要派士兵去做令人讨厌的工作时，纠察军士们偶尔会从士兵中找志愿者，在这种情况下，站在纠察长及其部下一边是正确的。但他们的主要职责是维持纪律，并在海上和岸上执行海军和舰上的规定。这一职责意味着巡视餐厅，阻止违规饮酒及被禁止的"王冠和锚"等赌博游戏，并消灭偶尔死灰复燃的欺凌、暴力和恐吓。这一职责也可能意味着与海岸巡逻队一同上岸，监视岸上休假士兵的行为，并在他们回到舰上时做归队记录。作为舰上治安力量的首脑，纠察长在副舰长处理违纪者时总是在场，违纪者及其违纪行为都记在他臂下夹的一本大记录簿上。罗利·奥康纳任副舰长期间（1933至1936年），除周日外的每天，副舰长8点20分开始处理违纪者。奥康纳认为这项工作无比重要：

　　副舰长要完成他带有权威色彩的职责，心境就必须始终不偏不倚……外表

① 在德文波特与作者的交谈，2003年5月23日。
② 帝国战争博物馆有声档案，第12422号，第1盘。
③ 比德莫尔《难以捉摸的海域》第53－54页。

常会引起误导，当被指控者的外表有对他不利之处时，人们可能会受误导而冤枉他。应记住中国的古老谚语："人们总是以貌取人，不会相信一个有酒糟鼻的人也许并不喝酒。"[①]

1933至1936年的服役期内，奥康纳处理了3000人次左右的违纪者。关于执法，他积累了如下心得告诉读者：

多数轻微违纪并非有意而为，而是因为考虑不足或不走运，所以只要一次严肃警告，多数士兵就会小心地避免再因违纪而来这里。[……]处理违纪者时，副舰长会见识到无数种导致士兵手端帽子站在他桌前的动机和不幸事件。有一条关于人性的核心真理：人们的错误是他们的道德品质的必然产物，以及如果我们不犯错，我们就会是不一样的人，无论这样是好是坏。恩威并施时，法制才具有最大的正义性。[②]

当考虑使用处分时，按照建议，对逾假不归者应采取如下措施：

第一次犯：如有合理理由——警告；如无合理理由——基准处分；
第二次犯：基准处分；
第三次犯：舰长报告。[③]

此处的"基准处分"指禁止休假，不过逾假不归的一种附加处分则是停薪。其他违纪行为则会受到海军实行的各种处分，包括第16条：额外劳动1小时，第10条a：下午茶后进行2小时劈刺操练等。当然，如果舰员有个一模一样的孪生兄弟也在舰上，那就可以设法交换位置以减轻处分带来的最大痛苦。弗莱德·库姆斯和弗兰克·库姆斯两人就做过这种令人眼花的事，他们当时是容易惹麻烦的少年水兵：

我们已经犯小错成性，但直布罗陀让我们得寸进尺，这是因为在地中海，天棚通常一直支着，从高层甲板和舰桥上看不见我们。很快我们就想到，当绕着"A"和"B"炮塔跑步的时候，我们可以在某个地方交换位置，由此来分担惩罚。从我们在"圣文森特"基地时起，我们就一直轮流参与集合和晚间操练，以分担惩罚。而现在，两座巨大的炮塔挡住了教官的视线，又可以通过四处舱口中的任一处便捷地到达下层甲板，这些条件使我们更容易得逞。无论监视者站在哪里，总有一处舱口他看不见，而我们就可以在那里交换位置……我

① 奥康纳《管理大型军舰》第79及80页。
② 同上条，第79及83页。
③ 同上条，第80页。

们先前认为其他受处分的少年水兵会对我们搞调包有意见，结果他们直言自己和我们一样，也希望看见那些折腾我们的人被逗弄得到处跑。某次，我们中的一个受到处分，许多人都看见可怜的老约翰·邦尼（John Bunney，军士）为了能在我们调包时抓个正着，几乎和我们跑了一样多的路……但我们这种一个人往上层甲板跑、一个人往下层甲板去的隐身戏法从未被抓现行。[①]

　　如出现严重的违纪，或某种违纪反复发生，违纪者就会被带到舰长面前，依《海军纪律条令》接受惩罚。舰长处理违纪者的环节通常在11点左右进行，纠察长亦在场。舰上的军官中，只有舰长有权判士兵在军舰的禁闭室里接受最长14天的监禁，或剥夺其军衔、优良表现奖章或服役15年以上者的优良表现勋章，以上处分称为授权处分。如少年水兵或军官候补生违纪，处分还包括杖责，纠察长对前者执行，任军官候补生队长的中尉对后者执行。军官则接受军事法庭审判。军事法庭同样由军官组成，依照海军军法运行，但海军部对军事法庭的判决保留裁断的全权。如果案情十分严重，连舰长有权执行的最高惩罚都不足以抵罪，那么士兵会被送到岸上的拘留所，执行最高90天的监禁。其他违纪者，例如1931年"胡德"号上的兵变者，会被以"不需继续服役"为由开除出皇家海军或接受刑事指控。

　　最后，服役2到3年后，"胡德"号某天会起航回本土并解散乘员组，又在另一支乘员组手中重新开始服役。这是一个肃穆的时刻。不当班的乘员组以分队为单位集合在舱面上，皇家海军陆战队军乐队奏响《回家》，军舰出发时主桅杆的上桅飘起代表"回国"的巨大三角旗，旗上连着一些金色的气囊以防止它飘到海里。传统上，三角旗的长度代表了本次服役期的长度和舰上人数。之后军舰入港时，同样的仪式会在《统治吧，不列颠尼亚》的乐声中举行，一群群人聚在岸上，舰员的家人在栈桥上等待着，迎接分离了好几个月甚至数年后的团聚。军舰解散成员组后几小时内，许多舰员就各奔东西，再也不会见面。

小艇、筏和漂网船

　　"'看一艘军舰要看她的舰载艇'，没有比这句古话更正确的了。"[②]一艘主力舰的舰载艇的操作、航行和保养作业本身就是一番天地，有着丰富的学问和传统。"胡德"号的艇队配置由于损坏、更换和新型艇的入列而经常变动，但通常由16至18艘组成，小至16英尺的小划艇，大至50英尺的蒸汽艇[③]。这些艇分为

① 帝国战争博物馆第91/7/1号档案，第48-49页。"圣文森特"是位于戈斯波特的少年水兵训练基地。
② 奥康纳《管理大型军舰》第191页。
③ 军舰的舰载艇配置，见诺斯科特《皇家海军"胡德"号》第59页及罗伯茨《"胡德"号战列巡洋舰》第18-19页。

三大类：划艇、蒸汽艇和摩托艇，而20世纪30年代时几乎只剩摩托艇了。

划艇中最大的是42英尺长的大艇，"胡德"号总是至少携带1艘。不过，堪称最重要的是27英尺的捕鲸船式尖尾长艇、32英尺的快艇和30英尺的六桨艇，前两种的船壳是重叠搭造的，后一种是平铺制造的。这些艇都是皇家海军的标准装备，艇艏安装的带有母舰舰徽的黄铜徽章标明了它们属于哪艘军舰，其中属于旗舰的艇则大多带有将官旗图案。"胡德"号一生大部分时间都携带着8至10艘划艇，这些艇曾代表她参加每年夏季的划艇大赛。六桨艇放置在小艇甲板上，但2艘尖尾长艇和1940年前携带的4艘快艇中的2艘则挂在吊艇架上作为救生艇用，每舷2艘。放出救生艇是紧急情况下的必要措施，海军工作日中有多次演练。1936年2月普里德姆担任舰长时，发现演练表现懒散。通过他的记叙可大致了解这一步骤：

到达开阔水域时，作为首要任务，我指挥救生艇演练。我受过的训练告诉我，这项救援"演习"需要绝对的效率和最高的速度。然而事实表明，海上收放小艇作业的基本细节都没得到重视，这让我震惊。副舰长甚至建议我先停下军舰，他再下令"放艇"。我做梦也没想到过还有这种懒散事。将艇挂在吊钩上，以及起吊操作，都丝毫谈不上灵巧。在吊钩下操控吊艇索和救生索的小技巧我在当军官候补生时就学过，但副舰长和救生艇艇员显然不知道。艇被吊起时慢吞吞、懒洋洋的。看到这些，我为了向全体舰员表明我的不满，命令副舰长再次放下小艇并将它们吊起，要快。这样冒险，但管用。[①]

不过，"胡德"号艇队里任务最重的是两艘50英尺的蒸汽艇或称巡哨艇，以及供司令官和参谋们使用的那艘45英尺司令艇。这些艇从艏到艉都有甲板，在风平浪静时航速可达11节，因此这几艘气派的船承担了军舰的大部分日常差使。皇家海军后备队军需少校E. C. 塔尔伯特－布斯（E. C. Talbot-Booth）写道：

每天，军舰无论大小，都会各自指定一艘值勤蒸汽艇，它负责军舰在港期间的大部分常规差使，例如上午把邮差带回舰上、送军官们上岸，傍晚还可能会拖着载满休假水兵的小艇去岸边，另有其他千百种古怪的事务。舰舷侧伸出的系艇杆上挂着绳梯，值勤艇平时停在绳梯底部，而要执行任务时它会被叫到舷梯旁。[②]

① 普里德姆《回忆录》第Ⅱ
　　部分第147页。
② 塔尔伯特－布斯《世
　　界作战舰队》第3版第
　　127－128页。

1940年春季，少年水兵吉姆·泰勒在威廉·惠特沃斯少将乘坐的司令艇上担任艇艏少年兵，他回忆道：

司令艇是一艘很漂亮的船，有6或7名艇员：1名舵手、1名军士长、1名军士、1名锅炉兵，以及艇艏、艇艉的少年兵。作为艇艏少年兵，我必须确保艇平稳地停在舰边，并用艇用钩杆做到这一点。不过，我使用钩杆时并不完全随心所欲，因为要遵守一系列规定动作。①

无论这些蒸汽艇停放在舰上时，还是航行时，都有由水兵和军官候补生组成的一代人不惜精力地爱护和保养它们。少年水兵弗莱德·库姆斯回忆道：

被派去加入一号和二号巡哨艇的乘员组担任"护艇少年兵"是一种奖励。当艇停放在舰上时，我们用蜡油给锃亮的黑色舷侧上光，这令我们十分得意。黑色的艇艏和近乎白色的木甲板由我们负责保养，我们花很多时间勤劳辛苦地工作，一有空就给舷侧上光，每天用鲨鱼皮、砂和盐水把甲板擦到近乎发白。阳光会使甲板褪色，使得阶梯状层叠的甲板条之间，标准的黑色连接处完美展示出来。②

"胡德"号的一号巡哨艇上闪亮的黄铜烟囱是1922年从"狮"号战列巡洋舰上取下的。军官候补生勒·贝利和战友们不仅花时间和精力保养烟囱，还用余下的日薪购买擦铜水来给它用。乘员组用带有穗的帘子以及棕色和蓝色的牛仔布坐垫套装饰艇的内部，擅长精美绳艺的人则在艇用钩杆上打出"火鸡头"装饰结并精心制作了舷侧的防撞物。于是，映入眼中的是闪亮的颜料、擦亮的木头和抛光的铜面，两名负责保养的艇员对此感到骄傲和快乐。不过，在罗利·奥康纳中校看来，艇员不仅要干好工作，也要展现良好形象：

有时候，形象欠佳的艇员会令整洁的小艇失色。巡哨艇艇员既以工作员身份，也凭借良好形象，在小艇上代表军舰。③

因此，奥康纳一贯挑选外形威风、皮肤呈古铜色的水兵驾驶小艇。不过最惹眼的手段则是使用与众不同的服装，只是司令或舰长很少有足够的资金让手下艇员穿上特制制服。

如果说皇家海军把小艇的外观看得很重，那么它也对自己的操艇工作引以为荣。每艘艇被交给一名军官候补生指挥，另有一名舵手对它进行无微不至的照顾。军官候补生的这个岗位不仅使他第一次有了指挥船只的经历，也使他第一次长期与水兵们近距离接触。如奥康纳所述：

如果水兵全权指挥一艘艇，他就可以在这艘艇上得到锻炼水兵技能和指挥

① "胡德"号协会档案。
② 帝国战争博物馆第91/7/1号档案，第53-54页。
③ 奥康纳《管理大型军舰》第131页。

① 同上条，第27页。
② 帝国战争博物馆第90/38/1号档案，第Ⅲ卷，轶事第3篇，第1—2页。

"小艇出发！"20世纪30年代后期，"胡德"号的一艘32英尺快艇装满乘员，正从吊艇架上放下。艇艉的缆绳即将解开，右舷士兵刚把桨拿好。艇艉两侧的标记表明该艇属于一名海军中将的旗舰。（"胡德"号协会/梅森收藏照片）

能力的最佳机会。如果艇有两支乘员组，那么每支都由一名军官候补生指挥，他只和他自己那支乘员组一起操艇，坐在艇上被放下、吊起。［……］指挥小艇的军官候补生必须与艇员一起面对风向和天气带来的一切，所以他不能接受邀请去另一艘舰上，而把小艇停在一边，留下艇员们面对风浪。①

因此，小艇的艇员们因团队精神和努力而愉快，在这一点上军舰乘员组中无人能出其右。1923至1924年的环球巡航时，军官候补生乔治·布伦德尔指挥"胡德"号的一号巡哨艇：

"胡德"号的两艘巡哨艇都是烧油的50英尺型号。每艘都有两支乘员组，各包括1名军官候补生、1名军士舵手、1名担任艇艏兵的一等水兵、1名负责引擎室的锅炉军士和1名负责锅炉室的锅炉兵。当时没人去想过，但现在看来，他们的能力和忠诚是难以令人置信的。那段时间里，我的艇不止一次燃油烧完，在被吊出去以后没能立即生火，离开系艇杆后没有按命令跑完整段路程，也有几次指定的乘员组没能立即登艇。环球巡航中，在港里时，两艘巡哨艇几乎每天不停地行驶，第一艘午夜停泊，第二艘深夜2点或更晚停泊。［……］艇员们配合得何等高超，他们具有一支组织严密、互相信任的团队的所有亮点。"一号巡哨艇出发"的哨声响起时，赶在其他艇员之前登上小艇就是一种荣誉。我以前经常从军官候补生居室跑上来，跑过小艇甲板，沿着系艇杆冲刺，最后顺着绳子一头扎下去。有一次我那样做时把短剑都丢掉了！环球巡航中，指挥巡哨艇的军官候补生无论穿常服还是另一种齐腰短外套，都应一直佩戴着短剑。另外，至少"胡德"号的军官候补生是通过系艇杆上下艇的，从不通过舷梯。②

　　从轮机的角度来讲，巡哨艇的运行就像是军舰本身运行工作的缩影。布伦德尔回忆道：

　　那台引擎是双缸复合往复式的，带有冷凝器、气泵、循环水泵和润滑油泵。锅炉是小管"亚罗"型的，连接着给水泵和油泵。如果要强制通风，可以关闭锅炉室舱口并开启风扇。锅炉军士和锅炉兵之间的通信通常是通过用套筒扳手敲击舱壁实现的！硕大的螺旋桨是右旋的，而且由于倒伡功率等于正伡功率，制动力很大，这样当艇驶到军舰舷侧进行倒伡时，艇艉可能猛地向左扭。这时优秀的锅炉军士就会把头从引擎室舱口伸出去，一只手放在节流阀上，另一只把住换向联杆，他在小艇驶到军舰舷侧并停在正确位置的过程中作用很大！〔……〕军官候补生则通过拉手柄敲响引擎室里的锣来指挥引擎：一下代表停伡，两下代表前进，三下代表倒伡，四下代表减速或慢速。①

　　较小的舰载艇可以通过那台40英尺的起重机收回和放下，救生艇则通过吊艇索拉回吊艇架上，而司令艇和蒸汽艇每艘重达16吨，收放必须动用主起重机。阿诺德－福斯特少将描述了这个流程：

　　巨大的钢制起重机升起来，旋转到舰舷之外，下层起重滑车上笨重的吊钩随着军舰的横摇、纵摇而晃动。巡哨艇舷外挂着防护物，被系艇索拉到舷侧；在颠簸的艇上，艇员们一直在准备三支硬钢丝吊索，现在他们把连接吊索各分支的沉重的环高举过肩，准备找时机把它挂在起重机滑车的吊钩上。虽然锚泊的军舰晃动很轻，但16吨的蒸汽艇如果不受控制，将像巨大的钟摆一样摇动，也会造成严重损伤。所以，艇员们在离开艇之前，舰上就把结实的防摇绞辘放下去，让他们挂在钩上。当艇员上到军舰舷侧时，系艇索、起重机张索和防摇绞辘都被拉紧了。接着，每个人都盯着吊车指挥，后者穿着防水衣帽，拿着两面手旗，后舰桥高处的一盏灯映出他的轮廓。他注意着艇在海中沉浮的情况。正当艇沉入波谷时，他指令："全速拉起滑车！"接着——随着张索拉紧——"拉起吊杆！"大功率的电动吊艇马达轰鸣作响；每个人都屏住呼吸。如果成功，就会有一次由重物起吊造成的强烈震动。如果不——军舰就会如同被猛推了一把，桅杆颤动，整艘军舰都在抖动，所有的起吊设备都瞬间受到极大的张力。随着长长的艇滴着海水，从水中升起，更多坚固的滑车挂在她上面。此时一个微小的错误就可能导致她的甲板被撞破。她被牢牢固定住，被张索吊起，轻轻放下，悬在小艇甲板上，她的艇员和一些造船技工正在那里迎接她。造船准尉在灯光下跳来跳去，不断做着夸张的手势示意将艇保持水平，准确地放在

① 帝国战争博物馆第90/38/1号档案，第Ⅲ卷，轶事第3篇，第1-2页。

︿ 一艘系在系艇杆上的蒸汽巡哨艇，海上有猛烈的涌浪。指挥小艇的军官候补生抓住绳梯以便士兵攀爬。舵手在舵轮边，戴着防雨帽。系艇杆的顶部被削平，以便人员在上面奔跑。艇员登艇时通常顺着俗称"蜥蜴"的绳子滑下（图中间偏右所示）。"胡德"号蒸汽艇的烟囱盖来自"狮"号战列巡洋舰。请注意艇艏的艇徽。（"胡德"号协会 / 克拉克收藏照片）

︿ 1935 年 3 月 5 日，"胡德"号的一艘快艇在海上行驶，图中士兵们正在执行一项悲伤的任务——运回在怀特岛的圣凯瑟琳角（St. Catherine's Point）附近坠机身亡的空军中尉遗体。（"胡德"号协会 / 威利斯收藏照片）

张开的钢制艇架上。艇被许多人推过去，轻轻放下，嘎的一声停放在紧贴艇体的底座上。吊杆头被迅速放下并归位，索具也盘卷起来。[1]

皇家海军出色的航海技能受到公认，一个重要因素是他们在培训军官时注重操艇能力。美国海军官方观察员约瑟夫·H.威灵斯少校于1940至1941年的冬季在军舰上时也见证了这一点：

我与军官候补生们谈着谈着就讲到了驾驶小艇（我最喜欢的爱好和运动项目），那一番话如同一次令我感慨的旅程。我聆听他们中的小艇专家描述各种帆船和帆船比赛。在观看了他们的年轻军官和军官候补生驾驶小艇后，我确信，他们作为一个整体，远比我们的年轻军官和军官候补生驾驶得更好。[2]

不过，事故并不鲜见。乔治·布伦德尔回忆道：

我记忆中在巡哨艇上经历的最早的事件之一是在直布罗陀的分离式防波堤边，运送几名"胡德"号的军官去旗杆下的台阶处上岸。较年轻的军官们，包括那位军官候补生辅导员[3]，都坐在艇壳的格栅上，而轮机长、军需长和军医长都在艇艉。我严重误判了岸的位置，导致艇艏狠狠地撞在位于水下的石质台阶底板上。轮机长等三名中校是艇上军衔最高者，他们看上去有些吃惊，打算从艇艏上岸。这时我尖声大叫："谁都不要离艇。"接着，我命令包括三名中校在内的乘客们站在艇艉格栅上。要这三名中校军官执行我下达的去艇艉的命令，他们似乎有点犹豫，看来我的态度对他们也许过于生硬了。不过，随着艇艉下沉，艇艏上抬，艇终于脱离了危险。我放心了不少，高喊"上岸"。我现在可以看见身边三名中校的面孔了：轮机长样子很生气，军需长不知所措，军医长（达丁）却眉开眼笑。后来在适当时刻，我的无礼行为被上报，结果我被中尉队长杖责了12下。[4]

并非只有军官候补生才会经历这类事故。路易斯·勒·贝利记得在马耳他发生的一次事件，那是1937年7月15日上午，安德鲁·坎宁安中将在"胡德"号上升起他的将旗：

此刻每个人的神经都绷得像弓弦一样紧，漂亮的司令艇不一会儿接到命令，运送坎宁安去晋见总司令、海军上将达德利·庞德爵士。司令的舵手是一名相当高傲的军士长，他只有和司令的参谋们交谈时态度才能正常，所以我

① 阿诺德-福斯特《皇家海军之道》第167-168页。
② 美国海军战争学院，威灵斯《追忆》（手稿）第79-80页。
③ 译注：俗称"保姆"，见第5章第242页及第8章第381页。
④ 帝国战争博物馆第90/38/1号档案，第Ⅲ卷，轶事第3篇，第2-3页。这些军官是弗兰克·R.古德温轮机中校、埃德加·B.斯旺军需中校和约翰·S.达丁军医中校。

永远不会知道当时他的脑子里面装了什么。正当他要离开右舷舰艉系艇杆时，他看见司令下到后甲板上。于是他迅速鸣锣下令全速前进，并在 "后甲板精英帮" 的眼前打了个右满舵，把司令艇不偏不倚地驶到一艘巡哨艇的航线上。下一刻，司令艇锅炉室前方被撞凹，这一幕刚发生时仿佛两艘艇都会沉。80名士兵用了4根拉索操作 "胡德" 号的主起重机，而且他们集合的速度前所未有地快。司令这时也有点愠怒了，他乘坐舰长的小型摩托艇出发，按照安排去见总司令。①

和皇家海军中其他很多事情一样，操艇这一行也有繁杂的规矩，这是几个世纪的积累。阿诺德－福斯特少将简述了这些规矩：

……天黑后，每当小艇接近一艘锚泊的军舰时，都会听到从前部舰桥上或后甲板上传来 "喂，小艇！" 的嘹亮喊声……舵手负责立即回应这声招呼。该怎样回应，取决于艇上有什么人。如果艇上有上尉或军衔更高的军官，则回答 "是，是！"；反之回答 "不，不！" 如果该舰舰长在艇上，则回答舰名；如有将官则回答 "司令！" 不准备停在舰边的艇则只回答 "经过！" ［……］除了这些古老的海上招呼语，多少代水兵也将小艇应当采取的致意方式传了下来——当然并不包括蒸汽艇和摩托艇，因为它们是更晚才出现的。大型划艇——被称为双排艇——每排座有两人划桨，于是这种艇将所有的桨竖直抛向空中以示致敬的情景就让人印象深刻。大型划艇还有一种规格较低的致敬，这同时也是单排六桨艇、小划艇和尖头方尾艇的唯一的致敬方式，被称为 "搁桨"——就是将桨平放在桨架上或桨叉上，与艇舷上沿平齐，几秒钟后再拿起。张着帆航行的艇则解开帆脚索表示致敬，这时船帆突然飘动，令这一举动更显独树一帜。不过，蒸汽艇或摩托艇的致敬方式就相当乏善可陈了。她要么停下，要么减速，艇艏浪逐渐消失——没多精彩，但她只能做这些。②

如阿诺德－福斯特明显意识到的那样，一战中，当使用内燃机的摩托艇投入使用时，不夸张地说，多少项传统已经听见了丧钟声。 "胡德" 号最初的配置包括一条最高航速18节的35英尺高速摩托艇，还有一条单独使用辅助引擎时航速可达7节的42英尺大艇。1923年，舰上又有了第二条35英尺艇，但这两条摩托艇在之后的环球巡航中不断带来麻烦，使皇家海军志愿后备队临时上尉阿尔伯特·罗宾逊（Albert Robinson）狼狈不堪——他是桑尼克罗夫特公司的销售员，来到 "胡德" 号上就是为了推销产品。倒霉的杰弗里·威尔斯轮机上尉负责维护这两条艇。他1924年1月15日的日记中总结了自己的遭遇：

---

① 同上条。
② 阿诺德－福斯特《皇家海军之道》第167—168页。

那些摩托艇并没有表现出摩托艇该有的样子；事实上它们的表现如摩托艇一贯的表现那样。麻烦，这两个字重重地写。①

至1937年，情况似乎也没多少好转。那年，在离舰4年后，路易斯·勒·贝利轮机中尉在斯皮特海德举行的加冕阅舰式中重新来到了"胡德"号上：

令我沮丧的是，我得知那艘我当军官候补生时就见过的、威风的司令艇就要换成一艘沃斯帕公司设计的三引擎高速艇了。事实是，即将封爵的杰弗里·布雷克中将坚持在阅舰式后让新司令艇载他去皇家游艇上接受册封。这样，前轮机少校、现任沃斯帕经理的知名造船师彼得·杜·凯恩（Peter du Cane）就没时间进行海试了。我在小艇甲板上，观看新司令艇驶到军舰舷侧，听见了舵手把艇驶向舰艇时机器发出的刺耳嘎嘎声。在只有两台引擎能用的情况下，司令还是很有希望及时赶到皇家游艇上的，但，唉，仍出了岔子。舵手急于炫耀小艇的速度，把两个油门都开到最大，结果引擎双双瘫痪了。司令走运——如果说沃斯帕不走运，因为另一条由竞争对手生产的黄色高速艇看见了这场事故，立即把司令载到了皇家游艇上，此时只剩几分钟了。可怜的彼得·杜·凯恩和他令人瞩目的公司成了这位司令眼里永远的灾星，但那艘漂亮的旧司令艇又被送回了舰上！②

两次大战之间，由于机械可靠性欠佳，必然的更新换代被推迟了，于是摩托艇不得不由蒸汽巡哨艇拖航的景象无疑令传统派的军官们感到快慰。不过，至20世纪30年代，摩托艇的可靠性和性能确实已经大大提高，它固有的优势也就因此凸显出来，主要是重量更轻、操作更方便、速度更快和灵活性更高。1937年彼得·杜·凯恩对"胡德"号配置的5艘摩托艇的一些优势做了总结：

这些先进的艇可以真正掠着海面，在波浪之上行驶，不像以前的艇那样穿浪而行，它们的适航性和整体航行舒适感非得坐一趟才能相信，哪怕在最坏的海况下、在最小的掠海艇里。[……]先进的45英尺高速巡哨艇［即摩托大艇］取代了蒸汽巡哨艇，而前者的起吊重量大约只有后者的1/3……这样，主起重机也用不上了，再也不用摆弄它上面笨重复杂的索具，不用耗费操作它的大量工时。③

吊起一艘巡哨艇或司令艇，需要80人工作，而艇要加速一个小时或更久，军官候补生才能用巨大的黄铜舵轮令它转向。不过，虽然摩托艇在很多方面比它们取代的蒸汽艇更易操作，舵手的细腻手艺却比以往更重要：

① 摘自"环球巡航日记：1923至1924年"第22页。
② 勒·贝利《不离引擎的人》第39－40页。
③ 奥康纳《管理大型军舰》第120页。

驾驶先进的高速艇时，几乎一直需要舵手操控。舵手以通常方式坐或站在舵轮旁，但他并不敲锣通知引擎室或向引擎室发电报，而是根据情况向前或向后扳动换向杆。他始终把控制引擎转速的油门握在手里，但在操艇时，油门应尽可能调到预先设定的低转速档上并保持不动，除非出现紧急情况。之后，控制小艇的操作只需要使用舵轮和换向杆，并不比用舵轮并向引擎室发电报难。［……］把艇开起来，关键是加速时要轻柔地开油门。这些高速艇的引擎功率相对大，如果油门动作太猛就会造成伤害。关闭引擎和开启引擎时都要记住这一条。急速关闭油门的做法不好，对引擎的伤害几乎一样大，尽管人们通常并未意识到这点。操作油门都要平稳，要爱惜引擎……②

△ "'胡德'号这艘船总是湿透的。"1938年秋季的一天，轮机中尉路易斯·勒·贝利等中尉及军官候补生同军衔较高的军官们打赌，赌自己能在从日出到日落的时限内驾驶快艇从丹吉尔到直布罗陀①。图中是正在完成挑战的勒·贝利，他的一方赌赢了。（海军中将路易斯·勒·贝利）

最后一艘蒸汽艇直到1941年春季改装时才撤除，但之前它们还在摩托艇面前最后趾高气扬了一回。1939年9月26日，军舰遭到空袭时，汽油箱被抛入海中，结果第二天回到斯卡帕湾时，舰载小艇队中只有蒸汽艇能用③。她最后的配置包括8艘摩托艇和6艘划艇，分别代表了皇家海军的新老两个时代。

两次世界大战中，皇家海军共损失21艘战列舰和战列巡洋舰，仅有一两次能开始组织舰员有序地乘小艇撤离。20世纪20年代，计算结果表明"胡德"号的艇队能装载759人，而和平时期的乘员组超过1100人④。其他人只能委屈乘救生筏或用救生圈——1936年，舰上配备了8艘救生筏和11个救生圈⑤。救生筏由软木制成，呈环状，覆有帆布，边缘装有救生索，中央则是用于承载乘员的木质平板。1939年10月，皇家海军志愿后备队中尉约翰·伊亚戈告诉家人：

我指挥一艘有6名士兵的救生筏；我希望上舰时受到哨声欢迎！救生筏有一点比小艇好，就是可以徒手不用绞车就把它放进海里并让它漂浮——小艇大概做不到！⑥

① 译注：丹吉尔至直布罗陀港的海上行程约60千米。
② 奥康纳《管理大型军舰》第120—121页。
③ 海军中将路易斯·勒·贝利爵士署名文章，《海军评论》第90卷（2002年），第187页。
④ 《"胡德"号：致访客》（约1925年），第2页。
⑤ 奥康纳《管理大型军舰》第173及204页。
⑥ 伊亚戈《书信集》（埃维湾，1939年10月23日）。

伊亚戈的话是对的，尽管1941年5月24日早晨，他没能用到自己的救生筏。最后，"胡德"号的幸存者们凭着最终改装时舰上大量装备的3英尺见方的"饼干筏"，才坚持到获救。

最后，"胡德"号的艇队里还有一艘漂网船，只是它因为太大而无法随舰携带。它排水量约为200吨，长约90英尺，航速约为8节。一战中，皇家海军从渔船队里征用了数百艘拖网船和漂网船，它们在原来的船员操纵下执行巡逻和扫雷任务，支援皇家海军。停战后，多数被征用的船只重操和平时期的旧业，但有一些被海军部留下，在本国领海为主力舰、巡洋舰中队和驱逐舰大队担任供应船，意图通过漂网船为主力作战单位提供补给并运送舰员上下军舰，以此减轻舰载艇的工作负担。20世纪20年代，为"胡德"号工作的是"光环"号（Halo），这艘拖网船1920年随"胡德"号前往斯堪的纳维亚，并伴随返程。"胡德"号完成了1929至1931年的改装后，"地平线"号（Horizon）拖网船被指派协助前者，1933年夏季军官候补生路易斯·勒·贝利被派到后者上：

　　她的锅炉是烧煤的，为往复式蒸汽机提供动力，驱动大尺寸单螺旋桨。[……]一两百名上岸的士兵、几吨土豆或白菜、耐火砖、一桶桶润滑油——她运来大量的各种东西或者脏污的东西。但（依我看）她有个很壮观的船桥，长宽分别足有8英尺和6英尺，正下方就是舵手室。艇员共有12名。军官活动室建在鱼舱里，有充足的空间供4人吃饭或3人睡觉：桌子两侧的长凳上各1人，桌上1人。军舰的乘员组生活条件更不舒适呢。[……]在福斯湾、克罗默蒂峡湾（Cromarty Firth）或斯卡帕湾，如果夜里有暴风雨，狂风猛刮，有时候还有大潮，那么人们就要拿出判断力和对海的敏感性，没多少犯错的余地。连17岁的少年都学会了那些门道，而舵手和引擎室成员也经历了无数艰难辛苦。所幸，北方夏天夜晚短，漂网船又造得和军舰一样结实。我们好歹活下来了。[①]

　　白天，天气晴好时，"地平线"号的鱼舱可以容纳多达350名上岸水兵；夜晚，天气恶劣时，载员则被限制在206人[②]。不过，当她在"胡德"号之前出发时，乘员则最多只有12人，所有这些人都能获得艰苦补助，以补偿不舒适的生活条件。路易斯·勒·贝利记得一次海上航行时的情景：

　　也许表明我受到赏识，也许因为我的样子说明我需要新鲜空气，我得知那天晚上我要作为"地平线"号领航员暨两名值班员中的一名，在一名年轻上尉指挥下前往朴次茅斯，这次航行充满挑战。虽然我们军官候补生在港里驾驶过"地平线"号，我们俩却都没有值班员资格证，也都没有在开阔水域的航途中单独值班过。还有更多难处。理论上，"地平线"号的存煤量足够这次航行，但几年前有艘相似的舰队漂网船"蓝天"号（Blue Sky）在完全相同的航路上沉没，全体船员遇难，细节未曾查明。鉴于此，我们得到指示，在沿东海岸南下时，驶近岸上的某些无线电台，通过无线电用莫尔斯码报告我船的位置。我们到达朴次茅斯时，煤舱里真的只剩下几铲煤了。[③]

① 勒·贝利《不离引擎的人》第25页。
② 奥康纳《管理大型军舰》第192页。
③ 勒·贝利《不离引擎的人》第27页。

1936年 "胡德" 号前往地中海时， "地平线" 号可能被转派给了 "皇家橡树" 号（Royal Oak）战列舰，不过战争爆发时 "胡德" 号又得到了一艘漂网船。后来，战争还未结束，两艘船就都已失去了她们的女主人。

鱼雷与鱼雷兵

"胡德" 号打从设计与建造开始，她的鱼雷武备就备受争议。[1]1917年8月的最终设计图共标明了10具鱼雷发射管，其中2具位于 "A" 炮塔前方的水下，其余8具位于舯部上层甲板。将发射管布置于主装甲带之上的方案并不理想，但由于舰体装满机械和武器，空间紧张，设计师们不得不这样做。1918年9月，海军造船总监尤斯塔斯・特尼森・戴因科特爵士表示了他的担忧，因为鱼雷发射管位于纵贯全舰的主承重梁上方，它们一旦爆炸就很可能炸断军舰的脊柱。不过，在皇家海军看来，出于战术方面的考虑，鱼雷必不可少，于是根据命令， "胡德" 号须按照批准的设计建造完工，至于如何布置她的姊妹舰的鱼雷则留待研究[2]。鱼雷一事就这样悬而未决，直到1919年7月。 "胡德" 号从设计伊始便一直需要加强水平防护，而此时基于这一要求，她上层甲板的发射管中的4具，连同另两对发射管的装甲防护罩都被撤除。按照设想，保留发射管只是为了试验，它们无论在什么情况下都不应算是作战武器。结果，这条规定并未被当真， "胡德" 号一生都在上层甲板上装备着4具鱼雷发射管。不过，在1929至1931年的改装中，鱼雷发射管像最初那样再次被加装了5英寸厚的装甲。1937年11月至12月在马耳他， "胡德" 号上的水下鱼雷发射管和后部鱼雷指挥塔都被撤除了。

鱼雷的诞生归功于奥匈帝国海军卢俾士上校的才智，以及罗伯特・怀特海德（Robert Whitehead）的技术专长，后者是意大利阜姆[3]（Fiume）的一家工程公司的英籍经理。怀特海德于1866年造出了第一件原型，但真正实用的鱼雷直到20世纪初才出现。关键的进展是1908至1909年生产的哈德卡斯尔（Hardcastle）热动机这种改进型推进系统。哈德卡斯尔装置将用于推动鱼雷发动机的压缩空气加热，使鱼雷的航速和射程都翻了倍，分别达到30节和6000码。这项革新之后，1910年又出现了角陀螺仪，后者使鱼雷能在发射后改变航向，大大增强了整套系统的灵活性。 "胡德" 号使用直径21英寸的Mk IV型和Mk IV*型鱼雷，它们长近22英尺，重1.5吨。虽然至20世纪30年代，Mk IV型鱼雷被Mk IX*型取代，但前者毕竟是一件包括6000个以上零件的复杂武器。它的动力来自一台径向式发动机，加压水在通过燃烧室时生成超高温蒸汽，驱动发动机。Mk IV型鱼雷依靠定深仪保持在固定深度，依靠陀螺仪控制舵机保持航向。它可装515磅TNT装药，40节时射程为5000码，25节时为13500码。[4]

① 诺斯科特《皇家海军 "胡德" 号》第10—13页。
② 国家海洋博物馆 "胡德" 号舰船资料集，第Ⅱ部分。
③ 译注：今克罗地亚里耶卡（Rijeka）。
④ 罗伯茨《 "胡德" 号战列巡洋舰》17—18页。

∧ 1932 年 7 月，上层
甲板右舷鱼雷准备区的
前部发射器。待装填的
鱼雷悬挂在发射器上方，
雷头伸入装甲鱼雷库中。
在它的左侧，另一枚鱼
雷被拆开以便维护，雷
尾在左侧，雷体在右侧。
（莱特与洛根）

　　发射管通过液压设备来装填和回转，每具发射管里一直备有一枚鱼雷，正
上方的吊轨下挂着另一枚用于重装填。舰上有两处鱼雷库，均位于"A"炮塔
炮弹库前方不远的军械舱里，共存有32枚战雷头。鱼雷库正上方是水下鱼雷发
射管，它们位于平台甲板上，朝向与舰体有夹角。主工作区是主甲板上的雷体
储藏室，有两座长而窄的升降机通往两层甲板之下的水下发射管室。鱼雷雷体
和战雷头入库时，这些部件被放进艉楼前部防浪板旁的一个装卸舱口，通过上
层甲板，运送到下方的工作区。因此，向水下鱼雷发射管供弹的工作较简单，
但供水上发射管使用的鱼雷则显然必须通过轮车一路运到上层甲板，并在那里
组装。

　　鱼雷的瞄准和发射是怎样进行的？[1]跟操作火炮比，这个过程简单很多，
因为不需要俯仰参数。人们凭8具鱼雷提前量瞄准具获取目标方位和提前量，
这些瞄准具分别装在前部舰桥上、指挥塔里，以及小艇甲板上的后部鱼雷指
挥塔里。射程由3具15英尺测距仪计算，一具位于后部指挥塔顶（于1937年撤
除），另两具位于两座烟囱之间、舯部探照灯平台两侧（均于1940年撤除；之
后使用信号平台上的、本用于5.5英寸炮的12英尺测距仪）。直到1929年，人
们都将获得的上述信息发送到下层甲板上"B"炮塔后方的鱼雷计算室。在那

---

[1] 罗伯茨《"胡德"号战
列巡洋舰》第18页。

里，一台德雷尔火控台会生成鱼雷陀螺仪应设定的参数；1931年后，这项计算工作则在舰桥上的鱼雷指挥所完成。设定完毕后，电路会合，鱼雷指挥塔或后部指挥塔遥控"铁鱼"发射。从水下发射的鱼雷使用压缩空气，而从上层甲板发射的使用无烟火药。鱼雷离开发射管后，一根控制压缩空气供应的杠杆开始活动，热动机使用的煤油被点燃，油料喷嘴打开。这时引擎启动，对转螺旋桨开始旋转。

每枚鱼雷有两个可拆卸的雷头。第一个是操雷头，装有配重的柚木和方便回收的钙发烟器；第二个是战雷头，装有引信、底火和起爆器，用于引爆装药攻击敌舰舰体。战时，人们会设置鱼雷主浮力舱中的通海阀，使它在航程的尽头打开，以免鱼雷被敌方缴获。但Mk IV型的单价为2000英镑[1]，是皇家海军中最昂贵的弹药之一，因此在和平时期，他们丢失哪怕一枚鱼雷就可能组织调查委员会。即使回收队找到了在海面上冒白烟的鱼雷，它也可能出现意外。阿诺德－福斯特海军少将写道：

> 如果鱼雷想添麻烦，有时它会跟回收艇的艇员开玩笑。它停下来，在目标附近慢慢浮上海面，看上去十分温顺，任人们在它的前后端拴上固定索。然而当人们继续回收时，它又像被鱼叉戳中的鲸一样全速跑掉，把小艇拖在后面，仿佛想让小艇沉掉一样。撒欢的鱼雷快跑到头时，有时会像鼠海豚一样上下翻腾，喷出气体，令艇员们紧张无比。[2]

但在1941年负责调查"胡德"号沉没情况的两个委员会看来，舰上的鱼雷对舰员的威胁远比这更大。两个委员会都希望阐明究竟是不是上层甲板鱼雷爆炸才导致或加快了军舰的沉没[3]。委员们询问灾难的目击者和之前不久在舰上服役者：军舰参战时，保护鱼雷发射管的装甲罩一般会敞开还是关闭？任副舰长至1940年9月的威廉·戴维斯上校则确认装甲罩会关闭[4]。爆炸物专家约翰·卡斯莱克（John Carslake）上校表示，近失弹不会导致鱼雷爆炸，只有直接击中战雷头的炮弹才会[5]。两个委员会均认为，并没有多少证据证明鱼雷被引爆，军舰沉没应是源于弹药库爆炸。不过皇家海军造船部的建造师们并不同意委员会的调查结论。持不同意见者中，有一位是第二个委员会的成员D. E. J. 奥福德（D. E. J. Offord），他于20世纪30年代在海军造船总监手下分管对损伤的研究，还有一位则是曾参与该舰设计的海军造船总监斯坦利·古道尔爵士本人[6]。虽然鱼雷爆炸说至今仍有支持者，但之后的分析基本支持两个委员会的结论[7]。

"胡德"号的鱼雷分队有100人左右，是一个像舰上其他组织一样紧密团结

① 这是1940年价格；1924年的价格为1200英镑。
② 阿诺德－福斯特《皇家海军之道》第132－133页。
③ 朱伦斯《"胡德"号的沉没》第152页。
④ 海军部公共记录办公室第116/4351号档案，第368页。
⑤ 同上条，第383页。
⑥ 布朗《从"纳尔逊"号到"前卫"号》第162－163页。
⑦ 埃里克·格罗夫《"胡德"号的致命弱点？》，《海军史》第7卷（1993年），夏季刊，第43－46页。

的集体。20世纪30年代中期，"铁鱼兵"们设计了有自己特色的舰徽版本，用一枚鱼雷替换了锚。1936至1941年，朗·威廉姆斯是他们中的一员：

> "胡德"号的鱼雷分队是一群无忧无虑的人；我们兵力大约有90至100人，论年龄和服役年限，都是舰上最老的分队。我们中一半多的人有3枚奖章，表示他们至少已经光荣服役了13年。这段时间，多数鱼雷兵军衔都较高，这是因为要进入鱼雷分队，首先要经历激烈的竞争。[①]

不过，鱼雷分队的工作对象远不只是铁鱼和用来润滑它们的页岩油。至1929年，鱼雷兵还负责舰上的全部配电工作。据军舰的指南手册说，配电共涉及200英里长的电缆和3874件照明设备。自然，随着电力系统愈发复杂，舰上有必要组建一个专门分部，但海军部坚信技术分工会威胁皇家海军的战斗精神，将这一提议扼杀在摇篮中。作为替代措施，1929年海军部决定：涉及推进系统、损管、居住环境等方面的大功率配电工作改由轮机部门完全负责，而涉及火炮射击、火控、应急设备、探照灯及电话线路等的小功率配电工作由鱼雷分队继续负责[②]。"胡德"号的电力由8台200千瓦发电机供应，它们将220伏交流电输入同一个环路，而控制环路的主配电盘位于"B"炮塔下方的下层甲板上。小功率供电依靠很多台电动发电机，由主配电盘近旁的第二配电盘控制。战争爆发后，"胡德"号上第一次有了受过大学教育的电气工程师，他就是皇家海军志愿后备队的约翰·伊亚戈中尉（后晋升电气上尉），他来舰上后，两周内就为军舰设计了一套新的应急照明系统，并得到了格伦尼舰长的认可[③]。上等水兵朗·威廉姆斯是负责维护该系统的人之一：

> 我最近晋升为上等水兵，负责所有的应急电路，它们包括自动泛光排灯、临时电路和医务室手术灯等。我有一个助手，这是一项全职工作，因为单说自动灯，就有700具左右要我们检查和维护。这些灯必须随时充满电，定期接受检验以确保电源能顺利切换。说到后来发生的事情，令人痛心的一点是，灾难真的降临时，舰员们没有机会用上这些安全设备。[④]

改动工作持续到1941年春季：

> 改装期间，我彻底检修了我们的应急供电系统。弄来一些旧的汽车前灯，我也为作战医疗队制作了一些相当管用的应急手术灯。[⑤]

① 威廉姆斯《行过远途》第116页。
② 罗伯茨《"胡德"号战列巡洋舰》第14页。
③ 伊亚戈《书信集》（海上，1939年10月9日）。
④ 威廉姆斯《行过远途》第142页。
⑤ 同上条，第151页。

∧ 20 世纪 30 年代后期，上层甲板左舷鱼雷发射器用无烟火药发射 Mk IV 型鱼雷。舰员在左舷 6 号 5.5 英寸副炮旁观看。（"胡德"号协会 / 珀西法尔收藏照片）

∧ 20 世纪 30 年代后期，舰上的尖尾长艇捞回操雷后，仍在冒烟的鱼雷被吊回舰上。画面上方可见将鱼雷运回雷体储藏室的轮车。（"胡德" 号协会 / 梅森收藏照片）

鱼雷兵还有其他的职责。鱼雷分队和轮机部门协同负责军舰的通风。通风设备通过总计好几英里长的通风井，为军舰的内部空间换气。生活区和工作区的通风扇是由电动机驱动的，使用军舰的小功率供电线路。为了不打穿装甲舱壁，军舰采用单元式系统，每个主要分段使用各自的通风扇和电动机。检查这些设备是朗·威廉姆斯的工作：

我在舰上的工作从维护鱼雷换成了维护通风扇，后者的性质就是值班，要求我在岗期间把舰上每台运行的电扇都检查一遍。这些电扇凭借大型电动机为甲板下提供强制通风，一些是供气扇，一些是排气扇。每一班中都必须检查每台电扇的润滑情况和电路状态。形状大小各异的电扇有几百台，分布在各种不便检查的位置，所以检查完所有电扇就要花掉一班的全部4个小时。[1]

虽然相对早期军舰的设计来说，"胡德"号的通风系统有重大改进，但人们发现它仍不足以应对酷热，也并没能防止舰上发生肺结核。另外，由于军舰依赖外界供气，通过舱面上的通风设备吸气，故风浪大时无法避免进水，前部的士兵餐厅进水尤为严重。即使在最好的情况下，舰员们生活的环境也充满着"罐装空气"，异味不时从通风管道飘来。1940年4月K. A. 英格尔比－麦肯锡军医中校说，连医务室也未幸免：

出海时，医务室的空气有时很沉闷。我们把军舰前端的内部空气循环设备打开，解决了问题，尽管由于循环的空气要流过舰艇卫生间，使得这种通风方式不能总是让人如愿吸到有益健康的芳香空气。因此，我们现在已经在医务室采用了另一种手段，具体来说就是用正门附近的一台专用风扇把医务室里的空气向下排到二氧化碳室。这带来了明显的改观，所以最近经常使用。[2]

通风不良令人不适，而真正的舰上生活不止如此，还一直响着通风扇的呼呼声——所有人都在这样的环境中服役，没有人能免受它的袭扰。

① 威廉姆斯《行过远途》第121—122页。
② 海军部公共记录办公室第101/565号档案，医务官日记，1940年1月1日至3月31日，第28卷，舰船代码H至I部分，第37张纸正面。

5 舰上生活

他敢乘着怎样的翼翱翔？
怎样的手敢攫住那烈焰？

　　海上的生活和战争有一点独特之处：一艘军舰无论是大还是小，她都同时是全体舰员的家、工作地点和武器。不仅如此，在所有水手的共同敌人——无情肆虐的风和海水面前，舰员们也只有凭借她得到帮助和保护。因此，对于驻在舰上的大批舰员来说，相比其他各种军事单位，一艘军舰在生活和运作方面更具有集体特性。一名陆军军人终身在一个团服役并非不可能，但军舰的成员组注定会在至多几年后由于战争来临或军舰开始新的服役期而被打散。但无论舰员在舰上的时间多短，时间总是足以让该舰的独特个性给所有舰员留下或好或坏的影响，相应地，也足以让舰员在舰上留下不灭的印迹。以这种方式，每一位舰员上舰服役的经历都构成新的循环，直到军舰的一生在敌方的炮火或拆船厂的气割枪下终结为止。海军的舰上生活在纪律、传统和战争的打造下弥坚，却也可能在几秒内便化为乌有，这种既短暂又持久的特质便是它的魅力的重要来源：转瞬即逝但回忆无穷。"胡德"号最能体现这一点。

　　对于1932年时第一次登上军舰的学员勒·贝利来说，他上舰的那一刻既庄重又欢快：

　　1932年8月初的一个晚上，迪克·里奇菲尔德（Dick Litchfield）、我和另两人在朴次茅斯的凯珀尔岬（Keppel's Head）集合。从简朴的阁楼卧室里，我们能看见这艘巨舰的后甲板，那里就将是我们的家。第二天早晨，我们穿好一号制服，按时上舰。［……］从我们向值班军官报告的那一刻起，男孩时代的梦想便成真了，变成了这一整套生活节拍。正如塔夫雷尔和巴底买告诉我们的那样，舰上有一切：火炮和鱼雷、体育教员、航海长、教官、轮机长、高级轮机官、木工、水手长、主任军医，当然还有我们的上司老爷——中尉队长。[1]

　　一些人实在无话可说，唯有赞叹他们在舰上体会到的友好气氛正如"胡德"号的美一样，这对于那些与她同规模的军舰来说是鲜见的。1936年9月来

[1] 勒·贝利《不离引擎的人》第20页。"塔夫雷尔"和"巴底买"分别是两位知名海军作家——上校亨利·塔普雷尔·道灵（Henry Taprell Dorling）和军需上校路易斯·里奇爵士的化名。

① 科尔斯、布里格斯《旗舰"胡德"号》第132页。

舰上担任随舰牧师的埃德加·雷牧师见到了在之前各岗位上认识的几位熟人，由此感到宽心，而军需学员基斯·埃文斯上舰后不到半小时就在舱面上打起了曲棍球。不过，大多数人上舰的情景是更加平淡无奇的，尽管对他们而言也是同样令人印象深刻的。肩背吊床和背包，手提杂物提箱，士兵沿着舰体中部的舷梯走上去。没有喧嚣，也没有仪式，他们就这样被迎进了自己的新家。泰德·布里格斯回忆道：

接着我们被领上长长的舷梯，进入了这轰鸣的巨兽内部。所有东西看着都比常见的大一倍。餐厅是巨大的；我面前出现了一张张擦洗过的木制餐桌，它们就像巨大的魔术师的手指；桶像纯银一样亮光闪闪；连头上的吊床杆也闪着光，我四周全是时有时无的燃油气味和持续不断的通风扇嗡嗡声。少年水兵餐厅同样让人感到宽敞，线条整洁利落，我们就被安顿在这里，把这里当成家。①

而4年前来到同一间餐厅的少年水兵弗莱德·库姆斯的反应却相当不同。在他和他的孪生兄弟弗兰克以及其他同伴看来，舰上生活真的开始时，带给他们的是一次可怕的冲击：

1935年3月31日，我们在朴次茅斯船坞加入了"胡德"号。我们先拿着袋子小心地登上又长又陡的舷梯，结果因疏忽而被狠狠训斥，跑回去拿吊床，这时我们感到自己就像粪堆上的苍蝇。有人带领我们逛了一圈，爬下钢梯子，走过一条条看上去一模一样的走廊，穿过巨大的钢铁门，最后我们来到了军舰

〈20世纪30年代早期，在鱼雷兵餐厅中向舰艉、舰内方向拍摄。上午分队集合前，餐厅已被擦洗、抛光并整理完毕。请注意桌下的鞋。桌子吊在吊钩上，天花板布满通风道和挂吊床用的吊床杆。左侧是一排仔细抛光的装备柜。画面中间偏左，远处有一具通风扇。右侧，另一排装备柜将该餐厅和远处的后甲板分队餐厅隔开。（塞利克斯）

△ 1932年，在同一间鱼雷兵餐厅中向舰艏、舷外方向拍摄，视角正好与前一张插图相反。请注意舰舷上刷的餐厅编号和其下存放的杂物提箱。上方是存放各类餐具的架子。器具按统一方式摆放，盛装食物的"面包驳船"及马口铁制的其他容器在桌子一端闪着光。前方舱壁上可见一排装备柜。上方的纵向大梁上固定着通风道。这处餐厅居住着近100名士兵。（莱特与洛根）

① 帝国战争博物馆第91/7/1号档案，第38页。
② 本部分的细节归功于乔治·唐纳利先生（锅炉兵，1936至1938年驻舰），作者向他致谢。

腹地。这里看着全是刷成白色的长走廊和箱子，没有人的气息，不通风，没有窗户，实际上是一处兵营。我们感到，自己与其说是粪堆上的苍蝇，不如说是底下的蛆。［……］我们被人领着，穿过一些废弃的餐厅和封闭的隔间，在一截钢梯子底下找到了堆在一起的袋子和吊床。这些物品从一层甲板被一气儿扔下，穿过三层甲板后到了最底层，而我们的餐厅就在这层。吊床同样遭到粗暴的对待。初来乍到的经历预示了未来我们在海上和军舰上的生活会是艰难的。①

布里格斯和库姆斯将要居住几年的水兵餐厅与皇家海军其他主力舰上的水兵餐厅大同小异。上层甲板和主甲板上排列着15间供资深士兵使用的封闭式餐厅，还有11间敞开式餐厅，后者被称为"舷侧餐厅"，乘员组的大多数都在这儿，和平时期这部分人仅士兵就超过1100名②。典型的敞开式餐厅，例如位于艒部上甲板左舷、供鱼雷兵和后甲板分队使用的那间，长和宽分别不超过70英尺和30英尺，可居住200人。每间餐厅主要的外观特征是有一排木制的长桌，每张桌子沿舰体左右方向横放。有些桌子有折叠桌腿，有些则悬挂在从天花板上垂下的钢杆上，钢杆有很多根，抛光得锃亮。桌子两侧各有一条最多可坐20人的木长椅。每张桌子自身就可以构成一间"餐厅"，水兵在这里用餐、读信、玩游戏，和战友们亲密地度过很多时光。每间餐厅都有编号，左舷为偶数，右舷为奇数。餐厅从前部开始，由上层甲板到主甲板逐次编号。要描述大餐厅的气氛，最好的文字来自水兵出身的W. B. 哈维（W. B. Harvey）少校：

桌子的一端正进行着牌戏，可能是一对三惠斯特、尤克、"吹牛"或其他无数种，经常有人在身后走来走去当"顾问"，有些讨嫌。此时，开软饮料店的"机灵鬼"哈蒙德会制作一种混合饮料，装在桶里当成柠檬汁卖；"布里格姆"杨会给他的众多女友之一写信，整理杂物提箱里她们的照片；"诺比"霍尔力争成为地中海舰队轻重量级拳击冠军，正在与假想敌练习；餐厅炊事兵正在削土豆——四下嘈杂的交谈、笑话、嘲讽、嘘声交织成纷乱但欢乐的背景，16间舷侧餐厅都如此。①

每天上午分队集合时，桌上盖的白色油毡都被卷起，露出下面擦洗过的软木材桌面，刀叉整齐地列放其上。过道尽头，"餐厅炊事兵"们擦亮了各种平底马口铁罐，并把它们叠放就位。餐厅配备的容器是经过周密考虑的。弗莱德·库姆斯回忆：

桌子的另一端是另一个抛光得锃亮的马口铁盒，里面有单独的分格，分别放着茶和糖。我们按照建议用它们来沏茶，用的是一个高大、形状古怪的茶壶，它有一个可拆卸滤网、一个小盖子，唯一显眼的特征是壶嘴。茶壶放在一个铁盒上，我们的餐厅用具便整齐地摆放在铁盒前。首先是一个餐厅用的水壶和壶盖，它旁边是一个圆形、平底、带有铁丝提手的罐子和罐盖，这些都擦得很亮，最后还有一把大号长柄勺。桌下有一个擦得很亮、很干净的桶，尽管它是用来装各种残留物的，例如茶壶中的茶渣。②

每张桌下的地面上都沿着桌子的长轴方向安装了几具窄鞋架，它们无疑加剧了餐厅那令人不适的局促感。桌子的外端一般铰接固定在舰舷上，舰舷旁是存放杂物提箱、靴子和其他物品的空间。桌子上方是一盏灯，还有用黑漆工整刷上的餐厅编号，以及一张小公告板，上面写着特别命令和餐厅炊事兵值勤表。灯一般是油灯，但"胡德"号上一直用的是电灯。更高处有备用的杂物提箱存放处，以及放置各种餐具的架子。以上便是餐厅里和饮食有关的一切物品。弗莱德·库姆斯回忆：

舰舷上安装了钢丝架壁橱，标配的碗碟和刀叉可以稳当地分别存放进去。下方一个擦得很亮的箱子盖后面是"面包驳船"——我们新兵叫它面包箱——我们按习惯翻找食物的时候从来没发现那里有剩下的食物，所有少年水兵餐厅都如此。③

内侧舱壁上是一排排闪亮的钢柜，用于存放士兵的其他装备。天花板下是

① 引用于威尔斯《皇家海军》第139页。这里描述的是20世纪20年代早期"马尔伯罗"号（Marlborough）战列舰上的餐厅。
② 帝国战争博物馆第91/7/1号档案，第38-39页。
③ 同上条，第38页。

① 帝国战争博物馆第91/7/1号档案，第39页。
② 同上条。

横七竖八的吊床弯杆、横梁、线缆、通风道和吊床存放处，构成了一幅简朴的生活画卷。在这样的环境里，库姆斯兄弟和他们的战友枯坐着，期盼不寻常的事情发生。不过，有了食物和同餐厅的战友，他们很快就感到好受些：

> 由于尝到过在收起吊床后寻找回餐厅的路是什么滋味，我们都决定待在餐厅里不动，直到4点左右哨声下令炊事兵去厨房。此时，两个穿着夏季制服的年轻士兵匆匆进来，其中一人抓了一把茶放进壶里，另一人向我们示范怎样把油毡桌布——通常是白色的——卷起来，把几把餐刀铺开，接着奔向备餐间，在那里排队。最后，他领到了一个有编号的托盘，里面装着这间餐厅需要的食物，份数不多不少。［……］一开始没有食物的动静，直到餐厅值班士兵从钢梯上跑下来，背对着梯子横档——这是一种除非大量练习，否则不可能掌握的下梯姿势，但却是走下三道梯子把食物端到下方餐厅的唯一方法，用脚背抵着上一根横档以保持平衡，同时脚后跟牢牢踩在下方下一根横档上。有时食物里会有肉汁等液体，那么这就是唯一的送菜方法。我们稍加练习，很快就能这样沿梯子跑下来。当无法用手保持平衡时，这种方法下梯子快很多，也只有这样送菜才不会洒出来。①

喝一杯茶，吃一两片面包后，生活就会美好不少：

> 用完茶点后——通常是面包和果酱，我们七七八八地坐着，小口呷甜味的浓茶，同新室友交谈——他们正等着轮到自己休假，并重新找到能给我们指点的人。这些老兵已在"胡德"号上服役了6个月，是我们的同乡，护着我们。②

其他人尽管不像库姆斯兄弟一样被一阵阵可怕的饥饿折磨，但食物对他们来说仍是海军生活中的一个重要元素，而他们对于食物的看法也有分歧。"胡德"号服役后成为皇家海军中第一艘采用公共伙食和中央库存双重系统的军舰。传统上，每间餐厅每月都有食物配额，食物由两名成员即"餐厅炊事兵"领取并准备，这一职责由大家每天轮流完成。食物准备好后，馅饼、肉块和蔬菜都被送到上方的厨房，在烤箱里烘烤，待午餐或晚餐食用。这种体系被称为"食堂伙食"或"分餐厅供餐"，在士兵中有不少支持者，因为他们喜欢自己选餐。但随着军舰的乘员

◢ 1938年圣诞节，军舰停泊在马耳他，士兵们的节令盛宴。平时菜单花色远不及此丰富。上面的签名推测来自照片主人的同餐厅战友。早餐：夹心卷和黄油；猪肉香肠、蛋、培根；早餐果酱；茶。午餐：番茄奶油汤；烤火鸡及里面填的菜；煮火腿；烤土豆；比利时小卷心菜；圣诞布丁和白兰地汁；坚果；橙子；苹果；枣；无花果；巧克力。下午茶：面包与黄油；圣诞蛋糕；果酱。晚餐：冷火腿；番茄酱；碎肉馅饼，奶酪与饼干；可可。（"胡德"号协会/希金森收藏照片）

组扩大，如果仍然按照有多少间餐厅就需要"可可水手长"（厨房炊事兵）们做多少份菜的惯例来办的话，必然会造成浪费和低效，因此必须改变。皇家海军的解决方案就是公共伙食系统，士兵以其设计者阿尔方索·杰戈（Alphonso Jago）准尉之名将它称为"杰戈伙食"。在这一体系下，军需官和他手下的供应队负责为所有士兵提供食物，保证按照事先拟定的一周菜谱提供一日三餐，每日的伙食费则从士兵的收入里扣除。1937年，这笔伙食费是1先令又1.2便士，1940年则增为1先令又3.2便士。公共伙食系统引入后，舰上相应也需要更好的食物储存设备，而"胡德"号在前部下层甲板设置了三处储藏肉类和蔬菜的大型冷柜，舰上能储备合计320吨左右的食物，最多可支持4个月。这种体系为皇家海军节省了大量资金，但一度招致不少士兵的怀疑和反感。电报兵S. 多诺万（S. Donovan）回忆道：

> 我们不情愿地接受了它。原先因为不用给上岸的和休假的人提供食物，每间餐厅都可以节省一些补贴，月底就可以得到节省的钱，现在不行了。[1]

尽管如此，其他人的看法却大相径庭。皇家海军陆战队炮手"风一般的"布里斯回忆道：

> "胡德"号是第一艘启用公共伙食体系的军舰。体系由一名军需中校负责，后来我们并没有每月亏空，而是有了不少盈余，我们用盈余来招待访客喝茶吃饼（岩皮饼，硬得像石头）。[2]

"胡德"号的第一代乘员组中，来自纽伯里（Newbury）的一等水兵利奥·布朗（Leo Brown）能吃到厨房灶台做的炸鱼薯条和每周五的土豆馅饼就别无所求了[3]。事实上，早先烹饪水平受制于同餐厅战友那并不可靠的厨艺，而后来多数人不仅称赞食物种类更丰富，也称赞菜的口味更佳。不过即使是这样，在1931年上舰的二等水兵诺曼·维斯布鲁姆（Norman Wesbroom）看来，"公共伙食从来没有大受欢迎"[4]。

虽然食物准备过程整体上改进极大，但上桌的食物与从前的并无多少不同。早餐包括培根、西红柿、茶、面包和黄油，如果前一晚海上情况恶劣，则以三明治充当。晚餐则是烤肉菜炖汤或称"杂炖"，餐后甜点总是蒸制布丁。但无论食物准备得如何，从备餐间到餐厅总有一段路，这使得舰上厨房提供的食物易遭不测。在弗莱德·库姆斯看来，茶点是"一些面包和黄油，可能还有果酱。如果取餐的人没弄错，这些东西会放在盘子上，而不是放在多半油腻的碟子里"[5]。

[1] 同引用于科尔斯、布里格斯《旗舰"胡德"号》第18页。
[2] "胡德"号协会档案；约1920至1922年。
[3] 帝国战争博物馆有声档案，第13581号，第2盘。
[4] 帝国战争博物馆有声档案，第5818号。
[5] 帝国战争博物馆第91/7/1号档案，第39页。

1938至1941年服役的一等水兵鲍勃·提尔伯恩的观点则更为尖刻：

我们的食物非常非常好——在冰箱里时。但被大厨们过一次手后，放在盘子里时，就不太好了。[1]

餐后便是收拾：

我们之前都在学怎么做，很快就要自己把锅洗了，把餐厅收拾停当；负责顺着军舰舷侧的钢制垃圾槽（防止舷侧被玷污）把垃圾倒掉的那伙计，也许还会听见熟悉的叮叮声，那是一件餐具也跟着掉下去了，接着他会听见有人念着 "小勺子响叮当，刀和叉快跟上"。全世界的海底一定都落满了谢菲尔德制造的皇家海军小餐具……[2]

有一点无疑是 "胡德" 号的不幸。她虽然率先采用了公共伙食制度，但她并没能存活得足够久，从而没能享受再次改进的海军伙食体系，即二战中引入的、自助餐厅式的集中伙食制度。

夜幕降临，士兵们从隔间中或天花板下的收纳网中取出吊床，把它们沿军舰艏艉方向挂在餐桌上空，以尽量减小军舰的摇动对睡眠的影响。每套卧具包括一个床垫和一套绳网，吊床通过绳网挂在天花板梁安装的专用吊床钩上。吊床展开全长11英尺，但相当窄。沿着绳网移动一根木制的收放杆，便可张开或卷起吊床，以满足使用者对隐私、取暖和舒适的需求。弗莱德·库姆斯对这个过程做了解释：

漫长的一天结束后，我们第一次正儿八经地挂起吊床，用一根短棒把靠头一端的绳网打开，展开沉甸甸的羊毛毯，并把它从头到脚铺在张开的吊床上，接着借助相邻床位上空的吊床杆躺上去。首先把双脚放在毯子上，然后肩背躺下去，毯子在身下，我们可以轻易地把两边依次折起来，最后把自己裹进去。如果你习惯了这么睡，并且把靴子和衣物包成一个舒适的枕头固定在靠头侧的绳网上的合适位置，这就是一张舒适的床。吊床仅在两端固定而中间下垂，这样虽能与弯曲的脊背贴合，但背贴着床睡觉并不自在，只是我们很快习惯了……[3]

第一夜，真正睡下时，充其量只能算时睡时醒：

机械低沉的轰鸣声不断从头上的通风道传下来，也许这有助于我们入睡，

---

① 亚瑟（编）《皇家海军：1939年至今》第90页。
② 帝国战争博物馆第91/7/1号档案，第40页。
③ 同上条，第40–41页。

但灯光……直到10点"熄灯"令后才熄灭。我们翻来扭去，同时尽量用毯子裹住自己，就这样做了很多从未做过的奇怪动作后，多数人时睡时醒……手放在蜷起的双膝间，而不是保护"命根子"，尽管此刻似乎有必要保护一下。恼人的漫长夜晚中，身下被莫名其妙地顶了几次，去值班以及交班回来的人们的头撞到了吊床，也许是挂得太低了……一夜过去，感觉时间还很早呢，灯光就都亮了，脾气暴躁……的值勤军士刺耳地喊着。[1]

一些人接到"捆好并收起"吊床的命令时，可能是带着不快的，但与库姆斯兄弟同处一间餐厅的人则领会了什么叫做"早起的鸟儿有虫吃"：

时间已到5点30分，所以我们只剩丁点时间捆好并收起吊床，穿好衣服，找到餐位，巴望着享用按理会有的一杯可可和几块饼干，却看见餐厅里深谙此道的战友们不等收起吊床就已经先一步去拿口粮，舒舒服服地吃东西。我们只吃了一次亏，因为傻子才会吃两次亏。吃一堑，长一智，任何事情都是这样。[2]

不过，对某些人来说，有很多理由让他尽量晚起床。罗利·奥康纳中校在任期内严格执行现行命令，采取相应措施保证舰上的每一具吊床都不迟于6点45分捆好并收起：

对士兵来说，早晨6点起来擦甲板已经很糟了，但更糟的情况是，当他下来吃早餐时，看见享有晚起权的某人刚从餐桌上空挂着的吊床里出来，并误吃了前者的早餐。这事令人不愉快，并会引发更多不愉快。[3]

奥康纳的话谈到了餐厅生活的核心问题：士兵如何在一个不仅人满为患、非常拥挤而且没有隐私可言的环境中保持尊重和维持战友情谊。士兵的世界不仅受到上级监管，也被餐厅战友们近距离盯着，因此除去吊床或杂物间中的空间，只有杂物提箱能提供一点隐私。老式的杂物提箱是一个铰接的白木箱，长、宽、深分别为16英寸、9英寸和10英寸，里面装有照片、信件、书写用具、纪念品和小装饰品，这些物品能让主人想起家园、心上人或家人。箱子挂有锁和主人身份铜牌。1936至1938年在舰上的锅炉兵乔治·唐纳利（George Donnelly）在自己的箱子里放了一把发刷和一把梳子、两只鞋刷和用于简单针线活的针线包[4]。从20世纪40年代开始，这种箱子被小型手提包取代，后者长12英寸，宽10英寸，装有弹簧锁和提把。除此之外，每名士兵还有一个柜子，里面放置各种制服和装备、钢盔盒和背包，而怎样把各种物品收纳进背包里本身就是一门艺术。

① 帝国战争博物馆第91/7/1号档案，第41页。
② 同上条。
③ 奥康纳《管理大型军舰》第64页。
④ 给作者的电子邮件，2002年11月14日。

① 帕特维《雪地靴和晚宴服》第154-155页。

∨ 1924 年 9 月 14 日前后环球巡航即将完成时，在纽芬兰的托普塞尔湾，"胡德"号乘员组在艏楼上合影。海军中将弗雷德里克·菲尔德爵士坐在中间，约翰·伊姆·特恩（John Im Thurn）上校在他右手侧。沙袋鼠"乔伊"在前排。下方左侧的文字注明了时间、地点、舰名、人物，右侧为：特邀新斯科舍省温莎镇的 H. H. 里德（H. H. Reid）拍摄。（"胡德"号协会/雷德收藏照片）

在这些条件下，士兵对同餐厅的人总有忍无可忍的一刻，这是因为，疲惫、不舒服和沮丧会导致神经或者说情绪紧张到崩溃。二等水兵乔恩·帕特维是一名仅在战时服役的士兵，于1940至1941年在舰上服役。他的观点代表了因战争而参加皇家海军的较为世故的士兵们：

和餐厅的同伴们度过的时光还不错，但只有时间不长时才如此；如果稍长点儿，人们乱哄哄的话音和日常闲聊的主题就总是单调、枯燥地重复着"相好"、上床和喝酒，喝酒、上床和"相好"。①

对帕特维这样一名晕船且感到无聊的演员来说，解药就是去舰上其他地方的朋友那里。他的朋友包括军需部门的杰夫·波普军士长：

"坐吧，小伙子，喝一小杯，"杰夫说。于是从那一刻起，我们就成了挚友。工作较轻松，风平浪静时，我就会去找他，喝酒聊天；但如果海况恶劣，杰夫就会让我拿着果酱罐钻到他的桌子下面去，对我弄出的动静和尴尬样似乎

毫无反应。[1]

不过，对战前征召的常备人员来说，通常情况下他们只和同一餐厅或同一工作区域的人来往。1936至1939年在舰上的锅炉兵迪克·特纳（Dick Turner）回忆道：

军舰这么大，我们不可能与许多舰员打成一片，所以你通常只和一小群密友在一起。[2]

这种归属感无疑和长期离家有关，这是所有水手的命运。朗·温科特回忆道：

对我来说，我身边那群人首先是爱家的人，冷静、感情丰富。他们经常与最亲近的人分离，这一点使他们与家之间的纽带比许多每天下班都回家的人愿意展现出来的更坚实。[3]

① 帕特维《雪地靴和晚宴服》第154页。波普军士长1941年5月24日随舰战沉。
② "胡德"号协会档案。
③ 温科特《因弗戈登兵变者》第34－35页。

但在很多聪明的士兵看来，海上生活总有令人萎靡之时。一等水兵鲍勃·提尔伯恩便以天体物理学为寄托：

> 我一直以为大海它很大，但在精神上，海上生活令人麻木。我开始读航海手册，并拿到了一些写恒星的书。我会记下某颗恒星有多远，用光速乘以亿万英里。只是为了让脑子一直运转。[1]

不过，对长期服役的常备人员以及刚入伍的人来说，服役生涯留给他们的记忆是袍泽情谊和友谊。来自朴次茅斯的一等兵朗·威廉姆斯于1936至1941年在舰上担任鱼雷兵，他生动地记叙：

> 像我们那样肩并肩地生活，彼此关系密切，就经常会产生牢固的友谊。平民中见不到这种关系，朋友们只是偶尔在一起，各人在自家生活。但在这里，我们一起生活，像大家族一样。我们了解各自的缺点和不足，但仍然彼此喜爱。我们睡觉时挨得很近，在摇来荡去的吊床上。我们甚至在公共浴室里一起洗澡。事实上，我们坦诚相处，一起面对生活的好与坏。这种同甘共苦和同舟共济打造了一种平民生活中永不会有的友谊。[2]

人们有时会怀疑，有些关系不只是友好那么简单。1937至1938年在地中海，朗·威廉姆斯与一名士兵保持了难忘的亲密友谊，他在回忆录里只称后者为"道格"：

> 大约那时，我开始与道格交好，他是个无线电操作员。电报兵的餐厅和我们的在同一间住舱里，于是我们有时会一起在舱面上散步。我身上是否有令人产生信任的东西，我不知道，但道格经常向我倾诉他所有的烦恼，我们逐渐一起上岸了。
>
> 他比以前的哈里更像"雪白"，喜欢耀眼的灯光和卡巴莱表演而不喜欢安静的地方。仿佛旧时光回来了。我们周末一起游泳。有道格在，我再次开始热爱生活。
>
> 夜晚，如果我们不上岸，道格和我就在巨大的艏楼天棚下，在舱面上睡觉。我俩都有行军床，我们就躺着，看卡斯蒂尔通信站桅杆顶端的信号灯一闪一闪地向停泊在大港的舰队发出信号。我们无法看见被天棚遮住的星星。躺在那里是开心的事，听印度式马车（我们习惯这样称呼）上传来的钟声，看海边的酒吧和咖啡馆的灯光。还有些起伏不定的灯火，那些是小划船，它们奔向各

[1] 亚瑟（编）《皇家海军：1939年至今》第89页。
[2] 威廉姆斯《行过远途》第141页。

自的去处。我们会聊到岸上的灯光一盏盏熄灭为止，不久我们自己也累了，睡着了。

道格和我一起快乐地过了两个月，上岸、自得其乐，后来春季巡航开始了，不过那时"胡德"号再次在西班牙海域执行了一段时间巡逻任务。

我们出航前不久，道格被抽调到"哈迪"号（Hardy）驱逐领舰上，后来我就很少见到他了。我当然想念他，但从那之后我上岸时通常随便带个朋友。感受不太一样，因为道格和我在一起一年，我们了解各自的好恶，一直相处得这么好，但海军生活就是这样：朋友们来了又走，我们得随遇而安。[1]

20世纪30年代中期前，皇家海军锅炉兵多数是20多岁的人，许多人是英格兰北部的矿工。不过，这时征兵政策发生变化，结果皇家海军舰船的轮机部门里第一次有了许多青少年锅炉兵，而无论是这些士兵还是皇家海军都对这种变化措手不及。

虽然舰上生活中罕见真正的恶劣事例，但我们不应因此忽视那些偶尔显现的令人厌恶的真实事件。如果出现关系破裂等情况，舰员有时要被调到另一间餐厅。奥康纳写道：

需要尽力保证士兵不轻易更换餐厅或在舰上的岗位，除非绝对必要，或有充分理由证明调换对他有利。如果发生争吵和彼此不容，有时候就最好调换，也有些例子证明，在一个新环境里与不同的伙伴重新开始生活可以让年轻人浪子回头。[2]

① 威廉姆斯《行过远途》第121、第123及第124－125页。
② 奥康纳《管理大型军舰》第65页。

同样，由于舰上的集体高度依赖人际信任，因此如果在圈子里发现小偷，人们的苦恼就可以想见：

餐厅中的小偷小摸现象是个棘手、烦恼的问题。说它棘手，是因为小偷很少被抓现行；说它烦恼，是因为它会滋生不快乐的气氛，让餐厅战友对彼此充满怀疑。偷窃同舰战友东西的人，如果不是患有盗窃癖的话，就一定是最刻薄的那类人。事实表明他们通常也是最狡猾的那类，而且令

反串与角色扮演。打扮成女性及从军官处借来制服的锅炉兵。本例只是20世纪30年代后期军舰自办戏剧协会的一场演出。（"胡德"号协会/塞特收藏照片）

人遗憾的是，他们很少失手。[①]

进入20世纪后，士兵的道德水平明显提升，但二战爆发后，皇家海军中混进了许多被称为"溜号分子"的不三不四的人。如1940至1941年在舰上的二等水兵B. A.卡莱尔吃了亏后所发现的那样，多数大型军舰的餐厅中，偷窃行为都很猖獗：

用现代标准来看，舱面下的条件是原始的，洗澡的时候人们必须把衣服留在浴室外，进去用海绵擦洗。我傻乎乎地把腰带留在外面，那上面有我的7镑身外之物（70天的军饷），我出来时钱不见了。我向纠察长报告了损失，他同情我，但他自然说没办法。[②]

不过，奥康纳对受害者毫不同情：

如果说对有些事情整治不如预防，那么盗窃就是这样的。士兵们对待自己的钱财很不小心，扒手们看到他们是怎样放钱的，往往会受到强烈的诱惑。在失窃案中，把钱放在腰带里，挂在吊床一端，主人睡觉，或者把钱放在没上锁的杂物提箱里，都是经常报告的情况。有必要向全体人员发出严肃告诫，贴在副舰长公告板的显眼位置，必要时重贴，说只有两种方法放钱是安全的——

（1）随身携带。

（2）交由军需官保管。

无视这一告诫而遭受损失的人只能责怪自己，捉住小偷也是他们自己的事。[③]

并不奇怪，1940至1941年在舰上的二等水兵比尔·霍金斯睡觉时总是注意把衣物都拿到吊床上。[④]

人们有时需要彻底一个人独处——这种情况还不少，这时他们就会想到杂物间。乔恩·帕特维回忆道：

任何水手出海后最需要的都是清静，士兵们为了找清静处会做任何事。他们会把床垫放在橱柜后面、顶上或里面，在大的家里给自己做个小小的家。我有三方面比大多数人幸运，其中之一，便是我负责管理舱面上的一间缆绳储藏室。它长7英尺，高4英尺，一端堆着盘卷的缆绳，留下足够的空间放我的床垫、提箱和"家什"。我在天花板上挂支手电筒，度过了不少快乐的时间，读书、写信，一句话就是在这间巴掌大的铁屋提供的清静环境里自得其乐。只要

[①] 奥康纳《管理大型军舰》第85页。

[②] 第二次世界大战亲历记录中心，第2001/1376号档案，B. A.卡莱尔，第6页。

[③] 奥康纳《管理大型军舰》第85页。

[④] "胡德"号协会档案。

把门挂钩挂上，就没人能打扰我。我把心爱的人们的照片贴在舱壁上，这样就能不受干扰地向往安宁，想象温柔的手臂温情地抱着我。这些避风港传统上被叫作"守车"，军官和士官们对这种做法相当容许，人们白天可以占用它们而不需害怕也不会被阻拦，尽管若是有两个人待在关门并锁上的"守车"里会令别人说三道四。你难以相信，我的战友有多少成功地进过这处出奇狭小的空间，吸烟、闲扯（也就是聊天）。①

舱面下的杂物间则有更多的方式来进行改动和重新装饰，许多人不惜工夫粉刷，在他们的隐居地布置永久灯具、图片、几件家具，甚至还有床。在杂物间里过夜原则上是不允许的，而且有些杂物间为以防万一还会锁上，但军官们对士兵们在杂物间里过夜经常视而不见。餐厅的生活中，个人空间有限，因此必须有一些清静和独处的时间人才能健康，否则有些就会精神失常，尤其在战争时期，故而剥夺在清静地点独处一定时间的权利这种对士兵的惩罚不能轻易采用。

每间敞开式餐厅由"餐厅长"管理，他是一名俗称"小锚"的上等水兵，再升一级军衔就可以住士官们的封闭式餐厅了。每间餐厅中的人都有明显的等级之分，根据资历，上等水兵之下是有3枚优良表现奖章的士兵们，3枚奖章表明他们在皇家海军中服役了至少13年。资深士兵的耐力、技能和尖刻的幽默感在和平时期会改变一间餐厅的风气，并让战友们变得强大，以面对战争时的种种困难。无论上等水兵朗·温科特的其他观点有多强的倾向性，都不能否认这名因弗戈登兵变的参加者将两次大战之间皇家海军的战友们描述为"世界上最棒的男人们"②是发自内心的。上等水兵也负责管理餐厅中个人的空间，士兵与上等水兵在同一间餐厅服役的时间长，就能得到位置好的柜子或吊床位。上等水兵也可以凭军衔免做取食物、收信件当然还有餐厅日常清洁的工作。日常清洁时，餐桌被升到天花板下，长凳被搬开，以便士兵们擦洗红棕色地毯，并把每件物品的表面都擦得闪闪发亮。接着每间餐厅的桌椅被放回原位，餐具和用品按规定放好。

虽然人们仿佛着迷一样重视清洁，但舰上的条件往往对健康不利。"胡德"号的士兵浴室虽然相对旧式主力舰的确有显著改善，并安装了较小的军舰上不可能具备的设施，但仍然亟待改进。泰德·布里格斯写道：

很多裸身的士兵一起洗澡或洗衣服时，那些下水道和排水孔就几乎从来不够用，结果地上总有4英寸深的污水。于是有了一句俏皮话："为了你，我从大水滔滔的锅炉兵浴室游回来。"③

① 帕特维《雪地靴和晚宴服》第150页。
② 温科特《因弗戈登兵变者》第147页。
③ 科尔斯、布里格斯《旗舰"胡德"号》第135页。

皇家海军陆战队

"胡德"号沉没时，舰上的皇家海军陆战队分队包括4名军官、158名士兵和1名少年军乐兵。虽然分队人数超过舰员总数的1/10，但陆战队并未因其对舰上生活的影响而受到应得的关注，这无疑反映了传统上他们和水兵间的敌视，这一点在第6章[1]讲述。缺乏关注的空白并非以下的只言片语能填补，但这些内容至少能讲述皇家海军陆战队在海上都进行哪些活动。

分队的多数人使用一间被称为陆战队营房的大餐厅，它位于舰舯部上层甲板。分队的军官们——通常是1名少校、1名上尉和2名中尉——则在军官活动室活动，在舰后部舱室就寝。分队可能包括2个小队，后来则增加至3个，每小队36名士兵。20世纪20年代的士兵是从普利茅斯抽调的，从1931年开始则从朴次茅斯抽调。除了普通士兵，分队还有以一名军士长为首的十多名士官，以及舰上皇家海军陆战队军乐队的17名军乐兵。和其他军舰的陆战队分队一样，"胡德"号分队的主要任务是操作"X"炮塔，这需要65名左右的士兵在一名海军陆战队上尉的指挥下完成。

陆战队队员们也负责操作军舰的一部分副炮，例如在1933至1936年的服役期内，他们负责操作右舷2号、4号、5号和6号5.5英寸炮。军乐兵们由一名军乐队长率领，在主炮中央计算室工作，这表明他们被寄予相当信任。按1903年的规定，皇家海军中演奏音乐主要由陆战队军乐兵负责，他们接替了之前多少有些良莠不齐的水兵军乐队。此后皇家海军得以享受技艺高超的演奏，不仅在舰上生活的日常仪式上，也在每时每处——从岸上的《吹号收兵》到后甲板上的爵士乐。这些"皇家兵"也担任哨兵、军官的个人勤务兵和军官活动室勤务兵，同时执行与水兵相同的任务和演习，只是不负责操作小艇。与"海上战斗员"的角色相符，这支分队也针对岸上行动进行训练，频繁出动登陆组和进行拉练。最后，陆战队还负责分割舰上的肉类，并承担邮政和印刷工作。

---

[1] 见第6章第289页。

〈1935年前后，军乐队在左舷副炮群中排练。皇家海军陆战队军乐队演奏多种音乐，包括仪仗进行曲、爵士乐及室内乐。乐队长身后的舱口通向位于上层甲板的后甲板分队餐厅，再远处是左舷5号5.5英寸副炮弹药输送带的上端。（"胡德"号协会/威利斯收藏照片）

∧ 1924 年 7 月 24 日，军舰穿过巴拿马运河时，陆战队分队着热带制服和白色仪仗头盔列队。他们身后是夜间防御指挥所，右手侧是左舷 4 寸 Mk V 高射炮。背景是叠放的舰载艇。（美国海军历史中心，华盛顿）

　　陆战队的征兵标准相当高，很多后来顺利加入陆军的人都曾被拒之门外。这一点，连同一种伟大的战斗传统，使陆战队充满了优越感，并在水兵面前坚信"你们能做的任何事，我都能做得更好"。对方传统上则回应之以"给陆战队讲讲"，这句话源于人们认为陆战队的"皮护颈"们对皇家海军的门道一无所知。不过，至 20 世纪早期，显而易见的是，陆战队已经成为一支精锐力量，即将在战时和平时做出重大贡献。"胡德"号上，正是陆战队的"卫兵和军乐队"为各种场合增光，为这支分队添彩。陆战队率领军舰

的许多支运动队赢得了比赛，包括 1926 至 1928 年连续 3 届罗德曼杯。不过，两次大战之间，许多陆战队队员越来越深地感到不得志，这是因为在海军军官看来，陆战队不过是干杂活和当哨兵的劳动力，因而陆战队的普通士兵对于在海上服役从没有特别喜欢过。二战中，陆战队一如既往地在舰上服役，但 1943 年组建的几个突击营指明了陆战队的未来。不过，"胡德"号的分队在 1941 年 5 月 24 日全体阵亡，他们永远也看不到这一天了。

　　浴室安装了排水泵以供排水，但由于压力不足，它们无法一直开启。此外，由于锅炉给水一直紧张，军舰出海时，许多水房每天都不得不关闭几个小时——战时更长。由于士兵不允许穿着脏污的工作服去餐厅，当一大队一大队士兵值完班时，这种难处经常导致严重拥挤。士兵们打开安装在瓷砖天花板上的大水龙头，向30英寸宽、10英寸深的镀锌浴盆里放水以便洗澡。在大风浪中，洗澡水剧烈晃动可能导致浴盆、洗澡的士兵和其中的一切沿着浴室地面滑动，令士兵惊恐。同时，由于舰上没有专门的洗衣房，士兵们必须在浴盆里洗衣服或在浴室的洗衣池里刷洗，这导致浴室更加混乱和拥挤。出海时，尤其是在战时，许多人没有时间换衣服或不想换，把换洗衣服的事情推到回港时做。士兵除了在洗浴间的洗衣池里洗衣服，还经常在厨房打一桶水，用一条俗称 "军需官的硬货" 的肥皂来洗，他们最喜欢在舯部主甲板两侧这样洗衣服。刷洗过的衣服之后会被放在干燥室里，锅炉兵们则会把衣服带下去，利用锅炉室的热量，在下一班时间内把它们烘干。 "军需官的硬货" 是皇家海军用来保持餐厅干净整洁的一种一般等价物。1937至1939年在舰上的电报兵迪克·杰克曼解释道：

　　即使那个时代有洗衣剂， "胡德" 号上也肯定从没用过，所以集体洗衣服时总是用条状的黄色大肥皂。肥皂的三维大约是2.5、2.5和6英寸，可以在舰上的商店里买到。如果有人把随身物品落在一旁，它们会被拿走，存放在 "食品袋" 里。之后若想取回，所有者就要被罚掉一条肥皂的一部分，遗忘的物品越多，被罚的肥皂越多。被没收的肥皂之后用于清洁军舰和餐厅。[①]

　　虽然 "胡德" 号建成时被评为居住条件最舒适的军舰，但时间越久，居住条件的问题越突出。毋庸置疑，在 "胡德" 号生涯的末期，她的生活设施和整体舒适程度已不像最初那样耀眼了。1939年6月，军官候补生H. G. 诺尔斯（H. G. Knowles）在舰上短暂服役时报告：

　　走在 "胡德" 号上，到处是噪音、管道还有船坞工人，于是我惊讶，自从我在马耳他参观过她之后，舰上怎么发生了这么大的反差和变化。在马耳他时，她是我眼中最优美和高效的。现在我开始觉察到那些餐厅有多么窄小和沉闷——甲板下真的几乎连一个舷窗都没有。[②]

① 给作者的电子邮件，2004年1月4日。
② 帝国战争博物馆第92/4/1号档案，1939年6月9日。

　　至20世纪30年代后期，餐厅已无法供暖，这是因为管道严重漏水，蒸发器提供的水已无法同时满足供暖和锅炉给水的需要。由于缺少舷窗以及空气循环不畅，故在军舰深处，光照明显变差，异味明显加重。"胡德"号的通风一直不好，但人们越来越多地将舰上的高肺结核发病率归咎于环境潮湿，实际上餐厅都经常进水。1936年任舰上牙医的牙医上尉威廉·J.沃尔顿对当时舰上的状况有如下记录：

> 空气状况很差。有几人死于肺结核。在直布罗陀，一名士兵在吊床里坐起来，大量咯血，几分钟后死亡。[1]

　　1932年，一名一等水兵和一名军官候补生因肺结核病倒离舰，这使海军部第一次重视肺结核问题[2]。之前，海军部对此置之不理，只是一味称军舰1929至1931年的改装期间，已有5000英镑被用于改善居住性，而且"胡德"号肺结核的发病率低于舰队的整体水平及平民的发病率。不过，至20世纪30年代后期，"胡德"号获得了"肺结核之舰"的恶名，海军部再也不能忽视肺结核隐患，毕竟皇家海军中肺结核死亡率是平民的两倍，而且此时又出现了30年前的流行态势[3]。1936至1938年军舰在地中海时，每周要报告出现胸腔症状的病例，并实施了一套在舱面上锻炼的方案[4]。安德鲁·坎宁安中将于1937年6月突然接到任命，来到"胡德"号上后，非常及时地主持了一个调查舰上通风和居住性问题的委员会[5]。

　　同样，鉴于军舰这个集体对清洁的要求相当苛刻，弗朗西斯·普里德姆上校的一些评述读起来就令人吃惊，他于1936年2月上任后发现舰上肮脏不堪。他写道："她是我见过的最脏的军舰。"[6] "光荣"号航空母舰上有过一大群老鼠，直到她沉没时鼠患才随之灭绝，而"胡德"号由于经常在热带活动，故特别容易滋生蟑螂。1936年4月军舰在直布罗陀时，舰刊《山鸦》提出"蟑螂周"灭杀计划[7]。但舰员们输掉了这场战斗，"胡德"号于1940年8月结束地中海服役期，补充物资后回到斯卡帕湾时，军官们又采用了一种新方法。皇家海军志愿后备队军官候补生罗斯·沃登回忆：

> 一名军官灵机一动想了个新办法——蟑螂赛跑！我们这里有一小群蟑螂，似乎没有理由让它们过轻松日子。军官活动室桌子的绿桌布正好是个理想的跑场；我们用粉笔画了线，选手们被关在火柴盒里；有些人甚至过分到为他们的宝贝设计了特别食谱。赌注（一点点）被摆好，有人喊"它们起跑了！"的时候却不会发生任何事情。下一步是把点燃的火柴放在它们尾部，这能让它们向前跑。[8]

[1] 引用于科尔斯、布里格斯《旗舰"胡德"号》第93页；另见第72页。
[2] 国家海洋博物馆"胡德"号舰船资料集，第Ⅲ部分，第20号。
[3] 卡鲁《下层甲板的士兵们》第144页。
[4] 帝国战争博物馆有声档案，珀西·托马斯·普莱斯一等水兵，第20817号，第1盘，及约瑟夫·弗雷德里克·罗基上等水兵，第12422号，第1盘。
[5] 坎宁安《一个水手的冒险》第180页。
[6] 普里德姆《回忆录》第Ⅱ部分第146页。
[7] 《山鸦》1936年4月刊第11-13页。
[8] 沃登"'胡德'号战列巡洋舰的回忆"第84页。

△ 20世纪30年代后期，"胡德"号的63名士官在艏楼合影。多数人穿着与军官制服式样相似的军服，但少数人喜欢水兵服。奖章通常意味着拥有者至少在皇家海军中服役了15年，一两人的勋章表示他还参加过一战。但许多人尚未开始第二段服役期。（塞尔玛·米勒女士）

　　不过，尽管人们从未真正把蟑螂当成吉祥物，它们却有不论军衔对人类一视同仁的习惯，因此逐渐被当作了军舰个性的一部分。几十年后，一名于1933年驻舰的少年水兵（姓名不详）被问到"你对'胡德'号的哪一点印象最深？"时，他回答："蟑螂的数量是人的100倍。"[1]

　　在舰上生活中，皇家海军对军衔高者和获晋升者进行奖励的手段是给予军中两项标志性的特权：拥有更多的空间和在下级面前有更完善的隐私。军士长们和军士们居住的封闭式餐厅的情况就是如此，较大的餐厅可能只是用帘子把一个区域遮挡起来，其他餐厅则可能有完全独立的隔间，一端摆着安乐椅，旁边还有食品储藏柜。每间餐厅无论布局如何，都由至少两名"餐厅值勤兵"提供服务，他们的工作和开放式餐厅中的"餐厅炊事兵"相同。通常，某间餐厅由哪个兵种使用，其值勤兵就由该兵种的资浅士兵担任，这份工作使值勤兵不仅能每月从该餐厅的资金中抽取津贴，也能拥有若干项特权，这些特权导致餐厅值勤兵岗位炙手可热。提供给士官的食物理论上与其他士兵的食物相同，但实际上当然不完全如此。士官和其他士兵一样睡吊床，但他们有各种补偿，特别是有权喝纯朗姆酒，自然也可以私下把酒存起来供以后享用。接着是准尉群体，十几个人——各自领域的顶尖能手，他们比其他人分担更多军舰运作的职责，无论对于军舰还是士兵们，他们都了如指掌。与他们的地位相应，准尉有专用的餐厅和厨房各一间，有勤务兵，还有后部主甲板上带有铺位的共用舱室——尽管起风时很多人肯定会后悔住在舱室里，因为军舰的摇动会令他们想

① "胡德"号协会新闻报第2期，1975年。

上到舱面。准尉的地位介于士兵和军官之间，无疑是对人要求相当高的位置，因为这需要高超的交际手腕和专业技能，但"胡德"号乘员组的骨干正是他们以及他们这类人。勒·贝利中将写道：

少数军士长会上一个大台阶，成为准尉。准尉餐厅里有经验非常丰富的"大人物"，有关水手的事无所不知。他们下班后的生活隐私性很强，他们住在很少有军官去过的餐厅里。他们对军官候补生极其和蔼，但有自己的一套，所以年轻尉官们对他们怀着应有的敬畏。①

皇家海军由平时向战时的转变工作就担负在准尉们肩上。他们拥有悄然展现的特长和令人安心的勇气，在这些方面皇家海军中无人能出其右。

若要完整地描述"胡德"号的乘员组，还必须提到舰上的80名左右少年水兵。他们中大部分是从少年水兵训练基地，以不超过20至30人为一组抽调到舰上的。截至1929年，少年水兵来自德文波特的"不破"（Impregnable）训练基地，之后主要来自肖特利的"恒河"基地和戈斯波特的"圣文森特"基地，1937至1939年有少数来自奥本的"喀里多尼亚"（Caledonia）基地。他们的军衔是一等少年水兵，组成舰上的少年水兵分队，单独住在主甲板前部的一间餐厅里，由4名士官教员管理。一些上等水兵被挑选出来负责为他们进行生活辅导，向他们传授舰上生活的细节，俗称"海上老爹"。和其他舰员一样，少年水兵按"双班制"方式工作，通常工作4小时休息8小时。不过，尽管整体上生活比在训练基地时轻松不少，他们仍经常被派去做最琐碎和劳累的活儿。早晨的作息特别令人不快。1939至1940年在舰上受训的少年水兵吉姆·泰勒回忆：

日常作息有一点很不同，每天早晨一起来——7点前——我们少年水兵都要擦洗甲板。管理我们的舰员穿着水兵靴，但我们少年水兵却打着赤脚。我们通常把一根水管抛到舷外，海水通过泵抽到甲板上，直到水几乎漫到脚脖子深。水颜色暗，而且很冷，流向排水孔时变得更冷。最后，我们被留在冷得出奇的潮湿甲板上。如果你的脚趾被碰伤了——这经常发生，它们被冻得都流不出血。洗甲板大概是我在皇家海军中最恨的事。②

不过，舰上还有比较轻松的工作，包括为军官当传令兵、捆起或展开吊床、清洗舰载艇甚至担任艇员等。崭露头角的专业人员，例如泰德·布里格斯，则在信号桥楼上与其他十几名少年信号兵一同值班。在舰上，少年水兵们除了要做清洁和抛光这些苦差事，每天还要在主甲板后部的教室里上2小时课，

① 勒·贝利《不离引擎的人》第23页。
② "胡德"号协会档案。

医务与牙医

"胡德" 号于1920年建成时，装备的医疗设施与一家设施齐全的陆上医院不相上下。前部上层甲板上有宽大的医务室，内有12个床位，根据天气，这些床位的固定装置可以解开，让床自由摆动。[1]从医务室可以通到检查室、设施齐全的手术室和隔离病房，后者供军官候补生和中尉使用，也可以被改装成 "玫瑰农舍" 用于诊疗在岸上感染的性传播疾病。较高级的军官一般在自己的舱室里接受治疗。这里还有X光设备、药房以及一排便池和洗浴设施。"胡德" 号的医务人员包括一名中校军医长和一名上尉军医，两人都受过大学教育。战时舰上又补充了一名上尉军医——皇家海军志愿后备队的克里斯托弗·丹特（Christopher Dent）。灭菌是在小艇甲板上、后烟

∧ 20世纪30年代后期，一名受伤或患病的士兵被吊放到军舰的摩托艇上，准备送往岸上的医院。护艇少年兵负责防止小艇碰撞舰舷。（"胡德" 号协会/希金森收藏照片）

囱后方的消毒室里进行的。此外，下层甲板上，两座前炮塔之间和两座后炮塔之间还各有一座救护站。

肺结核在别处有描述。除性传播疾病和肺结核之外，严重的疾病在 "胡德" 号上相对较少，大规模爆发极其罕见，这归功于更好的卫生条件和预防措施[2]。1926年1月至2月，舰上有过一次麻疹流行，导致军舰在直布罗陀之外被隔离了17天。接下来一次已知的重大疾病事件则到1940年6月才发生，那是在利物浦的格莱斯顿船坞（Gladstone Dock），当时运到舰上的一批肉发生变质，导致很多舰员食物中毒。军舰在干船坞时，舰艉厕所关闭，患者必须去岸上如厕，疫情带来的不便因此加倍。此外，意外事故频繁发生，"胡德" 号医务室就处理过很多。最严重的事故里，有一桩是1937年上等水兵弗莱德·哈德在 "B" 炮塔中手臂受伤。他的手臂能保住，一是因为使用了新药偶氮磺胺，二是因为之后在伤情恶化时，普里德姆舰长下令将他紧急送往马耳他的比吉医院。[3]哈德当时尚能走到医务室，而那些伤得无法步行的人可以依靠 "尼尔·罗伯特森" 式（Neil Robertson）吊床担架，这是一种用带子和竹竿制成的实用工具，如同新石器时代的产物。其他多数伤情远没有这么严重。1940年10月，约翰·伊亚戈中尉（1939至1941年在舰上服役）在一处有肥皂水的甲板上滑倒，脚踝受伤。他得到治疗和护理就满足了:

……我正坐在一台散热器前面，等身上的石膏干燥。舰上的铁匠会给我做一根铁拐，明天装好，那时我就能自己走路了。我现在在军官医务室里，正接受卫生兵的照料，他们真不愧是男性护士。军医中校带着两名得力的军医上尉助手照看我的脚踝，所以治疗

① 国家海洋博物馆 "胡德" 号舰船资料集，第Ⅲ部分，第150号。军医长路易斯·E.达特奈尔（Louis E. Dartnell）致海军部，写于 "胡德" 号，未署日期，据知为1921年年初。
② 见第5章第223页。
③ "胡德" 号协会档案，加里·安德鲁斯著弗莱德·哈德少校传记；另见第2章第86—87页。

相当充分。我所有的食物都被送到我这儿，此外有大号扶手椅和电暖器给我用，因此一切都很舒心。①

不过"胡德"号医疗人员的负担整体上并不太重。伊亚戈：

> 我舰的医疗人员（找不到更好的事做）说服了我接种破伤风疫苗。这种措施据说终身有效，但距离发明出来也没多少年，所以说不准他们怎么知道这点的。没有副作用，那么这就让军医上尉有事可做了！我一周后还要接种一次破伤风，之后就没事了。②

也许这个说法并不适用于舰上的牙医军官。如果人们看过水兵微笑的照片，他们不会认为英国海军的牙医工作还有不足。"看牙的"——通常是牙医上尉，负责对多年没处理的患处进行修复或烧灼。"胡德"号的牙科手术室在舰桥建筑之下的小艇甲板上，和医务室一样装有各种新锐设备。1936至1938年间，由牙医上尉比尔·沃尔顿填补龋齿的人里包括坎宁安将军本人，后者戴着一副不易看出的假牙，对牙医并不比对其他的"庸医"更有耐心。不过，并不是每个人都有这么大偏见，因此，沃尔顿中校于2002年11月去世时，从他的遗物中找到了一位患者为感谢他而铸造并上漆的一件炮口栓。

---

① 伊亚戈《书信集》（斯卡帕湾，1940年10月23日）。军医中校为K. A. I. 麦肯锡，两名军医上尉分别为詹姆斯·菲尔丁和皇家海军志愿后备队的克里斯托弗·丹特。后二人于1941年5月随舰战沉。
② 同上条资料（格林诺克，1940年2月2日）。当"胡德"号于6月出发前往地中海时，更多舰员接受了接种。

△ 1932年7月，有12个床位的医务室。左侧开着的门通往军医检查室，右侧开着的门内为手术室。舷窗提供自然光照，理想情况下还可通风。（莱特与洛根）

以及做1小时课后作业。吸烟和上岸休假受到严格限制，收入也微薄，1939年一等少年水兵的周薪只有8先令9便士。而这部分收入中真正发到少年水兵手里的只有1先令6便士的周津贴，余额则在领薪人18岁晋升为二等水兵时一次性付清且无利息。处罚一直很严厉，对最严重的违纪要由准尉给予杖责12下的惩罚，而为了鞭策后进者，士官教员会用末端打结的绳子抽打他们。

如果说少年水兵来到舰上的一刻第一次让他明白了自己选择的职业道路前方等待他的种种艰苦，那么几天后，他大概就会进一步体验到这条道路上频繁的苦差事以及偶尔的不公平。弗莱德·库姆斯在舰上的第二天早晨，和他的同伴们一起承受了上文少年水兵吉姆·泰勒描述的痛苦。也许当时的天气更差，而且他之后的经历更艰辛，但无可否认，库姆斯的叙述倾吐了自己的厌恶和幻灭感：

第二天我们6点集合时，仍然在费力咀嚼舰上硬邦邦的饼干，最后饼干被人夺走了。我们与其他住在上层甲板的舰员一起集合完毕后，值日军官接到报告，照常下达了擦洗甲板的命令。那天早晨只有一点儿不一样，即朴次茅斯难得这么冷，当海水被抽上来、浇到甲板上时就冻住了，顺着甲板流到舷外时就成了混着冰的泥水。按皇家海军的惯例，最新的命令总是得到服从。也是按惯例，地位最低的一些人，也就是那些不该穿靴子和袜子的人，脱下了靴子和袜子，卷起了裤腿，按照指挥我们这小群人的上等水兵的命令，准备去拿沉重的长柄甲板刷"向后刷"。那些自己没有……水手靴也没拿到的人，大多数似乎在我们看见冰泥水并赤脚踩在里面，冻得一边跳脚一边奔向一块没湿的甲板时，就已经逃之夭夭了。值日军官当然在内衣外面还穿着制服外套和裤子，戴着厚重的羊毛围巾，坐在他美妙温暖的舱室里，啜着美妙温暖的茶，等着人给他放上美妙滚热的洗澡水。他奇怪为什么不断有上等水兵和士官去他那里，报告上面结冰了。我不知道过了多久他才回到甲板上来，但我知道，当他终于回来时，只看到手下的士官和穿水手靴的士兵仍在洗甲板——不是擦洗，而是在拼命把冰泥水扫到舰舷外面，以免它冻硬。我尽可以想象，当舰长看见他心爱的刚刷过漆的军舰舷侧那混着冰的泥水时，会对下级说什么，但那时他只好对自己和士官们说了，因为我们都已经去了底下温暖湿润的地方暖身子，换上厚内衣准备吃早餐。[1]

① 帝国战争博物馆第91/7/1号档案，第41-42页。

无论实情如何，奥康纳中校对于冷酷和缺乏关心的领导方式持何种态度是没有疑问的：

> 有说法称，副舰长和士兵们早晨一起出去，亲自要求他们抹擦并冲洗舱面，这种传统做法是过时的和没有道理的，副舰长这样做的目的也不止一次受到质疑。[……] 替传统做法辩护，一般只有从感情角度才说得通，但人们相信在本段的例子里，副舰长有充分、可靠的理由在士兵开始干第一件活时留在现场。相对于下级们来说，他的职位是特殊且独一无二的，他的脑海里应不断地更新着自己观察到的工作场面，以及作息制度的执行情况。他作为副舰长，应总把身在现场当成自己的职责，如果工作日开始时他不在场，他就永远不会有如此的掌控力。再说如果开始工作时他不在场，他又怎么了解在又冷又黑又潮湿的早晨，或在恶劣天气中擦洗甲板要面对什么困难？[①]

不过，在库姆斯兄弟看来，不良领导方式对士气造成的伤害，相比苛责所造成的不值一提：

> 我们两人第一次同时因为一件很小的事而被惩罚时，是一名年轻的军官候补生执行的，他和我们年龄相仿但受过教育。我们明白了这些高傲的年轻人

△ 1939 年夏季，战争爆发前，最后一批在戈斯波特的"圣文森特"基地受训的少年水兵正在学习炮术科目。其中吉姆·霍金斯（Jim Hawkins）和萨米·米尔伯恩（Sammy Milbum，右二）等人去了"胡德"号上服役，后来米尔伯恩与舰同沉。（W. H. T. 霍金斯）

---

① 奥康纳《管理大型军舰》第47页。

为什么俗称为傲性子，也理解了为什么所有追求晋升的人，无论军官和士兵，都互相争来争去以在上级面前表现自己。我们这种人，没有志向，也没多少兴趣，所以就被当成理想的养料。就是蛆虫的味道也要好些，但他们就盯上了我们，这就够了。我们成了他们实现志向的垫脚石。①

弗莱德·库姆斯的观点中透出的愤懑是罕见的，这在"胡德"号上尤显罕见，因为在人们记忆中，20世纪30年代大部分时间，她都是一艘气氛欢快的军舰。但这些观点在很大程度上概括了两次大战之间随舰出海的所有士兵心中都曾经有过的强烈反感和失意。诚然，库姆斯兄弟自己都承认他们很难算好人；实际上，他们因总是犯事而名声不佳。但他们用生动的水手语言表达的情绪是很多人在更烦乱的时刻都会有的。据库姆斯回忆：

乘员组中古怪的老家伙们——很多是战时舰队的老人，现在舰队规模已经大大缩减了——向我们解释：（他们）忍耐恶劣的条件和微薄的薪水，只是为了在还没老到该领养老金的时候，离大规模失业远点儿。②

说到军官和士气，1937至1939年在舰上的电报兵迪克·杰克曼的观点也许最能代表较年轻的士兵：

我无法评论军官活动室里的生活，只能说那种生活标准很高，很受士兵们反感，后者的生活没被改善过多少。苛刻的规定本应该放宽些，例如强制无论在岸上还是舰上都一直穿制服，除了野餐时穿运动服。把水兵制服脱了又穿、穿了又脱的人一定是柔术演员。③

最重视改革的军官奥康纳中校则用相当简单的话评价了士气问题。从高级指挥官而不是士兵的角度来看，整个问题归结于军官和上级士兵的唠叨：

人类爱唠叨的倾向源自烦恼，这也是让聪明的士兵产生不服从情绪的最大原因。跟任何形式的反复烦扰比起来，不公平都容易忍受多了。副舰长一上任，就要向所有下级明确说明：无论他们做了什么或没做什么，副舰长都不会揪着不放，避免事态恶化。［……］如果士兵闷闷不乐，可能是有人对他唠叨。④

同样，掌有职权者也应避免与士兵发生任何形式的冲突。1939至1941年的随舰牧师哈罗德·比德莫尔牧师写道：

① 帝国战争博物馆第91/7/1号档案，第42页。
② 同上条。
③ 给作者的电子邮件，2004年1月8日。
④ 奥康纳《管理大型军舰》第84页。

当你视察士兵餐厅时，在以下场合确保自己不卷入争论：（a）有士兵找到机会指责你或你的工作，或（b）他对某种社会问题或军中事务愤愤不平时。最好在某个方便的时候再要求这个士兵来见你，在你的舱室里吸着烟详谈先前的话题。你会发现，士兵独处时，会比在一群餐厅战友中间时更讲道理，在那群人面前他会有点像"海上讼棍"[1]一样和你争执不休。[2]

库姆斯根据自己的见闻，最后断定"没受过教育的、笨得不会思考的士兵们如果利用常识弥补缺陷，就不会因没受过教育而处于不利地位"[3]。后来时间充分证明了他的观点。如他活着见识到的那样，即将到来的战争彻底改变了水手们的命运。库姆斯和他的战友们以及他们的军舰所生活的年代正是皇家海军旧时代的黄昏，尽管他们当时不可能意识到这一点。

至于人们对士兵的看法，已有的记录通常是充满敬意、喜爱和赞誉的。勒·贝利中将的话很有代表性：

总之，我们向这些人学习，读懂了水手的世界：我们的吊床小子，他们每天早晚把我们的吊床捆起或展开，是舰上仅有的比我们年轻也比我们穷的人（尽管我们给了他们一点补助）；小艇艇员、威严的军士长和军士、仍在招揽生意的制桶兵、已经像恐龙一样遗憾灭绝的皇家海军陆战队炮手加上他们的同行准尉。从所有这些人身上学到的比任何正规课程或书籍能教给我们的还要多。[4]

① 译注：指喜欢争论的水手。
② 比德莫尔《难以捉摸的海城》第54页。
③ 帝国战争博物馆第91/7/1号档案，第45页。
④ 勒·贝利《不离引擎的人》第22页。1932年，学员的日薪是3先令6便士，军官候补生的月薪是5先令，两者高于少年水兵、二等水兵、一等水兵和二等锅炉兵的收入，而军官候补生的收入也高于一等锅炉兵。

∨ 1937年前后，轮机中尉路易斯·勒·贝利和一队锅炉兵在马耳他的圣安德鲁兵营进行野战训练。右一为锅炉兵乔治·唐纳利。因弗戈登兵变后的几年里，军官和士兵的关系大为改观。（路易斯·勒·贝利中将）

即使如此，对士兵的看法也经常带有强烈的怀疑色彩。比德莫尔牧师在他1944年献给"胡德"号乘员组的海军牧师手册里，向读者曝光了水手们的古老花招。当时一个士兵突然希望去一座从未去过的教堂：

去教堂要走2英里，中间有座陡峭的小山，我便产生了怀疑。在我的舱室里同他谈了一次后，我明白这个士兵特别想在周日早晨10点左右太阳最晒的时候解渴……路上要经过娱乐室，那里提供可口的啤酒。他打算走在四列纵队的最后，当队伍经过那儿时溜出去，之后……再溜回人群里……返回军舰。我向舰长解释情况时，他笑了……我们应当做诚实的人，但如果某个老兵因为你刚入伍，就觉得他能——按士兵们的说法——"耍你一回"，就要确保自己不上他的当。[1]

当然，比德莫尔的评论"他们精心想出这些花招"透露的不仅是高傲态度。这种态度被士兵看在眼里。1926年来到"胡德"号上的因弗戈登兵变参加者朗·温科特回忆：

如果一名水兵试图解释他犯下某个轻微错误的原因，那么军官的结论肯定是这名水兵在撒谎。同样，人们认为士兵是愚蠢的，这点不需要证据和疑问。[2]

但温科特又补充说：

皇家海军军官团的一大功劳就是，相当多的军官摈弃了这种态度，转而根据简单的、人性化的原则——坚决但礼貌，从而采用另一种对待方式。

态度的转变，很大程度上是由于因弗戈登兵变使皇家海军高层对士兵的处境给予了更深的关注。即使如此，1938年，弗朗西斯·普里德姆舰长也必须敦促手下军官们：

尽量多了解手下士兵们在舰上的生活情况。伙食细节，他们在哪里写信，以及洗浴、剃须、洗衣设备的真实现况［或缺乏程度］。探看餐厅中的生活。了解他们的娱乐活动。[3]

① 比德莫尔《难以捉摸的海域》第59页。
② 温科特《因弗戈登兵变者》第70页。
③ 普里德姆《新上舰军官须知》（1938年1月）第4页。
④ 同上条，第5页。

最重要的是：

记住，很多士兵和他们的家人必须在手头很紧的情况下生存。[4]

　　相关利益的问题可能存在过，但军中仍有一些服役满20年的老兵，对这些人来说，服役经历的最大影响是使他们玩世不恭。弗莱德·库姆斯回忆：

　　其他人是上一代人里留下的，他们中多数是厚脸皮的老家伙，死猪不怕开水烫，优良表现奖章早被拿掉好几次了，坐过几次拘留所后变得胆大包天。〔这些现象共同〕导致海军的脸皮变得又厚又硬，需要往严里管。①

　　无须多言，许多军官对于在军中同自己打交道的这种水兵不抱幻想。普里德姆舰长明白地说：

　　人群中当然有各种害群之马。那些因自己愚蠢而造成小害的，在岸上喝醉的，以及大声干扰别人的，并不足为患。那些真正的大害，例如叛逆的、粗鲁的、好色的以及脾气暴躁的惯犯，才是危险分子。我完全敢说，因为舰上带着后一种人会让我们面临大风险，所以我们一旦找出这种人就要穷追猛打。皇家海军不是感化机构。②

　　但还有其他事情要考虑。在多数军官看来，铁的纪律不仅能约束英国水手这群可畏的人特有的不羁和侵略性，也能让他们变得强大，这样当大海或敌人带来比烦人的劳作或苛刻的责罚更大的困难时，他们能够应对。弗莱德·库姆斯讲述了1935年8月在直布罗陀的分离式防波堤上发生的事件，可见他也承认这一点：

　　岸上的厕所虽然不是多舒适的地方，但有些人还是很喜欢去那里溜号，可能还会读报，所以早晨紧张的时刻，有些位置前面就排起了队。有个着急的人双腿交叉、脚尖拍地时，想了个点子，并寻机把一张报纸揉成团，当里面冲水时把纸团点燃并扔向出来的人。惊叫声随之传来，那是人的臀部被烧了一下。随着这声惊呼，所有人都站起来，看着这个节目演完，再坐下。这种无害的取乐进行了几周，也许几个月，引得很多人发笑。但总会有人做得太过分，而这次的情况则是使用了汽油，惹得所有人而不只是第一个人喊了起来。肇事者慢慢倾倒汽油，直到汽油流到另一端。他把火柴扔下去，只见一片巨大的闪光包围了肇事者，只有他一个人头脸烧伤，其他人都是腿脚灼伤。我们在舰上听见"嘭"的一声爆炸，看见一列水兵蹒跚着走向医务室去治烧伤，他们身上不是裤腿烂了就是鞋子没了，多数像牛仔一样半蹲着走。这是最后一次发现有人用这种方式取乐。不过，某个有才的人还添油加醋地在公告板上贴了一张

① 帝国战争博物馆第91/7/1号档案，第42页。
② 普里德姆《关于兵变的讲座》，第Ⅰ部分《预防》第8页。

"通知"，说当晚医务室将提供大餐，菜谱是烤野兽脸、烧烤摇摆牛排和咖喱抹布。调查发现，肇事者是摩托艇上的一名锅炉兵，汽油也是从那里拿来的。这是一个没长脑子的玩笑，但如果皇家海军想招揽精力充沛、什么都敢干的舰员，同时用严厉的惩罚来维持《武装部队军纪条例与海军部指令》的权威，那么他们就应该预料到总会有人搞恶作剧造成小事故。[1]

如何发泄这方面的精力是一个难题。1938年战争迫近时，普里德姆舰长特别关注这一点：

我们应当时刻考虑如何努力激发士兵的战斗力。作为他们的领导，我们的责任是唤起热忱和自信。如果在炮术演习中有出色的表现和高命中率，就应该相信之后能把炮弹全部打到敌人身上。发挥战斗力是我们的唯一目的和重大责任，而和平时期要充分意识到它的重要性并不容易。不过，我们很少有人一直记得这一点。我们容易遗忘一点：即使在这个高度机械化的年代，我们自己和手下士兵们的战斗力也远比火炮的口径和装甲的厚度更能决定战斗中的优势。[2]

对多数士兵而言，按泰德·布里格斯的说法，"胡德"号的军官仿佛"无所不能一般"[3]。一等水兵鲍勃·提尔伯恩描述了绝大多数人的态度：

在那个年代，你不必害怕那些军官，而是敬畏他们。因为他们地位比你高太多，不仅在精神等级上，也在社会等级上。关系仍很有封建味道。[4]

弗莱德·库姆斯的评论则一如既往地有更深的偏见，虽然很多人的观点都与他的类似：

皇家海军就是这样，出海演习的时候，我们这些地位最低的人蠢得不明白我们为什么要做什么事，出于这个原因，我们从来听不到解释。在大海上到处逛只是为了军官们的利益；如果我们参与其中，唯一得到的信息就是我们在公告板上读到的那些，而不是解释为什么……高层中仍有不少人认为，教育水平和教养程度决定军旅生涯的一切。[5]

尽管库姆斯这样说，但因弗戈登兵变后，皇家海军做了不少努力，让舰员及

① 帝国战争博物馆第91/7/1号档案，第49-50页。
② 普里德姆《新上舰军官须知》第6页。
③ 塔文纳《"胡德"号的遗产》第73页。
④ 亚瑟（编）《皇家海军：1939年至今》第89页。
⑤ 帝国战争博物馆第91/7/1号档案，第45页。

时了解军舰的行动，以及当下的外交背景。可以确定，在将官中，1932至1934年以"胡德"号为旗舰的威廉·詹姆斯第一个将士兵集合起来公布即将要进行的演习[1]。1936至1938年担任舰长的弗朗西斯·普里德姆在任期内编纂了《新上舰军官须知》，明确阐释了这样做有何优势：

军舰奉命执行什么任务，告诉士兵一些这方面的信息并不难。将要进行的演习是为了什么目的，军舰为什么要访问阿尔泽（Arzeu）[2]、巴塞罗那（Barcelona），为什么早班一开始就要把破雷卫放出去，等等。你让乘员组对现在发生的事情越感兴趣越好。另外，如果有士兵因不高兴而散布言论说他们被反复烦扰并被逼迫去做不必要的事，你也可以凭此挫败这种人。[3]

不过，尽管因弗戈登兵变使军官对士兵的态度发生了重大改变，士兵们的不愉和不满仍无疑在很大程度上归咎于上级的傲慢和轻率。

所有士兵无论年龄大小都是敏感的，所以对他们说话粗鲁不好，这会使对方因你失礼而怒火中烧，而你可能还完全没意识到。[4]

① 海军中将路易斯·勒·贝利爵士，给作者的信，2003年2月22日。
② 译注：又作Arzew，阿尔及利亚港口城市。
③ 文中所述资料第5页。
④ 奥康纳《管理大型军舰》第84页。

△ 1937年前后，"胡德"号的一队军官在马耳他的圣安德鲁斯兵营进行野战训练。军官晋升过程最大的坎是少校到中校，和平时期仅有不到一半人迈过这一步。前排：路易斯·勒·贝利轮机中尉、晋升为军官的某准尉、C.H.哈钦森少校、M.E.韦维尔少校、J.F.A.阿什克罗夫特上尉、J.S.L.克瑞布中尉；后排：D.C.S.柯里军官候补生、C.M.本特森军官候补生、T.S.桑普森军官候补生、A.B.韦伯军需中尉、G.H.G.克兰军官候补生、B.C.朗波特姆军官候补生、H.W.威尔金森军官候补生。（路易斯·勒·贝利中将）

多数情况下，士兵们会用含蓄、深沉的语言表达他们对自己头上指挥官的憎恶和失望。特别的语调、微小的肢体语言，或者沉默不语，都会向接收者传递大量信息。不过，有时候事态极其严重，必须用直白方式交流。工作质量差或毫无干劲、集体逾假不归，以及在舰队体育比赛中表现散漫，无疑都反映出士气的低落和领导的不力。"胡德"号漫长的生涯中，堪与因弗戈登兵变齐名，同时被评为气氛最为压抑的时段，非1921至1923年海军少将瓦尔特·考恩爵士和杰弗里·麦克沃思（Geoffrey Mackworth）上校的任期莫属。而且这两人都被下级的恶作剧戏弄过。[1] 一个晴好的日子里，有人把军舰的吉祥物——山羊"比尔"塞进了考恩卧室的天窗，并掉在他的床上。另一次，喜欢要求海军陆战队队员6人一组帮他做事的麦克沃思收到了寄来的一盒玩具兵和一张言辞粗鲁的便条，整支陆战队分队因此事被要求参加笔迹鉴定。两名恶作剧者的身份都未查明。不过人们还有更文雅的方式发泄情绪。多数军官操的纯正口音被士兵们取笑，许多军官也被起了外号。朗·温科特：

　　士兵给他们的军官起的外号所含的信息比许多人想象的更丰富。某军官被起了很多外号，而且还会继续得到很多外号，无疑表明他很不受欢迎。另一种情况则是，如果他得到一个一直叫下去的外号，你就可以确信他受到爱戴。[2]

同样，某军官被手下士兵称为"绅士"则表明他受到至高的敬重。但多数人乐意与军官保持距离，总的来说尽量少与其接触。比尔·洛（Bill Lowe）军士长顺便说的这句评论指出了主流态度：

　　……不过那些日子里人们不经常玩游戏，除了军官们玩的，他们总是玩得挺多，但我们从不替他们担心。[3]

1924年，军官候补生乔治·布伦德尔指挥"胡德"号的一号巡哨艇，他与来自英国西南的舵手的一小段对话极为生动地诠释了这种态度：

　　我经常回想士官们巧妙地传授给我的很多举止方式。一天，我们刚吃完午餐，把一些军官送上岸。与此同时，军舰乘员组还在工作。回去的路上，我问舵手（他叫杰弗里斯，是个可爱的人）："士兵们对军官们工作时间上岸怎样看？"杰夫看着我，眼里闪着获得3枚奖章者特有的光。"上帝保佑您，长官，"他回答，"我们站在一边儿看。"我从没忘记这句妙语。[4]

① "胡德"号协会档案；皇家海军陆战队炮兵炮手"快如风"布里斯。
② 温科特《因弗戈登兵变者》第136页。
③ 亚瑟（编）《皇家海军：1939年至今》第86页。
④ 帝国战争博物馆第90/38/1号档案，第Ⅲ卷，轶事第3篇，第6页。这里提到的舵手是A. W. 杰弗里（A. W. Jeffrey）军士，原文误作"Jeffreys"。

　　"胡德"号和平时期定员约为1150人，而军官活动室里共有45名左右的军官。按皇家海军的通例，舰上的军官分为指挥序列和专业技术序列。这种划分有其重要意义，因为直到二战后，所谓的专业技术军官才能升到军舰指挥岗位。指挥序列中有炮术、鱼雷、航海及通信等方面的专家，也有"吃咸肉的"军官，后者未受过任何专业训练，但满足于这样的职业生涯。指挥序列最后自然还有舰长和他的首席执行官即副舰长。专业技术军官与指挥序列的同僚穿同样的制服，只是他们袖章的金杠间有不同颜色的布料表明具体专业。轮机军官佩戴紫色专业标志，军需官佩戴白色，教官佩戴蓝色，造船官以及从造船技工中选拔的造船师佩戴银灰色，军医佩戴红色，牙医佩戴橙色。在人们记忆中，"胡德"号一生大部分时间里，军官团队都是友爱和志同道合的，这在主力舰上比较罕见，"大概大型军舰气氛再快乐也不过如此了"①。不过，这无法掩盖军官活动室中偶尔浮现的紧张气氛和势利心理，尤其是在指挥军官和轮机专业军官之间，因为后者于1925年被海军部取消了指挥军官身份。指挥军官们嘲笑后者是"水管工""扫地的""指甲脏的家伙"，后者则用军中俚语"点漆工""黑心鬼""鱼脑袋"反唇相讥。1937年，刚从基汉姆的皇家海军轮机学院毕业的轮机中尉路易斯·勒·贝利来到后甲板上时，副舰长、炮术专家大卫·奥尔－尤因（David Orr-Ewing）见面就问："你也跟每个从基汉姆来的不喜欢打仗的中尉一样吧？"②有人一直顽固地认为，技术专业的特点与作战部队的精神格格不入，技术专业人员不适合指挥军舰。为期不远的战争会无情地逼着皇家海军面对技术方面的现实，但显然，皇家海军中有不少人当时还没有熟悉这些现实。

　　以中尉军衔回到舰上就挨了副舰长一顿训，勒·贝利去了军官候补生室③，这里是皇家海军候补军官——军官候补生们的领地。1932年及之前，每名从达特茅斯皇家海军学院毕业的学员都要在主力舰上服役最多2年，作为军官训练流程的一部分，所以"胡德"号的军官候补生团队总是不少于25人。那之后，

∧ 1932或1933年，在后甲板上，军官候补生室的人们同晋升为军官的水手长、获得优异服务勋章的柯克卡尔迪讲笑话。多数人的记忆中，军官候补生室的时光充满学习、欢笑和友谊。人物：J. 查尔斯军需军官候补生（1941年11月25日在"巴勒姆"号战列舰上阵亡）、勒·贝利学员、柯克卡尔迪、G. W. 瓦瓦索尔（G. W. Vavasour）学员、G. R. A. 道恩（G. R. A. Don）军官候补生。（路易斯·勒·贝利中将）

① 海军中将路易斯·勒·贝利爵士，给作者的信，2002年12月24日。
② 勒·贝利《不离引擎的人》第37页。
③ 译注：当时的皇家海军将中尉视为未完全成熟的军官，故中尉也使用军官候补生室。

学员们则改在"弗罗比舍"号（Frobisher）训练巡洋舰上服役1年，之后被晋升为军官候补生并在舰队中自由任职。做出这项改革之后，"胡德"号的军官候补生减少到15人左右，且每4个月都有6人左右的流动。军官候补生室是一间宽大、简朴的隔间，位于上层甲板左侧，一旁有食品储藏室。勒·贝利中尉4年后再次登上军舰时，欣慰地看到一切相比他以前在舰上时没有多少变化：

　　我有些不安地从放扶手椅这边的门进了军官候补生室，这边是专供中尉用的。我精心抛光过的黄铜炉子还在那儿，让我高兴的是我受到了一个几乎同时服役的战友的欢迎，他是这个小王国的共治者。我很快发现，军官候补生室大部分时候仍充满欢笑，食物还和以前一样粗劣，那个咧嘴笑的炊事员还在透过供餐窗口窥看，但他身材更圆润了；我用来放日记和天文观察记录的铁皮柜还是军官候补生在使用；唯一有日光的地方就是天窗。舷侧长椅上的皮垫子更破旧了，那两把皮扶手椅也是，我现在可以占用其中一把。[1]

　　一张抛光的红木大餐桌占据了军官候补生室的大部分空间。用餐时，"年轻的绅士们"衣着考究，坐在桌边，由两名餐厅勤务兵侍应。至少在20世纪30年代，"胡德"号军官候补生室的食物供应是由一名文职炊事员自愿负责的。路易斯·勒·贝利回忆：

　　晚餐和其他几顿饭一样，是由同一个狡黠的马耳他裔炊事员和他的助手们提供的。他们每天从我们的薪金里抽取一先令。学员每月的酒账单限额为10先令，军官候补生为15先令。用这笔钱，我们可以享用某种雪利酒，迎宾夜时喝啤酒，偶尔还能来杯玛萨拉酒——那次我们在恶劣天气中驾艇回来，被冻得发抖，水手斗篷和制服都湿透了。至于烈酒，我们当时有权喝就好了，对它几乎没有概念。烟很少有人吸得起，也很少有人愿意吸。[2]

　　欺凌行径因弗雷德里克·马里亚特（Frederick Marryat）和查尔斯·摩尔根（Charles Morgan）的小说而变得臭名昭著[3]，虽然这基本上是过去的事情，但军官候补生室一直是一个不安分的地方：和性质相似的公立学校一样，人群服从权威，并经常对别人幸灾乐祸。但同样，军官之间一生的友谊也经常是从这里开始的。开过分的玩笑，尤其是在晚会上，是一种流行的、经常充满火药味的消遣形式，而高级军官们传统上对此视而不见，不过1938年军官候补生们把打了气的避孕套当成圣诞节饰物还是引人哗然。[4]1940年曾在舰上的彼得·拉·尼斯（Peter La Niece）海军少将回忆起战争初期在苏格兰外海时见过的一些玩笑：

① 勒·贝利《不离引擎的人》第37－38页。
② 同上条，第23页。
③ 译注：弗雷德里克·马里亚特（1792—1848）和查尔斯·摩尔根（1894—1958）均曾在皇家海军中服役，并分别著有描写军官候补生的小说。
④ "胡德"号协会档案；军需学员基斯·埃文斯。

那间军官候补生室很不安分。一天晚上我们上岸去克莱德河北岸的海伦斯堡看电影，离开影院时，我们"借走"了一张装在框里的影星洛丽泰·杨（Loretta Young）的肖像。画被带回舰上，所有参与者都签了名，把它当战利品挂在军官候补生室墙上。后来，它被从另一艘军舰上闯来的军官候补生们夺走了，不久又被夺了回来。之后它的位置上换成了一块红白双色理发店招牌，那也是从海伦斯堡拿来的。只需要说，这块招牌在各舰之间搬来搬去，直到战争结束后我再次找到它的时候。［……］影星的肖像还在我手里……①

皇家海军后备队军需少校E. C.塔尔伯特–布斯准确地描述了主流气氛：

虽然这里的纪律可能比世界上其他任何一支军队都要严，但有些时候尺度又放宽到了外国人无法理解的程度。有时候军官活动室军衔较低的人会闯到军官候补生室里，然后双方大打出手。那边的人可能回敬，于是军官活动室的地板上又爆发一场激战，连浆洗过的衬衫和硬翻领都会被毁了。再过一会儿，比如5分钟后，新来的军官候补生就会敲你的舱室门，举手敬礼，一脸严肃地告诉你：你的艇停在舰边了。②

担任军官候补生队长的中尉可以凭借授权，用杖或剑鞘对轻微违纪者处以最多12下杖责，不过这种惩罚手段在1933至1936年奥康纳任副舰长期间被他禁用了。他后来写道："军官候补生宁可挨6下打也不愿被取消休假权这种旧观点被摈弃了，因为人们意识到，两种处分都不适用于军官。"③奥康纳还废止了从风帆时代起中尉就对手下军官候补生采用的两类处分方式：其一为"早间体操"，其二为羞辱性的"为耶稣爬行"和"梁上插叉子"④。变革的时机成熟了：

用在学童身上的处分不适用于18至21岁的、应被视为军官的青年。我们必须确定一种态度。或者把他们当学童对待——传话的、旷课的，或者明确认为他们是军官，而且我们也要把他们当成军官对待。⑤

归功于奥康纳，皇家海军的军官候补生终于被视为成人了。

多数军官只有在当军官候补生时才会有睡吊床的体验。军官候补生们没有指定的寝室，他们通常在主甲板后部的某间住舱里挂起吊床，而中尉们喜欢比此稍奢华点儿的几人共用的舱室。柜舱位于主甲板后部左舷，里面存放着白色大柜子，一代代军官候补生出海时使用过它们。近旁有军官候补生和中尉的换衣间及相邻的浴室。换衣间有衣物存放处和相关设备；浴室装有一根主管道，

① 拉·尼斯《起早贪黑的工作》第29页。
② 塔尔伯特–布斯《世界作战舰队》第3版第223页。
③ 奥康纳《管理大型军舰》第28页。
④ 帝国战争博物馆有声档案，埃德蒙德·波兰海军少将，第11951号，第4盘。
⑤ 奥康纳《管理大型军舰》第28页。

提供的热水仅够中尉洗盆浴，而下级们从在达特茅斯开始就一直洗冷水浴。记者乔治·阿斯顿于1926年参观军舰时，军官候补生的生活条件相对他年轻时的时代已经有相当改善，他对此印象很深：

我那个时代，军官候补生只有箱子（他们要为此付钱），他们在里面擦洗，所有衣物也放在里面。后来他们有了所谓的 "浴室"，装有平底铁浴缸，不过要穿衣还是只有去放箱子的舱里。现在他们有了由政府提供的、带有抽屉的标准柜子和简易柜子，有了带有冷热水的浴室，还有了衣物收纳空间充足的换衣间——"胡德" 号上有一长排一长排挂外套等的衣钩和衣架。现在六分仪是配发给他们的，不用购买。[1]

对以上观点，军官候补生H. G. 诺尔斯在舰上过了两周后，肯定不会同意，那是1939年6月军舰在朴次茅斯接受改装时：

军官候补生室只能靠孤零零的天窗通风，而柜舱和住舱连天窗都没有。柜舱最近成了小偷的乐园，所以必须一直锁着。我们中有9人想方设法把衣服塞进自己的箱子里，这是因为没有提供柜子，而挂衣的空间远远不够用，大部分已经被其他军官候补生的外套占据了。在这个遍布衣箱和板箱的地方，各种东西神秘消失。[2]

"胡德" 号上军官候补生们尽管过着简朴的生活，却以坚忍和幽默的态度去承受，他们在事业生涯的起步阶段都抱着这种同甘共苦和克服万难的意志。路易斯·勒·贝利回忆：

我和我那一队（1932年）在 "X" 炮塔基座旁的住舱里生活得很开心，柜舱里没空间了。我们大多有不少衣物，有一位同室战友有一个大印章，他在各条手帕上印着 "偷自……处"。[3]

骄傲是最重要的感受。莫兰勋爵[4]（Lord Moran）在《探析勇气》（The Anatomy of Courage）一书里完美地描述了它：

某个男孩决心献身于这个艰苦的军种是有意义的事。他有进取心；他不同凡人。他还远没到考虑加入希特勒青年团的年龄，皇家海军就吸引了幼小的他，并令他浸染了一种伟大传统带来的骄傲和快乐。[5]

① 伦敦国王学院利德尔·哈特军事档案中心，档案编号Aston 1/10，第52–53页。
② 帝国战争博物馆第92/4/1号档案，1939年6月9日。
③ 海军中将路易斯·勒·贝利爵士，给作者的信，2003年2月22日。
④ 译注：即第一代莫兰男爵查尔斯·威尔逊（Charles Wilson），军医、作家，曾任丘吉尔的私人医生。
⑤ 莫兰《探析勇气》第92–93页。

军官候补生的教育、福利和休假安排都由一名俗称"候补生保姆"的少校负责。在任的"保姆"通常是一名有同情心的人，自愿担任此职，但奥康纳惋叹："保姆"的军官同僚们经常把军官候补生当成传令兵，在最坏的情况下甚至"当成学童和他们的理想猎物"①。1940至1941年在舰上的皇家海军志愿后备队军官候补生罗斯·沃登客观地说：

拥有军官候补生的军衔并不保险，所以他们学会带着怀疑的眼光对待拥有某些军衔的人，尤其是少校。中校及以上（大多数人）似乎级别越高越和善——也许他们回到儿童时代了，但当他们决定处理结果的时候，你几乎可以感到他们在想："嗯，我自己也曾经是军官候补生。"总体上，跟这样的一些少校一起，我们非常幸运：只有一人是混在木柴堆里的毒蛇，看上去喜欢让我们过得痛苦。②

　　1940年8月，"胡德"号从地中海返回时，沃登和他的战友们用一包泻药报复了"毒蛇少校"，但这种幸灾乐祸的事并不总有机会出现。多半时候，被俗称为"累赘"的军官候补们生不得不接受命运，只有士兵会安慰他们。乔治·布伦德尔上校回顾20世纪20年代早期，"那个时代军舰的乘员组几乎总是对军官候补生们怀着友善和同情"的情景。也许士兵把军官候补生看作同病相怜的"受压迫阶层"③。某种程度上他们确实这样看，也经常全力保护处境不利的年轻军官，尽管并不总是出于布伦德尔所认为的原因。不管怎样，如埃德蒙德·波兰海军少将回忆他1935年指挥的三人摩托艇乘员组时所说，"他们把我当成一员，不会让任何人恶毒地对待我。"④虽然后来那些指挥士兵的人对士兵的尊重一直没有达到完全对等的程度，但这种长久的尊重一直是皇家海军最大的强项之一。

　　作为未来军官，军官候补生在舰上被分配重要职责，最重要的一项是值班军官候补生。作为值班军官的副手，他应当管理军舰的作息。军舰在港时他在后甲板上工作，出海时则在舰桥上。这些任务包括对太阳和恒星进行观测记录，并协助值班军官记录甲板日志，以及各种事务工作。不过，最令人羡慕的工作是指挥一艘舰载艇，皇家海军极其重视此方面技能。操艇工作不仅能让军官候补生获得指挥和航海方面的经验，而且允许他在一个

① 奥康纳《管理大型军舰》第27页。
② 沃登"'胡德'号战列巡洋舰的回忆"84页。
③ 帝国战争博物馆第90/38/1号档案，第Ⅲ卷，轶事第3篇，第4页。
④ 帝国战争博物馆有声档案，第11951号，第5盘。

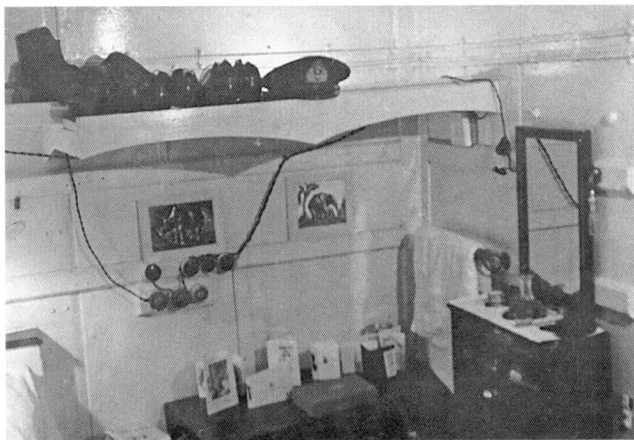

▷ 皇家海军志愿后备队中尉约翰·伊亚戈的舱室，位于主甲板上、"X"炮塔附近。这些舱室设计供两名军官居住，没有舷窗。此时是1940年圣诞节，桌上摆着一些纸牌。桌子上方是女友阿莱因给伊亚戈的木版画。右侧是一座镜台和毛巾架，上方是存放帽子和鞋的架子。伊亚戈之前是电气工程师，为自己的舱室安装了复杂的照明系统。（比·肯钦顿女士）

相对可控的环境里犯错误；如奥康纳所说，"一艘巡哨艇损坏可能意味着某天一艘战列舰得救"[1]。多数时候，早晨第一件事是出操，接着是莫尔斯码、信号旗或旗语通信演练，这些结束后是早餐时间，早餐后军官候补生则可能由分队指挥官分配任务。不过幸运的是，军官候补生的生活并不总是这么累。他们的生活对于充满琐事、循规蹈矩的海军生活而言，常常是必要的入门阶段。1939年6月16日，军舰停泊在朴次茅斯时，军官候补生诺尔斯在日记中写道：

> 我和希尔交换了军官候补生的班，他周末休假回家了。我早起，放洗澡水并烧热，并在6点30分叫醒其他的军官候补生。我临时接替值班军官在甲板上工作的时段才到一半，由于又有一队吊床小子来了，于是去给吊床做标签，这样我们以后就能一直使用同一具吊床。我上午一直在润色日记，午餐后去岸上的武装力量俱乐部打网球。两小时的一段晚班没发生事情。[2]

除了常规工作，军官候补生每周还被安排了针对中尉资格考核的课程和学习时间。在主甲板最后部的军官候补生学习室里，在炮塔里、引擎区和舰上各处，由一名军官教官和若干名准尉及士官讲授炮术、鱼雷、无线电、航海和轮机等领域的理论和实践课程。中尉资格考核包括写若干篇文章、演练和评估，最关键的一步则是"委员会"，由一组高级军官通过面试严格考察航海技能。军官候补生能否通过考核，最后还要看他们的日记。他们按要求每天记日记，并辅以海军领域的地图、插画和工程图。他们不遗余力地记日记和制作附图，这些至今仍是有关"胡德"号日常作息的珍贵记录。1940年12月，来自卡尔加里（Calgary）的加拿大皇家海军军官候补生拉瑟姆·詹森来到"胡德"号上，对他来说记日记不过是一种爱好。[3]1941年4月舰上举行的考核中，詹森的日记得到了本土舰队的唯一满分，他结束了在加拿大皇家海军的服役后，成了一名出色的插图画家。为期4天的考核结束后，成功通过的考生会欣喜万分地庆祝。当时是少年信号兵的泰德·布里格斯回忆起詹森小组的庆祝情景，他们是在"胡德"号上获得晋升的最后一批军官候补生：

> 我记得这次考核，是因为考核完后军官候补生室举办了一次喧闹的聚会，乘员组都听见了。杜松子酒、啤酒，以及名为"鱼雷"和"深水炸弹"的鸡尾酒下肚后，酒瓶横飞——裤子也如此。一名上尉被瓶子碎片划伤，接着所有人缘好的军官都被候补生们扒掉了裤子。[4]

有一段时间，少年水兵和军官候补生可以做相同的工作并一同听课，但后

① 奥康纳《管理大型军舰》第27页。
② 帝国战争博物馆第92/4/1页。
③ 詹森《钢盔、雨衣和胶靴》第90及96-97页。
④ 科尔斯、布里格斯《旗舰"胡德"号》第195页。

者晋升军衔后，社会地位的巨大差距开始显现，他们的轨迹从此再也不同。如在士兵群体中一样，军官的地位反映在各自的居住条件上，从主甲板后部的共用舱室，到本书另有讲述的司令和舰长的豪华套间。军官舱室一向是空间虽小而陈设丰富的典型，但如同对士兵餐厅的印象一样，"胡德"号军官舱室给人的第一印象可能也是比其他军舰的更宽敞、空气更好。典型的舱室长15英尺，宽10英尺，高12英尺。舱室只有一扇门，门上装有百叶窗。门是滑动的，门外有一具正对休息区的枪架。舱室通过一处舷窗和天花板上的一盏灯采光，家具则包括沿军舰艏艉方向依次摆放的一张双层床、床底的一些抽屉、一个放制服的立式衣柜、更多的抽屉、一个鞋柜以及一套桌椅。其他还有刷漆的舱壁上挂着的两具架子、一面镜子和一个小桌。固定的装饰物仅有两面舱壁上的各一条柚木板，可以用钉子把画挂在上面。由于后部的军官舱室容易进水，所以很少铺地毯，而每张床上都装有栏杆，避免在恶劣天气中人被荡下来。即使这样，军官们也努力美化身边的环境，装上印花棉布窗帘和灯罩，通常还会根据自己的偏好和情感，摆放家人照片或挑逗性的图片。在较大的舱室中，装饰品还会包括装在框里的图片、摆件，甚至可能有装在玻璃盒里、放在壁炉台上的军舰模型。1939年9月参军时就来到舰上的约翰·伊亚戈中尉把他的电气工程师特长用在了装饰舱室上：

> 我到现在一直住同一间舱室。它一开始很简陋，但现在我改变了它。我把那张不用的床改得可以当餐具柜用，在墙上挂起画框——画主要是从杂志上找的。我今晚一直在修理间接照明系统，它效果很好。所有的灯都是隐藏的，向上照射天花板，而我有一盏床头灯和一盏穿衣台灯。一切看着都挺满意，我正在考虑在某些灯座上安装黄色或红色的灯泡。这里现在总共安装了12个小灯泡。还有一盏专用的剃须灯，我用剃刀的时候它就会亮起来！[1]

熄灯后，伊亚戈像多少代军官出海时一样，在同一曲合唱中睡着了：

> 人第一次在军舰上过夜时，会注意到周围有很多奇怪的声音，除了一般军舰都有的嘎吱声和呜呜声，枪架上的枪还会在舵机的喧嚣声中咔咔作响；战列舰在海浪中颠簸，缓慢地、大幅度地横摇，每次改变摇动方向时，轻武器会发出有节奏的嘎嘎声，就像动听的军鼓声，听着听着就睡着了。[2]

皇家海军与其他多国海军的一项重要区别，体现在军官在舰上可以享受到更周到的个人服务。所有上尉及军衔更高者，每人都被分派了一位海军陆战队勤务兵，负责早晨叫醒军官，在军官浴室里为他放好洗澡水，保养并洗涤他的

① 伊亚戈《书信集》（斯卡帕湾，1940年8月27日）。
② 塔尔伯特-布斯《世界作战舰队》第3版第190页。

① 译注：考虑某些原因，本书原文隐去了写信人的身份。
② 威灵斯《英王麾下服役记》第82页。

衣服，保持他的舱室及其中物品干净整洁。当然，在战时还要求享受同样的服务，就远不那么合理了。1940年7月6日，英军攻击奥兰3天后，一位军官在家信中忍不住抱怨：

生活上这段时间有点问题！我的新勤务兵总是太忙，没空擦鞋或在下午茶前收拾我的床——我可能要找一名鱼雷兵换掉他。①

这里提到的海军陆战队勤务兵忙不过来，可能因为当时"胡德"号在米尔斯克比尔掩护了彻底击毁"敦刻尔克"号（Dunkerque）战列巡洋舰的行动后，正在返回直布罗陀。虽然约瑟夫·H. 威灵斯少校所在的美国海军有大量黑人和菲律宾人勤务兵，但英军这种状况似乎还是让他目瞪口呆：

我的勤务兵8点叫醒我，为我刷衣服、擦鞋，把其他衣物铺开。就是现在，我的床已铺好，睡衣摆放整齐，拖鞋被在床下。我午餐前洗了澡，这样之后就不用冒着受凉的风险出去了——（没错，浴缸放满了——更确切地说，水放满了而且冷热正好）。②

舰上的洗衣设备相对简陋，这种个人服务起到了很大的弥补作用。所有的舱室都装有冷热自来水，但洗衣池里的水排到黄铜容器里，要手动倒掉。最大

∨20世纪20年代，军官活动室中向军舰右舷前方看。红木餐桌上是"胡德"号服役期间及访问活动中得到的奖品和赠品。这里简朴得出奇，由两扇天窗、低吊灯和裸露的灯泡提供照明。远景中，在乔治五世国王和玛丽王后的画像下方，有两处连通食品储藏间的供餐窗口。（塞利克斯）

的舱室和隔间里还有一件奢华至极的设施：由一名海军陆战队勤务兵定时添煤的煤炉，后来它们被电炉取代了。如果"胡德"号在人们记忆中是一艘生活舒适的军舰，那么是高级军官居住区使她得到了这一名声。

军官们的世界以舯部艏楼甲板一处大套间为核心，这里被称为军官活动室。首先是会客室，它通过小艇甲板上的一处大天窗采光，布置了两具有皮垫的长沙发，火炉边有围栏。这里，在一个存放军官活动室图书的大书架下，军官们午餐和晚餐前在一起畅饮。通过一处门廊——后来被改成了装有帘子的拱门，可以进入军官活动室主体。这里的屋顶很高，通过另几处天窗和左侧的一排舷窗采光，舷窗外可以看到副炮。军官活动室中最主要的陈设是4张大红木桌子，军官在桌边用餐，有皇家海军陆战队勤务兵提供服务。与"铁公爵"号（Iron Duke）战列舰、"伦敦"号（London）和"谢菲尔德"号（Sheffield）巡洋舰不同，"胡德"号从来没有受赠过一套高级的银餐具，但在军官活动室周围的陈列橱里、在墙上和桌上，均摆着军舰在世界各地航行时得到的纪念品和奖品：1923年12月在弗里敦受赠的装在银底座上的象牙，后来受赠的狮子、老虎、野牛和麋鹿等猎物的头部标本，以及无数金银奖杯、奖盘和餐桌中央摆设品。所有物品都在1939年8月被送上岸，后来在朴次茅斯遭到空中闪击时被毁。角落里摆着第三具沙发，而军官们可以在沙发对面的办公桌上用印有舰徽的信纸写信。按早期的标准看，这处空间是有些简朴的，它的陈设还包括：一台钢琴——它在迎宾夜活动上用得很多；两处炉台上装有镜子的壁炉；各种橱柜和一个大的餐台，食物从军官活动室食品储藏间的一处窗口送来，由餐台的勤务兵供应给军官。

与其他军官的餐厅一样，军官活动所供应的食物的菜单由这里的成员自己决定。[①]"胡德"号一生大部分时间，军官活动室似乎都把这件事交给一名炊事员，他每天提供三餐和下午茶，而军官们每月的薪水会为此扣除一笔。虽然军官们的食物丰盛，但他们仍抓住一切机会改善伙食。1941年5月18日，周日，罗杰·巴特利（Roger Batley）少校在斯卡帕湾的岸上最后一次钓鱼，捕到了一条2磅的海鳟，并从一位老渔夫手中以2先令一只的价格买了50只新鲜龙虾给军官们。早餐于7点30至9点之间提供，午餐12点至13点，下午茶15点30分，最后是20点整的正餐。在海上，尤其是在战时，供餐时间则通常较灵活，用餐多数是自助形式。在军官活动室厨房里准备的食物应当是标准极高的，即使在战时也相当于高档餐厅的水准。实际上，战时有些军官考虑到后方吃紧而质疑过这种铺张是否合理，而皇家海军志愿后备队中尉约翰·伊亚戈可能不是第一个提出的：

我觉得就算大大降低标准，我们也不会受不了，尤其是考虑到别处物资紧张。早餐：粥或谷物及之后的烤鲱鱼或其他鱼。下一席，鸡蛋配培根，接着是

① 本部分多归功于海军中将路易斯·勒·贝利爵士的回忆。

最后吃的吐司，涂果酱或蜂蜜。我们午餐有3到4席，还有简便下午茶（只有茶和糕点），接着一天结束后，出海时的晚餐有4席，在港里则有6席。[1]

威灵斯少校来自以伙食丰盛著称的美国海军，就连他也被这里提供的食物种类之多惊呆了，尽管他可能不是第一个对英式早餐规格之高感到震撼的美国人：

食物比总部的好多了。至今每天早晨都有西柚，还有谷物或燕麦片、火腿或培根配鸡蛋、吐司、果酱或黄油（或两者）和咖啡。早餐做成这样如何？我已经不喝下午茶了，因为我不想在这个岗位上变胖，这比上一个岗位轻松多了。[2]

至于伊亚戈则觉得，当他的亲属们在伦敦郊区仅靠战时口粮度日时，自己日益增大的腰围令他尴尬：

加入皇家海军以后胖了1英石[3]零4磅，我的双排扣外套穿不上了，得送回吉夫氏（Gieves）裁缝店修改！[4]

不过，军官活动室的供餐不是没有出现过意外。1935年，人们惊讶地发现马耳他裔炊事军士萨尔塔纳用腋窝把要油炸的牛肉丸夹成形，而这是军官们最爱的食物之一。[5]

至少在20世纪20年代，军官活动室的气氛，尤其在用餐时，都带着些英格兰乡下别墅或岸上的绅士俱乐部的做派，军官活动室有这些场合的各种趣事和讲究。作家V. C. 斯科特·奥康纳1923至1924年随 "胡德" 号进行环球航行时，注意到 "皇家海军中的一种小风气……早餐时大家都不是很愿意跟人说话"[6]，不过阿斯顿和后来的威灵斯觉得自己餐厅中的伙伴相当开朗。奥康纳说所有的海军军官都是 "天生白痴"[7] 的话被记了下来，这注定使他在军官活动室里不受欢迎。原则上，女性、宗教和政治是禁忌话题，虽然进入战争后，可以想见军官们至少会经常谈论这些话题中的某项。碰杯被视为死亡的预兆，而罚惹事者出一瓶波尔图葡萄酒就可以化解凶兆。军官们常常把套餐巾纸的环从这间军官活动室带到下一间，每当完成在一艘军舰上的任职就把该舰的名字刻在环上。在港内，午餐和晚餐时就餐前有酒提供，但出海时必须严格遵守限制饮酒的规定。在海上喝酒并不被禁止，事实上舰员每天有权在不值班时喝3小杯酒，但值班时不能喝。港里情况则不同，但即使在港里，酒类消费也受到限制：每名学员每月的 "酒账单" 限额是10先令，军官候补生为15先令，军官为5英镑；每次饮酒都记在军官活动室酒类账簿上，记录由舰长定期核查。即使在正式聚会

① 伊亚戈《书信集》（埃维湾，1939年10月3日）。
② 威灵斯《英王麾下服役记》第81页。
③ 译注：1英石=14磅，折合6.35千克。
④ 伊亚戈《书信集》（格林诺克，1939年12月22日）。吉夫氏是皇家海军的主要制衣商。
⑤ 帝国战争博物馆有声档案，埃德蒙德·波兰海军少将，第11951号，第5盘。
⑥ 奥康纳《帝国巡航》第81页。
⑦ 杰弗里·威尔斯轮机上尉 "环球巡航日记" 第4页。

上，饮酒量也要记录，并制成表格与"餐厅每月份额"对照。

由于司令和舰长通常独自用餐，故餐桌旁没有其他特殊座位，只是给餐厅长和副餐厅长①留了两个，他们每次任期为一周。军官们用晚餐时穿正装，和平时期包括晚礼服、硬翻领和领结，战争时期则只是着双排扣外套，虽然在港时会加上硬领。皇家海军陆战队军官们则穿自己军种传统的紧身马裤；1923至1926年在舰上的A. H. R. 巴克利（A. H. R. Buckley）上尉等人出身于被撤销的皇家海军陆战队炮兵，他们仍有权穿这支部队的蓝色晚装。如果随舰牧师在场，人们会进行感恩祷告，所有人都站着，直到餐厅长就座为止。接着，一队穿着白色餐厅工作服的勤务兵一席接一席地将菜肴端来。每周有两次，皇家海军陆战队交响乐队会在休息室里奏乐助兴。对这种奢华感到不习惯的威灵斯表示，"用餐时听音乐确实帮助消化"②，尽管他的心满意足无疑有一部分归功于他自己的海军从不提供的酒。为了遵守皇家海军的传统，军官们会坐着为英国君主祝酒，如果舰上有某国外宾，他们接着还会为该国元首祝酒。于是，1937年6月在直布罗陀，当"德意志"号（Deutschland）袖珍战列舰的军官们来到舰上时，"胡德"号军官活动室中的人们意识到自己在为希特勒的健康祝酒。3年后在斯卡帕湾，则轮到为美国总统的健康祝酒了，威灵斯少校也按照礼仪为乔治六世国王祝了酒。

无论平时还是战时有关"胡德"号军官活动室的气氛，都少有记录存世，虽然有一点相当明显：在这样的群体里，滴酒不沾是不合适的。比德莫尔牧师给有志担任海军牧师者的建议说明了很多：

　　不喝酒的人在任何一间餐厅里都没有根基，会发现生活很难过，尤其是在海外某地时，因为那里要举办很多招待活动，每名军官都要出力。我想，普通的海军军官如果学会了怎样把握喝酒分寸，会觉得和牧师在一间餐厅挺好；其他人会把他小看成凡人。我回顾以前可以想起，一杯葡萄酒下肚，就打开了同一餐厅很多"矜持"的或不易相处的人的心扉，并拥有了得力的联络人。③

和在军官候补生室里一样，军官活动室平时庄严的气氛有时候会在酒精和高昂的兴致搅动下变得像一场混战，尤其是在港时的周四晚上——迎宾夜。比德莫尔无疑在担任"胡德"号随舰牧师的两年里目睹过很多这类事，所以忍不住写下这段告诫：

　　如果牧师认为心胸开阔会使人受欢迎，并认可军官活动室餐厅里的一切言行，那他不会真正赢得尊重。军官们希望牧师是和他们不同的人，因此如果在

① 译注：即主持军官活动室用餐和其他活动的两名军官。
② 威灵斯《英王麾下服役记》第81页。
③ 比德莫尔《难以捉摸的海域》第16—17页。

④ 比德莫尔《难以捉摸的海域》第1616页。
① 吉尔里《"胡德"号》第38页。信的日期为1941年5月16日。
② 雷《好事与坏蛋》第142－143页，对其的纠正见于海军中将路易斯·勒·贝利爵士，给作者的信，2002年11月13日。
③ 帝国战争博物馆第91/7/1号档案，第50页。

一场很晚的聚会上，他听到那些时而有人唱的低俗歌曲之后，跟着一起唱或者不加制止，就至少可以说他会令军官们失望。①

彻夜狂饮的军官通常离肆意胡闹不远了。舰务助理官约翰·梅钦（John Machin）少校在自己有记录的最后一封信里，承认自己在最近某个迎宾夜的打闹中断了一根肋骨，并毫不掩饰对此的得意②。但有时候会发生实在出格的事。1937年9月在南斯拉夫斯普利特港外的一个晚上，格雷沙姆·格伦菲尔（Gresham Grenfell）上尉带着上膛的猎枪在军官活动室的一张张桌子下手脚并用地爬行，悄悄接近前舱壁上那排纪念品兽头。他选中麋鹿头为目标，在现场众人惊愕的目光下，冷静地将双筒里的子弹都打在它上面，打断了一根角③。不幸的是，一些弹丸穿过一处舷窗，嵌在外面走廊里正睡着一名水兵的吊床上。麋鹿角被粘了回去，水兵则被用啤酒打发走了，但如弗莱德·库姆斯所说："如果皇家海军想招揽精力充沛、什么都敢干的舰员，那么他们就应该预料到总会有人搞恶作剧造成小事故。"④显然，这些话不仅适用于"胡德"号的士兵，也适用于军官。

▽ 军官活动室的另一张照片，摄于1932年7月，视角向后，与上一张相反。右侧的门通往会客室。请注意舱壁上用螺钉与柚木条固定在一起的画。左侧是一处烧煤或油的火炉。椅子是皇家海军军官活动室标配型号。（莱特与洛根）

　　"胡德"号是皇家海军最出色的军舰，那么她的军官活动室里自然有些人能凭着过去、现在和将来的成就在一支优秀的军队里身居高位。以1936至1939年，即"胡德"号和平时期最后一段服役期的军官活动室成员为例，这些例子不仅能让人一瞥军舰之前20年中的气质，也能让人大致了解组成皇家海军军官团的人素质如何。[①]大卫·奥尔－尤因中校在这几年的大部分时间里担任副舰长，后来担任"阿布狄尔"号（Abdiel）高速布雷舰舰长直至该舰1943年9月在意大利的布林迪西（Brindisi）触雷沉没[②]。他的许多本事中，有一项是倒立喝啤酒[②]。不久后爆发的战争中，H. A. L. 马尔沙姆（H. A. L. Marsham）少校和C. H. 哈钦森（C. H. Hutchinson）少校在潜艇部队成就斐然，分别担任"流浪者"号（Rover）和"逃学者"号（Truant）潜艇艇长。战争结束时，哈钦森是英国太平洋舰队副司令官、海军中将伯纳德·罗林斯爵士（Sir Bernard Rawlings）的参谋长，后来担任格林尼治皇家海军学院院长。讨厌在大军舰上服役的罗杰·希尔（Roger Hill）上尉后来担任"莱德伯里"号（Ledbury）护卫舰舰长，1942年8月帮助失去动力的"俄亥俄"号（Ohio）油轮驶入马耳他，凭此获颁优异服务勋章。不过，"胡德"号上的军官活动室战友们记得希尔上尉，主要是因为他美丽绝伦的瑞典妻子和她同样迷人的朋友们。轮机军官中有彼得·伯松轮机中校，他在这3年结束时已经担任了基汉姆皇家海军轮机学院教务长。也是在他的推动下，学院迁到马纳顿（Manadon），并取得了出色成就。他的未来女婿路易斯·勒·贝利轮机上尉1942年3月在"水中仙女"号巡洋舰于埃及的西迪巴拉尼（Sidi Barrani）外海沉没时成功撤离，后来担任驻华盛顿的海军武官，最终晋升为海军中将，任情报总监。海军陆战队中则有杰出的"黑杰克"麦卡菲（'Black Jack' Macafee）中尉，战时他担任埃及亚历山大城宪兵司令，关闭了该地所有知名的男妓院，当澳大利亚第9师的部队从沙漠来到这里休整时，又仅凭一个海军陆战连努力维持了秩序。还有一些个性人物。D. H. S. 克雷文（D. H. S. Craven）航海中校是一名狂热的骑师，1938年在马耳他设法说服军官活动室同僚们买了一匹马。后来他们对此决定感到后悔，因为明显看出这匹马永远赢不下一场比赛。1936年6月发生了两次大战间最离经叛道的恶作剧之一，当时驻扎在戈斯波特皇家空军基地的盖伊·霍西（Guy Horsey）上尉驾驶着布莱克本"巴芬"飞机设法迫降在"诺曼底"号（Normandie）邮轮船舷[③]。法国大西洋航运总公司要求英国海军部给予巨额赔偿，而霍西因此受到训斥并被调离海军航空兵。几个月后，他与另一名精力充沛的上尉格雷沙姆·格伦菲尔一同来到了"胡德"号上。格伦菲尔在军官活动室里的古怪行径暂且不谈，他可能是20世纪30年代最好的分队指挥官。当"胡德"号上第一次有了年轻锅炉兵时，时任少年水兵分队指挥官的格伦菲尔致力于培养少年水兵和轮机部门中的同伴间

① 以下细节多归功于海军中将路易斯·勒·贝利爵士的回忆。
② 译注：奥尔－尤因生还，战后以上校军衔退役，在这段服役期末期接替他的威廉·戴维斯战后曾任本土舰队总司令。
③ 帝国战争博物馆有声档案，军官候补生约翰·罗伯特·朗的回忆，第12503号，第1盘。
④ 雷《好事与坏蛋》第141页，对其的纠正见于斯图蒂文特、克罗宁《海军航空兵飞机、单位与舰船：1920至1939年》第141页。

的战友情谊，对士气产生了长远影响。以下回忆录记叙的是1938年在岸上的一次少年士兵聚会，可见格伦菲尔其人如何：

为了说明他有多受尊敬甚至喜爱，我回忆在马赛与他和一群包括足球队队员在内的少年士兵一起上岸。法国球队一直没露面。于是格伦菲尔给了每个少年士兵一点儿法郎，要求他们乘18点整的艇回舰上。由于马赛遍布妓院，还不乏其他刺激的去处，我怀疑是否有哪怕一个少年士兵会回来。不过他们都回来了，尽管一两人走路有点儿晃。[①]

比德莫尔牧师认为，如果一名军官烟酒不沾却能在皇家海军里出人头地，那他一定是真正卓尔不群的。造船中校W. J. A. 戴维斯就是这样一名军官，他代表英格兰参加了22场橄榄球赛，作为该项运动史上最好的前卫球员之一而留名。戴维斯的国家队生涯因一战中在"铁公爵"号上服役而中断，但他后来带领英格兰队于1921和1923年赢得了两次著名的大满贯。戴维斯的形象像一位出色的父亲，稳得住场面，对于两次大战之间以一代代年轻人为主的、喧闹的军官活动室而言，他是无价之宝。和他一起工作的埃德加·雷牧师记得：

虽然他的年龄足以做我们很多人的父亲，他却谦逊、容易接近，身上显不出自己获得的盛名。就连资历最浅的军官也可以调侃他，而戴维斯比其他人都喜欢这样。他打橄榄球的那些风云岁月里一定参加过无数次聚会和招待会，但我觉得，我说他始终烟酒不沾是确切的。他和社交场合的许多人不同，从不因手里没拿酒杯而尴尬。他可以坐在或站在任何一群人中间，在只有他一人不拿酒的情况下，落落大方地参与交谈、一起大笑……从任何一方面说，他都是年轻人的好榜样，而他和年轻人在一起时也相当无拘无束。[②]

那时候的军官候补生室也有一些日后大有作为的人，例如军官候补生"公牛"D. C.威尔斯（D. C.'Bull' Wells），他后来以中将军衔指挥澳大利亚海军。但如果说"胡德"号的军官群体写下了辉煌成就，那么后来他们也付出了重大牺牲。的确有很多本来无疑能晋升为高级军官的人没能活到二战结束。中队无线电报军官E. O. 安文（E. O. Unwin）少校（后为中校）。先后加入坎宁安和莱顿的参谋班子，1941年11月在大西洋因乘坐的"达尼丁"号轻巡洋舰被德国U-124号潜艇击沉而悲惨地阵亡。兰斯洛特·福格–埃利奥特轮机少校后来晋升中校。1941年12月，"加拉蒂"号巡洋舰在亚历山大外海被U-557号潜艇击沉，轮机部门自他以下全体阵亡。获得优异服务十字章的军官候补生O. S. V.

① 海军中将路易斯·勒·贝利爵士，给作者的信，2002年11月13日。
② 雷《好事与坏蛋》第144页。

沃特洛（O. S. V. Waterlow）后来乘坐的"护身符"号（Talisman）潜艇1942年9月在意大利海域巡航后未能返回，他被列为失踪、认定阵亡。1938年在舰上的五名澳大利亚军官候补生中，只有一名活到20世纪40年代后。其中二人，T. E. 戴维斯（T. E. Davis）和I. T. R. 特雷洛尔（I. T. R. Treloar）乘坐的澳大利亚"悉尼"号（Sydney）轻巡洋舰于1941年11月在澳大利亚外海与德国"鸬鹚"号（Kormoran）袭击舰恶战后被击沉，全体人员阵亡；另一人，军官候补生B. M. 麦克法兰（B. M. McFarlane）于1944年2月，因乘坐的X22号袖珍潜艇在彭特兰湾（Pentland Firth）与英国"瑟提斯湾"号（Syrtis）潜艇相撞而遇难。第四名，澳大利亚皇家海军后备队的K. A. 塞登（K. A. Seddon）于1947年1月在"涅斯托耳"号（Nestor）驱逐舰上病故。为了成就海军将领们，除了"胡德"号自身，她的军官团队也会付出高昂无比的代价。

　　自然，"胡德"号的军官活动室里并不是没有一部分混日子的人、难以胜任者和平庸之辈，这些人被奥康纳评为缺乏"领导才华……组织能力以及坚持不懈的意志"[1]。称这个军官群体为"一帮兄弟"也不完全合适。虽然海军元帅费舍尔勋爵在一战前就提倡"情感共同体"，但这个概念直到皇家海军20世纪50年代终于适应了其领域内的技术现实后才得以实现。整体来说，"胡德"号的军官群体如同士兵群体一样，被灌输了一些精神，军官们面对以后的种种磨难时将依靠这些精神——坚信艰苦奋战能取得胜利，并对胜利感到骄傲和满意；最重要的是，对自己军舰的爱所意味的精神。

　　对一个像"胡德"号这样的集体来说，有组织的娱乐不仅能让人在充满乏味工作和囿于刻板日程的海上生活中放松，也能让那些可能向往另一种职业而不喜欢命运安排的道路的人们发挥特殊才能，娱乐活动的其他意义则是它让舰员们有机会宣泄水手生活中的沮丧情绪，同时增强一艘军舰的乘员组特有的那种集体凝聚力。"胡德"号服役的和平年代中，皇家海军虽然引人瞩目，但仍不乏紧张气氛、痛苦和不安全。战争中，舰员们则对恐惧、消沉和不确定习以为常。在这些情形下，持关注态度的军官和士兵们当然会尽其所能来培育战友情谊、确立共同目标，这些要素被认为是一艘成功的军舰必备的。同时，对其他人来说，他们感兴趣的仅仅是娱乐活动所提供的消遣以及逃避现实的机会，只有利用这短暂的机会才能摆脱工作和纪律的羁绊来表现自己。

　　和"胡德"号生活中的几乎所有方面一样，舰上的许多庆祝仪式和娱乐活动都源于海军传统。圣诞节的早晨，桅顶上挂着常绿树树枝做的花环，舰长去

----

[1] 奥康纳《管理大型军舰》第149页。

每间餐厅向他的士兵们致意，并赞赏他们用当季饰物装饰各自住处的工作。新年前夜有敲舰钟仪式，接着军官活动室里会举办酒会和舞会，司令官、舰长、军官们、军官候补生们以及准尉们都会参加。还有本书第3章描述的隆重的 "跨线" 仪式，以及皇家海军每艘舰船服役期中时时可见的、数不胜数的习惯和传统。一位平易近人的司令官可能自己举办娱乐活动来调节气氛，只不过这些活动一律只有军官参加。1933年2月在直布罗陀，海军少将威廉·詹姆斯爵士在自己的套间里举办的活动就是其中一例：

> 我的每间舱室都亮着幽幽的红色灯光，穿着当地服装的乐手敲着鼓、吹着簧管乐器，门廊里有几位英俊的阿拉伯人佩着弯刀。至于食物则有野猪肉三明治和其他非洲美食。"胡德" 号的军官们打扮成当地人，他们总是乐于尽情投入这种娱乐活动。[1]

但最重大、最令人激动的娱乐活动还要数军舰自办戏剧协会（S. O. D. S.）表演的戏剧。演员有军官也有士兵，他们会在一天或连续几天的傍晚时分，几乎完全无所顾忌地评说军舰上的生活和人员，以及军舰服役期内的功绩、不幸和历险。场地布置在后甲板上，节目包括幽默短剧、戏剧和粗俗的歌曲，其间还有高超的才艺展示，军乐队长和军乐兵们的表演贯穿全场。现存有详细记录的最早的剧团是 "玩乐客"，1921年他们全年都有表演。1934年2月在直布罗陀，军舰举行了名为 "海盗" 的 "音乐狂欢节"，演员名单中甚至有两位军官的妻子。这次娱乐活动对前一年10月在克罗默蒂发生的事件进行了嘲讽。当时在詹姆斯海军少将策划的一次演习[2]中，水兵们装扮成海盗。尽管这次演习未造成伤亡，媒体却以头条报道 "胡德" 号上出现骚动和暴力事件。伦敦《闲谈者》（*The Tatler*）月刊报道了这次狂欢节[3]。但更早，当1931年9月17日军舰驶离因弗戈登时，该协会的一场戏剧帮助人们开始了从一场真正的兵变中重整旗鼓的漫长过程。

舰员们组织过几支表演队，包括一支男声合唱队、一支水兵舞蹈队即20世纪30年代中期的 "匪徒伴舞乐队" 以及最著名的 "'胡德'号的和声男孩"，后者是1937年成立的一支30人的手风琴和口琴乐队，健在的成员和崇拜者至今仍在亲切地回忆它。和声男孩乐队的独特之处是，创始成员都是从舰上的锅炉兵中选出的，指挥是凯斯摩尔锅炉军士长。得益于服务社委员会提供的资金，乐手们穿上了夺目的白色丝质演出服。和声男孩乐队等成功乐队的价值在于，他们能提高军舰在岸上民众中和整个舰队中的声誉。锅炉兵肯·克拉克1938至1940年是该乐队的一员，他回忆了马耳他的一个夜晚：

[1] 詹姆斯《天空永远碧蓝》第168页。
[2] 译注：即第4章所述登陆围歼海盗的演习。
[3] 詹姆斯《天空永远碧蓝》第172–174页及科尔斯、布里格斯《旗舰 "胡德" 号》第78–79页。

在港里时，我们经常选一家酒吧，同时为水兵和当地人表演。我特别记得在马耳他时的一次。我们奏完了一两首曲子，接着有个当地人说："我对乐队提个意见。""哦，天啊，"我们想。但幸运的是，这伙计不满意只是因为我们一直在献艺，却没有得到酒吧老板提供的饮料。我们在这支口琴乐队里度过了一些欢乐的日子，我离开军舰后也经常想他们过得怎样了。[1]

和声男孩乐队的水平相当高，有一次通过马耳他的广播电台进行现场演奏，那是1938年。战争时期他们在新的领导者带领下继续活跃，尽管他们那时只有在港时才能练习——通常在军舰的教室或阅览室里。

舰上其他团体则致力于互助和进步。1933至1936年的服役期内，舰上成立了一个互助协会，有800多名士兵会员[2]。每名会员每月从薪水中拿出1先令，便可得到如下资助：休丧假时最多可得到5英镑差旅费；如因伤病退伍可得到5英镑；如死亡，他指定的人可得到10英镑。1936年6月军舰乘员组解散时，会员出的钱有80%以上退还给了他们。奥康纳中校从一个狂热的体育爱好者的角度指出，舰员们不仅能在遇到个人困难时得到补偿，而且他们传统上依赖的本舰基金也能分出更多的资源用于娱乐和体育活动。早年，"胡德"号上很可能有皇家海军戒酒协会（又称戒酒公会）的分会，但即使有，留下的记录也很少。唯一留下详细记录的互助组织是"皇家水牛上古兄弟会"，它在舰上的分会存在至1931年[3]。当年10月，有人指控因弗戈登兵变之前的非法集会曾利用"勇士"

---

[1] "胡德"号协会档案。
[2] 奥康纳《管理大型军舰》第155～156页。
[3] 卡鲁《下层甲板的士兵们》第166及250～251页。

① 勒·贝利《不离引擎的人》第23页。
② 坎宁安《一个水手的冒险》第184及189-190页。

号战列舰上的分会做掩护，海军部因此取消了兄弟会在皇家海军舰船上集会的权利。这些指控的内容从未被证实，也没有出现任何对"胡德"号分会不利的证据，但木已成舟，从那之后她的"水牛会"就几乎无声无息了。由于一战前海军中崛起的工联主义催生了许多士兵团体，"胡德"号上无疑也有过它们的分会，但有关这些分会同样缺乏记载。已知20世纪30年代后期在舰上成立过分会的，只有引擎室技术兵协会，尽管它有一段时间停止过活动。

与皇家海军对哪些活动适合士兵的看法相符，很多闲时娱乐活动实际上都是体育运动。出海时，如果天气允许，军官们就总是喜欢下午茶后在后甲板上打甲板曲棍球，"一种累人的、往往火爆的游戏，用的是索环做的球、弯曲的拐杖，没有规则"[1]。军官们也着迷于传统的打猎、射击和钓鱼等活动，他们有很多机会，因为"胡德"号经常在苏格兰水域停留。詹姆斯少将1933年2月在阿尔及尔（Algiers）附近参加了一次猎野猪行动，军舰每年冬季停泊在直布罗陀时，军官们也会骑马去卡尔佩猎狐，但"胡德"号很少享受地中海舰队的生活中标志性的每周射击聚会。时任战列巡洋舰中队司令官的安德鲁·坎宁安中将则能在俯瞰斯普利特的山里尽情过钓鳟鱼的瘾，1937至1938年"胡德"号短暂停留在科西嘉时也在那里钓鱼，只是收获欠佳[2]。1936至1939年，在马耳他的马尔萨俱乐部打马球和壁球，以及与法国海军军官打网球是地中海的亮点。骑车爱好者可以参加骑行俱乐部，而去往苏格兰的夏季巡航和秋季巡航中人们则有

很多时间在海滨球场打高尔夫，"胡德"号的选手们根据所得"差点"多少分为两个协会。在地中海，游泳和日光浴等则是对军官和士兵都最有吸引力的活动，军官则还有一项新奇的娱乐：由"胡德"号的30英尺摩托艇拖行滑水。当时是中尉的路易斯·勒·贝利描述了1937年或1938年在马耳他的一个典型周日：

> 周日的分队集合和礼拜是必须参加的，但除非有水兵野餐会举行，单身汉的日程都是不变的：换上旧衣服，拿好日光浴用品，坐小划船去斯利马俱乐部……那里，在猴岛上，我们可以打发时间，用便宜的杜松子酒和热辣辣的咖喱餐填肚子，接着在温暖的岩石上惬意地睡一觉，游一会泳，用下流的话对那些在30码外水道对面向女人献殷勤的同僚还有他们的相好评头论足。接着用糖衣杏仁蛋糕当茶点，乘小划船慢慢回军官活动室看电影。[1]

　　在直布罗陀附近，罗西亚湾（Rosia Bay）的沙滩传统上是守备队的军官和护士们专用的，但1935年秋季与1936年夏季之间"胡德"号在这里停泊的6个月中，需要为舰员们特别安排场地。一向主意多的奥康纳面对这个问题时，把军舰和防波堤之间的几艘双体船改成了一个配有椰棕垫子和摇椅的露天浴场[2]。舰员中提倡进行游泳比赛和划艇。在哨声通知用下午茶后，或在放"补衣假"的下午，在舱面上钓鱼是许可的，但任何时候都不允许在舷窗或舷门处钓鱼。1940至1941年在斯卡帕湾，军械技术兵伯特·皮特曼用了很多空闲时间在舷边钓鲭鱼，却经常无法阻止钓到的一些鱼落入来劫掠的"流氓鹰"之口——这是水兵们对海鸥的称呼，因为他们坚信海鸥身上附着那些手脚不干净的船厂伙计的灵魂[3]。这艘军舰从不会放过任何竞争机会——1936年3月末的一个傍晚，60多名水兵在直布罗陀的分离式防波堤上参加了钓鱼竞赛[4]。鱼没钓上多少，但舰上的一只猫"生姜"尽情享用了钓饵。奥康纳的另一项奇思妙想是把南防波堤的煤仓搬空，冲洗干净，粉刷一新，改成电影院、舞台和拳击台。一战前，"玛丽王后"号战列巡洋舰成为第一艘安装电影放映机的军舰，但奥康纳走在当时刚刚成立的海军电影团之前，努力使看电影成为一种岸上和舰上都适宜的娱乐方式。当时电影拷贝是一种昂贵的商品，但"胡德"号与其他军舰共用拷贝，并向成年士兵和少年士兵分别收取2便士和1便士的单人票价，从而大大降低了本舰基金的压力[5]。至1938年，每周有2到3天晚上在甲板下或右舷副炮群中放电影。军官活动室里也放映电影，而军官候补生室里的人们每次都会收到去看的邀请。

　　舰上开始定期放电影后，传统的闲暇时间消遣活动很可能不再流行如故，但仍受到舰员们喜欢。人们在士兵餐厅里和娱乐区玩掷飞镖和十字戏[6]，也玩

① 勒·贝利《不离引擎的人》第46－47页。
② 科尔斯、布里格斯《旗舰"胡德"号》第93页。
③ 帝国战争博物馆有声档案，第22147号，第4盘。
④ 《山鹬》1936年4月刊第27页。
⑤ 奥康纳《管理大型军舰》第151页。
⑥ 译注：一种掷色子游戏。

△ 1935 年前后，海军陆战队士兵在右舷副炮群中玩十字戏。他们身后堆着 5.5 英寸炮的无烟发射药筒，这样火炮就可以迅速投入战斗。（"胡德"号协会 / 威利斯收藏照片）

桥牌、惠斯特牌戏、克里比奇牌戏和麻将，但舰上严禁包括下注和收受赌注在内的任何以金钱为赌注的赌博。自然，"吹牛"和"王冠与锚"等有害的游戏并未在这一措施下绝迹，于是很多士兵因为玩了几个小时的违禁游戏而被扣薪。其他人则津津有味地用半便士硬币或"提克勒"（烟卷）为赌注，扎堆玩"一对三"惠斯特。军官们则玩桥牌、惠斯特，战时还使用金钱赌注玩扑克游戏，台球则是 20 世纪 20 年代时军官用餐后最喜欢的活动。一战后跳舞可能受到了冷落，但音乐的重要性越来越突出，许多舰员独自演奏或参与军舰的某支表演队。约翰·伊亚戈中尉在 1939 年 12 月的一封家信中讲述道：

　　我不值班时，桥牌打得挺多，后来又喜欢吹短笛了，在舱室里吹。皮林格调走了，新来的是一个有手风琴的伙计。我想，舰上没有哪儿的噪音比我们舱室传出去的更难听！[1]

　　20 世纪 30 年代中，广播音乐和电台节目成为舰上生活的一个重要成分，这归功于舰上引入了多项新技术，包括 1935 年安装的广播系统（"天朗"），此外还配备了收音机和留声机。在进行这些革新时，奥康纳同样走在前沿：

　　广播节目，辅以留声机唱片，在舰上生活中有重要意义。士兵们对时事有浓烈兴趣，所以政治家们发表关键讲话时，扩音器旁一定会聚集对此关心的舰员。经常，夜晚下令安静的时间不得不推迟，因为舰员们要求继续听广播，他们想听的可能是伦敦或日内瓦的一场重要讲话，也可能是一场"大战"。[2]

　　不过，据比德莫尔牧师说，这些新奇玩意儿必须严加保护，原因是它们可能遭到损坏，舰员普遍对它们感兴趣，而水手天生就富有好奇心：

① 伊亚戈《书信集》（海上，1939 年 12 月 7 日）。提及的人物为 E. W. 皮林格临时轮机上尉（1939 至约 1940 年驻舰）。
② 奥康纳《管理大型军舰》第 152 页。

你会发现，这个时期，有很多士兵喜欢除爵士乐和摇摆乐之外的音乐，也希望有音乐会能带来真正一流的音乐。应当设法找台收音机来满足舰员们，并把它摆在某个顺手的地方，这样你就可以用它播放音乐会。确保在需要用它播放音乐会之前把它一直锁起来，否则它就活不了多久，最后会被喜欢"探索"的士兵毁掉，因为他们"从来没有真正搞懂这里的某件东西是怎么工作的"。答案是，它没法再工作了。[①]

皮革手工竞赛是士兵中另一种受欢迎的娱乐，这通常是由随舰牧师主持的，较年长的士兵们也喜欢制作挂毯。尽管绳艺在皇家海军中已经快要失传，但艏楼的士兵餐厅里和小艇甲板上僻静的杂物间里仍有人制作精美的作品。在舰上任何一处由长期服役的一等水兵负责维护的部位，他们都抓住一切机会用高超的手艺来给这里增色。舷梯两端、扶手绳和吊床捆扎索都留下了他们的劳动成果，但装饰水平最高的还数舰载艇。操舵手柄、艇用钩杆和其他配件都被细心地点缀以"火鸡头"装饰结、精致的花样缠扎绳头和防撞垫，这些物品需要费力地制作，共用去了50码长的麻绳。军官只要花几个先令，便可让人用精致的索环装饰自己的望远镜。

俗称"商行"的生意是很多士兵的一项重要收入来源，尤其是在萧条的20世纪30年代。皇家海军对此严密监管，每门得到许可的生意在舰上都只有为数不多的士兵被允许做。20世纪30年代后期，"胡德"号的生意人名额是6名裁缝、9名俗称"势利眼"的鞋匠、6名理发师和2名摄影师[②]。价格会受到限制，以修靴子为例，补一块橡胶花7便士，而重新缝上靴跟和靴底则花4先令6便士。军官和成年士兵理发每次4便士，少年士兵在某些时段则免费。1937年，在舰上

① 比德莫尔《难以捉摸的海域》第43页。
② 奥康纳《管理大型军舰》第218—219页。

一处很少拍摄的地点：上层甲板的理发店，摄于1940或1941年。锅炉兵比尔·斯通1921至1925年在这里做生意。（"胡德"号协会/伊恩·瓦茨）

的6名理发师抽签决定谁有幸在军舰的理发室里经营6个月生意。1921至1925年服役的锅炉兵比尔·斯通是幸运者之一:

> "胡德"号上的"理发店"在上层甲板左舷——一层甲板之下。我记得,那处房间无疑令人感到亲切,有6英尺宽的镜子、向上喷水的龙头以及新手理发师需要的一切。这处房间让我惊奇的另一点是,它的形状很奇怪。有一面墙是弧形的,这面墙属于"B"炮塔之下直立的巨大钢质圆柱即"基座",它贯通军舰上下。[①]

如果士兵把他的大部分空闲时间都拿来做副业,那么在4便士理一次发的情况下,他在海军中的收入可能翻倍,不过前提是他的同事的为人值得信赖。正如斯通发现的那样:

> 不幸的是,过了一段时间,我发现那个和我一起在理发店里工作的陆战队军乐兵在对我使坏。我俩理发的收费都是每人4便士,这些收入按说该放在一起,周末分发。由于我是新手,觉得这种方案是坦诚的,就接受了。不过,我开始意识到,从我理过发的人数来看,我分到的钱似乎太少了,并最终明白发生了什么。那个军乐兵的顾客经常给他6便士硬币,他放在上衣袋里。接着他会从那笔共同收入里给顾客找2便士——而我一直把自己收到的所有钱放进那里面! 这自然意味着,我放进去的4便士里,只有2便士能留到周末分红。到了周末,我俩平分这笔钱后,我剪一次发实际上就只收入1便士! 一天晚上,当他出去后,我终于有机会证实我的猜疑,在他的上衣袋里找到了几枚6便士。他回来后,我与他交涉,说我俩必须有一个人走。我没有告诉他我在他的上衣袋里发现了证据——他凭良心会自己知道。最后我们谁也没被迫离开,但从那之后,我拿到的钱就多了不少,尽管我之后再没真正信任过他。

裁缝是另一种重要的生意,士兵们因为上岸时要保持制服整洁所以经常光顾裁缝店。被称为"犹太商行"的裁缝店可能包括3人,1人操作机器,1人开纽扣孔,第三人缝纽扣。1937年,水兵的一号制服如由裁缝提供面料,每套价格为15先令6便士,如由顾客提供面料,则为7先令。在1923至1924年的环球巡航中,一等水兵威廉·科利尔(William Collier)以每套7先令的价格制作了300多套制服,就10个月的时间而言这是一笔可观的收入[②]。实际上,1931年降薪后,结了婚的士兵可能高度依赖额外收入,使家人不至于领救济食品,而提升军官名额稀少又导致竞争激烈。其他人则可通过洗衣、捆扎吊床或开"提克勒"作坊(即用免税烟草制作烟卷),来获得几个先令。还有其他收入来源。技艺熟

① "胡德"号协会档案。
②《西部先驱晚报》(普利茅斯),1979年10月6日刊。

练的士兵要增加收入，可以在军舰的工作间里制作"兔子"，即在工作时间用海军材料制作的个人物品。还有一些人获得高额但严重违法的收入，他们把钱借给同舰战友，每借出1镑，对方需还25先令。显然，虽然皇家海军可以监管舰上的商业交易，但士兵们私下赚点钱的方法数不胜数。

1930年前后，当某名少年水兵来舰上服役时，会被授予一等少年水兵军衔，周薪仅为8先令9便士，满18周岁晋升为二等水兵时周薪会增加至14先令；19岁时他会晋升为一等水兵，周薪增加至21先令；而每获得一枚优良表现奖章便可多获得每天3便士的津贴，而奖章最多3枚，分别在服役3年、8年、13年时获得。上等水兵周薪为30先令4便士，如他取得专业士兵资格，每天可额外获得3便士，而不喝配给朗姆酒者每天又多得3便士——这句话中肯地指出了二战之前皇家海军士兵看重什么。考虑到锅炉兵工作繁重，二等锅炉兵可得到17先令周薪，升为一等锅炉兵后可得到25先令。同时，军士的周薪为42先令，军士长则拿丰厚的52先令6便士。在这些金额之外，25岁及以上的士兵还有婚姻及子女补贴。"胡德"号上，士兵每隔一周的周五领薪。[1]天气好时，后甲板上方建筑右舷侧的副舰长会见区和对侧的休息区里会摆放领薪台，士兵们按照《军舰记录册》上的服役号码依次经过这里领薪。士兵来到领薪台前时，一名抄写员会拿着分类账簿叫出他们的名字以及每人应领金额，士兵们伸出拿着帽子的手，军需官把信封里的钱倒进帽子里。

虽然用奥康纳的话来说，有很多人打算心满意足地蹉跎到拿养老金的时候，但其他人则把在舰上服役的日子视为晋升和提拔之路上的一个台阶。少年水兵经过一年或两年后终于会获得成年水兵军衔，并被晋升为二等水兵，而其地位和生活条件也会有很大改善。弗莱德·库姆斯回忆：

> 1937年3月31日，我们被晋升为二等水兵。这是一个里程碑，因为这意味着我们终于离开了讨厌的少年水兵分队，有更大的行动自由，并懂得了：如果我们一起出力，尽职尽责，那么其他每个人也都会这样，生活就会轻松很多……我们从不留恋过去，光是我们被当成同类人对待就让我们感觉好多了，哪怕是同类人里的小字辈。[2]

除了进行常规的操练和教学这些基础训练，渴望晋升的士兵还需要在每周四前后放"补衣假"的下午参加必修课程。如奥康纳所说："当士兵为晋升而接受训练时，他既是为了自己好，也是为了军队好，那么他就应该抽出自己的一些时间学习每周的课业。"[3]1940年的整个秋季，上等水兵朗·威廉姆斯用了大部分空闲时间准备士官资格考核：

① 奥康纳《管理大型军舰》第223页。
② 帝国战争博物馆第91/7/1号档案，第60页。
③ 奥康纳《管理大型军舰》第55页。

在我们几次短暂停留于斯卡帕湾期间，我想办法参加了士官资格考核，这包括操纵汽艇、帆船航海以及其他许多航海科目的实践及理论。我需要解读一条莫尔斯码信息，并用闪光信号灯发送一条……利用空闲时间刻苦一番后，我顺利通过了整场考核，我的名字被报告给（朴次茅斯）兵营，待晋升时机到来它就被列在了晋升名单上。[①]

虽然早年的几段服役期里，"胡德"号的人员组成变化相对较小，但本土舰队的人员抽调体系失灵后，20世纪30年代早期，舰上的人员流动大幅增多。1923年启程进行帝国巡航的舰上乘员组由大西洋舰队的精锐组成，除去逃兵，在接下来的3年里基本未出现变动。而10年后，舰上来来去去的士兵之多使"胡德"号的舰员感到这里更像一座训练基地，人员流动对生活和工作效率可能产生的干扰都成了现实。1934年，9个月间有1/3的舰员因各种事由被抽调走[②]。1930至1933年在舰上服役的比尔·洛军士长描述了那种情形：

除了我们自己部门里的人以外，我们几乎不认识谁。我每天都会看见新面孔，我也不会认识他们。军舰每次去海外并进港时，我们中都会有大约50人上岸返回英国本土学习课程，并有另50人加进来——情况一直是这样。[③]

虽然至20世纪30年代中期情况稳定了下来，但到末期又故态复萌，结果1936至1939年的服役期内舰上据说发生了至少80%的人员流动[④]。由于战争很可能爆发，加上军舰改造工作导致作战舰队的可用兵力所剩无几，正在扩军的皇家海军将"胡德"号的角色改为了训练舰，她直到最后都如此。

从"胡德"号上被抽调走，便是脱离了一个独特的集体，一个永远无法重建、只有在回忆中才能重现的群体。当然，很多人收到抽调通知时一定是欣喜地松了口气，而其他人无疑因此深感忧伤。无论情绪如何，很少有人会对抽调无动于衷，尤其是那些在舰上时战争正好爆发的人。路易斯·勒·贝利上尉于1939年11月结束了自己在舰上的第二段服役期，确实到了该离开的时候，尽管对过去的一切未免带着一些感伤：

虽然军官活动室和军官候补生室里都有不少有亲和力的人，我也和他们成了密友，但我清楚我在"胡德"号上太久了，所以现在动不动就回想过去的、

④ 威廉姆斯《行过远途》第149-150页。
① 格洛弗"同盟国海军的人员配置与训练"第211页。
② 亚瑟（编）《皇家海军：1939年至今》第86页。
③ 雷《好事与坏蛋》第154页。这一数据尚未证实。

更安逸的日子。我在最后几个小时里花了些时间在舰上边走边看。虽然在锅炉军士长、技术兵和水兵军士长们的餐厅里，我们喝够了饯行酒，但这次在军官活动室里结束的告别是伤感的。我感谢载我去北路车站的出租车。①

① 勒·贝利《不离引擎的人》第55页。
② 威廉姆斯《行过远途》第151页。
③ 塔文纳《"胡德"号的遗产》第138－139页。

朗·威廉姆斯军士在舰上服役5年后，于1941年2月被抽调走，他也发现自己在一边回忆过去，一边期待未来：

我收到抽调通知时心情复杂。由于我在"胡德"号上长期服役，我对她已经产生了依恋。我们一起走过了千万里，一起访问了许多遥远的地方；此外，我喜欢同舰战友，他们中许多人像我一样在舰上服役了很长时间。另一方面，我打算最终取得鱼雷发射军士和教员资格，为此我首先要过了上等鱼雷兵课程这一关，这是眼前的事。②

但当离开的时刻来临时，他的种种感受又是显而易见的：

当火车通过福斯大桥时，我们眺望船坞，看见这位"老太太"停在泊位的墙边。如果我不承认当火车加速向爱丁堡驶去，我们目送她消失在视野中时，我快哭了，那我就没说实话。我上舰时是地位很低的二等鱼雷兵，离开时是军士。我欠"胡德"号不少，我也感激她。

人们记忆中的她是好是坏，相当明了。与1934至1938年在舰上的锅炉兵吉姆·哈斯克尔（Jim Haskell）的看法一致，曾经乘"胡德"号出海的一代士兵都坚定不移地相信："在我看来，'胡德'号始终是我心中的皇家海军，我服役过的最好的军舰。"③

宠物和吉祥物

水手自古就喜欢动物，故几乎每一艘船都养一只宠物作为吉祥物。"胡德"号自然不例外，而且她漫长的一生中拥有过的吉祥物之多，很少有舰船超过。她的第一个吉祥物是山羊"比尔"，由1921至1923年在舰上的考恩少将赠送，它有一次意想不到地"拜访"了他的寝室[①]。比尔可能在考恩离任前就不在舰上了，但1923至1924年的环球巡航中，"胡德"号变成了一个不折不扣的小动物园。在亭可马里，至少有一条眼镜蛇与耍蛇人一同到场。"胡德"号一到达澳大利亚，各种动物就渊源不断地来到舰上。它们中有弗里曼特尔的沙袋鼠"乔伊"，阿德莱德的袋鼠"托马斯"和其他当地物种，包括一只环尾袋貂、一对美冠鹦鹉和许多其他鹦鹉。此外，在新西兰还来了一只名叫"阿普特立克丝·澳大利斯（Apteryx Australis）[②]小姐"的几维鸟，不过由于没有找到合适的食物替代她主食的虫类，它在航行中就去世了。军舰访问卡尔加里时得到了至少一只河狸。军舰于1924年9月返回德文波特前，这群动物中又多了一只狨猴和一只鼯鼠。多数动物会被交给动物园，但乔伊一直留在舰上，直到1926年腻烦的人们才把它送到动物园。胡德夫人向军舰赠送了名叫"安格斯"的纯种斗牛犬。一些士兵在舰上养自己的宠物，它们多数是鸣禽，因为养更大的动物需要副舰长批准。1936年5月，军舰访问加那利群岛（The Canaries）时，士兵们得到了很多鸟类，尽管如少年水兵弗莱德·库姆斯所说，它们的外表会骗人：

> ……处处一贫如洗，所以连少年水兵都买得起小摆设和柳条笼里的金丝雀，不过在马德拉岛（Madeira）时，多数鸟身上的黄色粉末掉落，原来它们是褐色哑金丝雀。不久我们回到了本土，但这次接着又重新服役，加入地中海舰队。当时已经没几只金丝雀还活着了，虽然我们时而看见这一幕：一脸悲伤的水兵在舱面某个偏僻的角落对着他的哑金丝雀轻声恳求："唱歌，你这个家伙，唱。"而金丝雀很可能在我们到达北方寒冷地区时就仰躺在地，两腿朝天了。[③]

20世纪30年代，军舰的第一只吉祥物可能是1933年奥康纳中校带来的西高地梗犬"茱迪"。不过，正是在这段服役期内，"胡德"号得到的两只宠物名列舰上最受喜爱的宠物榜中。第一是"生姜"，一只体格大、白底衬红色鱼骨纹的猫；第二是"鱼饼"，一只色块如同燕尾服的黑白猫。在"胡德"号的最后三段服役期中，这对搭档成了舰上生活中不可分离的一部分。不过1939年6月哈罗德·比德莫尔牧师带着斗牛梗犬比尔来到舰上时，人猫共存的生活无

△ 1940年秋季，在斯卡帕湾，"A"炮塔和前防浪板上欢呼的人群。哈罗德·比德莫尔牧师的斗牛梗犬比尔和他们在一起。右二的人物抱着猫"鱼饼"。"B"炮塔上可见前部UP发射器。（托马斯·施密特）

---

① 见第5章第236页。
② 译注：即几维鸟的拉丁文学名。
③ 帝国战争博物馆第91/7/1号档案，第56-57页。

疑受到了严重扰乱。尽管比尔对人相当友好，但性格凶暴，已知咬死过不止一只绵羊①。不过，1941年年初军舰在罗塞斯去磁时，比尔差点见了老祖宗：倒霉的它在一根电缆上方小便，结果按乔恩·帕特维后来描述，"被狠狠的一击打在命根子上"②。比尔随比德莫尔于1941年2月离舰，从而躲过了后来很可能吞噬了"生姜"和"鱼饼"的那场厄运。请安息。

① 伊亚戈《书信集》（斯卡帕湾，1940年11月17日）。
② 帕特维《雪地靴和晚宴服》第161页。

> 沙袋鼠"乔伊"于1924年2月来到舰上，留到1926年后送交动物园。它给人印象最深的是它的拳击本事和对烟草难以满足的嗜好。（玛格丽特·贝瑞女士）

∧ 1928年前后，"胡德"号的斗牛犬吉祥物"安格斯"，身边是银公鸡奖和罗德曼杯。它由副水手长照料，可能于1929年船坞人员接管军舰时从舰上离开。（作者收藏照片）

∧ 1935年前后，"鱼饼"在左舷副炮区。（"胡德"号协会／威利斯收藏照片）

∧ "永远最好的朋友。"20世纪30年代后期的"生姜"和"鱼饼"。令人痛心的是，据推测它们都与军舰一同遇难。（"胡德"号协会／梅森收藏照片）

∧ 年轻的"生姜"，1933年前后。（"胡德"号协会／希金森收藏照片）

6 灾难与复苏，1931至1936年

怎样的臂力和手艺，
才能拧就你心脏的筋肉？

　　1931年春天，"胡德"号终于结束了漫长的改装，重新回到大西洋舰队战列巡洋舰中队旗舰的尊贵位置。5月，她恢复到满员状态，一个月后从朴次茅斯前往波特兰，例行在那里度过夏天。不过，很明显，与两年前她离开岗位，被交给朴次茅斯的船坞时相比，一切都已经时过境迁。其一，军舰前四段服役期中，心直口快的西南籍舰员已经换成了有些冷漠的朴次茅斯分队成员，所以她现在是一艘庞贝[①]（Pompey）人的军舰。但最重要的是，她再次驶入这个世界时，这个世界与1929年夏季时相比要动荡多了。那一年10月，华尔街股灾使经济萧条提早到来，到1931年秋季已导致250万人失业，这场萧条也是拉姆齐·麦克唐纳（Ramsey MacDonald）的国民政府上台的原因。经济危机中，7月31日，由乔治·梅爵士（Sir George May）领导的国家经费委员会建议全面削减公职人员包括武装部队的薪酬，声明"任何为陛下服务的军官或士兵都没有法定权力要求享受特定的薪资水平"[②]。由于士兵中不少人一直关注政治事件，阅读《舰队报》并参与餐厅中对福利、薪酬和代表权的讨论，这一迹象便第一次预示了以后会出事。

　　虽然事态如此发展，"胡德"号重新入役后的头几个月仍波澜不惊，主要是因为舰员们花了不少工夫，去清除船厂人员管理军舰的那段漫长时期留下的肮脏和混乱的一切。在波特兰外海进行海试后，她于7月前往托尔贝（Torbay），威尔弗雷德·汤姆金森少将在那里第一次升起了他的将旗。即使说得轻些，他的上任场面也是充满不祥的，虽然这与后来的事件几乎没有联系。埃里克·朗利 – 库克（Eric Longley–Cook）海军中将当时是舰务助理官兼炮术军官，他描述了汤姆金森的开场白：

　　一天早晨，我们很早出航，驶向战列巡洋舰中队队尾的阵位。我正在舰桥上，琢磨着司令会打出什么信号。是"高兴看见你们回来"，还是"欢迎回到战列巡洋舰中队"？都不是。旗语说"机动动作做得不佳"。我们从士气高昂变得几乎垂头丧气。第二天是周日，早晨8点在托尔贝，我们升起了ACQ的旗帜。9点，司令来到舰上，巡查了各个分队，接着下令"全体人员集合，到后部"。司令站在后部起锚机上对我们讲话。他的话很简略："我是该舰的第一

① 译注：朴次茅斯的昵称。
② 卡鲁《下层甲板的士兵们》第154 – 155页。

任舰长。只有当你们做到了一些事情，比如达到我留给军舰的标准，我才会满意。"现在，我们为了让她从船厂状态重新进入舰队服役状态，已经工作得实在非常辛苦了，于是心情更加低落。我们就这样不太高兴地干下去。[①]

当然，在舰员们看来，这个事例不过说明汤姆金森鞭策他们行动采用的手段非常拙劣。汤姆金森在这段任期内一直不受欢迎，这是他的第一个也是最后一个舰队司令职务。好在这种状况因C. R. 麦克拉姆（C. R. McCrum）中校的存在而得到了极大缓和。他是一位非常出色的副舰长，深受官兵爱戴。多年后，上等水兵萨姆·惠特（Sam Wheat）回忆他：

我会一直这么说：我们拥有过你能有的最好的副舰长。他是我所知道的、并肩作战过的最受爱戴的副舰长，麦克拉姆中校就是这样。他还是一个八面玲珑的人。[②]

接下来的几个月需要麦克拉姆充分发挥他的交际能力。同时，"胡德"号在朴次茅斯进行了一次长时间的改装，她在这段时间里又一次成了海军开放周的主要卖点。值班组轮流放暑假。士气昂扬，气氛平静。就是在此背景下，"胡德"号于9月8日离开朴次茅斯，参加大西洋舰队在苏格兰外海的秋季炮术巡航。尽管很少有舰员怀疑灾难的种子在她北上的时候就即将播下了，但事实如此。1797年后皇家海军就再也没有遭遇过集体抗命事件，而现在这快要重演了。"兵变"一触即发。

虽然"胡德"号舰员并非以异议而闻名，但在一战后那充满火药味的几年中，基层水兵的骚动也有他们一份。1921年3月，军舰交由海军少将瓦尔特·考恩爵士和他的旗舰舰长杰弗里·麦克沃思来使唤。考恩是一位性格强势、粗野好斗的传统型军官，曾经历过3次兵变，第一次是1914年在前无畏舰"西兰迪亚"号（Zealandia）舰长任期内，后来于1919年担任波罗的海地区海军司令官时，"蝉"号（Cicala）炮艇上和他本人的旗舰"德里"号巡洋舰上也发生了严重的不服从事件。"德里"号事件的主要诱因是舰长麦克沃思缺乏手腕，而考恩却不明智地把他带到了"胡德"号上。这对搭档后来确实不走运，各种事件则让情况更加糟糕。他们上任后一个月内，"胡德"号去了罗塞斯，共3个水兵营和海军陆战营被派上岸协助维护关键设施，使它们免受铁路、公交和煤矿罢

① "胡德"号协会档案，1980年5月24日对协会的讲话，载于1980年新闻报第2页。ACQ是传统上代表战列巡洋舰中队司令官的信号旗。
② 帝国战争博物馆有声档案，第5807号。

工的影响。由于下级士兵们已经高度团结，很快，"胡德"号的某些舰员表示他们与岸上罢工者站在一起了。一天，在副舰长巡检时间，副舰长理查德·莱恩-普尔（Richard Lane-Poole）进入一间水兵餐厅，发现里面有红旗装饰。[1]由于在波罗的海参与过针对布尔什维克的行动，考恩对共产主义思想在海军中的传播极为敏感，他立即命令两名一等水兵以兵变行为的罪名接受军法审判。由于两人因证据不足被判无罪，愤怒的考恩接着以"对兵变行为隐匿不报"和煽动兵变的罪名分别令纠察长威廉·巴滕（William Batten）和锅炉兵约翰·霍尔（John Hall）受到军法审判。巴滕也被判无罪，但霍尔被判处3年苦役。同时考恩提醒海军部，战列巡洋舰中队的纪律状况已经"千钧一发，主要是因为大量有害的和鼓吹革命的文献，它们充斥全国"[2]。考恩看来高度夸大了这次事件的严重性，尽管如此，这段任期剩下的日子里，舰上前所未有地、不厌其烦地强调纪律和效能，使气氛变得极为压抑。由于麦克沃思越来越不理智地发火，加上他与考恩的关系终告破裂，故情况并未好转。骚乱和恶作剧一波未平、一波又起，终于导致1923年春季舰员被取消参加联合舰队划艇大赛的资格，这是一种表达不满的古老手段。据一位军官回忆，即使在这段服役期过去3年后的1926年，"考恩—麦克沃思组合的恶劣名声仍然在大西洋舰队中流传着"[3]。相反，产业动荡的下一次大爆发即1926年5月的总罢工，表面上并没对"胡德"号造成多少影响，因为她被火速派往克莱德河，并在格林诺克平静地度过了近两个月。大部分舰员被派往岸上，守卫矿山、船坞、仓库和工厂，其余则留在舰上，例如一等水兵朗·温科特。他一如平常戴着有色眼镜回忆此事：

　　接着，从兵营出发的一整营水兵乘一艘航空母舰，被派到了克莱德河区以保卫"重要目标"——即那些工人罢工的私有矿山和工厂。我们被丢在"胡德"号上，她锚泊在克莱德班克。在后面6个星期里，我们看管磨甲板的砂石并清洗甲板设施，直到有人终于想起还有我们这些人，并把我们派回了舒适的火车车厢里。就是在那时，削减水兵的"过于优厚的薪酬"被提上了日程——这一定是为了凑齐一笔大开销，供我们毫无意义地往返一趟苏格兰。[4]

虽然考恩和皇家海军中的一代高级军官对此感到担忧，但引发水兵不满情绪的主要因素并不是政治意识形态，而是海军部自身的政策和态度。[5]海军部不仅没能意识到一战在多大程度上改变了英国社会秩序，而且也花了极长的时间才认清这一事实：海军招收的人中，许多人的志向和教育水平根本不是战前的舰队能想象的。在国内外社会和政治变动的同时，水兵团体也在发展。一战前的岁月里，水兵第一次通过各种半联盟性质团体代表了自己。这些团体多数仅

① 卡鲁《下层甲板的士兵们》第128及213页。
② 同上条，第130页。
③ 班尼特《考恩的战争》第68页。
④ 温科特《因弗戈登兵变者》第38页。降薪实际上是在1925年实施的。提及的航空母舰很可能是"暴怒"号。
⑤ 卡鲁《下层甲板的士兵们》，第6章至第8章。

限某个兵种或说特定岗位的人加入，例如引擎室技术兵协会^①。战争期间，这些团体与莱昂内尔·叶克斯利（Lionel Yexley）主编的颇有影响的《舰队报》一同通过游说，成功地提高了水兵的薪酬，最大的成就则是1919年的解决方案，这使英国水兵终于得到了与他们的奉献相称的报酬。虽然海军部在这方面让了步，但他们对水兵团体活动中越来越强烈的政治色彩感到担忧，于是在1920年发布了一条舰队命令，使这些团体失去了有组织地表达意见的权力。这些团体为水兵的苦衷以及在福利问题上发声的功能也被一种在海军部主持下成立的会议系统接替，第一次会议于1922年5月召开。不难预见，这种会议系统并不足以实现建立它的初衷，于是到20世纪20年代后期，水兵发现他们的嘴已经被捂住了。早在1925年，经济方面的考虑已经迫使海军部对新参军者施行金额低于以往的薪酬制度，尽管所有按旧方案领薪者都得到保证：他们会继续享受先前的薪酬水平。1925年采用的薪酬制度后来对海军造成了严重后果。这种双轨制不仅令做同样多的工作却拿较少报酬的人不满，也丝毫没能缓解一战中大批水兵得到晋升后造成其他人员晋升空间受限的问题。在这些情况下，福利会议的不成功以及表达意见的官方渠道被关闭使士兵团体加速衰落，并迫使水兵们改用更激进的方式表达不满。1931年9月，海军部点头哈腰地同意了政府提案，将海军的薪酬整体降低到1925年的水平^②，这便为因弗戈登兵变埋下了伏笔。

1931年的降薪决定是在什么情况下出台的，以及向集结在克罗默蒂峡湾的大西洋舰队颁布这一决定的过程中有哪些错误、疏忽和失职行为，不在本书叙述的范围内。读者只要知道，9月7日即星期一早晨，大西洋舰队总司令、海军上

① 卡鲁《下层甲板的士兵们》，多处引用。
② 此外，退休金将被降到1930年3月的水平，每日金额减少2.5先令至8先令。

∨ 在船坞工作人员手下度过两年后，1931年6月，肮脏不堪的"胡德"号从朴次茅斯出航。当她于7月抵达托尔贝时，汤姆金森少将对他所见到的情景感到很不满。请注意后甲板上新布置的水上飞机及配套设施。（美国海军历史中心，华盛顿）

> 杰克·凯特尔（Jack Kettle）创作的漫画"领薪日"。反映士兵薪酬受损情况的画面在因弗戈登兵变期间被制成明信片，在"胡德"号上出售。请注意军官被绘制成洋洋得意的形象。四周的人物有的在索要付"餐厅账单"或维持"互助基金"的钱，有的在招徕"洗衣""补衣""拍照""理发""修提箱""修鞋"或"收2便士"代笔写信等生意，有的在叫卖"肥皂、烟草"。（希拉·史密斯女士）

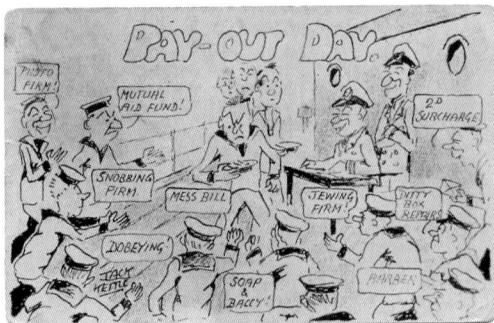

① 见罗斯基尔《海军政策》第Ⅱ部分，第93—94页。关于汤姆金森是否在9月13日前收到过这封密电，仍有争论。无论如何，没有迹象表明，传达同一事项的海军部舰队命令在12日送达之前，他已经完全理解了这封密电的内容。

▽ "胡德"号安静地停泊在因弗戈登，可能是在1932年5月，兵变仅8个月后。（皇家海军博物馆，朴次茅斯）

将迈克尔·霍奇斯爵士（Sir Michael Hodges）突然住院，之后引发的混乱使得"胡德"号上军衔最高的汤姆金森海军少将没能及时得知降薪幅度，而他得知的时候事情已经开始了。他可能没有收到海军部9月3日专为此事发送的一封密电（海军部第1738号消息），也可能没有细读①。9月10日即星期四，舰队仍然在北海进行演习时，财政大臣菲利浦·斯诺登（Philip Snowden）向议会发表了一段紧急预算案演讲，这终于使公众得知政府准备削减经费。虽然英国广播公司（BBC）当天晚些时候透露了迹象，但直到舰队11日即周五在因弗戈登下锚，并立即收到了当天的报纸后，那些薪酬遵照1919年方案的人员才得知，他们的基本薪酬将被削减可能多达25%，而这些人占海军的70%以上。但这还没完。海军部不仅撕毁了自己1925年的庄重承诺，而且接受了政府方案，这就意味着军衔、资历越低的人员失去的薪酬实际上反而越多。许多一等水兵的每日底薪将从4先令降到3先令（削减25%），而海军元帅的薪酬只会下降17%。虽然考虑到很多人还能获得津贴，降薪比例实际上并没有那么大幅，但降薪压力的分担模式并不公平，公布降薪的方式并不明智，降薪实行的速度太快，加上它可能对官兵的家庭和前景造成影响，这些刺激为因弗戈登兵变提供了温床。

因弗戈登风波的发展已在别处有叙述，下文对此的记载也将主要限于"胡

德"号的卷入情况。[1]虽然是整个舰队的自发反应推动了兵变，但一定要找出一个策源地的话，那它很明显就在德文波特分队的军舰上，最主要的是"罗德尼"号战列舰、"诺福克"号（Norfolk）巡洋舰、"冒险"号（Adventure）布雷舰以及查塔姆的"勇士"号战列舰。从1月开始，德文波特就充满了强烈的预感，那时在潜艇母舰"卢西亚"号（Lucia）上，军官领导不力导致31名舰员占据舱面以下，阻止别人通行。此事导致4名水兵被军法审判，另一人被开除军籍[2]。但最重要的一点是，兵变得到"老兵油子"即享受1919年薪酬方案的上等水兵、一等水兵、锅炉兵和海军陆战队队员的支持，他们代表了受降薪影响最严重的人群。不过，要在十几艘军舰上煽动兵变是难以操作的，兵变缺乏核心组织，主要也是因为这点。随着事态的推进，一艘舰船会在多大程度上参与，主要取决于舰员的士气、信念和情绪。"胡德"号上的情况就如此，在它于9月11日即周五到达因弗戈登前，显然已经有数次私下召开的会议讨论了即将执行的降薪。汤姆金森将军和参谋们仍然没有把水兵餐厅中蠢蠢欲动的情景放在心上，"胡德"号就这样平静地切换到了港内作息。周六即12日下午，多数不当班的舰员去了因弗戈登高地运动会现场，舰上的海军陆战队军乐队也成了那里的一景。当晚，一叠文件送到了"胡德"号上，其中篇幅打16页的2339/31号海军部舰队命令说明了降薪细则，而这时岸上的海军餐厅热火朝天，焦急的水兵们正在讨论降薪措施，措施的细节已在BBC夜间新闻中播报过。显然正是在这次会谈上，水兵们同意在第二天采取一次更大的集体行动。之后，他们继续在舰内舰外串联，以激发同伴们采取行动应对降薪。

第二天一早便首次出现了要出事的迹象。周日的早礼拜时，海军部舰队命令被贴在了"胡德"号的公告板上，这便证实了水兵最担心的事情。特纳牧师（Rev. Turner）还没有来得及做赐福祈祷，集合在右舷炮群中的人群便听到了反对降薪的骇人声音："就是这套方案！……他们已经干了，可恶！"[3]哈里·珀西（Harry Pursey）少校是少数从士兵提升起来的军官之一，后来成为杰出的工党议员。快到中午时，有一名受信任的水兵找到了他，把一份周日报纸拿给他看。关于降薪的头条大标题赫然在目，少校听见水兵说"大伙忍不下这口气"[4]。几分钟后，珀西就把报纸交给了麦克拉姆中校，并料事如神地提醒后者：

> 如果降薪幅度不减小，就会出事……如果出事，就会是在周二8点……4艘主力舰计划出航……这是闹事的天赐良机。

这里提到的主力舰是"勇士"号、"纳尔逊"号、"胡德"号和"罗德尼"号，它们计划于15日即周二晨去北海进行炮术演习。麦克拉姆并未重视少校的提

① 事件背景请见卡鲁《下层甲板的士兵们》，尤其是该书中"因弗戈登兵变"部分。兵变事件本身，请见爱德华兹《因弗戈登兵变》、欧文《皇家海军兵变》（人员历史）、迪维因《因弗戈登兵变》以及罗斯基尔《海军政策》第89–133页。温科特《因弗戈登兵变者》中的记载高度存疑，哈里·珀西中校对其的质疑请见国家海洋博物馆，档案编号ELK/11。关键的事件脉络由珀西的文章"因弗戈登：一手目击——终极定论？"给出。不过，唯一全面的记载是珀西中校未写完的《因弗戈登兵变历史》，其草稿存于国家海洋博物馆，珀西文集第14号档案盒。"胡德"号的卷入情况，见埃雷拉《因弗戈登兵变》及科尔斯《因弗戈登替罪羊》第113–131页。
② 卡鲁《下层甲板的士兵们》第140–141页。
③ 珀西"因弗戈登：一手目击——终极定论？"第159页。
④ 同上条，第160页。

醒，反而安慰他说"我们在这艘舰上会平安无事"[1]。而后来的情况并非如此。

同时，聚集在克罗莫蒂峡湾的12000名水兵中站出了领头者。餐厅、甲板和工具间处处弥漫着沮丧的气氛，一个必须依赖舰队中相当一部分人协同才能实施的计划就在其中形成了。参加这些会议的多是军龄达到6年但尚未晋升为士官的锅炉兵和水兵。"士官们不露面，更年轻的士兵则无权参加，其中一些受到指责，因为他们拿着更低的薪酬服役让其他人失望。"[2] "马来亚"号战列舰的二等水兵罗兰德·珀维斯（Roland Purvis）数不清他多少次听人说"走开，小家伙，这事跟你没关系"[3]。"诺福克"号的一等水兵朗·温科特是一名领头者，他已经利用周日早晨在"马来亚"号战列舰上举行弥撒的机会，探听了舰队中的意见，并在当晚把餐厅会议中的话传了出去。中午，"胡德"号上的朱利安·F. C. 帕特森（Julian F. C. Patterson）舰长从友舰"厌战"号上接到了有关集会的情报，不过汤姆金森显然并没有得到情报，于是没有预先采取任何行动。不可思议的是，13点，舰上照常宣布放假，水兵们开始涌上岸。上岸的水兵中，很多人去了因弗戈登，人数之多令当天下午的足球决赛场面都显得逊色。虽然帕特森和麦克拉姆上岸进行了一番调查，没有发现任何异常，但士兵们不这么想。傍晚，许多士兵离开足球场，进入俯视锚地的大餐厅。由于"胡德"号的代表队以2比0击败了"诺福克"号的，她的水兵们无疑得到了一个缓解愤怒的机会，但这只能暂时治标。水兵们对降薪以及他们认为的违约行为感到愤怒，但愤怒主要还是因为政府和海军部觉得他们会傻到忍气吞声的程度。上等水兵萨姆·惠特说道：

> 奥斯汀·张伯伦（Austen Chamberlain）[海军大臣]就是那个罪魁祸首——你相信我，如果他们能抓住他，呃，一定会把他钉死在十字架上。[……]因为他觉得海军里谁都没有一点智商。[……]说轻点儿，从每人每天的薪酬中抽走1先令真是愚蠢透了。[……]我是说，他们觉得我们小人物傻，事情就是这样引起来的。我觉得，如果他们说"呃，我们将把你的薪酬减少5%"或者任何这样的话，他们就能躲过去。但如果那样做，他们看上去就是傻子了，仿佛他们一无所知一样。[4]

另外，一个非常现实的问题是，水兵们的家人在新薪酬制度下能否维持生活。如"胡德"号上的一名兵变领头者几天后在《每日先驱报》（*The Daily Herald*）上发表的一封信里所说：

> 我们在为自己的妻儿而战。降薪不会打击我们在船上的这些人。我们不需

① 国家海洋博物馆，珀西文集第11号档案盒。
② 卡鲁《下层甲板的士兵们》第160页。所说的"更低的薪酬"指1925年薪酬方案。
③ 同上条，第249页。
④ 帝国战争博物馆有声档案，上等水兵萨缪尔·乔治·惠特，第5807号。

要给自己留什么东西，除了几样必需品、一些衣物、肥皂、擦鞋用具等。我们早就不用奢侈品了。就凭一周还不到5先令的钱，我们没法用。我们的妻子们付了房租后，剩下的不超过1英镑。她们怎能承受7先令6便士的降薪？[①]

　　场面一开始是阴郁的，而入夜后，水兵们对形势的感触越来越深，于是现场的情绪愈发高涨。许多人，包括"胡德"号的上等水兵查尔斯·斯平克斯（Charles Spinks），爬到桌子上发表演讲、宣扬观点，但所说的多属于酒后之言，超越了常识。不过温科特也是其中一人，他是一个天生的演说家。他接过已经开始的话头，敦促水兵们留在自己的军舰上，并在出海命令下达时以不作为的方式开始一场抵抗运动。他的话令现在已有超过600之众的人群激动万分。他讲到高昂处时，正来到餐厅外的第2巡洋舰中队司令官E. A. 阿斯特利－拉什顿（E. A. Astley-Rushton）海军少将听到了这些话。少将马上把情况通报给岸上巡逻队。当晚的巡逻队是"厌战"号的水兵，他们立即向"胡德"号呼叫支援。当支援队赶到时，刚才越来越沸反盈天的人群已经散去，返回各自的军舰，很多人在路上唱着《吹啤酒沫的人》——"我们团结得越紧，就会越快乐……"——虽然在"胡德"号附属的漂网船上，一些人禁不住喊出"我们不是懦夫"来回应其他人的讥讽[②]。当他们这样做的时候，霍奇斯的旗舰"纳尔逊"号终于驶进了因弗戈登，带来了通知降薪的海军部密电，而这份密电按计划在一周前就应让汤姆金森过目的。随舰到达的还有9月10日发布的AL. CW. 8284/31[③]号文件，这是一封向所有将官和军舰指挥官解释降薪措施的信。阿斯特利－拉什顿来到"胡德"号上，和汤姆金森一起讨论岸上的事件，但他们认为，这些事不会有影响，并于第二天早晨在向海军部发送的信息中如此说明。

　　虽然受着讥讽，但按上等水兵萨姆·惠特所说，"胡德"号的上岸水兵回到舰上时，主流情绪是"不，我们不会让这事发生"[④]。尽管如此，水兵们还是平静下来度过了夜晚，第二天早晨舰上也照常开始了例行作息，不过嗅到了动荡气氛的麦克拉姆中校只让部下进行了"一点儿常规操练"[⑤]，而这些操练多少有些敷衍了事。10点过后不久，汤姆金森通知各位舰长，要求他们向手下解释AL. CW. 8284/31号文件的内容。毫无疑问，他惊讶于在港的12艘军舰中只有5艘收到了文件。这样，为解释降薪而做的后续努力反而使情况更加恶化，也就不足为奇了。"胡德"号上的形势便是这样，当天早晨送到舰上的几份《每日劳工报》（The Daily Worker）引得水兵们渐渐群情激愤。全体人员集合的命令于11点45分下达，但据珀西说，帕特森舰长建议水兵们让乘员分队指挥官关注有困难的个人时，舰长得到的回应是气愤的喊声："我们都是困难户！"[⑥]他又建议水兵们通过他反映苦衷，不要做出违纪举动，但这应该也没起什么作用。不过，例行作

△ 威尔弗雷德·汤姆金森海军少将，他的职业生涯由于因弗戈登兵变事件受到重挫。（"胡德"号协会）

△ 朱利安·帕特森上校，他无力控制事态发展。（"胡德"号协会）

---

① 《每日先驱报》1931年9月17日第2版。
② 埃雷拉《因弗戈登兵变》第60页，以及科尔斯·布里格斯《旗舰"胡德"号》第54页。
③ 译注：AL意为海军部信件，CW意为军官与准尉管理部门。
④ 帝国战争博物馆有声档案，第5807号。
⑤ 引用于埃雷拉《因弗戈登兵变》第65页。
⑥ 珀西《因弗戈登：一手目击——终极定论？》第160页。

息在继续进行，16点30分起可以上岸休息，尽管"胡德"号上和别处的各种迹象表明，士兵们正策划当天晚上在餐厅进行另一次集会。

那个周一晚上，上岸的千百人中包括罗伯特·埃尔金斯上尉，他指挥"勇士"号战列舰的岸上巡逻队，并有责任逮捕任何有从事颠覆活动的嫌疑者。与前一晚一样，至少有600人聚集在餐厅中听取演讲，并商定要采取的行动。这些演讲的主要目的是煽动。当"罗德尼"号的一等水兵"黄姜"邦德做这样的演讲时，埃尔金斯于18点15分到达了餐厅。他进去后，收到了充满敌意的见面礼，首先被一个啤酒杯击中，最后被赶到了寒冷的门外，门在他身后锁上了。不过当集会中断，人群在附近的一个娱乐场重新集合后，他成功地重新进入了会场。呼叫"胡德"号派出增援巡逻队后，埃尔金斯跟着人群来到一个地点，那里有士兵站在一间木屋的房顶演讲。其中有一名明显来自"胡德"号的海军陆战队队员，他的勋章标志着他是一名一战老兵：

他围绕薪酬和战时服役情况讲了很多，并再次要求听众们回答："对此我们要做什么？"这一次人群高呼："停工！"他接着说："今晚还是明天？"然后是好一阵哄笑，有人说："早餐后——这时我们已经吃饱了！"[1]

19点30分，集会散场，人群回到餐厅，不过很多人在此当口回到了他们的军舰上。这时，"胡德"号的巡逻队已在L. G. E. 罗宾逊（L. G. E. Robinson）少校的带领下赶到，他们进入餐厅，准备把它封闭一晚。罗宾逊站到了吧台上，但在那里，他的讲话被喧闹声淹没了：

有几分钟，我的讲话被喊声压住了，但多数水兵喊着"给他一个机会开口"——"我们来听听他有什么要讲的"，于是最后我周围安静下来。我告诉水兵们，他们正在使用错误的处理方式，这只会让他们自己和皇家海军蒙羞。他们的任何不满都应当用军队的方式来表达，我不会再容忍任何演说。[2]

罗宾逊的演说感染了温科特，也结束了集会，但他的话只让一小部分人改变了想法，而这部分人又被剩下的人气势汹汹地裹胁了。当水兵们走向栈桥，准备回到舰上时，他们脚下迈着步子，心里知道一个不可改变的决定已经做出：大西洋舰队明天不会出海。

上岸的水兵们回到栈桥，以汤姆金森后来描述的"一片混乱的姿态"乘艇回舰。当探照灯开始照射码头上空时，"别忘了——明早6点"的吼声飘过锚地。在"胡德"号附属的"地平线"号漂网船上，水兵们一段段地高唱着《红

① 国家海洋博物馆，档案编号ELK/2，报告第3页。
② 国家海洋博物馆，珀西文集，第15号档案盒。

旗歌》[①]，这是应受军法审判的罪名。这片喧闹打扰了汤姆金森招待舰队指挥官们的晚宴，值班军官J. S. 加比特（J. S. Gabbett）上尉命令"地平线"号停下，直到水兵们安静下来。不过，"胡德"号的水兵们听到歌声，便清楚地知道岸上的集会已经决定了一些事情。21点左右，当埃尔金斯离开码头，向汤姆金森报告时，有一群100多名喧闹的水兵已经聚集在舰的最前端，一名士兵正在煽动他们第二天早上拒绝执行勤务。皇家海军志愿后备队的少年水兵哈罗德·普里斯台奇（Harold Prestage）记录了那一场面：

　　一个锅炉兵声情并茂地讲了话，说的是用每天3先令养活妻子和两个孩子。他说他欠了10镑，他怎么付？其他几个人讲了话。他们说，我们"胡德"号上这些人是工贼和懦夫，我们的人似乎没怎么支持岸上那群人。最后，在好一阵争论后，他们决定明早8点罢工。[②]

　　人们注意到，"胡德"号上岸的水兵对采取行动并没有多少热情，而从后面发生的事情来看，这一点再次成为一个重要因素。当然，作为一艘士气高昂的、刚重新入役的军舰，她的水兵们不太可能有"厌战"号和"罗德尼"号上那种典型的好斗倾向。不过，无论情况如何，她的军官们已经在完全正视情况的严重性了。加比特在后甲板上遇见埃尔金斯，就立即告诉后者舰上出事了。[③]他在回军官活动室的路上又遇见了朗利－库克少校，少校邀请他下周在舰上聚餐——"如果还存在一支皇家海军的话"。至少已经有一间餐厅的水兵向他们的分队指挥官派出了一名代表[④]。汤姆金森对情况并非一无所知。按埃尔金斯说，他看起来像是"对事态已经"了解"不少"，但他显然并不认为事态"像听起来那么糟"。多数中高级指挥官也都同意这一观点。他们大错特错了。

　　麦克拉姆已经命令纠察长和一名纠察军士驱散艉楼的人群，但仍有一些水兵受兵变委员会的指派在甲板上过夜，并在军舰试图起锚的情况下发来警报[⑤]。这一委员会的规模和组成、它是怎样形成的、它是怎样影响"胡德"号上的事态的，以及它是怎样与其他军舰的兵变委员会联络的都仍然是个谜。实际上，关于"胡德"号上兵变的内部结构和组织，没有任何信息留存下来。而时过70年，那灾难性的6天里"胡德"号的甲板上、餐厅中、通道中、公共与私人空间中凝结的气氛即使能重构，也只能是模糊不堪。无论当时还是后来，舰员们都紧紧抱团，保护组织兵变的"代言人"和帮助并支持兵变的人们的身份，而这常常以他们的海军生涯为代价。不过，无论对委员会还是对军舰本身来说，关键的一刻都快到了。

　　那天晚上重演了一桩无疑在士兵住舱也发生过无数次的事情。R. A. 费尔

① 译注：英国工党常用的歌曲。
② 引用于埃雷拉《因弗戈登兵变》第80－81页。
③ 国家海洋博物馆，档案编号ELK/2，日记第1页。
④ 国家海洋博物馆，珀西文集，第15号档案盒。R.A.费尔瑟姆致哈里·珀西中校，戈斯波特，1961年10月22日。
⑤ 帝国战争博物馆有声档案，二等锅炉兵查尔斯·爱德华·怀尔德，第5835号。

> 因弗戈登兵变中，聚集在"胡德"号艏楼上的人群，照片很可能摄于1931年9月16日，周三。（《伦敦新闻画报》）

瑟姆（R. A. Feltham）被一名上等兵摇醒，后者要他第二天早晨照常捆好并收起吊床，但之后不要服从任何命令[1]。9月15日，星期二，舰员们按时于6点开始工作，但每个人都盯着"勇士"号和"罗德尼"号，这两艘舰上的行动将决定兵变的成败。"胡德"号的舰员们全体集合，这让军官们相信，根据他们现在知道会发生的事情，该军舰可以置身事外，但他们很快就打消了这个想法。锅炉兵瓦尔特·哈格里夫斯（Walter Hargreaves）在前往锅炉室的路上，被一个魁梧的锅炉兵拦住了，后者要他"回去"，并明确告诉他不照做的后果[2]。7点，当人们已经明显看出"勇士"号和"罗德尼"号都没准备出海时，锚地中8艘大型军舰的艏楼上都开始涌来一群一群喧闹的水兵。锅炉兵查尔斯·怀尔德（Charles Wild）关闭了他操作的液压泵引擎，放下工具，向舰前部走去[3]。7点45分左右，麦克拉姆中校来到前部，登上一座起锚机，恳求聚集在锚链甲板的水兵们重新开始工作。他的要求遭到了婉拒，一个水兵站在他的位置上试图阻止军舰起锚。4层甲板之下，一队士兵在一名锅炉军士长的带领下，拒绝让值班轮机师开启起锚机引擎[4]。而在锚链舱甲板上，鱼雷军官J. F. W. 马德福德（J. F. W. Mudford）少校也试图解开缆绳，从他的遭遇可以一窥当天早晨大西洋舰队的军官们面对的沉默的抵抗：

　　我带着锚链班组的士官们和几个能找到的水兵，来到艏楼上，准备解开

---

[1] 国家海洋博物馆，珀西文集，第15号档案盒。
[2] 帝国战争博物馆有声档案，第5831号。二等锅炉兵瓦尔特·哈格里夫斯（1931年）。
[3] 帝国战争博物馆有声档案，第5835号。
[4] 帝国战争博物馆有声档案，一等锅炉兵尼古拉斯·斯迈尔斯·卡尔（1930至约1933年驻舰），第5809号。

第一根缆绳。锚链舱甲板没有海军陆战队队员，所以锚链管和锚链舱都得靠我这一小队人来清理。示威者们站在两根缆绳头上。锚链筒盖子还盖着，上面也有人。我走到他们中间去观察缆绳时，人群立即包围了我，离我一两码。一个水兵喊道："军舰都这样了，还要让她出海，有什么用？"我说："什么！如果我下令绞缆起锚，你们会阻止我吗？"他们回答："是，长官，我们将不得不这样。"我感到在没有得到高层指示使用强制手段时，动粗是不明智的。而且，既然我知道我根本不可能强迫这么大一群人服从命令，那么很显然向他们下达直接命令是根本没有用的。[①]

实际上，兵变策略简单得不能再简单了。R. A. 费尔瑟姆回忆道：

明确地说，我们要保持所有东西干净整齐，目的是直到我们的薪酬有个说法才让舰队出海。[②]

8点，后甲板上仍然举行了庄重的升旗仪式，但旗刚升起来，欢呼声就爆发出来，飘过锚地。8点30分，"胡德"号只有30%的舰员集合起来去工作，而当嘲弄他们的声音从"罗德尼"号上传来时，一切已经定了。因弗戈登兵变已经爆发。

接下来的一个小时左右里，"胡德"号上发生了哪些事情，仍不明确。有未经证实的报道说，珀西少校表示自愿去前部并用他的左轮手枪驱散艏楼人群。[③]如果此事属实，那么他的提议一定被麦克拉姆明智地拒绝了，后者告诉帕特森上校"我向他们讲话也不太可能起什么作用"[④]。不过，很可能的一点是，接下来在舰艏部上层甲板上，靠前的那间属于瞭望台水兵分队的餐厅里举行了一场大型会议，一个姓名不详的一等水兵在会议上非常明确地对所有人说："我们不会让这艘该死的军舰出航。"[⑤]水兵们也收到明确的意见：这不是一场兵变而是一场罢工，过程中不能有暴力。会议结束后，一群群水兵回到艏楼，他们看见那里有一条粗大的钢丝缆索穿过锚链环，围着起锚机，防止军舰弃锚出航[⑥]。9点刚过，汤姆金森取消了原计划的演习，并将事态上报海军部。很让军官们惊讶的是，当舰员们明白"胡德"号不会出海时，他们立即不声不响地重新改用在港作息。常规工作和分部门训练在继续进行，与各艘军舰间零星的欢呼声形成对比，欢呼声不全是热情的：很明显，"胡德"号舰员回去工作，这使"罗德尼"号舰员对他们相当反感。虽然如此，一队队士兵仍然一刻不离地守在艏楼上，他们从那里把事态发展全部通报给下面的士兵餐厅。正如"诺福克"号的一等水兵弗莱德·科普曼事后解释的那样，艏楼是个当然的选择：

① 引用于海军部公共记录办公室第178/110号档案，帕特森上校的情况报告，1931年9月21日，第4页。
② 国家海洋博物馆，第15号档案盒。
③ 帝国战争博物馆有声档案，第5809页。
④ 海军部公共记录办公室第178/110号档案，帕特森上校的情况报告，第3页。
⑤ 帝国战争博物馆有声档案，萨缪尔·乔治·惠特，第5807号。
⑥ 帝国战争博物馆有声档案，第5807号及5835号。

如果你在艏楼上，别人就去不了那里。水兵餐厅的舱口直接通到艏楼。如果海军陆战队在你这边，别人就拿这没办法。每艘舰上都是这样。[1]

但事件中并非只有辛劳和焦虑。许多人利用了这次机会在秋高气爽中"享受时光"。军舰上举行了甲板曲棍球赛，一场音乐会的彩排也开始进行。[2]"罗德尼"号上，士兵餐厅的一台钢琴被抬到一座炮塔上，一名锅炉兵用它弹奏近来最流行的曲子，让士兵们开心。他的卖力表演导致他被皇家海军开除。

一开始，与相邻舰船的通信靠旗帜，后来则靠挥舞帽子、屈臂旗语和手提信号灯。"胡德"号就用这些方法与"罗德尼"号、"多塞特郡"号（Dorsetshire）和"厌战"号联络。无线信号也短暂用了一段时间，在早上10点左右被切断了。传送的信息多数时候不过是"能坚持住"。要表达这条意思，只要有规律地交叉双前臂、降下旗杆上的国旗或每小时呼喊一阵就够了。兵变者联络时使用了海员经常用来通信的微妙肢体语言。朗·温科特写道：

当从另一艘罢工军舰上开来的摩托艇经过时，如果上面的人交叉前臂，就是在告诉我们，那艘军舰上的水兵仍然在万众一心地罢工。这个信号并不表示其本意。交叉前臂是多种非正式信号中的一种，皇家海军的生活中已经使用了很多年，它实际上表示"系泊"或"完毕"。而我们在因弗戈登这种特定情况下，人们自行采用它来表示其他的意思。[3]

整个过程中，军舰的小艇一直都在忙碌，兵变者和军官们都使用它们，不过军官乘坐时小艇由士官驾驶。"勇士"号上已经彻底没了纪律，于是"胡德"号不得不提供了一艘小艇供她的舰长用。军官们难以进行舰船间通信，但"胡德"号的电报员帮了汤姆金森大忙，得益于他们忠诚地执行命令，少将才能与伦敦保持稳定联系。

无须多言，大西洋舰队的军官们发现自己的处境极其困难。这不仅是因为他们接到的降薪预警并不比水兵们接到的详细，也是因为纪律的败坏让那些习惯了下级无条件服从命令的军人特别恼怒。许多人一定希望汤姆金森采取更严厉的措施，但更多人也许是因为在生涯中第一次遇到这种事情而完全不知所措。因此，当"诺福克"号上的R. H. S. 罗杰（R. H. S. Rodger）少校无可奈何地问温科特和他的同谋们"你们想要什么"时，当军官们对推他们陷入这种恶劣处境的海军部愈发愤怒时，这两种心理就交织在一起了[4]。如"胡德"号的一位少校对上等水兵萨姆·惠特所说："这是海军部对我们干过的最糟糕的混蛋事情。"[5]汤姆金森要挑起责任，让一开始态度蛮横的海军部完全意识到皇家海军面临的难

① 引用于卡鲁"因弗戈登兵变"第182页。
② 科尔斯、布里格斯《旗舰"胡德"号》第62页。
③ 温科特《因弗戈登兵变者》第121-122页。
④ 同上条，第123页。
⑤ 帝国战争博物馆有声档案，第5807号。

题。军官传令开始调查困难个例，到了正午，汤姆金森又宣布他将派参谋长雷金纳德·科尔文（Reginald Colvin）海军少将飞往伦敦与大员们会谈。这些措施显然如愿起到了效果，"胡德"号舰员决定等待海军部回复，舰上的气氛得到了缓和。对很多人来说，这确实是他们第一次有机会来反思今天发生的事情和可能的后果。如锅炉兵查尔斯·怀尔德所说："每个人都对自己正在做的事情实在感到有些震惊……我想每个人都明白下面会发生什么。"[①]当天晚上，舰上支起了银幕播放电影，水兵们安定下来，准备度过一个紧张的夜晚。

　　16日即星期三，早晨的报纸第一次让人们看见了会得到回复的迹象。海军部轻描淡写地将兵变定性为"一部分下级士兵的骚乱"，这激发了相当的愤怒。10点30分的工间休息时，又一名士兵找到珀西少校，一边挥舞着报纸：

　　"一切又不好了，长官。""为什么？""海军部宣布'骚乱'。"……"他们想让我们做什么？把那些该死的大炮扔进海里吗？"[②]

　　消息到达"胡德"号的时间非常巧。在一旁基本处于瘫痪状态的"罗德尼"号上，舰员对"胡德"号工间休息后继续工作表示反感，这不是第一次了。而11点15分"把酒运上来"时，由于舰上谣传军舰将被扣留在斯卡帕湾或舰员们将在朴次茅斯被严密关押，舰员们的想法更加坚定。几个小时内，"胡德"号徘徊在公开兵变的边缘，麦克拉姆的果断行动才使她没有与舰队中气氛最激进的军舰为伍。帕特森上校回忆道：

　　整个上午，尽管气氛有些紧张，舰上仍在进行常规工作。不幸的是，局势的转折正好发生在上午"休息"令下达时，结果这使两艘军舰（"胡德"号与"罗德尼"号）站在了一起。"罗德尼"号艏楼上聚集的人群与"胡德"号工间休息时去前部吸烟的水兵一呼一应地示威。休息结束后，这些水兵继续他们的工作，但毫无疑问，两舰间传递了一些信号和显露了一些迹象，表示"胡德"号舰员没有拿出足够的热情支持兵变。午餐时，一两个上等水兵向副舰长报告说，士兵中倾向罢工的气氛越来越强烈，谁不同意罢工就没好日子过。多方信息清楚表明，午餐后水兵们很可能不会继续工作。就在士兵例行集合时间之前，高级轮机官向副舰长报告：锅炉兵们似乎不会下来。为了避免爆发公开示威，舰上用哨声命令士兵们"放补衣假"。这让他们多少有些意外，于是他们下来睡觉，而没有在艏楼上呼喊。[③]

　　至少对"胡德"号而言，兵变的高潮就这样过去了。不过，事态刻不容

① 帝国战争博物馆有声档案，第5835号。
② 珀西"因弗戈登：一手目击——终极定论？"第162页。
③ 海军部公共记录办公室第178/110号档案，帕特森上校的情况报告，第4-5页。用哨声通知"放补衣假"的建议明显是珀西本人提出的；珀西"因弗戈登：一手目击——终极定论？"第163页。

缓。汤姆金森已经终于成功地让海军部彻底明白，如果自己海军部做出必要的让步，会有什么严重后果。15点10分，舰上收到了发自伦敦的以下消息：

> 海军部委员会充分注意到下列事实：英王陛下政府决定的减薪政策会使某些等级的士兵遭遇特殊的困难。兹令：大西洋舰队的军舰立即前往各自的母港，以便各部队总司令和海军部代表开展人员调查，以期采取必要的缓解措施。任何人如继续拒绝执行命令，将依《海军纪律条令》受到惩处。本信息应立即向舰队公布。[1]

在汤姆金森的授意下，消息的大意以小道消息的形式传到了士兵们耳中——士兵餐厅中一贯这样传播消息。一些人听到消息时松了口气，但许多人则对它高度怀疑。士兵们有充分的理由将这条命令解读为：它的目的是结束兵变，并把主犯和胁从分开。回到母港对有些人来说不过预示着又一段休假，而以苏格兰人和北英格兰人为主的另一批人则倾向于认为这可能是自投罗网，故这条命令立即让这两种人产生了分歧。就在这样的气氛中，帕特森上校在16点45分命令人员上舱面集合，在汤姆金森从舰桥上投来的目光中，站在 "A" 炮塔上对舰员们讲话：

> ……我向舰员们告知这一决定。同时，我告诉他们，无论怎样谣传这是要把舰队分开的一个花招，都没有根据，他们再有一点儿不配合，都会给他们的前途带来更大的伤害。这些话带来一片沉默，然后舰员们便解散了。[2]

这段讲话带来的当然不是沉默。事实上，它不断被听众们粗俗的评论打断："假大空"……"斯卡帕湾"……"斯皮特海德"……"我们留在这里……"[3]更坏的是，帕特森在讲话中不合时宜地说 "当然，我们还没派皇家海军陆战队来这儿"，被舰员们认为是隐晦的威胁。由于舰员们怀疑军舰会在斯皮特海德被海军陆战队控制，这句话得到的回应自然是："那你派那些混蛋们来这儿！" 这句回应与其他事实一起反映了舰上海军陆战队分队的窘迫处境[4]。

海军部的消息尽管本意没有疑问，但确实在舰队中引发了不小的争执，并在整个锚地中引发了一阵阵齐声呼喊。一等水兵阿莱克斯·帕特森（Alex Paterson）是少数敢于对发动兵变表示反对的士兵之一，后来晋升为中校。他记得舰长的讲话在 "胡德" 号上带来的影响：

> 5分钟内，一个戴着两枚优良表现奖章的一等水兵就让几乎所有人相信：

[1] 翻印于迪维因《因弗戈登兵变》第171页。
[2] 海军部公共记录办公室第178/110号档案，帕特森上校的情况报告，第5页。
[3] 珀西 "因弗戈登：一手目击——终极定论？" 第163页。
[4] 帝国战争博物馆有声档案，萨缪尔·乔治·惠特，第5807号。

出航的信号只是一个花招，要把舰队弄到海上去，这样军舰之间就不能相互支持，接下来该轮到领头人被捕了。他声称，降薪会被执行，钱永远拿不回来。他接着号召投票，用举手表示。不希望出海的人占了绝大多数。只有4个人举手主张起锚。[1]

但争执仍在继续，舰员们的担忧最终集中在军舰是否真的会返回朴次茅斯，以及如果他们让军舰回去，他们以后的名声会怎样。另一方面，没有一艘军舰的舰员愿意在因弗戈登独自面对海军部的愤怒。珀西少校描绘了大部分舰员的两难困境：

> 纠察长向副舰长报告："锅炉兵某某想见您，长官。"锅炉兵："我们在艏楼上开了个会，已经决定：如果其他军舰不出航……我们也不会。如果其他军舰出航……我们也会……我们不想单独留在这里……您可以告诉我们其他军舰是否会出航吗？"副舰长："说实话……我也不知道。我知道了就会让你们知道。"[2]

17点，第一个表明舰员们已做出决定的迹象出现了。引擎室的值班组全体返回岗位，给锅炉点火。不过，艏楼上继续传出欢呼和叫喊，锚链班组在那里受到阻拦，无法工作。一等水兵帕特森回忆道：

> 当我们穿过艏楼上层建筑的前壁时，迎接我们的是高声呼喊和大笑，听起来多数舰员都有一份。几个水兵坐在仍然系着的锚链上，狐疑地盯着我们。我们只看了一眼，就确定要起锚非得整个班组都来不可。他们礼貌地告诉朗利-库克（少校），如果不用武力，他们无意离开。朗利-库克没争执，而是回去向舰长报告。[3]

尽管如此，到20点左右，水兵们已经在准备出海了，而帕特森虽然和"纳尔逊"号舰长J. B. 沃森（J. B. Watson）横下心商定，如有必要则弃锚出海，他们却再也不用真正这样做了[4]。开始有一队队水兵来到他们的战位，系船索被解开，而前一天早晨穿过锚链环的那条钢丝缆索被顺利移走了。不过，汤姆金森还完全不确定他手下的其他人是否也会照此做。事实上，他在19点45分报告海军部时说："我不确定所有军舰都会遵令离开，但有些军舰会。"结果，命令有变动，允许军舰单独航行而不须以中队为单位，这彻底扑灭了反抗的余火。23点30分左右，舰队已经驶出了因弗戈登。

[1] 引用于科尔斯、布里格斯《旗舰"胡德"号》第65页。
[2] 珀西"因弗戈登：一手目击——终极定论？"第163页。
[3] 引用于科尔斯、布里格斯《旗舰"胡德"号》第66页。
[4] 埃雷拉《因弗戈登兵变》第137页及科尔斯《因弗戈登替罪羊》第130-131页。

最后一艘军舰刚驶过拱卫克罗默蒂峡湾入口的南北苏托尔岬（the Sutors），因弗戈登兵变的后果就开始显现了。17日即周四晚上，"胡德"号的军官们受邀观看一场军舰自办戏剧协会主办、该舰舰员表演的歌剧，珀西少校回忆，这场活动"把整件事当成了一场大玩笑对待"[①]。但所有人都完全清楚接下来要面对的难题。当天早晨，享受1919年方案的已婚士兵们直言他们不希望把自己的困境陈述交给对家庭事务没有经验的分队指挥官处理。麦克拉姆中校大度地采取了一件前所未有的举措：在自己的舱室里亲自接收陈述。这标志着军官与士兵的关系进入了新时代。

9月19日即星期六，早6点30分刚过，"胡德"号停泊在朴次茅斯。舰员可休假至周一傍晚，庞贝的酒吧里满是东拉西扯的水兵、政治活动者和欲盖弥彰的秘密特工。官方继续接收困境陈述材料，但9月21日，政府宣布降薪幅度将减小，最多减小10%。最后，根据10月1日发布的命令，皇家海军所有人员的薪酬将以1919年方案为基础，但减少11%。士兵们勉强算胜利了，但政府和皇家海军已经受到了伤害。兵变的新闻发布后，人们挤兑英镑，英国被迫取消金本位。同时，海军部开始通过一套惩罚性措施和拼命自我开脱的做法来整肃海军。10月6日，深受乔治五世国王信任和水兵爱戴的海军上将约翰·凯利爵士接替霍奇斯担任大西洋舰队总司令。他接受任命前提出的条件之一是要允许他整肃舰队，他确实这样做了。他非常坚决地将因弗戈登兵变的主犯们揪出来并开除出皇家海军。尽管舰队离开因弗戈登后，海军大臣张伯伦向议会承诺将宽大处理，在舰队于10月初北上前，还是有120名士兵被关押在了兵营中，其中10人来自"胡德"号。10月27日的大选刚推举了麦克唐纳国民政府，这些士兵中的大部分就被开除。从他们开始，皇家海军在几个月里共开除了近400名不良分子。[②]

倒霉的不止这些人。尽管汤姆金森有良好的表现记录，但急于给自己脱罪的海军部开始一步步将兵变的责任推到他身上。当然，考虑到汤姆金森没能阻止水兵在岸上集会，他确实难辞其咎，但对他的处理代表着海军部最不光彩的一段历史的最后一幕。拖了不短的一段时间后，1932年2月2日，海军部向汤姆金森发去了两封文件：第一封宣布晋升他为海军中将，并将他的中队司令官任期缩短了8个月；第二封谴责他处置兵变不力。2月16日，"胡德"号停留在特立尼达外海时，汤姆金森在军舰的无线电报室里通过收听BBC广播而第一次获知了以上消息。他忿忿不平地进行了最后一搏，但没有用，他的皇家海军生涯就这样中断了。

① 珀西"因弗戈登：一手目击——终极定论？"第163页。
② 另见科尔斯、布里格斯《旗舰"胡德"号》第70-71页。

官方从未对因弗戈登兵变的起因进行过调查，由此可见海军部脱离现实有多严重了，而这也在皇家海军中引发了不少批评。事件发生后几个月，高级军官们仍不知道他们的表现是否得到了海军部的认可，也不知道他们最后会不会成为受处分者中的一员。海军部委员会和经历了事件的军官们两者的观点之间有巨大的鸿沟，下文的选段最生动地描述了这一点。首先是海军部的观点，于10月向大西洋舰队公布：

有关9月15至16日在因弗戈登，大西洋舰队某些主战舰船上最近一次发生的严重拒绝履行职责事件的报告，海军部委员会已收到，并给予了充分考虑。尽管由于情况特殊，决定不进行纪律处分，但这种抗命行为在当局看来是不可饶恕的。

当局十分满意地注意到，皇家海军其他军舰的舰员们在关键时刻一致维护了军队的崇高传统。不过，当局希望全体官兵牢记，舰队中少部分人的纪律败坏给整支皇家海军的声望、给国家带来了严重的损害。

当局相信每一名官兵皆会不遗余力地恢复皇家海军一向为世界瞩目的光荣地位。[1]

和这篇"绝妙的官样文章"针锋相对的是帕特森上校关于兵变起因的缜密结论。在文章中，和汤姆金森一样，他明显同情士兵们：

我所持的观点是，下级士兵的情绪之所以集中爆发，首先是因为他们在收到晴天霹雳般的降薪通知前毫无准备。这种感到待遇不公的情绪足够把他们团结起来，并使他们容易受到影响从而凭自己的准则一同采取过激行动，而不是耐心地等着采用普遍认可的办法，他们坚信后一种办法在所剩不多的时间里不会起作用。[2]

帕特森的评论充满和蔼的责备，这无疑也是决定他命运的因素之一，于是1932年8月，他和汤姆金森一起交出了指挥权。不过，几个月后，处理因弗戈登兵变的委员会自身就解散了。年末，大西洋舰队也更名为本土舰队。

历史学家们会记载，这场"沉默的兵变"实际上与其说是兵变不如说是罢工，尽管这次罢工继一战的打击和20世纪20年代的困境后，又一次险些摧毁了皇家海军。幸运的是，一个新的海军部委员会证明自己有能力让海军重拾光荣。"胡德"号也将迎来一个新的运行体系，这个体系会在之后短暂的几年里将她带到荣耀的巅峰。同时，对水兵而言，因弗戈登兵变后来被看作他们与当

① 迪维因《因弗戈登兵变》第208—209页。
② 海军部公共记录办公室第178/110号档案，帕特森上校的情况报告，第6页；汤姆金森1931年9月22日的情况报告第13页的结论与此高度相似。

局关系的转折点。如上等水兵萨姆·惠特所说：

> 它起到了一点儿好作用。它确实使他们认识到军队里有聪明的人，知道这些人不会逆来顺受。[1]

我们下面讲述这一认识对"胡德"号有什么影响。

"达比"凯利的上任给大西洋舰队带来了一股新气息。他刚就任，就不停视察每艘军舰，用水兵们自己的尖锐语言风格向他们发表讲话，承认过去的不当之处并力图以后建立信心。毫无疑问，凯利急切地想要驱散阴影，兵变后不到一个月，他就将舰队带回因弗戈登——之前它们无所事事的地方，进行了一周的高强度操练。虽然凯利在11月末的报告里说舰队的效能已经相当高，但士气仍然低落，"胡德"号尤其如此，汤姆金森建议应该彻底换掉她的舰员，让她重新开始一段服役期。如果真的这样做了，就是把她与"勇士"号和"冒险"号划为一类，后两舰在年末前就不光彩地换了乘员组。海军部没有批准这样做，而圣诞假期被提前放了。第二年，汤姆金森率领"胡德"号参加了加勒比海春季巡航，一起参加的有"反击"号、"诺福克"号、"多塞特郡"号和"德里"号。通常情况下，这种行动会极大提升士气，但舰队先遇到了利泽德半岛与亚速尔群岛之间的恶劣海况，又听到消息说兵变后对高级军官的整肃会影响汤姆金森和帕特森，因此巡航蒙上了阴影。另一个明显的事实是，汤姆金森的个性使得军官活动室的气氛极其阴沉，于是在他于1932年8月15日降下将旗前，海军部已经重新考虑了先前是否更换"胡德"号乘员组的决定。

同一天，威廉·詹姆斯海军少将上任，这预示着"胡德"号的一个新时代，这个时代将给整个皇家海军留下长久的印象。大家都长出了一口气。汤姆金森的参谋班子成员、军需上尉J. T. 施林普顿在詹姆斯上任两天前写的一节诗描述了这一场面：

> 夏天在过去，
> 人们在洗澡，他们的叫声回荡着，
> 当对一条重大新闻
> 议论纷纷的声音飘在温暖的空气中；
> 我们听见参谋们在轻轻地唱，

① 帝国战争博物馆有声档案，第5807号。

"国王已死——国王万岁！"

新的时期，新的时期，

新的时期即将来临。[①]

威廉·詹姆斯出生于中上层家庭，皇家海军的军官很多来自这种家庭。他的外祖父、画家约翰·米莱斯爵士（Sir John Millais）曾给童年的他画了一幅像，这幅像被用做皮尔牌（Pear's）肥皂的广告，成为英国市场营销领域最早的标志之一，也给他的早年生活带来了困扰。此事使他长期被戏称为"肥皂泡"。尽管有这样的阴影，詹姆斯还是进入了皇家海军，并成为前卫派军官的一员，在19世纪与20世纪之交参与了珀西·斯科特将军领导的炮术革命。1909年担任"纳塔尔"号（Natal）巡洋舰的炮术军官时，他第一次脱颖而出，率领团队在本土舰队年度射击竞赛中打破了航速和命中率的各项纪录。除了专业能力外，他还有天赋让手下人发挥最大的潜力。当与他在"纳塔尔"号上共事过的最后一任舰长W. R. 霍尔（W. R. Hall）于1913年被任命为战列巡洋舰"玛丽王后"号的舰长时，他也随霍尔担任副舰长。[②]两人共同改进了分队体系，并设计了一种革命性的值班制度，一战爆发时英军所有主力舰都采用了这种制度。在推行了这些后，他们又着手改善舰上的条件。"玛丽王后"号成了皇家海军

① ［施林普顿］《诗集》第3页。
② 詹姆斯《天空永远碧蓝》第77-82页。

▽1933年或1934年，威廉·詹姆斯海军中将视察前烟囱左舷侧的小艇甲板。舷内侧被格栅遮盖的是通向"A"和"B"锅炉室的一处通风口。右三为J.H.拉克－基恩（J.H.Ruck-Keene）少校；右五为F.T.B.塔尔上校，他身边为罗利·奥康纳中校。"胡德"号在詹姆斯的指挥下，开始了因弗戈登兵变后复苏的漫长过程。（"胡德"号协会／威利斯收藏照片）

第一艘有电影院、教堂、书店和电动洗衣机的军舰。接下来他们计划改进锅炉兵的洗浴设施，并允许士官根据他们在军队中的新地位重新布置自己的住处。詹姆斯于1916年1月离开了 "玛丽王后" 号，而几个月后 "玛丽王后" 号就在日德兰被击毁，但在她上面试行的理念和规程随他那年年初写的《战列舰组织管理新法》传承了下来，这是一本有影响力的军舰管理手册[1]。

所以，"胡德" 号后来成为一个让詹姆斯的独特才干结出硕果的平台，她也是最需要这些才干的军舰之一。据他日后所写：

> 我从没遇到过比我接替汤姆金森时更压抑的团队。他和他的旗舰舰长帕特森的关系非常紧张，而汤姆金森又喜欢吹毛求疵，他常揪着副舰长麦克拉姆不放，最终使后者心灰意冷。[2]

按照相当常见的做法，詹姆斯把一名以前的同事带来担任旗舰舰长，这次的人选是托马斯·宾尼（Thomas Binney），后者在詹姆斯指挥的 "霍金斯" 号（Hawkins）巡洋舰上担任过副舰长。这个决定被证明是绝妙的。两人认为 "胡德" 号有 "一流的军官团队和一艘优秀军舰应有的舰员"，于是在几周内就劝说海军部取消了更换 "胡德" 号乘员组的决定，他们认为这个决定等于 "承认海军军官们没有能力驱散阴霾并重塑活力和愉悦"[3]。而他们也确实做到了重塑这些。詹姆斯上任时对舰员们的开场白便定下了军舰和平时期生涯的基调。朗利-库克将军记得这一场面：

> 我们航行到绍森德（Southend）。又一次，在一个周日的上午 "全体人员集合，到后部"。他向我们讲话。太不一样了！"我荣幸与各位共事。" 这也是我在海上18年第一次听人讲皇家海军在和平时期的职责是什么——为战争而训练，以保持和平；显示军事实力；在本土水域向英国公众展示他们交的税拿来做了什么，在海外为大不列颠担任优秀的使者。从那以后，士气就日渐高昂了。[4]

如他所说的一样，詹姆斯一上任便花了几周先后访问绍森德和哈特尔普尔，后者是受大萧条影响最严重的城镇之一。舰上举办了儿童聚会，上岸的水兵也参与了娱乐活动。在哈特尔普尔，舰员与该城代表队打水球赛，数百名失业矿工受邀来到舰上与水兵品茶。这表明海军部对情况有了新的认识，从这个角度讲，这些活动几乎是完美的。哈特尔普尔之旅除了引得詹姆斯写了一些蹩脚的诗外，还长久地影响了一个只能从远处欣赏 "胡德" 号以满足自己心愿的小男孩——泰德·布里格斯。之后，军舰从成功走向另一个成功。因弗戈登

① W. M. 詹姆斯中校《战列舰组织管理新法及指挥军官须知》（朴次茅斯：吉夫氏出版社，1916）。
② 剑桥大学丘吉尔档案中心，档案编号ROSK，卡片索引。
③ 詹姆斯《天空永远碧蓝》第163页。
④ "胡德" 号协会档案，1980年5月24日对协会的讲话，载于1980年新闻报第2页。

兵变后，凯利重建信心和士气的运动启动了一整套锲而不舍的工作：操练、演习、训练、纪律、内务和体育运动，詹姆斯没让人失望。一年内，"胡德"号表现出罕见的炮术效能，击毁了一个战斗练习目标，在舰队防空炮术竞赛中夺魁，并在1933年5月的本土舰队划艇大赛上成为"舰队领头鸡"。那年10月，舰上派出的一个登陆组在因弗戈登附近行动，他们热情高涨，以至于全世界都有媒体在头条称"胡德"号卷入了另一场兵变，詹姆斯不得不反驳这些消息。

除了詹姆斯和宾尼表现的领导力外，"胡德"号士气的恢复很大程度上还归功于副舰长麦克拉姆中校，他水兵出身的助手、协助处理舱面事务的哈里·珀西少校，舰务助理官埃里克·朗利－库克少校，以及轮机长A. K. 迪布利（A. K. Dibley）中校。"胡德"号的军官中至少还有两人受益于士兵晋升军官制度：欧内斯特·米尔（Ernest Mill）轮机上尉（后晋升海军少将）和T. J. G. 马钱特（T. J. G. Marchant）中尉。珀西似乎属于不受欢迎之列，因为他是"副舰长的线人"，但舰员们一定不会忘记这个事实：舰上有3名军官出身于水兵，人们眼中的这类证据都表明因弗戈登兵变之后相当长的时间里，军官和士兵的关系前所未有地融洽。还有证据表明，轮机军官的开明态度开始影响他们与士兵的关系，前者按朗·温科特所说，"不需要刻意在普通士兵面前趾高气扬来获得优越感"[①]。与萧条时期的很多事情一样，这一过程的细节似乎已无从查证，但成就是实实在在的。尽管20世纪30年代中期的成功整体上比之后一段时期逊色，但这一成功无疑是依赖因弗戈登事件后表现出的优秀领导能力才取得的。詹姆斯直到1934年夏季才降下将旗，但当他回忆自己任上身边都是"在十分愉快、勤勉的气氛中，对我提的所有问题踊跃作答的军官和士兵……"时，他首先指的是1931至1933年的服役期[②]。不过事情不都是愉快的。士气虽然有了明显提升，但当时的危机对海军存在整体影响，危机的核心方面带来的问题仍然存在。因弗戈登兵变暴露出海军组织工作的许多失败之处，但就舰上的生活而言，兵变主要证明了三方面问题：越来越多的人对前景和晋升不抱希望；部门间关系长期紧张；最后，被海军部高度推崇的分队体系不成功。必须讲到这些问题，才能讲清楚"胡德"号在后面几年里如何重新成为皇家海军中最伟大的军舰。

整个20世纪20年代，水兵们晋升为上等水兵和军士需要的时间都较长，这是因为很多人在一战中得到了较高的士兵军衔。虽然水兵在21岁时便可以参加上等水兵晋衔考核，但之后要到有空余位置时他才能得到相应的军衔，这可能要等6到7年。温科特便是一个典型例子，他很快通过了晋衔考核，但几年后从皇家海军退役时仍是一等水兵。这种形势使水兵相当不满，因此因弗戈登风波中，"胡德"号的军士和军士长们拼命置身事外也就不足为奇。汤姆金森的正

① 温科特《因弗戈登兵变者》第72页。
② 詹姆斯《天空永远碧蓝》第179页。

式报告里有一段描述了他们的尴尬处境：

从事件一开始，士官们整体上似乎就持一种消极态度。他们虽然继续着自己的工作，但几乎没有努力督促下级士兵去工作。后来在星期三［9月16日］，我接到报告，称有迹象显示一些士官要与心怀不满的士兵一起行动。事情发展到一定时刻，这是可以预见的，因为他们即使不认同士兵们诉苦的方式，也同情这种痛苦。[1]

尽管如此，到20世纪30年代末，许多人也认为皇家海军的士官已经与20年前的那批不一样了。于1936至1938年担任"胡德"号舰长的弗朗西斯·普里德姆客观地说：

人们经常听说，我们的士官的素质和行为标准已经确实不如以前了。我相信这样说是夸张了。说从前舰上多数士官都有足够的个人能力来影响军舰的乘员组——我还从来没有遇到过这种好事。在这方面，我们一直依靠少数作风和人格都优秀的杰出士官。这些士官并不是通过训练具备这些素质；这些素质现在也只能靠慧眼来发现，而且我相信会一直如此。不过，没有道理期望这样的士官占多数。[2]

不要对你的士官们抱太高期望。我们不能期望他们都像一个模子倒出来的；担任士官的人众多，其中很多相当缺乏经验。如果你还不确定一个人是否知道如何开始一项工作，那你应当尽力避免让他负责这项工作。[3]

当然，现在并没有那么多真正的能人对士官的军衔眼馋了。兵变本身造成了严重伤害，这让年轻人对海军生涯的价值不再抱有幻想，而正在此时，老兵们又开始复员[4]。一些人有别的打算，但"饥饿的30年代"使大多数人除了签订第二期服役合同外别无选择。这样，在20世纪30年代中，皇家海军发现自己还养着少数服役多年的士兵，这些人唯一的追求就是能尽量轻松地熬到退休年龄。这些人被称为作战舰队的"戴着3枚奖章混日子的老伙计"，他们不仅不愿晋升，还对有志向的年轻水兵大加嘲讽，对上等水兵军衔标志中的锚说三道四，并破坏后者在餐厅中的权威。并不奇怪，曾在"胡德"号上的罗利·奥康纳上校1937年承认，上等水兵中很多人"不够强硬"[5]。但正如普里德姆上校对他的军官们所说，即使年轻的士官也难以让老水兵们守规矩：

注意那些老一等水兵。那些日子里，如果一名一等水兵戴,3枚优良表现奖

[1] 海军部公共记录办公室第178/110号档案，情况报告第12页。
[2] 普里德姆《关于兵变的讲座》，第I部分《预防》第5-6页。
[3] 普里德姆《新上舰军官须知》（1938年1月）第5页。
[4] 卡鲁《下层甲板的士兵们》第176-177页。
[5] 奥康纳《管理大型军舰》第107页。

章，或者他到了本应该戴上的年龄，那么多数情况下这表明他是个"刺头"。他们对年轻水兵有相当强的影响，而且常常是负面影响。［……］记住，年轻士官和上等水兵面临艰难的任务。他们指挥比自己年长的水兵（年轻水兵服从后者），而后者中有些人会想尽办法让他们栽跟头。如果你们发现任何傲慢或不服从的迹象，不要等着士官们来报告或采取强制措施。[1]

不过，如普里德姆认识到的一样，水兵不愿晋升、不愿承担晋升后的职责的根源还在水兵群体本身。对于皇家海军推行的让合格人员较快晋升的体系，即俗称的"红笔推荐"，这里的水兵并不完全接受：

> 指导和教育我们的水兵，以期激发他们的志向来提升自己在军队中的地位，这也是我们的工作。地位和薪酬等级不是一回事。众所周知，水兵对特别晋升很少有热情。工联主义以及对朋辈忠诚的固有思想使他们的目标局限于共同安稳，即凭同等机会稳步升到更高薪酬等级。"红笔推荐"的理念与他们的成长历程和生活环境完全相异，所以受到怀疑。［……］很少有水兵乐意主动去闯一条不寻常的路。[2]

结果，到了20世纪30年代中期，皇家海军中有能力晋升到较高军衔的水兵已经不足了，而这种情况直到涨薪、扩军以及战争将要来临时才得到好转，这是因为这些事件改变了士兵的思想和前途。虽然尸位素餐的老兵们有各自的打算，但他们常常不得不延期服役到战争时期，尽管如温科特所回忆的那样，这类人"以后会加倍证明自己的价值，比如在敦刻尔克"[3]以及后来的无数次战斗中。

不和谐因素还不止这些。水兵们由于晋升的问题而产生摩擦，而同样剧烈的摩擦也存在于分属不同兵种的士兵之间：水兵、技术兵与工匠、锅炉兵，还有海军陆战队。这些人群不仅拥有不同的职责，而且在不同的餐厅中生活，所以人群之间很少有交情。1933至1936年以少年水兵和二等水兵军衔在舰上服役的罗恩·帕特森描述了这种情况：

> 当然，你见不到你部门之外的什么人，所以只有当岸上举办运动会时，你才会遇到轮机部门和海军陆战队。[4]

当然，这类隔阂是任何一个庞大而复杂的群体所固有的，但20世纪20年代，这种局面由于皇家海军状况不佳而大大恶化。工匠兵种占舰员总数不超过5%，包括做技术活的人——造船技工、铁匠、细木工、漆工和管道工。他们是

① 普里德姆《新上舰军官须知》第2页及第6页。
② 同上条，第5页。
③ 温科特《因弗戈登兵变者》第177页。
④ 引用于罗杰斯"'胡德'号"第40页。

① 帝国战争博物馆有声档案，第749号，第19页。

从平民中招募的，负责军舰及舰上设备的一些重要维护工作。大部分舰员按每班4小时的制度值班，而被划分为"日班工人"的工匠们则通常只在白天的常规时间工作，夜晚则如平民一样休息。同样，士兵们5点30分就被叫起床，清洁军舰，而工匠们则有权享受第2章所述的被称为"守卫与操舵"的晚起权，在吊床上睡到6点或6点30分。因为这一点，加上他们的收入较高，并且拥有士官级别的军衔和制服，所以士兵对他们怀有相当重的嫉恨，工匠们被私下贬称为"懒汉"便佐证了这一事实。约于1926至1928年在舰上的四等管道工欧内斯特·泰勒（Ernest Taylor）仍记得那种氛围：

　　我们经常听到的恭维话只有一种，说我们不干事只拿钱……这句对我们的简评应该是跟水兵说话时用的……他们似乎并不欣赏我们所做的工作，当然也对我们……直到6点或6点30分才从吊床上起来这件事有意见……我想，总的来说——只是总的来说，士兵们有一点嫉妒，嫉妒我们能多睡一小时，而且当然也可以说我们是小人物，只是穿着士官样式的裤子。①

　　技术兵虽然和工匠遵循同样的服役规范和晋升制度，但由于他们在维护舰船的轮机、电气以及枪炮系统方面起关键作用，所以他们免于像工匠一样受

20世纪30年代后期，在马耳他，水兵和海军陆战队之间的友善相处。这种情况在20世纪30年代之前很少见，但这表明战争迫近时，皇家海军的个性和精神面貌在发生变化。（"胡德"号协会/希金森收藏照片）

到非议。即使这样，奥康纳中校也很好地确保了"服役期内每天早晨，包括周日，舰上的每一具吊床都应不迟于6点45分捆好并收起，无人例外……"[1]但与水兵和皇家海军陆战队间经常存在的紧张关系相比，上述的摩擦不值一提。

皇家海军陆战队的先辈早在17世纪60年代就第一次出海了，但由于他们是皇家海军的海上战斗员以及他们以纪律严明而闻名，故他们与同一艘军舰上的水兵战友之间有明显的界线。海军陆战队队员被水兵们称为"皮护颈"，他们不仅是向君主宣誓效忠过的士兵，而且向来气势威武，多数水兵不喜欢这种形象。陆战队队员认为他们的水兵同袍在军队事务上表现出"近乎低三下四的忍耐"[2]，而后者则认为前者大多除了当兵打仗就不怎么想别的事。两种观点都没有多少可取之处。皇家海军陆战队的技能和素质受到广泛称赞，舰上的军乐队也是海上生活中最重要的财富之一。但在因弗戈登，水兵们又开始像历史上一样怀疑陆战队会成为军官们对付兵变的第一道防线。"胡德"号的水兵们闪现了这种想法，但它持续时间不长，因为舰上的陆战队分队保持着冷静，一直留在上层甲板自己的营房里。相反，锅炉兵与海军陆战队整体上保持着融洽关系，虽然两者除了都不喜欢水兵外并无其他共鸣。

19世纪后期的轮机工程革命使皇家海军中有了大批锅炉兵，这些人的出场给海上生活的基调带来了深远影响。如果水兵们批评锅炉兵缺乏基础航海技能，并为后者在军舰的深处工作而感到怜悯，那么后者就会享受着较高的薪酬，认为自己的生活不像前者的那么单调和循规蹈矩。两者的区别不止于此。少年水兵在16岁时就加入皇家海军，而锅炉兵则多在20多岁时才入伍，多来自不列颠的工业和采矿中心，所以他们的世界观和心智与少年水兵截然不同[3]。实际上，由于锅炉兵既不像水兵那样固守海军传统，也与军队的传统兵源地区没有联系，所以他们给皇家海军带来了一股新气息，这即使没能使皇家海军的气氛更加和谐，也明显影响了它的特色。而海军部的做法又导致这种隔阂持续下去，它没能认识到海军轮机工程的重要性，所以没能建立让锅炉兵充分发挥潜力所必需的组织架构。两次大战间，皇家海军在很多方面未积极适应自己领域内在技术方面的现实情况，以上事实只是一例。因此，每个专业兵种都受到了这种或那种不利影响。那么，无论从哪个方面来讲，"胡德"号的乘员组都并未"拧成一股绳"。不仅在"胡德"号上，而且在整支皇家海军中都需要有能力最强的军官来弥合人群之间的巨大差别。永远值得肯定的是，在战争爆发前就出现了做到这点的好时机，官兵们也确实这样做了。

皇家海军先前勉勉强强建立过机制，来听取士兵的诉求和苦衷，但至20世纪20年代后期，这一机制已经不知不觉地陷于停顿了。而士兵团体也随此衰落，它们表达意见的功能于20世纪20年代被取消后，士兵很难有动机加入它们

① 奥康纳《管理大型军舰》第64页。
② [布朗]"装备落后的海军登陆组"第263页。
③ 译注：少年水兵可申请转为锅炉兵，参见本章第334页。

了。海军部出于自己的立场，开始强调解决福利问题的正确渠道不是集体表达意见，而是确立每个士兵与他的上级军官的关系，即分队体系。一战前，"玛丽王后"号的霍尔舰长和詹姆斯副舰长对舰上的分队体系进行了改进。新的作法是将舰员根据岗位以及负责军舰的哪一部位分为十几组。每个分队由一名上尉或少校指挥，他负责分队的纪律、训练、服装和组织。分队指挥官的责任还包括充分了解每一名下级的情况，并就家庭和兵役事务提供咨询，在必要时还应提供表达不满的渠道。但正是在这一点上，即分队体系的最重要的一项组织工作上，该体系无疑未达到人们对它的要求，这发生在因弗戈登兵变前的几年。首先，它既没有对士兵们充分敞开大门，也不够公正，所以它无法有效运转。如果某个士兵希望和他的指挥官谈谈，他就必须先写书面申请，并将其交给分队士官，由后者转交给他想见的军官。而举行会谈时，这名分队士官会出席，有时甚至还会有另一名纠察军士在场。另外，如果士兵控告他人或进行抱怨，而这些控告或抱怨事后被判为没有根据，那么按规定该士兵将受到惩罚，这使很多人一开始就选择退缩，不将他们的问题报告给军官。即使抱怨的事情属实，这名士兵今后也会在歧视的目光中生活。他们常常认为这个后果太严重了，得不偿失。即使士兵成功地见到了他的指挥官，对方也多会冷漠地对待他。因弗戈登兵变的前一天晚上，"胡德"号的一名军士长试图向他的分队指挥官报告正在实施的兵变计划，结果他得到的命令是："下去，不然明天早上副舰长会在报告里要求指控你。"[1]虽然《武装部队军纪条例与海军部指令》在1929年和因弗戈登兵变后做了多次修改，但这些新规定也没能打破士兵心中的顽固印象：

　　……那时候，在皇家海军里没有人能代表你……我想［那些军官们］不会替你说话——他们不会在那个时候，替士兵说话。[2]

　　显然，依靠分队体系能否成功处理某件事，取决于管事的军官有多大的兴趣。某种程度上，这种兴趣取决于士气，而皇家海军军官团的士气在1921年几乎已被摧毁，这主要是因为埃里克·盖迪斯爵士（Sir Eric Geddes）主持的预算削减迫使1/3的军官离开了大海。不过，尽管海军部在这一方面确实领导无力，却有一名军官决心通过打造行之有效的样板来勉励他的同行们。这名军官就是罗利·奥康纳，他的样板就是"胡德"号。

① 国家海洋博物馆，珀西文集，第14号档案盒，书草稿第3部分第59页。
② 帝国战争博物馆有声档案，一等锅炉兵尼古拉斯·斯迈尔斯·卡尔，第5809号。

罗利·钱伯斯·奥康纳于1898年出生在阿根廷布宜诺斯艾利斯一个爱尔兰人家庭里。[1]他于1911年进入奥斯本的皇家海军学院。一战中他大部分时间在前无畏舰"威尔士亲王"号（Prince of Wales）的炮室中工作，并随该舰参加了达达尼尔战役。作为一位体育健将，他于1920至1924年间代表皇家海军参加了橄榄球赛，并在1921至1922赛季中担任三军联合代表队的队长。他于1919年被晋升为上尉，同时来到"维多利亚与阿尔伯特"号（Victoria and Albert）皇家游艇上任职，这是他受到赏识的早期迹象，但他第一次成名还是于1921至1922年间在"巴勒姆"号战列舰上担任分队指挥官时的事情，当时罗宾·达格利什（Robin Dalglish）舰长看中了他"极其优秀的带兵能力"[2]。奥康纳专攻炮术，因此在接下来的10年里，他主要在朴次茅斯港的"卓越"炮术学校以及其他岸上基地和多艘军舰上工作，包括"绿宝石"号（Emerald）巡洋舰、"决心"号（Resolution）和"皇家君主"号战列舰等。他于1931年被晋升为中校，当时担任"卓越"炮术学校参谋的奥康纳拟任"胡德"号的副舰长。1933年8月，"胡德"号在朴次茅斯重新入役后，他正式上任。

虽然有人为奥康纳写过一部翔实的传记，但他何以在34岁时就被委以如此重任仍不得而知。除开他本人的热忱和才能不论，这一任命似乎和本土舰队总司令、海军上将约翰·凯利爵士有莫大关系，1924至1925年奥康纳曾在后者指挥的"决心"号战列舰上于地中海服役。无论真实情况如何，奥康纳属于年轻一代军官，这代军官决心为重建皇家海军受损的声望而出力。在他们看来，要打造一艘气氛欢快、表现出色的军舰，必由之路就是真诚关心舰员的冷暖；在他们看来，皇家海军是伟大的，因为它能给每位官兵一个公平的发言机会；在他们看来，惩罚措施主要是为了维持纪律，而不是为了强制使人服从；在他们看来，不应该一味执行纪律，而应当让士兵们士气高昂地工作，因为这样对待具备技能和承担职责的士兵才合理。最重要的是，奥康纳们在工作中高度关注普通水兵的困难，并充分认识到水兵作为人的价值。最早做到这些的军官中有一位是昵称"卢"（Lou）的阿特维尔·雷克准男爵（Sir Atwell Lake, Bt.），他时任"纳尔逊"号副舰长，是因弗戈登兵变中少数处置得当的军官之一。虽然相对奥康纳而言，他是一名更循规蹈矩的军官，但雷克的人格魅力、对军舰的热爱以及对士兵的尊重使"纳尔逊"号的舰员在1931年9月的事件中表现得与众不同。另一人则是C. R. 麦克拉姆，当他向奥康纳交接职务时，归功于他的交际能力和领导力，"胡德"号已经具备了充分的条件，让奥康纳能改变舰上的生活和组织情况。"胡德"号做的远不只是展示武力，她在20世纪30年代中被尊为皇家海军中最伟大的军舰，是因为在推行军官与士兵间的新式对话机制时她扮演了领军角色，麦克拉姆和奥康纳先后对这一机制做出了重大贡献。

① 塔文纳《烛光中的火炬》（西苏塞克斯郡布兰伯：伯纳德·杜恩福德出版社，2000年）。
② 同上条，第10页。

　　一艘主力舰的副舰长承担的工作是皇家海军当时提供的最有挑战性的工作之一。海军元帅查特菲尔德爵士写过两卷自传，它们是有史以来讲述皇家海军生活的最好的文献之一，文中这样描述副舰长的工作：

　　世界上对人最大的考验就是担任一艘大型军舰的副舰长。许多人撂了挑子，去找一项不这么艰巨的工作，例如一艘小型军舰的指挥岗位。不过，如果大型军舰的舰长们没有经过副舰长岗位的历练，没有日复一日地亲身体会过副舰长的难处并感受舰员的喜怒哀乐，那么很少有人能高效地指挥一艘巨舰的乘员组。

　　如果一艘大型军舰的副舰长……想干得成功，那第一条定律是他必须知晓舰上万事。他必须经常视察军舰的每个部位，并密切了解舰员的生活和思想。这样，他就会了解手下的士兵，根据合理诉求及时纠正问题，并阻止无理取闹以防此现象蔓延。舰上的军官们能准确地评价他的能力，而乘员组的整体意见更准确，乘员组很快会按他的标准做事，而那些想犯事的人很快就会知道自己要收敛到什么程度才不会有麻烦。[1]

　　同样，工作失败的代价也是沉重的。尽管舰长不常与水兵接触，副舰长却无疑在一艘主力舰的舰上生活中扮演着关键角色。舰员们要带着一种精神去做每件艰苦的工作，而这种精神的强弱取决于副舰长。舰员们可能只求能够向他交差，也可能为了他不惜累到吐。

　　奥康纳去"胡德"号上赴任的情景早早预示着该舰这段服役期内剩余的生活将以怎样的基调展开。当时还是军官候补生的路易斯·勒·贝利记得1933年8月那一幕：

　　我觉得，影响最大的事情是，他将连篇累牍的现行命令全部作废，代之以他自己的"十诫令"。向这艘新军舰的乘员组介绍这些诫令是绝妙的一幕。［……］后甲板上架起了一台幻灯机，他一边播放"十诫令"，一边解释每一条的意义。接着，深受水兵爱戴的海军上将约翰·凯利爵士就像变魔术一样从后部舱口现身，做了一番鼓舞人心的演讲。[2]

　　奥康纳的"十诫令"体现了如下理念：任何人只要尽力，就会得到公平对待、尊重和上级的青睐；勤奋会受到奖励；任何人只要把军舰的利益放在第一位，他做的事情就不会被视作大错；气氛沉闷的军舰绝对不会被评为表现出色的军舰；军舰表现优劣，人人有责。皇家海军的士兵们以前从来没有见过这样一份契约，军官团也从来没有见过用如此让人信服的语言描述的这类管理体

① 查特菲尔德《皇家海军与国防》第51及77页。
② 引用于塔文纳《烛光中的火炬》第223页。

奥康纳中校的"十诫令"，即1933年8月的舰上现行命令

1. **服役：** 人员任何时候都必须遵守服役规范。

2. **军舰：** "胡德"号上的每个人都应负责保持军舰外表美观，人人对此有责。

3. **个人：** 每名士兵无论在舰上还是岸上，都应时刻通过个人举止、穿着和整体表现为军舰增光。

4. **尊重军官：** 每名士兵都应为路过的军官让路，并在一旁立正，以体现尊重。军官在士兵的工间休息、用餐等时段路过时，如果大檐帽夹在臂下，则表明士兵除让路外不需行任何礼节。

5. **执行命令：** 所有命令，包括通过号声和哨声下达的命令，都必须立即得到执行。

6. **准时到岗：** 任何情况下，每名士兵本人的准时到岗都由该士兵个人负责做到。

7. **离岗许可：** 每名士兵任何时候都必须先请求并得到许可，才能离岗。

8. **报告工作完成：** 任何士兵在完成分配给自己的工作时，都应向其直接上级报告。一队士兵完成工作时，应集合，再向负责军官报告工作完成。

9. **纸牌游戏和赌博：** 餐厅的餐桌上和舱面上允许进行纸牌游戏，而任何形式的赌博均被严禁。赌博包括所有为赢得金钱赌注而进行的依靠运气的游戏。

10. **请求：** 任何求见副舰长的士兵都应当先把一份请求交给他的分队指挥官。在紧急情况下，该请求由纠察长和值班军官递交。

系。以下对1933至1936年服役期的评价不仅基于这段时间内官兵的回忆录，也基于《以"十诫令"管理大型军舰》——奥康纳离开"胡德"号一年后发表的颇有影响的舰上组织手册。

"胡德"号上"十诫令"的关键人物便是奥康纳本人。他最与众不同的一点是所有舰员都可以较容易地见到他，这一点体现在他广受欢迎的"敞门"做法上：

在大型军舰的昼间工作时间里，很多人都会找副舰长处理事务，那么人们是否容易见到他就相当重要了。即使采用合理的分散式组织体系，人们也会不可避免地找副舰长，以接受咨询、建议，获得批准、许可、信息或办其他上百种事情。［……］副舰长希望有自己支配的时间来自由视察整艘军舰，在过程中检查士兵工作情况并逐渐了解他们。但任何事情都应该在一个确定的时间段里来办，那么在上午和下午的至少各一个小时内，所有舰员都确定副舰长几乎一定会在一个固定的地方，并有时间处理事务。[①]

这个地方就是他的昼间舱室。奥康纳吸取了因弗戈登的教训，因此在这里的工作体现了他的核心意识：军官的职责是充当反映下属的问题和不满的渠道；他做到了这点，士兵们才会求助他来为自己挣一个公平的发言机会：

① 奥康纳《管理大型军舰》第21页。

∧1934年，在罗塞斯，从"胡德"号小艇甲板上看福斯大桥。（托马斯·施密特）

在一艘巨舰的乘员组中，组成它的人们不可避免地会遇到种种问题——生活、爱情、休假、疾病、死亡问题，以及工作、薪酬、饮食、睡眠等方面的各种困难，不一而足。不能忽视任何请求——上级必须考虑每一条诉求，必须带着同情倾听诉求人，必须鼓励士兵们站出来说话。[1]

还有一件z众所周知的事体现了奥康纳的敬业：接下来他记住了"胡德"号上1300多名舰员的姓名。虽然他本人无言地承认，在同一时刻脑里只能忆起最多600人，但多数人至今仍认为他记住了舰上每个人姓甚名谁。无论实情如何，奥康纳的努力确实对舰上的气氛产生了重大影响：

[1] 奥康纳《管理大型军舰》第10页。

如果你不知道一个人的名字，他在你眼里就不是一个有个性的人。只要你知道了，你和他之间就搭起了桥梁，你也会很快知道他的别的很多事情——他也会知道你的。[①]

奥康纳的一条核心理念被他描述为军官们要"替士兵着想"。具体措施包括设法让从岸上返回军舰的水兵少花些时间等小艇和漂网船，推行修改过的周末作息表等，有了后者，舰员们才终于能享受《武装部队军纪条例》中规定的一整天休假。奥康纳还规定，除非出现紧急情况，不命令不当班的值班组集合。许多新政只不过是用符合常识的做法来纠正令人不快的海军传统，其中典型例子是他制订的冬季和恶劣天气作息表：

早晨狂风暴雨，还命令士兵在6点集合，这没好处。又黑又冷的时候还擦洗甲板也如此，无论出海时还是在港时。［……］这在冬天尤其荒唐——大股大股的水洒在甲板上，既没妥善擦干也没充分晾干……，结果甲板又泥泞又潮湿。［……］等天亮再干活更明智，因为水兵们已经吃饱了早餐，面对的天气条件也更好。[②]

但如果士兵们早晨确实集合了，奥康纳就会在队伍中间。在他看来，副舰长的领导力毫无疑问来自于以身作则：

相对于下级们来说，他的职位是特殊且独一无二的，他的脑海里总是不断地更新着自己观察到的工作场面，以及作息制度的执行情况。他作为副舰长，总是把身在现场当成自己的职责，如果工作日开始时他不在场，他就永远不会有如此的掌控力。再说如果开始工作时他不在场，他又怎么了解在又冷、又黑、又潮湿的早晨或在恶劣天气中擦洗甲板要面对什么困难？如果在这种环境中，副舰长觉得自己都应该休息，从而决定下令舰员们休息，那通常就说明他不会低估环境的恶劣，在这种恶劣环境中"慵懒"是正当而必要的，这种情况不罕见。[③]

早先，每当有军官经过士兵面前时，士兵必须在一边立正，奥康纳也采取措施减少了这种做法对工作和休息的影响。这样，一名臂下夹着大檐帽的军官过来时，水兵只需要给他让路，而不需要行特别礼节。如果说这种方法有助于构建奥康纳所说的"每个人都知道自己上级要自己做什么事的理想状态"[④]，那么它也有助于让人感到军舰是一个集体。据他说：

① 奥康纳《管理大型军舰》第87页。
② 同上条，第55—56页。
③ 同上条，第47页。
④ 同上条，第9页。

如果这些规定得到严格遵守，那么舰上的水兵在休息时间就会感到安全和宁静，并把军舰当成自己的家……而不是纯粹的工作场所……，军舰上环境拥挤，这里的生活与普通生活迥异，所以这点对舰员特别有益。[①]

如果一个士兵随时随地对军舰感到骄傲，就表明他建立了集体的意识。实际上，舰上集体不仅由舰员组成：

要让一名士兵对军舰感到更骄傲，最稳妥的办法就是让那些他亲近和珍视的人对军舰也感到骄傲。当邀请这些人来舰上时，为了欢迎朋友和庆祝友谊，任何场合下无论给予他们多大的礼遇、多深的关怀都不过分。[……]“军舰乘员组”的严格法定含义是军舰记录册上的所有人。但在现实中，如果在热烈的欢迎气氛中，各家各户都感到自己也融入了军舰，那么一艘大型军舰的乘员组就比一千余人多了几倍。家庭情感和对军舰的骄傲将这么大的一个集体连为一体，这一定会给军舰带来巨大的好运。[②]

奥康纳致力于建立这种大集体，他的任职纪念册中保留的对舰员及家人的调

① 奥康纳《管理大型军舰》第56-57页。
② 同上条，第157-158页。

∨1935年前后，“胡德”号“大家庭”的一些成员在艏楼上与士兵们跳舞。在军官中，奥康纳中校第一个接纳了水兵家庭所代表的大集体概念，并将其贯彻在军舰的精神面貌的塑造和生活中。（“胡德”号协会/威利斯收藏照片）

查证明了这一点（见附录Ⅲ）。与其他档案一样，这一资料证明"胡德"号由舰员及他们的妻子子女组成的"大家庭"共有2562人。罗利·奥康纳悉心考量家庭事务，重视军舰及大集体对各自的意义和影响，这两点远比他的时代超前。

但骄傲也是与军舰的外观密不可分的。所以，奥康纳可以说是不遗余力地强调了整洁、干净和漆面质量：

有时，人们会轻易认为军舰的外观只由少数人逐级负责：副舰长、副水手长、桅楼和两舷的水兵组长，也许还有其他几人。实际上，只有全体齐心协力，军舰才能保持干净。这需要反复强调，强调每个人能做什么。［……］每个人都必须珍视军舰的外观，都必须出一份力，而最重要的是，当别人辛苦地保养军舰以求达到期望状态时，人们要避免添乱。[①]

在这方面，奥康纳坚决与两种行为斗争：自己偷懒而让战友完成枯燥无比的杂务，以及将别人的辛劳成果毁于一旦。先说偷懒者：

全世界都讨厌偷懒的家伙——一定恨——一个人岂能自己溜走，把工作推给战友们完成，也许还是一项恼人的工作，甚至还是在天气恶劣的情况下？偷懒行为最恶劣的后果是会引发群起效仿——所以应立即制止。对付故意偷懒只有一种办法，那就是"按第十一条[②]，禁休假14天"。[③]

再说败事者：

如果有人被抓个正着，无论是靠在漆面上、往甲板上扔烟头或其他垃圾、往舷窗外倒污水、靠在护栏上，或做任何破坏军舰外观甚至毁掉他人努力成果的事情，那么就令他完成工作后在舱面上站岗，站到他抓住另一个对军舰做坏事的人为止。被他抓住的人就向值班军官报到，接替前一人站岗。[④]

1935年8月，海军开放周中的访客一登上军舰甲板，就会见到这一类公告牌：

"给该舰上漆花了135英镑。我们上漆，您出钱。不要触摸漆面、靠在上面或在上面划火柴，以免造成破坏。"

对奥康纳来说，艇用钩杆猛撞在他的战列巡洋舰平整的船舷上也是一件令人痛心的事：

① 奥康纳《管理大型军舰》第5-6页。
② 译注：指《武装部队军纪条例与海军部指令》中违纪处分章节的第十一条。
③ 奥康纳《管理大型军舰》第9页。
④ 同上条，第6页。

一艘小艇离开舷梯旁时，为什么每次都一定要用钩杆在漆得漂漂亮亮的船舷上狠推一下，以致破坏漆面呢？这就像弄坏房屋正门口的漆一样。[……]只要向引擎室下达了前进命令，艇员就该知道解开艇艉艇的缆，不需要"向前推一把"，艇便开走了。对舰舷搞这种破坏的人一定是忘了，如果自己的小艇受到海潮冲击，他们就必须随时掌着舵。[①]

显然，由于军舰在日常工作中受到的损伤可能比来自钩竿或水兵双手的更严重，因此以上某些事情可能被看得过重了。来自谢菲尔德的少年水兵、孪生兄弟弗莱德·库姆斯和弗兰克·库姆斯就和其他士兵一样违反了奥康纳的规定：

由于舱面上的规定太多，例如禁止靠在护栏上或衣冠不整地闲逛，所以如果我们不想有麻烦，似乎就最好别去那里。[②]

尽管水兵们对此感到厌烦，但在奥康纳的管理下，"胡德"号将皇家海军在纳尔逊时代开创的军舰外观艺术做到了极致。不过，不遗余力地将军舰涂得闪闪发亮也会付出代价——从1936年起，舰上有一吨吨的漆要刮掉。

这类措施和手段中有很多本身并非新事。例如，昵称"卢"的雷克在"纳尔逊"号上时就用过要求肇事者站岗抓住下一人的惩罚措施。但全力以赴、积极有力地用它们来管理乘员组，这还是第一次。奥康纳以人性化的、开明的纪律取向著称，这指导了他的行事风格。如同在任何一艘军舰上一样，"胡德"号士气和纪律的好坏在处理有事求见者和违纪者时可以表现出来，而副舰长冷静沉着地处理面前的一个个案例最能说明问题。先讲有事求见者：

上级必须充分考虑每一条诉求，必须向诉求人保证会带着同情倾听他。如果不得不拒绝诉求，应解释理由；诉求人如希望再次诉求，也应得到该权力，在必要情况下则有见舰长的权力。[③]

接着讲违纪者。1933至1936年的副舰长任期内，共有3000名左右的违纪者把军帽端在手里，来到副舰长会见处，站在奥康纳桌前：

多数轻微违纪并非有意而为，而是因为考虑不足或不走运，所以只要一次严肃警告，多数士兵就会小心地避免再因违纪而来这里。[……]让违纪者受较长期处分一般不必要，也不可取。情节严重的违纪者解除处分时，副舰长应该会见他们每一个人，这时可以给他们高明的建议，敦促他们从此不再犯错。[④]

① 奥康纳《管理大型军舰》第97页。
② 帝国战争博物馆第91/7/1号档案，第40页。
③ 奥康纳《管理大型军舰》第79页。
④ 同上条，第79－80页。

由此，奥康纳的处分便恩威并施：

即使只是为了维护一支像我们这样的伟大军队的尊严这一目的，就首先应当让每名官兵在尽力而为时获得奖励，在因不知情或一时遗忘而犯错时得到谅解。接着，如果他继续犯错，上级就能凭军队高层的权威和《海军纪律条令》，借助两院议员们的支持，冷静地采取措施。[1]

以"十诫令"为标尺，奥康纳执行纪律的方式似乎收到了正面效果。他3年的任期内，仅从数字来看，违反舰上现行命令的案例从起初的每周63次左右减少到后来的仅7次左右[2]。据海军上将、科克与奥雷里伯爵威廉·波义耳爵士后来报告，尽管岸上有多种多样的诱惑，在1935年5月"胡德"号访问绍森德的一周中，仅有1名士兵未及时归队，而且还是因为堵车。但严重违纪也有发生，奥康纳只是间接提到这点。1933至1936年的服役期，小偷小摸现象猖獗成灾，而"胡德"号于1935年年末至1936年年初停泊在直布罗陀时，奥康纳的权威受到了极其严峻的挑战。但在奥康纳的管理体系下，士兵们想避免违纪并不难，因此经过他的改造，乘员团队比以往很多年间彼此相处得更融洽，至少在一段时间内如此。

奥康纳的做法不仅起到了提升士气和强化纪律的作用，而且令军官们和士兵们远比从前更加广泛、深入地参与舰上的生活。最能反映这一点的是，人们有了在体育运动中取得佳绩的动力，这样的佳绩是奥康纳孜孜不倦所追求的。于是，若干年内，"胡德"号在本土舰队体育赛事中成了无可撼动的霸主。这一期间内，她为争夺万众瞩目的"银公鸡"而在舰队划艇大赛中取得了成绩，这虽无法与1926至1928年蝉联3次"舰队领头鸡"的壮举相比，但舰员参与的项目之多、获得的奖项之多反映出奥康纳给团队带来的热情之高。实际上，在重新服役后的15个月里，军舰赢得过本土舰队的每一项奖项。"胡德"号于1935年从"纳尔逊"号手中夺回了"领头鸡"地位，从1933至1935年在越野跑赛事中蝉联阿巴斯诺特奖，从1934至1936年在劈刺格斗赛事中蝉联帕尔默奖。奥康纳把这些奖和其他奖一同骄傲地展示在艉楼甲板上他的会见区里。"胡德"号竞技精神的化身是"名叫乔治的小子"——一个穿着衬衫和短裤的漫画形象，出现在不同赛事中时，手持桨或当前赛事的用具。舰刊《山鸦》这样描述他：

乔治是"胡德"号的精神。舰上每个人都带着他身上的一分子，所以只有当全体胡德人都在场支持的时候，他才能发挥全力。[3]

① 奥康纳《管理大型军舰》第84页。
② 同上条，第11－12页。
③ 《山鸦》1936年4月刊第25页。

　　1933至1936年间，"乔治"为军舰赢得了接近20个奖项。但并不是每个人都如奥康纳这样对竞技体育十分投入。划艇大赛需要1/4的舰员全力参与，其中有些是并不很乐意参与的志愿者。一些人有理由对副舰长的热情感到遗憾，至少一开始是这样，库姆斯兄弟便属这类人：

　　军舰的副舰长罗利·奥康纳和所有渴望晋升的人一样，通过证明自己对军舰的管理卓有成效而努力为自己挣得名声。其中一种手段便是在斯卡帕湾的舰队划艇大赛中赢得"舰队领头鸡"的地位，他志在获得这项荣誉。为了见效，我们一离开陆地，他便做了一个模仿小艇船舱的训练器，其中的横板前后各可坐一人。一根粗重的绳子拴在短桨上，两名划艇手拉动绳子，通过两个滑轮将绳子另一端的重物从甲板保护垫上提起。出于某些原因，我们去看了这个新发明……最后我们被安排分别坐在绳子两侧，脚对着一根木脚蹬，就像在小艇上一样，和其他人一起一下下结实地划着"桨"，把重物从甲板上提起，时上时下。我们被告知这是训练腿部、腹部、臂部和背部肌肉的好方法，但没人告知我们，这会让我们粗粝的手部皮肤和柔软的臀部皮肤酸痛不堪——1小时左右后，我们有机会休息，在浴缸中洗去汗水时才发现这点。很让我们不悦的是，我们看餐厅布告牌时，发现上面说我们已经自愿参与少年水兵划艇队，应在每天工作时段中的一个固定时间去报到并进行训练，每晚还有共半小时的划艇和体能训练。如果他们觉得合适，晚间训练还会延长。看到这个，我们才意识到背痛是什么感觉。①

但奥康纳没耐心听人埋怨：

一些人对划艇大赛发牢骚；但花时间来发牢骚没有好处；沉下心来全力以赴才更有意义。如果你走运，即使你没能摘金夺银，只要表现出色，舰上就不会再有牢骚声。②

尽管奥康纳对刷漆工作痴迷，对体育成绩狂热，但在他手下工作可以得到多种实际的回报。他推行了许多新措施，包括建立一间会员图书馆以及互助协会、定时在屏幕上播放电影、安装广播系统等，这些在别处详述③。但奥康纳最大的贡献之一是鼓励舰员训练和追求晋升。他鼓励所有岗位的士兵发展专长；通过上等水兵考核的水兵能得到适合他们的岗位，来锻炼指挥能力。锅炉兵吉姆·哈斯克尔很希望调到潜艇部队，上级劝阻他。最后他经过重新考虑并在参观"鲑鱼"号（Salmon）潜艇后，冷静下来并放弃了想法。归功于奥康纳的新举措，二等水兵罗恩·帕特森在舰上服役时欣喜地取得了少数水兵才有的炮术资格，这是成为军官的第一步④。最重要的是，对军官候补生们，奥康纳不仅激励他们全力备考，也激励他们以受训军官的身份在舰上起到重要作用。奥康纳喜欢"对自己的军舰全力以赴"的人，他发现军官候补生中有决心者比别的群体都多：

如果他意识到，他取得军官身份后所受到的待遇将完全反映这一点，军官候补生就会对自己的职责、对自己的军舰、对舰上的工作和休闲表现出无比的热情，比任何人都胸有成竹。⑤

奥康纳一向是"革命立宪主义者"，他让手下的军官候补生们在"胡德"号的管理工作中发挥了前所未有的作用：

军官候补生是军官，他必须得到这样的待遇，给他的任务应当让他感到自己能完全驾驭，无论是指挥一艘小艇还是担任军官候补生值班员。除了他上战位时，始终要考虑这一点。［……］军官候补生们属于副舰长的助手。他们执行指挥小艇的任务，也为副舰长执行他安排的作息制度——他们应当知道副舰

① 帝国战争博物馆第91/7/1号档案，第43页。
② 奥康纳《管理大型军舰》第141页。
③ 分别见第2章第55页，第5章第253－254、255、256页。
④ 奥康纳《管理大型军舰》第107–108页，及塔文纳《"胡德"号的遗产》第138及94页。
⑤ 奥康纳《管理大型军舰》第27页。

长想要什么，以及目前有什么情况。如果副舰长每周召开军官候补生例会，他们就能讨论舱面上这一周发生的事情：小艇上，违纪事件，反思人们犯了什么错误，以及提出过去、现在和未来与他们自身、与军舰、与舰队和军队相关的方方面面要点。［……］一旦军官候补生明白，副舰长希望他们就提升军舰管理水平以及让舰员更舒适而提出建议，并欢迎他们的建议，他们提出的好办法之多就不逊于任何人。[①]

由于这一点，军官候补生们自然喜欢奥康纳，奥康纳的任职纪念册里也装满了来自军官候补生给他的信件和照片，它们承载着感谢，因为奥康纳给了他们难得的丰富经验。以下段落摘自1933年上舰、服役至1935年左右的军官候补生彼得·阿巴斯诺特（Peter Arbuthnot）的来信，它全面说明了这一点：

如您所知，"胡德" 号是我们做梦也想不到的。我在其他军舰上服役过不长的时间，之后才意识到服役期内贯穿的这种精神有多么独特。这是一种让人热血沸腾的精神，凸显这种精神的那几幕场景令人难忘。我记得相当清楚，第一幕是在克罗默蒂，舰长就 "兵变" 发表讲话，我们在后甲板上3次报以掌声。第二幕是在罗塞斯，我们在体育比赛中取得了国王杯后凯旋。尽管也有几次挫折，但整段服役期的两年内都体现着这种精神，我也坚信这种精神会永远向前。[②]

不过，由于这一点，也有其他原因，奥康纳与其他军官产生了分歧。如同所有革新者一样，奥康纳遭到嫉妒并受流言困扰。有人说，奥康纳向给他当跟班的军官候补生询问各位军官受欢迎的程度及其他方面评价。有人甚至说，奥康纳喜欢外貌最好的年轻水兵和军官候补生，这一定程度上说明了他的个人倾向。尽管这无法证伪，但无疑奥康纳的许多管理措施对抱残守缺的人来说无异于天翻地覆。奥康纳希望副舰长及其助手的权力高度集中，而许多人不希望他获得这样的权力，这一权力也确实经常与作为军舰组织系统核心的分队体系发生冲突。尽管奥康纳的 "敞门" 做法是成功的，它却让士兵们办事不必经过分队指挥官，这是引发军官们不满的一个原因。擅长运动的舰员得到的回报也令人诟病，而且对此有意见的不仅是军官们。军官候补生埃德蒙德·波兰被选入本土舰队的射击代表队后，发现自己可以免做许多工作，以便在提普诺（Tipnor）靶场上锻炼他令人不敢恭维的枪法[③]。同时，担任重要赛事主力队员者可能被推迟抽调。愈到任期后期，这一点对纪律的影响愈大。利用副舰长的随和是一种难以抗拒的诱惑，于是甚至有谣言称，违纪者中，运动队的队长连谋杀都可以得到宽恕且确实有人平安无事[④]。造船准尉N. C. 希尔（N. C. Hill）于1936年2月在直布罗陀加入 "胡

① 奥康纳《管理大型军舰》第27页及31页。
② 皇家海军博物馆第1993/54号档案。
③ 帝国战争博物馆有声档案，第11951号，第4盘。
④ 海军中将路易斯·勒·贝利爵士，给作者的信，2002年11月13日。

德"号，让他惊讶的是，他并未被要求负责维修军舰本身的结构，而是负责为士兵搭建特别洗浴设施，并在南防波堤上一个废弃煤仓中建造电影院、舞台、拳击台。尽管他尽力让士兵们过得开心，但一个愈发明显的事实是，有些人的确有违纪倾向。少年水兵弗莱德·库姆斯记得有人在改造过的煤仓里搞恶作剧：

造船技工们把粗糙的木制零件拼成座位，有些简陋。军官们则在前排，坐着有垫子的轻便椅。它们是由值班员从军官活动室里拿来的，活动结束后则由正背着处分的士兵送回去。后来这种布置方式没法继续了，因为人们发现许多轻便椅漂浮在港里甚至地中海里。［……］人们由此知道了军官活动室的座椅都去了哪里。①

1935至1936年的那个冬季，由于燃料短缺及国际形势复杂，"胡德"号在直布罗陀好几个月没有出海。其间，由于F. T. B. 塔尔（F. T. B. Tower）舰长在岩石饭店做出了臭名昭著的不忠行为，舰上的事态并未好转。即使如此，奥康纳似乎也忘记了詹姆斯将军有关纪律的宣言中最关键的部分：军官的职责是"尽全力帮助忠诚、努力的部下，并以强力手段打击懒惰和不忠诚"②。这预示着，当塔尔的继任者在1936年2月接管这艘明显乌烟瘴气、无法无天的军舰时，纪律已经废弛到了何种程度。

虽然1935年舰员赢得了划艇大赛以及国王即位25周年阅舰式，这代表了1933至1936年服役期的巅峰，但这个时段的最后一年则由于影响更长远的事件而蒙上了阴影。这些事件包括1935年1月与"声望"号相撞，尤其还有当年秋季达到白热化的阿比西尼亚危机。如果说前一事件打击了战列巡洋舰中队的士气，那么后一事件则令"胡德"号在和平时期剩下的时间里处处受到它的影响。

1935年1月23日，在皇家海军位于西班牙西北阿罗萨湾的冬季锚地外海，"胡德"号与"声望"号在一次偏角演习后发生了相撞事故。当时天气晴好，光照充足，关于是什么情况引发皇家海军两艘最伟大的军舰相撞，这里只需对大量的证据以及它们引发的评述做一小结。③本质上，造成这次事故的是两舰靠近时，"声望"号的H. R. 索布里奇（H. R. Sawbridge）舰长判断错误，以及"胡德"号的塔尔舰长未采取措施，而最重要的是西德尼·贝利（Sidney Bailey）海军少将对于两舰在完成演习之后，该以怎样的方式重新编队给出的指令不明确。11点35分，在接到演习完成的信号后，两艘排水量共75000吨的军舰按计划驶上

① 帝国战争博物馆第91/7/1号档案，第48页。
② 詹姆斯《天空永远碧蓝》第81页。
③ 海军部公共记录办公室第156/107号档案。另见科尔斯、布里格斯《旗舰"胡德"号》第82－91页，及普里德姆《回忆录》第Ⅱ部分第149－150页。"声望"号方面的观点请见史密斯《首先命中，狠狠命中》第59－64页。

了汇合航线。索布里奇后来坚持说，他认为"胡德"号应向左转，这样他就可以驶到"胡德"号后方；而贝利和塔尔则认为"声望"号只需要跟随旗舰航迹做机动，接着整个中队一起按司令的信号执行左转。但情况出了差错，当索布里奇和塔尔意识到两舰都不会让路时，已经没有机会从容不迫地改变航向了。两舰都拼命采取措施，但没有用。12点20分，人们明显看出"声望"号即将撞击"胡德"号右舷。"胡德"号上响起了"关闭所有水密门"和"全体人员离开右舷"的尖叫声。信号军士奈德·约翰斯（Ned Johns）仍记得那一幕：

　　小艇甲板上、烟囱旁的通道里，都挤满了人，士兵们知道那里不是自己该来的地方，也有爱管闲事的人想知道右舷发生了什么情况。有人喊道："都躲开！该死的'声望'号撞过来了！"人群便立即散去。①

> 1935 年 1 月 23 日，西班牙外海的撞击事件后不久，"声望"号跟随"胡德"号离开。（"胡德"号协会 / 威利斯收藏照片）

> 与"声望"号相撞后，"胡德"号后甲板受到的损伤。奥康纳中校很快指挥人收拾了杂乱的现场，但永久性修理需要军舰在干船坞中停留一段时间。（"胡德"号协会 / 威利斯收藏照片）

很快，人们听见一声令人作呕的撞击声，便知道"声望"号的舰艏撞在了"胡德"号的后甲板上。塔尔舰长已下令舰艉向右转，这减轻了冲击，但"声望"号舰艏沿着"胡德"号舷侧向后刮削，使后者的外侧推进器严重损坏[1]。两舰均无人员伤亡，但人们蜂拥而来，观看"声望"号紧急全速倒伡、脱离"胡德"号的景象。检查"胡德"号后甲板时发现，撞击处有约18英寸深的凹陷，几码长的护栏脱落，奥康纳珍视的木甲板条也有一些被撞得支离破碎。好在没有更严重的后果了，"胡德"号虽然需要在干船坞中更换或修补一些舷侧板和甲板条及损坏的推进器，但她的结构基本未受损。"声望"号的舰艏则被撞出一个洞，发生进水，舰艏冲角错位，甲板弯曲变形。两舰各自驶往直布罗陀。

"胡德"号于1月25日抵达港口时，奥康纳把舷侧的一条裂口用彩色帆布遮了起来，并在舰上涂上赭石色来掩盖丢失的甲板条，使等待军舰的记者们未能如愿以偿[2]。他手下漂亮的军舰可能受到了损伤，但外人基本不会知道损伤的程度。

"胡德"号与"声望"号互相友好致意，但没有什么能掩盖两舰舰员间充斥的敌意。两艘军舰长期处于激烈竞争中，而现在的事件又将向这种关系添上一层不愉快的气氛。

△ 与"声望"号相撞后，1935年2月，"胡德"号在朴次茅斯的干船坞中接受修理。右舷外侧推进器严重受损，舰体的钢板和肋骨发生变形。后甲板出现18英寸深的凹陷，内侧推进器也需要修理。（托马斯·施密特）

[1] 见诺斯科特《皇家海军"胡德"号》第40–41页。
[2] 帝国战争博物馆有声档案，第11951号，第4盘。

1935年国王即位纪念阅舰式

1935年7月，为纪念"水手之王"乔治五世即位25周年，英国举办了1914年后的第一次大规模阅舰式。12日，本土舰队和地中海舰队在斯皮特海德集结，3天后专为阅舰式而编入现役的后备舰队也加入了它们的队伍。舰队最后排成9列纵队，包括150艘以上的军舰以及30艘以上的商船和渔船，后者是首次应国王和海军部的邀请而出席仪式的。舰队的中央是"胡德"号。到7月16日这个大喜日子，8点，随着该舰的桅杆上拉起绳索，从舰艏到舰艉便挂满了由信号军士长挑选的旗帜。11点起，军官们邀请的第一批500名宾客先后到达舰上，欣赏这令人叹为观止的景象。这景象中最大的亮点便是"胡德"号，归功于奥康纳的神来之笔，人们满眼是擦亮的木件、抛光的金属件和闪耀的漆面。3小时后，"维多利亚与阿尔伯特"号皇家游艇从朴次茅斯的南铁路栈桥驶来，国王在艇上接受舰队的致敬，所有在场的主力舰和巡洋舰上的礼炮齐鸣21响。当游艇驶到"伊丽莎白女王"号战列舰前方、海军部委员会和将官们对国王进行了致意后，游艇高贵的身影开始在各纵队之间行驶。每艘军舰都满员，舰员们在护栏边列队，向经过舰旁的国王大声欢呼。接着是舰队航空兵的空中致敬，这是当天第一阶段活动的最后一项，接着主角们便去用餐。稍后，盛事继续进行，军需少校E. C. 塔尔伯特－布斯留下了令人激动的描述：

从10点至午夜，整支舰队灯火通明，这种景象从未见过，即使在水晶宫焰火表演那几天也没有。一艘又一艘军舰点亮了引人瞩目的彩灯和装饰图案；闪耀

∨ 1935年7月16日，国王即位25周年纪念阅舰式上，"胡德"号挂满饰物。舰上列队的舰员准备在国王乘"维多利亚与阿尔伯特"号皇家游艇经过时致敬。奥康纳确保从右舷排水的浴室排水泵在阅舰式期间一直关闭。（托马斯·施密特）

的王冠上面的灯光呈现奇珍异宝的颜色，灯光还打出了各舰舰徽的图案，最绝妙的一幕则是突然灭灯后数千发火箭射向天空。[①]

1933至1936年在舰上的二等水兵罗恩·帕特森记下了最令人难忘的一幕：

……已经点亮灯后，我们都拿到了蜡烛。收到信号，我们就要点蜡烛。最后，那种效果持续了约十分钟，令人难忘——沿着军舰的侧轮廓，在护栏旁，闪烁的光点排成一列，几乎望不到头。[②]

奥康纳一向技高一筹，这次用泛光灯装饰他的军舰，他对这种手段观点鲜明：

"泛光"很快就会在所有照明场合取代"沿轮廓亮灯"，但皇家海军落伍了。现今的军舰照明电路昂贵，拆装需要大量人力。在许多军舰上，沿着轮廓亮灯会造成滑稽的效果。使用泛光，光影效果就能尽显一艘军舰的威严和美丽，拆装灯具也没什么麻烦。花费不高：有一艘小型军舰最近设法完全用自身资源进行泛光照明，并达到了最佳的效果。大型军舰可以部分地做到这一点。驱逐舰上已有的桅顶照明电路亮起来让人哭笑不得，那效果就像乡村马戏团。这些照明设备本应凸显军舰外观，实际却掩藏了它。[③]

尽管奥康纳设计的灯光极尽壮观，却至少有一名驻"胡德"号的"笔杆子"忍不住用毫无军队特色的笔调做了比较：

大言不惭地说，我们以军舰大为傲
机械的巨兽，大家都这么说
点亮我们的烟囱，得到更高的声誉
"玛丽王后"号、"胡德"号和巴特西公园[④]
（Battesea Park）。
你想看见"玛丽王后"号的烟囱亮堂堂

响着趾高气扬的汽笛声从港里出发吗？
你惊讶地盯着她巨大的烟囱时
想想"胡德"号和图丁区（Tooting）的煤气厂。
但我们这些高贵的勇士，白天抛光金属器件，射击15寸炮；
这样就一把将我们划到了另一群体
派到了"诺曼底"号、"雷克斯"号邮轮，和图丁区的煤气厂。[⑤]

11点59分，灯光熄灭。但第二天有一次非同寻常的焰火表演——"胡德"号率领"声望"号、"勇士"号和"巴勒姆"号在怀特岛外海进行了一次集火射击。这次射击的是一个战斗练习目标，它由"库拉索"号（Curacoa）巡洋舰以20节速度曳行。射击取得了成功，在13000至13500码外进行的8次齐射有6次取得跨射。"维多利亚与阿尔伯特"号游艇率领作战舰队回到锚地时，舰上打出"大功告成"的信号，这意味着每个盼望这一刻的士兵当晚都可以为祝国王健康而多喝一杯朗姆酒。

阅舰式又一次令奥康纳心满意足。他不仅参加了"卓越"训练基地为杰利科及其以下几乎所有的优秀炮术军官举办的奢华宴会，还设法从停泊在几链[⑥]之外的"什罗普郡"号（Shropshire）巡洋舰上调回了他最喜欢的军官候补生团队。这是1933至1936年服役期中的一个亮点[⑦]。

① 塔尔伯特－布斯《世界作战舰队》第3版第261页。
② 引用于塔文纳《"胡德"号的遗产》第95－96页。
③ 奥康纳《管理大型军舰》第134页。
④ 译注：伦敦泰晤士河南岸最大的公园。
⑤ 《山鸦》1936年4月刊第17页。
⑥ 译注：长度单位，1链=185.32米。
⑦ 帝国战争博物馆有声档案，第11951号，第4盘。

　　紧急修理完成后，两舰回到了英格兰。海军部对事故报告进行了详细审查后，命令贝利、塔尔和索布里奇接受军法审判。审判被安排在朴次茅斯，场所正是纳尔逊旗舰 "胜利" 号的大舱室，时间是2月底，按规定举行了仪式。两舰的军官候补生们都被允许旁听，目睹这 "令人敬畏的庄严场面"[1]。在几次非公开的开庭中，法庭查明贝利和塔尔大量申供，索布里奇和他手下的军官们也如此，但更重要的是索布里奇伪造了一张航线图，企图篡改他的军舰的航行记录。最后，索布里奇被判为有罪，解除军舰指挥权，而贝利和塔尔则被判无罪。这一判决令 "胡德" 号舰员们相当满意，同时令 "声望" 号舰员无比憎恶，不过，问题离解决还有很远。3周后，海军部发表了如下的公告：

　　对于贝利海军少将接受的军法审判得出的结论，当局有如下异议："贝利海军少将采取了不合规的流程，使得 '胡德' 号和 '声望' 号沿着必然相撞的航线行驶。由于他下达了该命令，该机动动作的责任便在于他，他也有责任在适当时刻发出另一条信号来指挥中队重新编队。由于他未能做到这一点，故他的实际意图不明。要求 '胡德' 号和 '声望' 号在前方编为单纵列的信号发出的时间过晚。由于以上原因，当局无法完全免除贝利海军少将的责任。当局对索布里奇上校接受的军法审判得出的结论表示认同，但当局决定将判决减为严重谴责。因此，索布里奇上校将继续指挥 '声望' 号。当局认为，塔尔上校本应及早采取规避措施。鉴于这点，当局无法完全免除他的责任。"[2]

　　现在轮到 "声望" 号庆祝了。事情似乎到此为止，但贝利对 "反击" 号只得强装笑颜，这种态度将因弗戈登兵变后詹姆斯在战列巡洋舰中队中培养的战友情谊毁得一干二净。詹姆斯离开 "胡德" 号后，在海军部担任了海军副参谋长，他就此问题向第一海务大臣查特菲尔德写道：

　　我确实感觉，贝利一开始就没能意识到用各种可能手段培养 "中队精神" 的重要性。他不喜欢索布里奇 [……] 一个与众不同、但会毫不犹豫服从上级的人。撞击事件凸显两舰之间缺乏好感，而且据我所知，他们一点儿没做改善形势的努力。军法审判后，本是司令官去 "声望" 号上充分展示宽宏精神的理想时刻——若在海军部发表决定后这样做则更好。如果他事后不懈地引领两舰的官兵团结在一起，一切都会好起来的。但他们任凭相撞事故带来的愤恨压倒大方、宽容的声音。[3]

　　奥康纳也采取了与贝利类似的做法，他认为相撞是一种人身冒犯，从此再

① 帝国战争博物馆有声档案，第11951号，第4盘。
② 引用于科尔斯、布里格斯《旗舰 "胡德" 号》第89页。
③ 国家海洋博物馆，档案编号Chatfield/4/1-3，第57张纸正面至第60张纸正面；詹姆斯致查特菲尔德、丘特、萨里，日期未注明，但为1936年2月前后；第59张纸背面至第60张纸正面。

未登上过"声望"号。他在自己的1933至1936年个人任职纪念册里加上了一段前首相迪斯雷利的话，表明自己完全清楚事故该由谁负责：

> 你可以反抗暴行的侵害，可以识破欺诈的阴险，可以挫败外交的花招，但有一种力量非人类智慧所能对付——愚蠢的头脑凭潜意识而为的阴谋。

　　两个月后"胡德"号在斯卡帕湾的本土舰队划艇大赛中大获全胜时，仅有"声望"号没有向她致敬也就不足为奇了。撞击事故除了引发这些表明嫉妒的小事外，更重要的是证明皇家海军必须摈弃死板的指挥架构和不精确的信号系统——德舰于1915年在多格尔沙洲、1916年在日德兰两次逃走，这些便是部分原因。

　　秋季，"胡德"号在朴次茅斯的干船坞中接受修理时，斯卡帕湾划艇大赛的胜利以及即位25周年阅舰式已经让她重回正轨并重拾辉煌，但国际形势让舰员们第一次感到战争将至。1935年10月3日，意大利在数个月的武力威胁后对阿比西尼亚（埃塞俄比亚）发动进攻。海军部为防敌人对马耳他进行先发制人的袭击，于8月命令地中海舰队前往埃及的亚历山大，而本土舰队的"胡德"号等部分兵力则南下直布罗陀。这些行动激怒了已在利比亚集结部队的墨索里尼，他害怕意大利的贸易线和补给线在地中海东西两端遭到封锁，尤其重要的是石油的贸易和补给。不过，有1935年12月签订的臭名昭著的《霍尔－赖伐尔协定》（Hoare–Laval Pact）约束，他不必担心英国或法国有意卷入争夺阿比西尼亚的战争。1935年9月至1936年6月间，“胡德”号在直布罗陀度过了7个月，大部分舰员虽轻松，国际形势却使得他们愈发对自己这段时间无所事事感到不满。坏事开始出现。一个有情绪的锅炉兵用一些剃刀片破坏了一台引擎，动机是对军舰被调离母港感到气愤。接着，许多舰员因吃了在厨房放了一夜的咸牛肉而病倒。最重要的是，这段时间内塔尔上校离职，被弗朗西斯·普里德姆接替，后者于1936年2月上任后，在舰上采取了一种截然不同的领导风格。塔尔乐意让奥康纳全权处理事务，让后者自己决定怎么做，而普里德姆则是一位喜欢揽权的传统型舰长，他很快发现舰上工作和副舰长的领导风格有太多值得批评之处。一方面，军舰的清洁状况远没达到规定的标准。据普里德姆回忆：

> 我一时不敢相信我的眼睛，［但］各层甲板的情况说明她是我见过的最脏的军舰。我简直无法证明军官们的词典中有高质量的“军舰管理”这个词，也无法证明他们有能力做到这点……士兵餐厅让人作呕、蟑螂成群。消灭这些肮脏的害虫很容易——只要你知道怎样做，但副舰长没做。我最初对他下的命令之一就是我要在6周内看见餐厅蟑螂绝迹；我还告诉他怎样着手做。就这样！[1]

实际上，“胡德”号几个月后仍受着害虫的困扰，在地中海几乎不可能避免这种情况。但普里德姆对奥康纳指挥在军舰的每处表面上一层层刷上油漆提出了批评，这个问题更迫切：

> 我毫不费力地向副舰长指出，他指挥在后甲板上涂的漆面之下是一层层的污泥。我令人把一个地方刮得只剩金属，发现这一区域厚达1英寸的漆层和污泥下是铁锈。这种做法违背了两条首要原则：不要试图在铁锈上涂漆来遮盖它，不要在污泥上涂漆。[2]

普里德姆立即就地发动舰员们除漆，而这一工作直到5年后军舰沉没时还未完成。奥康纳值得肯定的一点是，他在《管理大型军舰》一书中总结了普里德姆的“首要原则”，不过到当时他指挥刷的一吨吨漆已让“胡德”号不堪重负。还有其他问题。舰员们的基本航海技能不足；“胡德”号的小艇演练“丝毫谈不上灵巧”，破雷卫演练也表现得同样迟钝。普里德姆决心大干一场：

> 水兵们很快意识到前舰桥上那位“新来的”不是摆设，并很快以新的、热情的态度投入了小艇演练。无论怎样，两舷乘员组可以借此竞争，这正是在敦促一群群士兵努力工作时很有价值的激励手段。[3]

① 普里德姆《回忆录》第Ⅱ部分第146及147页。
② 同上条，第147页。
③ 同上条。

问题一个接一个。当"胡德"号按照传统的演习方式，在无拖船辅助的情况下出海时，军官们显然不知所措：

从"胡德"号和"声望"号令人震惊的撞击事故后……"胡德"号操舰时无不小心翼翼，无论在哪里都被安排宽敞的泊位，在港里一定要有6至8艘拖船辅助才能移动。当和副舰长讨论明早出海时，我的话令他吃惊。我告诉他，我将不使用拖船，因为我时时处处都讨厌钢缆悬挂在推进器上空，所以我会用一个"弹簧"把舰艇从岸边推开。［……］我不得不给他再上一堂航海课，下达一些不容更改的命令。我已经注意到艏楼上的舰务助理官及他的下级们不会在使用钢缆时踩在上面。钢缆一绷紧，他们似乎就被吓呆了，躲在一旁。舰务助理官自己本应一只脚踩在钢缆上，感受张力，并判断什么时候钢缆快绷断了。这是我在当军官候补生时就学会的老办法。[1]

另外，普里德姆认为，"胡德"号过于依赖机械，而牺牲了舰员的传统技能：

我必须先消灭这种思想：只要可行，就必须用机械代替人力。我的观点是，"运煤船"的时代过去后，我们必须寻找机会，让军舰成员组接受实操训练。水兵特别多的军舰，例如"胡德"号，尤为如此。一种辅助措施是，只要有可能，就进行竞赛。[2]

普利德姆发现的弊病无疑与"胡德"号在直布罗陀停泊了很多个月有关，但"胡德"号有一点绝对亟待加强，这就是战争准备——"我们的唯一目的和重大责任"[3]。至1936年年初，德国的局势、阿比西尼亚危机等迹象已经向英国军政当局警示了世界大战的可能性。奥康纳侧重的事务表明，皇家海军整体上尚有待对形势给予足够的注意。1936至1937年在舰上的轮机准尉威廉·哈定（William Harding）记得当时的情景：

那位准尉造船师劝说水手长，要后者说服副舰长重新启用舰艏锚链舱。它有段时间没用，因为用它就会破坏漆面。造船技工们花了两天，并用火烧起锚机绞盘，才打开锚链舱。鱼雷手也被允许操作水线上的鱼雷发射器。这样做就必然会破坏舷侧漆面。我们几乎花了一周才把所有门打开。[4]

当塔尔舰长离任时，本土舰队总司令、海军上将罗杰·巴克豪斯爵士（Sir Roger Backhouse）向第一海务大臣写信说：

① 普里德姆《回忆录》第 Ⅱ部分第149及150页。
② 同上条，第148页。
③ 普里德姆《新上舰军官须知》第6页。
④ 引用于科尔斯、布里格斯《旗舰"胡德"号》第96页。

① 国家海洋博物馆，档案
编号Chatfield/4/1-3，
第55张纸正面至第56张
纸背面，"富尔克努"号
驱逐舰，海上，1936年2
月1日；第56张纸背面。
② 普里德姆《回忆录》第
Ⅱ部分第149页。

我对"胡德"号本身的评价不好确定。她在一些方面做得很好，另一些方面则不然，而且塔尔在炮术事务方面的专长总能成为借口。①

不足为奇，巴克豪斯将普里德姆派往"胡德"号时，向后者做了如下任务指示：

我希望你让"胡德"号经受千锤百炼。慢慢来，但一旦你熟悉了你的军舰，我就希望你带着她在夜间、在恶劣天气中行动。几乎肯定，战时我手下的军舰将不得不这样行动。②

副舰长的首要职责是保证军舰的战斗效能。无论他多么成功地建立了一个愉快、完备的集体，奥康纳忽视"胡德"号的首要功能是他任期内的一项重大失误，尽管塔尔显然也要对此负相当责任。

不难发现，人性化、随和的奥康纳和重视纪律、缺乏耐心的普里德姆一相遇，二人的人格就产生了冲突。一战结束后，对许多事情的争议就一直考验着皇家海军军官团，二人的分歧正反映了这一点。航海技能和技术专长、人力和机械，哪项更有价值？严格的纪律和包容的环境，各自利弊几何？战争准备还是体育竞争力，哪个更重要？最后，是该坚守皇家海军培养和保持伟大传统的手段，还是该适应使这一传统陷入困境的严峻现实？虽然普里德姆承认自己故意"挑起了与副舰长和乘员组的争执"，但他对这些问题以及在这些问题上对奥康纳本人持什么立场是坚定的：

1936 年前后，皇家辅助船队"缅因"号医院船进入直布罗陀港。照片从"胡德"号舰桥上拍摄。在 1933 至 1936年服役期的最后一年，"胡德"号停泊在这里，度过了气氛愈发焦躁的几个月。("胡德"号协会 / 希金森收藏照片)

　　副舰长在出风头方面是一流的……他是我见过的最坦诚的人之一，也颇有人格魅力。［……］他年纪轻轻就被提拔为副舰长，这时还没有获得只有在任基层军官时才能积累的经验。他几乎不了解航海技能，全然不懂军舰管理。他满脑子想着少给乘员组一些麻烦（即工作），来溺爱他们，他也很少采用处分。结果，许多军官和士官不开心，在努力维护清洁和秩序时受到挫折。就军舰的主要用途来讲，她缺乏效率。[1]

　　奥康纳对普里德姆的观点未见记载，由于他过早丧生，也没能幸运地将观点留给后世。只需补充一点：他的任职纪念册里，普里德姆的照片只有一张，旁边是几十张塔尔的照片，有一张是穿着游泳裤拍的。

　　尽管二人有不同，但普里德姆和奥康纳的共同之处可能比二人想象的还要多。两人都成名于一战后，并一次次近距离地见证了皇家海军及官兵们的剧变。另外，两人都经历了因弗戈登兵变，当时奥康纳在"卓越"训练基地，普里德姆在海军部。普里德姆来"胡德"号任职后，写了一份备忘录，即他的《新上舰军官须知》，在其中他表达了军舰应得到严格管理的希望。该备忘录从未公开发行，但他的一些话与《管理大型军舰》一脉相承：

　　你的士兵们必须通过你的态度了解到：他们可以找你；你希望他们在为了使自己幸福和满足而需要建议或帮助时找你。你努力的目的应当是使他们对你怀着尊重，使他们相信你会以同情的态度关注和理解他们的难处，相信你的专业水平。这是纪律和领导的基础。[2]

　　不过，普里德姆执行纪律要严格很多，在他看来，想不受处分唯有行为达到标准，执行纪律不能凭个人喜好。领导力来自顶层；"老好人"型的领导很快会失去"刺头"们的尊重：

　　士兵们很快就会敏锐地察觉你的水平有多高，处事有多公正。他们对你的这一评价很大程度上决定了他们有多大的意愿服从你的领导并在你手下努力工作。［……］一群士兵会出多大力，与领导人对他们的掌控程度及鼓舞他们的能力成正比例。［……］如果要充分掌控你的下级，就要寻找时机将懈怠行为消灭在萌芽状态——这类行为不罕见。这种情况下，用言语批评，但不要大喊或过度使用讽刺。言简意赅的怒斥不是绝不能用，但该用时才能用。［……］如果你发现了一个不良分子，你必须盯紧他（保持警惕但不要诱他犯错）。[3]

[1] 普里德姆《回忆录》第Ⅱ部分第146页。
[2] 普里德姆《新上舰军官须知》第4页。普里德姆的回忆录及文章已由本书作者整理，即将出版。
[3] 同上条，第1, 6及2页。

但两人都相当重视分队体系，虽然方式截然不同：

如果你是分队指挥官，你就应当鼓励你手下的士兵来找你，问你对某种设备或荣誉有何看法，无论这是为了士兵个人，还是为了整间餐厅或某个区域的全体士兵。［……］了解他们的名字。你必须在这方面不懈努力。充分了解他们的薪资、津贴及晋升机会。了解他们的现况、资质和志向。了解他们对什么感兴趣，了解他们交谈和讨论的话题。［……］如果你已经知悉了一个士兵的某些个人事务，或者也已经对他给出了建议和帮助，那么不要让事情不了了之。如果继续询问士兵现况如何，可能会发现他虽然仍需帮助，但觉得再来找你一次是小题大做，所以不愿来。[1]

说到替士兵着想，两人并无二致：

替士兵着想是任何军官应有的能力。士兵不知道自己会不会在非工作时段受到召见，事先未通知便改变或缩短用餐时间，这些情况也许无法避免，但应尽量减少。提前 "传话"，越早越好。［……］如果士兵及早得到长假、周末［以及］军舰行动计划的信息，就能方便地安排个人事务。这也适用于抽调：突然被派到另一艘军舰上可能对人造成极大不便，即使没有更不利的后果。[2]

尽管奥康纳的任期取得了成功，但他最终选择把自己和舰员的精力用在与其他军舰竞争上，而不是提升战斗效能，然而海军传统和现况愈发迫切地要求他做到后者。普里德姆之所以一直没有谅解他，正是因为这方面的失败及失败证明的问题。在这种情况下，这段服役期结束时奥康纳也一定感到了某种解脱。不过，还有最后一件事值得欢庆，那是1936年5月间军舰当前服役期满1000天。当时军舰在拉斯帕尔马斯（Las Palmas），奥康纳安排了活动，那天前后共一周时间都执行 "假期作息"。奥康纳安排各值班组轮流放了几天假，目的之一是补偿舰员们未能与家人度过圣诞的遗憾。6月，军舰回到朴次茅斯，奥康纳尽他所能地举办了盛大的仪式，目睹军舰结束这段服役期。"胡德" 号最辉煌的一段服役期就此落幕。

虽然奥康纳与普里德姆迥异，但他在 "胡德" 号上的服役记录使他很快得到重用。1936年6月30日，37岁的他成为皇家海军军官花名册中最年轻的上校。他马不停蹄地开始总结并发表自己在 "胡德" 号上获得的经验，供整支海军学习。巴克豪斯将军听说此事后，以同样充满个性的方式向奥康纳做出如下忠告：

① 普里德姆《新上舰军官须知》第3页。
② 同上条，第4页。

我看见你写了一本书并且（我估计）发明了一种新作息制度！不过，改革不要操之过急，因为改革措施一旦推行，无论是好的、坏的或无关紧要的，就都非常难以改变！[1]

但奥康纳没有动摇，坚持前进，最后写出的《以"十诫令"管理大型军舰》成为20世纪前半叶最有影响的海军专著之一。虽然战争会给奥康纳的皇家海军带来永久的改变，但《管理大型军舰》中推崇的精神，即每个士兵都有权得到上级军官的理解和关心，这一观点将对皇家海军的舰上人际关系产生深远影响。尽管《管理大型军舰》有如此重要意义，但它也遭到批评。虽然奥康纳倾注了热情并发挥了高超的写作技巧，但由于他有过度管理的倾向，且几乎只探讨了行政工作，因此书的视野是狭窄的。另外，该书对战斗效能也只字未提，海军上将、科克勋爵威廉·波义耳爵士在作序时显然尽力弥补了这点：

如果军舰成员组可以在一方面齐心协力，那么也可以在另一方面如此。当然，有人会对这种成功故意报以讥笑，说皇家海军不只是为了赛艇或其他一决高低的操练项目以及娱乐活动而存在的。这话也许部分正确。但皇家海军的存在确实是为了在最困难的情况下也能齐心协力。如果一艘军舰的军官和士兵，无论在什么部门，都能习惯性地为了军舰的荣誉而竭尽全力，那么该军舰一般就能比敌方多坚持十几秒，而这在战斗中就可以决定胜负。"比其他人更努力地划艇"的人也会"更努力地战斗"。[2]

但是，奥康纳对战时皇家海军的贡献则不在于舰员取得的荣誉。《管理大型军舰》的长远意义在于它建立了一种框架，来打造一种环境，让年轻且性格多样的乘员组能承受战争的重压。在这个意义上，它对皇家海军是无价之宝，许多军官人手一册度过了后来的严峻岁月。相反，普里德姆的《新上舰军官须知》则并未得到广泛流传，但它也对读过的人产生了极其深刻的影响。总之，奥康纳手下的士兵们有能力，普里德姆则凭他的权威率领士兵们用实际行动践行信念，由此可以看出，皇家海军在因弗戈登兵变后取得了多大的进步。

但对于研究"胡德"号的人来说，《管理大型军舰》首先是一本记载世界上最伟大的军舰如何度过和平年代的回忆录。如有人评价奥康纳时所说，它也是"一位讨人喜欢、颇具才华的人物的纪念碑"[3]，奥康纳后来的惨烈结局使这话更令人痛心。1941年12月，"尼普顿"号（Neptune）巡洋舰在北非的黎波里（Tripoli）外海闯入雷场而沉没，罗利·奥康纳舰长阵亡，全舰767人仅有1人在这次惨剧中生还。

① 皇家海军博物馆第1993/54号档案。写于"纳尔逊"号上，1936年12月22日。
② 奥康纳《管理大型军舰》，序第Ⅹ页。
③ "猎户座"，《朴次茅斯晚间新闻》文章，1937年2月25日。

7 战云密布，1936至1939年

当你的心脏开始跳动，
手与足将何等令人生畏？

① 普里德姆《回忆录》第Ⅱ
部分第167页。

随着20世纪30年代一点点过去，皇家海军开始面对噩梦般的三线开战前景：在欧洲、非洲和大西洋对抗意大利与德国，在远东对抗日本。海军部清楚海军的弱点，尤其是在巡洋舰和主力舰方面。他们别无选择，唯有遵循这段时期内英国各届政府相继奉行的绥靖与遏制政策。由于 "胡德" 号是英国海权的最高象征，因此她自然应该在这种战略中大显身手，于是她就这样度过了自己和平年代服役期的最后几年。在1936至1938年间指挥过她的弗朗西斯·普里德姆上校说：

这两年我指挥 "胡德" 号 "穿过海峡" ——人们过去经常这样称呼在地中海服役的经历。这段时间内我3次受到总司令召见，接受命令，准备军舰即将进行的下一步行动，而我为此要做的准备工作都不能招人耳目，尤其是引起媒体的注意。第一次我要准备的行动是全速通过苏伊士运河开往远东。几个月后第二次要准备的则是通过巴拿马运河开往远东。第三次则是去斯卡帕湾增援本土舰队，我在夜间穿过直布罗陀海峡以避免被看见。的确，每当国际关系变得紧张的时候，就会有人问："'胡德'号在哪里？" ①

西班牙国民军 "塞韦拉海军上将" 号巡洋舰。1937年4月23日早晨，它试图阻止几艘英国货船驶入毕尔巴鄂时，受到 "胡德" 号威慑。("胡德" 号协会 / 希金斯收藏照片)

在紧要关头，"胡德"号总是扮演英国执行对外政策的利器，水兵也清楚这一点，他们用7个以B开头的单词来描述她为"布朗建造的、英国最大的满口胡言的混蛋"（Britain's Biggest Bullshitting Bastard Built By Brown）[①]，给她起了"7个B"的名字。传奇便是由这些事迹写成的。

1935至1936年的阿比西尼亚（埃塞俄比亚）危机标志着侵略性的扩张主义开始抬头，其后来成为意大利和德国独裁统治的典型特征。希特勒在撕毁了《凡尔赛和约》的军事条款后，于1936年3月命令军队开入莱茵（Rhineland）非武装区。四个月后西班牙内战开始，欧洲列强的思虑和野心就在这样的背景下通过一系列疯狂、恐怖的暴力和毁灭尽显无疑。皇家海军于1936年7月进行了人道主义行动，这需要将若干艘驱逐舰调到法国的港口，并任命一位西班牙北部海军指挥官[②]。9月，"胡德"号的"B"炮塔还需要刷上红—白—蓝三色识别条，以表明她在参与非干涉巡逻。不过由于佛朗哥将军对向共和港口运送补给的商船采取了越来越强烈的敌对态度，英国在比斯开湾一直参与非干涉巡逻的军舰显得不够用，兵力需要增加。1937年4月6日，西班牙"西北风"号（Galerna）武装拖网渔船和装备6英寸炮的"塞韦拉海军上将"号（Almirante Cervera）巡洋舰试图阻止"索普霍尔"号（SS Thorpehall）货船进入毕尔巴鄂（Bilbao），前来干涉的3艘英国驱逐舰挫败了它们的企图。这一事件最终迫使英国政府采取行动来保护它的威望和贸易利益。这个问题对伦敦方面来说有些尴尬，因为他们意识到尽管英国声明采取不干涉政策，大量军需品还是被挂着红旗的船运到了共和军手中。不过，决定已经做出，于是在4月10日，作为杰弗里·布雷克海军中将旗舰的"胡德"号被火速从直布罗陀派往比斯开湾，以解除毕尔巴鄂据称遭到的封锁。这不是"胡德"号的匀称美第一次引得注视她的人们心潮澎湃了。只要她驶近海岸，就有一群群巴斯克民众出来观赏。由哈里·珀西中校（刚离开"胡德"号，当时积极参与政治和新闻业）提供的信息加上布雷克本人的观察所见，使布雷克确信国民军的封锁徒有其名。于是他决定试探这些叛乱者的决心，手段是派出3艘商船组成的运输队，在"胡德"号和"火龙"号（Firedrake）、"幸运"号（Fortune）两艘驱逐舰的护航下前往毕尔巴鄂。4月22日天黑后，"麦格雷戈"号（MacGregor）、"哈姆斯特利"号（Hamsterley）和"斯坦布鲁克"号（Stanbrook）轮船悄悄驶出法国圣让德吕兹（St-Jean-de-Luz）港，向西慢慢地以6节航速驶往毕尔巴鄂。布雷克的计划是商船于23日黎明在毕尔巴鄂外海与军舰会合，接着驶进港口。不难预料，当雾散去后，那天早晨从比斯开海岸上能看见的船不止这6艘——还有"西北风"号和"塞韦拉海军上将"号在巡逻。3个小时内，双方互相打出对方只能看懂一部分的信号，英方有分寸地宣示了力量，挫败了国民军阻止轮船进入毕尔巴鄂的

① 帝国战争博物馆有声档案，第12422号，第2盘。
② 见罗斯基尔《海军政策》第Ⅱ部分第372-382页，凯博《皇家海军与毕尔巴鄂之围》第87-98页。

△ 1937 年，"胡德"号
在比斯开湾。直到战争
爆发，像这样夜以继日
的行动才成为她的常态。
（托马斯·施密特）

企图。"西北风"号一度开了一炮，炮弹越过了"麦格雷戈"号船舶。最令人
紧张的时刻则是3艘商船接近港口入口处时，"塞韦拉海军上将"号将炮指向了
它们。当布雷克指挥"胡德"号向"塞韦拉海军上将"号进行舷侧齐射时，在
指挥后者的曼纽埃尔·莫鲁（Manuel Moreu）上校看来，明显大势已去了，如
普里德姆日后所说："我们……确实感到自己当了'恶霸'。"[1]不过，"塞韦
拉海军上将"号一边将炮指向正前方和正后方，一边驶离战场时，目睹此景的
"B"炮塔人员稍感解脱，因为他们之前无意间把设置引信的钥匙丢进了一条扬
弹通道里[2]。4天后，"胡德"号轻快地驶回了朴次茅斯，参加乔治六世加冕阅
舰式。

　　"胡德"号返回南方的时候，巴斯克地区的共和军的抵抗已到了最后关
头，英方再无必要保护比斯开海岸的英国运输船队。不过地中海地区的形势仍
不明朗，这是因为支持国民军的墨索里尼越来越深地介入。在海上的介入行动
针对从黑海的苏联港口出发，攻击共和军运送战争物资的船只。皇家海军又一
次发现自己身不由己地卷入了冲突。5月13日，"猎手"号（Hunter）驱逐舰在
阿尔梅利亚（Almería）外海引爆了一枚国民军布设的水雷，8人阵亡。而8月31
日"浩劫"号（Havock）驱逐舰又勉强躲开了意大利潜艇"彩虹"号（Iride）

① 普里德姆《回忆录》第Ⅱ
　部分第162页。
② 帝国战争博物馆第91/7/1
　号档案，第53页。

发射的一条鱼雷，英方使用反潜探测器进行了长时间的追击，但潜艇还是逃走了。6月，"胡德"号则在"穿过海峡"，她再次被配属给地中海舰队，而布雷克已被任命为西海盆海军指挥官。不过杰弗里·布雷克爵士的这一任期并不长。6月24日，他在按照习惯早晨出去划艇时突患血栓，被送入瓦莱塔的比吉医院。5天后他就不得不离职，而在这一形势下登场的是曾驻"胡德"号的司令官中最著名者——安德鲁·坎宁安。

坎宁安在海军中常被按照姓名缩写称为ABC。他这一刻好斗，下一秒又充满魅力，成为纳尔逊之后英国最伟大的战斗指挥官。7月15日，轮船将他从英格兰送到马耳他大港之后不到1小时，他就来到了"胡德"号上，这一场景足以彰显他的个性。路易斯·勒·贝利回忆道：

　　一天早晨很早，杰弗里·布雷克爵士的副官［詹姆斯·芒恩（James Munn）］乘着驳船去迎接坎宁安的轮船，并确定他正式登上新旗舰的时间。由于某些原因，当8点20分前后，驳船绕过军舰的舰尾，来到右舷舷梯旁时，我正在后甲板上。一个有些矮墩墩的人登上了舷梯，后面跟着一名显然激动万分的副官和一名提着几个箱子的水兵。我向正在休息区里写甲板日志的值班军官评论道："在我当水兵的那些日子里，值班军官常常至少会遇见一名将官。"不过这在他看来是个拙劣的笑话。但当我提出那个穿便装的小个子肯定是坎宁安将军时，一幕只有H. M. 贝特曼（H. M. Bateman）笔下才有的场景出现了。舰长在洗澡，副舰长在军官活动室里吃早餐，司令官秘书在他的窝里喝早茶，而那位正为自己打了旗舰上的军官们一个措手不及而得意的司令正换上制服，欣赏他的豪华套间。[①]

正如普里德姆在第一次会面时发现的一样，坎宁安最喜欢的事情就是和部下们"抬杠"：

　　他第一次对我讲话时，说他讨厌那些大象一样笨重的军舰，因为她们要花很长时间才能开动。接着他向我夸耀他在驱逐舰上服役了24年，她们不需要让你等上好几分钟才会加速。他喜欢的事情是在下令"半速前进"后几秒钟就能感到自己在以20节的速度航行。他声称，只有在驱逐舰上服役才是适合水兵的事业！[②]

随舰牧师埃德加·雷牧师是另一位被坎宁安的尖刻话语刺中的人，他花了一些时间才让自己习惯将军的行事风格：

① 帝国战争博物馆第91/7/1号档案，第40页。贝特曼是一名漫画家。
② 普里德姆《回忆录》第II部分第159–160页。

1937年加冕阅舰式

< 1937年5月，加冕阅舰式上，"胡德"号挂满饰物。这张照片显示了前一年在朴次茅斯的改装工作中，舰桥结构发生的改动。这些包括前桅杆上的探照灯平台被移除，罗经平台上方安装了防空指挥所。"库拉索"号轻巡洋舰在右舷方向，"反击"号、"勇敢"号和"光荣"号在左舷方向。它们都没能坚持到二战结束。（"胡德"号协会/希金斯收藏照片）

在英国舰队集结起来参加乔治五世国王即位25周年庆典之后两年，它们就再次集结，参加乔治六世加冕典礼。在进行干涉行动的时期，战争的前景虽然在1935年夏天看来还很遥远，但却逐渐变得现实起来。日本军国主义、阿比西尼亚危机、德国重新崛起及西班牙内战无不预示着晦暗的未来。同时英国则开始了姗姗来迟的重整武备，第一步是建造了装备6英寸炮的巡洋舰"纽卡斯尔"号（Newcastle）和"南安普顿"号（Southampton）。与25周年集结不同，参加加冕阅舰式的外国军舰不少于18艘，其中几艘在之后的几年里赫赫有名。它们中包括1939年在普拉塔河（River Plate）自沉的"施佩伯爵"号（Admiral Graf Spee），以及在爪哇海大破盟国海军的日本重巡洋舰"足柄"号（Ashigara）。而在"胡德"号看来，其印象最深的则是"敦刻尔克"号（Dunkerque）战列巡洋舰，1940年在米尔斯克比尔，后者在前者的炮火下遭遇了悲惨的结局，但这是后话。现在，在经历了退位风波后，新国王要接受祝贺，旧的友谊要重新点燃。代表美国的则是休·罗德曼海军上将，他在一战中指挥的部队加入英国大舰队后称为第6战列舰中队，这次他乘坐着以前的旗舰"纽约"号。阅舰式于5月20日在斯皮特海德举行。按照

往年的惯例，"维多利亚与阿尔伯特"号（Victoria and Albert）皇家游艇驶过一排排军舰，接受舰队的祝贺。与25周年阅舰式相似，晚上是一幅充满灯光和声音的胜景。1936至1941年服役的上等水兵朗·威廉姆斯是承担"胡德"号照明任务的一员：

阅舰式中，"胡德"号与舰队的其他舰船一样，每天晚上点亮舰上的灯。我们是鱼雷兵，负责舰上的电气设施，这项工作便落在了我们身上。我们沿着军舰的轮廓铺设灯饰，做了一个巨大的皇室记号"GⅥR"代表乔治六世国王，把它挂在后烟囱和主桅杆中间。我们还把灯排成海军中将旗的图案，把它挂在主桅杆顶。整体效果如同仙境。"胡德"号的倒影映在水面，就像珠宝摆在有波纹的天鹅绒上。我们还打开了探照灯，与整个舰队一同展示，之后进行了一场盛大的焰火表演。[①]

"胡德"号前任副舰长罗利·奥康纳上校明确提倡军舰泛光灯展示，他看到这样的效果难免有些失

---

① 威廉姆斯《行过远途》第121页。

望。但在"胡德"号看来，其辉煌时刻则是布雷克海军中将因在西班牙外海的出色指挥，在"伊丽莎白女王"号上接受了封爵，虽然很明显与一些人相比，另一些人对这一幕更感到高兴。路易斯·勒·贝利中将当时是一名轮机上尉：

在"维多利亚与阿尔伯特"号皇家游艇在舰队周边巡游、轮流接受每艘军舰的祝贺之前，我们戴上三角帽、穿好双排扣礼服、挂上带穗肩章、戴上白手套并佩上剑，严格按照海军军官花名册顺序集合在下层信号舰桥上。这样做，我便排在了轮机军官队列的最后一名，军需长的前面。军需长和站在我右边几步的轮机长都发现自己的三角帽太紧。而在漫长的等待中，开软木塞的"噗噗"声并没使两位的心情变好，那是司令和参谋们在司令舰桥上用香槟庆贺他的新爵位。[1]

同时对舰员们来说，这则是一次陪伴家人的好机会。他们从10月开始就再没见过家人了，而很多人在1939年1月之前都注定不会再见到。加冕阅舰式中另一件令人难忘的事情则是汤姆·伍德罗夫（Tom Woodrooffe）少校在广播中醉醺醺的评论。20日晚上，他对BBC听众们说："舰队点着了！我们都点着了！"[2]接着节目就被切断了。

加冕阅舰式也是二战之前军舰的最后一次大规模集结。战事结束时，参加当天活动的145艘英国及帝国属地军舰中只有81艘幸存。

---

[1] 勒·贝利《不离引擎的人》第39页。这里的轮机长是V.J.H.H.桑基（V. J. H. H. Sankey），军需长是C. K. 洛伊德（C. K. Lloyd）。
[2] 译注：伍德罗夫退役后就职于BBC，回"纳尔逊"号上和旧战友们喝多了，以致酒后失态。原文"lit up"可指点灯或情绪亢奋，故他补充"我是说点着了华灯"。这场录播事故后，他被停职一周。

∨ 1937年5月20日夜，"胡德"号打开灯光。这对负责低功率供电及设备的鱼雷兵来说是一项艰巨的工作。主桅杆上是海军中将杰弗里·布雷克爵士的旗帜。（"胡德"号协会 / 希金斯收藏照片）

① 雷《好事与坏蛋》第137－138页。

他用一种毫不留情的方式来表达自己的意见和批评，但他并不总是希望人们在他训话后变得缩手缩脚、噤若寒蝉。他非常珍视争论，以至于如果在对话中没有自动产生一场争论的话，他就一定会迟早找个茬儿来争论。虽然他反复提醒我，他信仰的宗教属于苏格兰长老会——他会说这是“唯一的真正宗教”——他还是每次都来参加我的礼拜。从后来发生的事情看，有时我不由得认为，他只是为了事后必然会发生的争论而来。他就坐在我的正后方，讲道时只要他的座位嘎吱一响，我脑子里就会闪过一种不安的想法：“终于还是来了——他要站起来跟我争。”幸运的是他从没争，尽管事后看来他常常很想这样做。礼拜结束后，只要他看见我，我们几乎总是在我说的某件事上发生激烈分歧，而他看来也喜欢我愿意接受挑战这一点。①

坎宁安总是让人惊奇。1938年5月的一天，他回到舰上，没穿外裤，那是在科西嘉钓鱼时一场意外造成的。但没有哪位司令比他更不遗余力地追求卓越，于是“胡德”号很快发现指挥自己的是几位最严厉的监工，他和普里德姆像刀刻斧凿一样令她达到最高的战斗效能。弗莱德·库姆斯回忆：

对我们来说幸运的是，一辈子指挥着驱逐舰，艰难升到将军的“卡茨”坎宁安开始施加他的影响，让我们的训练稍稍贴近真实。［……］通常，部门指挥官们会保证挑选最理想的条件进行射击训练，来显示他们的效率。卡茨可

不。只要拖船还能安全地拖航靶标，这样的天气对我们来说就算够好了。[①]

库姆斯还记得士兵们看到司令大动肝火，数落军官们的缺点时，那种幸灾乐祸的满足：

在一个精心选择的时刻，他在自己的航海舱室里，命令那个看管落水人员救生圈的海军陆战队哨兵抛下一个救生圈，并高喊"有人落水"来让我们恐慌。用某种狡猾的手段，[他]设法让缺乏经验的军官单独值勤，比如在舰桥上，来考验他们对危机的反应。许多被认为太稚嫩的军官都栽了跟头，做出了错误的反应，比如当有什么东西在舷外，可能被螺旋桨撞到时，他们没能指挥军舰转向，让舰艇避开那东西。[……]作为救生艇艇员，我们更常面对操作救生艇的危险……所以我们自然长于此事，但值班军官不行，所以我们在波峰或波谷处经常要面对棘手的情况。卡茨很快就查出了几个凭着家庭背景，没经验就爬到高位的人。即使是军衔较高的军官也不能"免上基础课"……[②]

普里德姆感伤地回忆：

他是一位聪明绝顶、受过很好教育的小个子，虽然在和平时期不总是"随和"，我发现作为旗舰舰长为他服务是一件愉快和有趣的事。[……]除了偶尔的不大的争执，我们相处得非常好。[③]

这些"不大的争执"里，至少有一次围绕着1936年10月军舰停泊在直布罗陀时发生的一次事故。那次一根缆绳断裂，导致后部起锚机班组2人丧生，1人受伤[④]。毫无疑问普里德姆拒绝使用拖船是事故原因之一，但调查委员会认定一位少校犯有失职罪。几个月后，坎宁安根据检查证据的结果断定犯错误的是舰桥指挥人员，从而推翻了判决。虽然发生了此事，而且坎宁安最为看重操舰技能而对炮术军官及他们的专业并无好感，但他对普里德姆的态度显然是个例外，并在回忆录里尖刻地说后者的"炮术专长并没有影响他的操舰能力"[⑤]。

虽然坎宁安刚硬的领导风格得罪了不少人，但坎宁安在战列巡洋舰中队司令官任期内留下的最大影响则是把它转变成了一支确实高效的战斗力量。据雷牧师回忆，坎宁安看上去"几乎总是一有想法，就要立即激烈地表达它"[⑥]。这种急性子也体现在大胆的操舰和射击技法上，这套在夜间及任何天气下行动的能力几年后会在地中海战场上大有用武之地。据中队的鱼雷军官迪莫克·沃森（Dymock Watson）少校回忆：

① 帝国战争博物馆第91/7/1号档案，第45及第66页。词句经过重排以表意清晰。
② 同上条，第66页。
③ 普里德姆《回忆录》第Ⅱ部分第160页。
④ 派克《司令官坎宁安》第4页；另见第4章181页。
⑤ 坎宁安《一个水手的冒险》第182页。
⑥ 雷《好事与坏蛋》第137–138页。

① 引用于派克《司令官坎
宁安》第71页。
② 帝国战争博物馆第91/7/1
号档案，第66页。

我尤其记得他在舰队演习时操纵战列巡洋舰的特殊方式……我们总是在正确的时间出现在正确的阵位上。这样，如果意大利舰队出了海就好了，我们就已经取得第二次特拉法尔加（Trafalgar）大捷了。[1]

不过，如此的高效是用多个月的苦练换来的。弗莱德·库姆斯还记得这轮苦练的开始：

我们的第一次5.5英寸炮射击是在恶劣条件下进行的，7级大风把浪花刮到舰上。要按炮术军官的习惯，射击准会推迟。那些操纵小艇甲板前部火炮的海军陆战队队员不像其他人有顶部炮廓的保护，他们发现如果炮位周围的油毡甲板打湿了，皮靴踩上去就像溜冰。那些跑来跑去抱着［85］磅炮弹的装填手很快发现，自己要把炮弹举到炮尾，连站都站不稳。那个炮位的装填练习受到了影响，很快被暂停了——卡茨给了我们的另一条经验：后来制帆工在他的仓库里找到了一些被埋藏起来的东西，这些是特定形状的纤维垫子以及连接甲板和垫子的固定环，但没人记得曾使用过这些东西。从此，一有射击，我们就可以方便地铺设这些材料。[2]

不过第一次夜间实战条件下的射击演习给舰员们泼了一盆冷水：

第一次全口径弹夜间射击让人有些惊异。操纵5.5英寸副炮的多是年轻水

∨ 1938年夏季，西班牙内战难民在"Y"炮塔旁享用茶饮。"胡德"号那一年将不少时间花在了这一类人道主义行动上。（"胡德"号协会/珀西法尔收藏照片）

兵，缺乏经验，他们第一次遇到炮塔炮发出的耀眼的闪光和冲击时，吓得够呛，少数人甚至躲在炮位后面，从而降低了装填速度。对付这种情况的唯一办法就是我先上去把这个堪称乌合之众的炮组训一顿。我告诉他们，即使对手是意大利军舰，他们也不适合跟随我去作战！接着，第二天晚上，我又带军舰进行了一次射击。当然，这次一切顺利，不过我感受到了频繁进行全口径弹射击有多重要。①

△ 1937年9月，"胡德"号访问斯普利特时，在右舷2号5.5英寸副炮旁的南斯拉夫陆军官兵。左侧的梯子由小艇甲板通向信号桥楼，信号桥楼上可见一具旗箱的边缘。梯子后方是火炮配备的弹药输送带的一头。救生筏下方的大型管状物是舰桥三脚支架的一部分；左侧是休息区的入口。（"胡德"号协会/希金斯收藏照片）

"胡德"号的整个生涯中，战斗力可能在1937至1938年处于巅峰。虽然出于很多原因，在坎宁安离任后这并没保持很久，但在这个时候达到巅峰几乎是最幸运的了。

1937年9月，意大利海军不宣而战，用潜艇和飞机攻击中立国的商船和军舰。为此，英国和法国在瑞士城市尼翁（Nyon）召开了一场会议。这次会议遭到德国和意大利的抵制，两国在巴里阿里群岛（the Balearics）海域遭到共和军的空中攻击而遭到伤亡后，已于6月退出国际不干涉委员会的海上巡逻行动。英法并未动摇，两国不仅一致决定开始明确宣布商船运输航线，还确定这些航线应有军舰和飞机巡逻，并向巡逻兵力下达以武力还击武力的命令。由于上述进展，坎宁安和"胡德"号被调到地中海西海盆，"胡德"号将在那里参加1937年10月和1938年2月间的两次巡逻任务，主要以马略卡岛的帕尔马（Palma）为基地。如他在回忆录中所述：

我们在帕尔马建立了指挥部，定期去瓦伦西亚（Valencia）和巴塞罗那拜访那里的英国领事和公使，并让后者放心。我们在帕尔马时，几乎每天都有一个个中队的S.79飞机呼啸着飞过，去轰炸瓦伦西亚和巴塞罗那，但当我们在这两座港口的外海时，那些轰炸机就不会来了，所以居民们对我们的到来感到很高兴。②

在巴塞罗那以北的加尔德塔斯（Caldetas），军舰上的一艘中型蒸汽艇会把一艘装着给养的快艇拖到沙滩上，一群军需兵会在一个海军陆战队登陆组的保护下，把给养搬上卡车，运往英国领事馆③。两艘艇回舰时也并不是空的。利用比塞塔④贬值的时机，军需官A. R. 杰克逊（A. R. Jackson）上尉为他的妻子买了3件皮大衣，而坎宁安发现半克朗就能把巴塞罗那兰布拉大道上的一个卖花摊买

① 普里德姆《回忆录》第Ⅱ部分第167－168页。
② 坎宁安《一个水手的冒险》第186页。
③ 帝国战争博物馆有声档案，一等水兵约瑟夫·罗基，第12422号，第2盘。
④ 译注：当时西班牙的法定货币，内战期间大幅贬值。下文"克朗"见本书第1页的作者注。

空一大半①。

尼翁会议发起的巡逻并非平安无事。意大利空军不止一次在"胡德"号附近低空飞行，坎宁安下令炮手就位，如果入侵的飞机不保持英方要求的高度，火炮就会指向它们②。结果，4艘意大利潜艇被转交给叛军的海军，这意味着巡逻行动只取得了部分成功，于是坎宁安花了不少时间对在帕尔马的国民军海军表示抗议，但没有用。同时"胡德"号的情报室和无线电报室监测到了"夸脱"号（Quarto）装甲巡洋舰和地中海的意大利潜艇之间传输的信号。"胡德"号进行了演习，并在马耳他的干船坞度过了1个月后，于4月1日返回，进行第三次巡逻，而这时国民军正沿瓦伦西亚海岸向北稳步推进，在此局势下，皇家海军的当务之急就是撤走难民和英国人。一大群一大群的平民在瓦伦西亚和巴塞罗那登船前往马赛，1938年4月和8月也成了"胡德"号一生中最忙碌的时刻。在这段时间的某次航行中，"胡德"号上已装载了超过100名来自巴塞罗那的难民，但"卢加诺湖"号（SS Lake Lugano）货轮在加泰罗尼亚的帕拉莫斯（Palamós）港外被炸沉后，她又接到呼叫，去救援后者的乘员。这些高强度的行动需要用休息来调节，第一段假期于4月底在法国蔚蓝海岸（Côte d'Azur）的胡安湾度过。"胡德"号的士兵们也享受了海岸地区（the Riviera）的独特魅力，在5月2日早晨军舰预定启航的时间，他们中的许多人还在酒吧和咖啡馆里狂欢痛饮。当普里德姆最终把他们召回舰上时，军舰准备去科西嘉进行一天的惩罚性训练，而坎宁安和他的参谋们则在圣弗洛朗（St-Florent）背后的山区钓鱼。西班牙海区的巡逻仍在继续，此时如果有一方胜利，军舰和水兵们的担子就甩掉了，这会给海军部带来某种程度的解脱。1938年11月，随着共和军在埃布罗河（Ebro）战役中失败，哪一方会胜利便相当明朗了。

早在1938年4月，即德奥合并1个月后，英国就令人意外地与墨索里尼签署了友好协定，即《英意协定》。作为这份初步协议的一部分，伦敦方面决定邀请一大队意大利军舰访问马耳他，以延续两支海军间的传统友谊。皇家海军中，"胡德"号的后甲板是举办这类事务最理想的场所，"胡德"号便和其他军舰一起被选中举办招待活动。军官们勉强接受了这一安排，坎宁安本人也显然很不情愿：

对于这些对话能带来什么结果，我们地中海舰队的多数人则表示怀疑。［……］我们的商船几乎每天都在西班牙的港内港外遭到意大利轰炸机轰炸，所以我们自然难有热心。［……］不过命令就是命令，舰队着手给宾客们安排一段快乐的时光，而在拉丁国家里，这可以理解成一场又一场不间断的官方招待活动。达德利·庞德爵士希望表现得特别热心，他请意大利总司令把妻子和

① "胡德"号协会档案，基斯·埃文斯中校回忆录，1938—1939年；以及坎宁安《一个水手的冒险》第189页。
② 帝国战争博物馆有声档案，第12422号，第2盘。

两个女儿带来。我们要给其中一个女儿安排住处，在一间跟大号狗窝尺寸相仿的住舱里办到这点是件棘手的事。[1]

不过，这些麻烦跟意大利访客抵达的前一晚"胡德"号后甲板上发生的事情相比，都不算大事。路易斯·勒·贝利回忆：

在意大利中队抵达的前一天，"胡德"号的炮术军官计划利用动力让正在维修的15英寸"Y"炮塔从指向右舷最前方转到指向左舷最前方。一切都挺顺利，直到两门炮直指着港口入口处时出了意外，炮塔死死卡住了——偏偏第二天早晨意大利军舰就会从这里进来。虽然这种明显带有敌意的姿态得到司令的私人认可，但外交礼仪的细节要求炮塔应像平时一样指向前后方向。实际上，如果炮塔不这样摆，就不可能架设主天棚和庆典用的红白天棚，来为第二天晚上招待意大利人的大型鸡尾酒会提供足够大的场所。虽然舰上的技术专家伯松轮机中校自己不负责炮塔机械设备，但他仍被叫来给炮术军官手下可怜的军械准尉提建议。在仔细检查了滚道后，伯松认为解决方案是把已经严重锈蚀的滚子一个一个地从同样严重锈蚀的滚道上拿开，将两者彻底清洗再将滚子放回。这项工作可能要花至少一周的时间才能完成。不过当然我们只有几小时了。这样，唯一的出路似乎就是海军的老办法"蛮力和粗暴地不顾一切"，不过在这种情况下只说"蛮力和粗暴"就行了。那是一次壮举。把两台液压引擎连接在环形液压主管道上，在它们的帮助下，我们把一个带有纵帆滑车的滑轮组连在后部起锚机和一根15英寸炮的炮口之间，并把第二套相似的装置装在另一根炮的炮口上，另一头交给军舰的拔河队。炮塔终于被转到了指向后的位置。但代价高昂。后部起锚机被拉得错了位，后甲板也有点不平了。[2]

这一切平息后，招待活动举办了，过程完全理想。坎宁安记叙道：

在总司令的旗舰"厌战"号举办舞会前，我在"胡德"号上主持了45人的大型餐会。后甲板在棕榈叶、剑兰和康乃馨的装饰下显得十分美观，餐会也很成功。总的来说，我们喜欢里卡迪将军[3]，他非常彬彬有礼，令人舒心。不过，那些年轻军官则粗鲁无礼。[4]

尽管两支海军间有敌意，在岸上也向来不和，但对骚乱的担忧被证明是没有根据的。一等水兵朗·威廉姆斯：

① 坎宁安《一个水手的冒险》第190页。
② 剑桥大学丘吉尔档案中心，档案编号LEBY1/2，《不离引擎的人》手稿第12章第2-3页。这里的炮术军官是J. D. 肖-汉密尔顿（J. D. Shaw-Hamilton）少校。
③ 译注：开战后晋升为上将。
④ 坎宁安《一个水手的冒险》第190-191页。

不过，全世界的水手都有一项绝活，会不动声色地把任何政治争端都藏在台面下，仿佛自己和它们全无关系一样。等到战争真的开始了，有的是时间去担心！意大利人带着键盘式手风琴和曼陀林，在马耳他的酒吧里过了好几个快乐的夜晚。我知道，因为我和其他好些我们的水兵就在他们的队伍里，和他们一起纵情歌唱，我们都尽了兴。这个时候，希特勒和墨索里尼被抛到脑后了！这次访问取得了巨大成功，他们按计划离开了，留给我们非常美好的记忆，至于国际形势就随它去吧。[①]

对坎宁安来说，他在"胡德"号上的日子快要结束了。2月，他被任命为海军部的海军副参谋长，并于1938年8月22日降下了将旗。这个消息无疑使军官们长出了一口气，因为没有一名司令在鞭策手下军官时比他更严厉。他的副官詹姆斯·芒恩上尉在军官们举行的饯行宴上的发言体现了他的领导风格：

"主持人先生和各位，你们想不到我对于成功熬过这段时间有多庆幸（持久掌声）。要是我告诉你们，在他待过的一艘军舰上，他先后有不少于17名副官，你们就会理解我的意思。"不等掌声停息，司令就突然站起身，仿佛非常自惭一样低着头，沮丧地说："先生们，这恐怕确实是真的。"并在更热烈的掌声中坐下。[②]

7月，军舰在纳瓦林（Navarin）举办的地中海舰队赛艇大会中大获全胜，体面地为司令送行，不过由于在西海盆行动，她当年秋天没能在埃及的亚历山大再次夺得雄鸡奖。不过对坎宁安而言，"胡德"号留给了他一份长久的纪念品——他的小艇驾驶员、上等水兵珀西·沃茨（Percy Watts），后者会伴随他经历他之后的所有战斗、战役和任职。

在杰弗里·莱顿（Geoffrey Layton）海军少将[③]指挥下，随着国际形势整体上逐步向战争深渊滑去，"胡德"号继续进行配合尼翁会议发起的巡逻。9月20日，军舰在离开直布罗陀时搁浅，虽然损伤轻微，但此事发生在一个不巧的关键时刻。之前，希特勒于12日在纽伦堡（Nuremburg）发表演说，抨击捷克斯洛伐克政府在苏台德（Sudetenland）问题上的立场，苏台德是第三帝国觊觎的德语区。外交形势本已愈发令人不安，从2月开始就令欧洲各国政府关注，而这次演讲把局势推向了高潮。虽然张伯伦和达拉第各自的政府均采取退让政策，但如果捷克斯洛伐克不会在劝说下任由自身解体，那么战争爆发的可能性就极大。9月28日，在危机发展到顶点时，皇家海军进行了战争动员，"胡德"号悄悄驶出直布罗陀，进入大西洋。埃德加·雷牧师这样描述舰上的气氛：

① 威廉姆斯《行过远途》第126页。
② 雷《好事与坏蛋》第139页。
③ 译注：10月22日晋升海军中将。

当我们的水兵们发疯般地为准备战斗而设置引信，形势也糟透了的时候，［莱顿］给我一个没封口的信封，上面写着："某一天你可能发现这些东西有用"。信封里，我找到了纳尔逊和德雷克各自在接敌前撰写的著名祈祷词。很快，锅炉点火。所有休假取消，已上岸的水兵被汽笛声召回来。快到晚上时，我们开始航行，像我这样的普通人物只能猜测我们的目的地和任务的性质。根据对所有这些情况的了解，我们大多数人确信距离正式宣战为期不远。①

实际上，"胡德"号出航是为了与已被征用为运兵船的"阿基塔尼亚"号邮轮会合，并保护后者穿过直布罗陀海峡，以防不测：位于摩洛哥丹吉尔（Tangier）的德国袖珍战列舰"德意志"号可能在公海上企图进行拦截。最后，《慕尼黑协定》将捷克投入虎口，"胡德"号也在此形势下于10月1日返回直布罗陀，而第二天"德意志"号也来了。

这肯定不是"胡德"号与轴心国军舰的第一次遭遇。除了前述1937年加冕阅舰式和马耳他之旅外，在西班牙内战期间进行巡逻的各支海军的军舰就经常进入同一港口。1936年12月，她访问了丹吉尔，那里停泊着德国轻巡洋舰"柯尼斯堡"号与"纽伦堡"号（Nürnberg）、鱼雷艇"白鼬"号（Iltis）、法国驱逐舰"米兰"号（Milan），还有2艘意大利老舰："夸脱"号装甲巡洋舰和"鹰"号（Aquila）驱逐舰。尽管各国政府的立场不同，"胡德"号的水兵与德国水兵却相处得特别好，与法国和意大利水兵相处得则不这么顺利。少年水兵弗莱德·库姆斯回忆：

---

① 雷《好事与坏蛋》，第140页。

在不干涉港口丹吉尔时，舰员们选择跟德国袖珍战列舰[1]的水兵交朋友。在这里，当都在港口时，德国人与英国人联手跟法国和意大利舰员打了几次群架，最后的决定是同一时刻只允许一国水兵上岸。[2]

一等水兵朗·威廉姆斯和他的朋友们则认为，英国和德国水手走得近是因为他们都喜欢啤酒，其他人则喜欢葡萄酒。当然，啤酒是一个原因（德国军舰上酿啤酒，水兵在餐厅用靴型玻璃杯喝），但其他人看得更深。1937至1938年服役的一等水兵弗莱德·怀特：

我们都很喜欢德国人。［……］一个骄傲的民族，而且他们整洁、聪明，为国争光。[3]

据一等水兵约瑟夫·罗基说，德国人"非常高效、整洁、聪明，训练有素，高度守纪……他们有严厉的纪律，而我们是守纪律……"[4]。无论如何，很多士兵并不理解错综复杂的政治形势："说到谁在跟谁打仗，我们并不怎么懂……"[5]1938年4月在马耳他，英军与怀特眼中"散漫"的意大利人的关系也改善了，而与法国人的关系仍然不亲近：这些水手"并不坏……但他们对我们没兴趣"[6]。但与德国人的关系则不同，两支海军关系最好的时候是"德意志"号于1937年5月26日在伊维萨岛（Ibiza）水域被共和军飞机炸伤后驶入直布罗陀时。这次轰炸造成23人丧生，75人受伤，其中8人不治。许多伤员在直布罗陀住院，他们每人从"胡德"号上得到了一条帽带，舰员们还投票决定从服务社资金中拿出共计5英镑以示慰问。据弗莱德·怀特回忆："我们觉得他们就值这么多。""德意志"号的一名年轻士兵，二等水兵汉斯·施密特（Hans Schmid）还留下一份对这次造访的德语回忆录。[7]"德意志"号停泊在"胡德"号旁边，英军用专业眼光看出这个做法用意深刻。"德意志"号刚停稳，保罗·温内克（Paul Wennecker）上校就把布雷克海军中将邀到舰上，这是1912年后英国海军将官第一次踏上德国海军现役军舰。在参观军舰和用了茶点后，布雷克受到了礼遇，由德国军官划的十桨快艇送回"胡德"号。第二天，温内克收到的请柬请"德意志"号不当班的值班组全体人员去"胡德"号用餐。二等水兵施密特是其中一员：

舰员们对于即将到来的事情很兴奋。［……］德国水兵们来到"胡德"号上时，他们看见她浑身张灯结彩。在一片团结与喜庆的气氛中，天气之神也来帮忙。夜晚，月光明亮，群星闪耀在直布罗陀上空，景色完美。她被英国海军部骄傲地称为"模范军舰"，在她上面的聚会比预想的还要好。在木制的长餐桌上摆

① 译注：实为轻巡洋舰。
② 帝国战争博物馆第91/7/1号档案，第53页。
③ 帝国战争博物馆有声档案，第13240号，第1盘。
④ 帝国战争博物馆有声档案，第12422号，第2盘。
⑤ 帝国战争博物馆第91/7/1号档案，第54页。
⑥ 帝国战争博物馆有声档案，第13240号，第1盘。
⑦ 施密特《经历战争与和平的舵手》第80页。

着各种奢华的餐具，它们让德国水兵在饱口福前已经享受了很长时间的眼福。但英方餐厅勤务兵没有提供葡萄酒和啤酒；大家只有打开龙头，以甘甜的直布罗陀泉水代酒。这次华贵奢侈的餐会结束后，"水手们"带我们参观了这艘巨舰。[①]

虽然语言和文化障碍不可避免，但这个晚上看来取得了令人瞩目的成功：

在这艘海上巨兽上进行了一次"餐后散步"后，我们集结在舰艉，和英国东道主聊了几句。不幸的是，双方只有在极少时候才能相互完全理解对方，因为英方懂德语的人很少，而德方几乎不懂英语。不过有了肢体语言，我们就可以用能理解的方式传递任何信息。我们对见到的一切留下了深刻印象，现在也疲倦了，于是我的战友们和我就在前半夜向这艘英国战列舰告辞，以便能在天亮前抓紧睡几个小时。[②]

也许施密特没注意到这一点，不过当晚无疑不止一位来客记住了"胡德"号缺少一层全装甲甲板，正如"施佩伯爵"号上的一名军官3个月后在丹吉尔登舰访问时见到的那样。[③]

"胡德"号的很多舰员认为她"对任何人都好"，对"德意志"号特别好，甚至在1938年10月2日，即《慕尼黑协定》签订后两天，后者悄悄驶进直布罗陀时，英方对德国在奥地利和苏台德采取军事行动的愤慨也没损害两艘舰的关系。"德意志"号去那里本来只是为了将去年舰上的战死者迁葬回本国，但这次机会却被利用来重续友谊和畅饮啤酒。两艘舰的足球队进行了比赛，哈罗德·沃克（Harold Walker）上校邀请温内克来"胡德"号上用餐，并和军官们一起看电影。但情况不允许在招待上大讲排场。沃克于1918年在泽布鲁格失去了一条胳膊，而一战时的潜艇战斗英雄莱顿海军少将则作为德国手中的战俘度过了战争的最后几个月，他鄙视德国人。英方勉强同意以礼相待，但没有安排正式的娱乐活动。另外，"德意志"号起锚前，有人抛出了一句酸溜溜的评论。这个故事直到1940年12月军官候补生莱瑟姆·詹森来到"胡德"号时还在流传：

和德国军官们踢了一场球赛后，"胡德"号的军官们在巡洋舰上受到了招待。告辞之前，英方军衔最高者感谢了每一个人，说："来，伙计们。"接着他们一个接一个从后甲板扎进海里，游回自己的军舰。最后一个离开的军官听见一个德国人轻蔑地对另一个说："这些英国军官不过是个子特别大的学生娃娃。"[④]

① 施密特《经历战争与和平的舵手》第81页。施密特用了"水手们"的英语单词"Sailors"。
② 同上条，第82页。
③ 威廉姆斯《行过远途》第125页。
④ 詹森《钢盔、雨衣和胶靴》第90页。

> 1938 年 10 月，直布罗陀，"胡德"号的足球队（左侧）和"德意志"号派出的对手准备比赛，此时慕尼黑会议仅过去几天。这场比赛的具体比分不确定，但"胡德"号的球队通常能获胜。（"胡德"号协会 / 希金斯收藏照片）

地中海上的友好关系就这样告终了。不过如果事情按另一种方式发展，"胡德"号也许根本不会出现在欧洲水域。1938年1月3日，第一海务大臣查特菲尔德在伦敦会见了美国海军代表团团长罗伊尔·E. 英格索尔（Royal E. Ingersoll）海军少将，讨论一旦与日本开战，英国向远东派遣的部队的兵力和构成[①]。这次会议举办前三周，美国海军"帕奈"号（USS Panay）炮舰在长江上被日本飞机炸沉，这使美国走到战争边缘。海军部计划随后派出的大型舰队中包括"胡德"号，不过她面对日本海军航空兵能表现得如何则是未知数。1941至1942年英美部队在太平洋战场的命运则表明日本政府同月提出的道歉和赔偿对两支海军来说都是极其幸运的事情。

1938年5月，普里德姆上校在出色地指挥"胡德"号两年后离任了。虽然他自己也难以摆脱与他共事的第一任副舰长罗利·奥康纳身上那种被他讥笑的夸张演技和偏袒态度，但他大幅度整肃纪律，提升了航海技能和战斗效能。他和大卫·奥尔-尤因中校一起，强力打击了奥康纳任期最后阶段屡见不鲜的纪律松弛现象，并在水兵中培养出一种更健康的风气。普里德姆的自我评价并无偏颇：

我和奥尔-尤因面前是一段长长的上坡路，但在地中海的理想条件下，军舰和官兵们稳步向我们追求的目标前进。舰员们看上去充满热情，当我们敦促他们拼命工作时也无不满，最初几个月我们必须这样。最后他们成了一个非常开心的群体，以自己的军舰为荣。[②]

① 墨菲特《简简单单的关系》第130-138页。
② 普里德姆《回忆录》第 II 部分第152页。

普里德姆的《舰长纪律备忘录》在每个军官来舰上时都会发到其手上，这让每个人都完全明白了自己在相关方面该怎样做。奥康纳追求在每项体育赛事中都取得出色成绩，而普里德姆则将航海作为水兵技能的核心来重点磨炼，后来他的不懈努力在1938年得到了回报——囊括地中海舰队的全部5项航海奖，包括联合舰队赛艇大会。普里德姆在这方面身先士卒，他在马耳他和直布罗陀操纵"胡德"号的表现仍作为20世纪30年代后期皇家海军最出色的事迹而被铭记。但普里德姆最大的贡献则在战斗效能方面，这也归功于坎宁安的严格要求。1938年5月20日，普里德姆向哈罗德·沃克上校移交指挥权时，他感慨地回顾自己任期内的成就：

> 我向奥尔-尤因讲了我刚来舰上时罗杰·巴克豪斯爵士的要求——让"胡德"号经受千锤百炼——并说我们已经一起成功地做到了这点，而且做得还要多几分，因为我们在以后的日子里都能以在"胡德"号上服役的经历为荣。我们不仅使她成了一艘外观完美的船，而且把她的乘员组打造成了一台真正高效的战斗机器——我们的主要目的。[1]

不幸的是，现实中的海军兵员抽调制、舰船改装和重新服役使得高效率无法长期保持，而且随着战云密布，骨干人员的离岗以及例行训练受到的频繁干扰开始显现后果。1937年11月至1938年12月间，"胡德"号共3次在马耳他的船坞里每次花一个月进行改装并改进防空武备，而每周都有一批批士兵被抽调来或抽调走。还有一个无法否认的事实是，1936至1939年的服役期内遇到的插曲比以往任意时段都多。西班牙内战、爱德华八世退位、乔治六世即位（1936年12月在丹吉尔，普里德姆在后甲板上向英国及外国领事馆官员宣读了即位诏书）、1937年的加冕阅舰式以及1938年的慕尼黑阴谋。这一切发生时，勤务、训练和礼仪活动从不间断，而战争的威胁已经愈来愈大了。在一天又一天的服役中，这样的干扰自然对舰上的气氛产生了明显影响。埃德加·雷牧师写道：

> "胡德"号从没真正有过一个安定下来的机会。不仅在这段服役期内有80%左右的舰员被调走，而且西班牙内战……让我们一刻也无法像平常那样执行地中海作息。［……］这一切，尤其是那么多人的退伍，使舰上充满不安，也导致我们达成不了利益一致和目的单纯，而这些是一艘气氛快乐的军舰必备的。[2]

即使如此，就雷的以下断言来看，他也可能过于采信了上一个服役期时的老兵的看法：

① 普里德姆《回忆录》第Ⅱ部分第174页。
② 雷《好事与坏蛋》第154页。雷所说的80%调动率必定是指水兵，因为轮机部门直到军舰沉没之前人员变更一直较少。

……“胡德”号无疑还远不尽如人意。各方面都不完善：友谊、团结、持续保持兴趣、劲往一处使。“胡德”号看来太大了，舰员们太分散，彼此之间隔阂太严重，所以无法保有一种一致的精神、一股团结的意志和一项共同的目的。［……］与其他军舰竞争时，无论是在运动场上比赛，还是在舰上进行某项演习，舰员从未能感到几个人的参赛队背后凝聚着全舰的友情和支持。[①]

雷戴着有色眼镜评价舰上的气氛，也许是因为他的牧师工作不太成功，尽管“胡德”号确实注定远不像奥康纳指挥时那么看重体育了。不过，普里德姆的任务是将“胡德”号由一艘和平之舰转变为一艘真正的作战主力舰。从这个意义上讲，“胡德”号除了在组织水平和战斗力方面的提升，还取得了几项重大成果。军官活动室的气氛无疑比以往欢快了很多[②]，并且随着少年水兵和不断来到舰上的年轻锅炉兵之间建立了战友之谊，舰上人际关系也得到了长久改善。在马耳他和希腊海岸的野餐会上，火烤着香肠，一瓶瓶啤酒和茴香酒将它们送下肚去，舰上的气氛借着这样的情景大大升华。为锅炉兵和技术兵开设的晚间课程使轮机部门的成员有机会将自己的工作和操纵军舰结合在一起。接着，锅炉兵在军舰出入港口时被允许驻留在舰桥上，以学习操舰的细节，而传到引擎区的口令正是根据这些细节下达的。据一位参与了上述事务的分队指挥官回忆，这些新举措使士气和效能都有了明显提升：

锅炉运转和清洁工作的产出和效率都大幅提高。甚至有少年水兵和年轻海军陆战队队员申请转为锅炉兵，有些还被批准了！[③]

1936至1939年的服役期中也诞生了一支叫“‘胡德’号的和声男孩”的口琴和键盘式手风琴乐队，他们在整个地中海服役期中都在演出，并活跃到战争时期，获得了观众的欣赏。当然，无论普里德姆还是奥尔－尤因都没有奥康纳的魅力，他们在任期内也没得到上一任领导团队享受过的众口称赞。但评价一段任期的成功程度有多种标准，而他们在任期内达到的高度不遑多让。

普里德姆的继任者是哈罗德·T. C. 沃克，人们因他左臂的假肢连着一个黄铜鱼钩而叫他“钩子”。虽然沃克的任期内发生了慕尼黑阴谋，但这一任期仅仅是军舰完成地中海服役期前的一段过渡，他甚至没来得及给舰员留下深刻印象。相反，人们记住他是因为一听到他的鱼钩响就知道他在爬梯或升降口扶梯上，以及处分违纪者时鱼钩在桌子上猛烈挥舞。1939年元旦，在马耳他圣安杰洛堡（St. Angelo）的防护墙下，舰员们在艏楼上摆着姿势，以这种传统方式拍了临别照片。9天后，“胡德”号最后一次离开了马耳他。皇家海军陆战队乐

① 雷《好事与坏蛋》第153－154页。
② 军官活动室的人员构成，见第5章第249－250页。
③ 勒·贝利《不离引擎的人》第45页。

△ 1938 年 5 月或 6 月，马耳他，起重机将撤除的 5.5 英寸炮吊到舷外。小艇甲板上共有 2 座 5.5 英寸炮被撤除，原处安装了 2 座旧式 4 英寸 Mk V 高射炮，这是第二年安装新式双联 4 英寸 Mk XIX 高射炮之前的临时措施。远处是"反击"号。（"胡德"号协会 / 希金森收藏照片）

△ 1937 年秋季，在马耳他的改装过程中，后部鱼雷指挥塔被移除，原址安装了一座类似音乐演奏台的 Mk VI"砰砰"炮平台。由于计划在"X"炮塔顶端布置水上飞机，平台的位置偏向右舷侧，以方便收放水上飞机的起重机工作。水上飞机和起重机实际上都没有安装。（"胡德"号协会 / 希金森收藏照片）

队奏响了《回家》。军舰驶过圣埃尔莫角（St Elmo Point），进入地中海时，北非热风吹起代表在海外服役后回国的三角旗。但还有最后一幕：舰员们在轮机上尉路易斯·勒·贝利的组织下举办舞会：

　　从［圣诞之前几天］到我们离开马耳他，我要么长时间和舰上的舞会组委会在一起，要么在岸上的大东电报局。朴次茅斯市市长大人帮了大忙，舞会得以预订在招人喜欢的市政厅旧会堂举办——这是它的最后几次活动之一，后来它被希特勒炸毁了。以怎样的价格能卖出多少票，我们能给乐队付多少报酬，以及任何军舰舞会的固有项的餐饮费，这些构成了一个解起来颇为费力的数学等式。朴次茅斯著名的布里克伍德家（Brickwood's）啤酒坊负责提供饮食，他们接到许多电报，一封比一封急切。我们返回英格兰前发的最后一封说明了一切："退掉皇冠奶油面包，换上草莓冰淇淋。必来的2000位人均不超2先令6便士。"[1]

　　她再也不会举办第二次盛会了。

△ 1937 年秋季，马耳他大港的帕拉托里奥，"胡德"号在海军部浮船坞中。（"胡德"号协会 / 克拉克收藏照片）

△ 1937 年 11 月，马耳他，左舷副炮区上方加装顶板，以安装一座 4 英寸 Mk V 高射炮。右舷副炮区进行了类似的改造。

① 勒·贝利《不离引擎的人》第48页。

8　踏上战场

怎样的铁砧？
那令人畏惧的致命力量，
敢挥出怎样的骇人一握？

　　"胡德"号沉没4天后，《泰晤士报》发表了海军元帅查特菲尔德勋爵的一封信，这至今仍是关于此事件最有说服力的陈述之一。他最后写道：

　　"胡德"号被击毁是因为她被迫与一艘比自己先进22年的军舰交战。这并非英国水兵的错误。该负直接责任的，是那些直到1937年还反对重建英国作战舰队的人，这时离二战爆发仅剩两年。指出这一点，对她英勇的舰员们才是公平的。[1]

　　如果说有一个人最了解情况，这个人非查特菲尔德莫属，他于1933至1938年担任第一海务大臣，在"胡德"号服役的几乎每一年内都在海军规划与行政核心位置任职。世界上最伟大的军舰本应退役接受一次长期改装，但这一计划先由于财政限制以及对主力舰前途的争议而搁置，又因国际强权政治而推迟，而随着20世纪30年代的形势变化，这样的改装更不可能再进行。当已经搁置了很久的计划最终于1936年摆上日程时，外交方面有所考虑，战争的幽灵在徘徊，加上更紧迫的事情是改装舰龄更长、战斗力更弱的舰艇，所以无论这些计划还是后续计划都不可能实施了[2]。当"胡德"号于1939年1月从地中海返回时，早已不再有机会使自己升级为真正能战的作战单位。这样，海军部也只能计划让她在参战前接受另一次改装。不过，随着战争迫在眉睫，即使是1936年预想的用时一年的"翻新"工作也只能缩减到6个月，而彻底改装留待1942年开始[3]。最初计划的工作包括在弹药库上加装4英寸的装甲板等，而实际完成的只是在平台甲板上加装2座双联4英寸炮和一间弹药库[4]。虽然这在一定程度上提升了"胡德"号孱弱的防空能力，但1939年这次改装增加的上部重量使已经超负荷的舰体承受了更大的压力，并导致一系列已有的问题恶化[5]。轮机上尉路易斯·勒·贝利描述道：

　　加装的防空武器、弹药还有增加的炮手，再算上"胡德"号在20年宣示国力的生涯中刷上的很多吨漆，她的吃水比设计值多了1英尺。只要稍有风浪，波浪就会涌上后甲板。海水渗下去，腐蚀着"Y"号15英寸炮塔的滚道，卡住了炮塔。主炮火力就这样减少了25%。[6]

① 《泰晤士报》1941年5月28日刊。
② 普里德姆《回忆录》第Ⅱ部分第166页。
③ 1938年设计，并计划于1942—1945年实施的改装工程的细节，见诺斯科特《皇家海军"胡德"号》第55–57页。
④ 剑桥大学丘吉尔档案中心，档案编号LEBY 1/2，《不离引擎的人》手稿第12章第4页。
⑤ 此次改装的细节，见罗伯茨《"胡德"号战列巡洋舰》第21页。
⑥ 勒·贝利《不离引擎的人》第49页。

　　勒·贝利另补充说明，问题就是"没有足够的熟练人手来维护一艘高龄军舰"[1]。至1940年3月前后，阿尔戈林牌润滑油和液压系统的污染状况已经开始影响"A"和"Y"炮塔的操作，要转动炮塔就要使用甲板滑车。海水直接导致钢铁生锈，这是一切钢铁制品的大敌。加拿大皇家海军军官候补生莱瑟姆·詹森于1940年12月来到"胡德"号上服役。这艘军舰从未能完成从平时状态到战时状态的转变，他对此印象鲜明：

　　我觉得他们没有尽力提高每层甲板上各处防水壁的水密性。那些墙壁从1920年起就因为安装新电路被打得到处是洞。实际上，整艘舰全是小毛病，这些毛病会影响安全，它们的积累非一日之寒。舰上有锈蚀的洞，有些地方补刷了不知多少层漆。还有很长的包铅电缆，很大一部分既没用又非常笨重。[2]

　　现实是这样：甲板上下刷了无数层漆，有些地方平均每平方英尺刷了几磅，这不仅使军舰已偏大的吨位进一步增加，而且在战斗中埋下严重的火灾隐患[3]。为解决这一问题，继普里德姆上校开始摧毁一代代人刷漆和上磁漆的成果后，1939年舰上又开始了大规模除漆工作。还有别的问题。"胡德"号推进系统至关重要的组成部分——锅炉和冷凝器的状况已经很不理想了。这令轮机上尉路易斯·勒·贝利1939年特别头疼，而直到军舰生涯结束时这个严重问题都没解决：

　　影响军舰机动性的另一个致命问题是，给水的纯度越来越差，腐蚀了锅炉。巨大的轮机下，军舰主冷凝器的管道已经老化并开始朽烂。含盐的海水通过真空吸上来，污染了周围正在冷凝、即将流回锅炉的蒸汽，这个一战期间舰船的顽疾被称为"冷凝器炎症"。另外，双层舰底中的备用锅炉给水箱的裂缝导致漏水，加重了污染。这两个问题形成恶性循环。当锅炉用水被污染后，必须把它排掉，用蒸发器中的水补充，而后者有时不足以补充锅炉水量。这样就只能从备用水箱中抽水，而那水很可能被污染了。[4]

　　自然，和平年代的最后一个夏天，勒·贝利一直闷在"胡德"号的引擎区，努力纠正这个被忽视多年的问题：

　　机械备件、锅炉耐火砖、橡木支柱、长长的接合管、更多的软管……我们不分日夜地拼命解决这个被忽视了十几年的问题。海军部一股脑要我们干许多没意义的事情，而我们明白必须做什么，分歧越来越大。官员们在相信直觉和

① 剑桥大学丘吉尔档案中心，档案编号LEBY 1/2，《不离引擎的人》手稿第12章第3页。
② 詹森《钢盔、雨衣和胶靴》第90页。
③ 剑桥大学丘吉尔档案中心，档案编号LEBY 1/2，《不离引擎的人》手稿第12章第3页。
④ 勒·贝利《不离引擎的人》第49-50页。

遵从命令之间左右为难，为说服他们就花了无数时间。[①]

工作一刻不停，几乎没有休闲时间：

有时候，入夜后放下了那吵人的工作，我们就会溜到美丽的米恩山谷中，观看蜉蝣飞起，有时还会钓一两条鳟鱼，畅饮啤酒。有时候，彻夜工作中，我们也会离开一个小时左右，去朴次茅斯老城的蒙克（Monk's）牡蛎排档，或去海军俱乐部吃便餐。虽然我想那个夏天我们精神高涨，但我们心里开始意识到自己面临的是最严峻的处境……工作节奏几乎在不知不觉中加快了。城里只好不去，我周末也很少回格洛斯特郡（Gloucestershire）的家。至于稍长的假期，想都没想过。[②]

但时间已经所剩无几。轮机长彼得·伯松轮机中校受海军部阻挠而未能派人修复状况最差的几台冷凝器，并且他判断该舰既不适合出海也不适合作战，于是他"时而会在炽烈的盛怒中颤抖"，在1939年5月被解职时拒绝宣布轮机部门"已全面做好了战争准备"[③]。这种刚直性格不仅拖累了他的晋升，还使他失去了中队轮机官的职位，不过之后看来这却凑巧使他逃过一劫。接替他的S. J. 赫伯特（S. J. Herbert）轮机上校则于1941年随舰战沉。

"胡德"号终于在6月2日重新入役，进行最后的战争准备，勒·贝利轮机上尉发现上一段服役期时的舰上军官如今只剩自己一人了：

幸运的是，后来成为海军名将的副舰长威廉·戴维斯（William Davis）稍前加入了我们的团队。尽管舰务助理官突然惨死[⑤]，但重新装弹、重新加油、航速与火炮测试工作都比预想的进展顺利多了。当然，问题还是数以百计。但戴维斯、格罗根[④]以及新上任的舰长埃尔文·格伦尼（Irvine Glennie）以相当镇定和有幽默感的姿态，清扫着这些问题。补充了新人的军官活动室里也充满欢乐。[⑥]

尽管舰员们充满信心、努力不懈，但"胡德"号毕竟是一艘相当陈旧的军舰，它就这样于1939年8月13日起航前往斯卡帕湾。在朴次茅斯和南海城海岸上列队送行的人们也许不会知道，"强大的胡德"将一去不回。

考虑到国际形势，上级决定把大多数关键岗位的士兵都留在舰上，包括轮

① 同勒·贝利《不离引擎的人》第50页。
② 剑桥大学丘吉尔档案中心，档案编号LEBY 1/2，《不离引擎的人》手稿第12章第7-8页。
③ 勒·贝利《不离引擎的人》第50页。
④ 译注：指特伦斯·格罗根轮机中校。
⑤ 1939年6月29日，舰务助理官因严重违纪而被软禁，随后自杀身亡。
⑥ 剑桥大学丘吉尔档案中心，档案编号LEBY 1/2，《不离引擎的人》手稿第12章第9页。

机部门的很多人。1939年1月"胡德"号在朴次茅斯入坞时，仅有500人被抽调到海军兵营。她于6月重新入役，但在之后开始的动员中，乘员组中加入了后备人员，最后甚至加入了仅在战时服役的士兵，这削弱了成员组素质。"胡德"号在怀特岛外完成引擎和罗盘测试后出发，此时乘员组已超过1400人，约比和平时期多15%。由于战争迫近，且已侦知公海有德国潜艇，此次北上之行就与往年的秋季巡航不同了。这次航行中，为完成战争准备，操练、演习和机动一刻不停地进行，而过程中人们第一次感到了一种强烈的不适，而这以后将成为常态。路易斯·勒·贝利回忆：

我们已经多次练习过灯火管制，但午夜前总会开灯，让舰员们打开舷窗和舱口来通风。8月这个潮湿的夜晚，我们没这么轻松。海里有德国潜艇，它们一定知道我们出航了，随时都会有鱼雷攻击过来。通风不畅的餐厅本就弥漫着难闻的热气，我们还紧张，也许还有点儿害怕。我们把空气沿着舰身吸进锅炉室，试图让空气好闻些，但这样需要打开太多水密门。军官们的境遇也同样糟糕：后甲板下原本最舒适的舱室没人住了，已被关闭。我们中的一些人原来就住在装甲带之后不太舒适的位置，现在只好把自己的住处让给上级，自己在走廊上睡行军床。①

∧ 1939 年夏季，"胡德"号在朴次茅斯的干船坞中。在擦洗过的甲板之下，人们正在拼命奋战，让她进入战备状态。(托马斯·施密特)

实际上，"胡德"号从未像这样拥挤和死气沉沉。泰德·布里格斯：

甲板下很棒的宽敞空间没有了：舰上载了1400多人的战时满编乘组。夜晚，每条走廊上、每个角落里、每条缝隙中都挂着吊床。人们生怕就寝空间被占，只要提出要求，就很少松口。起初，我的吊床挂在一处有少年水兵储物箱的区域。

① 勒·贝利《不离引擎的人》第51页。

后来，我求之不得地搬到了后部的准尉舱室甲板。舰上挂起了遮光帘，日落时哨声传来 "灯火管制" 的命令。抛光工作尽量少做，除了火炮的工作部件外，所有反光的设备都被涂上好几加仑的灰漆来遮光。原本呈白色的甲板开始变灰，其余多数木制件都被涂暗。所有墙上挂的东西和 "精致的玩意儿"——包括餐厅里的许多台钢琴——都被送到岸上。"胡德" 号再也没有见证过和平。①

"胡德" 号在挪威海（Norwegian Sea）进行了一星期的巡逻，阻止德国商船袭击舰进入大西洋。之后，她来到因弗戈登补充燃料，于8月24日前往斯卡帕湾。这里，正在准备战争的本土舰队兵力停泊在她身边。31日，皇家海军开始动员。当天黄昏，"胡德" 号起锚离开斯卡帕湾。朗·威廉姆斯军士仍记得那一刻：

差不多是8月最后一天，"胡德" 号和护卫她的3艘驱逐舰迎着西沉的夕阳驶离斯卡帕湾。我们看着奥克尼群岛的丘陵变成紫色，一点点沉入海平线下；我们心里知道，下一次再看见这一幕时，我们已是参战国了。②

一语成谶。9月1日4点，"胡德" 号进入战斗准备状态，拉开了之后3天中一连串战斗警报的序幕。9月3日即周日清晨，当军舰在冰岛和法罗群岛间巡航时，接到消息：德国已开始入侵波兰；英国发出最后通牒要求德国在上午11时前撤军。朗·威廉姆斯写道：

收到消息时，我们意识到，还有几个小时一切就都无法挽回了。我舰乘员组已经上了巡航战位，炮弹已设好了引信。鱼雷装上了战雷头。这样，我们已做好了全面准备。③

11点，泰德·布里格斯发出了一条信号，这成为他生涯中第一条也是最重要的一条作战行动信号：

我看见代表 "E" 的旗举起，这代表接下来要发送通用旗语信息。乔治·托马斯（George Thomas）信号军士长下令："布里格斯，拿两面信号旗，去15英寸炮测距仪上，发送46号信息。" 我带着一种莫名的骄傲，也带着一阵沉重，一字字向舰队发出："开始对德国作战。"④

20分钟后，张伯伦首相低沉的宣战声传来。这是一个晴好的上午，舰员们

---

① 科尔斯、布里格斯《旗舰"胡德"号》第137页。
② 威廉姆斯《行过远途》第128页。
③ 同上条，第129页。
④ 科尔斯、布里格斯《旗舰"胡德"号》第137页。

从战位下来，集合在餐厅的天朗扩音器下和调到BBC频道的私人收音机旁。他们在肃穆的气氛中收听了新闻，心情乐观，某些人甚至兴奋不已：

> 一个引人注目的舰员这样描述那一幕："我记得从餐厅中走过时，人们都挤在扩音器旁，等着收听有关我们已经参战了的新闻。关于战争会持续多久，人们谈了不少，还有人听见'我们圣诞节前后就要把他们打垮'和'德国佬手里有啥军舰？'一类的话。"①

皇家海军对面前的战争整体上是乐观的。1938至1940年在舰上服役的A. R. 杰克逊（A. R. Jackson）军需上尉在开战后给妻子写的第一封信里生动地描述了这种情绪：

> 有人多年来一直试图杀死我的家人，但他们一直没机会，我们年老体衰时总是在床上离世。我用一件比上一件好很多的皮毛大衣和你打赌，我会在结婚3周年纪念日前回到你身边——如果我赌输了，我会尽可能再加一枚带花环的锆石戒指。请明白，我们已经让他们疲于奔命，他们已经对封锁叫苦不迭。我希望我们平和、胜利地结束这次冲突，并且所花时间比大多数人认为的短不少。②

但另一些人不同。9月3日，朗·威廉姆斯和战友们坐在秋日下，思绪万千，心潮涌动，很多人一定与他有共鸣：

> 听见宣战后，我们在便携式收音机旁坐了一会儿。我们那时在小艇甲板上，坐在通风设备上、桨架上和一切能坐的东西上。那是个晴好的上午，舰艇随着大西洋的长涌浪慵懒地抬起。[……]这是个适合出海的日子。只是有一种想法破坏了静谧的情景和上午的美丽。涌动的大洋之下某处，敌人的潜艇已经进入战斗状态，而我们是个值钱的目标。我还单身，没养家责任，所以我听见新闻时多少有些无动于衷。当然，我的生活节奏将被打乱，这让我生气，我想我对战争的这种态度是自私的。还有另一方面要考虑。多年来，我们受训练就是为了应对这种可能性。现在，该由我们来证明纳税人花的钱将得到回报。我试着估算自己有多大能力应对这种新局面。我知道我在平时场合下的弱点，但我在战争时期，面对可能爆发的战斗会造成的一切，会表现如何？我把自己想象成一个身外的影子，从局外人的角度研究自己。"你是会害怕呢，"我问自己，"还是会成为当英雄的料？"恐怕所有人都问了自己类似的问题，并像我一样，得出了相同的答案："等着瞧！"③

① 吉尔里《"胡德"号》第16页。
② 帝国战争博物馆第66/45/2号档案。1939年9月8日。
③ 威廉姆斯《行过远途》第132页。

事实最终证明他的想法是最准确的，尽管他自己都没想到会有这么准确。但此刻，生活和作息还要继续。

我们继续交谈，直到哨声命令士兵们就餐。接着我们到下面去，吃了战争时期的第一顿星期日正餐。至少，这新闻没影响我们的食欲。[1]

而且确实是这样，士兵们经过仔细考虑，意识到局势已经无法挽回，所有萦绕的疑虑都可以抛开，现在能做的就是鼓起最大的决心迎接挑战：

这是种解脱。现在我们知道我们要去哪里。无论前面的路有多长、多艰难，我们都必须走到尽头。就这样，"胡德"号和乘员组投入了战争。[2]

战争爆发后几小时，德国U-30号潜艇击沉了"雅典娜"号（SS Athenia）邮轮，这相当于宣称德国海军将再次计划用潜艇进行海战。"胡德"号与护航的驱逐舰已经采用"之"字反潜路线，而"胡德"号又采取了措施保证受到攻击时有足够的水密性。朗·威廉姆斯写道：

既然战争已爆发，我们每个人都清楚了自己的处境。现在开始，我们要特别注意什么该关上，每次都把身后的水密门和舱口闭锁到位。我们执行任务时，多了一份意识和警觉心。[3]

两周后，"勇敢"号航空母舰在英国西部海域（Western Approaches）被鱼雷击沉，这让英国明白即使最大的军舰也会受到潜艇的威胁。"胡德"号乘员组得到了充气救生圈，终日带在身上，但值守主配电盘的威廉姆斯认为自己对军舰的电路足够了解，知道如何补充预防措施：

我最先做的事情包括拿了一个电筒和一个哨子，后者绑在救生圈上。我清楚，如果军舰受了重伤即将沉没，那么实际上所有的灯和电源都必定失灵，这样人就必须自己找路离开军舰。接下来，一旦到了海里，尤其在夜间，重要的事情就是吸引别人注意自己。这时就用电筒和哨子。虽然我的战位在引擎室里，负责操作一处发电机断路器，但我的工作岗位仍在主配电盘边。配电盘在军舰腹地深处，前部15英寸炮弹药库正上方。要逃出去，人必须先后通过多处

① 威廉姆斯《行过远途》第133页。
② 同上条，第129页。
③ 同上条，第133页。

出入口挤出去（出入口开在装甲舱盖上），它们都仅容一人通过——一旦意识到这些，人就会不安。[①]

不过，无论这些担忧是否有道理，毫无疑问的一点是，战争时期海上生活的极不方便逐渐成了更大的问题。人们需要将主甲板下的水密门和舱口保持关闭状态，因此他们需要安装临时卫生设施，而这些设施的实用性常不令人放心。据路易斯·勒·贝利回忆，"胡德"号的损管规程令一些资深士兵颇感压力：

> 伯特·海明斯，在工作间担任十多年领头角色的技术兵，拥有无可替代的车工和钳工手艺，但身材庞大。根据新的损管规定，进入工作间只能通过天花板上的一个小出入口。那么，让海明斯早晨钻进去、晚上钻出来就是一项大事，需要几个人合作；白天还得专门安排他需要的东西。但精神高尚的他并不把难题放在眼里；为满足他的需求而跑前跑后的人们看见他的态度，更愿意帮助他了。[②]

同时，对军需上尉罗伯特·布朗（Robert Browne）来说，战争最初几个月里的头号大敌是沉闷感：

> 战争似乎和以前一样无趣。似乎没发生什么事情，在春季天气转好之前我也不指望发生什么。我们仍然在准备迎接敌人的水面舰艇，但"施佩伯爵"号覆灭后，我觉得它们会在老窝里躲一会儿。[③]

至1939年年末，"胡德"号的行动已经固定为在北方海域搜索敌军袭击舰和溜过封锁线的漏网之鱼这些永远做不完的事，而她生涯中剩下的时间也基本如此，除了一两次重大的例外。这种日子一成不变。油箱加足了燃料，"胡德"号便起锚，与护卫的驱逐舰队一同进入弗洛塔（Flotta）和南罗纳德赛（South Ronaldsay）两岛间的霍克萨湾（Hoxa Sound），通过拦阻网，离开斯卡帕湾广阔的锚地。通过已经排除了危险的航道后，这支中队会以25节速度"之"字航行，最后进入彭特兰湾。离开斯卡帕湾时可能会有一次射击练习来振作士气，攻击最远12000码的拖航战斗目标。但是，之后要做的全部事情就是让皇家海军高度紧张的眼睛一眨不眨地盯着几处海峡，防止德军通过这些必经之路攻击大西洋运输队；在高海况和恶劣天气下进行无休止的"之"字航行；忍受疲惫、不便和沉闷——总之，"胡德"号和其他十几艘军舰一起搏击着风暴，争取生存或面对毁灭。

战列巡洋舰中队的警戒行动有多大效果，很大程度上取决于编队位置保持

① 威廉姆斯《行过远途》第133页。
② 剑桥大学丘吉尔档案中心，档案编号LEBY 1/2，《不离引擎的人》手稿第13章第2—3页。
③ 皇家海军博物馆第1981/369号档案，第134号，海上，1940年1月22日。"施佩伯爵"号于12月17日在蒙得维的亚附近自沉。

① 给作者的信，2002年12月30日。

得如何。"胡德"号拖着破雷卫；3至6艘驱逐舰在前方2500至3000码处扇形排开，组成反潜屏障；后方5至10链处可能还有其他友舰跟随；必要时，"胡德"号会打开舰艉的雾灯。戈登·泰勒牧师（Rev. Gordon Taylor）当时是第3驱逐舰大队随队牧师，驻"箭"号（Arrow）驱逐舰，他回忆1941年4月13日（复活节周日）在冰岛以南护卫"胡德"号时发生的事故：

那个复活节早晨，我们在"胡德"号右侧护卫她时，我记得"胡德"号横桅上升起了一面信号旗，我舰的信号军士长拿着望远镜判读信号。舰长急于知道那是什么信号。"她在说什么，信号军士长？"舰长喊道，得到的回答是："H42，长官。"舰长接着说："天啊，那是我们的舷号！"我们"偏离了编队位置"，受到司令斥责。①

"之"字航行时，军舰每小时执行一种航行预案，频频转向，每段航程均偏离主航向20至30度，两次转向间隔5至10分钟，时长无规律。美国海军少校约瑟夫·H. 威灵斯从1940年9月开始一直近距离观察本土舰队的行动。关于9月5日至11日"胡德"号及担任护卫的军舰搜寻"舍尔海军上将"（Admiral Scheer）号袖珍战列舰时的巡航方案，他这样记载：

有件趣事情值得记下：出海那几天（6天）只用了两种"之"字航行方案，接下来至少还有两天仍用这两项方案。据本观察员所见，至今所有行动中

∨ 1939年11月，从"敦刻尔克"号上观察，正在冰岛外海的巨浪中巡逻的"胡德"号。将这张照片送给"胡德"号的舰员，作为两舰交好的表示，明显是出于马塞尔·让苏尔海军中将的建议。两舰的舰员从未在岸上见面，但交换过礼物，而"胡德"号送去的许多礼物将在米尔斯克比尔之战后无法避免地被退回来。（"胡德"号协会/巴克收藏照片）

采用过的"之"字航行方案都只限于这次任务使用的两种。供不同情况使用的"之"字方案原本共有33种。［……］反潜护卫预案有多种，反映英方对他们的潜艇探测器有信心。本观察员尚未观察到潜艇探测器实际侦测到目标的情况，但倾向于认为，英方对潜艇探测器侦测并防范潜艇攻击的效能信心过高。[①]

战列巡洋舰中队保持高速航行，所以无论是否采用"之"字方案，德国潜艇通常都难以击中它们，但实战经验已证实了威灵斯最后的论断。至1939年年末，"胡德"号已经至少一次与德国潜艇攻击擦肩而过，而她的舰员甚至不知情，更不用提护卫舰只了。10月30日，"纳尔逊"号在拉斯角（Cape Wrath）以北与"胡德"号和"罗德尼"号编队航行时，威廉·察恩（Wilhelm Zahn）上尉指挥的德军U-56号潜艇误打误撞地突破了驱逐舰屏障，用两条鱼雷击中了前者。这次战斗中，德国鱼雷质量不佳，本土舰队才得以避免继"勇敢"号和"皇家橡树"号沉没后遭受更大的惨剧。潜艇探测器确实取得了一些成功，只是战争的头几年中遭到横祸的却是北大西洋的许多鲸鱼。朗·威廉姆斯军士明智地为自己装备了救生圈、电筒和哨子。

"胡德"号继续执行和平时期海军每班4小时的值班制度，但现实情况要求在任何时刻都要有远比以前多的舰员能立即执行任务。出海时白天的标准作息即巡航部署方案要求1/3的舰员在岗。黄昏时军舰执行1小时战斗部署方案，要求全体舰员在岗。夜间执行防御部署方案，半数舰员在岗，接着黎明前后的1小时则执行战斗部署方案。罗宾·欧文（Robin Owen）中校回忆了在北大西洋海域，在甲板上值晚班的典型情况：

还没有雷达的日子里，瞭望哨对军衔低的士兵来说是一种极其重要，但极其枯燥和令人厌烦的岗位，尤其在夜间他们要用双筒望远镜对着天际线的一个区域扫视上半个小时。在执行战斗部署和夜间巡航部署时，我担任瞭望哨指挥官。这种岗位最多有12人，分别在舰桥两侧、敞开的小艇甲板后端以及瞭望台上。多数值班员要在指定位置上守4小时，而我则可以用我喜欢的方式随意巡查瞭望哨，事实上我发现这项工作挺有趣。另外，我有时可以下去热热身、吸根烟或是来点儿军官食品储藏室里的茶或可可。每段值班期开始时，一位军士会将瞭望手们集合起来，详细指明他们的瞭望哨位和工作时间。剩下的时间里，他和我一起检查各个瞭望哨，确保士兵们保持警惕，半小时换班并且明白自己的任务。下了哨位的士兵要留在小艇甲板的掩蔽棚里，这是一间位于前烟囱基部的拥挤隔间，舰上的焚烧炉位于此处。在寒冷的冬夜，这里人满为患并且生机勃勃。夜间采用的照明条件就是昏暗的红色灯光，士兵们取暖、吸烟，海阔天空地聊，从他们呢子大衣上蒸发的水汽使得空气潮湿混浊，让人恨不得用刀将这空气劈开。首先要说，在伸手不见五指的夜里巡视瞭望哨是一件令人恐惧的事，但我很快就可以蒙着眼睛完成——靠的是触觉，加上强制通风扇单调的轰鸣声，以及主机、厨房、面包房、餐厅、卫生间和浴室的排气口发出的噪音和气味。在晴朗的夜晚，军舰缓缓地前后左右倾斜，主桅杆顶的旗杆帽在星空背景下划出大弧线，有时冷峻的北极光还会照亮这一切。[①]

朗·威廉姆斯也有类似的体验：

夜间，舰员们按照防御部署方案全体就位，这种特定情况下我的战位在舰桥右侧的探照灯控制观瞄器前。这里由两人共同值守，在舰桥侧面高处的露天处，刺骨的寒风肆意刮在我们身上。我们连耳朵都包上了羊毛罩，与残酷的自然环境搏斗着，用双筒望远镜扫视着颠簸起伏的海平线。我们要共同连续值勤4小时，默契配合，以方便其中一人得空钻到舰桥平台下来一杯热可可，暂时躲躲寒风。我们必须时刻不离探照灯控制台，那里一直很冷。我们可以听见海浪撞击巨大舰体的声音从脚下远处传来，可以看见深邃的黑色苍穹在头顶一望无际，其上闪烁着无数耀眼的繁星，它们比我见过的都要更大、更明亮。我永远难忘在丹麦海峡这些不算长的、满眼星光的夜晚。带着海腥味的风如同刀子和利齿，无情地刮在脸上，见到衣服上的孔隙就钻进去；绚丽的北极光横贯天空，像一把巨大的银色扇子，这胜景令眼睛红肿的我们为之精神一振。在刺骨的夜里度过四小时后，士兵就完成了值班期。这时我们仍然全无睡意，因为空气里五味杂陈。我们向早班值班员交接，摇摇晃晃地下去，来一杯冒着热气的浓可可，接着回到餐厅的桌子边，度过夜晚最后的一段时间。[②]

显然，战时作息制度对某些人的要求更苛刻。路易斯·勒·贝利回忆：

对轮机军官来说，战时值班制度和平时大同小异，三班制。但对同一餐厅里指挥部门的战友来说，他们和平时期在舰桥上大约16人轮流值班，现在受到的影响就颇大。现在，多数主炮、副炮和高炮都要随时处于战斗状态，所以指挥部门只好采用我们这种作息。[③]

出海时，考虑到军舰受鱼雷攻击的风险，主甲板后部所有的军官舱室都不能住，这使环境更加不利，许多人只好在休息区或走廊上架起行军床，或者在军官活动室里临时找地方睡，结果军官活动室"很快躺满了人，个个困倦，很

① R.A.C.欧文中校《"胡德"号：1940年10月至1941年1月》（未出版的回忆录）第2页。
② 威廉姆斯《行过远途》第136－137页。
③ 勒·贝利《不离引擎的人》第52页。

多还带着火气"①。鱼雷不是唯一的威胁。1941年1月5日，"胡德"号到达斯卡帕湾外的拦阻网处时，人们发现左舷的破雷卫上缠着一枚德国水雷。水雷起初离军舰太近，不便处置，等它漂远后，艏楼班组才用一阵排枪将它引爆。②

在军舰结束了一次漫长的巡逻，回到斯卡帕湾后，第一件事情就是找一个泊位停下来，架起电话线路和电传打字机线路，与伦敦保持联系。接着，加油船、漂网船、邮政艇，有时还有弹药驳船就会来到舰旁向她补充物资。如果锅炉要升火，轮机部门会提前4小时接到通知，这样他们就能在不堪重负的主机下一次投入运行之前，进行必要的维护工作。这时，多数舰员过了10天才第一次洗澡、洗衣服，第一次一觉睡够三四个小时，第一次吃热饭，第一次取暖、解乏、锻炼，甚至收到家书。但有时候这些都是奢望，几小时内"胡德"号就会再次出海。1941年在舰上的罗杰·巴特利少校在家信中写道：

> 很高兴波西娅和朱利安身体健康——如果军舰不会像上次那样的话，我必须尽量在这封信里给他们写点儿东西。上次我们一加满油就出海，那让每个人极度沮丧。出海10天，港里18小时，没有休假，接着再出海一些日子。如果官兵们能上岸一个下午，打打高尔夫球或踢踢足球，哪怕只是压压腿，状态都会确实不一样。③

如同美国海军官方观察员威灵斯少校在一份报告中记述，这种作息对于必须忍耐它的舰员们来说极其难受：

> 舰上大约连续4天采用双班制，黎明前和入夜前则进入一级警戒（战斗部署），最后官兵们都疲倦不堪，战斗效能明显下降。无疑，人员缺乏效能也与恶劣天气有关。④

"胡德"号大部分战时服役岁月里，由于皇家海军的责任重大，舰队实力受到相当损耗，她成为世界上最疲于奔命的主力舰。继1939年10月"皇家橡树"号沉没，同年11月"罗德尼"号离开舰队修理操舰设备，最后12月4日"纳尔逊"号在埃维湾（Loch Ewe）外触雷后，"胡德"号暂时成了本土舰队司令、海军上将查尔斯·福布斯爵士（Sir Charles Forbes）手下的唯一一艘主力舰，而她自己也未能免于受损。9月22日，"旗鱼"号潜艇在荷恩斯礁（Horns Reef）附近被德国反潜护卫舰用深水炸弹重创。"旗鱼"号在深海挣扎了多个小时后才上浮，凭一台电动机向本土返航，此时她已不能下潜，无线电也暂时失灵。25日，海军部终于得知了潜艇的险境，派出整支本土舰队前往接应。

① 勒·贝利《不离引擎的人》第52页。
② 美国海军战争学院，威灵斯《追忆》第82页。
③ "胡德"号协会档案。1941年4月17日。
④ 威灵斯《英王麾下服役记》第63页。

斯卡帕湾

1912年，英国海军部决定对德国采取远程封锁战略，皇家海军便来到了奥克尼群岛巨大的斯卡帕湾锚地。此地扼守通往大西洋的北侧主航路，周长75英里的锚地四周布满岛屿。35年内，斯卡帕湾一直是世界上最重要的舰队基地之一。斯卡帕湾固然风光美丽，但对驻扎在这里的人来说，其他大多数锚地的条件都比它好些。1940至1941年在舰上的二等水兵B. A. 卡莱尔的观点与许多人的相同：

> 我在斯卡帕湾度过了3个冬天，那里景象阴沉，多数时候狂风怒号，冬天的几个月日照很短。在 "胡德" 号上服役时，如果有上岸休假许可，我就经常上岸，绕着霍伊岛（Hoy）走，有时和佃农们饮茶言欢。在那里的另两个冬天，我已经是军官了，可以享受舒服的军官活动室。[1]

奥克尼植被稀少，却是鸟类的天堂和钓鱼胜地。罗杰·巴特利少校在信中写道：

> 现在这里天气理想。你应该和莱斯利去这里休假——鸟类的生活很精彩。一群群各种鸥类——绒鸭、鸸鹋，还有很多鹬、金鸻和绿鸻。松鸡很少——鸥类喜欢吃它们的蛋。有天下午我在荒地上端掉了一处鸥类产卵地，拿到了100多颗蛋。其中半数受了精不能吃，但其他的做水煮蛋或做蛋卷都不错。我们来这里后我钓了两个下午的鱼，从一个大湖里钓到了一条很棒的鳟鱼，还从一条小溪里钓到了3/4磅的海鳟，那条

---

[1] 第二次世界大战亲历记录中心，第2001/1376号档案，B. A. 卡莱尔，第5页。

▽ 可以称作 "灰色的北方女王" 吗？
1940 年冬季，"胡德" 号在斯卡帕湾。
（当代历史博物馆，斯图加特）

小溪穿过我见过的最赏心悦目的山洞，流入大海。①

　　但人们主要用散步来消遣。一战期间，大舰队在斯卡帕湾长期戒备时，海军上将大卫·贝蒂爵士经常在海边短时间散步，他的继任者们也如此，正如美国海军少校欧内斯特·艾勒在1941年春季吃了苦头后发现的那样：

　　我下午来到舰上，然后我见过的最好的绅士之一、航海长沃伦德中校提议去散步。他说他需要健身。当然，我还没怎么真正散过步。我一直乘火车、汽车在各地间奔波，距离短则步行。所以我喜欢他的提议。我们上了岸，去了一座岛屿——我想那就是霍伊岛，之后他说："我们来横穿这个岛。"我从来没有在石南花丛中走过。那就像走在让人脚踝生疼的土

包上一样。于是，我们走了大约3英里，穿过了岛，又回来。我的双脚都酸了。我已经筋疲力尽。而且，你瞧，小艇还不在我们离开它的地方！我开始担心，但航海长说："噢，我之前让他们驶往约2英里外的岸边，这样我们就有一小段路可走！"②

　　斯卡帕湾少有生活设施。这里建了足球场和橄榄球场，但至少对军官们来说，主要的娱乐场地是九洞高尔夫球场，它的果岭由锚地中的每艘主力舰和每支驱逐舰大队派人维护。锚地有一间提供啤酒的"酒水餐厅"，莱尼斯村的海军基地以及奥克尼的中心城镇柯克沃尔（Kirkwall）分布着娱乐设施。1940年12月30日，美国海军少校约瑟夫·威灵斯在岸上度过了一个典型的夜晚，在莱尼斯的演出大厅里观看喜剧演员威尔·费夫（Will Fyfe）表演的节目，接着在军官俱乐部喝啤酒，最后在大风中乘漂网船回到"胡德"号③。开回"胡德"号平时的锚地花了20分钟，锚地位于斯卡帕湾中央，有拦阻网保护。1939年10月14日夜"皇家橡树"号的沉没表明，斯卡帕湾易受潜艇攻击，只是防御上的漏洞在后来的大规模工作中被补上了，而舰队也因锚地的工作直到1940年春才回到锚地。本土舰队回到这里后，仍然容易遭到空袭。为此，每天都有一艘舰被指定为防空警戒舰，用高炮协助岸上的永备防空力量，这项任务需要多数舰员不离战位。炮术和鱼雷射击训练也在进行，而轮机部门继续清洗和维护推进设备。由于这一切，斯卡帕湾未能让人远离战争，许多人从未离开自己的军舰，另一些人即使离开也只是到访其他军舰的军官活动室和士兵餐厅。"胡德"号一生的最后几年除了少数几次身在别处，将在这里以及整个大西洋上度过。

---

① "胡德"号协会档案。1941年5月12日。
② 艾勒《回忆》第Ⅱ部分第458－459页。S. J. P. 沃伦德中校1941年5月随舰战沉。
③ 威灵斯《英王麾下服役记》第84－85页。

① 勒·贝利《不离引擎的人》第53页。
② 译注：盟军为英裔纳粹德国播音员威廉·布鲁克·乔伊斯（William Brooke Joyce）起的外号，此人战后被处决。
③ 威廉姆斯《行过远途》第135页。
④ 海军中将路易斯·勒·贝利爵士署名文章，《海军评论》第90卷（2002年），第187页。

"旗鱼"号与友军汇合，在第2巡洋舰中队和6艘驱逐舰的护送下，于26日返回罗塞斯，但本土舰队第一次在海上遭到空中袭击。路易斯·勒·贝利回忆：

敌轰炸机攻击了"皇家方舟"号，她虽然没有直接中弹，但被巨大的水柱遮得看不见了。当"胡德"号小艇甲板上的炮手们还有我手下的损管队注视着"皇家方舟"号受攻击的一幕时，一枚大约三角钢琴大小的炸弹从天而降，落在军舰南侧离小艇甲板只有几英尺的海里。舷侧发生的骇人爆炸撕开了防鱼雷突出部的顶部，左舷下层系艇杆嵌满了弹片。锅炉兵浴室就在炸点旁边，那里所有的热水和冷水管道都裂了。①

更糟的是，冲击波使各台冷凝器受到重创，军舰险些失去航行能力。虽然"胡德"号没有像"呵呵勋爵"②在柏林宣称的那样瘫痪，但这次攻击不仅证明了她的防空武备战斗力不足，也暴露出舰员受到的训练实效不佳，后者是本土舰队各舰的通病。朗·威廉姆斯写道：

这次攻击突如其来，我们没来得及开一炮。格伦尼舰长立即下令，今后炮手不须等待命令即可开火。这让我们吸取了教训。我们仍然习惯于平时的练习流程，炮手接到命令再向目标开火。我们这次躲过了一劫，但今后不能再耽误战机，舰长明确讲了这一点。③

次日回到斯卡帕湾后，"胡德"号又遇到了新的困境。空袭时，舰上的汽油箱被抛入海中，于是在补充燃油之前，她的艇队中便只有两艘蒸汽巡哨艇可以航行④。当天下午，少年信号兵泰德·布里格斯和他的战友们玩命地从左舷下层系艇杆上取出弹片，但舰上已经留下了战争的印记。"胡德"号就这样初尝

了战火的滋味。

3周后，"皇家橡树"号在本土舰队的主要锚地——斯卡帕湾被击沉，这令"胡德"号的士气进一步受损。"皇家橡树"号过去也以朴次茅斯为母港，她沉没时，两舰的舰员多数仍是皇家海军和平时期的常备人员，所以"胡德"号的大部分舰员都可以在"皇家橡树"号的835名阵亡者中找到他们的亲友。对很多人来说，"皇家橡树"号沉没时，他们才第一次切身感到战争的震撼，第一次确信自己将在这场战争中与一支训练有素、斗志坚定的海军长期作战。此外，他们还担心自己遭到同样的厄运，因此"胡德"号在北部水域行动的几个月里，舰上充满了不安，瞭望哨们提心吊胆，乘员们的压力更大。"皇家橡树"号惨剧发生的当晚，"胡德"号在埃维湾。斯卡帕湾的防御出现了不可思议的漏洞，这意味着"胡德"号将频繁前往埃维湾锚地，没有一个舰员希望如此。埃维湾的好处是不会像斯卡帕湾那样频繁受到空袭，这里有险峻的风光，但生活却比在奥克尼群岛时更单调。朗·威廉姆斯回忆：

　　埃维湾固然是舰队的天然良港，在舰员们看来却很不理想。唯一的居民点是一个小村，里面有一个小酒吧，它却要服务整支舰队！考虑到这一点，每天只有1/4的舰员被允许上岸，后来上岸的时间只剩约5个小时。由于那间小酒吧只能容纳约40人，所以只有军士长和军士才能去，不过军衔较低的士兵可以通过侧窗买啤酒，坐在山坡上喝。玻璃杯不够用，所以想喝啤酒的水兵们在当地的五金店买光了所有白铁桶。于是，山坡上满是提着一桶桶啤酒摇摇晃晃走路的水兵，直到库存被喝光，酒馆老板只好慌忙向最近的城镇打电话索要更多的啤酒。数月后，海陆空三军合作社建起了一座临时餐厅，但在埃维湾的最初几周简直让人没法活。[①]

　　除了这些，"皇家橡树"号事件还使皇家海军自1667年后第一次蒙受了在己方主要基地被成功袭击的耻辱。1940年3月，本土舰队终于回到斯卡帕湾，在海军大臣温斯顿·丘吉尔的现场欢迎下，在防御已得到加强的锚地中停泊。

　　至1939年11月前后，"胡德"号在救援"旗鱼"号行动中受的损伤，以及在北方水域不断行动带来的负荷，使得轮机室中的冷凝器接近失效。当时的路易斯·勒·贝利轮机上尉这样描述9月26日的轰炸带来的情况，以及因陋就简的解决办法：

　　接下来，例行检测表明锅炉给水的污染已接近临界水平。一些管道和连接处已经失灵：我们患上了严重的"冷凝器炎症"。幸运的是，前辈们开发了

① 威廉姆斯《行过远途》第137页。

一种奇异的紧急处理法。冷凝器上用来吸入海水的阀门也可以把送料斗里的锯末吸进去。冷凝器的真空设备既然一直通过在漏水的连接处和锈蚀出了孔洞的管道吸入海水，那么也可以吸入锯末，暂时堵住漏处。没人亲眼见谁用过这方法，但如果我们不希望回到斯卡帕湾时锅炉已遭受无法修复的损伤，我们就必须立即尝试这方法。①

一回到斯卡帕湾，轮机部门就必须针对种种设计缺陷以及紧急修理的要求，采取强力措施：

一下锚，我们就开始了复杂的冷凝器检测流程：左舷冷凝器受影响最严重，而且全部4台都有问题。接着我们碰到另一个困难。冷凝器的设计者有先见之明地安装了锯末的送料斗，但把冷凝器管板和外罩之间的空间留得太小了。不幸的是，皇家海军不招侏儒，所以我们转而指望引擎室技术兵威格福，我们当中最瘦小的技术兵。他穿着泳裤，小心地爬进情况最差的一台冷凝器，将连接处调紧，将漏水的管道堵上。为了让他保持干劲，我们给他喝热牛肉汁和雪利酒混合的饮料，他越疲倦，饮料里雪利酒就加得越多。多亏了他连日的苦干，我们可以向上级报告做好了出海准备，不过航速受限，后一点让部门长特伦斯·格罗根（Terence Grogan）很生气。那之后，我们让威格福吃高蛋白食

比别蹭严重：舰员检查 1939 年 9 月 26 日炸弹对侧舷造成的损伤。7 英寸装甲带留下密集的凹陷，并被击穿，而连接突出部和 12 英寸装甲带顶缘的边板被掀掉。外伤很快被修复，但创伤已经使"胡德"号的冷凝器濒临失效。（"胡德"号协会/布洛克收藏照片）

海上女王的聚会

战争的第一年，"胡德"号曾被派去护送两支驶近不列颠群岛的大型运兵船队。1939年12月16日，她与TC1船队会合。这是第一支加拿大运兵船队，行驶在大西洋上的"阿基塔尼亚"号、"不列颠女皇"号（Empress of Britain）、"澳大利亚女皇"号（Empress of Australia）、"贝德福德公爵夫人"号（Duchess of Bedford）和"百慕大君主"号（Monarch of Bermuda）等皇家邮轮共运载了7450名官兵。除了意外闯入船队的"撒玛利亚"号（Samaria）邮轮撞击了"阿基塔尼亚"号和护航的"暴怒"号航母，"胡德"号以及20艘舰只组成的护卫队将船队平安护送到了格林诺克。这次行动仍然受到了高度称赞，如约翰·伊亚戈中尉所说："当他们到达时，我们在港里，然后爆发出'向船队欢呼'——那是绝妙的喊声！"[1] 1940年6月"胡德"号护送的则是US3船队，战争中规模最大的运兵船队。"玛丽王后"号、"不列颠女皇"号、"阿基塔尼亚"号、"毛里塔尼亚"号（Mauretania）、"安德斯"号（Andes）和"加拿大女皇"号（Empress of Canada）运兵船共运载了26000名澳大利亚和新西兰官兵。他们没能赶上法国战役，但会在北非沙漠大显身手。"胡德"号与3艘加拿大驱逐舰于6月12日从利物浦出发，于14日在比斯开湾与船队会合，4天后护送船队平安驶入克莱德河。

---

[1] 伊亚戈《书信集》（格林诺克，1939年12月22日）。

物，这样他不会变胖，而且当我们不在港里时，只让他干轻活。现在我们把他通过小小的出入口抬出来，我看见他了，他嘴唇青紫，牙齿打战。[2]

所以，事实就是，"胡德"号生涯中最关键的几个星期里，她作为战斗单位的效能竟依赖一名瘦小的技术兵以及从造船技工工作间里取来的大量锯末来保持。至11月，如特伦斯·格罗根轮机中校10月31日会见丘吉尔时报告的那样，"胡德"号冷凝器的状况必须立即得到重视了。军舰的航速下降到了27节，而无穷无尽的高海况中行动又使其他问题恶化。路易斯·勒·贝利写道：

海水不断拍击老迈的舰体，使它比舰员更加疲乏。冷凝器发生泄漏已是不争的事实；如我们所料，军舰底板的错位使更多的海水漏进了备用给水箱。由于出海的时间太多，而且水受到污染，锅炉清洁永远完不成。随着海军部见到了伯松预言的恶果，机械维护的工作量也一天天增加。[3]

此外，轮机部门身上的负担越来越难以承受，海上作息已经变成了工作8小时、休息4小时，而回港后又要不断地进行维护工作[4]。11月11日，"胡德"号停泊在德文波特，开始进行已经延迟的锅炉清洁，同时两个值班组准备轮流各放一周的假。但11月20日，就在第二个值班组刚离开时，"拉瓦尔品第"号

[2] 勒·贝利《不离引擎的人》第53–54页。三等引擎室技术兵莱斯利·威格福于1941年5月24日阵亡。
[3] 勒·贝利《不离引擎的人》，第54页。
[4] 勒·贝利"海上生活百态"第56页。

揭秘一种消磁措施

1940年2月之前，"胡德"号为搜索德国袭击舰而频繁巡逻，但徒劳无功。那个月，在格林诺克，它成了皇家海军中第一艘在舰体周围装备消磁线圈的军舰。线圈会消除舰体的磁场，因此它是应对德国磁性水雷的有效工具。入伍前担任电气工程师的约翰·伊亚戈中尉在安装工作中承担了关键职责：

我们进行了所有的试验，而"胡德"号第一个正式安装。事实上，我向鱼雷军官说明了磁场的单位，即"高斯"，于是他把这个过程叫作"消除高斯"。我负责工作中电气方面的事宜，他负责装配方面。这是解决问题的当然方法，同时其他许多人也得到了同样的结果——不是只有我们这样。①

线圈是由长几百英尺、直径2英寸的紫铜线缆构成的，它由人工放置在预定位置，而将它固定在船舷上则需要几天几夜令人疲倦不堪的工作②。不过，令伊亚戈非常烦恼的是，消磁手段很快就为外界所知。在克莱德河上游，新造的"伊丽莎白女王"号邮轮安装了相似的设备，以应对充满危险的跨大西洋处女航。不难预见，当她船体上围着一个显眼的圈，于

3月7日到达纽约时，美国媒体揭开了这种设备的面纱。装上线圈不代表大功告成。在干船坞里度过一段时间后，军舰需要做去磁工作，以除去积累的磁性。一等水兵朗·威廉姆斯回忆了1941年年初在罗塞斯进行的去磁流程：

回到舰上时，我们必须在军舰位于干船坞时，对舰体和建筑进行"去磁"。做这件事是为了去除消磁发电机在舰上造成的磁性。为了去除这种磁效应，舰体四周围起了粗重的电缆，它与已有的消磁电路走向不同。就是说，电缆从龙骨下穿过，向上延伸到甲板上和舰桥上。电缆从舰艏绕到舰艉，最后我们被围在粗重的电缆构成的线圈中间。接着，线圈上通了几秒钟的大电流，给军舰去磁。那些工作繁重不堪，把电缆从船坞底部的一边拖到另一边，并沿着舷侧向上拉。而且，我们花了几周才完成的一切工作，只是为了几秒钟一闪即逝的电流。③

---

① 伊亚戈《书信集》（斯卡帕湾，1940年3月10日）。这里的鱼雷军官很可能是安东尼·佩尔斯少校，他于1941年5月阵亡。
② 作者收藏资料，1939—1940年驻舰的少年水兵吉姆·泰勒的回忆录音，第2盘。
③ 威廉姆斯《行过远途》第150－151页。

∨1940年秋季的"胡德"号，舰楼侧面明显可见消磁线圈。（"胡德"号协会／梅森收藏照片）

（Rawalpindi）武装商船被击沉的消息传来，"胡德"号召回休假人员，弃锚火速出航。25日，在到达德文波特仅两周后，"胡德"号在大浪中驶出普利茅斯湾，她的改装并未完成，150名德文波特兵营的士兵被抽调到舰上补充人手[①]。而等舰上的冷凝器得到急需的彻底翻修，已是又过了4个月后。

　　1939年年底至1940年年初的冬季，"胡德"号不停地战斗，但最大航速已降到26.5节，期盼已久的改装一刻也不能再拖延了。2月中旬，海军部已经开始做在马耳他更换舰上冷凝器管道的准备，更换工作计划于3月3日开始，预计持续45天。不过，持续的巡逻、护航和掩护任务以及恶化的英意关系使原定工作无法开展。按3月29日做出的决定，"胡德"号将在德文波特进行改装。两天后，"胡德"号到达普利茅斯，并于4月4日入坞准备改装。丘吉尔对墨索里尼在地中海越来越咄咄逼人的态势感到气愤。4月12日，仍担任海军大臣的他要求"应集中最大力量完成'胡德'号的工作，因为我们可能需要用全部实力应对意大利的威胁或攻击。"[②]第二天，他得知自己认为只需35天的改装实际需要超过11周，顿时大怒："请给我解释为什么会有这么大的变动。"[③]看来，他相信了格罗根中校1939年10月给他的保证——"胡德"号能再坚持6个月，而没有正视他近期于3月8日至9日视察斯卡帕湾时看到的截然不同的情况。无论情况如何，关于"这艘王牌军舰""在战争最关键的时期"能多快投入战斗，丘吉尔得到了错误的消息，他称自己对此很烦恼。结果，"胡德"号由于改装，74天无法作战，这段时间过后丘吉尔已经担任首相了。

　　"胡德"号改装工作的主要项目除了更换冷凝器管道外，还有将最后10座5.5英寸炮更换为另外3座高平两用4英寸火炮和5座UP（无膛线弹丸或无旋转弹丸）发射器，并一同安装了这些武器的附属设备和弹药箱。各值班组再次得到了共14天的轮休，但留在舰上的人后来发现这是一段难受的日子。朗·威廉姆斯写道：

　　在德文波特进行改装期间，留在舰上的人的生活比其他时候更不舒适。船坞人员日夜连续工作，拆下旧火炮，装上新的双联装炮。锤子敲击铆钉的响声吵得我们完全没法睡觉，坐着吃午餐时也经常有炽热的碎渣和火星从上面泼到餐桌上——固定新火炮用的大型铆钉被烧到白热，从头顶的天花板上钻下来。[④]

　　不过，对某些舰员而言，"胡德"号的改装会让他们相当兴奋。

　　1940年4月9日凌晨，德国对丹麦和挪威发动进攻。德军在挪威沿海的克里斯蒂安桑（Kristiansand）、埃格尔松（Egersund）、卑尔根（Bergen）、特隆赫姆（Trondheim）及纳尔维克（Narvik）成功登陆，奥斯陆在进行了最初的抵

① 加拿大安大略省汉密尔顿市的罗伊·庞诺尔（Roy Pownall）先生是当时被抽调的一名士兵，作者感谢他在这一事件上提供的协助。"胡德"号舰员于12月中旬在格林诺克重新登舰。
② 丘吉尔《第二次世界大战回忆录》第Ⅰ部分第752–753页。
③ 同上条，第753–754页。
④ 威廉姆斯《行过远途》第143页。

抗后于当天陷落。不过，德军并未稳操胜券，因此英国虽然完全措手不及，战时内阁还是立即决定派部队进行干涉。伦敦方面制订的计划中，一种是在纳姆索斯（Namsos）和翁达尔斯内斯（Åndalsnes）登陆，接着对挪威中部的特隆赫姆展开钳形攻势，后一步被称为 "报春花" 行动。战时内阁不得不依赖皇家海军人员开展这次远征，可见英国的战争资源有多么捉襟见肘。"胡德" 号停泊在普利茅斯。4月13日早晨起，舰上相继接到数条代号 "报春花" 的命令，这是舰员们第一次感到有异常。[①]几小时内，舰上的3.7英寸榴弹炮——在和平时期的无数次演习中，以及在1938年海法（Haifa）的巴勒斯坦人起义中露过面的老武器，就被运到了码头上。到傍晚，250名官兵的远征军在C. A. 奥德里（C. A. Awdry）海军少校率领下集合，于午夜乘坐火车，携带五花八门的武器、物资和弹药前往罗塞斯。由H. 拉姆利（H. Lumley）少校指挥的皇家海军陆战队占远征军的2/3，他们装备自动武器和刘易斯机枪。据1939至1941年在舰上服役的军官候补生伊恩·布朗（Ian Browne）说，他们 "看上去知道自己要干什么，带着些许近乎高高在上的包容态度对待水兵们。"[②]另一方面，水兵们主要是从左舷第二值班组抽调的，他们并未给人特别好战的印象。军官候补生布朗回忆：

不过，必须这么说，人们很难对水兵分遣队作为一支军事力量的实力产生信心。［……］大多数水兵从没使用过步枪，甚至从未装卸过弹药。我担心，军官们也不是很熟悉威力惊人的0.45英寸左轮。在火车上，人们发现，有些水兵没有靴子，之前不知道他们怎么用绿色护腿掩盖了这个事实。不过，人们明白，枪炮军士还算了解榴弹炮。事实证明如果他不了解，情况会更糟。[③]

一天的旅途后，部队到达了罗塞斯，多数人登上 "黑天鹅" 号（Black Swan）护卫舰，其余则与 "纳尔逊" 号和 "巴勒姆" 号派出的兄弟分队分别登上 "麻鸦" 号（Bittern）、"火烈鸟" 号（Flamingo）和 "奥克兰" 号（Auckland）护卫舰。"黑天鹅" 号本来驶往奥勒松港（Ålesund），超载的护卫舰队由于海况恶劣被迫停泊在因弗戈登，之后该舰根据变更的命令前往翁达尔斯内斯。皇家海军已做好了抵抗的准备，但德军尚未到达翁达尔斯内斯，因此接下来4月17日的登陆完全顺利。19人的榴弹炮分队由D. C. 索尔特（D. C. Salter）中尉指挥，立即乘火车前往60英里外的多姆布奥斯（Dombås）。4月19日，他们在那里取得了唯一的战果：协助俘虏了45名德军伞兵。几名战俘的钢盔最后摆在了 "胡德" 号的士兵餐厅里。另一支分队被派往奥勒松，负责部署数门4英寸炮，以控制内海海峡（Indreled）。而一支海军陆战队分遣队由E. D. 斯特劳德（E. D. Stroud）中尉指挥，负责保卫在冰封的莱沙斯库格湖（Lake

① 此事见海军部公共记录办公室第202/422号档案，《海军评论》第77卷（1989年）第263-266页，[I. W. V. 布朗中校] "装备落后的海军登陆组"，吉尔里《"胡德" 号》第26页，及霍伊特《"胡德" 号的生与死》第50-63页。作者深切感谢I. W. V. 布朗中校(1939—1941年驻舰)和乔治·沃克一等水兵(1939—1940年驻舰)的协助。
② [布朗] "装备落后的海军登陆组" 第263页。奥德里和拉姆利1941年5月随舰战沉。
③ 同上条。

Lesjaskog）上建起的临时机场。不过，德军在意识到翁达尔斯内斯地区已被英军占领后，德国空军便开始给英军在那里的行动制造麻烦。20日起，翁达尔斯内斯的英军主力和各支分遣队频繁遭到轰炸，当地和附近的驻地被炸毁，"胡德"号的9名舰员受伤，其中2人重伤。同时，由于盟军整体攻势失利，撤退变得不可避免，岸上的各支部队一天天阵脚渐乱，随着德军逼近，官兵们甚至不得不利用山洞和周围的森林保卫自己。"胡德"号分遣队的士气整体上一直较高，尽管一些人在旷日持久的轰炸下顶不住压力而消沉。4月底，官兵们收到撤退命令时，感到些许解脱。29日，榴弹炮分队在翁达尔斯内斯登上"弗利特伍德"号（Fleetwood）护卫舰；30日，主力部队登上了"加拉蒂"号巡洋舰；其余人员则在不久后从阿菲阿内斯（Afaianes）离开。最后撤离的人员中包括"胡德"号的一个刘易斯机枪班组，他们负责守卫翁达尔斯内斯郊区最后的路障，于5月1日乘"奥克兰"号护卫舰离开。"胡德"号由斯特劳德中尉指挥的海军陆战队分遣队共获得1枚优异服务十字章和2枚优异服务勋章。至5月6日，即部队出发后刚过3周时，"胡德"号的官兵们回到了普利茅斯，有4名伤者未能返回，其中来自阿伯丁的一等水兵乔治·沃克（George Walker）在德国战俘营里被关押到战争结束，一等水兵哈里斯则潜入挪威内陆。那门榴弹炮也损失了，为了避免落入敌手，它被推下了悬崖。虽然英军奇迹般地安全撤回，但挪威战役盟军整体大败，这导致张伯伦内阁垮台。如朗·威廉姆斯说："我们从此再未客串过陆战部队。"[1]

军舰长期改装之所以对舰员们很有吸引力，是因为他们可以在连续多个月服现役后休长假。对于士兵来说，这美妙的一幕简直不敢想。来自黑斯廷斯（Hastings）的二等水兵阿尔吉农·福斯特（Algernon Foster）说：

> 舰上的兄弟们都在谈休假，但习惯上，除非我们登上了返家的火车，不然根本不相信什么休假。只是我们希望很快就要轮到我们——也许我该说轮到"他们"……[2]

不过，即使离开了军舰，休假也和其他任何事一样为诡谲动荡的战事所左右。1939年11月，朗·威廉姆斯在电影院里得知休假被缩短：

> 我当时在朴次茅斯的一家电影院里，母亲收到电报后，想法让经理把我的

① 威廉姆斯《行过远途》第143页。
② 皇家海军博物馆第1999/19号档案，第25号，斯卡帕湾，1940年3月9日。福斯特1941年5月随舰战沉，时为一等水兵。

∧ 少年水兵比尔·克劳福德，海战的牺牲者。（杰弗里·威廉·克劳福德中校）

姓名和地址投影到银幕上。幻灯片的内容叠加在正在放映的电影上，令我惊异的是，我看见文字出现在电影里一架船型水上飞机旁，它正沿着坡道下滑预备起飞。我离开电影院，在售票室里见到了母亲，她把归队电报交给我。我迅速把不多的物品打包，拿上一包三明治，亲吻母亲告别，乘坐公交车来到火车站。我看见"胡德"号的约200人，站上停着一趟把我们运回普利茅斯的专列。[1]

对许多人来说，休假中归队，从舒适和充满爱的家中离开，是再糟糕不过的事。来自苏格兰爱丁堡的少年水兵比尔·克劳福德（Bill Crawford）1941年3月给母亲写了很多：

昨天走时的感受当然糟糕。妈妈，那就像发生在多年前。可笑的是，一天多以前，我还和你还有南基一起走在王子大街上。昨天10点左右我们一起围着火炉喝了茶以后，我除了几块饼干，什么都没吃。［……］我当然希望自己昨天没离开。妈妈，我到达南昆斯费里（South Queensferry）时，差点儿改变主意再次回家。我刚错过了一趟过河的渡船，简直必须强迫自己等下一趟。即使我到达了罗塞斯，从那里走到船坞时，还在纠结是不是该回头。我仍然走了下去。根据舰上的航行命令，我被指控脱队。我还没见到副舰长，但值班军官说这是相当严重的违纪。妈妈，我告诉你这一切，这样你就不会担心，不会担心我过得怎样。[2]

他之所以苦恼不仅是因为他离开的东西，也是因为回到舰上后等待着他的现实：

我一开始觉得，在港里待了很长时间后，回到舰上不会有什么不快，但是天啊天啊，我发现这跟我想的截然不同。妈妈，我感觉透不过气，这里的每件东西都让我想起家，但不能让人感到那么舒适，或者差不多那么开心。无线电设施、旧报纸和每个人看上去都像在等着我出现，接着他们开始唱我在家时你总唱的歌曲。我总是想哭，妈妈，我一直如鲠在喉。[3]

在这令人无精打采的气氛之外，还有严酷的作息制度和重复工作，它们构成了一种毫无体感舒适和精神放松可言的生活：

我不知道我出了什么问题，但我觉得不舒服、疲倦，觉得方方面面都受够了。昨晚我睡了约5小时，因为我从12点到4点要值班。一想到要再吃一次这类

[1] 威廉姆斯《行过远途》第139页。
[2] 帝国战争博物馆第92/27/1号档案，海上，1941年3月19日。军舰副舰长W.K.R.克罗斯中校1941年5月随舰战沉。
[3] 同上条，海上，1941年3月20日。

食物——呸！——一成不变，日复一日。①

　　当然，比尔·克劳福德再次踏上的这艘军舰有时很不适合居住。路易斯·勒·贝利记得1939年10月在挪威外海时舰上的条件：

　　10月，在最恶劣的天气里，我们在罗弗敦群岛（the Lofoten Islands）外海，护送一支从纳尔维克运来铁矿石的重要船队。士兵餐厅越来越冷，舰上的蒸汽取暖设备（从没使用过）严重泄漏，因为蒸发器已经无法补偿损失的水，我们不得不将取暖设备关闭。军舰不断地前后左右摆动，巨大的装甲指挥塔和舱面之间的甲板连接处严重漏水，餐厅本来已经十分拥挤、寒冷，而地板上流淌的水使得情况更糟。②

　　军官候补生居室的环境并不好多少。当"斐济"号巡洋舰接受修理时，军官候补生罗宾·欧文于1940至1941年的冬季在"胡德"号上服役：

　　我们在10月的一个黑暗的寒夜登上了她，她外观巨大，像一座没有灯火的大城市停泊在斯卡帕湾里。尽管她有着巨大的舰体和声誉，我们对这次调动却一点儿也不开心。军官候补生室挤着28人，多数都比我们年长、资深，按照一贯的传统，无所不用其极地像对待勤杂工而且是临时勤杂工一样对待我们。多数人各自结成小团体，几乎不与其他团体融合。我们来自"斐济"号，那里的军官候补生仅有6人，情同手足，因此我们觉得这点令人恐惧。房间本身陈旧而不舒适，我们只好轮流就餐，饮食质量也不好。挂吊床的空间十分拥挤，乱七八糟地摆着加装的船用储物柜，风扇吵人，头上的通风管道在恶劣天气里还漏水。浴室和水房潮湿难闻，而且它们位于水线下的甲板上，经常由于上方的水密舱口关闭而去不了。③

　　但士兵居住区的情况最差。士兵们最讨厌的杂事之一是参加"干劲小组"，即被指派用拖把清理餐厅地板和通道中流淌的水，这项工作不分日夜，与此同时造船技工们将麻絮敲进舱口的泄漏处。在这样的情况下，出海时舰上完全不可能接近和平时期的清洁标准，不过与其他军舰相比，舰员没能做到这一点仍然反映出随着战争进行，士气和精力都在下降④。"胡德"号出发迎击"俾斯麦"号之前不久，新式战列舰"威尔士亲王"号的电报员詹姆斯·韦伯斯特（James Webster）在去"胡德"号上参加考试时，发现她整舰"破旧"⑤，鱼雷发射管满是锈迹。司令艇严重缺乏保养，来自"威尔士亲王"号

① 帝国战争博物馆第92/27/1号档案，海上，1941年3月19日。
② 勒·贝利《不离引擎的人》第54页。
③ 欧文《"胡德"号》（未出版的回忆录）第1页。
④ 美国海军战争学院，威灵斯《追忆》第74页及第90页。
⑤ 帝国战争博物馆有声档案，电报兵詹姆斯·布罗克·韦伯斯特，第13205号，第3盘。

的少年水兵詹姆斯·戈登（James Gordon）因未注意到这点而受到指责[1]。军官们的士气始终高昂，1940至1941年在舰上服役的轮机中尉、后来升为中校的布莱恩·斯科特-加雷特（Brian Scott-Garrett）回忆："因'胡德'号而生的优越感时刻都在，她是一艘壮观、伟大的军舰，她从不会出问题。"[2]但士兵的视角则不同。对同样于1940至1941年在舰上服役的二等水兵乔恩·帕特维来说，虽然"胡德"号的舰员平均年龄不超过23岁，她却"从来不是一艘很快乐的军舰"[3]。舰员们受着各种折磨：睡眠不足、食物冰冷、在恶劣天气中衣服湿透却连续几个小时不能吸烟提神、晕船和无趣。和平是遥远的记忆，休假是美好的愿望。最糟的是，敌人行踪不定，逃避交战，令人懊恼。随着战争进入第二年，这一切的恶果都显现出来，舰员们身心的状态都疲惫不堪。"胡德"号直到最后仍是一艘伟大的军舰，但到了1941年，舰上的生活显然几乎令人无法承受。5月1日，另一名仅在战时服役的士兵，二等水兵菲利普（姓氏不详）向朋友倾诉：

恐怕我完全没法给你什么新消息。这艘军舰仍被看作舰队中唯一的明星。一旦有言论引导人们去想她竟然还能浮着，这种言论马上就会被审查官的剪刀毙掉。毫无疑问，在你和其他以局外人身份了解她的人看来，她气势恢宏——"七海的女王""海神身上最不可侵犯的部位"。有时，当我透过酒吧的后窗，看见她停在岸边时，我自己甚至也这么想，但我在舰上生活并日夜干着舰上脏兮兮的杂务，所以我逐渐把她看成我所知的最大、最讨厌、最放荡和最欲求不满的坏家伙。我做的那些事情如果拿给一个不识字的工厂员工做，能做得好很多——虽然他不需要这么拼命——这样，生活纯粹就像地狱一样。自上次我俩见面以来，我的衣服除了清洗的时候，就一直穿在身上。我只能偶尔睡个囫囵觉。如果这样就能让敌人不那么鬼鬼祟祟，而是更多堂堂正正地行动，那么我们所做的还差不多值了。只有一件事一直让我惊异，我的士兵战友们俯首帖耳地忍耐遇到的一切事情——这种态度只能是由于缺乏想象力而产生的，而我觉得自己不可能染上这种态度。［……］这种生活很奇怪——和你知道的有关海的一切、甚至和你在乘拖网渔船时的奇遇都截然不同。实际上，即使在最恶劣的天气里，这种生活也不知为何毫无海的气息，以至于当我被烦不胜烦的纪律弄得精疲力竭、牢骚满腹时，我只需要俯身看着大海就能找到最好的逃避方法。但这种生活是单纯的，我们吃得不错。人不能抱怨物质生活的任何缺陷。我只是有时想自己能不能再去画画，或者清醒地思考。[4]

在这样的状况下，士兵们难免在压力下渐渐失控。乔恩·帕特维写道：

[1] 与作者的交谈，2004年1月5日。
[2] 帝国战争博物馆有声档案，第16741号，第1盘。
[3] 帕特维《雪地靴和晚宴服》第159页。数据来自伊亚戈《书信集》（海上，1939年10月9日）。
[4] 帝国战争博物馆第74/134至74/135/1号档案。

从我写的前几页看，战时海上的生活就是整天玩闹，但实情完全不是这样。缺乏隐私、生活条件恶劣、天气严寒，加起来足以令远比我坚强的人精神垮掉。①

比尔·克劳福德就是精神垮掉的人之一。1941年春季前后，他已经处于精神崩溃边缘：

妈妈，但我只要能得到任何机会，就会永远离开，因为昨天我真觉得自己的心死了，现在我对一切都不怎么在乎。当收到消息的时候，我感到一大块东西在喉咙里从下往上，那时我知道我不会再坐在软椅子里或火炉旁边了。妈妈，其他人看上去都没我这么糟，但他们多是英格兰人，我们在港里待的时间越长，他们在岸上花的钱就越多……连伊恩·罗伊（Ian Roy）也一点儿也不沮丧。我猜这就是因为我的本性，妈妈，我告诉你这些是因为如果我将来做了欠考虑的事，你不会过于愧疚。妈妈，无论发生什么，请相信我，因为我觉得如果这种状况继续我就会发疯。但愿我能离开这艘军舰，那么就不会这么糟。岸上有很多不错的岗位，只要人愿意扎进去做。②

妈妈，我在猜如果你给海军部写信，向他们询问我是否没有机会调到多尼布里索（如果名字和你拼写的一样③）或罗塞斯的岸上岗位，会不会有用。你知道，挑大的事情说，说你有两个儿子在外服役等，一定要写明我的年龄。我觉得这不会有用，但万一呢。④

比尔和菲利普一样，不会再等待太长时间了。5月24日，他在这种煎熬中阵亡。

虽然菲利普说水兵能忍，但有时情绪也会到达沸点。1940年12月，舰员们得知军舰将第二次圣诞节无休后，锅炉兵愤怒得几乎要兵变。该事件据说需要埃尔文·格伦尼舰长出面。比尔·克劳福德在日记中写道：

12月10日，周二。 舰员因为休假问题而不安。舰长今天就此事和我们谈话，他说无能为力。

12月11日，周三。 舰员公开谈论兵变，尤其是锅炉兵们，他们已经遇到过问题。

12月12日，周四。 事情达到白热化。事实上锅炉兵们进行了兵变，扣押了一些军官，说他们不会去工作。舰长要求他们都到火炮旁来，他告诉他们自己对于休假问题无能为力，要求全舰站在他这边。

12月13日，周五。 事情今天有所缓解。舰长昨天告诉我们他已尽他所能，

① 帕特维《雪地靴和晚宴服》第159页。
② 帝国战争博物馆第92/27/1号档案，海上，1941年3月19日。少年水兵伊恩·罗伊于1941年5月24日阵亡。
③ 译注：原作者误写为Donnybristle，正确名称为Donibristle。
④ 帝国战争博物馆第92/27/1号档案，海上，1941年3月18日。罗塞斯附近的多尼布里索有一座海军兵营"科克兰二号"。

① 帝国战争博物馆第92/27/1号档案,海上,1940年日记第124—125页。
② 引用于海因斯《战争中的巡洋舰》第36页。蒂比茨上校未在 "胡德" 号上服役过。

但他认为我们明年之前不会得到休假。他说尽他所能，也说他知道一些事情，但他只是一个舰长，如果他把这些事情告诉我们，会有不必要的麻烦。[1]

没有确凿证据证明此事件的真伪，当时在舰上的美国海军少校威灵斯也没有听说过。情况可能是，比尔的日记对居住在相邻餐厅的锅炉兵的描述存在严重失实。但如果引擎区的工作环境如一年前一样，那么本来就不像水兵战友那样易受纪律约束的锅炉兵们并非不可能集体铤而走险。不过，就多数舰员而言，由于仅在战时服役的军官和士兵所占比例越来越大，因此他们坚韧地承受了乏味的生活。海军上校大卫·蒂比茨爵士（Sir David Tibbits）对此有十分准确的描述：

那些举重若轻地承受一切，从不抱怨，把任何分内事做好、做得令人满意的舰员，正是那些安静的人，可能有家有子女，曾经在工厂、农场工作过，或当送奶员。无论发生什么，他们都一直做好自己的工作，无论是什么工作，他们都只是一直做下去。[2]

战争结束不过是个梦，但战友之情、家人的爱、岸上的儿女情长和对未来的希望在支撑着舰员们，而最重要的是战友之情。乔恩·帕特维写道：

战友们：1940年6月或7月，右舷3号4英寸高炮炮组在地中海。战争的磨难使士兵们之间出现了一种亲切感，这种亲切感是平民难以理解的，也是在和平时期无法复制的。高炮上方可见右舷后部那座0.5英寸联装机枪。左侧可见一堆即用弹药箱，右侧有一副夜间救生圈靠在护栏上。（ "胡德" 号协会/怀特伍德收藏照片）

　　第三件幸事是我和戴维斯中尉的友谊，他是舰上皇家海军陆战队的副指挥官。对他来说这事多少有些不祥，因为跟一个水兵交朋友不仅是闻所未闻的事，而且容易引发怀疑。但这位令人愉快的男子设法让我去了他的舱室，这让所有的批评都破产了。帮他跑腿、讨论舰上的音乐会、给他的吉他调音，还有（很粗浅地）翻译一段段法语诗歌。一进他的舱室，我就得到了仿佛归家般的待遇。茶喝了一杯又一杯，掺上杰夫的纯朗姆酒，我们谈个不停。他非常喜欢戏剧和艺术，由于无法在舰上的军官中找到同好，所以和我交流。感谢上帝，他真的这样做！［……］正是我与戴维斯中尉和杰夫·波普的友谊，支撑我度过了年轻时一些最艰苦、最绝望的时期。①

　　在战争的严酷考验下，年轻的水兵和锅炉兵之间也结下了罕见的战友之情。路易斯·勒·贝利回忆：

　　主机舱上方的通道是5.5英寸副炮弹药输送路线的一部分，因此执行战斗部署和防御部署时，此处的战位属于较年轻的水兵。许多人是少年水兵，当我们一起在地中海时，他们和我手下的年轻锅炉兵打成一片。这样，我们必须在引擎室和锅炉室里放置更多的"运茶船"——即装有棕色热汤的大锅，有了里面的液体，我们的汗腺才能正常工作——这是因为，时常有好奇的、起初还羞怯的来访者，应邀来到我们这酷热和充满蒸汽的舰体深处。②

　　"胡德"号的舰员们尽管远离陆地，与世隔绝，但他们发现自己和所有同袍一样，与大后方生活的兴衰息息相关。约翰·伊亚戈上尉和罗伯特·布朗军需中尉于1941年5月24日阵亡前，分别向家庭告知自己取消了一次婚约并定下了另一次③。他们也不能免受大后方残酷现实的影响。约翰·伊亚戈在家信中写道：

　　我猜到现在你已经收到了几次空袭警报。朴次茅斯的日子似乎很难过，而舰上多数士兵来自那里和附近。有一天，一个士兵因为接触了自己无权接触的设备而受到重罚；他的一枚优良表现奖章被褫夺，这意味着他的每日收入将永久减少6便士。后来又有消息传来，说在一次空袭中他家中了一枚炸弹，他的妻子、岳母和两个孩子遇难。没人记得这位可怜人受了处分。④

　　提到家庭，比尔·克劳福德无疑代表了很多人的想法，如他所写：

① 帕特维《雪地靴和晚宴服》第153-154页。霍勒斯·戴维斯陆战队中尉和杰夫·波普军士长均于1941年5月24日阵亡。
② 剑桥大学丘吉尔档案中心，档案编号LEBY 1/2，《不离引擎的人》手稿第13章第3页。
③ 分别见伊亚戈《书信集》（鲸鱼峡湾，1941年4月27日）及皇家海军博物馆第1981/369号档案（1940年2月书信）。
④ 伊亚戈《书信集》（斯卡帕湾，1940年8月27日）。

上次休假是我过得最开心的一次，仅仅是因为我在家里度过了更多时间。坐在火边聊天，佳肴下肚——哦，妈妈，所有一切里面我总算能留住一些。[1]

显然，最难承受的事情中，一件是不能得到生活中习以为常的东西，另一件就是没有来自家庭的消息。约翰·伊亚戈写道：

邮政状况很差，到明天我们就将一个月没收到一封信了，所以我不知道家里有什么事。我实在希望空袭的后果不太坏，发生的地点不太近。你的花园一定开满了花。我希望我能看到这景象。[2]

下面要考虑的就是未来，几乎可以说未来过于遥远和美妙，到了难以构想的程度。一等水兵阿尔吉农·福斯特在给他妻子写的最后几封信之一中，规划了家庭在战后的生活，但这规划注定永远无法实现：

我还没给你提过，只是，我为什么要尽可能多存钱，是因为我想存够钱用做酒吧的启动资金。当然，这需要不少钱，但下次等我回家我会给你细说。这场剧变结束时我要干什么，我想了很多。不过，我当然也想听你的意见。[3]

二战对英国社会结构产生了深远影响，而这种影响充分反映在皇家海军身上。战争爆发后，数万名后备军官和仅在战时服役的士兵加入现役，这些官兵注定会改变皇家海军的形象和自我感受。直到1940年，志愿者和应征者才开始大量加入队伍，但他们开始大批服役后，"胡德"号上的气氛发生了明显改变。在皇家海军和平时期的常备人员看来，这无疑是令他们喜怒交加的一幕。舰上的士兵应征入伍前从事各行各业，他们在战争时期被塞进了一个严酷和高度封闭的世界——皇家海军军舰的士兵住舱。一些人在压力下消沉，但好奇心和相互尊重也常培育出本来难以存在的友谊。二等水兵菲利普是一名彬彬有礼的应征士兵，在拼命应对战争时期海上生活的艰辛时，他记载下自己的适应过程：

……由于我是中队里——也可能是整个舰队里——年龄最大的二等水兵，故士兵住舱中资历很老的伙计们私下给了我一些特权。他们是很棒的兄弟。此时，如果从一位军士长那里得到一小杯朗姆酒，那比在纽约得到嘉宝[4]的吻还要美妙。[5]

另一些人，例如约翰·伊亚戈，由于在参军前具备专业特长，立即被任命

① 帝国战争博物馆第92/27/1号档案,海上，1941年3月20日。
② 伊亚戈《书信集》(直布罗陀,1940年7月12日)。
③ 皇家海军博物馆第1999/19号档案,海上,1941年4月13日。
④ 译注:即著名演员葛丽泰·嘉宝(Greta Garbo)。
⑤ 帝国战争博物馆第74/134至74/135/1号档案,海上,1941年5月1日。

为皇家海军志愿后备队的军官。在谢菲尔德的大都会维克斯公司工作的电气工程师伊亚戈于1939年8月28日志愿加入皇家海军，官任中尉，一个月后作为舰上唯一的电气工程师，负责操作"胡德"号的大功率设备。由于科技在海军作战中的作用愈发重大，加上人员缩减导致职业军官人数减少，因此皇家海军越来越紧密地依赖志愿后备队和后备队，后两者由来自商船队的志愿人员组成。据这支"纯正海军"的一名常备人员回忆："我们开始思索，没有他们时，我们是怎么过来的。"[1]当然，摩擦也有，这是因为预备役军官把他们的专业特长和活泼作风带到了皇家海军和平时期形成的保守环境中。1940年秋季，约翰·伊亚戈即将被晋升为上尉时，向家人讲述了他的经历：

> 我们部门的军官有变动。电气军官特纳先生因为妻子重病而刚刚离开。名义上他和我军衔相同，但他在这个岗位上干了20年左右，对军队事务相当在行，不过专业知识不怎么样，而且，不难想见，他起初对突然到来的我相当抵触。最后，我们相处得十分融洽，但如果我的军衔有了第二条杠，压过了他，情况就会有点儿棘手。[2]

不过，多数仅在战时服役的人员不可能指望适应得如此顺利。哈罗德·比德莫尔牧师写的如下一段话描述了他们的特殊困境：

> 战时，在皇家海军中，我们不得不承认一个事实：我们教区里相当一部分人从不知道"海外服役"这话的意义。他们从未长期离家，而且只有少数士兵小时候上过寄宿学校，对一年离家三次去上学已经习惯。因此，这么多士兵感受到远离家园的压力就再正常不过了。[3]

多数人意识到自己的不足，所以选择尽可能融入集体。1940至1941年在舰上服役的二等水兵B. A. 卡莱尔描述水兵们被派去工作时，自己用什么办法来适应：

> 在港里，当士兵们集合接受分配的任务时，我很快知道了自己站在队列的何处才肯定不会被分配铰接绳子之类的技术活，而是会被派去拉绳子把司令艇放进海里。[4]

尽管如此，仍然有一些措施被用来缓解海上生活的压力，其中一项是提供战时物资。1939年12月，"胡德"号非常幸运地得到了资助，提供物资的是皇

△ 杰夫·波普军需军士长，纯朗姆酒就是他在食品供应间里分发的。（"胡德"号协会）

△ 皇家海军志愿后备队的约翰·伊亚戈电气上尉。他凭借技术专长从平民直接成为军官。（比·肯钦顿女士[5]）

① 帝国战争博物馆第82/10/1号档案。人物为"达纳厄"号巡洋舰的管道军士威廉·巴特斯（William Batters）。
② 伊亚戈《书信集》（斯卡帕湾，1940年11月23日）。
③ 比德莫尔《难以捉摸的海域》第43页。
④ 第二次世界大战亲历记录中心，第2001/1376号档案，B.A.卡莱尔，第6页。
⑤ 译注：伊亚戈是这位肯钦顿女士唯一的兄弟。

家海军志愿后备队与皇家海军步兵师战时援助基金会。在特拉法尔加广场的办公室里，该机构从那时起操劳了18个月，为军舰提供各种羊毛织品、书籍、纸牌、游戏材料、唱片和其他许多物品，总数最终超过18000件①。1940年2月，联络官R. F. 杰塞尔（R. F. Jessel）少校高兴地报告，当军舰停泊在格林诺克时，收到了不少于17个包裹。收到的物品中，有一件大号白汗衫，这是寄给一位澳大利亚皇家海军军官候补生的，他第一次见到雪。其他物品还有可以用来进行十字戏竞赛的掷色子游戏道具，以及许多副供舰员晚间在餐厅和军官活动室里游戏用的纸牌。接下来寄到的一包肥皂则被有意无意地送到少年水兵餐厅。战时援助基金会事无巨细，有求必应。杰塞尔的继任者约翰·梅钦少校在1941年5月16日写的最后一封信中，要求提供纸牌游戏记分板，并为舰上的几名自由法军士兵提供法语书刊。他还道歉说军舰不能派出代表参加6月7日在伦敦为她举办的慈善音乐会了。因此，音乐会还未举办，"胡德"号已沉没的事实无疑令战时援助基金会的人员伤痛不已。不过，毫无疑问，基金会之前一年半的努力相当有价值并为此受到赞誉。朗·威廉姆斯军士写道：

许多羊毛织品是由善良的人们在家里织成并寄给舰队的，他们这样做是在以自己唯一的方式支援作战。我向他们保证，我们水兵祝福了他们，因为他们的努力。我知道我祝福了，因为人们只要知道冬天的丹麦海峡是怎样一个地方心里就不好受。②

最重要的是，分发战时物资尤其是纺织衣物一事使舰员能近距离接触那些他们为之而战的人。少年水兵吉姆·泰勒回忆：

战争时期，全国的妇女们建立了各种俱乐部和支援组织，为了提供"部队需要的援助"而做出了巨大努力。1939年11月，"胡德"号上所有的少年水兵每人得到了一双连指手套和一顶巴拉克拉瓦式绒帽，这些衣物的织造和分发都是通过这些组织进行的。我得到的东西上用针别着织它们的女士的姓名和地址。过了这么多年，我仍记得我的恩人是柴郡（Cheshire）康格尔顿（Congleton）一位姓格兰特的女士。我给她写了一封感谢信，而且很惊奇收到了她的回信。③

皇家海军志愿后备队与皇家海军步兵师战时援助基金会并非唯一向"胡德"号提供援助的组织。约翰·伊亚戈中尉记叙道：

① 吉尔里《"胡德"号》第32—38页。
② 威廉姆斯《行过远途》第138页。
③ "胡德"号协会档案。

　　……昨夜，一大包纺织品寄到了，寄件方是"速记员纺织协会"。里面有一双正适合穿在长筒靴里的袜子、连指手套和一项足以装下6个人的巴拉克拉瓦式绒帽。我大概会用它当床罩吧！[1]

　　另一条纽带则连接着约克郡（Yorkshire）诺思阿勒尔顿（Northallerton）的阿普尔加斯（Applegarth）学校，战争时期，"胡德"号一直收到自那里的学生们寄来的信件和物资。当时才10岁的斯特拉·杨（Stella Young）女士回忆起当年那种精神：

　　我们那时很小，但全心全意地承担起织围巾、绒帽和手套的任务。这些东西是为"我们的水兵"而制的。纤小的手指使用浸过油的羊毛很难，但我们在母亲们和其他家人的帮助下成功了。我们在墙上挂着图片，把信带到学校里宣读……[2]

　　收信人中包括瓦尔登·比根顿（Walden Biggenden）锅炉军士长。1940年9月6日，他在管理燃料油记录簿的忙碌中给一个叫杰拉德·格兰杰（Gerald Granger）的孩子回了信。乘员组充满感激地将两件礼物送给学校，学校至今仍参加以它们为奖品的竞赛。据说，"胡德"号收到的物资非常充足，而其他身经百战的军舰相对来说少有人问津，这证明英国大众心目中"胡德"号占有独一无二的地位，也正因如此，后来她沉没时人们的士气受到重大打击。

　　能提高士气的还有信件。战时有大量的信件需要投递，但受制于敌军的行动和"胡德"号的航行，信件投递次数少，时间不定。有时很长时间都收不到信，这进一步加深了与世隔绝的强烈感觉，也使有养家职责的舰员们在舰上生活固有的压力之外增添了一层担心。反之，收到信会让人欣喜若狂。当通常重达几吨的邮包终于被送到舰上，皇家海军陆战队邮局人员被派去处理时，舰员的士气会明显提升。同时，寄出的信必须接受审查，以防有关军舰及其行动的敏感信息泄露。战争开始时，审查由随舰牧师哈罗德·比德莫尔牧师负责，但战事日紧，同时舰员们经常与亲友长期分离，结果需要审查的信件太多，工作量不堪承受。不久，这项任务被移交给各分队指挥官，他们最后不得不把大部分空闲时间都花在上面。约翰·伊亚戈是1939年12月底被派去完成此项任务的人之一：

　　现在我是8名审查员之一，我们必须辛苦地阅读几英里长的文字，那是这些家伙写给妻子或情人的。他们说的都是同一类事，我们很少需要删掉什么东

① 伊亚戈《书信集》（克莱德，1940年2月28日）。
② 给作者的信，2004年1月31日。

西。这事挺有趣，因为人可以对在舰上的感受有个概念。我觉得所有人都过得好，很乐观。他们都意识到它可能会是一项长长的工作，他们除了享受它，别的什么也不打算做。[①]

至1940年8月，伊亚戈每天审查35封信。舰员们当然会意识到审查制度进一步威胁到了他们的隐私，而且对此事极为敏感，尤其是考虑到军官们则不用受这种难堪。由此，比德莫尔牧师在写给有志成为海军牧师者的手册里做出了如下警示：

> 绝不要在军官活动室里议论某名士兵，或者议论舰上乘员组的事情，因为你必须记住所有皇家海军陆战队勤务兵都是眼线。因此，虽然他们是一个忠诚的群体，那些被提到的士兵还是很快就会知道随舰牧师在军官活动室里议论了他们。这样，他们就会对你失去信心。这一点在军官们审查信件时也应高度注意（所以如果军官活动室里有士兵也就是传令兵或陆战队勤务兵在场，则尽量避免这样做）——如果你全无心眼，就可能看到一些笑话或观点而笑出来，有时候我还见过军官相当不动脑地重复这些笑话或观点。舰上乘员组天生对信件审查一事敏感，所以，如果军官们读他们的信时大笑的事情传开，官兵关系就会严重受损，这种损害可能产生深远影响。[②]

这样，审查制度虽然阻止了敌人窃得有价值的信息，但也关闭了许多士兵本可以借以向亲友宣泄情感的渠道。许多信的结束语都像比尔·克劳福德1941年4月6日写给母亲的信一样：

> 嗯，妈妈，和以往一样无话可说，至少没有能通过审查的话可说。所以我暂时就说再见还有深爱。
>
> 比尔[③]

但士兵的世界不是只有不幸，绝对不是。对幸存者来说，留在记忆中的不是压力和烦恼，而是在严酷环境中共渡难关的战友之情。参观者和老兵都证明，军舰在港时总弥漫着温暖而欢快的气氛。当然，强烈的枯燥感也是存在的，但战争爆发后，"胡德"号上有了许多有个性的人物，他们的种种恶作剧和趣事使舰上充满生机。罗宾·欧文中校回忆道：

有一次，在冰岛以北某处，周围难得地平静而晴朗，午餐时舰长（I. G. 格伦尼）罕见地通过舰上的广播做了一次讲话，宣称北极浮冰群的边缘距离军舰只有15英里，在桅楼上可以望见。几分钟后，我们已经驶入浮冰群的小道消息传遍了全舰。许多水兵从下面奔上来，想看看浮冰。当一小块冰沿着右舷舯部漂走时，舰员们十分激动，欢呼起来。后来才真相大白，原来是负责冷冻设备的锅炉兵把那块冰从制冰机里取出来，搬着它爬上几层甲板，把它从艏楼的一处舷窗中推了出去。这是士兵中的一种非常典型但相当讨喜的玩笑。①

还有军舰自办戏剧协会表演的戏剧。约翰·伊亚戈1941年1月向他的家人描述了其中一场：

前几天晚上，舰上举办了一场精彩的化装舞会，用了很多很棒的演出服，多数是在舰上制作的。晚饭后，军官们都四处散步，议论演出服、最热门的话题、最有趣的事等，接着我们留下来准备欣赏下面的卡巴莱表演。我们中的一位二等水兵就是战前卢森堡广播电台（Radio Luxembourg）的马默杜克·布朗（Marmaduke Brown）。你们可能听说过马默杜克·布朗和玛蒂尔达。他很会讲故事。②

文中提到的马默杜克·布朗实际上是二等水兵乔恩·帕特维，他后来投身戏剧界和电视界。帕特维非常出名，虽然战后他对生日庆典的记述有些许夸张，但那仍然无疑是一件令人难忘的事：

说到我，有一次生日时我挺走运，事后来看也可能算不走运，因为"老马米"的人缘好到了被两间或者更多间餐厅邀去的程度，每间有十几名士兵，我在餐厅里"呷大家的酒"。于是，我呷了大约36口朗姆酒，加上配给我自己的一小杯——相当于呷9口，总共45口。我十分钟内就醉倒了，两天两夜酒才醒。大家关心我，把我逗醒、扶起来、再次扶起来，最后让我躲起来睡个够，同时战友们干我的活，替我值班。③

他醒来时，发现自己的前臂被文了一条巨大的眼镜蛇，这是此事留下的永久纪念。

不过，还有几种娱乐是较易进行的。斯卡帕湾一直有非正式的橄榄球和足球赛，但战争爆发后，有组织的赛事多被缩减，士兵们只得进行舰上的娱乐活动。掷飞镖、克里比奇纸牌、国际象棋和麻将都有很多人玩，还有随舰牧师主持的惠斯特纸牌和桥牌比赛，奖品从战时物资包裹中拿取。比德莫尔牧师主持

① 欧文《"胡德"号》（未出版的回忆录）第2页。
② 伊亚戈《书信集》（斯卡帕湾，1941年1月5日）。
③ 帕特维《雪地靴和晚宴服》第147–148页。

的"深海童子军"活动和手工竞赛让舰员的心灵暂离战争，同时也展示了"军中荟萃了怎样的各路英才"[1]。来自塔尔伯特港（Port Talbot）的皇家海军陆战队军乐下士沃利·里斯（Wally Rees）用他"热情洋溢的小号"指挥了一支6人摇摆乐队[2]。餐厅中和娱乐区里放映的电影很受欢迎，而每周日军官活动室里也放电影，军官候补生们应邀前来观看。1940年11月17日查理·卓别林（Charlie Chaplain）的《大独裁者》在斯卡帕湾首映时，观众多达200人。1940至1941年，军官们看过的电影还有查尔斯·劳顿（Charles Laughton）主演的《伦勃朗》，洛丽泰·杨主演的《香阁藏春》，迪士尼拍摄的《匹诺曹》和《德州骑警再上马》等。在这种情况下，1939年10月下旬军舰在挪威海紧急巡逻时，放映设备浸水一定堪称灾难；难怪舰上的电气工程师约翰·伊亚戈中尉花了半天时间来修理设备[3]。摄影是比较流行的爱好，虽然随着战争的进行，胶卷愈发难找，而且安全方面的顾虑导致不能在岸上冲洗照片，舰员们只好在舰上将就处理。特伦斯·格罗根轮机中校更进一步，他用16毫米摄影机拍下了军舰航行的彩色镜头。这本来是为了制作一部片名为《"胡德"号眼中的战争》的有声电影，虽然电影可能从未杀青，但留下的片段展示了军舰告别和平、踏入战争时的独一无二、魅力十足的形象。最重要的事是阅读。除了舰上的图书馆和书店外，军官活动室也附一间图书馆，另外比德莫尔牧师还建了一间，"提供更好的书，旅行、音乐、美术、传记、历史和科学题材的书"[4]。不过，书籍和刊物相当短缺，舰员们翘首以盼《泰晤士报》和战争援助基金会寄来的书刊，后来这些书刊又和其他军舰的库存交换。下面说吸烟。除圣诞节下午外，在舱面下是禁止吸烟的，但许多疲惫和沮丧的水兵仍靠吸烟获得精神支持和安慰。烟卷便宜易得，但人们显然更喜欢美国的"切斯特菲尔德"牌（Chesterfield）烟盒，1940年圣诞节上午约瑟夫·威灵斯少校把这种烟送给了惠特沃斯中将和格伦尼上校[5]。同时，对于二等水兵菲利普而言，他1941年5月最大的心愿无非就是一个烟斗：

> 说到烟斗——我想要个樱桃木制的烟斗——小巧，柄向下弯，这样斗钵就能靠在我的胡子上（是的，我现在留胡子了——我好奇戴安娜看到了会说什么！）。我不愿打扰你，只是如果我把信写给伦敦的某家小烟草商，他们就可能会被轰炸，我就得不到回复——另外如果我把信写给我的兄弟约翰，他大概会做一个维多利亚时代早期风格的海泡石烟斗，那会让副舰长想扯掉我的胡子……[6]

只要状况允许，传统的庆祝活动仍会进行。战争时期的第一个圣诞节，舰

① 比德莫尔《难以捉摸的海域》第44页。
② 军乐下士里斯于1941年1月从"胡德"号上调走。作者感谢他的女儿戴安娜·莫里斯女士让作者看他的文章。
③ 伊亚戈《书信集》（海上，1939年10月23日）。
④ 比德莫尔《难以捉摸的海域》第44页。
⑤ 威灵斯《英王麾下服役记》第83页。
⑥ 帝国战争博物馆第74/134至74/135/1号档案。"副舰长"指W. K. R. 克罗斯，随舰阵亡。

员们正在北方巡逻，但仍然举办了庆典。约翰·伊亚戈中尉记叙道：

这次圣诞是我过得最奇怪的一次。我抽时间连续两天做礼拜。礼拜后，所有军官来回参观这些经过精心装饰的餐厅。最后一间参观的是准尉餐厅，我们在那里喝了点儿，接着我们又去军官候补生居室喝了点儿，最后回到准尉餐厅再喝！我们主要喝顶级香槟来庆祝，2先令6便士一瓶！圣诞午餐很有趣——我们都拿到了礼物、彩色拉炮、纸帽子和乐器。之后，所有人都往床上一躺，睡个够。下午茶之前，我继续去漂网船上工作，直到午夜。[①]

"胡德"号直到1940年1月5日才返港。1940年的圣诞节，她也阴差阳错地在海上度过——圣诞前一天下午，舰员们正在装饰餐厅时，哨声传来出海的命令。海军陆战队军乐队本计划当晚表演"吹号收兵"，由于军舰准备出海，演奏被迫取消。由于12月早先休假问题几乎引发兵变，这无疑是个艰难的时刻，但舰员们尽可能把节过好。泰德·布里格斯写道：

这是我二战时期在海上度过的第二个圣诞，但我们同病相怜。北极圈边缘的灰暗和刀子般的寒冷在甲板下消融无踪了，圣诞歌回响在餐厅里，在火鸡和葡萄干布丁上桌前，大家毫无顾忌地用管子吸着同伴小杯里的酒。餐厅里装饰着旗帜和从信号桥楼上要来的彩旗；舰长进行了一次游戏般的"巡检"，在他之前来的是一名穿着纠察长制服的少年水兵。甲板下，纪律在容许的范围内有所放松，但对值班舰员来说要做的是"照常工作"。[②]

不过，新年是在斯卡帕湾度过的，并有相应的庆祝活动。"胡德"号开始了她生命的最后一年，皇家海军开始了她历史上最凶险的一年。威灵斯少校对军官活动室此刻的庆祝活动有如下的描述：

午夜之前，军官们从军士长聚会上回来（实际上是在准尉餐厅里）。军需上尉布朗把舰钟挂在军官活动室的会客室里。按照古老的传统，钟在零点被敲响16次。舰长、司令、参谋班子、副舰长，实际上所有军官都回到了军官活动室。我们举杯庆祝1941年——和平与胜利，我们打出手势。一位军官候补生从居室拿来风笛，演奏苏格兰乐曲。从司令到资历最浅的军官候补生，每个人都开始跳各种苏格兰舞蹈。军官活动室的桌子被搬到一边，一场正式聚会正如火如荼地进行。司令、舰长、参谋、军官、军官候补生和准尉们一起跳舞，这一幕是非常难得一见的。总纠察长和海军陆战队分队军士长也参加了聚会，

① 伊亚戈《书信集》（海上，1939年12月28日）。
② 科尔斯、布里格斯《旗舰"胡德"号》第191页。

但没有跳舞。人们绝不会想到英国人之间能有这样的战友之情，因为他们应该是相当保守的。这给我留下了相当深的印象。这种精神是英国人最宝贵的财富之一。这精神将一路前进，最后带来胜利。1点45分，我离开了热火朝天的聚会，就寝……[1]

"胡德" 号的军官们有佳肴，有一箱箱雪利酒，有频繁的聚会，有海军陆战队勤务兵，生活比在士兵餐厅吃苦的人们舒适很多。1940年1月在格林诺克，被邀请到军官活动室的客人中有一位是歌手兼演员格雷茜·菲尔兹（Gracie Fields）本人，几位军官也得以把他们的妻子带到苏格兰，期待在军舰到达罗塞斯或在克莱德河中时与妻子共度美好时光。例如，伊亚戈中尉发现自己的事情比和平时期的工作轻松多了：

我们在舰上很开心，尤其是傍晚。在港里时，我们穿着礼服享用了一顿盛宴，每两周还有海军陆战队军乐队伴奏。在海上吃的只是 "家常餐"，因为那时候我们必须更努力工作。之前在谢菲尔德时早起，所以8点30分吃早餐可以算是恩惠。中午吃午餐，3点30分下午茶（午餐时我们通常在睡，下午茶时才起）。接着，如果在港里，我们通常可以上岸一趟，直到8点吃晚餐。这样，你已经知道了，只有上午9点到中午12点间才工作——这和以前在大都会维克斯一周工作47小时全然不同。[2]

实际上，伊亚戈在舰上的最初几个月里担心的少数几件事之一是，在港期间吃晚餐要穿的干净衬衫供应不足。1940年8月27日，他向家人写道：

难以置信，明天我就服役一年了。时间过得真快，生活很惬意。[3]

虽然他的经历完全不具代表性，而且工作很快会繁重许多，但士兵也显然体会到了军官们的这种惬意，后者在战时如同在和平时期一样，仍对军官们抱着怀疑和不满。二等水兵菲利普是一名仅在战时服役的士兵，他的最后几封信里有一封写道：

我们从来见不到军官，除了下达例行命令时。他们就像中国皇帝一样高高在上和不近人情——除了非常人性化和聪颖的随舰牧师。[4]

显然，如果人们在回忆 "胡德" 号战时的生活条件时能从中看出任何持久

① 威灵斯《英王麾下服役记》第85页。
② 伊亚戈《书信集》（斯卡帕湾，1939年9月28日）。
③ 同上条（斯卡帕湾，1940年8月27日）。
④ 帝国战争博物馆第74/134至74/135/1号档案，海上，1941年5月1日。这里提到的随舰牧师是R.J.P.斯图亚特牧师，其亦随舰阵亡。

不息的欢乐，那么他们一定是回想到了舰上军官们的生活。但同一时期内官兵关系如何呢？1939至1941年在舰上的军官候补生、后来升为中校的I. W. V. 布朗（I. W. V. Browne）客观地记述：

> ……如果官兵之间没有诚挚的尊重和合作，并辅以传统和习惯，那么皇家海军不可能在整场战争中……在苦不堪言的条件下士气如此高昂。①

这话后面一定大有文章，但和在其他许多方面一样，谈到"胡德"号时，现存的证据并不足以做出可靠的结论。舰上的生活和集体一言难尽，人们的观点众说纷纭，所以根据已有的信息无法做出权威的评述。也没有人对皇家海军官兵关系进行过系统化研究，所以无法参照研究来做出评价。如果没有发现更多的资料，如果没有更多老兵记叙自己的经历，史实注定会湮没无闻。

1940年5月10日清晨，德军发动了西线的最大攻势。两周内，战时内阁眼看部队被打得晕头转向，自己的策略也毫无章法，只好开始准备从欧洲大陆撤出英国远征军的行动。当英吉利海峡对面接连发生重大事件时，"胡德"号正在悄无声息地完成改装工作，先在普利茅斯，后在利物浦的格莱斯顿船坞。墨索里尼的宣战声明一传到利物浦，那里的商店就立即遭到洗劫，停泊的意大利船只被英方强行登上。"胡德"号派出的一支登船组奉命控制"埃里卡"号（Erica）货船，对方的船员很快投降。不久，登船组带着意大利船旗返回，并把一张有墨索里尼亲笔签名的画像送给军官活动室。登船组的成员们大多醉醺醺的，因为在英国水兵那找酒时从不会出错的鼻子的指引下，他们直接闯进了"埃里卡"号的贮酒室里②。"胡德"号最终于6月12日驶出利物浦时，舰员们得知"敦刻尔克大撤退"已经结束，皇家海军正在准备帮盟军残部撤出法国北部和西部。6月17日，正当"胡德"号与身边US3船队的运兵船停泊在格林诺克时，法国政府请求德国停战。5天后，新任法国总理贝当元帅接受了希特勒的条件，法国战役至此结束。当晚，格伦尼舰长在对舰员的一次定期广播讲话中，要求舰员记住，虽然"我们很可能对从前的盟友有某种厌恶，……但即使现在，我们也要把他们当作朋友，并尽力理解他们在纳粹铁蹄下的悲惨命运"③。舰员们固然沮丧，但也感到解脱，因为另一场灾难终于结束，因为"仔细想来，无须再保卫法国可能看上去是坏事，实则有好处"④。不过，"胡德"号舰员很快会发现，法国人受的折磨还没结束。

① 给作者的信，2004年3月8日。
② 皇家海军博物馆第1998/42号档案，皇家海军志愿后备队军官候补生P. J. 巴基特的日记，1940年6月11日；帝国战争博物馆有声档案，布莱恩·斯科特-加雷特轮机中尉，第16741号，第1盘。
③ 皇家海军博物馆第1998/42号档案，军官候补生P. J. 巴基特的日记，海上，1940年6月22日。
④ 伊亚戈《书信集》(海上，1940年6月18日)。

意大利加入二战后，英国海军部开始采取措施，用一支强大的舰队填补法国崩溃后地中海西部的军力空白。不过，伦敦于6月25日得知法德停战协定的条款后，显而易见的是，这支舰队一定会有一项更紧急的任务。根据条款，仍然基本完好的法国舰队将被"解除行动能力和武装，交给德方或意方控制"。该条款令英国政府不满，英方之前已经开始采取行动，防止各处分散的法国海军舰船或中队落入轴心国手中。被选中在地中海西部执行该策略的指挥官是海军中将詹姆斯·萨默维尔爵士（Sir James Somerville），他于6月27日开始指挥H舰队。H舰队本是1939年10月为搜寻"施佩伯爵"号袭击舰而组成的猎杀队，现在则被改编为一支独立舰队，以直布罗陀为基地，但直接对伦敦的海军部负责。在接下来的18个月里，萨默维尔的"分遣中队"一直在地中海西部进行巡逻，只要战争在继续，地中海西部就不能放弃。这项成就及其他许多著名的行动使H舰队在皇家海军史上占有特殊地位。"胡德"号于6月18日奉命从格林诺克南下，正是为了担任该舰队的旗舰，她于5天后与"皇家方舟"号航空母舰一同到达直布罗陀。

H舰队接受的第一项任务是消灭米尔斯克比尔的法国大西洋舰队，地点在阿尔及利亚的奥兰（Oran）附近。萨默维尔在舱室里仔细谋划了两天后，H舰队于7月2日从直布罗陀与支援兵力一同出航，后者隶属海军上将达德利·诺斯

∨ 1940 年 7 月，萨默维尔海军中将的 35 英尺高速摩托艇被主起重机吊起。左侧被帆布遮盖的火炮是左舷 3 号 4 英寸高炮。其右侧的即用弹药箱上方为"砰砰"炮平台。（当代历史博物馆，斯图加特）

（Dudley North）的北大西洋战区。毫无疑问，萨默维尔执行的是英国军队指挥官接受过的最尴尬的任务之一。战时内阁在给他的简报中指示，他应给自己的法国对手马塞尔·让苏尔（Marcel Gensoul）将军提供几种处置其手下舰队的选项，该舰队包括2艘新式战列巡洋舰、2艘旧式战列舰、1艘水上飞机母舰和6艘大型驱逐舰。英方给法方的选择包括：（a）出航，继续对德国作战；（b）由部分舰员操舰，前往英国某一港口；（c）类似（b），前往法属西印度群岛某一港口；（d）将军舰就地自沉。如果以上都不被接受，还有第五种，即让苏尔下令舰队在米尔斯克比尔解除武装。选择任何选项，都必须在6小时内执行，这一条件使双方指挥官都没有多少周旋余地。万一这些提议都被拒绝，萨默维尔将向让苏尔下最后通牒，声明将用H舰队的炮火消灭后者的舰队。

　　7月3日早8点刚过，H舰队出现在米尔斯克比尔港外。萨默维尔已经派出"猎狐犬"号（Foxhound）驱逐舰，载着他的军使塞德里克·霍兰德（Cedric Holland）上校先行出发，但后者直到16点15分才得以和让苏尔直接会面。他们进行了冗长的谈判最终却毫无成果，地中海西部各处的法国海军被激怒，伦敦方面施加了巨大压力，等等，相关细节本书不再详述[①]。读者只要知道，至17点30分前后，即萨默维尔在先前的通牒里规定的最后期限之后3小时左右，他明白自己除了开火已别无选择。几分钟内，少年信号兵泰德·布里格斯已经将下令立即行动的信号升起在右舷信号桁上。快到18点时，他在旗绳上挂上的则是下令开火的信号：

　　命令瞬间就有了回应。我转身去看的同时，"决心"号和"勇士"号的大炮已经随着命令发出了狂暴、骇人的吼声。接着是我舰开火警报器的叮叮声。几秒钟后，我感到双耳仿佛像被两个下水井盖夹在中间一样。"胡德"号的8门15英寸炮同时发出可怕的咆哮，产生的震动猛烈摇晃着信号桥楼。[②]

　　片刻，米尔斯克比尔港已经被英舰15英寸炮的前几次齐射蹂躏。3分钟内，"布列塔尼"号（Bretagne）战列舰爆炸，伤亡惨重。她的姊妹舰"普罗旺斯"号（Provence）和"敦刻尔克"号战列巡洋舰在连续中弹后被迫抢滩搁浅，后者

〈 "X"和"Y"炮塔，据推测拍摄于1940年7月3日米尔斯克比尔炮战时。（"胡德"号协会／梅森收藏照片）

① 见沃伦·特尤特《致命打击》（伦敦：柯林斯出版社，1973年），及布罗德赫斯特《丘吉尔的锚》第152－166页。
② 科克斯、布里格斯《旗舰"胡德"号》第167－168页。

受到的打击主要来自"胡德"号。"摩加多尔"号（Mogador）驱逐舰被一发直击弹击毁舰艉，变成了一堆冒烟的残骸，四周的海水被油染黑，水里有人在挣扎。18点04分，港口已被浓烟笼罩，萨默维尔下令停止射击。几分钟后，桑顿堡（Fort Santon）的海岸炮台开始齐射，射击愈发准确，"胡德"号被迫以凶狠的火力还击，同时舰队在烟幕掩护下驶出对方射程。事件似乎结束了，不过18点18分起，"胡德"号连续收到报告，称港内出现一艘战列巡洋舰。萨默维尔和参谋们最初没有理会，但至18点30分，情况已经明了："斯特拉斯堡"号战列巡洋舰在使友舰覆灭的浩劫中毫发无损，设法通过了"皇家方舟"号舰载机布下的水雷网，正与5艘驱逐舰一同驶往土伦。"胡德"号转向进行追击，以一台轮机叶片损坏的代价将航速提高到28节以上，同时"皇家方舟"号准备利用天黑前的最后时刻发动空袭。随着追击战的进行，"胡德"号再次受到攻击，先是"里戈尔·德·热努伊"号（Rigault de Genouilly）轻巡洋舰的一次鱼雷齐射，接着是阿尔及利亚来的一队轰炸机。不过，"剑鱼"飞机投下的炸弹并未使"斯特拉斯堡"号减速，结果20点20分，失望的萨默维尔下令停止追击。20点55分发动攻击的第二波"剑鱼"报告称有两条鱼雷击中敌舰，但事实上"斯特拉斯堡"号的航速未受影响，她于第二天完好地抵达土伦。3天后，让-皮埃尔·埃斯特瓦（Jean-Pierre Esteva）海军上将在突尼斯的比塞大（Bizerta）宣称"'敦刻尔克'号受的伤微不足道，军舰很快就会被修复"。H舰队得知此消息后返回了米尔斯克比尔，从"皇家方舟"号上出动的"剑鱼"飞机使这艘法舰再也未能作战。

　　皇家海军史上最令人唏嘘的事件之一就这样结束了。萨默维尔在给妻子的一封信中写道：

　　　　这本应是我们第一次作战，但竟成了这样的一幕，为此我们都感到自己肮脏透了、丢脸透了。［……］我确信我会因把事情搞糟而受责备，我想我确实搞糟了。但对你，我不介意承认我没有全力去做，以及人不能用那种方式打胜仗。[1]

　　他补充说，这是"现代最大的政治失策，我想这会令整个世界与我们为敌"[2]。一些人也表达了看法，说的与他大同小异。伊亚戈中尉在7月6日写给家人的信中，就这次作战的深远影响，附和着萨默维尔的担忧：

　　　　我想发生在奥兰的这些事十分遗憾——他们解决了法国舰队的问题，但我希望我们日后不会把这看作一个严重错误。"呵呵勋爵"显然已经气得说不出话——也可能只是我们没听到他的广播。[3]

① 辛普森（编）《萨默维尔文选》第109页。
② 同上条，第108页。
③ 伊亚戈《书信集》（直布罗陀，1940年7月6日）。

实际上，"呵呵勋爵"和德国宣传机器的其他零件一样，利用此事大做文章，在一次专门广播中把H舰队冠以"萨默维尔的偷袭者"之名。人们听到这里可以不怀好意地一笑，但也会愤怒，因纳粹造成这场惨剧而愤怒，因让苏尔不与英方并肩继续战斗而愤怒。最重要的是，一切竟然糟糕至此，这让人们懊恼和惊异。尽管这样，"胡德"号上仍不乏立足现实的声音。军官候补生菲利普·巴基特的声音就如此：

返航经过港口时，我们仍能看见一根根巨大的烟柱和舰上一小团一小团的火光，还有身后的城镇。我们也意识到这次行动多么令人不愉快。尽管如此，这毕竟是我们的职责，我们也成功履行了。[①]

不同的声音也存在。萨默维尔偶然得知后，怀着厌恶告诉他妻子："水兵们似乎根本没对这事感到揪心，因为'那些法国佬对他们来说一向不值一提'。"[②]虽然这种意见确实存在过，但现存的资料表明这种意见并不流行，也并不坚定。这是不光彩的事情，没人可以因此事获得长久的骄傲或满足。多年后军官候补生罗斯·沃登回忆起"胡德"号驶向直布罗陀时舰上的气氛：

当晚舰上没有人高兴。军官活动室这次气氛压抑，从司令到最年轻的水兵都怀着沉重的心情。[③]

"胡德"号在自己的第二次作战中几乎未受损伤。交战即将结束时，"敦刻尔克"号的一次齐射对她形成跨射，导致一等水兵帕齐·奥根（Patsy Ogan）一只眼失明、G. E. M. 欧文斯（G. E. M. Owens）上尉手臂负伤，弹片击伤了两座烟囱和右舷。但没有别的损失了，她似乎又一次平安归来。不过，对舰员来说，情况不一样。米尔斯克比尔外海的交战是"胡德"号第一次进行长时间战斗，这让所有经历了此战的人印象深刻。从"胡德"号7月2日17点离开直布罗陀起，至4日19点返回止，所有舰员几乎都一刻没休息。3日凌晨，舰员们听到号令，换上干净内衣，于4点45分登上自己固定的黎明战位，H舰队接近米尔斯克比尔时他们又于8点30分再次全体就位。接着他们开始了等待。舰上分发了兑水朗姆酒，接着在酷热中，士兵们吃了有汤和咸牛肉三明治的午餐，军官们则吃了炖菜和硬皮饼。但据军官候补生巴基特在日记中所写，"等待着法国将领做出决定，我们从下午就开始受到焦虑的影响。"[④]16点，军舰短时执行防御部署，比德莫尔牧师利用这段时间分发香烟，并尽可能鼓励在战位上等待的舰员们：

① 皇家海军博物馆第1998/42号档案，军官候补生P. J. 巴基特的日记，1940年7月3日。
② 辛普森（编）《萨默维尔文选》第111页。
③ 沃登"'胡德'号战列巡洋舰的回忆"第83页。
④ 皇家海军博物馆第1998/42号档案，军官候补生P. J. 巴基特的日记，1940年7月3日。

……我记得我们从黎明开始就没离开过战位，在战位上吃了饭，但直到下午6点军舰才开火；这样，由于服务社关闭，舰员们待在一个地方走不开，所以天色渐暗时香烟越来越难找，以至于当我在行动的间隙四处分发香烟时，香烟就像加餐一样受人欢迎。[1]

16点30分左右，他回到自己的舰桥广播员岗位，之后军舰几乎一直在作战，直到21点。其间，"敦刻尔克"号开始瞄准她射击，接着是"斯特拉斯堡"号，"胡德"号在这段时间里第一次有了被大口径炮火攻击的经历。泰德·布里格斯写道：

突然，琥珀色的亮点划破了黑暗。我舰开火的咆哮声中传来尖利、令人毛骨悚然、越来越响的低啸声，标志着我们自己第一次遭到军舰炮火攻击。一次稍偏近的齐射落在右舷旁时，发出耀眼的红色闪光。几秒钟后，一连串蓝色闪光迸发出来。[2]

军械技术兵伯特·皮特曼通过"B"炮塔潜望镜观察到法军齐射的炮弹爆炸时，溅起红色和蓝色的水柱，炮弹装颜料是为了方便法军炮术军官观察弹着点[3]。同时，在位于几层装甲舱盖之下的下层甲板上，朗·威廉姆斯一等水兵作为损管队的一员做好了一切准备，他拼命克服着恐惧心理：

身处炮火下不是一种愉快的体验，何况我们知道射向我们的炮弹几乎有一吨重。我们每个人几乎都吓呆了。首先，我的战位位于三层甲板之下，属于一个电气设备修理队。我们虽然能听见炮弹像特快列车一样从头上飞过，但看不见发生了什么事。我们确实看见两名负伤的水兵被送下来，送到我们脚下的救护站，他们流血的样子让我们看了不好受。我之前经常绞尽脑汁地思索，自己如果面对这种情况会有何感受。我会有什么反应？我的感受会显现出来吗？我能承受吗？是的，毫无疑问现在我产生了恐惧，但其他人也没谁看上去特别开心！我由此得到了宽慰。而且这件事使我认识到，问题不过就是调整内心，不要在压力下崩溃。如果我们有事可做，情况会好些。我们只需要等着炮弹穿透甲板，如果它没造成我们伤亡，我们接下来就着手修理损伤。我们不想说话时也说着话，在归自己支配的那点空间里走来走去，以这种方式试图忘掉头顶上正发生的事。当炮火停歇，我们得知战斗结束时，我们都感到十分庆幸。我们高度绷紧的神经松弛了下来，我们再次开始生活。一段时间后，奥兰的记忆才从我们脑中消逝。[4]

此刻在鱼雷兵餐厅里，一等水兵约瑟夫·罗基和战友们被一台通风扇吸引，

① 比德莫尔《难以捉摸的海域》第41及40页。
② 科尔斯、布里格斯《旗舰"胡德"号》第168页。
③ 帝国战争博物馆有声档案，第22147号，第4盘。"敦刻尔克"号的弹着点为红色，"斯特拉斯堡"号的为蓝色或绿色。
④ 威廉姆斯《行过远途》第147-148页。

因为当"胡德"号主炮开火时，通风扇在一团团飞扬的锈尘中开始四分五裂[1]。战斗结束后，随之而来的是只有战斗才能造成的那种精疲力竭。泰德·布里格斯描述了舰员在身心被辛劳、压力和战斗占据了大约60小时后的第一次休息：

> 当我最终于［7月4日］22点下去时，餐厅都没有声音。每个人都累得起不来，不当班的值班组横七竖八地倒在舰上。许多人，比如我本人，累得连挂吊床都没力气。一群朋友在吊床箱上打盹，我也加入了他们。他们一件衣服都没脱，还穿着防闪爆服。[2]

军官候补生巴基特总结说，这是一次"对我们来说都很可怕的经历，但也是必不可少的"[3]。

时隔60年，1940年7月3日的这些事件仍然难有定论，这说明孕育这些事件的形势极其复杂。现在来看，米尔斯克比尔的悲剧准确地反映出英法两国在相隔不到两月的时间里相继遭受的灾难何等悲惨。这场悲剧也预示了两国将要面临的战争暗夜。对"胡德"号而言，挥之不去的悲哀是，她的大炮经受战火洗礼时，炮口面对的不仅是一个盟友，从"敦刻尔克"号的例子来看还是一群战友。"敦刻尔克"号的军官将"胡德"号的军官在好日子里送给他们的纪念品退还，使此事更加令人伤感和悲观。和纪念品一起送回的还有这张言辞苦涩的便条：

> "敦刻尔克"号的舰长和军官们为了他们旗帜的荣誉，将1940年7月3日和6日该舰9名军官和200名士兵的死讯告知各位。他们随同此信送还的是他们从英国皇家海军的战友处得到的纪念品，他们曾经完全信任这些战友。另外，他们在此向各位表达他们的全部悲苦和厌恶，产生这些情绪是由于目睹这些战友无所顾忌地令光荣的圣乔治旗染上不可洗去的污点——偷袭者的污点。[4]

更不幸的是，就在英舰队开火前，有人在港口防波堤上看见一些平民——其中一些还推着婴儿车[5]。当军官候补生拉瑟姆·詹森5个月后在罗塞斯登上"胡德"号时，他发现参加过此战的老兵仍然不愿提及此事：

> 我入列时，"胡德"号刚从地中海返回，她在那里参加了歼灭维希法国海军舰船的行动，地点是阿尔及利亚奥兰附近的米尔斯克比尔。这事令人伤心，所以没有人愿意谈论这糟糕的事件。一些比我资历浅的军官候补生羡慕有参战经历的人，他们说希望我们不久就经历点实战。［……］我们的"［候补生］保姆"偶然听到了对话，插了一句，"我年轻的朋友们。你们不了解你们正

① 帝国战争博物馆有声档案，第12422号，第3盘。
② 科尔斯、布里格斯《旗舰"胡德"号》第174页。
③ 皇家海军博物馆第1998/42号档案，军官候补生P. J. 巴基特的日记，1940年7月3日。
④ 改写自特尤特《致命打击》第204页。
⑤ 帝国战争博物馆有声档案，一等水兵罗伯特·欧内斯特·提尔伯恩，第11746号，第1盘。

∧ 1940年7月9日，"胡德"号在地中海西部遭到意大利 S. M. 79 型轰炸机攻击。左侧可见"勇士"号战列舰舰艉。照片系从"皇家方舟"号航空母舰飞行甲板上拍摄。（"胡德"号协会 / 巴克收藏照片）

在谈论的东西。战斗意味着目睹你们的朋友或死或伤，倒在血泊中。谁愿意看到这情景？"关于这段对话，最不幸的是，几乎所有参与者，包括"保姆"本人，后来的命运都比他描述的还要惨得多。①

不过，有一件纪念品法方并未退还。至今，土伦海军兵营的军官活动室之外，"胡德"号发射的一枚未爆炮弹仍被放置在玻璃柜里。

米尔斯克比尔事件之后的1个月内，萨默维尔在地中海西部与意军作战，"胡德"号继续担任H舰队的先锋。7月8日，H舰队从直布罗陀起航，对撒丁岛（Sardinia）卡利亚里（Cagliari）的机场进行佯攻，以掩护两支在马耳他和亚历山大之间航行的船队。9日快到16点时，舰队开始遭到猛烈程度超出预料的空袭，对方是意军S. M. 79型轰炸机。炸弹没有命中，但一串串近失弹令人紧张，少年信号兵泰德·布里格斯被其中一串的冲击波抛到信号桥楼梯子下，瘫倒在地。朗·威廉姆斯描述了遭遇海上空袭的体验：

当对方盯着你轰炸时，人会有一种被戳了的感觉，战栗顺着脊背向下传，直到你看见落入水中的炸弹溅起水花时才会消失。接着人会大大松口气，放松

① 詹森《钢盔、雨衣和胶靴》第89页。

自己绷紧的神经，并希望这种事别再发生了。在城市里被轰炸是另一回事，因为你在那里不是重要目标，但在军舰上，尤其在"胡德"号这样一艘被敌人紧盯着的军舰上，事情就没那么轻松，何况你知道敌人要炸的就是你的军舰。当夜幕降临，终于平安无事时，我们由衷感到高兴。[①]

实际上，一到黄昏，萨默维尔就断定，为了行动目标去冒这么大的受创风险不值得，所以立即决定取消行动，命令舰队返回直布罗陀。

最近发生的事件毫无疑问令萨默维尔确信，他的手下缺乏经验，而且"胡德"号的防空火力仍然不足。不过，归功于他和蔼的性格，H舰队此时可以在直布罗陀用3周时间捏合成一支高度凝聚的力量。主力舰轮流担任防空警戒舰，抵御每天来袭的意军飞机。演习经常举行，包括用探照灯对抗飞机和摩托艇攻击，应对鱼雷或毒气弹攻击等。许多次演习中，人们都发现"胡德"号乘员组需要训练和组织，因为他们用太多探照灯照射同一个目标，或者不能快速做好基本防备措施。到8月上旬，"A"炮塔左侧炮管的内衬固然需要更换了，但主炮射击练习中，训练低效的短板暴露无遗，火控失灵、命中率低下时常发生[②]。即使这样，射击方面的效率一段时间内仍然低下。所有炮手和暴露在甲板上的人员都被要求穿上包括石棉帽和石棉手套的防闪爆装备，但这并没起作用，军械技术兵伯特·皮特曼承认，"那会儿，每当做事情时，我们习惯把这些装备脱掉。"[③]低效的装备带来了更大的负担。春季改装时安装的UP发射器两次失灵，第一次是在卡利亚里外海的空袭中未能发射，第二次是7月27日最前方的发射器在直布罗陀意外地向港口上空发射了弹幕，造成3名士兵严重烧伤[④]。舰上共安装了5座发射器，根据设计，每座可以向来袭敌机齐射20枚火箭或称"无旋转弹丸"。火箭在空中时，会释放出一个连有多根金属线的降落伞，线下挂着爆炸物。根据乐观预计，金属线会缠住来袭飞机，爆炸物将它炸毁。事实上，不但这幕匪夷所思的场景没能发生，而且爆炸物像回旋镖一样飘回军舰的可能性太大，最后人们发现爆炸物对军舰的威胁比它们对敌人的威胁还大得多。

另一方面，"胡德"号也无疑在默默地汲取战争的教训，不过，如果要建立真正有效的组织体系，就必须摈弃和平时期海军组织结构的种种不合理处。损管就是一个典型例子。路易斯·勒·贝利写道：

损管对我们来说是个新概念，它催生了一种比旧时的"消防和修理队"更全面的组织体系。损管工作是高度专业化的，所以本应由轮机军官或造船官领导，但那些日子里，轮机军官都无权向造船技工或水兵下令，技术兵、轮机士官或锅炉兵也不会服从造船官的命令。而对于怎样抽水、注水、临时加固，怎

① 威廉姆斯《行过远途》第148页。
② 皇家海军博物馆第1998/42号档案，军官候补生P. J.巴基特的日记，海上，1940年8月7日。
③ 帝国战争博物馆有声档案，第22147号，第4盘。
④ 皇家海军博物馆第1998/42号档案，军官候补生P. J.巴基特的日记，直布罗陀，1940年7月27日。

△上左：林德曼教授的"怪胎"：一座无旋转弹丸（UP）发射器，"胡德"号上装备的即为这种。（托马斯·施密特）

△上右：1940年秋季，右舷信号平台上的Mk Ⅲ高炮控制系统及操作人员。"胡德"号的3座高炮控制系统指挥仪为4英寸炮弹提供引信设置、高度及方位指示。之后火炮可以在指挥仪控制下遥控开火。（托马斯·施密特）

样交叉连接损坏的消防水管和液压总管，怎样铺设应急电路，即使舰务助理官对这些专业知识所了解的东西少得一张邮票就能写得下，他也一定会担任损管总指挥，所有命令都以他的名义下达。[1]

朗·威廉姆斯简述了人们的经验随着时间积累起来时，他们做的一些工作：

如你所料，战争的最初几个月暴露了我们战斗效能上的漏洞。很多在战斗中受损的军舰给海军部发去报告。这些信息由专家仔细分析后，很多解决方案被提出来，并通过舰队命令推行。例如，我们发现"近在咫尺"的水下爆炸会导致餐厅钢梯子颠簸而脱离舱口的约束，倒在甲板上，使人无法逃往上一层。为了解决这点，我们给所有这种梯子装上金属环索，并用卸扣将环索与舰体结构相接，这样，如果梯子颠出舱口了，由于有环索牵拉，它不会倒。其他军舰报告，"近失"爆炸会导致发电机供电开关在震动中自动断开，使全舰失去照明，所有通风和辅助设备停机。这意味着，舰员们如果必须弃舰，他们将很难找到梯子和撤离路线，何况倒下的工具柜、松动的设备以及军舰可能发生的倾斜会带来更多危险。我们为此采取了两种解决措施。其一，我们在所有的发电机供电开关上打了洞，并在洞里装上栓子，栓子穿过开关臂的绝缘部分，将开关锁定在"开"状态。当然，这样做是在折腾超负荷安全保护装置，但我们必须承受这项风险。其二，我们安装了自动泛光排灯，这样一旦主电路失灵，蓄电池就会自动接替供电，将灯点亮。这些灯安装在全舰各重要部位，例如梯子、舱口和走廊附近。[2]

① 勒·贝利《不离引擎的人》第51页。
② 威廉姆斯《行过远途》第141页。

△ 1940 年秋季，士兵在艏楼上学习设置 4 英寸炮弹引信时摆拍。审查人员未能将 "B" 炮塔上的无旋转弹丸发射器彻底擦除。（托马斯·施密特）

　　但生活不只是劳作。即使在希特勒开始打直布罗陀城的主意时，"胡德"号的舰员们也可以偶尔享受地中海的愉悦。军官们常去桑迪湾（Sandy Bay）边、直布罗陀巨岩对面的沙滩。约翰·伊亚戈在家信中描写了阳光下田园诗般的日子：

　　上周，我们思索过，在你们的想象中我们打的战争是个什么样子，而那时我们在沙滩上晒了一下午日光浴！阳光灼人，我的双肩被严重晒伤。这片沙滩特别好，是军官和护士们专用的。水里有鱼群，他们有时还会捉住小章鱼和姥鲨——没伤害性的那类！[1]

　　与前些年一样，舰员在军舰和南防波堤间进行划救生筏比赛和游泳比赛，同时也有传统的娱乐活动。对多数人来说，这是一个放松的机会，而对闲不住的伙计们来说，这时他们会像久经战阵的老兵一样目中无人，与"黑色卫兵"[2]守备队打架。舰员们连续3周都没有喝到啤酒，直到7月底一支从英国来的运输船队到达。来自朴次茅斯的二等水兵霍华德·斯宾斯（Howard Spence）回忆起当时的气氛：

　　我们上岸休了假，直布罗陀的干道上人声鼎沸，满是陆军、海军、空军士兵和难民。我记得我在酒吧里喝了一些，和战友们一起来到干道上，大批水兵和陆军士兵在打架。接下来我知道的就是我被扔到了一艘巡哨艇上，最后天黑了，我在"胡德"号上睡着了。[3]

　　但战争从未远去。由于担心遭到来自西班牙的攻击，军舰随时准备接到命令立即弃锚出航。还有被称为"乔治"的意军侦察机，它们每天18点都会出现，之后偶尔会有更坏的事。二等水兵斯宾斯回忆道：

　　我最后被撞击、爆炸和炮声吵醒，摇摇晃晃地来到舱面上我的战位，我是4英寸高炮组的装填手。战友们警示我会有麻烦，因为意军正在进行空袭。谢泼德军士长听了我的辩解，我恳求说我的晋升马上就要让委员会讨论了，如果我的名字写在副舰长的报告里就惨了。他放了我一马，要我今后别再这么傻。他的仁慈救了我的命。[4]

　　有海军中将詹姆斯·萨默维尔爵士在，H舰队就有了一位魅力十足的领导，他对专业问题的把握无人能及，并且天生善于理解手下舰员的个性。他喜欢不拘小节的交流和不登大雅之堂的笑话，这使他注定受到欢迎。人们回忆"胡德"号在H舰队服役的日子时，常提到他无拘无束的语言和强大的人格魅力。约翰·伊亚戈：

[1] 伊亚戈《书信集》（直布罗陀，1940年7月17日）。
[2] 译注：英国陆军皇家苏格兰团第三营的外号。
[3] "胡德"号协会档案。
[4] 同上条。L. F. 谢泼德实际为代理军士，于1941年5月24日阵亡。另见威廉姆斯《行过远途》第144—145页。

△1940年6月或7月，直布罗陀，舰旁的游泳竞赛。（"胡德"号协会/梅森收藏照片）

　　我写此信得停下一会儿，去跟将军（萨默维尔）喝雪利酒。他是舰上一个非常受欢迎的人，工作做得很棒；……人们经常在舰上想不到的地方看见他踱来踱去检视东西，他从来都很友好和健谈。[1]

　　二等水兵霍华德·斯宾斯写道：

　　后来我甚至和萨默维尔将军（一个好人）聊了一次。那时我正向上走到司令舰桥，他突然出现，说："噢！你剪头发了！"我回答："是的，长官！"然后去了我的瞭望哨位。[2]

　　"胡德"号后来对卡利亚里进行了第二次佯攻，同时12架"飓风"式战斗机从"百眼巨人"号（Argus）航空母舰上起飞，前往马耳他。这是她于8月4日北上之前的最后一次出击。H舰队旗舰这一受到羡慕的位置则交给了"声望"号。"胡德"号乘员组带着遗憾，目睹萨默维尔在斯卡帕湾降下将旗，接替他指挥的是毫无魅力的威廉·惠特沃斯中将。还有更不幸的事。"胡德"号的甲板和舰员被灿烂的太阳照耀了20多年，现在她身上最后一束阳光消逝了。

① 伊亚戈《书信集》（海上，1940年8月9日）。
② "胡德"号协会档案。

9 荣耀落幕

当星辰撒下光芒，它们的泪溢满天堂

　　1940年11月11日，周一，"胡德"号结束了比斯开湾6天的巡逻，载着欢喜的舰员回到斯卡帕湾。疲惫的舰员们将红色罂粟花戴在制服上，纪念一战停战日。一年后，他们和军舰也成了被缅怀的对象，化作战争的土地上开出的1400多朵花。本书最后一章记叙的范围从1940年年底至1941年年初的寒冬，到丹麦海峡的惨剧以及它在英国和各地产生的冲击。本章力图说明，皇家海军遭受二战中最惨痛的灾难之一时，怎样的组织结构、作战行动和心理状态构成了此事的背景。"胡德"号当时是，至今仍是继纳尔逊的胜利之后最受推崇的英国海权象征物之一。英国人对他们处于最艰难时期的皇家海军寄予的骄傲和希望中，很大一部分承载在她身上。因此，她的沉没对军民的士气都产生了深重、长远的影响，而她的毁灭之惨烈，导致这影响更不堪承受。从那一刻起的若干年里，英国及皇家海军的相对衰落，以及有关"胡德"号之殇的许多未解之谜，使得她的毁灭更令人伤心，也更具有象征意义。令所有人惊讶的是，2001年夏季她的残骸被发现后，她的沉没引发的专业问题并未得到回答，反而有更多问题出现。如果仅关注残骸的状况，这些问题要得到答案遥遥无期。不过，这些问题虽然不乏意义，却与她的身后影响而不是她的一生联系更为密切。"胡德"号作为皇家海军的一员先锋而生，也肩负着这一职责而亡。与其他舰船都不同的是，她的沉没标志着一个时代的结束。下文讲述这件事是怎样发生的，这种认识又是怎样产生的。

　　如前述，1940年秋季是"胡德"号生涯中最令人沮丧的时期之一。12月，她将度过第二个无休圣诞节的消息据称将一部分锅炉兵逼到兵变边缘。虽然德军入侵的威胁不复存在，但德国空军开始全力轰炸英国城市，家人遭受轰炸，使舰员的痛苦更深一步。这段时期，连空袭塔兰托和击垮北非的意大利军队等捷报也没能让人们振作起来。在恶劣天气中频繁巡逻使许多舰员精疲力竭，战争的压力第一次在"胡德"号乘员组身上产生了恶果。12月21日，轮机上尉特里斯特拉姆·斯宾斯（Tristram Spence）在信中深刻描述了这一刻的沮丧和绝望感：

亲爱的弗兰克叔叔和梅婶婶：

　　随信寄去卡片祝你们，好吧，新年快乐，因为我不知道1941年是否会有多少事可说。但我们希望等过了这个令我们不满的冬天，到了明年我们能稍有精神些。［……］舰员们等休假有点不耐烦了，因为军舰从5月开始就不停出海，他们整整9个月一直没接触过红酒、女士和歌声。周围充斥着强烈的单身生活气息，我们发现自己的脑子生了点儿病。令人很欣慰的是，大家都想办法过得还算融洽，肩并肩，这是因为我们每天进进出出都在一起。[1]

　　圣诞节，军舰在冰岛和法罗群岛之间，但舰员们尽可能过了个好节。少年水兵比尔·克劳福德的日记私下记载：

　　（下午3点30分）考虑到我们在哪儿，今天我们的圣诞节过得算是开心。军舰早晨执行了战斗部署方案，没有分配工作，在餐厅里吸烟，很多吃的。底下开了音乐会。[2]

　　也有很多喝的。军官候补生罗宾·欧文写道：

　　我们中的一些人应邀对餐厅进行传统的"巡检"，那里的水兵们刚喝完自己的朗姆酒配额。有一些人在开歌会，尽可能自娱自乐。我的小艇的一名艇员邀请我合唱一首特别生动的歌，歌里描绘了令他痴迷的女孩是什么样子。我从没听过这首歌，所以几乎只能笑着拼命鼓掌，一有合适的机会就离开了。[3]

① 作者收藏资料，轮机上尉特里斯特拉姆·斯宾斯致斯宾斯先生与F. W. 斯宾斯女士，斯卡帕湾，1940年12月21日。
② 帝国战争博物馆第92/27/1号档案，1940年日记第128页。
③ 欧文《"胡德"号》（未出版的回忆录）第2页。

∨ 1940 年秋季，在斯卡帕湾，从"罗德尼"号上观察到的"胡德"号。舰艉方向依次是"声望"号和"反击"号。请注意右侧的拦阻网。（当代历史博物馆，斯图加特）

> 1940 年年底至 1941 年年初漫长而严酷的冬季。左舷 3 号 4 英寸炮的炮组忙里偷闲，喝一杯可可或茶。为了执行大西洋巡逻任务，他们的服装包括粗呢连帽外套、大盖帽和后方生产的绒帽。（"胡德"号协会/怀特伍德收藏照片）

　　情况尽管艰苦，"胡德"号上的同袍精神却从未动摇。像其他军舰上一样，不同兵种和不同军衔的舰员相聚一堂，皇家海军只有战时才这样。圣诞节上午，午餐之前，军官候补生们邀请海军及海军陆战队士官们来自己的居室喝酒。新年夜，准尉们、纠察长和海军陆战队军士长去军官活动室参加了年夜聚会，全舰军官从惠特沃斯中将到资历最浅的军官候补生全部出席。惠特沃斯带着一队人，随着尖锐的风笛声跳起苏格兰高地里尔舞，不过海军陆战队军士长高夫和海军军士长"满得意"钱德勒因不愿屈尊而没跳[1]。"胡德"号后来又进行了两次短期巡逻，接着前往罗塞斯。6 个月来，舰员们第一次以值班组为单位轮流解散休假。

　　1941 年 1 月 16 日，"胡德"号进入罗塞斯船坞接受改装，这成了她的最后一次。[2]舰上的油料和弹药全被卸下，军舰由拖船牵引，通过外船闸，从福斯湾来到注了水的干船坞里。接着，缆索被固定在军舰的导缆孔上，电动卷扬机将她拖入舰艏指向的 1 号船坞，只有包括此处在内的少数船坞能容纳她 860 英尺长的舰体。当她的舰艏插入船坞前端的凹槽时，沉箱关闭，水被抽出，最后军舰平卧在多根木梁上。这些木梁的布局是精确设计的，它们被铁链固定在干船坞的底部。在另一边的舾装泊位里，新式战列舰"威尔士亲王"号即将完工。焊工、捻缝工、造船技工，一队队船坞工人很快登上了军舰，更换配件和设备，并对已经疲劳的舰体和结构部分进行修理。人们重点填补了艏楼甲板的裂缝，

---

① 海军陆战队军士长约翰·M. 高夫和海军军士长阿尔弗雷德·J. 钱德勒于 1941 年 5 月 24 日阵亡。
② 本部分得到伊恩·A. 格林先生的大量协助，他于 1939—1942 年在皇家罗塞斯船坞担任焊工。

以免在海上时海水通过这些裂缝灌进舰体。甲板条被更换，人们用气动堵缝工具把交叠的甲板条间的缝堵上，这些地方如果漏水，士兵餐厅的生活就将无法忍受。舰体本身接受了检查，漆被完全除掉，接着一队令人敬佩的女工用长柄刷涂上一层新的红铅漆。早些年，如果舰船长期在港停泊或者在温暖水域活动，人们会发现船底被一层海洋生物包裹。而这一次，对舰底的检查发现，战时繁重的服役已使舰底的油漆大量脱落，之后一层层新漆刷在裸露的金属上。由约翰·布朗公司派来的一队工程师在威利·麦克劳克林（Willie McLaughlin）的带领下也到了罗塞斯，他最终担任该公司的引擎总设计师。[1]"胡德"号建成时，装有在克莱德制造的布朗－柯蒂斯齿轮减速轮机。麦克劳克林和他的团队花了一周将这些轮机拆开，并检查是否有损坏的喷嘴和错位的转轮。"胡德"号攻击米尔斯克比尔后，在追击"斯特拉斯堡号"时，右舷内侧轮机叶片损坏，现在换上了新的。[2]不过，主要任务是安装雷达，具体来说是一台安装在瞭望台上的284型火控雷达，以及一台安装在主桅杆上的279M型对空警戒雷达。安装雷达一事当然是极度保密的。来自格伦希的船坞焊工伊恩·格林说：

　　我在桅顶横桁下焊上了一个平台，接着我和造船技工被告知这是供瞭望哨用的。显然出于安全原因，没人提到雷达，但在我们完成工作之后，应该会有电工把它装了上去。我当时并未留意，舰上没有直接通往这个位置的通道，我们原来竟是站在船坞索具装配工安装的空中吊板上完成工作的——在当时那样的条件下，这令人心惊胆战。［……］如果有水兵被派到那里担任瞭望哨，他很快就会死于体温过低！[3]

　　要安装这些装置，首先要拆除前顶桅，并在瞭望台和主桅上安装新的横杆。格林回忆，他进行后一项工作时受到了短暂的扰乱：

　　我的工作是把新的信号横桁焊在前后桅杆上。把沉重的焊接电缆拖过来之后，我把这些横桁暂时放在位置上，但接下来不得不停下工作，因为有个年轻的信号兵冒出来告诉我：乔治六世国王来舰上了。我们在高处看见，他在号声中踏上后甲板，受到司令［惠特沃斯］和舰长的迎接，接着下到舰里。风中下起了雨夹雪，信号兵眼巴巴地盼望下去到温暖的餐厅里，所以他问我能不能让他爬过来在横桁上装上旗绳。要知道，我们离甲板有80英尺，甲板到船坞底还有57英尺，所以我告诉他，他只能等到我们的工作做完，不然他就会和那个铁家伙一起掉下去。[4]

[1] 承蒙格拉斯哥艺术学院的伊恩·约翰斯顿慷慨提供信息。
[2] 罗伯特森署名文章"'胡德'号"，《舰船月刊》第16卷（1981年），第4期，第28页。
[3] 给作者的信，2004年1月7日。
[4] 给作者的信，2003年11月25日。

① 皇家海军博物馆第1998/42号档案。汽轮机的修理工作实际上涉及更换右舷内侧轮机的叶片，它们是1940年7月追击 "斯特拉斯堡" 号时损坏的。舰上的两艘蒸汽巡哨艇都被换成了摩托艇。

这是1941年3月6日的事情。当军官候补生菲利普·巴基特于3月17日休假归来时，改装已经基本完成。他在日记中总结了军舰的变化：

这次改装相当全面，完成了多项早已急需的修理和改进，针对炮术的工作尤其多。安装了高仰角和低仰角无线电测向装置，舰桥两侧的罗经平台和埃弗谢德方位发送器平台都大变样了。轮机系统接受了多项修理，包括更换损坏的汽轮机和其他许多零件及机械。安装无线电测向装置后，防空指挥所当然还有各台指挥仪的控制系统也变得复杂多了。我们努力记住所有这些装备的位置以及它们的功能，为此花了很多工夫。其他最近完成的、值得一提的小工作还有炮群后端安装了新舱壁，前顶桅也被拆掉了。第二艘巡哨艇被换成了一艘35英尺摩托艇。①

还有一项变化。2月15日，刚被晋升为海军少将的埃尔文·格伦尼舰长离开了军舰，接替他的是拉尔夫·科尔（Ralph Kerr），后者在指挥驱逐舰时成名。军舰改装后，科尔要完成新官上任后应做的事情，但如同屡见不鲜的先例一样，他的计划因收到德国袭击舰已经闯入大西洋的消息而被打乱。3月18日下午，"胡德" 号从福斯大桥下最后一次通过，紧急出航搜寻敌人。由于舰员们刚享受了几周宝贵的假期，那一幕令来自爱丁堡的少年水兵比尔·克劳福德难以承受：

>1941年3月6日，在罗塞斯，"胡德" 号最后一次改装期间，舰员在后甲板上迎接乔治六世国王。二等信号兵泰德·布里格斯注意到国王似乎化了妆，他感到很惊奇。（多琳·米勒女士）

最亲爱的妈妈：

　　嗯，我回到舰上了，现在我们又出发了。嘿，我希望你争取过让我暂时留下，我知道这样说不对，但我确实受够了。我2点到舰上，因为脱队6小时所以还必须去见副舰长，还不像南基以为的脱队2小时。他们肯定认为南基打电话的时候我在船坞里。我不知道我会得到什么处置，我也不怎么在乎。我有些难受，吃不下东西，心都跳到嗓子眼儿了。我们顺河而下时，我一直忍着没哭。但妈妈，等我好不容易睡下以后我想我会睡个好觉，那之后我兴许会好受些。[1]

　　还有更令人失望的事情。尽管本来期待3月20截击德军，但德军舰队司令君特·吕特晏斯（Günther Lütjens）上将率领"沙恩霍斯特"号和"格奈森瑙"号溜出了包围圈，于22日到达法国布雷斯特（Brest）。"胡德"号于23日黎明带着不多的燃油返回斯卡帕湾。

　　此时，"胡德"号上第一次提到了"俾斯麦"号的名字。1939年2月14日，德国一战后建造的第一艘战列舰在汉堡的布洛姆–福斯（Blohm und Voss）船坞下水。"俾斯麦"号装备8门38厘米主炮，标准排水量41800吨，装甲防护占排水量的接近40%（"胡德"号为33.5%）。她全长823英尺，航速可达30节。她于1940年8月服役，在波罗的海进行了频繁的海试和演习，于1941年4月形成战斗力。"俾斯麦"号的出现使"胡德"号第一次有了一个火力和航速相当的对手。在那之前，"胡德"号的舰员们总是乐意认为她在德军水面舰艇面前是坚不可摧的。据1940至1941年在舰上服役的布莱恩·斯科特–加雷特轮机上尉后来回忆，"因'胡德'号而生的优越感时刻都在，她是一艘壮观、伟大的军舰，她从不会出问题。"[2]"勇敢"号航空母舰和"皇家橡树"号战列舰的沉没很快证明，U艇的攻击是一项重大威胁，尽管"胡德"号水平防御的缺陷已被人所知，但空中力量的威胁造成的影响却似乎小得多。"胡德"号在北海遭到Ju88轰炸机袭击后的两周，约翰·伊亚戈中尉建议家人"别为我们受到的空袭担心；我们觉得飞机要击沉我们简直不可能——你们应该了解我们的装甲板！"[3]而第二年意军在地中海的高空轰炸也显然没有动摇他的信心：

　　我在军舰上服役越久，就对她越有信心。弹片只破坏了漆面，敌机明白自己最好离我们远点儿。[4]

　　应该承认，写下这些话与其说是因为对抵御空袭有什么坚定信心，不如说是为了安抚家人的神经。1938至1940年在舰上服役的军需少校A. R. 杰克逊（A. R. Jackson）于1939年9月20日，即"勇敢"号沉没3天后给妻子写信时，一定不是很认真：

① 帝国战争博物馆第92/27/1号档案，海上，1941年3月18日。克劳福德1941年5月随舰战沉。
② 帝国战争博物馆有声档案，第16741号，第1盘。
③ 伊亚戈《书信集》（海上，1939年10月9日）。
④ 同上条（罗塞斯，1940年8月20日）。

你想起 "勇敢" 号的时候，我不必太为自己担心。"胡德" 号属于一种完全不同的军舰，结构也完全不同，所以即使我们中弹，被击沉的可能性也可以忽略。[1]

但与 "俾斯麦" 号对抗则完全不同。一等水兵朗·威廉姆斯回忆起他1941年在舰上的最后几个月中，餐厅里的讨论是怎样的：

作为 "胡德" 号的前舰员，我能想起餐厅里的多次讨论，主题是我们与 "俾斯麦" 号或其姐妹舰 "提尔皮茨" 号可能的交战。我们对这一前景毫不乐观。我们知道自己的弱点，以及缺乏装甲甲板会带来什么危险。没错，我们有速度，有火力；但我们的装甲没装对地方！[2]

至4月底，"胡德" 号上已经很少有人对军舰在与 "俾斯麦" 号交战时会暴露的弱点存有多少疑问了。19日，接到 "俾斯麦" 号从基尔港（Kiel）驶往北海的报告后，威廉·惠特沃斯中将考虑到双方可能接触，发出了作战命令。皇家海军志愿后备队中尉R. G. 罗伯特森（R. G. Robertson）于1940年5月在德文波特来到舰上，他回忆起惠特沃斯的指示：

第二天，惠特沃斯将军宣布了在收到敌情报告时应采取的方案。我们的护航舰即 "肯尼亚" 号（Kenya）巡洋舰和3艘驱逐舰将作为搜索队行动，如果遭遇 "俾斯麦" 号，我们将高速冲向敌舰，将它纳入 "胡德" 号火炮的有效射程中。如可行，我们将舰艏向敌，使敌人眼中的目标尽可能小。[3]

"胡德" 号上寄出的信中也渐渐出现听天由命的言语。5月1日，罗杰·巴特利少校向他的姐妹玛丽写道：

我遗憾罗杰叔叔不在了。但我突然间相当同意——像他和查理那样——是离世的最好方式，我也希望当我大限将至时我也能那样离开。[4]

连少年水兵比尔·克劳福德也感到有事要发生：

我们并没有出去很长时间，但我离开后有些时间感到紧张。而且，既然德国已经开始派出军舰，看上去我方舰队很快就有仗要打了。无论如何，越早和他们打越好。[5]

① 帝国战争博物馆第65/45/2号档案。
② 威廉姆斯《行过远途》第153页。
③ 罗伯特森署名文章 "强大的'胡德'"，《舰船月刊》第10卷（1975年），第6期，第7页。
④ "胡德" 号协会档案。海上，1941年5月1日。
⑤ 帝国战争博物馆第92/27/1号档案，斯卡帕湾，1941年3月23日。

那一天并不遥远。约10年前，1932年5月，军官候补生路易斯·勒·贝利走在克罗默蒂峡湾的海岸上时，就预感到了他的军舰未来的惨痛命运：

　　我们训练得特别辛苦，结果有一天在克罗默蒂峡湾里，牧师让我们放了一下午假，去和军官们打高尔夫赛，场地是漂亮的尼格球场（现在废弃了，唉）。后来军官们还请我们去酒吧（酒吧还在）。于是，我们适量地喝了些麦克尤恩牌（McEwan's）苏格兰麦酒，但我们很少喝这么多。我们醉意朦胧、心满意足地走回栈桥，杓鹬鸟寻路的哀鸣声和着我们的步子，四周暮色中弥漫着石南花的气味。我记得我像被泡在冰水里一样发抖，并把这归咎于我灌下去的麦克尤恩酒。只是，那是5月下旬，可能是24日，正是"胡德"号与"俾斯麦"号交战时爆炸、1500名舰员除3人外全部遇难的那一天。[1]

∧ "胡德"号的死敌：1940年9月15日，服役不久后停在基尔的"俾斯麦"号。前桅楼上的雷达和测距仪尚未安装。（托马斯·施密特）

已经担任"水中仙女"号（Naiad）巡洋舰高级轮机官的勒·贝利还会最后参观一次"胡德"号：

　　［我离开她］17个月后，1941年4月，"水中仙女"号在斯卡帕湾停泊在"胡德"号近旁。那些听我讲授轮机课的军官候补生们已经通过了中尉资格考核，正在庆祝他们的成功和调职，向我请求帮助。［J. G. M.］厄斯金（轮机少校）听我说同意帮忙，就邀请我在办完军官候补生们的事后去吃晚饭。离开时，我遇见了20名左右的舰员，有些不是轮机部门的。他们等着向我说再见，并祝我好运。我永远不会知道这是谁安排的。不到6周，他们都不在人世了。[2]

① 勒·贝利《不离引擎的人》第26页。
② 同上条，第55页。约翰·厄斯金少校于1941年5月24日阵亡。

① 詹森《钢盔、雨衣和胶靴》第96页。

战斗中的死亡有一种无法知其所以然的特质，这是任何幸存者都无法解释或捉摸的。没有遭到和战友们一样的厄运，失去一切后却仅以身免，这些无法用常理来解释。实际上，对一些人来说，身体幸存，精神却不堪承受。"胡德"号瞬间遭到毁灭的命运使这样的事实更加刺眼，这使她和其他大部分军舰的沉没都不同。潜艇乘员组经常全军覆没，但水面舰艇乘员组全军覆没则要少得多：二战中仅有"埃克斯茅斯"号（Exmouth）驱逐舰、"剑兰"号（Gladiolus）护卫舰及"悉尼"号轻巡洋舰等少数几例。其他军舰则在火焰和海水中受着痛苦而缓慢的折磨："达尼丁"号、"尼普顿"号和"印第安纳波利斯"号（Indianapolis）巡洋舰、"沙恩霍斯特"号及"俾斯麦"号自身。要找大型军舰被击沉后幸存者寥寥的前例，人们需要回顾一战：科罗内尔角（Coronel）和马尔维纳斯群岛海战的阵亡者；最知名的则是日德兰的惨剧，这预演了"胡德"号自身的命运。本书下文也将记述"胡德"号沉没时的幸存者的经历。但还有一些人，虽然幸免于难，却在看待自己的幸免于难时不得不间接地承受着那些替他们而死的人的痛苦，一些人不可思议地、阴差阳错地逃生，这些人的经历又如何呢？一些人，例如朗·威廉姆斯军士，在舰上服役5年后，于1941年2月晋升军衔时被抽调走，他们已经结束了生涯中的一个特别阶段。他们现在该继续前行了。其他人例如军械技术兵伯特·皮特曼则意想不到地突然被调到另一艘军舰，皮特曼来到了"巴勒姆"号战列舰，并在当年晚些时候在该舰沉没时生还。4月，"胡德"号最后一次举行军官候补生的中尉资格考核，参加的有拉瑟姆·詹森等人。如他所说，考试的风险之高无法比拟：

1940 年秋季，从瞭望台上观察的小艇甲板。请注意烟囱后方平台上的 2 具 44 英寸探照灯和后部上层建筑上安装的另外 4 具。右舷 2 号 UP 发射器位于照片左侧，图中可见 7 座 4 英寸 Mk ⅩⅨ 高炮中的 4 座。小艇甲板上放置了许多即用弹药箱。在战争状态下服役 1 年后，烟囱上污垢清晰可见。请看第 53 页的照片，与和平时期的状态对比。（当代历史博物馆，斯图加特）

……我们中面临中尉资格考核的人，在斯卡帕湾4月那些美好的日子里有太多的东西要思考，比我们知道的还要多。不及格，以及之后必须留在舰上再次考核，就这一次而言事实上就意味着死亡！①

其他人幸免于难是因为他们被选中参加军官培训。所有水兵按规定以二等水兵军衔在士兵住舱里度过3个月后，希望成为军官的人以及其他被认为具备军官潜力的人会接受测验，如果通过测验，他们则会被抽调到岸上接受进一步培训。其中一人是B. A. 卡莱尔：

尽管我当二等水兵时笨手笨脚，但很幸运，这没阻止我被选中参加培养军官的训练。每3个月，舰长（那时是格伦尼）都会主持一次评委会议，确定谁有军官潜力。评估我的评委会议肯定是1941年1月那次。我的优势是接受过公立学校教育，曾协助教师管理低年级学生，而且参加过学校的军官训练团，所以我幸运地让评委会议满意我有军官潜力，只是很不幸，一些与我背景相似的朋友没能通过评委会议评估，之后由于5月前没再开评委会议，他们与舰同沉……①

另一人是乔恩·帕特维，他向科尔舰长花了半个小时讲解无线广播的奥秘，然后就不知不觉地成了参加军官与准尉（CW）培训的学员②。他和二等水兵霍华德·斯宾斯等人是最后一批从"胡德"号被抽调走的士兵，他们离舰的时间是5月21日或之前不久——"胡德"号出航迎击"俾斯麦"号的前夕。但斯宾斯的回忆录披露，离开"胡德"号还有其他手段：

我们的舰员中有包括我本人和乔恩·帕特维在内的大约13人被调到南方。另一人是个用步枪殴打一位军士的水兵。在去庞贝（即朴次茅斯——译者注）的路上，我在伦敦维多利亚火车站（滑铁卢站已遭轰炸）附近的一家酒吧里歇脚，这间酒吧的一角有一个穿着便服的健壮家伙——他是"胡德"号上的逃兵——我们都没说话，只是各走各的路。③

他们固然走运，有些人却比他们更幸运。"胡德"号最后一次离开斯卡帕湾前一两天，R. G. 罗伯特森中尉因十二指肠溃疡穿孔而病倒，被送到斯卡帕湾另一处的"阿玛拉布拉"号（Amarapoora）医院船上。另一人是军官候补生哈罗德·卡奈尔（Harold Carnell），他休丧假时接到归队电报，却因战时火车延误没能赶到斯卡帕湾④。

下面就是那些遭到相反命运的人。罗杰·巴特利少校是惠特沃斯的参谋班子的一员，如他在5月12日给姐妹的信中所说，他会否留在舰上，取决于新任司令官兰斯洛特·霍兰德（Lancelot Holland）是否喜欢他的仪表⑤。结果司令官表示喜欢。两天后，另一名参谋军官罗伯特·布朗军需上尉写信告诉他的父母：

我要在这里和新任司令官一起工作5周，直到他们都熟悉了工作，接着我就

① 第二次世界大战亲历记录中心，第2001/1376号档案，第6页。5月的评委会议实际上在军舰战沉之前就举行了。
② 帕特维《雪地靴和晚宴服》第164—165页。帕特维记载面试他的是格伦尼舰长，但这一说法肯定不正确。
③ "胡德"号协会档案。"胡德"号当时出现了数例逃兵。
④ 作者感谢阿德里安·伯德特（Adrian Burdett）先生向作者回忆此事。
⑤ "胡德"号协会档案。斯卡帕湾，1941年5月12日。

︿ 1940 年 10 月，在斯卡帕湾，按 AP507B 涂装（本土舰队中灰色）将船舷上漆，这是"胡德"号最后的涂装状态。请注意沿小艇甲板左舷侧可见的 4 座武器装置周围有弹片护盾。从图片左侧至右侧，这 4 座装置分别是：左舷"砰砰"炮（"彼得"）、左舷 1 号 4 英寸高炮、左舷 2 号 UP 发射器和左舷 2 号 4 英寸高炮。"砰砰"炮遮挡了左舷 1 号 UP 发射器，最后一战中鲍勃·提尔伯恩就在该处隐蔽。原来的副炮区已经清空，大部分区域安装了顶板。瞭望台上的 15 英尺测距仪已经被拆除，但指挥仪和外罩仍在。这些改动都是在 1939 年 2 月至 1940 年 5 月间的 3 次连续改装中完成的。（托马斯·施密特）

会被接替。下面会发生什么，我这次还是说不清。[①]

其他人则带着热切的斗志赴死，这令怀念他们的人难以忘怀。皇家海军志愿后备队的 R. 兰瑟姆 – 沃利斯（R. Ransome-Wallis）军医少校是"伦敦"号巡洋舰的主任军医：

我还伤心地回想起一位很年轻的军官候补生，他在伦敦住了两天医院。最近，他乘坐的另一艘军舰被击沉，他好不容易逃了出来。他相当勇敢地对我说"但我现在应该没问题了，长官，我要去'胡德'号。"[②]

1941 年 2 月从"胡德"号抽调的军官候补生罗斯·沃登讲了一个类似的故事：

2 月末的一天，我接到通知，向佩尔斯少校报到，接着他告知我：我被调

[①] 皇家海军博物馆第1981/369号档案，第148号。
[②] 兰瑟姆 – 沃利斯《两根红杠》第34页。

岗了。这令我震惊，但还有更糟的。"我调到哪里，长官？"答案是"当巡哨拖网船的船长"。我的表情就像从天堂坠入地狱一样。就是这样！佩尔斯少校是一位很好的军官，军官活动室最受欢迎的人之一。我提出反对，说这就像从丽思-卡尔顿（Ritz-Carlton）豪华酒店搬到通铺客栈一样。我得到的回应是近乎慈父般的开导，他说任命已定，越早告诉我越好。接下来的事情就是收拾东西，向伙计们告别，他们是我可能拥有的最好的一群战友。接下来我闷闷不乐地乘火车去苏格兰西北海岸的埃维湾，接替军官候补生威廉姆斯担任"费尔韦瑟"号（Fairweather）漂网船船长。船员就像一帮海盗；武装则包括老旧的3磅炮[①]、5枚生锈的深水炸弹和一挺难伺候的刘易斯机枪。两个月后，"胡德"号沉没的消息传来时，那震撼令人难以置信。[……]我忍不住想起威廉姆斯的热忱。至少，他和最勇敢的乘员组同生共死。[②]

沃登、卡奈尔等幸免于难的人无疑感到深深的解脱，但也有些愧疚，为他们没能与朋友同在而愧疚，为有人替自己死去而愧疚。一艘伟大的军舰和她的乘员组毁灭时就是这样。不提核战争，一两个营规模的部队瞬间全军覆没的这种情况只有在海战中才会发生。海战的深奥和魅力一大部分来自这种残酷的现实。对"胡德"号而言，可怕的一刻到来了。

我们现在开始讲述"胡德"号生涯中最引人关注的一方面，即她的一生是如何落幕的。本书尽管详尽，却无意从专业角度透彻讲解"胡德"号高度复杂的结构和诸系统。本书使用从和平与战争时期在舰上服役的官兵群体的视角，目标是提供一种信息的框架，以便读者在这个框架内理解这一群体。虽然通过对她的历史、结构和运作进行研究，人们一定会提出某些观点来探讨她最后一战的指挥以及她沉没的原因，但读者无法在本书中看到有关这场惨剧的诱因和过程的新理论。提出新理论是复杂的任务，而且残骸被发现后得到的大量信息新颖但杂乱，所以提出新理论只能依靠专家分析，而不能依靠缺乏背景知识的猜测。事实上，以下部分在描述"胡德"号的最后一战时，尽力采取了两种视角：一种很大程度上属推测性质，属于经历了最后一战并几乎全部阵亡的那些人们；另一种为事实性质，属于那些见证了或通过其他间接途径体验了此事件的人们，那些注定要被这场战斗对情感的冲击啃噬一生的人们。

"胡德"号沉没之前经历了哪些事件，在多处都有讲述，这里只需根据有关该舰的大量文献，对这些事件做一次概述。1941年春季，鉴于德国用商船袭

① 译注：皇家海军当时根据弹头的大致重量来称呼某些火炮。"3磅炮"可能指哈乞开斯式或维克斯式47毫米火炮，二者发射的弹头均重3.3磅。事实上，"费尔韦瑟"号为海军部型标准木制漂网船，主武器应为发射约6磅重弹头的57毫米火炮。
② 沃登 "'胡德'号战列巡洋舰的回忆"第85页。鱼雷少校安东尼·佩尔斯和皇家海军志愿后备队军官候补生罗德里克·威廉姆斯（Roderick Williams）均随舰阵亡。

击舰对大西洋上的船队进行攻击，海军部准备反击。2月14日，"希佩尔海军上将"号（Admiral Hipper）重巡洋舰带着击沉3万吨商船的战果回到布雷斯特。3月底，"舍尔海军上将"号重巡洋舰到达挪威，之前她在长期的游猎中击沉了16艘商船和"杰维斯湾"号武装商船，战果共近115000吨。而同时，"沙恩霍斯特"号和"格奈森瑙"号战列巡洋舰则在大西洋上行动了两个月，共击沉或俘获了22艘船，扰乱了整个大西洋的运输船队行动，之后两舰于3月22日回到布雷斯特。接着，4月19日，英方收到新式战列舰"俾斯麦"号从基尔港出发、向西北方向驶往北海的报告。报告被证伪，但英方除了将"胡德"号派往挪威海进行又一次徒劳的追击外，还令本土舰队总司令、海军上将约翰·托维爵士（Sir John Tovey）在北方通往大西洋的各航路口保持长期戒备。同时，英方有计划的布雷行动以及意义最为重要的空袭使得德国最高统帅部无法执行很多方案。4月初，情况表明"格奈森瑙"号可能同"俾斯麦"号以及"欧根亲王"号（Prinz Eugen）重巡洋舰一同闯入大西洋，这如发生，将是一场灾难。结果，由于"沙恩霍斯特"号需要修理锅炉，她在6月前无法行动，而"格奈森瑙"号在皇家空军轰炸机及海防总队对布雷斯特的反复攻击中受重创。在北方，德军到达大西洋海运线的海上必经之路本就受到钳制，而丹麦海峡以及冰岛和法罗群岛之间的狭窄水域中，大面积的水雷场进一步束缚了德军的行动。

5月初，由于德军在格陵兰（Greenland）和扬马延岛（Jan Mayen Island）之间不断进行空中侦察，海军部愈发明显地意识到，他们等待已久的"俾斯麦"号不久就要出现了。早在4月28日，"胡德"号已经从冰岛南部鲸鱼峡湾（Hvalfjord）一片阴郁的锚地出发，远距离掩护两支东行的运输船队不受水面敌军攻击。英军一度认为德军近期会攻击冰岛或扬马延岛，但到5月18日左右，托维和他的参谋们断定对方更可能进行海上突围，于是当天正在丹麦海峡巡逻的"萨福克"号（Suffolk）重巡洋舰收到警报，针对可能出现的德国军舰保持戒备。5月21日，英方得知一支德国舰队正在挪威卑尔根附近加油，这些担忧终于被证实了。这支舰队便是吕特晏斯上将指挥的"俾斯麦"号和"欧根亲王"号，它们于18日0点前后从波罗的海沿岸的波兰港口格丁尼亚〔Gdynia，又名哥滕哈芬（Gotenhafen）〕出发。由于"欧根亲王"号在基尔外海的费马恩海峡（Fehmarn Belt）触雷，两舰的出航推迟了近一个月。吕特晏斯本计划等"沙恩霍斯特"号或"提尔皮茨"号加入他的舰队再出发，但德国海军总司令埃里希·雷德尔（Erich Raeder）元帅的命令压倒了他。德军出击的目标是通过丹麦海峡进入大西洋，对商船进行袭击，但这次被称为"莱茵河演习"的行动从一开始就不顺利。德国舰队在离开丹麦和瑞典之间的卡特加特海峡（the Kattegat）之前，就被瑞典"哥特兰"号（Gotland）巡洋舰发现，后者马上将此事报告给

岸上的海军高层。吕特晏斯的预感在当天即5月20日晚上得到了证实：伦敦的英国海军部收到了报告。21日早晨，"俾斯麦"号到达卑尔根附近的格里姆斯塔峡湾（Grimstadfjorden），正是在那里，英国皇家空军的一架"喷火"式飞机在25000英尺高度上拍摄了德国舰队。当天傍晚，"俾斯麦"号和"欧根亲王"号再次出海的同时，托维上将命令战列巡洋舰中队从斯卡帕湾出航，前往鲸鱼峡湾。23点56分，"胡德"号、"威尔士亲王"号及6艘驱逐舰起锚，午夜后不久在雨和雾中离开了斯卡帕湾。22日凌晨1点左右，舰队通过了霍克萨拦阻网，驶入大西洋。"胡德"号一去不回的截击战就此开始。

　　威廉·惠特沃斯中将于5月8日降下了将旗，4天后兰斯洛特·霍兰德中将继任，后者是本土舰队副司令官兼战列巡洋舰中队司令官。霍兰德的个人经历披露相对较少，已知他于1887年出生于牛津郡（Oxfordshire）的伊登（Eydon），于一战前成为炮术专家。1937至1938年，他在海军部担任海军参谋长助理时开始受到关注，接着更进一步，于1938至1939年以少将军衔担任第2作战中队司令官。1939年他短期担任空军部与海军部联合参谋小组中的海军代表，负责就敌方对海运的攻击给出应对建议，第二年他又指挥第18巡洋舰中队。1940年11月，该中队参加了"衣领"行动。这是较早的一次在地中海保护运输船队的行

∧ 1941年3月，前往格丁尼亚（哥滕哈芬）途中，从"欧根亲王"号上拍摄的"俾斯麦"号。"俾斯麦"号涂有波罗的海迷彩，而在"莱茵河演习"期间更换了涂装。（托马斯·施密特）

动，并引发了撒丁岛外海的斯帕蒂文托角（Cape Spartivento）海战，但后一战没有产生决定性结果。霍兰德登上"胡德"号之前一星期，指挥手下的巡洋舰中队北上扬马延，俘虏了德国拖网气象船"慕尼黑"号（München）。5月7日，英军突袭了气象船，"索马里人"号驱逐舰的登船组控制了对方。英军设法取得了价值重大的密码材料，凭此破解了"艾尼格玛"密码。这位司令被朋友们叫做"朗"霍兰德，他所属的军官派系最终由达德利·庞德领头，这些军官从20世纪30年代早期开始垄断了皇家海军中的许多高级岗位[1]。霍兰德原定于1941年下半年返回海军部，接替海军少将汤姆·菲利普斯爵士（Sir Tom Phillips）担任庞德手下的海军副参谋长，战列巡洋舰中队是他在此之前指挥的最后一支舰队。他有希望某一日成为第一海务大臣。但他没能走到这一步。

自然，霍兰德几乎没有机会让军舰乘员组对他留下什么印象。他比惠特沃斯更加矜持。人们对他的看法被记载下来的很少，5月19日即"胡德"号最后一次出航前3天，罗杰·巴特利少校在写给姐妹的信中提到了一条：

> 昨晚我和新任司令吃了饭。我喜欢他。我们享用了海鸥蛋、汤、龙虾和野鸡肉。[2]

同样，"胡德"号驶向她的葬身之地时，舰上的气氛如何，留下来的记录也很少。唯一的信息来源就是二等信号兵泰德·布里格斯有关舰桥和少年水兵餐厅情况的回忆录，但可以想象，在军舰披甲执枪迎接迫在眉睫的战斗时，全舰上下舰员们做的准备和心中的情绪如何。

不过，一开始并没有什么事情表明，这次出航将和之前的多次出航不一样，会产生决定性的结果。"胡德"号率领的中队奉命于5月22日在鲸鱼峡湾加油，接着与正在丹麦海峡巡逻的"诺福克"号和"萨福克"号重巡洋舰会合。22日上午班和下午班时，舰队进行了常规的射程和偏角测定演习。这是军舰去年夏天从直布罗陀返回后进行的第15次战斗巡逻，舰员们对这次遭遇敌军的可能性有些怀疑。毕竟自从1938年后，"胡德"号就没有遇见过一艘轴心国大型军舰。不过，20点30分，一切都改变了，战列巡洋舰中队接到命令，不再进入鲸鱼峡湾，而是直接前往丹麦海峡，走巡逻路线。当天下午，一架皇家空军侦察机发现格里姆斯塔峡湾的锚地已空。尽管托维和参谋们并不知道最新情况，但"俾斯麦"号和"欧根亲王"号已经向北高速行驶了24小时。显然，这条消息在"胡德"号上引发了震动：

> "胡德"号按照［20点30分］总司令发来的信号改变航向后，克罗斯副舰

① 斯蒂芬《海军战将》第35及第117页。
② "胡德"号协会档案。斯卡帕湾，1941年5月19日。

长向成员组说明了最新战况，人们第一次开始有了即将交战的紧迫感。"也许这次就是了"，我想，"也许这次就是大战。"我感到饿，但不想吃东西，这种感觉折磨着我的胃。我四处张望，能看见战友们紧张地打着哈欠，并尽量做出若无其事的样子。我们都知道会有事，不过我们并没有认真讨论发生战斗的可能性。[①]

尽管发生了这一切，但23日早晨却充满平淡无奇的熟悉气氛。昨晚平安无事；太阳升起时，舰上执行日常作息：战斗部署、一刻不停地警戒，值班舰员冷峻地盯着浑然灰色的海洋和天空。一等水兵罗伯特·提尔伯恩负责操作小艇甲板上的一座4英寸炮，他穿戴着秋裤、背心、汗衫、连体工作服、外裤、外套、连帽大衣、防水衣、防闪爆服、俗称"锡盔"的英式头盔、防毒面具和手套[②]。当天下午班时，军舰又一次进行了打靶和偏角演习，此时天气越来越差。不当班的舰员们玩着纸牌、读着书、写着注定永远无法寄出的信。耳边，歌手薇拉·琳恩（Vera Lynn）的声音回响在餐厅里，对许多人来说，这是他们最后一次听到女性的声音。

当晚19点30分，舰员们的白日梦被突然地、彻底地打破了。10分钟前，在冰岛西北100英里外巡逻的"萨福克"号观察到了"俾斯麦"号和"欧根亲王"号，德舰正准备向南行驶一段后穿过丹麦海峡。R. M. 埃利斯（R. M. Ellis）舰长在浓雾中发来信号："来自'萨福克'号：发现敌情。"几分钟后，W. F. 威克－沃克（W. F. Wake-Walker）海军少将的旗舰"诺福克"号意外行驶到自己所处的雾区边缘，立即体验到"俾斯麦"号炮火的滋味，还没有再次找到掩护就遭到跨射。南方300英里处，霍兰德离开了他的司令舰桥，与科尔舰长和参谋们一同来到罗经平台上。19点39分，他命令战列巡洋舰中队以最高航速，取295度航向，沿截击航线行驶。20点刚过，一边跟踪一边用雷达侦察的"萨福克"号确认霍兰德正径直向"俾斯麦"号和她的僚舰驶去，双方航速合计50节左右。在经历了一天的日常作息后，舰员们明白战斗的可能性再次变得相当大，"胡德"号全舰上下都严阵以待。以前没有任何事情，包括米尔斯克比尔之战，能让他们懂得如何应对近在眼前的这次交战。泰德·布里格斯回忆道：

得知这条突如其来的消息，舰员们再次清楚地意识到，离发生你死我活的战斗很可能只有10小时。我激动得脖子后面汗毛直竖，发现自己说话有点结巴，而我10岁时就已经努力克服了这个一紧张就会出现的毛病，直到那时复发。[③]

霍兰德的舰队改变航向后不到一小时，就遇到了风速27节的飓风。风和海

① 科尔斯、布里格斯《旗舰"胡德"号》第202页。
② 帝国战争博物馆有声档案，第11746号，第1盘。
③ 科尔斯、布里格斯《旗舰"胡德"号》第203页。

5月23日下午或傍晚，前往丹麦海峡途中，从"威尔士亲王"号上拍摄的"胡德"号，一般被认为是"胡德"号被击毁前的最后一张照片。由于天气原因，两舰的前主炮都必须转到左舷向。两舰的相对位置与它们次日清晨投入战斗时的情况几乎相同。（托马斯·施密特）

浪迫使"胡德"号和"威尔士亲王"号将各自的两座前炮塔转向左侧。"胡德"号尽管饱受战争磨难，但在驶向自己最后的战场时仍然和以往一样挺拔美丽。她最后的几个小时里，僚舰眼中她的形象是怎样的？一定与戈登·泰勒牧师回忆的相差无几。1941年4月13日即复活节周日，他在冰岛外海从"箭"号驱逐舰上观看"胡德"号：

那个复活节周日我没主持活动，这是因为海况太差，我们必须相当密切地注意"胡德"号向僚舰发出的旗语信号——我站在"箭"号舰桥上看了她几个小时。她在我舰舷侧仅2链（1200英尺）远处，所以在我眼中她相当壮观，此时她沿着"之"字路线行驶来躲避U艇，当太阳出来，照在她身上时，她就行驶在绿色和金色的海水中。［……］能看着她，我有一种难以置信的优越感，也［……］坚信那天上午观看"胡德"号的整段记忆决不会磨灭，而且过了60年来看，果真如此。①

不久，仍随中队行动的4艘驱逐舰由于反复承受海浪拍打，不得不减速，以避免遭到结构性损伤。22点，当负责警戒的驱逐舰落在"胡德"号之后时，克罗斯副舰长广播通知舰员：预计24日凌晨2点接敌，舰员们有2小时换上干净内衣，并做好一切准备，等待军舰采取战斗部署方案。泰德·布里格斯写道：

空气中弥漫着深深的不安。我想，大多数战友和我一样，并不害怕瞬间化为乌有，但害怕那种受重伤或失去手脚、痛得发狂大喊的恐怖体验。我担心自己会在恐惧面前畏缩并表现出恐惧，这种极度焦虑让我沮丧。不过我并没感到害怕——只是鼓起劲。我希望战斗快点儿打响，但同时我又不希望它发生。明天，我在吊床里醒来时，难道不会发现这一切都是胡思乱想吗？②

鲍勃·提尔伯恩和他有同感：

每个人都做了尽量充分的准备。每个人都知道战斗中会有伤亡，但伤亡的是别人，不是你。没有人认为"胡德"号会被击沉。没人去想过。但一定会有

---

① 泰勒《阵亡将士纪念日的讲道》第8-9页。
② 科尔斯、布里格斯《旗舰"胡德"号》第205页。

伤亡，这是意料之中的。①

这样，最后的准备工作完成了。最后一批炮弹被装上了引信，鱼雷的战雷头经过了检查，消防队和损管队集合起来，厨房灶火熄灭，医疗站里放好了各种设备。午夜，激发斗志的号角声通过扩音器传来，舰员们迅速登上了占据他们脑海很多个小时的战位。

午夜刚过，霍兰德下令升起"胡德"号巨大的战旗，战旗在风中猎猎飘扬，但北方120英里处的形势也在削弱他的战术优势。0点30分，威克－沃克舰队中唯一装备大功率搜索雷达的军舰"萨福克"号显然已经在暴风雪中与敌军失去了接触。有鉴于此，霍兰德告知他的中队：如果2点10分还没有与敌军恢复接触，他就会改变航向，向南航行到重新搜索到敌军为止。最后，霍兰德决定不等待这么长时间，于2点03分下令"胡德"号和"威尔士亲王"号取200度航向，即最后一次报告中的德军航向。他手下的驱逐舰已经追上了主力舰，奉命继续向北搜索，故它们在这次截击中没有继续发挥作用。舰员们的状态下降为二级战备。

直到那时，霍兰德还计划从"俾斯麦"号左前方高速接近，这种战术不仅能迅速缩小双方舰队的距离，也能尽量减少对方在他的舰队接近时能用来射击英舰的火炮数量。"萨福克"号于2点47分报告与敌军恢复接触，"俾斯麦"号在"胡德"号看来的相对方位也已确定时，"俾斯麦"号正位于35英里外，以28节航速航行，双方航线在前方没有交点。这意味着霍兰德不仅"丢失了方位"，而且不可能再次获取方位。既然已不可能按他的计划从敌正面攻击，英舰就无论如何必须从"俾斯麦"号左舷方向、冒着对方主炮的炮火接近。如同在特拉法尔加海战中一样，战列巡洋舰中队不得不先长时间暴露在敌军的全部火力下，之后自身才可能进行舷侧齐射。霍兰德清楚"胡德"号易受垂直下落炮弹的伤害，他于5月19日批准了惠特沃斯一个月前为应对与"俾斯麦"号的遭遇战而制订的战术，而且似乎从未考虑过别的战术。②尽管目前战术态势已显不利，霍兰德却仍固守这套作战计划，后来这一直受到尖锐的批评。丹麦海峡之战的结果明白无误地证明了这一计划带来了多么惨痛的后果。不过，正如大多数这类事后评价一样，对霍兰德的批评大多没能充分考虑他做出决策的大背景。他曾在一战中服役，记得一个不愿交战、行踪不定的敌人造成的无法承受的沮丧感，也记得胜之不武的战斗带来的懊恼；在这样一名指挥官看来，对付那支新的德国海军中的主力舰，战术就只有一种。尽管有杰利科的提醒和《作战指导》向战列巡洋舰提出的含糊警告，皇家海军的传统却是见敌必战，无论敌情使己方面临多大的风险或战术劣势③。正是因这一点，皇家海军拥有了无可

① "胡德"号协会档案，采访录音。
② 罗伯特森"'胡德'号：战列巡洋舰1916—1941年"第165页。
③ 海军部公共记录办公室第239/261号档案，《作战指导》（1939年）第300条第6款。

匹敌的战斗记录。也正是因这一点，她最伟大的军舰之一成了牺牲品。

3点40分，霍兰德下令 "胡德" 号和 "威尔士亲王" 号取240度航向，以28节航速行驶，迫使敌军交战。4点30分，能见度渐好，几十双眼睛扫视着西北方的海平线。30英里之外， "俾斯麦" 号和 "欧根亲王" 号正在从那个方向驶来，迎接她们的将是出乎意料的遭遇战。5点刚过，霍兰德下令 "准备立即战斗"，舰员们进入一级战备状态。罗经平台上，战争大戏的演员们各就各位，准备最后一幕。泰德·布里格斯回忆道：

> 罗经柜和海图桌上的灯发出昏暗的光，我可以想象出舞台一样的场景。右舷侧，面向前站着的是中队炮术军官 "小不点" E. H. G. 格雷格森中校结实的身影，还有司令官秘书G. E. M. 欧文斯少校。他们旁边，舞台的中央，舰长座位上坐着霍兰德将军，科尔上校在他右侧。接下来，左舷侧是 ［H. D.］ 怀尔德波尔–史密斯（H. D. Wyldbore-Smith） ［少校］、中队航海军官S. J. P. 沃伦德中校、18岁的战斗值班军官候补生比尔·邓达斯（Bill Dundas）、担任舰长助手的信号军士长卡恩、在罗经柜上处理值班军官命令的信号军士莱特和我自己，我奉命担任司令副官的助手，并回答传声筒传来的询问。除了霍兰德和科尔，所有军官都穿着连帽大衣，还穿着防闪爆服，头顶则是钢盔。一些人把防毒面具挂在胸前。［……］瘦小的司令官喜欢穿夹克式紧身短外套，以凸显他的军衔。他笔直地坐着，脖子上挂着双筒望远镜，手指有些紧张地敲打着镜片。[①]

接着他们就遭遇了敌人。5点35分， "胡德" 号和 "威尔士亲王" 号的瞭望哨观察到了约38000码外的德军舰队。泰德·布里格斯继续回忆道：

> 瞭望台通过传声筒报告发现敌人： "右舷警报，前方40度。" 我没有双筒望远镜，所以我看不见敌舰顶桅，其他人都在盯着，但当时我们位置上的最大能见度是17英里。科尔舰长用近乎耳语的声音下令： "领航员，做敌情报告。" [②]

几乎同时，德舰也观察到了霍兰德的舰队，但德军早已防备着有这么一支舰队。5点15分， "欧根亲王" 号的水中听音器操作员侦测到东南方向传来大功率轮机的声音，也正是在这个方向上，在清冷的晨光中，海平线上出现了两根烟柱。5点37分，霍兰德下令右转40度，这使吕特晏斯舰队的侧面朝向自己，德军在自己的右前方。就这样， "胡德" 号咆哮着以近29节航速冲向了战场。 "威尔士亲王" 号位于她右后方4链（800码）之外，两舰的连线与航向有20度夹角。德军布尔卡特·冯·穆伦海姆 – 雷希贝格（Burkard von Müllenheim-

① 科尔斯、布里格斯《旗舰 "胡德" 号》第205–206页。邓达斯于1941年1月6日来到 "胡德" 号服役。
② 同上条，第210页。 "领航员" 是皇家海军对航海军官的俗称，这里指S. J. P. 沃伦德中校。

Rechberg）上尉正在"俾斯麦"号后部火控站观看这幕壮观的景象，他眼中的英军舰队像"一头被激怒后对自己前方的情况一无所知就冲锋的公牛"[1]。

　　"胡德"号正准备在信号桥楼上升起5号旗，这是命令"威尔士亲王"号开火的信号。离开斯卡帕湾后不久，22日，霍兰德向"威尔士亲王"号的舰长约翰·利奇（John Leach）通报了他将采取何种炮战术：

　　如果遭遇敌人，并且需要集火射击，则采用G. I. C（单舰火控）策略；如遭遇敌人时，各舰分散，则各舰应如H. W. C. O.（领海司令部命令）第26条所述，做好在侧面观测弹着点的准备。[2]

① 冯·穆伦海姆–雷希贝格《"俾斯麦"号战列舰》第105页。
② 海军部公共记录办公室第116/4352号档案，第392页，J. C. 利奇上校，"对'俾斯麦'号作战行动的记叙"，1941年5月29日。

∨ 1941年5月24日，丹麦海峡之战的示意图。航线、时刻、距离及相对位置均为大概。（托马斯·施密特）

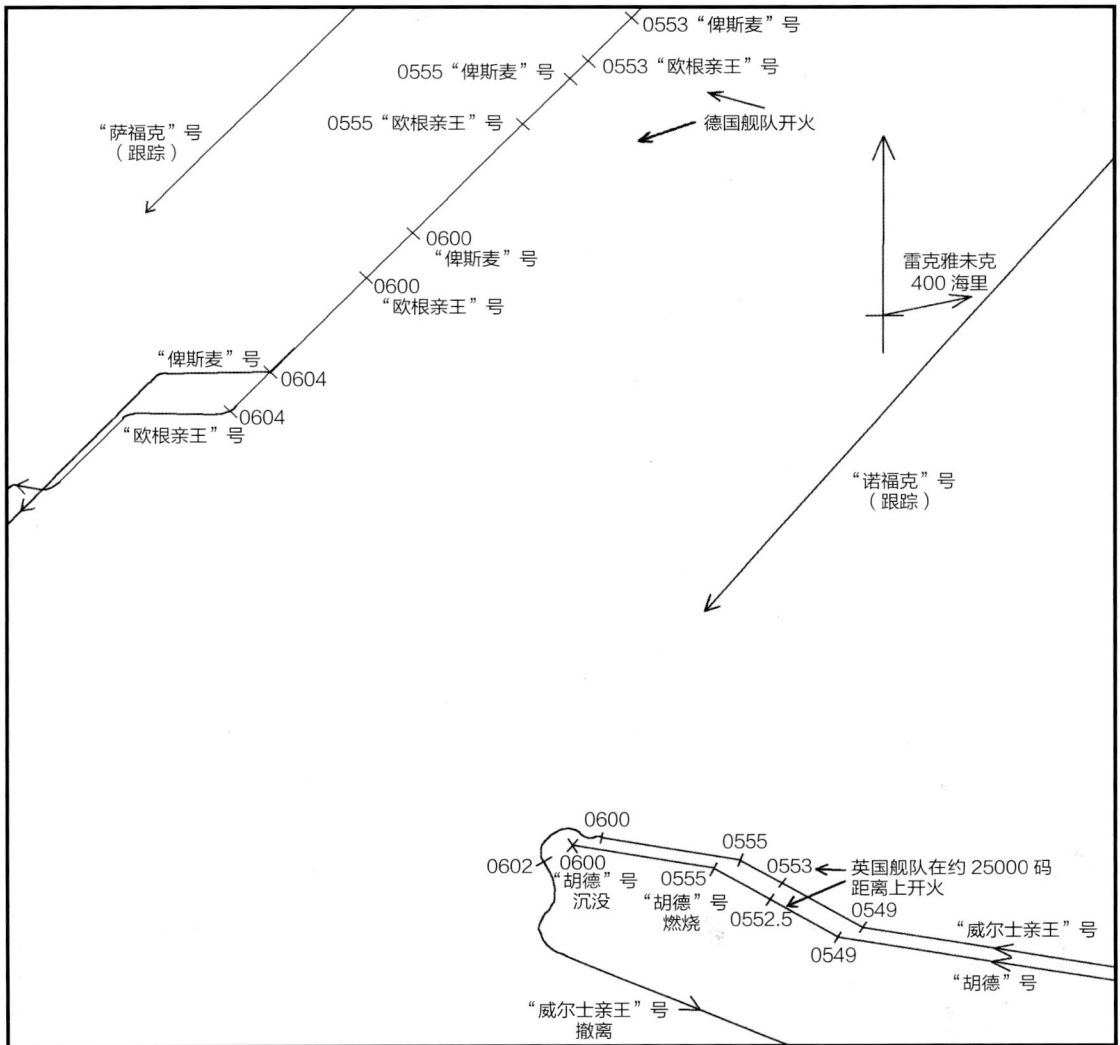

　　用浅显的话说，这些指示要求"胡德"号和"威尔士亲王"号集火射击"俾斯麦"号，同时护航舰只占据理想位置，提供火炮射程和提前量的校正信息——但护航舰只目前不在场。24日0点30分，第二条信息进一步确认了这一决定，同时表明霍兰德令"诺福克"号及"萨福克"号同"欧根亲王"号交战的意图。结果，霍兰德的两项计划都没有成功。无线电静默导致命令无法发送给"诺福克"号及"萨福克"号，两舰从而未能参加战斗。另外，要求"威尔士亲王"号与旗舰保持如此紧密的队形，不仅使利奇不能自由地操纵他的军舰，也使德军可以在"胡德"号沉没后，稍做目标修正就能确定"威尔士亲王"号的距离。前一点或许是无法避免的；后一点则完全可以避免。

　　但这是以后的事情。5点49分，霍兰德命令继续右转20度，再次缩小距离。一分钟后，他命令向德舰队先导舰集火射击。那不是"俾斯麦"号。前一天傍晚，德军旗舰在与"诺福克"号交战时，雷达失灵，之后吕特晏斯命令"欧根亲王"号在前方行驶。"威尔士亲王"号很快发现了这个错误，也相应重新分配了火力，但当时"胡德"号前主炮塔隆隆作响着回转时，对准的却是"欧根亲王"号。"胡德"号主炮塔中的人后来无一生还。炮塔成员投入战斗中时炮塔中的气氛如何，可以从北角海战时"约克公爵"号（Duke of York）上的主炮塔军官、后来升为海军元帅的亨利·利奇爵士（Sir Henry Leach）的一段话中看出来：

　　　接着便传来了期盼已久的"所有人员准备行动！"命令。一瞬间，疲

〈1941年4月，从"胡德"号艏楼上观察到的前炮塔和舰桥建筑。顶部指挥仪上可见约1个月之前在罗塞斯安装的284型火控雷达。虽然雷达可以工作，但它在丹麦海峡之战中是否使用过尚不能确定。瞭望台下方的鱼雷瞭望平台已经拆除。"B"炮塔上的UP发射器被帆布覆盖，炮塔两侧可见2具前部Mk Ⅲ高炮控制系统指挥仪及2座前部UP发射器（同样被帆布覆盖）。装甲指挥仪上方装有玻璃窗的建筑物为罗经平台，布里格斯和邓达斯就是从这里撤离的。提尔伯恩隐蔽在左舷1号UP发射器旁边，从它前方的艏楼处离开军舰。（托马斯·施密特）

愈、寒冷和晕船都被抛到一边，所有舰员做好了完成自己任务的准备。"遵照指挥仪的指示"，于是巨大的炮塔随着火控塔一起转动。"所有火炮装填穿甲弹，全装药——装弹、装弹、装弹！"扬弹笼从弹药库运来弹药时发出的哗哗声、装弹机将弹药推入炮膛中的嘎嘎声，以及炮尾被关上时的响声，在大家听来就像音乐。接着是一片寂静，似乎相当漫长，其中只有液压设备的噗噗声，那是瞄准手和回转手根据接收器上指挥仪传来的指示在操作。"舷侧齐射！"接着阻断器闭合，射击电路与指挥仪瞄准手的扳机相连。瞟一眼射程指示器，上面的数字正在无情地不断减小……①

　　接着数字减到0了。5点52分，"胡德"号在25000码距离上向"欧根亲王"号发出了第一次齐射，几秒后"威尔士亲王"号也开始对"俾斯麦"号齐射。

　　在军舰的另一处，开火的一刻，精神压力骤然释放。多年后，泰德·布里格斯回忆，当军舰投入战斗时，自己牵挂着军舰和舰员们：

　　我可以想象我认识的其他部门的战友是怎样做准备的。罗恩·贝尔（Ron Bell）当时在信号桥楼上，我的传声筒的另一端就是他。他的声音充满紧张，我肯定我的声音也是那样。他一旁是［弗兰克·］塔克斯沃思（Frank Tuxworth），后者一边协助收放旗绳一边逗笑，肯定的。在旁边，负责旗帜信号的是信号军士比尔·内维特（Bill Nevett），我猜，一定和往常一样外表冷静，虽然他脸色发白。小艇甲板上有另一个我认识的战友，斯坦·博德曼（Stan Boardman）军士，他会指挥［"萨米"的］炮组就位，就是右舷的多管"砰砰"炮。他是会想起自己亲爱的妻子和刚出生的孩子呢，还是会问，面对"俾斯麦"号的15英寸炮，他究竟能用自己的高射炮做什么呢？还有，医务室是什么情况？我在舰上的最初几天是在那儿度过的。在那里，在军医长［亨利·］赫斯特（Henry Hurst）和医务军士［乔治·］斯坦纳德（George Stannard）的指挥下，"技术兵"②们会给手术器械消毒、铺毯子，并保证手头有绷带。③

　　在损管中心，舰务助理官约翰·梅钦少校正等待着自己团队的第一项任务。军舰的电气工程师约翰·伊亚戈上尉可能站在一旁，等待修理损坏的电路，也可能正在他负责的高压配电室里值守。不远处的中央计算室里，海军陆战队的军乐兵们正盯着指针，并旋转手轮，奋力将"胡德"号的主炮射程调准。引擎室技术兵伯特·海明斯也在，可能闷在自己的工作间里，还有二等水兵菲利普和少年水兵比尔·克劳福德在某处负责供弹，他们听着扩音器里帕特里克·斯图亚特牧师的广播。据布里格斯回忆，牧师广播的内容是对事件进行"非常冷静、切合实

① 引用于温顿《"沙恩霍斯特"号之死》第183页。这段描述中，"约克公爵"号与"胡德"号唯一的主要区别在于前者进行了舷侧齐射，这是皇家海军在夜战中采用的手段；"胡德"号起初使用半齐射。利奇海军元帅系"威尔士亲王"号舰长约翰·利奇之子。
② 译注：这里是对卫生兵的昵称。
③ 科尔斯、布里格斯《旗舰"胡德"号》第209页。

际、一句接一句的评论"[1]。在舰体更深处，斯图亚特的声音无法到达的区域，前不久还在格拉斯哥亚罗公司的轮机中尉约翰·坎布里奇（John Cambridge）在地狱般酷热、嘈杂的环境中管理军舰的锅炉室。接着就是"头儿"特伦斯·格罗根轮机中校自己，在前部引擎室控制台上创造着海军工程工作的奇迹。这一奇迹由"胡德"号的航速以及僚舰努力跟上步伐的事实来见证。1932至1933年、1937至1939年在舰上服役的海军中将路易斯·勒·贝利爵士写道：

> 我应该一直希望，格罗根死去的瞬间，他注意到了当自己驾驭"胡德"号投入她的最后一战时，崭新的"威尔士亲王"号难以跟上20年高龄的旗舰。[2]

和她最后几分钟内的很多其他事情一样，"胡德"号进行了几次齐射，至于瞄准的是哪艘敌舰，如今只能猜测了。[3]一等水兵鲍勃·提尔伯恩回忆前主炮群发射了6次，泰德·布里格斯则称"X"炮塔至少发射了1次，但真实次数可能永远无法确定。她很可能确实将原本射向"欧根亲王"号的炮火重新集中在"俾斯麦"号上了，但她是什么时候这样做的，以及产生了什么作用则无法确知。霍兰德在驶向战场时禁止使用雷达，但人们有理由认为"胡德"号的284型火控雷达在她开火时已经开机了。能确定的是，她的炮弹无一命中。原因并不难找。不仅接敌角度导致她的火力减少了一半，而且当她咆哮着以29节速度逆浪航行时，炮塔测距仪被浪花打湿了，这一航速下，瞭望台处会产生"过大"的振动[4]。那天早晨的炮术条件与普里德姆上校1938年春季记录的相当相似，所以测距仪窗口镜片附带的气动清洗设备在大浪之下很可能无能为力[5]。顶部指挥仪里的15英尺测距仪在1940年被撤除了，所以之后保证命中率必定要依靠装甲指挥仪里的30英尺测距仪，以及由雷达和性能不佳的Mk V型德雷尔火控台提供的信息。考虑到这些情况，加上"胡德"号可能需要切换目标，以及"胡德"号接敌时射程迅速变化，她未能命中一弹就不奇怪了。

　　"俾斯麦"号和"欧根亲王"号则不需应对这些困难，丹麦海峡之战进一步显示了德军炮击的可怕命中率。短暂的延迟后，德舰队的炮火笼罩了晨光中位于海平线上的"胡德"号。很快，德军炮弹就呼啸着"像特快列车通过隧道一样"[6]飞了过来。"俾斯麦"号于5点55分发出第一次齐射，落点稍远。她的第二次齐射形成跨射，"胡德"号身边升起冲天的水柱。但首先取得命中的则是"欧根亲王"号。她的第二次齐射中有一枚炮弹命中"胡德"号的小艇甲板，斯图亚特牧师冷静地告知舰员们"你们听到的是'胡德'号主桅下中弹的声音"。据布里格斯回忆，爆炸震得罗经平台上的人们纷纷倒在地上：

① 帝国战争博物馆有声档案，第10751号，第2盘。
② 剑桥大学丘吉尔档案中心，档案编号LEBY 1/2，《不离引擎的人》手稿第12章第9页。
③ 以下这段记载中的事件顺序及时间是根据保罗·贝文德、弗兰克·艾伦的"'俾斯麦'号追击战与'胡德'号的沉没"一文整理的。该文章载于"胡德"号协会网站上（网址为http://www.hmshood.com/history/denmarkstrait/bismarck2.htm），记录了研究成果的要点并频繁更新。作者特此向其致谢。
④ 诺斯科特《皇家海军"胡德"号》第14页。
⑤ 见第2章第84页。
⑥ 帝国战争博物馆有声档案，第10751号，第2盘。

△丹麦海峡之战中,"俾斯麦"号自身的炮火映出她的轮廓。(托马斯·施密特)

接着我的双脚飞了起来。我的耳朵里嗡嗡作响,仿佛我在大本钟的敲钟室里。我爬起来,觉得自己很丢脸,但我看见罗经平台上的其他人都正在爬起来。"小不点"[E.H.G.]格雷格森[炮术中校]迈着近乎从容的步子,去平台右边缘看发生了什么事情。①

中校回来时,报告霍兰德"她击中了我们的小艇甲板,即用弹药箱起火"②。中校说这些话时咧嘴笑的模样深印在布里格斯的记忆里,这些话表明这位斗志旺盛的军官因自己的军舰终于可以史上留名而感到一种沉重的满足。如果是这样,这种感觉也很快就会消失,因为"胡德"号已经开始承受临终的痛苦。"欧根亲王"号的炮弹引燃了装有4英寸炮弹和无旋转弹丸的几十个即用弹药箱,造成了一场无法控制的火灾,火灾很快使小艇甲板人员伤亡惨重。想起奥兰的教训,上级已经下令炮手们在战斗开始时去舰桥下方的休息室里躲避。在那里,阅览室和牙科手术室之间,聚集了很多人。③

一等水兵鲍勃·提尔伯恩是留在炮位上的人之一,他是后部烟囱旁边左舷1号炮炮组的一员。当弹药开始爆炸时,爱德华·毕晓普(Edward Bishop)军士来到后面,命令提尔伯恩和另两名士兵灭火,而士兵们明智地告诉他"等爆炸停了,我们就去灭火"④。不过,"威尔士亲王"号舰员望见,另一些人拿着甲板消防管在徒劳地试图控制火情⑤。风吹起的海浪打湿了"胡德"号的测距仪,同时风导致火大面积蔓延,向后延烧到"X"炮塔顶。随着弹药像爆竹一样被烧炸,骇人的浅红色火光跳动着⑥。威克-沃克海军少将描述了他从30000码外的"诺福克"号上看到的情景:

① 帝国战争博物馆有声档案,第10751号,第2盘。
② 海军部公共记录办公室第116/4351号档案,第364页。
③ 帝国战争博物馆有声档案,第11746号,第1盘。
④ 亚瑟(编)《皇家海军:1939年至今》第91页。
⑤ 海军部公共记录办公室第116/4351号档案,第251页。
⑥ 詹姆斯·戈登先生,与作者的交谈,2004年1月5日。

< 1940 年秋季，从相当于后部防空指挥所的高度观察到的小艇甲板左侧。左舷全部 3 座 4 英寸炮都可见。在"胡德"号的最后几分钟里，在这处布局杂乱的空间中，即用弹药引发了一场无法控制的火灾。(托马斯·施密特)

　　我能做的最准确的描述是，它呈明亮的蔷薇色，没有黄色或白色。[……]这说的是"胡德"号开始起火时。[……]我看着这场火灾，它向前蔓延，直到起火区域的长度超过了火焰的高度，一会儿就减小了，前部减小得尤其明显。我想他们也许能扑灭火。在这之前，火灾给我的印象很深，[我都觉得]那艘军舰无法继续发挥作战单位的作用了。[1]

　　但还会发生远比这严重的事情。毕晓普刚回到舰桥向一名军官报告情况，一发炮弹就落了过来，导致在那里躲避的200人惨死，只有提尔伯恩活下来讲述这幕惨景[2]。

　　在上方的罗经平台上，这场惨剧不仅映在在场的人眼里，也回荡在他们耳朵里。泰德·布里格斯写道：

　　接下来，传声筒里和电话里传来一阵疯狂的叫唤："火。"艇部的小艇甲板上剧烈地燃烧着火光。火中不时传来响亮的爆炸声。鱼雷军官[安东尼·佩尔斯少校]通过电话报告："4英寸炮即用弹药爆炸了。"我能听见UP火箭的爆炸声，就像它们一年前在直布罗陀意外地在巨响中升空一样。当伤者和濒死者的惨叫声从传声筒里发出时，恐惧再次令我的肠子纠结。尖叫声几乎令我的血液凝固了。[……]但爆炸的弹丸使舱面上的战位变成了杀戮场。伤者的叫声从传声筒里和信号桥楼上传来，像一场刺耳的合唱在继续。我肯定，我听到我的好伙计罗恩·贝尔在大声呼救。[3]

　　霍兰德对情况的评估与提尔伯恩及其同伴们一致，他下令任凭小艇甲板上的火燃烧，直到弹药烧光。不管怎样，他还有远比这紧迫的责任。"胡德"号

① 海军部公共记录办公室第116/4351号档案，第148页。
② 亚瑟(编)《皇家海军：1939年至今》第91页。应注意，提尔伯恩讲的事件并无其他已知资料可证实，尽管皇家空军第201中队一架桑德兰式水上飞机的飞行员R. J.沃恩(R. J. Vaughn)上尉记录"胡德"号该位置被确实命中一次；见海军部公共记录办公室，档案编号AIR 15/415。作者感谢弗兰克·艾伦让作者注意这一点。
③ 科尔斯，布里格斯《旗舰"胡德"号》第214-215页。

正在不断遭受攻击，中队要发挥全部火力，不能拖延太久。5点55分左右，霍兰德下令左转20度，以将敌人纳入"X"和"Y"炮塔的"A"部分射界。泰德·布里格斯回忆道：

> "同时左转20度。"他下令。信号军士长卡恩把命令传给信号桥楼，想不到那里似乎还有个人尚能执行命令。两面蓝旗——2号旗，一种蓝色三角旗——升起在横桁上。我还记得我沉思道："信号桥楼上的人那时还没全死。"①

"胡德"号冒着弹雨继续前进，她的两座后炮塔时转时停，艰难地指向敌人。6点左右，霍兰德已完成接敌，命令继续左转20度。这时离她开火仅七八分钟。直到这时，霍兰德和他的军官们一直以承自前辈的顽强和冷静，把握着战斗的进展，看上去并未受到舰上发生的灾难干扰。但这种超然并未保持下去。就在"胡德"号开始转向时，"俾斯麦"号第五次齐射中的一枚炮弹从16000码外飞来。这枚炮弹造成了致命一击。"威尔士亲王"号的约翰·利奇舰长回忆道：

> 一轮齐射落下的瞬间，我正好在观察"胡德"号，齐射看上去落在军舰两侧，主桅杆附近。我想，这次齐射中有两发偏近，还有一发偏远，但情况也可能相反。但当有个物体落在"胡德"号主桅杆前稍偏右的位置时，我看见了那一幕。我的印象不是特别确切，但已经确切到足以让我再看"胡德"号一会儿。实际上，我设想了会出现什么结果，我看见那情景后的一两秒，"胡德"号上发生了一次爆炸，在我看来，爆炸大概就发生在舰上中弹的同一部位。火焰非常猛烈地向上迸发出来，呈烟囱的形状，很细的烟囱。之后，几乎在刹那间，军舰从舰艏到舰艉都笼罩在烟雾中。②

在泰德·布里格斯的感受中，刚才慢得让人难熬的时间现在似乎完全停止了：

> "胡德"号转向时，"X"炮塔发出了激动的怒吼，但"Y"炮塔沉默着。接着，一道晃眼的闪光扫过罗经平台外缘。我再次发现自己被抛了起来，头朝下摔在甲板上。这一次，当我和其他人一同爬起来时，情景不同了。一切都如此残酷无情和难以置信。这艘过去两年里一直被我当作避风港的军舰，现在突然变得危险。③

当"胡德"号遭到致命一击时，鲍勃·提尔伯恩和他的同伴们脸朝下趴在左舷前部那座UP发射器的后面：

① 科尔斯、布里格斯《旗舰"胡德"号》第215页。
② 海军部公共记录办公室第116/4351号档案，第198页。
③ 科尔斯、布里格斯《旗舰"胡德"号》第215页。

下一发炮弹击中了后部，军舰疯狂地颤动起来。我就在炮护盾旁，所以没受冲击波伤害，但我的一个战友遇难了，另一人的身体侧面被弹片切开。弹片像屠夫一样把他开膛破肚，他的内脏全出来了。[1]

这枚炮弹，或者同次齐射中的另一枚，可能击穿了瞭望台，小艇甲板落满了从舰桥建筑的上部分飞来的碎片和残肢。提尔伯恩的腿被一具残躯击中，他去舷边痛苦地呕吐起来。

再说舰桥，气氛一时并无异样，但很快，已经发生的巨大灾难也波及了这里：

在最初的剧烈震动后，她像不情愿似的缓缓向右舷倾斜。大约达到10度之后，她不再倾斜，这时我听见操舵兵在传声筒里对值班军官喊道："无法操舵，长官。"回答是"很好"，并没有情绪激动或不安的迹象。科尔立即下令："改用紧急操舵。"虽然"胡德"号已向右倾斜，罗经平台上仍无人担忧。霍兰德坐回到椅子上。他向后看着"威尔士亲王"号，接着将双筒望远镜重新指向"俾斯麦"号。"胡德"号的侧倾慢慢自动扶正。"谢天谢地，"我对自己嘟囔着，接着却发现她突然骇人地向左倾斜，吓坏了。她不断侧倾，直到侧倾达45度。[2]

意识到军舰已无法挽救，罗经平台上的舰员们开始默默地从右侧的门陆续撤出，只有霍兰德和科尔没走。司令官瘫在椅子上；由于"胡德"号在倾覆，司令官身边的旗舰舰长拼命试图站稳。两人都没有做任何撤离的努力。当布里格斯走出罗经平台，走向司令舰桥时，"胡德"号已经快到最后一刻了。他向下走到一半，被海浪从梯子上卷下来，掉进海里。军官候补生威廉·邓达斯在战斗中一直负责在罗经平台上值守电话和传声筒，由于甲板已经严重纵倾，他无法到达出口，只好踢碎窗户逃出，这时罗经平台已经接近水面。虽然这二人相距不会超过几码，他们之后的经历却有几点相当不同。根据布里格斯后来对二人交谈内容的回忆，邓达斯逃了出去，拼命远离军舰，但很快军舰沉入水下时产生的吸力拖向下方。几乎同时，一股猛烈释放出的空气又把他推到水面离军舰较远处，助他逃生。另一边，布里格斯在绝境中挣扎的时间要长得多：

我意识到，这次是九死一生。但我不会轻易放弃。我知道罗经平台的天花板就在我头上，我必须游泳远离它。我灵活地躲开了钢立柱，没被击中，但我还没逃出去哪怕一步。吸力正把我向下拖。我耳朵受到的压力一秒秒变大，我感到极度强烈的恐慌。我会死的。我疯狂地挣扎着，努力让自己上浮。我不知道自己到

① 亚瑟（编）《皇家海军：1939年至今》第91页。
② 科尔斯、布里格斯《旗舰"胡德"号》第215—216页。

了哪里。我在水下只憋了一分钟，虽然那段时间似乎无穷无尽。我的肺要炸了。我知道我要做的就是呼吸。我张开嘴，一大口海水灌进来。我的舌头被压在嗓子后面。我不会到达水面了。我会死的。我会死的。我越来越虚弱时，我的斗志也消逝了。挣扎有什么用？恐慌的心情平息下来。我听人说过淹死是美妙的。我不再拼命向上游。海水像宁静的摇篮。它摇晃着令我入睡。我对此无能为力——晚安，妈妈。现在我倒下了……我准备好见上帝。我正想着幸福地接受死亡时，却被打断了，身下突然有一股推力，把我推向水面，就像倒香槟酒时把软木塞冲出来一样。我不会死的。我不会死的。我踩着水，喘息着，大口大口地吸气。我还活着。[①]

小艇甲板上，正在呕吐的提尔伯恩抬头看见舰艉正在抬离水面。他刚才在UP发射器的护盾后受到了很好的保护，他知道最后一刻已经来临，立即离开UP发射器，向下跳到罗经平台外侧的艏楼上，这时布里格斯和邓达斯正从罗经平台上撤离。一刻也不能耽误。由于"胡德"号已经开始倾覆，海浪开始拍着甲板。他还没来得及脱掉战斗盔和多层衣服，就被卷进了海里。提尔伯恩尽了最大的努力远离军舰，尽管各处的舰员们为了不与军舰一同沉没而不停努力着，但军舰毁灭的速度毕竟更快：

我还穿着水手靴，系着一根很紧的腰带。我一边忽左忽右地踩着水，一边拿出刀切断了腰带，这样我就能大口呼吸。接着我四下察看，只见军舰正在我头上倾覆。向我落过来的不是影子，而是一根大桅杆。它压在我双腿后面，无线电天线也缠在那儿，我开始随着天线下沉。我手里还拿着刀，所以我切开了

∧ 1941年5月24日6点整，"胡德"号爆炸。（美国海军历史中心）

① 科尔斯、布里格斯《旗舰"胡德"号》，第216-217页。

水手靴，猛地浮上水面。我抬头，看见 "胡德" 号的舰艏抬到了空中。接着她向下沉去。①

　　从以上每人的经历来看，从致命一击到弃舰逃生之间似乎刚过一分钟。提尔伯恩显然是他所在区域唯一能逃离者，这证明了 "胡德" 号遭到攻击后小艇甲板人员伤亡之惨重。但生还者看见至少还有3人试图从罗经平台撤离：一名姓名不详的值班军官、格雷格森中校和中队航海官约翰·沃伦德中校，后者在人员撤离时，友善地用手势示意布里格斯走在他前面。虽然各人经历不同，这3名生还者经历的险境却有一点相同：锅炉和舱壁倾倒时释放出空气，将他们推到水面。结果，邓达斯、提尔伯恩和布里格斯都在军舰原来的左舷边、离军舰巨大的残骸稍远处浮出水面，3人彼此也隔了一些距离。如果没有这一奇迹， "胡德" 号沉没时舰员将无一生还。

　　所以，情况是，5月24日早晨6点刚过， "胡德" 号乘员组中极少的几位幸存者发现自己漂浮在15至20英尺高的涌浪中，四周偶尔有几片军舰残骸。在铅灰色的天空下，战斗仍在激烈地进行。天幕之下，皇家海军的骄傲以及她的1415名舰员正在向大西洋底沉去。

　　"如果说曾有一艘军舰是在战斗中死去的，那么 '胡德' 号就是如此。"②英国海军中最伟大的军舰怎么会在几十秒之内从一艘有效战斗单位变为一具破碎的残骸呢？她怎么可能3分钟内就从海面上消失？60多年来，背景越来越多样化的作者群和读者群努力思考过这些问题。人们产生的很多想法更多地依赖想象而非研究，但人们也根据一些原始材料得到了较客观的结论，这些材料主要源自1941年成立的两个调查委员会的工作，并辅以军舰结构和作战方面越来越丰富的资料以及双方人员的回忆录③。当前除了这些信息源，还必须补充2001年找到残骸的探险队的初步观察结果④。本书以下的内容便基于这方面的材料，以及根据它们所得到的推断。

　　幸存者们只知道军舰被后部发生的剧烈爆炸摧毁，却对导致军舰被摧毁的事件无明确印象。大爆炸的主要目击证据则来自航行在 "胡德" 号右后方800码外的 "威尔士亲王" 号。战斗进行时，由于该舰左舷并未向敌，这里多数人无事可做，只能观察旗舰与敌方互相齐射。第一件让他们特别注意的事情是战斗的早期阶段， "欧根亲王" 号取得命中后， "胡德" 号小艇甲板起火。不过，他们记得的主要是 "俾斯麦" 号第五次齐射后旗舰发生的灾难性爆炸。爆炸的

① 亚瑟（编）《皇家海军：1939年至今》第91页。
② 布拉福德《强大的胡德》第184页。
③ 两个委员会的调查结论及第二个委员会的讨论记录，见海军部公共记录办公室第116/4351及116/4352号档案。 "欧根亲王" 号的战时日记及军官报告，见www.kbismarck.com网站。技术分析的主要文献是W. J. 朱伦斯署名文章 " '胡德' 号的沉没——重新审视"，《国际军舰》第24卷（1987年），第2期，第122–161页。
④ 见威廉·朱伦斯等人署名文章 "英国海军 '胡德' 号与德国海军 '俾斯麦' 号的海事物证分析"，《造船师与轮机工程师协会学报》第110卷（2002年），第115–153页。

后果没有疑问。它引燃了"胡德"号后部弹药库中存放的112吨无烟火药。不久，一道巨大的橙色火柱在舰上升起，高达600英尺，火柱四周是一大片翻滚的灰色烟雾。几秒后，火柱低了下来并扩宽为烟囱形，"胡德"号笼罩在烟雾中。人们观察到爆炸首先发生在主桅附近，强大的冲击波从小艇甲板上的两座烟囱中迸发出来，接着又在后主炮区肆虐，将两座炮塔整个抛入海中。当烟雾散开时，"威尔士亲王"号看见的是一幕凄惨的景象："胡德"号后部300英尺左右长的部分已被爆炸摧毁。地狱般的爆炸相当剧烈，以至于H. 特里（A. H. Terry）少校能看清旗舰倾覆时右舷露出的根根肋骨，"X"炮塔和主桅杆之间的舰底板被炸掉①。海浪拍打着破碎的舰体。剩下的舰艉部分直立起来，不久连同200多英尺长的残骸一起与前部脱离。"威尔士亲王"号的舰桥上，少年水兵詹姆斯·戈登（James Gordon）发现自己盯着的是旗舰一段脱离下来的舰体②。数分钟前还完整、未受损伤的旗舰现在已经被开膛破肚、不成形状。交战双方的很多人都感到这一幕惨不忍睹。

　　"胡德"号的临终挣扎很快就结束了。据利奇上校叙述，后甲板消失后，军舰残留的部分很快向后纵倾沉没：

　　　　我的印象是，"胡德"号船舷上沿从烟雾中显露出来，离水面的距离很近，应该是约2至3英尺。③

　　提尔伯恩逃脱时，两座烟囱已经完全浸入水中。"胡德"号之前由于爆炸的冲击而右倾7至8度，现在右倾自动扶正，接着发生左倾，这一次倾斜她再没能纠正。不久，由于后部进水，她的舰艏开始上抬。在左倾和纵倾的双重作用下，她一面沉向海底，一面绕着纵轴翻滚。最后的下沉导致她的舰艏几乎竖直朝上，250英尺左右长的舰体露出了水面。接着就是落幕时刻，她的舰艏直指天空，"B"炮塔的两根炮管大幅度地歪向一边，海浪最后一次冲刷着她的舰体。在一名德军看来，这景象像"一座宏伟教堂的塔尖一样"④。

　　"胡德"号3分钟内就沉没了，速度之快归咎于舰体和内部结构受到的巨大破坏以及引擎区进水。当倒扣的舰体中段于2001年被发现时，其损伤程度被探明了。有了这一发现，军舰遭受的灾难有多狂暴就清楚了。不过，爆炸最终是由什么引发的？事件的经过如何？"胡德"号沉没后成立的两个委员会最期待确定的就是这些，这不仅是因为这一事件对皇家海军而言无比严重，也是因为皇家海军要吸取教训——人们认为在日德兰海战后就应当吸取的教训，改进大型军舰的设计和舾装。第一海务大臣、海军元帅达德利·庞德爵士5月28日给海军审计官布鲁斯·弗雷泽（Bruce Fraser）海军中将的信中尽显惊愕：

① 海军部公共记录办公室第116/4351号档案，第40页。
② 与作者的交谈，2004年1月5日。
③ 海军部公共记录办公室第116/4351号档案，第198页。
④ 朱伦斯"'胡德'号的沉没"第137页。

　　现在，时隔25年后，我军的一艘主力舰和德军的一艘主力舰在日德兰海战后首次进行了近距离交战，"胡德"号被击沉的方式在目击者看来与"玛丽王后"号、"不倦"号和"无敌"号完全相同，尽管日德兰之后有采取过措施，以避免更多的军舰因"闪爆"而沉没。[①]

　　目睹"胡德"号沉没的人都会完全确定，是她后部弹药库的爆炸将她炸毁的。至今悬而未决的问题则是，这是怎样发生的。5月30日，第一个委员会在海军中将杰弗里·布雷克爵士（1936至1937年他曾以"胡德"号为旗舰）主持下成立，3天后就提交了报告。报告确认"俾斯麦"号的1枚或多枚炮弹击中了主桅杆附近并穿入"胡德"号的4英寸炮弹药库，这处弹药库在1939至1940年间规模扩大了一倍。4英寸炮弹药的爆炸进而引爆了15英寸炮弹药库。这一结论之后受到支持，但调查方却没有采纳过技术方面的意见，没有留下会议记录，也只访谈了四五名军官；"胡德"号的幸存者中，只有军官候补生邓达斯被问询过。最重要的是，报告草率地排除了许多有影响的人物眼中引发大爆炸的可能原因：上层甲板的鱼雷被引爆。因此，第二个委员会成立了，主持人是"胡德"号和平时期的最后一任舰长、已晋升为海军少将的H. T. C. 沃克。委员会的第一步是请176名目击者提供证据，并征求各领域的技术专家和以前舰上军官的看法。8月12日，访谈在"德文郡"号（Devonshire）巡洋舰上开始，第二天在"萨福克"号上继续进行。最后几次访谈于8月27日至9月5日在伦敦道兰大厦进行，提尔伯恩和布里格斯都出席了。邓达斯无法出席，但会议用到了英方从"俾斯麦"号幸存者处得到的证据。整个程序中，委员会不遗余力地确定小艇甲板的火灾和舰上的鱼雷武备与沉没是否有什么关系。他们于1941年9月12日提交的结论与第一个委员会的观点大同小异：

　　1. "胡德"号的沉没是由于"俾斯麦"号的1枚15英寸炮弹击中"胡德"号的4英寸炮或15英寸炮弹药库，或上述弹药库附近，导致它们全部爆炸并炸毁了军舰后部。4英寸炮弹药库很可能首先爆炸。

　　2. 没有决定性的事实能证明1至2枚战雷头被引爆，或与弹药库同时爆炸，或在其他任何时刻爆炸，但这种可能性不能完全排除。我们认为，即使战雷头爆炸，也不会造成足以导致军舰短时间内被摧毁的灾难性后果。总的来说，我们的看法是它们没有爆炸。

　　3. "胡德"号小艇甲板上发生的、肯定波及了无旋转弹丸和/或4英寸炮弹药的火灾，不是军舰沉没的诱因。[②]

① 海军部公共记录办公室第116/4351号档案，第14页。
② 同上条，第108页。

　　虽然至今仍有不同的声音，但当前大多数专家基本同意这些结论。不过，虽然两个委员会比较肯定地确认"俾斯麦"号的1枚炮弹导致了"胡德"号后部弹药库爆炸，但完全无法确定这枚炮弹的轨迹。自然，这个问题的答案要看"胡德"号究竟是小艇甲板中弹还是水下部分被击穿。实质上这就是问，被击穿的究竟是水平装甲还是垂直装甲。从军舰的布局来看，两种可能性都存在，但同一场战斗中"威尔士亲王"号水下部分被一枚15英寸炮弹击穿的事实增加了后者的可信度。不过，考虑到水下弹道很不稳定，水下中弹的可能性比前者小。但如W. J. 朱伦斯（W. J. Jurens）1987年所写，"爆炸的确切起因不仅现在，而且可能永远有些难以确定"[1]，注定永远无法从纷杂的推测中浮现。

　　2001年夏季，蓝水打捞公司在海底约9000英尺深处拍摄了"胡德"号的残骸，证实了弹药库爆炸说。碎片分布在三片大区域，其中躺着舰艏和舰艉（分别长约165英尺和125英尺），一段距离之外则躺着倒扣过来的、长约350英尺的一段舰体。剩下约225英尺长的部分不见影踪，这就是原来前起中部引擎室[2]、后至"Y"炮塔的部分。当年人们就看见舰艏在海面上脱落了，但真正让探险队惊讶的是脱离的舰艏部分，它左舷触底，被锚链缠绕。看来，舰艏脱落是因为舰艏抬出水面时舰体结构受损，以及接着军舰沉入水下时舰体被向内挤压遭到破坏，尽管也有观点认为断裂处附近发生了一次大爆炸[3]。另一项发现是"胡德"号下沉时舰体遭到程度前所未见的挤压破坏。海底一英里的区域都是满目疮痍，没什么遗迹能令人想起军舰生前的形象。不过，有一件物品令人无比感伤，那就是舰钟，1940年12月31日人们还敲着它迎接新年。

　　说到爆炸的过程，人们唯有引用朱伦斯1987年的结论。他的假说的前提是一枚15英寸炮弹在后部4英寸炮弹药库中或附近爆炸：

　　如果这确实发生了，并且点燃了弹药库中的发射药，那么这团急速膨胀的火药气体的大部分会沿阻力最小的路线冲进前方紧挨着的引擎区。短时间内，"胡德"号舰体结构可能一时顽强地降低了气体向其他方向膨胀的速度。膨胀的气体波及引擎室后，通向外部最快捷的路径就是舰体中线上、主桅杆前后那些巨大的排气道。这些巨大的管道在舰体内部从下到上，每段的尺寸、形状各异，上端在小艇甲板上，大致呈边长1.8米的正方形。耀眼的、几乎垂直的火柱从主桅杆附近的这些排气道中冲出来时，周围军舰上的人开始目睹爆炸的后果，尽管从远处看火柱没那么大。不久后，整个舰艉爆炸。调查委员会计算出爆炸时"X"炮塔弹药库约有49吨无烟火药，"Y"弹药库有45吨，各处4英寸炮弹药库约有18.5吨。这么多的发射药无法控制地在后部弹药库里燃烧时，因为膨胀的气体可以冲进有相当容积的引擎区，加上不少燃烧产物通过排气道排到

① 朱伦斯"'胡德'号的沉没"第155页。
② 应注意，目前该部分前端为哪一处引擎室，仍存在争议。
③ 前部弹药库爆炸的说法见于米恩斯、怀特《"胡德"号与"俾斯麦"号》第206－207页，而朱伦斯"'胡德'号的沉没"第146页提出了反驳。

舰外，所以势头短暂减缓。尽管气体膨胀和排气可以暂时减小气压，却不足以阻止军舰最终被一场爆炸炸碎。[①]

但是，只有之前的舰员才能描述当爆炸吞噬了他的朋友们，并在那些人们长年经常去的、留下亲切记忆的通道和餐厅中肆虐时，真实情形如何。1936至1941年在舰上的莱奥纳德·威廉姆斯写道：

在一道猛烈的闪光中，在炽烈的一瞬间，"胡德"号不复存在了，让我们的一切努力付诸流水。我在舰上服役过四年半，熟悉她的每处隔舱、每只螺母和螺栓。我眼前几乎能描绘出那致命一弹打中时，舱面下可怕的情景。无烟火药一片片巨大的金色火焰扫过走廊和通道，把途中一切都烧成灰烬，强大的炽热冲击波，巨大的压力将装甲舰体冲开的情景；最后，冰冷的海水仿佛带着怜悯般涌进来，冲洗着被烧焦、撕裂的残骸，让那些我如此熟悉的英灵安息。我不止一次梦到这一幕，醒来时会想："瞧，我全靠上帝保佑才没事。"[②]

幸存者很少，不仅是由于爆炸猛烈，也是由于爆炸导致军舰迅速沉没。少数人陷在尚未被不断扩大的灾难波及的封闭隔间里，而多数人必定很快就因火灾、进水和机械撞击而亡。只有在露天战位上的人才有生还的希望，但由于瞭望台中弹加上小艇甲板及舰桥掩蔽处遭受严重破坏，故这部分人在军舰的最后时刻大部分阵亡。成功跳海的舰员肯定不过十几人，而在海水中，他们未充气的救生衣外面穿着防护服，这减小了生还的可能。那些坚持到获救的人活下来大概是天意使然。

有些人只在由真实的战斗简化而来的精巧的棋盘游戏中见过代表军舰的棋子。他们应该记住舰员临死时天崩地裂的灭顶之灾，记住军舰陷入火与铁、燃烧的油料和涌出的蒸汽、倒下的舱壁和滔天海水的狂暴肆虐中。"胡德"号和其他军舰一样，创造她的力量也是毁灭她的力量——就是这么简单。

邓达斯、提尔伯恩和布里格斯浮上海面后，纷纷游离残骸，最终各自找到了一具3英尺见方的饼干筏——"胡德"号最后一次改装中装备了很多。邓达斯设法坐在了筏上，但另两人不会保持平衡，只好趴在筏上。他们以这种方式一边划着水向同伴接近，一边躲避着残块和成片的燃油搜索其他幸存者，但毫无收获。天上，一架皇家空军第201中队的"桑德兰"式水上飞机观察到"一大片

① 朱伦斯"'胡德'号的沉没"第155-157页。
② 威廉姆斯《行过远途》第142-143页。

燃油中有一只红色大筏子和大量残骸"①。布里格斯和提尔伯恩与险境搏斗，已是精疲力竭，只是靠着邓达斯的鼓舞才没有一睡不醒。他们唱着歌、讲着逃生过程，度过了最初一个小时左右的时间，但当霍兰德护航舰队中的"伊莱克特拉"号（Electra）驱逐舰赶到时，他们已经漂流分散了。在风暴中受损的"伊莱克特拉"号上，舰员们做好了准备，但永远没有见到他们期望的一大批幸存者。一等水兵爱德华·泰勒（Edward Taylor）回忆道：

当我们准备从冰冷的灰色海水中打捞数百名负伤或被击伤的舰员时，事实慢慢摆在眼前了。我们无法放出小艇，因为它们在吊艇架上被砸坏了。毯子、医疗用品、热饮和朗姆酒都备好了。攀爬网挂在舰舷外，垂到海里。士兵们排在舷侧，拿好了握手绳，盯着前方的灰色海面。似乎只过了几分钟，我们就穿过了一片雨雾，眼前豁然开朗。果然如此。"胡德"号沉没的地点。各种残片漂在水面。吊床、残破的筏子、靴子、衣物、大檐帽。我们盼望看到几百人，却没有他们的踪影。我们一时惊呆了，然后我身边一位战友喊道："老天，人全都跟她一起沉了。"我们小心翼翼地行驶，身边漂浮着令人心酸的书、信件、照片和其他私人遗物，接着传来一声喊，只见稍远处出现了一个人，抓着一块漂浮物。又有两个人出现在眼前——一个在游泳，另一个似乎在一小块漂浮物上。我和另几人一起顺着攀爬网下去，下到水齐膝的位置。我们吊在网上，看到第一个人漂到舷边我们就立即伸出手。我们很快拉住了他，把他抬到网上。舱面上有人下来，小心地把他拉到了舱面上。我们给他裹上毯子，送他到前面的餐厅里，交给舰上的军医和卫生兵照料。我沿着舷侧看去，那边另一个人被拉了上来，第三个人则抓住抛去的绳子，被拉到舷边，送到舰上。②

泰德·布里格斯回忆起获救时刻：

"伊莱克特拉"号慢慢驶近我趴着的筏子。接着一根绳子被抛到空中，向我飞来。虽然我的手指已经没有知觉了，我还是不知怎的努力抓住了它。一名在攀爬网上的舰员多此一举地对我喊道："别松手。"我居然还有心情回敬："你用你那混蛋性命打赌我不会松。"不过，我已经累得无法自己游到舰边再爬上绳网了。在海里泡了快4个小时，我脑中一片混乱。沮丧的眼泪再一次顺着我沾满油料的脸颊流了下来，因为获救的希望近在眼前，我却无法为自己争取。我本不需要担心。几名水兵下到海里，一手抓着网，把我拉到舷边，徒手把我抬到"伊莱克特拉"号被风暴扭曲的护栏处，又把我送到舯部。③

① 海军部公共记录办公室，档案编号AIR 15/415。
② "胡德"号协会档案。
③ 科尔斯、布里格斯《旗舰"胡德"号》第221页。3位幸存者在海中漂流的时间看来在2小时左右。

① 冯·穆伦海姆–雷希贝格《"俾斯麦"号战列舰》第111页。
② 詹姆斯·戈登，与作者的交谈，2004年1月5日。

人们没有发现阵亡者。少数物品被捞了上来，其一是有RMB/X 738字样的海军陆战队大檐帽，它的主人——军乐兵威廉·派克（William Pike）无疑在中央计算室中阵亡了。在一场徒劳的搜索后，燃料所剩无几的"伊莱克特拉"号向雷克雅未克返航，当晚抵达那里并将幸存者送到了医院。

"胡德"号毁灭的骇人一幕使丹麦海峡之战出现了短暂的停歇。"俾斯麦"号上，德军很快从吃惊变得狂喜。冯·穆伦海姆–雷希贝格上尉写道：

他们难以相信，只是面面相觑。震惊感很快就过去了，人们欣喜若狂。他们由于胜利而充满欢喜和骄傲，拍着别人的背，握着手。上级们好不容易才让他们回去工作，并让他们清楚战斗还未结束，每个人都必须继续恪尽职守。①

相反，"威尔士亲王"号上，这一幕带来了一片死寂。"没说一个字。"②而且，也几乎没时间去回想。德军一恢复冷静，猛烈的弹雨就开始落在"威尔士亲王"号身边，她7分钟内被"俾斯麦"号和"欧根亲王"击中7弹。其中一发15英寸炮弹穿过罗经平台，那里的人除利奇舰长和信号军士长外非死即伤。不过，"俾斯麦"号取得胜利后，未能毫发无损地离开。尽管"威尔士亲王"号的炮塔出现故障，最终只有3门炮能开火，但她击中了"俾斯麦"号3弹，一弹使对方一

座锅炉室瘫痪，另一弹击穿了2具油箱，导致燃油被污染。战斗至此结束，“威尔士亲王”在烟幕掩护下撤离，而吕特晏斯舰队转向驶往布雷斯特。“莱茵河演习”事实上终止了，但皇家海军要复仇。震怒的海军部调动手下所有部队阻止“俾斯麦”号到达布雷斯特。H舰队从直布罗陀出动，而运输船队的护航舰也被下狠心调走。“胡德”号沉没3天后，“俾斯麦”号也在“罗德尼”号和“英王乔治五世”号（King George Ⅴ）的毁灭性炮火下饱尝痛苦。在两小时的恶战后，“俾斯麦”号带着2000多名舰员沉没。

　　丹麦海峡的惨剧最初是由威克－沃克海军少将报告的，他向海军部和当时在“英王乔治五世”号上指挥航行的托维发去了简短的消息：“‘胡德’号在北纬63°20′、西经31°50′处爆炸。”这条消息被他定为“秘密”，于6点15分发出，但一段时间后才被指定的接收方收到。不过，“威尔士亲王”号不久后发出的“‘胡德’号被击沉”消息被大西洋各处及周边地点接获。菲利普·维安（Philip Vian）上校当时正指挥WS8B运输船队的护航队在爱尔兰以西航行，他在“哥萨克”号（Cossack）驱逐舰上接到了消息：“我相信，战争中我没有哪次比自己读到这条消息时更受触动了。”①在位于南非德班（Durban）的“霍金斯”号巡洋舰上，于1938至1939年在“胡德”号上服役过的军需上尉基斯·埃文斯和其他很多前舰员一样无法自制：

　　那个灾难性的日子，我们访问开普敦和塞舌尔群岛（the Seychelles）归来，在梅登码头（Mayden Wharf）靠岸时，听见另一艘军舰（我想是“多塞特郡”号）的广播宣布：“我们遗憾地宣布，在格陵兰外海的丹麦海峡与德国‘俾斯麦’号战列舰交战时，‘胡德’号被击沉了，恐有大量人员阵亡。”舱面上所有人可能都停止了手中的事大约一分钟（实际上更可能是几秒）。作为前舰员，我就是想不通“胡德”号已经不在了，我也毫不讳言我当时就哭了。②

　　其他人在为失去朋友而哀痛时，也怀着复仇的愿望。乔治·布伦德尔少校1922至1924年曾经是“胡德”号上的军官候补生，现在他在弗里敦外海，任“纳尔逊”号舰务助理官：

　　……舰长来到舰桥上，说：“‘胡德’号被‘俾斯麦’号击沉了。”我一时觉得他在开玩笑。［……］我一想起托尼［安东尼·佩尔斯少校］就难

① 维安《今日行动》第56页。
② “胡德”号协会档案。

受……我很难相信这艘亲爱的军舰已经不在了，很难相信一枚15英寸炮弹竟能引发这么大灾难。［……］我只希望和祈求我们干掉"俾斯麦"号以报此仇。她要逃走就糟了。"胡德"号上可怜的同伴们——托尼、"小不点"格雷格森、亲爱的老格罗根、"矮墩墩"克罗斯。［……］这场战争真讨厌。它有什么意义？[1]

　　同时，皇家海军在克里特岛撤退行动中遭到惨重损失。轮机少校路易斯·勒·贝利当时是"水中仙女"号巡洋舰高级轮机官：

　　……我去舰后部的时候……副舰长透露了几乎无法置信的噩耗："胡德"号爆炸了。在我们参与的战斗之外还有另一场战斗，这够难懂了；海军在相距好几千英里的地方同时打两场大规模海战，这简直不可理解；但那艘见证了我洗去稚气、受我喜欢的军舰在很短的时间内就消失了，这简直是晴天霹雳。[2]

　　"罗德尼"号正在护送"不列颠尼克"号（Britannic）运兵船向西横穿大西洋。她的"至交之舰"的死讯传到舰上，惊呆了人们。几天后她将实施皇家海军的复仇行动，而随舰牧师肯尼思·汤姆森（Rev. Kenneth Thompson）描述了此时舰上的气氛：

　　这场战争中我们已经受过一些沉重打击，而且还会再承受一些，据我们所知以后则会承受更多。但不一定有什么事情能和舰长广播的悲剧相比："胡德"号被击沉，生还者寥寥无几；"威尔士亲王"号中弹，被迫脱离战斗。舰上的阴郁气氛很难描述；多间餐厅里食物一口没动；许多士兵，尤其是在"胡德"号上服役过的，工作时昏昏沉沉。有一名军士长传达消息时可能被误读了，还让他餐厅里的人高兴了一阵，但这种安慰很快就失效了。"胡德"号确实沉没了，连同大部分舰员一起。[3]

　　其他人在得知这场战斗的结果前就知道了战斗的发生。东南250英里以外，SC31运输船队中的"轻步兵"号（Zouave）轮船的司炉们察觉到了远方战斗中发出的声音。船桥上的威廉·坎布里奇（William Cambridge）船长之子约翰不久后在"胡德"号的锅炉室中阵亡[4]。

　　在柏林，戈培尔听到消息后得意扬扬。而同时在英国海军部，人们面对噩耗既感到震惊，又怀着坚忍。文职电报员格拉迪丝·威尔金（Gladys Wilkin）在一个空袭猛烈的夜晚在海军部通信局当班：

① 帝国战争博物馆第90/38/1号档案，1941年5月24日及25日的日记，第Ⅱ卷，第63页。W. K. R. 克罗斯中校为"胡德"号副舰长。
② 勒·贝利《不离引擎的人》第83页。
③ 汤姆森《战争中的"罗德尼"号》第40–41页。
④ 作者感谢彼得·坎布里奇先生让作者注意这一事件。

通信局位于海军部拱门之下；大致位于左手侧的、俯瞰林荫道的柱子之下。［……］1941年5月24日夜晚，伦敦遭受了一次特别猛烈的空袭，一弹直接命中上述的柱子，炸死了一名站在自己的摩托车旁的通信员，并炸坏了下方通信局的一角。现在，在这个特殊时刻，通信局有几名人员恰巧在休息，吃着晚餐，请了病假或者就是没当值。当时通信量不太大，所以我值守两台设备。在一台设备上，我收到了"胡德"号被击沉的消息；消息被标为"绝密"，必须立即交给负责军官。我震惊、发懵、心情低落。还有另一个原因。那时候跟我特别要好的电报员里，有一个姑娘，我们都叫她"朗"，因为她姓莱奥纳德。［……］她的未婚夫是"胡德"号的舰员，而她吃完晚餐回来时，考虑到那条消息的等级，我无法告知她。自然，当伤亡名单开始发来的时候，她最终得知了。①

而了解"胡德"号的结构的人们虽然仍对消息感到震惊，却并不感到特别意外。1940年9月前任"胡德"号副舰长、此时任海军部作战处副处长的威廉·戴维斯上校说：

> "胡德"号的沉没令我们所有人大为震惊，尤其是我——她的上一任副舰长，但我自然知道，她弹药库上方只有3英寸的软钢装甲，所以在15英寸炮火下不堪一击。［……］"胡德"号的毁灭是不幸的，但在我看来并非意想不到，因为她并不能承受新式15英寸炮的打击。②

当天晚些时候，海军部发布的公报的主题之一是"运气"。24日晚9点，一条BBC广播让全国知晓了这场灾难：

> 今天清晨，英国海军在格陵兰外海截击了辖有"俾斯麦"号战列舰的德国海军。我方向敌方开火，在之后的战斗中，"胡德"号（舰长大英帝国司令勋章获得者R. 科尔），亦为三等巴斯勋章获得者L. E. 霍兰德海军中将的旗舰，因弹药舱不幸被命中一弹而爆炸。"俾斯麦"号被击伤，追击敌方的行动在继续。"胡德"号上恐很少有幸存者。

人们收到消息时感到极度难以置信。1933至1934年在舰上的二等水兵詹姆斯·爱德华兹（James Edwards）回忆道：

> 我在酒吧里，刚要了一品脱啤酒时，广播里就传来了消息，整个酒吧一片沉寂。我看着我的啤酒，无法再面对它，于是我走了出去，将它一口不动地留

① E. G. 威尔金小姐,给作者的信,2003年12月6日。
② 剑桥大学丘吉尔档案中心,档案编号ROSK,文件编号4/7："海军上将威廉·戴维斯爵士笔记",第5—6页。

在吧台上。我失去了朋友和战友，但最沉痛的是我失去了那艘漂亮的军舰——是她让我第一次真正体验了出海，所以我全身瘫软。[①]

二等水兵霍华德·斯宾斯属于"胡德"号出航迎击"俾斯麦"号之前最后被抽调走的那批舰员。他回家时噩耗正好传来：

1941年5月24日，我回到了朴次茅斯的家，隐约听见广播宣布皇家海军哪艘军舰被击沉了——我们当时没听清舰名，但我预感那是"胡德"号，第二天这被证实了。一封寄给我父母的电报来了，我从投递员手上接过："遗憾地通知：您的儿子失踪、认定阵亡。"后来又有一封1941年5月29日发出的电报："您的儿子不在舰上，对造成的担忧表示遗憾。"[②]

但多数舰员的亲属并没有这么轻松，他们的生活永远不可能像从前一样了。有些家庭实在祸不单行。至少4对兄弟在"胡德"号上阵亡，包括来自纽芬兰的乔治·布鲁尔（George Brewer）和亚瑟·布鲁尔（Arthur Brewer）兄弟。朴次茅斯从1940年起就被猛烈轰炸，故失去属于它的最伟大的军舰和几乎全体舰员的事实几乎无法承受。当时5岁的希拉·哈里斯（Sheila Harris）回忆起那种气氛：

哪里都可以听见人们谈论"胡德"号和她的沉没。现在我回顾当时，只能把那种气氛描述为城市和周边笼罩在一片惊骇和惨淡中。只要有人聚集的地方，每段对话都不断出现"'胡德'号"一词。[③]

朴次茅斯并不是唯一伤痛的城市。格拉斯哥的人们以内敛的方式对"我们的军舰"沉没表示哀悼。5月30日，约翰·布朗公司总经理斯蒂芬·皮戈特爵士（Sir Stephen Pigott）在他提交给董事会的报告里写道：

这艘伟大的"克莱德制造"军舰的沉没使克莱德班克的所有人都从心底感到沮丧和遗憾，而我们正通过工人代表努力敦促工人们把情绪化作更大的努力，完成进行中的工作……已向海军审计官寄信，对"胡德"号的沉没表示同情和遗憾。[④]

24日晚些时候，一名负责维护海军部军舰索引的女职员在"胡德"号的卡片上记下了最后一条："今天6点35分[⑤]在丹麦海峡，于战斗中爆炸沉没。"当天傍晚，丘吉尔心情阴郁地来到唐宁街10号官邸。"胡德"号已经被击毁，而

① 引用于塔文纳《"胡德"号的遗产》第119页。
② "胡德"号协会档案。
③ 给作者的信，2003年12月2日。
④ 引用于约翰斯顿《为国造舰》第224页。
⑤ 实际时间当为6点整。

"俾斯麦"号仍在大西洋游荡:

　　［他的女婿维克·奥利弗（Vic Oliver）］描述了1941年的一个傍晚。当时丘吉尔从书房下来，"表情说不出地难看。"丘吉尔女士[1]感到有灾难发生了，但父亲不会说出来，于是默默地给他倒了一杯波尔图葡萄酒。奥利弗坐到钢琴前，思索着，开始弹贝多芬的《热情》奏鸣曲。丘吉尔站起来，怒吼："停！别弹那个！""出了什么事？"奥利弗问，"您不喜欢它吗？"丘吉尔说："谁都不准在我房里奏《死亡进行曲》。"大家知道丘吉尔对音乐的一窍不通是出名的，便哄笑起来。奥利弗转身面向钢琴："但是阁下，您一定能听出这首……"——他弹了《热情》中的几个和弦——"还有……"他还没说完，丘吉尔就又吼道："停！停！告诉你，我不想听《死亡进行曲》。"[2]

　　形势实在黯淡得几乎无可复加了。丘吉尔回忆:

　　周二我们开会时，下议院……可能完全没有好心情。［……］他们怎么可能乐意听到"胡德"号的仇还未报；几支运输船队被击溃甚至惨遭毁灭；"俾斯麦"号要么回到了德国本土，要么去了某个被占领的法国港口；克里特岛丢失了，而且撤退时难以避免大量伤亡……这些事呢？[3]

　　27日早晨，丘吉尔终于能向议会宣布"俾斯麦"号被击沉了，但"胡德"号偏偏在大英帝国日——5月24日被击毁的影响没有什么事情能冲淡。从物质角度看，德国的损失要严重得多。她唯一形成了战斗力的战列舰被击沉了，包括德国海军最出色的舰队指挥官在内有大量人员阵亡。但"胡德"号作为作战单位的价值中，最重要的方面是象征意义，所以她的毁灭对士气的打击之大，只有后来1942年1月新加坡陷落可比。两件事都让英国民众心中产生了对彻底战败的忧惧，也各自以不同的方式对大英帝国的威望产生了深远影响。但这是后话。现在，皇家海军的宝剑消失了，永远没能重铸。

　　接着讲后事。在约克郡，阿普尔加斯学校转而与"英王乔治五世"号战列舰建立了友好关系，后者引领了最后攻击"俾斯麦"号的行动。在乌干达的布布鲁（Bubulu），8岁的杰里米·伍兹（Jeremy Woods）将自己攒下的全部2先令寄给丘吉尔，为建造替代舰捐款。威灵斯少校要求把写给朋友沃伦德的信退回伦敦的美国大使馆，因为一定已经有几百封信被退回了正在艰难承受哀痛的各个家庭和朋友们手中。1942年3月，纽马克特（Newmarket）的托马斯·布朗法政牧师（Canon Thomas Browne）收到了皇家海军寄来的18英镑7先令2便士，这是他儿

△ 1944年左右，在"希拉里"号（Hilary）指挥舰上担任信号军士的泰德·布里格斯，他是"胡德"号最后的乘员组中最后一名健在者[4]。（泰德·布里格斯）

① 译注：即温斯顿·丘吉尔的女儿莎拉·丘吉尔（Sarah Churchill）。
② W. F. 迪德斯署名文章，《每日电讯报》2001年1月。
③ 丘吉尔《第二次世界大战回忆录》第Ⅲ部分第312页。
④ 译注：布里格斯已于2008年10月4日去世。

子罗伯特未领的薪金。最后统计的阵亡人数是1415人，包括4名波兰军官候补生和4名自由法国士兵；代表大英帝国的士兵们分别来自澳大利亚（4人）、加拿大（3人）、印度和新西兰（各1人）等国海军，还有几名士兵来自纽芬兰①。

战争结束时，人们又深深忆起"胡德"号的毁灭。有许多文章描述了海军日结束时的降旗仪式，但没有一篇比路易斯·勒·贝利对1945年9月2日晚情景的记载更感人。那艘军舰是"约克公爵"号，地点是在东京湾：

弗雷泽海军上将到达时，舷梯值班员报告"降旗，长官"。"立正"声响起。皇家海军陆战队卫兵举枪致敬，军乐队奏起《主啊，您赐之日已经过》，其间响着只有皇家海军陆战队号手才会吹奏的降旗号。这是海军旗在这苦痛的6年中第一次降下。许多人，也许是绝大多数人，都从没有体验过军舰的紧张生活在平静下来、夜幕降临时刻的魅力。我们中其他人立正敬礼，想起那些永远不会再看见早晨"升旗"情景、永远不会再听见黄昏"降旗"号声的人们，不禁流泪。我想起了"胡德"号上所有为我送行过的朋友和许许多多其他人……随着海军旗被信号军士长执在手中，"降旗完毕"声传来，我们发现，刚才周围所有的美国巨舰上，人们都停下了所有活动，水兵们面对英军旗舰，向我们敬礼。②

之后很多年，皇家海军陆战队军乐下士沃利·里斯，那个吹着欢快小号的里斯，谈起中央计算室里的战友们时总是忍不住落泪。在美国，欧内斯特·M.艾勒海军少将记得"她的沉没对我造成了怎样沉重的打击"③。而他的同胞约瑟夫·H.威灵斯海军少将之前在"罗德尼"号上收到噩耗时，除了感到震惊和悲伤，也察觉到世界永远改变了：

我感到震惊，因为"胡德"号20多年来一直是英国海权的象征，也为这么多朋友遇难感到悲伤。④

于是"胡德"号就这样走进了历史。她的墓志铭该怎么写？莱奥纳德·威廉姆斯记叙道：

我用了很长时间才从"胡德"号沉没造成的震惊里恢复过来。作为军舰的乘员组，我们在一起很长时间。我们分享过和平时期的快乐和兴奋。战时，我们之间凝结了真正的战友情谊，这种情谊强过北极圈的狂风，亮过地中海的艳阳。只要航海史还在书写，"胡德"号和她勇敢的舰员们就将被铭记，他们的事迹也将是史册上灿烂的一页。⑤

① 译注：纽芬兰当时为英帝国直辖殖民地，1949年并入加拿大。
② 勒·贝利《不离引擎的人》第125－126页。
③ 艾勒《回忆》第Ⅱ部分第429页。
④ 美国海军战争学院，威灵斯《追忆》第167页。
⑤ 威廉姆斯《行过远途》第154页。

伦敦西南1区贝尔格雷夫广场7号，
负伤者、失踪者及家属工作部门，
英国红十字会及耶路撒冷圣约翰圣会战时机构
1941年7月18日

尊敬的福斯特夫人：

我们收到了您询问您丈夫情况的信：皇家海军"胡德"号一等水兵阿尔吉农·托马斯·福斯特，P/JX.172627①。

很抱歉我们没有您丈夫的消息可以告知，另外考虑到他被官方宣布为"失踪、认定阵亡"这一不幸事实，我担心我们不便鼓励您对我们能成功地找到他的更多信息抱太大希望。

不过，我们会向您保证，任何时候有他的任何消息，您都会立即得知。

我们向您表达本部门对您的悲痛的深切同情。

您真诚的，
玛格丽特·阿姆蒂尔
（主席）
［皇家海军博物馆，档案编号1999/19，文件无编号。］

---

① 译注：此为士兵的服役编号。P代表朴次茅斯分队，J代表长期服役的水兵，X代表在1931年新薪酬制度下入伍。

伦敦西南1区贝尔格雷夫广场7号，
负伤者、失踪者及家属工作部门，
英国红十字会及耶路撒冷圣约翰圣会战时机构
1941年12月17日

尊敬的福斯特夫人：

我们收到了您12月15日询问您丈夫情况的信：皇家海军"胡德"号一等水兵阿尔吉农·托马斯·福斯特，P/JX.72627。

我们十分遗憾，我们没有您丈夫的更多消息可以告知，另外考虑到至今仅听到3名幸存者的消息，媒体已经公布了他们的姓名，我们不便鼓励您对我们将来某天能成功地找到他的更多信息抱有希望。

如果您的丈夫被德国潜艇救起，他会成为战俘，他的姓名也会很早就由日内瓦的红十字国际委员告知我们，因为委员会的代表会视察所有战俘营，在得知某位战俘的编号及其所在战俘营位置后立即将他的姓名告知我们。

我们对写下如此令您失望的信感到抱歉，也希望告诉您我们有多么同情您因丈夫为国献身而产生的巨大悲痛。

您真诚的，
玛格丽特·阿姆蒂尔
（主席）
［皇家海军博物馆，档案编号1999/19，文件无编号。］

结束语

∧ 1937 年 5 月 20 日，
傍晚的舰桥。（"胡德"号
协会 / 希金森收藏照片）

"胡德"号战列巡洋舰有一种特质是无法用简单语言定义的。这种特质
涉及她的美丽和她破坏性的力量，她和平时期的流金岁月和在战争中的毁于一
旦，她的灵巧以及极端的脆弱。也许，最重要的是这些事迹之间的关系，以及
她所代表的意义。"胡德"号成名后，象征的事物中有两件最重要：大英帝国
的生命力和皇家海军希望得到的一切。她消失后，再也没有什么能够或将会与
她相提并论，而时间的流逝只是加深了这一印象。从1941年5月"胡德"号沉没
到1942年8月"台座"行动，15个月里，皇家海军损失了多艘名舰："巴勒姆"
号在北非外海；"皇家方舟"号在直布罗陀外海；"反击"号和"威尔士亲
王"号在马来亚外海；"竞技神"号在印度洋；"鹰"号在地中海西部；当然
还有这段时间开始时的"胡德"号，以及数十艘巡洋舰、驱逐舰、潜艇和护卫
舰。虽然这些悲剧未能改变战争的结局，它们却是国家丧失力量和威望这一事
实的缩影，而所丧失的再也未能寻回。这些打击中，没有一次比"胡德"号的
毁灭更沉重，因为她的乘员组几乎全体阵亡，这场悲剧后来代表了整支皇家海
军在二战中遭受的磨难。

还有更多。在很多人看来，"胡德"号的逝去不仅标志着皇家海军的辉煌
时代走向结束，也标志着某个时代的英国工业实力无从见证。人们若要找到一
个在技术和经济投入方面堪与20世纪初"海军大竞赛"匹敌的时代，则需要回
溯建造座座宏伟教堂和修道院的时期。如同中世纪中期的建筑一样，"胡德"
号的建造凝聚了一批批人的热忱、技能和精力，工程的规模反映出她的创造者
们的信心和大志。他们凭着这一切，为了自己身外更伟大的目的，不懈地建造
更大、更好的作品。尽管"胡德"号有缺陷，但在这些背景下，她既被视为建
造者的技能和组织水平带来的杰作，又标志着海权和管理工作的胜利。由此，
人们一定会深深地感伤于20世纪前半叶建造的英国巨舰没有一艘存留至今，以
向后人展示这种成就。

还有另一个悲剧的事实，这就是"胡德"号在迎接丹麦海峡中那个决定命
运的时刻前准备不足。准备不足不止源于防护不足、副炮配置缺乏考虑以及命
运的未知性。导致这种状况的还有经济衰退和财政上的过度节省，此外还有外
交无力和政治动荡，以及战略和军事上的失策。这种失策使她在本来可以无声

无息地被拆解或接受繁忙的改造的时候，却要面对"俾斯麦"号的炮火。下面就是丹麦海峡之战本身，这个例子生动地说明了主力舰设计中防护和火力的对立。在这里，两艘武备势均力敌的军舰短暂交战后，"胡德"号还未能击中敌舰一弹就发生爆炸，带着几乎所有舰员沉没。之后的3天里，"俾斯麦"号被追上，因受到反复打击而沉没，未能给痛击她的对手造成任何实质损伤。两艘军舰的经历都可以给人经验和教训：和平时期军舰的重要指标当然不是战争时期的重要指标；主力舰的战斗力用防护水平来衡量，她依靠防护，可以承受威力与军舰自身攻击力相同的打击；进一步说，使军舰保持战斗力的条件和使她免于沉没的条件是不同的。从"俾斯麦"号可以很明显地看出两者的不同；而从"胡德"号则几乎看不出。两艘伟大的军舰都有各自的弱点。

　　如果人们目击过2001年9月11日世贸中心倒塌的场面，就能体会用了很多年建造的作品是怎样在短时间内灰飞烟灭的。但这次悲剧与其归结于建筑结构，不如归结于人性。如同"俾斯麦"号、"亚利桑那"号（Arizona）和"大和"号（Yamato）一样，"胡德"号的毁灭与其说是一艘军舰被摧毁，不如说是一个集体被消灭，即上等水兵莱奥纳德·威廉姆斯回味的那个集体：

　　在这里，我们一起生活，像大家族一样。我们了解各自的缺点和不足，但仍然彼此喜爱。我们睡觉时躺在摇来荡去的吊床上，挨得很近。我们甚至在公共浴室里一起洗澡。事实上，我们坦诚相处，面对生活的好与坏。这种同甘共苦和同舟共济打造了一种平民生活中永不会有的友谊。军舰本身也并不游离在我们的生活之外，因为我们做的每件事都是为了她。我们的机敏、我们的仪表，实际上我们做的任何事都决定了军舰在舰队中的效能排名。她一直是我们的女监工。我们可以，也确实经常在不顺利的时候给她起天下所有难听的外号，而除了我们乘员组，外人胆敢这样做就只有求上天保佑了。这就是我们退役时怀念的那种团队精神，因为这是一种很不错的东西。一种在多少个时代中，征服了座座高山，投入希望渺茫的战斗并取得胜利的精神……[①]

　　是她的舰员给了她生命，让她有了丰满的历史、个性和记忆——从里约热内卢的盛典到北大西洋凶险的海域。军舰担任和平时期外交工具的理念在"胡德"号身上达到了巅峰，不仅体现在她优雅的外形、出众的速度和强大的武备上，也体现在舰员们的品质上。"胡德"号无疑是一件战争机器，但和其他最具威力的武器一样，她一生的作为既是为了毁灭生命，也是为了拯救生命。在她的诸多遗产中，这一点可能会是传世最久的。

---

① 威廉姆斯《行过远途》第141页。

附录 I
各段服役期的司令官、舰长、副舰长及随舰牧师

服役期	战列巡洋舰中队司令官	舰长	副舰长	随舰牧师
1. 1920年3月29日	Roger B. Keyes爵士少将 1920年5月18日	Wilfred Tomkinson上校 1920年1月1日	Lachlan D.I. MacKinnon中校 1919年5月（日期不详）	William R.F. Ryan牧师 1920年3月（日期不详）
	Walter H. Cowan爵士少将 1921年3月31日	Geoffrey Mackworth上校 1921年3月31日	Richard H.O. Lane-Poole中校 1921年3月31日	Arthur D. Gilbertson牧师 1922年4月19日
2. 1923年5月15日	Frederick L. Field爵士少将 1923年5月15日	John K. Im Thurn上校 1923年5月15日	Francis H.W. Goolden中校 1923年5月15日	Harold Q. Lloyd牧师 1923年6月6日
3. 1926年1月7日	Cyril T.M. Fuller少将 1925年4月30日	Harold O. Reinold上校 1925年4月30日	Arthur J. Power中校 1925年7月27日	G. St. L. Hyde Gosselin牧师 1925年7月20日
4. 1928年8月28日	Frederic C. Dreyer少将 1927年5月21日	Wilfred F. French上校 1927年5月21日	Douglas A. Budgen中校 1927年7月15日	Gerald P.O. Hill牧师 1926年9月1日
在朴次茅斯由船坞管理 1929年5月17日至1931年3月10日		W.M. Phipps-Hornby鱼雷少校 1929年4月29日 J.F.W. Mudford鱼雷少校 1930年12月8日		
5. 1931年5月12日	Wilfred Tomkinson少将 1931年7月12日	Julian F.C. Patterson上校 1931年4月27日	C.R. McCrum中校 1931年3月9日	Archer Turner牧师 1931年4月25日
	William M. James少将 1932年8月15日	Thomas H. Binney上校 1932年8月15日		James C. Waters牧师 1932年1月5日
6. 1933年8月30日	Sidney R. Bailey少将 1934年8月14日	F. Thomas B. Tower上校 1933年8月30日	Rory C. O'Conor中校 1933年8月30日	David V. Edwards牧师 1934年8月11日
7. 1936年9月8日	Geoffrey Blake中将 1936年7月22日	A. Francis Pridham上校 1936年2月1日	David Orr-Ewing中校 1936年7月15日	W. Edgar Rea牧师 1936年9月（日期不详）
	（A. Francis Pridham上校） 1937年6月25日（代理）			
	Andrew B. Cunningham爵士中将 1937年7月15日	Harold T.C. Walker上校 1938年5月20日		Thomas H. Horsfield牧师 1938年11月9日
	Geoffrey Layton中将 1938年8月22日			
在朴次茅斯改装 1939年1月23日至8月12日		（William W. Davis中校） 1939年1月30日（代理）		
8. 1939年6月2日	William J. Whitworth少将 1939年6月1日	Irvine G. Glennie上校 1939年5月3日	William W. Davis中校 1939年1月30日	Harold Beardmore牧师 1939年6月16日
	James Somerville爵士中将 1940年6月30日			
	William J. Whitworth中将 1940年8月10日	Ralph Kerr上校 1941年2月15日至5月24日	William K.R. Cross中校 1940年9月8日至1941年5月24日	R.J. Patrick Stewart牧师 1941年2月27日至5月24日
	Lancelot E. Holland中将 1941年5月12日至24日			

注：列表中大部分日期为人员实际抵舰日期，而非任命日期。离职日期通常较继任者到达日期为早。列出的军衔为任命时军衔。

附录 II
"胡德"号乘员组编制表，1919年12月12日

司令官与参谋团队
战列巡洋舰中队少将司令官1名
司令副官1名
秘书1名

参谋长1名
（和平时期可能由旗舰舰长担任）
战时参谋1名
（行动期间任命更多的战时参谋）
中队炮术军官1名
中队鱼雷军官1名
中队通信军官1名
中队无线电报军官1名
中队轮机官1名

中队航海军官1名（旗舰军官）
中队医务官1名（旗舰军官）
中队会计官1名（旗舰军官）
中队体育与娱乐教官1名（旗舰军官）
高级航海军官1名（旗舰军官）

协助中队轮机官勤务的
引擎室技术兵1名
协助中队轮机官勤务的二等抄写员1名
参谋长秘书1名
舵手（军士长）1名
秘书下属书记员2名
抄写员长或一等抄写员2名
二等抄写员1名

参谋随员
为海军少将配备：
军官勤务长或军官炊事长2名
一等军官勤务兵或一等炊事兵1名
一等军官勤务兵或二等炊事兵2名

为中队轮机官配备的
二等军官勤务兵1名
为司令副官配备的二等军官勤务兵1名
为秘书配备的二等军官勤务兵1名
皇家海军陆战队军官1名（旗舰军官）
皇家海军陆战队轻步兵列兵1名
担任印刷员的皇家海军陆战队士兵2名

指挥部门
上校1名
中校1名
上尉10名
负责炮术的上尉1名
负责鱼雷的上尉1名
负责航海的上尉1名
中尉1名
中校、少校或上尉教官1名
负责后甲板事务的准尉3名（其中2人可能由军士长替代）
军官候补生12名

高级炮术准尉或炮术准尉6名
负责鱼雷的高级炮术准尉或炮术准尉2名
高级水手长或水手长1名
军士长4名
军士66名
上等水兵70名
一等水兵或二等水兵474名
一等少年水兵88名

以上包括：
担任一等火炮瞄准手的炮术军士2名
担任其他职务的炮术军士2名
一等火炮瞄准手4名；另见"皇家海军陆战队"部分
二等火炮瞄准手4名；另见"皇家海军陆战队"部分
测距手14名
炮塔指挥仪瞄准手3名
副炮指挥仪瞄准手2名
水兵炮手176名
鱼雷发射军士4名
上等鱼雷兵23名
鱼雷兵56名
号兵3名
探照灯管控员8名
探照灯操作员24名
炮术上尉下属抄写员1名

通信部门
高级信号准尉或信号准尉1名
信号军士长3名
信号军士3名
上等信号兵6名
一等信号兵10名
二等信号兵或少年信号兵10名
电报准尉1名
电报军士长1名
电报军士2名
上等电报兵3名
一等电报兵、二等电报兵或少年电报兵14名

轮机部门
轮机中校1名
轮机少校1名
轮机上尉、轮机中尉、晋升为中尉或准尉的轮机员8名
引擎室技术军士长6名
引擎室技术兵27名
轮机军士6名
锅炉军士长11名
锅炉军士34名
上等锅炉兵39名
锅炉兵170名

以上包括：
储备物资军士1名

轮机官下属抄写员1名
见习上等锅炉兵4名
经过液压专业训练的引擎室技术兵5名
液压班组锅炉军士2名
液压班组锅炉兵3名

军需部门
军需中校或军需少校1名
军需上尉、军需中尉、晋升为中尉或准尉的抄写员3名
三等抄写员4名
供应准尉1名
供应军士长1名
供应军士1名
上等供应兵或供应兵1名
供应兵或少年供应兵2名
炊事军士长2名（1名可以为炊事军士）
炊事军士1名

为舰长配备：
一等军官勤务兵1名
一等军官炊事兵1名
二等军官勤务兵1名
三等军官炊事兵1名

为军官活动室配备：
一等军官勤务兵1名
一等军官炊事兵1名
二等军官勤务兵2名
三等军官勤务兵3名
三等军官炊事兵1名

为准尉配备：
二等军官勤务兵1名
二等军官炊事兵1名
三等军官勤务兵3名

为军官候补生室配备：
一等军官勤务兵1名
一等军官炊事兵1名
三等军官勤务兵3名

1名三等军官炊事兵可由1名二等军官炊事兵取代；在此种情况下，1名二等军官勤务兵应由1名三等军官勤务兵取代

卫生部门
军医中校或军医少校1名
军医上尉2名
卫生军士长1名
卫生军士1名
二等卫生军士1名
卫生兵1名（战时增加卫生士兵2名）

皇家海军陆战队
少校1名

中尉2名
高级炮术准尉或炮术准尉1名
军士长与上士8名（轻步兵4名、炮兵4名）
下士6名（轻步兵3名、炮兵3名）
司号兵2名（轻步兵1名、炮兵1名）
列兵79名（轻步兵）
炮手80名（炮兵）
军乐军士长1名
军乐下士1名
军乐兵15名
担任屠宰员的士兵2名
担任电工的士兵2名
为副舰长担任勤务兵的士兵1名；如航海长
在舰上则增加1名

以上包括：
炮术教员1名
一等火炮瞄准手2名
二等火炮瞄准手4名
炮兵一等炮手或轻步兵准下士48名

工匠与技术兵

中尉造船技师或准尉造船技师1名
造船技工长1名
造船技工12名
细木工3名
铁匠3名
管道工3名
漆工3名
桶匠1名
制帆工1名
军械长1名（军械技术军士长）
军械士2名（军械技术兵）
助理军械士2名（军械技术兵）
军械兵7名（军械技术兵）
电气准尉1名
电气军士长1名
电气技术兵13名

其他

随舰牧师1名

纠察长1名
纠察军士5名

一等体育与娱乐训练教员1名[1]
潜水员6名（之后包括潜水技术兵）

教官2名[2]
见习教官2名

担任准尉勤务兵的水兵或锅炉兵3名

总编制：1433名

说明：和平时期的编制通常在1150人至
1250人之间浮动。战时编制超过1400人。

（来源：海军部公共记录办公室第136/13
号档案。）

---

[1] 译注：由上等水兵或士官担任。
[2] 译注：军衔为准尉或由准尉晋升的军官。

< 改装、修理与更新武备。"胡德"号一生中相当一部分时间
是在船坞中度过的。图中，1937年秋季在马耳他，右舷后部0.5
英寸 Mk III 机枪高耸的底座正在组装。（"胡德"号协会/希
金斯收藏照片）

∨ 1922年前后，"胡德"号锚泊在考桑德湾。（作者收藏照片）

附录III
1934年前后，"胡德"号的人员构成和家庭关系

专业或部门	总人数	20岁以下者	服第二期兵役者	饮酒者	已婚者	25岁以下已婚者	有子女者	子	女
军官 包括军官、准尉及军官候补生	81 （6.1%）	16 （19.8%）	—	—	41 （50.6%）	0	34 （42.0%）	26	23
指挥专业 包括皇家海军陆战队、通信兵、军需兵及少年水兵	791 （59.7%）	330 （41.7%）	205 （25.9%）	117 （14.8%）	261 （33.0%）	8 （1.0%）	204 （25.8%）	178	190
勤杂人员 包括军械技术兵、电气技术兵、工匠、炊事兵、抄写员、卫生兵等	146 （11.0%）	1 （0.7%）	68 （46.6%）	43 （29.5%）	92 （63.0%）	2 （1.4%）	78 （53.4%）	75	72
轮机专业 包括引擎室技术兵	307 （23.2%）	37 （12.1%）	68 （22.1%）	124 （40.4%）	124 （40.4%）	5 （1.6%）	91 （29.6%）	80	75
合计	1325 （100%）	384 （29.0%）	341 （25.7%）	284 （21.4%）	518 （39.1%）	15 （1.1%）	407 （30.7%）	359	360

来源：皇家海军博物馆第1993/54号档案。
说明：加粗格式的百分比表示人数占舰员总人数（1325）的比例；常规格式的百分比表示人数占最左列中各专业或部门总人数的比例。

附录IV
和平与战争时期的日常作息

（说明：表格第一、三列为时间，前两位数代表小时，后两位数代表分钟）

在港作息			

周一至周五——平时

0505	通知受处分的士兵和少年炊事兵起床。
0515	通知少年水兵、分队值日军士、司号兵、应急班组起床。
0525	少年水兵起床。捆好吊床放在餐厅中以备检查，集合。
0530	通知士兵起床。捆好并收起吊床。应急班组集合。
0535	炊事兵至厨房准备可可。
0545	士兵饮用可可并盥洗。值早班的少年水兵集合。
0550	少年水兵集合，准备体育训练。
0555	灭烟。
0600	全体集合。清扫军舰。放下并清扫值日艇。给小艇加燃油和给水。
0615	享有晚起权的舰员收起吊床。
0625	享有晚起权的少年水兵集合。
0630	刷舱面。
0645	解开系在小艇艏艉的艇绳。打开"B"类舱门＊。
0650	炊事兵取餐。揭下炮衣。重新支起天棚。
0700	舰员用早餐并盥洗。用哨声指明当天所穿制服。
0745	通知海军陆战队卫兵和军乐队列队。（冬季为0845）
0750	灭烟。值上午班的少年水兵集合接受检查。
0755	各部分清洁火炮。不参与清洁火炮的特勤班组集合。
0800	**上午班。**
	升旗。（冬季为0900）
0820	副舰长处理有事求见者和违纪者。
0825	收起抹布。
0830	二个值班组集合。清洁餐厅和舱室。对舱面做最后检查，清洁光亮的金属和木制部件。
0845	准备副舰长的小艇。
0850	值班舰员灭烟。
0900	司号兵集合号。如不进行分队集合，则炊事兵集合。
0905	分队集合。祈祷。体育训练等。接下来：二个值班组集合。
1030	工间休息。
1040	灭烟。舰员继续工作。
1115	把酒运到舱面上。
1130	下午班值班组和准备接班的艇员用餐。
1140	整理甲板。
1150	收工。炊事兵取餐。领酒号。
1200	**下午班。**
	用午餐。用哨声通知上岸休过夜假。
1220	下午班少年水兵集合接受检查。
1310	灭烟。
1315	二个值班组集合。
1420	工间休息。
1430	舰员继续工作。
1530	第一段晚班值班用茶。
1545	收工。脱下连体服。二个值班组集合。整理甲板。
1550	值第一段晚班的少年水兵集合接受检查。
1555	司号兵集合号。
1600	**第一段晚班。**
	晚间集合。接下来：炊事兵集合。用茶。舰员换上晚间服装。晚间上岸者盥洗。
1645	晚间上岸者集合。

周一至周五——战时

0515	通知受处分的士兵起床。
0530	通知分队值日军士起床。受处分的士兵将吊床捆好以备检查，集合。
0545	舰员起床。
0610	舰员离开餐厅。应急班组集合。
0615	舰员集合。冲洗舱面。
0630	享有晚起权的舰员收起吊床。
0700	炊事兵取餐。揭下炮衣。
0710	舰员用早餐并盥洗。用哨声指明当天所穿制服。
0800	**上午班。**
	舰员离开餐厅。
0805	二个值班组进行演练。清洁餐厅。
0840	打扫和清洁餐厅的舰员集合
0900	舰员离开餐厅。
0905	二个值班组进行演练。祈祷。
1030	工间休息。
1040	灭烟。舰员继续工作。
1100	把酒运到舱面上。
1130	下午班值班组用午餐。
1140	正在学习的学员班集合。
1145	整理甲板。收工。
1150	炊事兵取餐。领酒号。
1200	**下午班。**
	用午餐。
1225	值下午班的少年水兵集合接受检查。
1230	受处分的士兵集合。
1310	舰员离开餐厅。
1315	二个值班组进行演练。
1425	工间休息。
1440	灭烟。舰员继续工作。
1530	正在学习的学员班集合。第一段晚班值班组用茶。盖上炮衣。
1540	二个值班组进行演练。整理甲板。
1555	舰员离开餐厅。值第一段晚班的少年水兵集合接受检查。
1600	**第一段晚班。**
	晚间集合。接下来：炊事兵集合。用茶。舰员换上晚间服装。

1700	轮机部门晚间集合。值日舰员集合。将新鲜食物运上来。	1700	轮机部门晚间集合。受处分的士兵集合。
1750	值第二段晚班的少年水兵集合接受检查。	1755	值第二段晚班的少年水兵集合接受检查。
1800	第二段晚班。	1800	第二段晚班。
	晚间上岸者集合。		
		1850	炊事兵取餐。
1900	用晚餐。值日艇艇员换上夜间服装。	1900	用晚餐。
1945	军官换装号。少年水兵挂起吊床。		
2000	首班。	2000	首班。
	军官晚餐号。挂起吊床。		受处分的士兵集合。值日舰员和值日艇艇员换上夜间服装。
		2015	值班组中有任务的人员集合。整理餐厅和舱室。
2030	炊事兵和清洁员整理餐厅和舱室。值班组中其他有任务的人员集合。鱼雷班组除外。清扫舱面。将清扫用具归位。关闭"B"类和"C"类舱门★。收起天棚。	2040	受处分的士兵集合。
2045	第一次归营号。少年水兵就寝。	2045	巡检。
2050	应急班组穿着防水服集合。		
2100	巡检。第二次归营号。		
		2130	少年水兵就寝。
2200	就寝。		
		2220	搬运痰盂的班组在医务室集合,清扫吸烟室和娱乐区。
2230	军士长和军士就寝。	2230	就寝。
		2250	搬运痰盂的班组清扫士官吸烟室。
		2300	军士长和军士就寝。
0000	午夜班。	0000	午夜班。
0400	早班。	0400	早班。

★:译注:"B"类舱门指军舰进出港时、机动航行时、雾天或夜间应关闭的舱门;根据德雷尔《怎样精通航海技能:皇家海军军官候补生手册》(*How to Get First Class in Seamanship: A Guide for Midshipmen of The Royal Navy*),"C"类舱门指出海时应保持关闭的入口,主要为储藏室的舱口和门。

周六——平时

执行在港周一至周五作息。不同点:
早餐前不刷舱面。
卫兵和军乐队不列队。

0755	二个值班组集合。清洁餐厅和舱室。对舱面做最后检查。舰员接受任务后,揭下炮衣
0800	上午班。
1000	揭下餐厅和舱室中的遮盖帆布。
1010	工间休息。
1015	军乐队集合号。
1020	灭烟。各部分清洁火炮。舰长巡检餐厅和舱室。
1045	收起抹布。把酒运到舱面上。
1050	二个值班组集合。整理甲板,准备分队集合
1100	揭下舱面的遮盖帆布。
1110	舰员盥洗,换上一号制服。军乐队集合号,司号兵集合号。
1120	军官集合号。
1125	分队集合。按周日分队集合的程序集合。舰长检阅各分队,检查舱面、小艇甲板和舰桥。
1130	下午班值班组用午餐。
1155	解散。炊事兵取餐。领酒号。
1200	下午班。
	用午餐。用哨声通知上岸休过夜假。舰员放补衣假。
	接下来执行在港周一至周五作息。

周六——战时

执行战时在港周一至周五作息。接下来:

0710	舰员用早餐并盥洗。刷洗杂物提箱。
0800	上午班。
0810	人员离开餐厅。
0815	二个值班组进行演练。清洁餐厅。
1030	工间休息。
1040	灭烟。各部分清洁火炮。
1100	把酒运到舱面上。
1125	停工。二个值班组进行演练。整理甲板。
1130	下午班值班组用午餐。
1150	炊事兵取餐。领酒号。
1200	下午班。
	用午餐。脱下连体服。舰员放补衣假。
1225	下午班少年水兵集合接受检查。
1300	受处分的士兵集合
1530	第一段晚班值班组用茶。
1545	二个值班组进行演练。整理甲板。
1600	第一段晚班。
	晚间集合。
	接下来执行战时在港周一至周五作息。

周日——平时

0600	起床号。
0615	享有晚起权的舰员收起吊床。
0650	炊事兵取餐
0700	用早餐。
0740	灭烟。
0745	各部分清洁火炮。
0800	上午班。
0805	收起抹布。
0810	二个值班组集合。清洁餐厅和舱室。其他舰员整理甲板并清洁光亮的金属和木制部件。
0910	舰员盥洗。
0930	舰员离开餐厅和舱室。舰员可继续吸烟。
0940	保持安静。
0945	礼拜。
1115	把酒运到舱面上。
1130	下午班值班组用午餐。
1150	炊事兵取餐。领酒号。
1200	下午班。
	用午餐。用哨声通知上岸休过夜假。
1535	灭烟。
1540	二个值班组集合。整理甲板。炊事兵和清洁员整理餐厅。
1555	司号兵集合号。
	接下来执行在港周一至周五作息。

周日——战时

执行战时在港周一至周五作息。接下来：

0800	上午班。
0825	布置教堂的班组集合。
0905	舰员盥洗。
0920	军官集合号。
0925	分队集合。解散后，工间休息
1015	礼拜。礼拜后，回住处。
1100	把酒运到舱面上。
1130	下午班值班组用午餐。
	接下来执行战时周六在港作息。

海上作息

周一至周五——平时（周六同）

执行在港周一至周五作息。不同点：

0345	通知早班值班组起床。
0355	早班值班组集合。
0400	早班。
0515	早班值班组集合。（放置冲洗舱面的工具并清扫舱面。）通知纠察军士和司号兵起床。
0540	早班值班组解散。舰员饮用可可并盥洗。
0700	早班值班舰载艇员集合。
0755	早班和上午班值班舰载艇员集合并交接。早班值班组用早餐。
0800	上午班。
0900	早班值班舰载艇员集合。
1130	舰载艇员和下午班第一段时间值班舰员用午餐。
1200	下午班。
1225	下午班值班舰载艇员集合。
1315	二个值班组集合，午夜班值班组、上午班值班舰载艇员和上午班最后一段时间值班舰员不参加。
1345	舰载艇员和上午班最后一段时间值班舰员集合。
1530	舰载艇员和第一段晚班值班组用茶。晚间集合解散后：第一段晚班值班组、下午班和第一段晚班值班舰载艇员集合并交接。
1600	第一段晚班。
1700	值日舰员集合。

周一至周五/周六/周日——战时

在战时条件下，军舰出海时无法严守任何固定的作息制度，因此目前自然没有任何战时作息的记录保存下来。值班组体系得以保留，但因为军舰需要保护自己免受攻击和搜寻敌人，舰上的生活彻底改变；为了执行这些职责，许多舰员每天在岗多达16个小时。每天黎明与黄昏时，都有1小时时间需要舰员全体就位。

1755	第二段晚班值班班组和舰载艇艇员集合。
1800	**第二段晚班。**
1945	挂起吊床。
1955	首班值班班组和舰载艇艇员集合。整理餐厅和舱室，准备接受巡检。
2000	**首班。**
2030	夜间巡检。
2125	灭烟。
2130	就寝。首班值班组集合。
2345	通知午夜班值班组起床。
2355	午夜班值班组集合。
0000	**午夜班。**
0400	**早班。**

周日——平时

0345	通知早班值班组起床。
0355	早班值班组集合。
0400	**早班。**
0600	起床号。
0615	享有晚起权的舰员收起吊床。
0650	炊事兵取餐。
0700	用早餐。上午班值班舰载艇员盥洗，换上当天制服。
0740	灭烟。
0745	各部分清洁火炮。
0755	早班和上午班值班舰载艇员集合并交接。
0800	**上午班。**
0805	收起抹布。
0810	二个值班组集合。清洁餐厅和舱室。其他舰员整理甲板并清洁光亮的金属和木制部件。
0910	舰员盥洗。
0930	舰员离开餐厅和舱室。舰员可继续吸烟。
0940	保持安静。
0945	礼拜。
1115	把酒运到舱面上。
1130	下午班值班组用午餐。
1150	炊事兵取餐。领酒号。
1200	**下午班。**
	用午餐。用哨声通知上岸休过夜假。
1535	灭烟。
1540	二个值班组集合。整理甲板。炊事兵和清洁员整理餐厅。
1555	司号兵集合号。

接下来执行海上周一至周五作息。

注：和平时期作息根据《管理大型军舰》第229至234页整理；战争时期作息根据比德莫尔《难以捉摸的海域》第46至51页整理。

大事年表：1915至1941年

　　以下年表的资料来源主要为英国海军历史分部记录舰船行动的"粉色列表"，辅以海军部1939至1941年战争日志的卡片索引，自然还包括公共记录办公室保存的"胡德"号甲板日志——现存起止1920年3月29日至1941年4月30日的部分。考虑到篇幅，这里精简了条目；"胡德"号从港口出航至抵达下一港口期间经常进行用时漫长、路线复杂的演习，这里一般不提及。军舰长时在港期间的短暂出航也一律略去。不过，本表在已有资料基础上提供了重要的增补和修正，并且在相当程度上能保证准确。"胡德"号曾多次改装，工作的细节请见罗伯茨《"胡德"号战列巡洋舰》第20—21页，及诺斯科特《皇家海军"胡德"号》多处内容。

1915年

10月①：英国海军部要求海军造船总监尤斯塔斯·特尼森·戴因科特爵士设计战列舰，新方案应减少吃水并吸收最新的水下防护措施。

11月29日：戴因科特完成了第一种以"伊丽莎白女王"级战列舰为原型的设计方案，后共完成五种此类方案。

1916年

1月：戴因科特的五种方案被提交给大舰队总司令、海军元帅约翰·杰利科爵士，后者回复了一份详尽的备忘录，说明需要一级大型战列巡洋舰。

1月：根据杰利科的备忘录，海军部要求戴因科特准备六种战列巡洋舰设计方案；设计的军舰航速不低于30节，装备8门15英寸火炮。

2月1日至17日：在E. L. 阿特伍德监督下完成的六种方案被提交给海军部。

3月27日：阿特伍德的方案之一衍生了两种修改版本，它们被提交给海军部委员会。

4月7日：海军部委员会批准了B方案。

4月19日：海军部委员会发出了三艘海军上将级战列巡洋舰的订单，建造方分别是克莱德班克的约翰·布朗船厂、伯肯海德的坎梅尔·莱尔德船厂和戈文的费尔菲尔德船厂。

5月31日至6月1日：日德兰海战。

6月13日：建造第四艘海军上将级战列巡洋舰的订单发给了纽卡斯尔的阿姆斯特朗·惠特沃思造船厂。

7月5日：根据日德兰海战战况修改的B方案的两种版本（A和B）被提交给海军部。

7月14日：海军部通知约翰·布朗船厂：他们建造的军舰将被命名为"胡德"号。其余三艘："豪"号（坎梅尔·莱尔德船厂）、"罗德尼"号（费尔菲尔德船厂）和"安森"号（阿姆斯特朗·惠特沃思船厂）。

7月20日：根据7月5日A方案改进的三种版本（B至D）被提交给海军部。

7月26日：A至D方案被提交给海军审计官。

8月4日：海军部批准了7月5日的A方案。

9月1日：第460号舰的龙骨在克莱德班克的约翰·布朗船厂铺设。

9月13日：已批准的设计接受了甲板和炮塔防护的改进。

10月2日：甲板和炮塔防护被进一步改进。

11月7日：海军元帅杰利科爵士给出了甲板和火药库防护的改进建议。

11月：大舰队下属战列巡洋舰队总司令、海军元帅大卫·贝蒂爵士给出了更多改进建议。

1917年

3月9日：海军部暂停了"豪"号、"罗德尼"号和"安森"号的建造，将它们的优先级降低。

6月：海军元帅大卫·贝蒂爵士给出了更多防护建议。

8月30日：海军部委员会批准了最终设计。

1918年

1月：对装甲板进行的射击试验证明，设计的军舰会受到大角度下落的大口径炮弹伤害。

8月22日："胡德"号于13点05分下水，仪式由胡德夫人开始。

8月：海军部批准对火药库进一步增强防护。

9月12日：第一块炮塔座圈装甲安装就位。

10月28日：第一套轮机安装就位。

1919年

2月27日：海军部取消了其余三艘海军上将级战列巡洋舰的建造。

5月：海军部批准对火药库附近的甲板进一步增强防护。

5月2日：主桅从厂家发货。

5月19日：前部造船工工作区下方的水密隔间内发生爆炸，导致2名船坞工丧生，1人受伤。

7月：为增强火药库上方防护而进行了设计修改（实舰未修改）。

8月7日：第一门火炮安装就位。

9月12日：军舰被拖曳到克莱德河中，安装运来的炮塔围板。

9月16日：同上。

12月9日至10日：系泊试车。

12月11日：迎接阿尔伯特王子殿下（后为国王乔治六世）视察。

12月20日：蒸汽动力装置试验。

1920年

1月1日：威尔弗雷德·汤姆金森上校担任舰长。

1月9日："胡德"号第一次凭自身动力离开约翰·布朗船厂，前往格林诺克。

1月9日至12日：在格林诺克，准备在阿兰岛附近进行初步的厂方海试。

10日：初步海试。

1月12日：离开格林诺克前往罗赛斯。

1月12日至13日：前往罗赛斯途中。

1月13日至3月5日：在罗赛斯。

1月20日至2月22日前后：交由人员进行入坞作业。

2月21日：倾斜试验。

2月23日至3月3日：鱼雷试射。

3月5日：海军部批准对火药库附近的甲板进一步增强防护。

3月5日：离开罗赛斯前往格林诺克。

3月5日至6日前后：前往格林诺克途中。

3月6日前后至23日：在格林诺克。

3月8日：正式海试在阿兰岛附近开始。

3月18日：全速海试。

3月19日：回转和转舵试验。

3月22日至23日：深载试验。

3月23日：离开格林诺克前往罗赛斯。

3月23日至24日：前往罗赛斯途中。

3月24日至5月15日：在罗赛斯。

3月26日至27日：15英寸炮和5.5英寸炮试射。

3月29日：由从"狮"号调来的德文波特舰员操作，服役。

4月15日至5月15日：交由人员进行入坞作业。

5月14日：接受皇家海军检查，进行主机系泊试车。

5月15日：由皇家海军从建造方验收并正式服役。

5月15日：离开罗赛斯前往考桑德湾。

5月15日至17日：前往考桑德湾途中。

5月17日至19日：在考桑德湾。

5月18日：升起战列巡洋舰中队少将司令官罗杰·凯斯爵士的将旗。

---

① 译注：仅列出月份的事件为日期不详。

5月19日：前往普利茅斯。

5月19日至25日：在普利茅斯。

5月25日：前往考桑德湾。

5月25日至29日：在考桑德湾。

5月26日至27日：在康沃尔郡的波尔佩罗（Polperro）附近进行鱼雷试射。

5月29日：离开考桑德湾前往波特兰。

斯堪的纳维亚巡航（战列巡洋舰中队）：
5月29日至7月3日：

5月29日：与"虎"号战列巡洋舰，"斯宾塞"号、"织女星"号（Vega）、"维克提斯岛"号（Vectis）、"威斯敏斯特"号、"温切尔西"号（Winchelsea）等9艘驱逐舰前往丹麦的克耶湾（Køge Bugt）。

5月29日至6月1日：前往克耶湾途中。

6月1日至4日：在克耶湾锚泊。

6月4日至7日：在瑞典的卡尔玛（Kalmar）。

6月7日：离开卡尔玛前往尼奈斯港（Nynäshamn）（及斯德哥尔摩）。

6月7日至13日：在尼奈斯港。

6月10日：瑞典国王古斯塔夫五世和尤金亲王[①]访问军舰。

6月13日：离开尼奈斯港进行演习，前往丹麦的奥本罗（Åbenrå）。

6月13日至15日：前往奥本罗途中。

6月13日：在波罗的海演习。

6月15日至17日：在奥本罗。

6月17日：离开奥本罗前往哥本哈根。

6月17日至18日：前往哥本哈根途中。

6月18日至23日：在哥本哈根。

6月19日：丹麦国王克里斯蒂安十世访问军舰。

6月20日：克里斯蒂安国王偕亚历山德琳王后再次访问军舰。

6月23日：离开哥本哈根前往克里斯蒂安尼亚（今奥斯陆）。

6月23日至24日：前往克里斯蒂安尼亚途中。

6月24日至7月1日：在克里斯蒂安尼亚。

6月26日：挪威国王哈康七世访问军舰。

6月27日：哈康七世偕毛德王后与奥拉夫王储再次访问军舰。

7月1日：离开克里斯蒂安尼亚前往斯卡帕湾。

7月1日至3日：前往斯卡帕湾途中。

斯堪的纳维亚巡航结束。

7月3日至16日：在斯卡帕湾。

7月16日：离开斯卡帕湾前往因弗戈登。

7月16日至8月3日：在因弗戈登。

8月3日：离开因弗戈登，前往苏格兰的邓巴（Dunbar）。

8月3日至4日：前往邓巴途中。

8月4日：离开邓巴前往罗塞斯。

8月4日："胡德"号派出搜索队和武装卫兵登上三艘投降的德国军舰："赫尔戈兰"号（Helgoland）、"威斯特法伦"号（Westfalen）和"吕根"号（Rügen）。

8月4日至5日：前往罗塞斯途中。

8月5日至10日：在罗塞斯。

8月9日：回转试验。

8月10日至11日：前往阿兰岛的拉姆拉什（Lamlash）途中。

8月11日至26日：在拉姆拉什。

8月："胡德"号赢得战列巡洋舰划艇大赛冠军。

8月26日：离开拉姆拉什前往康沃尔郡的彭赞斯（Penzance）。

8月26日至28日：前往彭赞斯途中。

8月28日：在锡利群岛附近锚泊。

8月28日至9月6日：在彭赞斯附近的芒茨湾（Mounts Bay）锚泊。

9月6日：离开芒茨湾前往德文波特。

9月6日：前往德文波特途中。

9月6日至10月8日：在德文波特。

10月8日：离开德文波特前往波特兰。

10月8日至12月3日：在波特兰。

11月11日："胡德"号派出海军陆战队员在威斯敏斯特教堂安葬无名士兵的仪式上担任仪仗兵。

12月3日：离开波特兰前往德文波特。

12月3日至4日：前往德文波特途中。

12月4日至1921年1月7日：在德文波特。

12月6日至1921年1月6日：交由人员进行改装。

1921年

1月7日：抵达考桑德湾。

1月7日至11日：在考桑德湾。

1月11日：离开考桑德湾前往波特兰。

1月11日至12日：前往波特兰途中。

1月12日至17日：在波特兰。

1月17日：离开波特兰前往西班牙的阿罗萨湾。

1月17日至19日：在康沃尔郡的法尔茅斯（Falmouth）躲避风暴。

1月19日：离开法尔茅斯前往阿罗萨湾。

1月19日至22日：前往阿罗萨湾途中。

1月22日至26日：在阿罗萨湾。

1月23日：迎接西班牙国王阿方索八世访问。

1月26日：离开阿罗萨湾前往维戈。

1月26日至2月7日：在维戈。

2月7日：离开维戈前往直布罗陀。

2月7日至9日：前往直布罗陀途中。

2月9日至23日：在直布罗陀。

2月23日：离开直布罗陀前往阿萨湾。

2月23日至25日：前往阿萨湾途中。

2月25日至3月18日：在阿萨湾。

3月18日：离开阿罗萨湾前往德文波特。

3月18日至21日：前往德文波特途中。

3月20日：与战列巡洋舰中队其他舰只一同在K5号潜艇沉没处举行纪念活动。该艇于1月21日沉没于锡利群岛西南约120英里处。

3月21日：在德文波特。

3月28日：离开德文波特前往罗塞斯。

3月28日至30日：前往罗塞斯途中。

3月30日至5月21日：在罗塞斯。

3月31日：升起战列巡洋舰中队少将司令官瓦尔特·考恩爵士的将旗；杰弗里·麦克沃思上校接任舰长。

4月1日至5月12日：交由人员进行入坞作业。

4月5日至21日：为协助应对铁路、公共汽车和煤矿罢工，三个营的兵力被部署在苏格兰的考登比斯和邓弗姆林。

5月21日：离开罗塞斯前往波特兰。

5月21日至23日：前往波特兰途中。

5月23日至6月10日：在波特兰。

6月10日：离开波特兰前往德文波特。

6月10日至12日：在考桑德湾锚泊。

6月12日：抵达德文波特。

6月12日至7月13日：在德文波特。

7月13日：离开德文波特参加大西洋舰队演习，接着前往威茅斯。

7月13日至15日：进行演习。

7月15日至22日：在威茅斯。

7月22日：抵达波特兰。

7月22日至27日：在波特兰。

7月27日：离开波特兰前往德文波特。

7月27日至28日：在考桑德湾锚泊。

7月28日：抵达德文波特。

7月28日至9月2日：在德文波特。

9月2日：离开德文波特前往因弗戈登。

9月2日至4日：前往因弗戈登途中。

9月4日至14日：在因弗戈登。

9月14日：离开因弗戈登前往斯卡帕湾。

9月14日至24日：在斯卡帕湾。

9月24日：离开斯卡帕湾前往因弗戈登。

9月24日至10月5日：在因弗戈登。

10月5日：离开因弗戈登前往斯卡帕湾。

10月5日至7日：在斯卡帕湾。

10月7日至10日：在因弗戈登。

10月10日：离开因弗戈登前往莫里峡湾的山德威克湾（Shandwick Bay）。

10月10日至11日：在山德威克湾。

10月11日：离开山德威克湾前往因弗戈登。

10月11日至12日：在因弗戈登。

10月12日至13日：在塔伯特岬。

10月13日：离开塔伯特岬前往因弗戈登。

10月13日至17日：在因弗戈登。

10月17日：离开因弗戈登前往斯卡帕湾。

10月17日至29日：在斯卡帕湾。

10月18日至27日："胡德"号的运动队参加了联合舰队划艇大赛。

10月18日："胡德"号卫冕昆斯敦杯。

10月19日："胡德"号不敌"反击"号，失去战列巡洋舰"领头鸡"。

10月24日："胡德"号赢得巴登杯。

10月25日："胡德"号赢得霍恩比杯。

10月29日：离开斯卡帕湾前往克罗默蒂峡湾的南苏托尔岬。

10月29日至11月2日：在克罗默蒂峡湾的南苏托尔岬。

11月2日：离开南苏托尔岬前往克罗默蒂峡湾的诺克斯角[②]。

11月2日至3日：在诺克斯角。

11月3日：离开诺克斯角，前往因弗戈登。

11月3日至9日：在因弗戈登。

11月9日至11日：在南苏托尔岬。

11月11日至13日：在因弗戈登。

11月13日：离开因弗戈登前往波特兰。

11月13日至15日：前往波特兰途中。

11月15日至12月3日：在波特兰。

11月24日至26日："玩乐客"乐团举办音乐会。

12月3日：离开波特兰前往德文波特。

12月3日至5日：在普利茅斯湾。

12月5日：抵达德文波特。

12月5日至1922年1月9日：在德文波特。

---

① 译注：国王之弟。

② 译注：该地名可能记录错误，实际地点推测为因弗戈登以西的阿尔内斯角。

1922年

1月9日：离开德文波特前往法尔茅斯湾。

1月9日至17日：在法尔茅斯湾。

1月17日：离开法尔茅斯湾前往阿罗萨湾。

1月17日至20日：前往阿罗萨湾途中。

1月20日至25日：在阿罗萨湾。

1月25日：离开阿罗萨湾前往直布罗陀。

1月25日至27日：前往直布罗陀途中。

1月27日至2月6日：在直布罗陀。

2月6日：离开直布罗陀参加联合舰队演习，接着前往波伦萨湾。

2月6日至9日：前往波伦萨湾途中。

2月9日至20日：在波伦萨湾。

2月20日：离开波伦萨湾前往法国土伦。

2月20日至21日：前往土伦途中。

2月21日至3月1日：在土伦。

3月1日：离开土伦前往瓦伦西亚。

3月1日至2日：前往瓦伦西亚途中。

3月2日至6日：在瓦伦西亚。

3月6日：离开瓦伦西亚前往马拉加。

3月6日至8日：前往马拉加途中。

3月8日至14日：在马拉加。

3月14日：离开马拉加前往直布罗陀。

3月14日至22日：在直布罗陀。

3月22日：与"反击"号一同离开直布罗陀前往维戈。

3月22日至25日：前往维戈途中。

3月25日至4月8日：在维戈。

4月8日：离开维戈前往普利茅斯。

4月8日至10日：前往普利茅斯途中。

4月10日至11日：在考桑德湾锚泊。

4月11日：抵达普利茅斯。

4月11日至14日：在普利茅斯。

4月14日：离开普利茅斯前往罗塞斯。

4月14日至17日：前往罗塞斯途中。

4月17日至5月8日：在罗塞斯。

4月19日至5月8日：交由人员进行入坞作业。

5月8日：离开罗塞斯前往德文波特。

5月8日至10日：前往德文波特途中。

5月10日至6月22日：在德文波特。

6月22日：离开德文波特前往威茅斯。

6月22日至26日：在威茅斯。

6月26日：离开威茅斯前往斯沃尼奇湾（Swanage Bay）。

6月26日至27日：在斯沃尼奇湾。

6月27日：离开斯沃尼奇湾前往德文波特。

6月27日：在德文波特。

6月27日：离开德文波特前往斯沃尼奇湾。

6月27日至28日：在斯沃尼奇湾。

6月28日：离开斯沃尼奇湾前往波特兰。

6月28日至29日：前往波特兰途中。

6月29日至30日：在波特兰。

6月30日：离开波特兰前往威茅斯。

6月30日至7月1日：在威茅斯。

7月1日：离开威茅斯前往托尔贝。

7月1日至2日：前往托尔贝途中。

7月2日至6日：在托尔贝。

7月5日：迎接国王乔治五世视察。

7月6日：离开托尔贝前往威茅斯。

7月6日至7日：在威茅斯。

7月7日：离开威茅斯前往德文波特。

7月7日至8日：前往德文波特途中。

7月7日：将原属德国的"纽伦堡"号轻巡洋舰作为靶船击沉。

7月8日至8月14日：在德文波特。

8月14日：离开德文波特前往直布罗陀。

8月14日至17日：前往直布罗陀途中。

8月17日至20日：在直布罗陀。

巴西及西印度群岛巡航（战列巡洋舰中队）：

8月20日至11月2日：

8月20日：与"反击"号一同离开直布罗陀前往佛得角的圣维森特（São Vicente）。

8月20日至24日：前往圣维森特途中。

8月24日至26日：在圣维森特。

8月26日：离开圣维森特前往里约热内卢，参加巴西独立百年庆典。

8月26日至9月3日：前往里约热内卢途中。

8月29日：在赤道举行"跨线"仪式。

9月3日至14日：在里约热内卢。

9月7日：巴西独立百年纪念日，"胡德"号的海军分队穿过里约热内卢行进；军舰亮灯。

9月8日：举办"宾至如归"招待会。

9月9日至13日："胡德"号代表队参加国际运动会。

9月10日："胡德"号在军官候补生快艇竞赛中夺冠，但在水兵快艇竞赛中屈居亚军。

9月12日："胡德"号举行有巴西总统参加的盛大舞会。

9月13日："胡德"号参加博塔弗戈湾的水上灯会。

9月14日：离开里约热内卢前往桑托斯（及圣保罗）。

9月14日至15日：前往桑托斯途中。

9月15日至20日：在桑托斯。

9月18日：舰员在桑托斯掌旗行进。

9月20日：离开桑托斯前往特立尼达。

9月20日至30日：前往特立尼达途中。

9月30日至10月10日：在特立尼达。

10月10日：离开特立尼达前往巴巴多斯。

10月10日至11日：前往巴巴多斯途中。

10月11日至16日：在巴巴多斯。

10月16日：离开巴巴多斯前往圣卢西亚。

10月16日至17日：前往圣卢西亚途中。

10月17日至20日：在圣卢西亚。

10月20日：离开圣卢西亚前往加那利群岛（Canary Islands）的拉斯帕尔马斯。

10月20日至30日：前往拉斯帕尔马斯途中。

10月21日：在多米尼加的罗索（Roseau）锚泊。

10月30日至11月2日：在拉斯帕尔马斯。

11月2日：离开拉斯帕尔马斯前往直布罗陀。

11月2日至4日：前往直布罗陀途中。

巴西及西印度群岛巡航结束。

11月4日至30日：在直布罗陀。

11月15日至17日：参加战列巡洋舰中队划艇大赛。

11月30日：离开直布罗陀前往德文波特。

11月30日至12月3日：前往德文波特途中。

12月3日至1923年1月6日：在德文波特。

1923年

1月6日：离开德文波特前往波特兰。

1月6日至10日：在波特兰。

1月10日：离开波特兰前往直布罗陀。

1月10日至15日：前往直布罗陀途中。

1月15日至2月1日：在直布罗陀。

2月1日：离开直布罗陀前往马拉加。

2月1日至6日：在马拉加。

2月5日：中队对马拉加居民举办"宾至如归"招待会。

2月6日：离开马拉加前往卡塔赫纳（Cartagena）。

2月6日至7日：前往卡塔赫纳途中。

2月7日至8日：在卡塔赫纳。

2月8日：离开卡塔赫纳前往瓦伦西亚。

2月8日至16日：在瓦伦西亚。

2月14日：中队对瓦伦西亚居民举办"宾至如归"招待会。

2月16日：离开瓦伦西亚前往直布罗陀。

2月16日至17日：前往直布罗陀途中。

2月17日至3月24日：在直布罗陀。

3月24日：离开直布罗陀前往阿罗萨湾。

3月24日至26日：前往阿罗萨湾途中。

3月26日至31日：在阿罗萨湾。

3月31日：离开阿罗萨湾前往德文波特。

3月31日至4月3日：前往德文波特途中。

4月3日至21日：在德文波特。

4月21日：离开德文波特前往罗塞斯。

4月21日至23日：前往罗塞斯途中。

4月23日至5月12日：在罗塞斯。

4月23日至5月11日：交由人员进行入坞作业。

5月12日：离开罗塞斯前往德文波特。

5月12日至14日：前往德文波特途中。

5月14日至6月21日：在德文波特。

5月15日至6月20日：交由人员进行改装。

5月15日："胡德"号解散乘员组，作为大西洋舰队战列巡洋舰中队旗舰重新服役；升起战列巡洋舰中队少将司令官弗雷德里克·菲尔德爵士的将旗；约翰·K.伊姆·特恩上校接任舰长。

6月21日：离开德文波特前往波特兰。

6月21日至25日：在波特兰。

6月25日：离开波特兰前往伯恩茅斯。

6月25日至26日：在伯恩茅斯。

斯堪的纳维亚巡航（战列巡洋舰中队）：

6月26日至7月18日：

6月26日：与"反击"号和驱逐舰"金鱼草"号（Snapdragon）一同离开伯恩茅斯前往克里斯蒂安尼亚（今奥斯陆）。

6月26日至29日：前往克里斯蒂安尼亚途中。

6月29日至7月7日：在克里斯蒂安尼亚。

7月2日：挪威国王哈康七世与毛德王后访问"胡德"号。

7月7日：离开克里斯蒂安尼亚前往奥尔堡湾（Ålborg Bugt）。

7月7日至16日：在奥尔堡湾。

7月16日：离开奥尔堡湾前往波特兰。

7月16日至18日：前往波特兰途中。

斯堪的纳维亚巡航结束。

7月18日至19日：在波特兰。

7月19日：离开波特兰前往托尔贝。

7月19日至20日：前往托尔贝途中。

7月20日至27日：在托尔贝。

7月27日至9月3日：在德文波特。

7月31日至8月31日：交由人员进行改装。

9月3日：离开德文波特前往波特兰。

9月3日至28日：在波特兰。

9月28日：离开波特兰前往因弗戈登。

9月28日至30日：前往因弗戈登途中。

9月30日至10月15日：在因弗戈登。

10月15日：离开因弗戈登前往罗塞斯。

10月15日至16日：前往罗塞斯途中。

10月16日至31日：在罗塞斯。

10月17日至30日：交由人员进行入坞作业。

10月31日：离开罗塞斯前往朴次茅斯。

10月31日至11月2日：前往朴次茅斯途中。

11月2日至3日：在朴次茅斯。

11月3日：离开朴次茅斯前往德文波特。

11月3日至4日：前往德文波特途中。

11月4日至27日：在德文波特。

11月5日：弗雷德里克·菲尔德爵士以临时海军中将军衔担任特勤中队司令官。

11月5日至26日：交由人员进行环球巡航准备。

特勤中队环球巡航（战列巡洋舰中队及第1轻巡洋舰中队）：
1923年11月27日至1924年9月28日。

11月27日：与"反击"号、"德里"号和"无畏"号一同离开德文波特，前往塞拉利昂的弗里敦。

11月27日至12月8日：前往弗里敦途中。

11月27日至12月8日："达纳厄"号、"龙"号和"达尼丁"号轻巡洋舰加入中队。

12月3日：在加那利群岛的特内里费（Tenerife）附近。

12月7日：特勤中队换上热带制服。

12月8日至13日：在弗里敦。

12月13日：离开弗里敦前往开普敦。

12月13日至22日：前往开普敦途中。

12月14日至15日：在赤道举行"跨线"仪式。

12月22日至1924年1月2日：在开普敦。

12月24日：由900名水兵和300名海军陆战队员组成的海军分队穿过开普敦行进。

12月27日：油轮"不列颠灯笼"号（British Lantern）在开普敦为"胡德"号加油时受伤。

1924年

1月2日：离开开普敦前往莫塞尔湾（Mossel Bay）。

1月2日至3日：前往莫塞尔湾途中。

1月3日：离开莫塞尔湾前往伊丽莎白港（Port Elizabeth）。

1月4日：在伊丽莎白港外海；前往南非的东伦敦（East London）。

1月4日至5日：前往东伦敦途中。

1月5日：在东伦敦外海；前往德班（Durban）。

1月5日至6日：前往德班途中。

1月6日：在德班外海；前往桑给巴尔。

1月6日至12日：前往桑给巴尔途中。

1月12日至17日：在桑给巴尔。

1月16日：桑给巴尔苏丹哈里发·本·哈鲁布访问军舰。

1月17日：离开桑给巴尔前往锡兰的亭可马里。

1月17日至26日：前往亭可马里途中。

1月26日至31日：在亭可马里。

1月30日：中队"宾至如归"招待会。

1月31日：离开亭可马里前往马来亚的斯韦特纳姆港（Swettenham Port）。

1月31日至2月4日：前往斯韦特纳姆港途中。

2月4日至9日：在斯韦特纳姆港。

2月7日：中队"宾至如归"招待会。

2月9日：离开斯韦特纳姆港前往新加坡。

2月9日至10日：前往新加坡途中。

2月10日至17日：在新加坡。

2月15日：海军分队在新加坡行进。

2月17日：离开新加坡前往澳大利亚的弗里曼特尔。

2月17日至27日：前往弗里曼特尔途中。

2月20日：在圣诞岛（Christmas Island）附近。

2月27日至3月1日：在弗里曼特尔。

2月28日：海军分队先后在弗里曼特尔和珀斯穿城行进。

3月1日：离开弗里曼特尔前往阿尔巴尼。

3月1日至2日：前往阿尔巴尼途中。

3月2日至6日：在阿尔巴尼。

3月2日：特勤中队重新穿着普通制服。

3月6日：离开阿尔巴尼前往阿德莱德。

3月6日至10日：前往阿德莱德途中。

3月10日至15日：在阿德莱德。

3月15日：离开阿德莱德前往墨尔本。

3月15日至17日：前往墨尔本途中。

3月17日至25日：在墨尔本。

3月18日：海军分队在墨尔本穿城行进。

3月25日：离开墨尔本前往霍巴特（Hobart）。

3月25日至27日：前往霍巴特途中。

3月27日至4月3日：在霍巴特。

4月3日：离开霍巴特前往新南威尔士的杰维斯湾。

4月3日至5日：前往杰维斯湾途中。

4月4日：在新南威尔士的图佛德湾（Twofold Bay）。

4月5日至8日：在杰维斯湾。

4月8日：离开杰维斯湾前往悉尼。

4月8日至9日：前往悉尼途中。

4月9日至20日：在悉尼。

4月9日：海军分队在悉尼穿城行进。

4月10日："胡德"号举办"宾至如归"招待会。

4月14日："奇奥女孩"乐团在"胡德"号上表演音乐滑稽剧。

4月20日：离开悉尼前往惠灵顿；澳大利亚海军"阿德莱德"号巡洋舰加入特勤中队。

4月20日至24日：前往惠灵顿途中。

4月24日至5月8日：在惠灵顿。

5月8日：离开惠灵顿前往内皮尔（Napier），新西兰总督、海军元帅约翰·杰利科伯爵乘舰。

5月8日至9日：前往内皮尔途中。

5月9日：离开内皮尔前往奥克兰。

5月9日至10日：前往奥克兰途中。

5月10日至18日：在奥克兰。

5月12日："胡德"号举办中队"宾至如归"招待会。

5月13日：海军分队在奥克兰穿城行进；"胡德"号举办"宾至如归"招待会。

5月16日："胡德"号上举办中队"宾至如归"招待会。

5月18日：离开奥克兰前往斐济的苏瓦（Suva）。

5月18日至21日：前往苏瓦途中。

5月21日至27日：在苏瓦。

5月27日：离开苏瓦前往西萨摩亚。

5月27日至29日：前往西萨摩亚途中。

5月27日：中队穿过国际日期变更线，行程的日期记录向前调整一天。

5月29日：离开西萨摩亚前往檀香山。

5月29日至6月6日：前往檀香山途中。

6月6日至12日：在檀香山。

6月12日：离开檀香山前往加拿大不列颠哥伦比亚省的维多利亚。

6月12日至21日：前往维多利亚途中。

6月21日至25日：在维多利亚。

6月25日：离开维多利亚前往温哥华。

6月25日至7月5日：在温哥华。

7月4日："胡德"号举办"宾至如归"招待会。

7月5日：离开温哥华前往旧金山。

7月5日至7日：前往旧金山途中。

7月7日至11日：在旧金山。

7月8日：为旧金山和湾区城市的英国人社群举办"宾至如归"招待会。

7月11日：离开旧金山前往巴拿马运河区。

7月12日：第1轻巡洋舰中队最后一次与战列巡洋舰中队分开，直至9月28日会合。

7月11日至23日：前往巴拿马的巴尔博亚途中。

7月23日至24日：通过巴拿马运河。

7月23日至24日：在佩德罗·米格尔锚泊。

7月24日：离开巴拿马的科隆（Colón）前往牙买加的金斯敦。

7月24日至26日：前往金斯敦途中。

7月26日至30日：在金斯敦。

7月28日：海军分队在金斯敦穿城行进。

7月30日：离开牙买加前往新斯科舍的哈利法克斯。

7月30日至8月5日：前往哈利法克斯途中。

8月5日至15日：在哈利法克斯。

8月15日：离开哈利法克斯前往魁北克。

8月15日至19日：前往魁北克途中。

8月18日至19日：在圣劳伦斯河畔的默里湾（Murray Bay）锚泊，等待潮汐。

8月19日至9月2日：在魁北克。

9月2日：离开魁北克前往纽芬兰的托普塞尔湾。

9月2日至3日：在圣劳伦斯河的奥尔良岛（Île d'Orléans）附近锚泊，等待潮汐。

9月2日至6日：前往托普塞尔湾途中。

9月6日至21日：在托普塞尔湾。

9月21日：离开托普塞尔湾前往德文波特。

9月21日至28日：前往德文波特途中。

9月28日：第1轻巡洋舰中队与战列巡洋舰中队在利泽德角附近会合。

环球巡航结束。

9月28日至11月5日：在德文波特。

10月1日至11月5日：交由人员进行改装，工作未完成。

11月5日：离开德文波特前往罗塞斯。

11月5日至7日：前往罗塞斯途中。

11月7日至23日：在罗塞斯。

11月7日至22日：交由人员进行入坞作业。

11月23日：离开罗塞斯前往德文波特。

11月23日至25日：前往德文波特途中。

11月25日至1925年1月14日：在德文波特。

11月25日至1925年1月10日：交由人员完成改装。

1925年

1月14日：离开德文波特前往波特兰。

1月14日至19日：在波特兰。

1月19日：随战列巡洋舰中队离开波特兰前往里斯本，参加瓦斯科·达·迦马庆典。

1月23日至30日：在里斯本。

1月30日：离开里斯本前往直布罗陀。

1月30日至31日：前往直布罗陀途中。

1月31日至2月23日：在直布罗陀。

2月23日：离开直布罗陀前往马略卡岛的帕尔马。

2月23日至24日：前往帕尔马途中。

2月24日至3月2日：在帕尔马。

3月2日：离开帕尔马前往阿尔梅利亚。

3月2日至3日：前往阿尔梅利亚途中。

3月3日至5日：在阿尔梅利亚。

3月5日：离开阿尔梅利亚前往直布罗陀。

3月5日至6日：前往直布罗陀途中。

3月6日至11日：在直布罗陀。
3月11日：离开直布罗陀前往帕尔马。
3月11日至14日：前往帕尔马途中。
3月14日至17日：在帕尔马。
3月17日：离开帕尔马参加演习。
3月17日至18日：进行演习。
3月18日至21日：在帕尔马。
3月21日：离开帕尔马前往直布罗陀。
3月21日至22日：前往直布罗陀途中。
3月22日至29日：在直布罗陀。
3月29日：离开直布罗陀前往德文波特。
3月29日至4月1日：前往德文波特途中。
4月1日至5月8日：在德文波特。
4月3日至5月7日：在空余时间段交由人员进行改造。
4月30日：升起战列巡洋舰中队少将司令官西里尔·T. M. 富勒的将旗；H. O. 雷诺德上校接任舰长。
5月8日：离开德文波特前往因弗戈登。
5月8日至11日：前往因弗戈登途中。
5月11日至31日：在因弗戈登。
5月31日：离开因弗戈登前往罗塞斯。
5月31日至6月1日：前往罗塞斯途中。
6月1日至22日：在罗塞斯。
6月22日：离开罗塞斯前往苏格兰斯凯岛（Isle of Skye）的波特里（Portree）。
6月22日至23日：前往波特里途中。
6月23日至7月1日：在波特里。
7月1日：离开波特里前往北爱尔兰安特里姆郡的波特拉什。
7月1日至6日：在波特拉什。
7月6日：离开波特拉什前往格林诺克。
7月6日至10日：在格林诺克。
7月10日：离开格林诺克前往拉姆拉什。
7月10日至17日：在拉姆拉什。
7月15日：参加战列巡洋舰中队划艇大赛。
7月17日：离开拉姆拉什前往波特兰。
7月17日至19日：前往波特兰途中。
7月19日至28日：在波特兰。
7月28日至9月1日：在德文波特。
8月4日至31日：交由人员进行修理。
9月1日：离开德文波特前往波特兰。
9月1日至14日：在波特兰。
9月14日：离开波特兰前往因弗戈登。
9月14日至17日：前往因弗戈登途中。
9月17日至10月19日：在因弗戈登。
10月19日：离开因弗戈登前往罗塞斯。
10月19日至20日：前往罗塞斯途中。
10月20日至11月21日：在罗塞斯。
11月4日至16日：交由人员进行入坞作业及修理。
11月17日至20日：交由人员进行修理。
11月21日：离开罗塞斯前往德文波特。
11月21日至23日：前往德文波特途中。
11月23日至1926年1月12日：在德文波特。
11月26日至1926年1月4日：交由人员进行改装。

1926年

1月6日：在德文波特解散乘员组。
1月7日：重新服役，仍担任大西洋舰队战列巡洋舰中队旗舰。
1月12日：离开德文波特前往阿罗萨湾。
1月12日至15日：前往阿罗萨湾途中。
1月15日至21日：在阿罗萨湾。
1月21日：离开阿罗萨湾前往直布罗陀。

1月21日至23日：前往直布罗陀途中。
1月23日至2月24日：在直布罗陀。
2月24日：离开直布罗陀前往撒丁岛（Sardinia）的帕尔玛斯湾（Palmas Bay）。
2月24日至27日：前往帕尔玛斯湾途中。
2月27日至3月3日：在帕尔玛斯湾。
3月3日：离开帕尔玛斯湾前往马略卡岛的帕尔马。
3月3日至5日：前往帕尔马途中。
3月5日至9日：在帕尔马。
3月9日：离开帕尔马前往直布罗陀。
3月9日至11日：前往直布罗陀途中。
3月11日至18日：在直布罗陀。
3月18日：离开直布罗陀前往阿罗萨湾。
3月18日至20日：前往阿罗萨湾途中。
3月20日至27日：在阿罗萨湾。
3月27日：离开阿罗萨湾前往德文波特。
3月27日至29日：前往德文波特途中。
3月29日至5月3日：在德文波特。
4月28日至5月3日：交由人员进行改造及加装设备。
5月3日：离开德文波特前往格林诺克，协助应对总罢工。
5月3日至4日：前往格林诺克途中。
5月4日至31日：在格林诺克。
5月31日：离开格林诺克前往阿兰岛附近进行海试。
5月31日至6月4日：海试。
6月4日至24日：在格林诺克。
6月24日：离开格林诺克前往罗塞斯。
6月24日至26日：前往罗塞斯途中。
6月26日至7月2日：在罗塞斯。
7月2日：离开罗塞斯前往舒伯里内斯。
7月2日至4日：前往舒伯里内斯途中。
7月4日至7日：在舒伯里内斯。
7月7日：离开舒伯里内斯前往托尔贝。
7月7日至8日：前往托尔贝途中。
7月8日至15日：在托尔贝。
7月15日：离开托尔贝前往朴次茅斯。
7月15日至9月2日：在朴次茅斯。
7月24日至8月30日：交由人员进行入坞作业。
8月30日：前往斯皮特海德。
9月2日：离开朴次茅斯前往斯卡伯罗（Scarborough）。
9月2日至4日：前往斯卡伯罗途中。
9月4日至7日：在斯卡伯罗。
9月7日：离开斯卡伯罗前往因弗戈登。
9月7日至9日：前往因弗戈登途中。
9月9日至10月24日：在因弗戈登。
10月24日：离开因弗戈登前往波特兰。
10月24日至28日：前往波特兰途中。
10月28日至11月17日：在波特兰。
10月30日：参加大西洋舰队在波特兰外海为帝国会议代表团举行的战术演习。
11月17日：离开波特兰前往德文波特。
11月17日至1927年1月7日：在德文波特。
11月22日至12月24日：交由人员进行改装。

1927年

1月7日：离开德文波特前往波特兰。
1月7日至17日：在波特兰。
1月17日：离开波特兰前往阿罗萨湾。
1月17日至20日：前往阿罗萨湾途中。
1月20日至25日：在阿罗萨湾。
1月25日：离开阿罗萨湾，前往直布罗陀。
1月25日至26日：前往直布罗陀途中。

1月26日至3月2日：在直布罗陀。
3月2日：离开直布罗陀前往葡萄牙的拉各斯（Lagos）。
3月2日至4日：前往拉各斯途中。
3月4日至8日：在拉各斯。
3月8日：离开拉各斯进行演习，接着前往直布罗陀。
3月8日至10日：进行演习。
3月10日至17日：在直布罗陀。
3月17日：离开直布罗陀，前往阿罗萨湾。
3月17日至19日：前往阿罗萨湾途中。
3月19日至26日：在阿罗萨湾。
3月26日：离开阿罗萨湾前往德文波特。
3月26日至28日：前往德文波特途中。
3月28日至5月2日：在德文波特。
4月5日至30日：在空余时间段交由人员进行修理。
5月2日：离开德文波特前往因弗戈登。
5月2日至6日：前往因弗戈登途中。
5月6日至6月7日：在因弗戈登。
5月21日：升起战列巡洋舰中队少将司令官弗雷德里克·C.德雷尔的将旗；威尔弗雷德·弗伦奇（Wilfred French）接任舰长。
6月7日：离开因弗戈登前往盖尔湾（Gareloch）。
6月7日至8日：前往盖尔湾途中。
6月8日至15日：在盖尔湾。
6月15日：离开盖尔湾前往海伦斯堡。
6月15日至16日：前往海伦斯堡途中。
6月16日至24日：在海伦斯堡。
6月24日：离开海伦斯堡前往北爱尔兰邓恩郡（County Down）的纽卡斯尔（New Castle）。
6月24日至29日：在纽卡斯尔。
6月29日：离开纽卡斯尔前往波特兰。
6月29日至7月1日：前往波特兰途中。
7月1日至7日：在波特兰。
7月7日：离开波特兰前往朴次茅斯。
7月7日至8日：前往朴次茅斯途中。
7月8日至8月30日：在朴次茅斯。
7月13日至19日：交由人员进行入坞作业。
8月30日：离开朴次茅斯前往因弗戈登。
8月30日至9月2日：前往因弗戈登途中。
9月2日至10月26日：在因弗戈登。
10月26日：离开因弗戈登前往南昆斯费里。
10月26日至27日：前往南昆斯费里途中。
10月27日至11月2日：在南昆斯费里。
11月2日：离开南昆斯费里前往波特兰。
11月2日至4日：前往波特兰途中。
11月4日至7日：在波特兰。
11月7日：离开波特兰前往德文波特。
11月7日至1928年1月4日：在德文波特。
11月10日至12月29日：交由人员进行改装。

1928年

1月4日：离开德文波特前往波特兰。
1月4日至10日：在波特兰。
1月10日：离开波特兰前往维戈。
1月10日至13日：前往维戈途中。
1月13日至23日：在维戈。
1月23日：离开维戈前往直布罗陀。
1月23日至25日：前往直布罗陀途中。
1月25日至3月7日：在直布罗陀。
3月7日：离开直布罗陀前往马拉加。
3月7日至10日：在马拉加。
3月9日：迎接西班牙王后埃娜、哈伊梅王子与二位公主访问。
3月10日：离开马拉加前往直布罗陀。

3月10日至13日：在直布罗陀。
3月13日：离开直布罗陀前往马拉加。
3月13日至14日：前往马拉加途中。
3月14日：离开马拉加进行演习，接着前往直布罗陀。
3月14日至16日：进行演习。
3月16日至22日：在直布罗陀。
3月22日：离开直布罗陀前往波特兰。
3月22日至28日：前往波特兰途中。
3月28日至4月3日：在波特兰。
4月3日：参加大西洋舰队在波特兰外海为阿富汗国王阿曼努拉（Amanullah）举行的战术演习。
4月3日：离开波特兰前往德文波特。
4月3日至4日：前往德文波特途中。
4月4日至30日：在德文波特。
4月9日至28日：在空余时间段交由人员进行修理。
4月30日：离开德文波特前往因弗戈登。
4月30日至5月4日：前往因弗戈登途中。
5月4日至6月4日：在因弗戈登。
6月4日：离开因弗戈登前往斯卡帕湾。
6月4日至8日：在斯卡帕湾。
6月8日：离开斯卡帕湾前往南昆斯费里。
6月8日至9日：前往南昆斯费里途中。
6月9日至11日：在南昆斯费里。
6月11日：离开南昆斯费里前往因弗戈登。
6月11日至12日：前往因弗戈登途中。
6月12日：离开因弗戈登前往基斯霍恩湾（Loch Kishorn）。
6月12日至13日：前往基斯霍恩湾途中。
6月13日至18日：在基斯霍恩湾。
6月18日：离开基斯霍恩湾前往巴拉胡利什（Ballachulish）。
6月18日至19日：前往巴拉胡利什途中。
6月19日至25日：在巴拉胡利什。
6月25日：离开巴拉胡利什前往朴次茅斯。
6月25日至27日：前往朴次茅斯途中。
6月27日至8月2日：在朴次茅斯。
7月3日至31日：交由人员进行改装。
8月2日：离开朴次茅斯前往德文波特。
8月2日至3日：前往德文波特途中。
8月3日至9月5日：在德文波特。
8月7日至31日：交由人员进行改造。
8月27日：解散乘员组。
8月28日：重新服役，仍担任大西洋舰队战列巡洋舰中队旗舰。
9月5日：离开德文波特前往因弗戈登。
9月5日至8日：前往因弗戈登途中。
9月8日至10月23日：在因弗戈登。
9月29日，推测至10月4日：海军元帅杰利科伯爵乘舰观看秋季炮术巡航。
10月23日：离开因弗戈登前往南昆斯费里。
10月23日至24日：前往南昆斯费里途中。
10月24日至31日：在南昆斯费里。
10月31日：离开南昆斯费里前往波特兰。
10月31日至11月2日：前往波特兰途中。
11月2日至14日：在波特兰。
11月14日：离开波特兰前往德文波特。
11月14日至15日：前往德文波特途中。
11月15日至1929年1月9日：在德文波特。
11月16日至1929年1月1日：交由人员进行修理。

1929年

1月9日：离开德文波特前往波特兰。

1月9日至12日：在波特兰。
1月12日：离开波特兰进行演习，接着前往法尔茅斯。
1月12日至15日：在法尔茅斯。
1月15日：离开法尔茅斯前往阿罗萨湾。
1月15日至18日：前往阿罗萨湾途中。
1月18日至22日：在阿罗萨湾。
1月22日：离开阿罗萨湾前往直布罗陀。
1月22日至25日：前往直布罗陀途中。
1月25日至2月26日：在直布罗陀。
2月26日：离开直布罗陀前往巴塞罗那。
2月26日至28日：前往巴塞罗那途中。
2月28日至3月6日：在巴塞罗那。
3月6日：离开巴塞罗那前往帕尔马。
3月6日至7日：前往帕尔马途中。
3月7日至13日：在帕尔马。
3月13日：离开帕尔马前往波伦萨湾。
3月13日至23日：在波伦萨湾。
3月23日：离开波伦萨湾前往直布罗陀。
3月23日至26日：前往直布罗陀途中。
3月26日至4月2日：在直布罗陀。
4月2日：离开直布罗陀前往朴次茅斯。
4月2日至6日：前往朴次茅斯途中。
4月6日：战列巡洋舰中队中将司令官弗雷德里克·德雷尔爵士的将旗移至"反击"号。
4月6日：离开朴次茅斯前往德文波特。
4月6日至7日：前往德文波特途中。
4月7日至5月1日：在德文波特。
4月10日至27日：交由人员进行修理。
5月1日：离开德文波特前往朴次茅斯。
5月1日至1931年6月16日：在朴次茅斯。
5月17日：解散乘员组；舰员随"虎"号进入战列巡洋舰中队服役。
6月3日至1931年3月10日：交由人员进行大规模改装。
日期不详：参加朴次茅斯海军开放周。

1930年

在朴次茅斯进行改装至1931年3月。

1931年

3月10日：在朴次茅斯入役，担任"胜利"号的供应舰。
4月27日：J. F. C. 帕特森上校接任舰长。
5月12日：恢复满员状态，担任大西洋舰队战列巡洋舰中队旗舰；全部士兵均来自朴次茅斯兵营。
6月16日：离开朴次茅斯前往波特兰。
6月16日至17日：前往波特兰途中。
6月17日至7月10日：在波特兰。
6月26日：在威茅斯，费尔雷IIIF型舰载机在起飞时坠毁。
7月10日：离开波特兰前往托尔贝。
7月10日至17日：在托尔贝。
7月12日：战列巡洋舰中队少将司令官威尔弗雷德·汤姆金森的将旗移至"声望"号。
7月17日：离开托尔贝前往斯沃尼奇。
7月17日至21日：在斯沃尼奇。
7月21日：离开斯沃尼奇前往朴次茅斯。
7月21日至9月8日：在朴次茅斯。
7月27日至9月7日：在空余时间段交由人员进行修理。
8月1日至8日：参加朴次茅斯海军开放周。
9月8日：离开朴次茅斯前往因弗戈登。
9月8日至11日：前往因弗戈登途中。

9月11日至16日：在因弗戈登。
9月15日至16日：因弗戈登兵变。
9月16日：离开因弗戈登前往朴次茅斯。
9月16日至19日：前往朴次茅斯途中。
9月19日至10月8日：在朴次茅斯。
10月8日：离开朴次茅斯前往罗塞斯。
10月8日至11日：前往罗塞斯途中。
10月11日至19日：在罗塞斯。
10月19日：离开罗塞斯前往因弗戈登。
10月19日至20日：前往因弗戈登途中。
10月20日至27日：在因弗戈登。
10月27日：离开因弗戈登前往罗塞斯。
10月27日至28日：前往罗塞斯途中。
10月28日至11月17日：在罗塞斯。
11月17日：离开罗塞斯前往朴次茅斯。
11月17日至19日：前往朴次茅斯途中。
11月19日至1932年1月6日：在朴次茅斯。
11月27日至1932年1月5日：在空余时间段交由人员进行修理。

1932年

加勒比海巡航（战列巡洋舰中队）：
1932年1月6日至3月4日
1月6日：与"反击"号、"诺福克"号、"多塞特郡"号和"德里"号一同离开朴次茅斯前往加勒比海进行春季巡航。
1月6日至12日：前往亚速尔群岛的法亚尔岛（Faial）途中。
1月12日至13日：在法亚尔岛。
1月13日：离开法亚尔岛前往巴巴多斯。
1月13日至21日：前往巴巴多斯途中。
1月21日至2月5日：在巴巴多斯的卡莱尔湾（Carlisle Bay）。
2月5日：离开巴巴多斯前往圣文森特岛（St Vincent）。
2月5日至12日：在圣文森特岛。
2月12日：离开圣文森特岛前往格林纳达。
2月12日至15日：在格林纳达。
2月15日：离开格林纳达前往特立尼达岛。
2月15日至16日：前往特立尼达岛途中。
2月16日至25日：在特立尼达岛的西班牙港（Port-of-Spain）。
2月25日：离开特立尼达岛，前往法亚尔岛。
2月25日至3月4日：前往法亚尔岛途中。
3月4日至7日：在法亚尔岛。
3月7日：离开法亚尔岛前往朴次茅斯。
3月7日至13日：前往朴次茅斯途中。
加勒比海巡航结束。

3月13日至5月14日：在朴次茅斯。
3月31日至5月10日：交由人员进行修理。
5月14日：离开朴次茅斯前往因弗戈登。
5月14日至16日：前往因弗戈登途中。
5月16日至28日：在因弗戈登。
5月28日：离开因弗戈登前往斯卡帕湾。
5月28日至6月4日：在斯卡帕湾。
6月4日：离开斯卡帕湾前往罗斯西（Rothesay）。
6月4日至5日：前往罗斯西途中。
6月5日至13日：在罗斯西。
6月13日：离开罗斯西前往邓恩郡的班戈（Bangor）。
6月13日至25日：在班戈。
6月25日：离开班戈前往格恩西。
6月25日至26日：前往格恩西途中。
6月26日至7月7日：在格恩西。

7月7日：离开格恩西前往韦茅斯。

7月7日至14日：在威茅斯。

7月14日至15日：在波特兰。

7月15日：离开波特兰前往桑当湾
（Sandown Bay）。

7月15日至21日：在桑当湾。

7月18日：南海城的莱特与洛根照相馆在舰
上拍摄了大量照片。

7月21日：离开桑当湾前往朴次茅斯。

7月21日至8月30日：在朴次茅斯。

7月25日起，结束日期不详：在空余时间段
交由人员进行修理。

7月30日至8月6日：参加朴次茅斯海军开
放周。

8月15日：升起战列巡洋舰中队少将司令官
威廉·M. 詹姆斯的将旗；托马斯·H. 宾
尼上校接任舰长。

8月30日：重新服役，担任本土舰队[1]战列
巡洋舰中队旗舰。

8月30日：离开朴次茅斯前往绍森德。

8月30日至31日：前往绍森德途中。

8月31日至9月7日：在绍森德。

9月7日：离开绍森德前往哈特尔普尔。

9月7日至8日：前往哈特尔普尔途中。

9月8日至14日：在哈特尔普尔。

9月14日：离开哈特尔普尔前往罗塞斯。

9月14日至15日：前往罗塞斯途中。

9月15日至10月10日：在罗塞斯。

10月10日：离开罗塞斯前往因弗戈登。

10月10日至20日：在因弗戈登。

10月20日：离开因弗戈登前往罗塞斯。

10月20日至21日：前往罗塞斯途中。

10月21日至11月15日：在罗塞斯。

11月15日：离开罗塞斯前往朴次茅斯。

11月15日至17日：前往朴次茅斯途中。

11月17日至1933年1月11日：在朴次茅斯。

12月7日至1933年1月9日：交由人员进行
修理。

1933年

1月11日：离开朴次茅斯前往阿罗萨湾。

1月11日至13日：前往阿罗萨湾途中。

1月13日至21日：在阿罗萨湾。

1月21日：离开阿罗萨湾前往直布罗陀。

1月21日至23日：前往直布罗陀途中。

1月23日至26日：在直布罗陀。

1月26日：离开直布罗陀前往阿尔及尔。

1月26日至28日：前往阿尔及尔途中。

1月28日至2月7日：在阿尔及尔。

2月7日：离开阿尔及尔前往直布罗陀。

2月7日至9日：前往直布罗陀途中。

2月9日至3月9日：在直布罗陀。

3月9日：离开直布罗陀前往丹吉尔。

3月9日至14日：在丹吉尔。

3月14日：离开丹吉尔前往直布罗陀。

3月14日至21日：在直布罗陀。

3月21日：离开直布罗陀前往阿罗萨湾。

3月21日至23日：前往阿罗萨湾途中。

3月23日至25日：在阿罗萨湾。

3月25日：离开阿罗萨湾前往朴次茅斯。

3月25日至28日：前往朴次茅斯途中。

3月28日至5月9日：在朴次茅斯。

5月9日：离开朴次茅斯前往因弗戈登。

5月9日至12日：前往因弗戈登途中。

5月12日至6月3日：在因弗戈登。

6月3日至10日：在斯卡帕湾。

6月10日至11日：前往奥本途中。

6月11日至14日：在奥本。

6月14日：离开奥本前往朴次茅斯。

6月14日至16日：前往朴次茅斯途中。

6月16日至9月6日：在朴次茅斯。

6月20日至9月4日：交由人员进行改装。

8月30日：解散乘员组，重新服役，仍担
任本土舰队战列巡洋舰中队旗舰；F. T. B.
塔尔上校接任舰长。

9月6日：离开朴次茅斯前往罗塞斯。

9月6日至8日：前往罗塞斯途中。

9月8日至24日：在罗塞斯。

9月10日至26日：战列巡洋舰中队少将司令
官威廉·詹姆斯的将旗暂时移至"声望"号。

9月24日：离开罗塞斯前往因弗戈登。

9月24日至25日：前往因弗戈登途中。

9月25日至10月11日：在因弗戈登。

10月11日：离开因弗戈登前往苏格兰的班
夫（Banff）。

10月11日至13日：前往班夫途中。

10月13日至16日：在班夫。

10月16日：离开班夫前往北贝里克（North
Berwick）。

10月16日至24日：在北贝里克。

10月24日：离开北贝里克前往罗塞斯。

10月24日：离开罗塞斯进行演习。

10月24日至26日：进行演习。

10月26日至11月7日：在罗塞斯。

11月7日：离开罗塞斯前往朴次茅斯。

11月7日至13日：前往朴次茅斯途中。

11月13日至12月31日：在朴次茅斯。

12月1日至1934年1月6日：在空余时间段交
由人员进行修理。

1934年

1月12日：离开朴次茅斯前往阿罗萨湾。

1月12日至16日：前往阿罗萨湾途中。

1月16日至20日：在阿罗萨湾。

1月20日：离开阿罗萨湾前往葡萄牙的马德
拉群岛（Madeira）。

1月20日至22日：前往马德拉群岛途中。

1月22日至29日：在马德拉群岛。

1月29日：离开马德拉群岛前往直布罗陀。

1月29日至31日：前往直布罗陀途中。

1月31日至3月6日：在直布罗陀。

3月6日：离开直布罗陀进行演习，接着前
往葡萄牙的拉各斯湾。

3月6日至7日：进行演习。

3月7日至9日：在拉各斯湾。

3月9日：离开拉各斯湾进行演习，接着前
往直布罗陀。

3月9日至16日：进行演习。

3月16日至23日：在直布罗陀。

3月23日：离开直布罗陀前往朴次茅斯。

3月23日至27日：前往朴次茅斯途中。

3月27日至5月11日：在朴次茅斯。

4月12日至5月4日：交由人员进行入坞作业
及修理。

5月11日：离开朴次茅斯前往波特兰。

5月11日至6月1日：在波特兰。

6月1日：离开波特兰前往普利茅斯。

6月1日至4日：在普利茅斯。

6月4日：离开普利茅斯前往斯卡帕湾。

6月4日至7日：前往斯卡帕湾途中。

6月7日至16日：在斯卡帕湾。

6月16日：离开斯卡帕湾前往埃里博尔湖。

6月16日至25日：在埃里博尔湖。

日期不详：组成"HOOD"字样的石块被
放置在俯瞰埃里博尔湖处。

6月25日：离开埃里博尔湖前往罗塞斯。

6月25日至26日：前往罗塞斯途中。

6月26日至7月15日：在罗塞斯。

7月15日：离开罗塞斯前往托尔贝。

7月15日至17日：前往托尔贝途中。

7月17日至24日：在托尔贝。

7月24日至9月7日：在朴次茅斯。

8月1日至9月5日：交由人员进行改装及修理。

8月：参加朴次茅斯海军开放周。

8月14日：升起战列巡洋舰中队少将司令官
西德尼·R. 贝利的将旗。

9月7日：离开朴次茅斯前往赫尔（Hull）。

9月7日至8日：前往赫尔途中。

9月8日至13日：在赫尔。

9月13日：离开赫尔前往罗塞斯。

9月13日至15日：前往罗塞斯途中。

9月15日至21日：在罗塞斯。

9月21日：离开罗塞斯前往因弗戈登。

9月21日至22日：前往因弗戈登途中。

9月22日至10月4日：在因弗戈登。

10月4日：离开因弗戈登前往罗塞斯。

10月4日至5日：前往罗塞斯途中。

10月5日至15日：在罗塞斯。

10月15日：离开罗塞斯前往因弗戈登。

10月15日至16日：前往因弗戈登途中。

10月16日至25日：在因弗戈登。

10月25日：离开因弗戈登前往罗塞斯。

10月25日至26日：前往罗塞斯途中。

10月26日至30日：在罗塞斯。

10月30日：离开罗塞斯前往波特兰。

10月30日至11月3日：前往波特兰途中。

11月3日至14日：在波特兰。

11月14日：离开波特兰前往朴次茅斯。

11月14日至1935年1月15日：在朴次茅斯。

11月19日至1935年1月14日：在空余时间段
交由人员进行入坞作业。

1935年

1月15日：离开朴次茅斯前往阿罗萨湾。

1月15日至18日：前往阿罗萨湾途中。

1月18日至23日：在阿罗萨湾。

1月23日：离开阿罗萨湾进行演习，接着前
往直布罗陀。

1月23日至25日：进行演习暨前往直布罗陀
途中。

1月23日：在阿罗萨湾外，北纬42° 06'、
西经09° 23'与"声望"号相撞。

1月25日至30日：在直布罗陀。

1月30日至2月22日：战列巡洋舰中队少将司令官西德尼·R.贝利的将旗暂时移至"声望"号。

1月30日：离开直布罗陀前往朴次茅斯。

1月30日至2月4日：前往朴次茅斯途中。

2月4日至3月5日：在朴次茅斯。

2月8日至3月4日：交由人员进行入坞作业及修理撞击损伤。

3月5日：离开朴次茅斯进行演习，接着前往直布罗陀。

3月5日：目击圣凯瑟琳角附近的坠机事故；找回飞行员遗体并返回斯皮特海德。

3月5日至16日：进行演习。

3月16日至21日：在直布罗陀。

3月21日：离开直布罗陀前往普茨茅斯。

3月21日至25日：前往朴次茅斯途中。

3月25日至5月13日：在朴次茅斯。

4月1日至5月13日：交由人员修理故障。

5月13日：离开朴次茅斯前往波特兰。

5月13日至14日：前往波特兰途中。

5月14日至15日：在波特兰。

5月15日：离开波特兰前往绍森德。

5月15日至22日：在绍森德。

5月22日：离开绍森德前往斯卡帕湾。

5月22日至24日：前往斯卡帕湾途中。

5月24日至6月7日：在斯卡帕湾。

6月7日：离开斯卡帕湾前往波特兰。

6月7日至10日：前往波特兰途中。

6月10日至7月11日：在波特兰。

7月11日：离开波特兰前往桑当湾。

7月11日至12日：在桑当湾。

7月12日：离开桑当湾前往斯皮特海德。

7月12日至17日：在斯皮特海德。

7月16日：参加乔治五世国王即位25周年纪念阅舰式。

7月17日：离开斯皮特海德前往朴次茅斯。

7月17日至8月30日：在朴次茅斯。

8月3日至10日：参加朴次茅斯海军开放周。

8月12日至28日：在空余时间段交由人员进行修理。

8月30日：离开朴次茅斯前往波特兰。

8月30日至9月14日：在波特兰。

8月31日：进行演习。

9月14日：离开波特兰前往直布罗陀。

9月14日至17日：前往直布罗陀途中。

9月17日至12月5日：在直布罗陀。

日期不详：埃塞俄比亚帝皇海尔·塞拉西访问军舰。

12月5日至7日：前往马德拉群岛途中。

12月7日至12日：在马德拉群岛。

12月12日：离开马德拉群岛前往直布罗陀。

12月12日至14日：前往直布罗陀途中。

12月14日至1936年1月13日：在直布罗陀。

1936年

1月13日：离开直布罗陀前往朴次茅斯。

1月13日至16日：前往朴次茅斯途中。

1月16日至2月21日：在朴次茅斯。

1月21日至2月20日：交由人员进行入坞作业。

2月1日：亚瑟·弗朗西斯·普里德姆上校接任舰长。

2月21日：离开朴次茅斯前往波特兰。

2月21日至22日：在波特兰。

2月22日：离开波特兰前往阿罗萨湾。

2月22日：前往阿罗萨湾。

2月22日至24日：前往阿罗萨湾途中。

2月24日至3月2日：在阿罗萨湾。

3月2日：离开阿罗萨湾前往维戈。

3月2日至5日：在维戈。

3月5日：离开维戈前往直布罗陀。

3月5日至7日：前往直布罗陀途中。

3月7日至5月4日：在直布罗陀。

5月4日：离开直布罗陀前往加那利群岛的拉斯帕尔马斯。

5月4日至7日：前往拉斯帕尔马斯途中。

5月7日至15日：在拉斯帕尔马斯。

5月15日：离开拉斯帕尔马斯前往直布罗陀。

5月15日至18日：前往直布罗陀途中。

5月18日至6月20日：在直布罗陀。

5月30日：海尔·塞拉西皇帝再次访问"胡德"号。

6月6日前后至6月19日前后：鉴于国际形势且由于朴次茅斯船坞紧张，在直布罗陀交由人员修理损坏的轮机。

6月20日：离开直布罗陀前往朴次茅斯。

6月20日至23日：前往朴次茅斯途中。

6月23日至10月10日：在朴次茅斯。

6月26日至9月17日：交由人员进行修理。

7月22日：升起战列巡洋舰中队中将司令官杰弗里·布雷克的将旗；"胡德"号调入地中海舰队。

8月：参加朴次茅斯海军开放周。

9月8日：重新服役，属地中海舰队。

9月12日至11月30日：杰弗里·布雷克中将的将旗暂时移至"巴勒姆"号战列舰。

10月3日起，结束日期不详：交由人员清洁冷凝器。

10月10日：离开朴次茅斯前往直布罗陀。

10月10日至14日：前往直布罗陀途中。

10月14日至20日：在直布罗陀。

10月14日：进入泊位时发生的事故导致2人死亡，1人负伤①。

10月20日：离开直布罗陀前往马耳他。

10月20日至24日：前往马耳他途中。

10月24日至12月2日：在马耳他进行整备。

12月2日：离开马耳他前往直布罗陀。

12月2日至5日：前往直布罗陀途中。

12月5日至11日：在直布罗陀。

12月11日：离开直布罗陀前往丹吉尔。

12月11日至12日：在丹吉尔。

12月12日：爱德华八世退位诏书和乔治六世即位诏书在"胡德"号后甲板上宣读。

12月14日：离开丹吉尔前往直布罗陀。

12月14日：离开直布罗陀前往丹吉尔。

12月14日至23日：在丹吉尔。

12月23日：离开丹吉尔前往直布罗陀。

12月23日至1937年1月4日：在直布罗陀。

1937年

1月4日：离开直布罗陀前往丹吉尔。

1月4日至9日：在丹吉尔。

1月9日：离开丹吉尔前往直布罗陀。

1月9日至12日：在直布罗陀。

1月12日：离开直布罗陀前往马耳他。

1月12日至16日：前往马耳他途中。

1月16日至21日：在马耳他。

1月21日：离开马耳他前往希腊的普拉蒂亚岛（Plateia Island）。

1月21日至23日：前往普拉蒂亚岛途中。

1月23日至2月1日：在普拉蒂亚岛。

2月1日：离开普拉蒂亚岛进行演习，接着前往马耳他。

2月1日至3日：进行演习。

2月3日至27日：在马耳他。

2月3日至13日：交由人员进行入坞作业。

2月27日：离开马耳他进行演习，接着前往直布罗陀。

2月27日至3月6日：进行演习。

3月6日至9日：在直布罗陀。

3月9日：离开直布罗陀进行演习。

3月9日至12日：进行演习。

3月12日至20日：在直布罗陀。

3月20日：离开直布罗陀前往马耳他。

3月20日至23日：前往马耳他途中。

3月23日至4月3日：在马耳他。

3月23日至4月2日：交由人员更换螺旋桨。

4月3日：离开马耳他前往直布罗陀。

4月3日至6日：前往直布罗陀途中。

4月6日至10日：在直布罗陀。

4月10日：离开直布罗陀前往法国的圣让德吕兹。

4月10日至12日：前往圣让德吕兹途中。

4月12日至13日：在圣让德吕兹。

4月13日：离开圣让德吕兹，前往比斯开湾进行巡逻。

4月13日至15日：进行巡逻。

4月15日至19日：在法国的拉帕利斯（La Pallice）。

4月19日：离开拉帕利斯前往圣让德吕兹。

4月19日至20日：前往圣让德吕兹途中。

4月20日至22日：在圣让德吕兹。

4月22日：离开圣让德吕兹，前往比斯开湾进行巡逻。

4月22日至24日：与"火龙"号和"幸运"号驱逐舰一同进行巡逻，接着前往拉帕利斯港。

4月23日：因"麦格雷戈"号、"哈姆斯特利"号和"斯坦布鲁克"号轮船准备进入毕尔巴鄂，与西班牙国民军"塞韦拉海军上将"号和"西北风"号军舰对峙。

4月24日至26日：在拉帕利斯港。

4月26日：离开拉帕利斯前往朴次茅斯。

4月26日至27日：前往朴次茅斯途中。

4月27日至6月1日：在朴次茅斯。

5月7日：在斯皮特海德参加乔治六世国王加冕阅舰式。

5月20日：迎接乔治六世国王视察。

6月1日：离开朴次茅斯前往直布罗陀。

6月1日至5日：前往直布罗陀途中。

6月5日至7日：在直布罗陀。

6月7日：离开直布罗陀前往丹吉尔。

6月7日至12日：在丹吉尔。

6月12日至15日：在直布罗陀。

6月15日：离开直布罗陀前往马耳他。

---

① 译注：缆索断裂，详见正文第4章。

6月15日至19日：前往马耳他途中。
6月19日至8月24日：在马耳他。
6月25日：由于战列巡洋舰中队中将司令官杰弗里·布雷克爵士住进比吉医院，他的将旗从"胡德"号上降下；舰长弗朗西斯·普里德姆指挥战列巡洋舰中队。
7月15日：升起战列巡洋舰中队中将司令官安德鲁·B.坎宁安的将旗。
7月26日至8月20日前后：交由人员进行修理。
8月24日：离开马耳他前往希腊的阿尔戈斯托利（Argostóli）。
8月24日至26日：前往阿尔戈斯托利途中。
8月26日至30日：在阿尔戈斯托利。
8月30日：离开阿尔戈斯托利前往南斯拉夫的斯普利特。
8月30日至19日：前往斯普利特途中。
9月1日至8日：在斯普利特。
9月8日：离开斯普利特前往马耳他。
9月8日至10日：前往马耳他途中。
9月10日至30日：在马耳他。
日期不详：进行干船坞作业。
9月30日：离开马耳他前往阿尔及利亚的阿尔泽。
9月30日至10月3日：前往阿尔泽途中。
10月3日至5日：在阿尔泽。
10月5日：离开阿尔泽前往直布罗陀。
10月5日至6日：前往直布罗陀途中。
10月6日至21日：在直布罗陀。
10月21日：离开直布罗陀前往丹吉尔。
10月21日至23日：在丹吉尔。
10月23日至27日：在直布罗陀。
10月27日：离开直布罗陀前往帕尔马。
10月27日至29日：前往帕尔马途中。
10月29日至31日：在帕尔马。
10月31日：离开帕尔马前往巴塞罗那。
10月31日至11月1日：前往巴塞罗那途中。
11月1日：离开巴塞罗那前往瓦伦西亚。
11月1日至2日：前往瓦伦西亚途中。
11月2日：离开瓦伦西亚前往帕尔马。
11月2日至3日：前往帕尔马途中。
11月3日至4日：在帕尔马。
11月4日：离开帕尔马前往马耳他。
11月4日至6日：前往马耳他途中。
11月6日至1938年1月5日：在马耳他。
11月8日至12月16日：交由人员进行入坞作业及修理。

1938年

1月5日：离开马耳他前往帕尔马。
1月5日至7日：前往帕尔马途中。
1月7日至11日：在帕尔马。
1月11日：离开帕尔马前往巴塞罗那。
1月11日至12日：前往巴塞罗那途中。
1月12日至13日：在巴塞罗那。
1月13日：离开巴塞罗那前往瓦伦西亚。
1月13日至14日：前往瓦伦西亚途中。
1月14日：离开瓦伦西亚前往帕尔马。
1月14日至15日：前往帕尔马途中。
1月15日至19日：在帕尔马。
1月19日：离开帕尔马前往马赛。
1月19日至20日：前往马赛途中。
1月20日至22日：在马赛。
1月22日：离开马赛前往帕尔马。
1月22日至23日：前往帕尔马途中。
1月23日至27日：在帕尔马。
1月27日：离开帕尔马前往巴塞罗那。

1月27日至28日：前往巴塞罗那途中。
1月28日：离开巴塞罗那前往瓦伦西亚。
1月28日至29日：在瓦伦西亚。
1月29日：离开瓦伦西亚前往帕尔马。
1月29日至30日：前往帕尔马途中。
1月30日至2月3日：在帕尔马。
2月3日：离开帕尔马前往马耳他。
2月3日至5日：前往马耳他途中。
2月5日至3月3日：在马耳他。
2月11日至3月3日：交由人员进行入坞作业。
3月3日：离开马耳他前往直布罗陀。
3月3日至7日：前往直布罗陀途中。
3月7日：离开直布罗陀进行演习。
3月7日至11日：进行演习。
3月11日至14日：在直布罗陀。
3月14日：离开直布罗陀进行演习。
3月14日至18日：进行演习。
3月18日至26日：在直布罗陀。
3月26日：离开直布罗陀前往帕尔马。
3月26日至28日：前往帕尔马途中。
3月28日至4月1日：在帕尔马。
4月1日：离开帕尔马前往西班牙东北的加尔德塔斯。
4月1日至2日：前往加尔德塔斯途中。
4月2日：离开加尔德塔斯前往巴塞罗那。
4月2日：离开巴塞罗那前往瓦伦西亚。
4月2日至3日：前往瓦伦西亚途中。
4月3日：离开瓦伦西亚前往帕尔马。
4月3日至4日：前往帕尔马途中。
4月4日至6日：在帕尔马。
4月6日：离开帕尔马前往巴塞罗那。
4月6日至7日：前往巴塞罗那途中。
4月7日至9日：在巴塞罗那。
4月9日：离开巴塞罗那前往加尔德塔斯。
4月9日至10日：在加尔德塔斯。
4月10日：离开加尔德塔斯前往瓦伦西亚。
4月10日至11日：前往瓦伦西亚途中。
4月11日：在瓦伦西亚。
4月11日：离开瓦伦西亚前往帕尔马。
4月11日至12日：前往帕尔马途中。
4月12日至15日：在帕尔马。
4月15日：离开帕尔马前往巴塞罗那。
4月15日至16日：前往巴塞罗那途中。
4月16日：离开巴塞罗那前往加尔德塔斯。
4月16日至18日：在加尔德塔斯。
4月18日：离开加尔德塔斯前往瓦伦西亚。
4月18日：离开瓦伦西亚前往帕尔马。
4月18日至19日：前往帕尔马途中。
4月19日至21日：在帕尔马。
4月21日：离开帕尔马前往法国的胡安湾。
4月21日至22日：前往胡安湾途中。
4月22日至5月2日：在胡安湾。
5月2日：离开胡安湾前往科西嘉岛的圣弗洛朗。
5月2日至5日：在圣弗洛朗。
5月5日至7日：前往马耳他途中。
5月7日至6月28日：在马耳他。
5月16日至6月22日：交由人员更换武器及进行入坞作业。
5月20日：H.T.C.沃克上校接任舰长。
5月24日：进入浮船坞。
6月5日：迎接乔治六世国王视察。
6月28日：离开马耳他进行演习，接着前往希腊的科孚。
6月28日至30日：进行演习。
6月30日至7月6日：在科孚。
7月6日：离开科孚前往纳瓦林湾。

7月6日至7日：前往纳瓦林湾途中。
7月7日至20日：在纳瓦林湾。
7月20日：离开纳瓦林湾前往马耳他。
7月20日至22日：前往马耳他途中。
7月22日至26日：在马耳他。
7月26日：离开马耳他前往帕尔马。
7月26日至28日：前往帕尔马途中。
7月28日至31日：在帕尔马。
7月31日：离开帕尔马前往加尔德塔斯。
7月31日至8月1日：前往加尔德塔斯途中。
8月1日至2日：在加尔德塔斯。
8月2日：离开加尔德塔斯前往西班牙东部的甘迪亚。
8月2日至3日：前往甘迪亚途中。
8月3日至4日：在甘迪亚。
8月4日：离开甘迪亚前往帕尔马。
8月4日至5日：前往帕尔马途中。
8月5日至7日：在帕尔马。
8月7日：离开帕尔马前往甘迪亚。
8月7日至8日：前往甘迪亚途中。
8月8日至9日：在甘迪亚。
8月9日：离开甘迪亚前往加尔德塔斯。
8月9日：搭载难民，离开加尔德塔斯前往马赛。
8月9日："卢加诺湖"号货轮在帕拉莫斯遭到空袭后，救援其乘员。
8月9日至10日：前往马赛途中。
8月10日至11日：在马赛。
8月11日：离开马赛前往加尔德塔斯。
8月11日至12日：前往加尔德塔斯途中。
8月12日：离开加尔德塔斯前往巴塞罗那。
8月12日至13日：在巴塞罗那。
8月13日：离开巴塞罗那前往帕尔马。
8月13日至18日：在帕尔马。
8月18日：与"苏塞克斯"号一同离开帕尔马前往马耳他。
8月18日至19日：前往马耳他途中。
8月19日至9月3日：在马耳他。
8月22日：升起战列巡洋舰中队少将司令官杰弗里·莱顿爵士的将旗。
9月3日：离开马耳他前往直布罗陀。
9月3日至6日：前往直布罗陀途中。
9月6日至7日：在直布罗陀。
9月7日：离开直布罗陀前往丹吉尔。
9月7日至10日：在丹吉尔。
9月10日：离开丹吉尔前往直布罗陀。
9月10日至28日：在直布罗陀。
9月20日：在离港时搁浅，遭到轻微损伤。
9月28日：皇家海军进行战争动员。
9月28日：离开直布罗陀，与第三驱逐舰大队一同护卫"阿基塔尼亚"号邮轮。
9月28日至10月1日：护卫"阿基塔尼亚"号，接着前往直布罗陀。
10月1日至17日：在直布罗陀。
10月17日：离开直布罗陀前往甘迪亚。
10月17日至18日：前往甘迪亚途中。
10月18日：离开甘迪亚前往帕尔马。
10月18日至19日：前往帕尔马途中。
10月19日至22日：在帕尔马。
10月22日至23日：前往加尔德塔斯途中。
10月23日：离开加尔德塔斯前往马赛。
10月23日至24日：前往马赛途中。
10月24日至26日：在马赛。
10月26日：离开马赛前往帕尔马。
10月26日至27日：前往帕尔马途中。
10月27日至11月2日：在帕尔马。
11月2日：离开帕尔马前往甘迪亚。

11月2日至3日：前往甘迪亚途中。

11月3日：搭载150名难民，离开甘迪亚前往马赛。

11月3日至4日：前往马赛途中。

11月4日至7日：在马赛。

11月7日：离开马赛前往马耳他。

11月7日至9日：前往马耳他途中。

11月9日至1939年1月10日：在马耳他。

11月10日至12月12日：交由人员修理"Y"炮塔。

11月24日至12月10日：交由人员进行入坞作业及修理。

1939年

1月1日：乘员组在艉楼上请瓦莱塔的理查德·埃利斯[1]拍摄影像。

1月9日：杰弗里·莱顿中将的将旗移至"巴勒姆"号战列舰。

1月10日：离开马耳他前往直布罗陀。

1月10日至13日：前往直布罗陀途中。

1月13日至14日：在直布罗陀。

1月14日：离开直布罗陀前往朴次茅斯。

1月14日至18日：前往朴次茅斯途中。

1月18日至8月13日：在朴次茅斯。

1月23日至8月12日：交由人员进行改装（包括更换高射武器），并修理轮机和舰底外部。

5月3日：埃尔文·G.格伦尼上校接任舰长。

6月1日：升起战列巡洋舰中队少将司令官威廉·J.惠特沃斯的将旗。

6月2日：重新服役，担任本土舰队战列巡洋舰中队旗舰。

8月13日：离开朴次茅斯前往斯卡帕湾[2]。

8月13日至14日：前往斯卡帕湾途中。

8月14日至15日：在斯卡帕湾。

8月15日：离开斯卡帕湾前往罗塞斯。

8月15日至16日：前往罗塞斯途中。

8月16日至17日：在罗塞斯。

8月17日：离开罗塞斯前往斯卡帕湾。

8月17日至18日：前往斯卡帕湾途中。

8月18日：离开斯卡帕湾前往罗塞斯。

8月18日至19日：前往罗塞斯途中。

8月19日至20日：在罗塞斯。

8月20日：离开罗塞斯前往因弗戈登。

8月20日至21日：前往因弗戈登途中。

8月21日至24日：在因弗戈登。

8月24日：离开因弗戈登前往斯卡帕湾。

8月24日至25日：前往斯卡帕湾途中。

8月25日至31日：在斯卡帕湾。

8月31日：皇家海军进行战争动员。

8月31日：随战列巡洋舰中队（"反击"号和"声望"号）及3艘驱逐舰一同离开斯卡帕湾，在冰岛和法罗群岛间展开巡逻。

8月31日至9月6日：在海上。

9月3日：英国向德国宣战。

9月6日至8日：在斯卡帕湾。

9月8日：与"声望"号战列巡洋舰，"贝尔法斯特"号、"爱丁堡"号巡洋舰及4艘驱逐舰一同离开斯卡帕湾，在冰岛和法罗群岛间展开巡逻。

9月8日至11日：在海上。

9月11日：惠特沃斯少将按照本土舰队总司令、海军上将查尔斯·福布斯爵士的命令，率战列巡洋舰中队全部兵力返回斯卡帕湾。

9月12日至14日：在斯卡帕湾。

9月14日：与"罗德尼"号及4艘驱逐舰一同离开斯卡帕湾前往埃维湾。

9月14日至15日：前往埃维湾途中。

9月15日至20日：在埃维湾。

9月17日：接受海军大臣温斯顿·丘吉尔阁下和本土舰队总司令、海军上将查尔斯·福布斯爵士视察。

9月20日：离开埃维湾前往斯卡帕湾。

9月20日至21日：前往斯卡帕湾途中。

9月21日至22日：在斯卡帕湾。

9月22日：离开斯卡帕湾掩护斯卡格拉克海峡（the Skagerrak）的攻击行动。

9月22日至23日：在海上。

9月23日至25日：在斯卡帕湾。

9月25日：与"纳尔逊"号、"罗德尼"号、"反击"号、"皇家方舟"号、第18巡洋舰中队及护航驱逐舰一同离开斯卡帕湾，为从荷恩斯礁救出"旗鱼"号潜艇的行动提供远程掩护。

9月25日至27日：在海上。

9月26日：受到Ju 88型轰炸机投下的500磅炸弹攻击；左舷中部突出部轻微进水，冷凝器受损。

9月27日至10月1日：在斯卡帕湾。

10月1日：与"纳尔逊"号等军舰一同离开斯卡帕湾前往埃维湾。

10月1日至2日：前往埃维湾途中。

10月2日至5日：在埃维湾。

10月1日：与"纳尔逊"号等军舰一同离开埃维湾前往斯卡帕湾。

10月5日：本土舰队总司令、海军上将查尔斯·福布斯爵士："建议迅速更换'胡德'号的全部主冷凝器管道。"

10月5日至6日：前往斯卡帕湾途中。

10月6日至8日：在斯卡帕湾。

10月8日：与"反击"号、"曙光女神"号、"谢菲尔德"号及4艘驱逐舰（E舰队）一同离开斯卡帕湾前往挪威海岸，截击德舰"格奈森瑙"号、"科隆"号（Köln）及9艘驱逐舰；据报告，这些敌舰正在欧布瑞丝塔德（Obrestad）灯塔附近向北航行。

10月8日至11日：在挪威海进行巡逻。

10月10日：与"纳尔逊"号及6艘驱逐舰一同驶向埃维湾。

10月11日至15日：在埃维湾。

10月15日：离开埃维湾进行巡逻。

10月15日至22日：在苏格兰和冰岛间进行巡逻。

10月16日至17日：与"纳尔逊"号、"罗德尼"号、"暴怒"号、"曙光女神"号、"贝尔法斯特"号及9艘驱逐舰一同掩护北方巡逻舰队的武装商船巡洋舰。

10月22日至23日：在埃维湾。

10月23日：与"纳尔逊"号、"罗德尼"号及6艘驱逐舰一同离开埃维湾，在罗弗敦群岛附近搜索美国"弗林特城"号货轮[3]，并掩护来往纳尔维克和福布斯河之间的铁矿石运输船。

10月23日至31日：在挪威海进行巡逻。

10月26日：掩护纳尔维克的运输船队。

10月30日：舰队在奥克尼群岛以西遭到U-56号潜艇攻击，但攻击失败。

10月31日至11月2日：在格林诺克。

10月31日：接受海军大臣温斯顿·丘吉尔阁下视察。

11月2日：与"纳尔逊"号等舰一同离开格林诺克，掩护在苏格兰赫布里底群岛（the Hebrides）以西行动的北方巡逻舰队。

11月2日至9日：在赫布里底群岛附近和挪威海进行巡逻。

11月4日：计划拦截德国"纽约"号（New York）轮船。

11月6日至7日：与"纳尔逊"号等舰一同掩护战时第一支从英国前往斯堪的纳维亚的运输船队（编号ON1）。

11月9日：在罗塞斯。

11月9日：离开罗塞斯前往普利茅斯。

11月9日至11日：由"勇猛"号（Intrepid）、"艾凡赫"号（Ivanhoe）和"无畏"号（Fearless）驱逐舰护航，前往普利茅斯途中。

11月11日至25日：在普利茅斯。

11月13日至25日：交由人员进行修理。

11月25日："拉瓦尔宾迪"号武装商船巡洋舰被击沉后，离开普利茅斯拦截敌舰；敌舰据推测为"德意志"号，实为"沙恩霍斯特"号和"格奈森瑙"号。

11月25日至12月2日：由3艘"E"级驱逐舰护航，与法国海军"敦刻尔克"号、"乔治·莱格"号、"蒙特卡姆"号及2艘驱逐舰一同前往冰岛以南途中，并在该地区进行巡逻；全部兵力由法国的马塞尔·让苏尔海军中将指挥；接着前往格林诺克。

12月2日：由3艘"K"级驱逐舰护航，离开格林诺克前往法罗群岛以北进行巡逻。

12月2日至11日：由"索马里人"号（Somali）、"马绍那人"号（Mashona）和"旁遮普人"号（Punjabi）驱逐舰护航，前往法罗群岛以北途中，接着在该地区进行巡逻。

12月5日至8日：与4艘驱逐舰一同为开往挪威的运输船队（推测为ON4——译者注）提供远程掩护。

12月9日：按照本土舰队总司令、海军上将查尔斯·福布斯爵士的命令，"胡德"号与护航驱逐舰一同前往格林诺克。

12月11日至13日：在格林诺克。

12月13日：与"厌战"号、"巴勒姆"号及7艘驱逐舰一同离开格林诺克，截击德军"莱比锡"号（Leipzig）、"纽伦堡"号（Nürnberg）、"科隆"号巡洋舰及5艘驱逐舰；之后改变航线，在大西洋上掩护第一支加拿大运兵船队（"阿基塔尼亚"

---

① 译注：此为同名著名摄影师之孙。

② 译注：从此"胡德"号再未回到母港朴次茅斯。

③ 译注：该船于9日被"德意志"号袖珍战列舰俘虏，23日由德军驶入苏联的摩尔曼斯克，11月3日到达挪威，6日被挪威海军控制，交还美方。

号、"不列颠女皇"号、"澳大利亚女皇"号、"贝德福德公爵夫人"号和"百慕大君主"号邮轮）。

12月13日至17日：在海上。

12月16日至17日：与"厌战"号、"巴勒姆"号、"决心"号、"反击"号、"暴怒"号、"绿宝石"号和14艘驱逐舰一同在爱尔兰以北与加拿大运兵船队会合，将船队护送到格林诺克。

12月17日至27日：在格林诺克。

12月27日：离开格林诺克进行巡逻。

12月27日至1940年1月5日：在北大西洋和挪威海进行巡逻。

12月23日至24日：与"爱丁堡"号和"格拉斯哥"号一同掩护向芬兰运送武器的DHN6船队。

12月28日：与4艘驱逐舰一同从赫布里底群岛以西向北航行，前往设得兰群岛（the Shetlands）以北进行巡逻。

12月29日至1940年1月2日：与3艘驱逐舰一同在设得兰群岛以北进行巡逻。

1940年

1月2日至5日：与4艘驱逐舰一同为挪威前往英国的运输船队[1]及北方巡逻船队在设得兰群岛以北的行动提供掩护。

1月5日至15日：在格林诺克。

1月15日：与"厌战"号及第8驱逐舰大队一同离开格林诺克进行巡逻。

1月15日至24日：在海上。

1月15日至22日：与"厌战"号及第8驱逐舰大队一同在设得兰群岛与法罗群岛之间的空白区域巡逻。

1月22日至24日：与"厌战"号及第8驱逐舰大队一同在赫布里底群岛的北罗纳岛（North Rona）以东进行炮术练习。

1月24日至2月9日：在格林诺克。

2月9日：与"厌战"号及8艘驱逐舰一同离开格林诺克进行巡逻。

2月9日至18日：在海上。

2月10日：与"厌战"号及8艘驱逐舰一同从赫布里底群岛以西向西航行，掩护来往斯堪的纳维亚的运输船队。

2月12日至14日：在设得兰群岛西北进行巡逻。

2月16日：与"厌战"号及7艘驱逐舰一同向东航行，以在必要的情况下，支援对德国"阿尔特马克"号（Altmark）补给船的登船行动。

2月18日至19日：在格林诺克。

2月19日：与"厌战"号、"罗德尼"号一同离开格林诺克，掩护ON14船队（柯克沃尔至斯堪的纳维亚）。

2月19日至24日：在海上。

2月20日至22日：在设得兰群岛东北方掩护ON14船队。

2月21日：海军部令："由于本土船坞紧张，'胡德'号需要在马耳他更换冷凝器管道，该舰可于3月3日前后交由该处人员进行作业。此项工作最少需45日完成。'胡德'号应在'声望'号批准全部休假之后驶往马耳他。"（命令后被撤销。）

2月23日：为HN14船队提供远程掩护后，与"罗德尼"号及8艘驱逐舰一同前往克莱德河。

2月24日至3月2日：在克莱德河。

3月2日：与"勇士"号战列舰及6艘驱逐舰一同离开克莱德河，掩护来往挪威的运输船队和北方巡逻舰队。

3月2日至7日：在海上。

3月3日：在法罗群岛以东60英里处进行巡逻。

3月5日：与"勇士"号战列舰和"凯利"号（Kelly）等5艘驱逐舰一同掩护前往挪威的ON17和ON17a船队。

3月7日至14日：在斯卡帕湾。

3月8日至9日：再次接受海军大臣温斯顿·丘吉尔阁下视察。

3月11日：战列巡洋舰中队少将司令官威廉·J.惠特沃斯的将旗移至"声望"号。

3月14日：离开斯卡帕湾前往格林诺克。

3月14日至15日：由3艘驱逐舰护航，前往格林诺克途中。

3月15日至30日：在格林诺克。

3月25日：由于需要更换冷凝器管道，确定无法参加弗里敦—达喀尔地区的行动。

3月29日："鉴于政治形势，决定安排'胡德'号在德文波特而非马耳他更换冷凝器管道。该舰可立即交由人员进行作业。"

3月30日：离开格林诺克前往普利茅斯。

3月30日至31日：由3艘驱逐舰护航，前往普利茅斯途中。

3月31日至5月27日：在普利茅斯。

4月4日至5月23日：交由人员进行改装，例如更换冷凝器管道。

4月13日：由"胡德"号的250名海军陆战队员和水兵组成的登陆队携带舰上的榴弹炮，乘坐火车前往罗塞斯，参加攻占挪威奥勒松的"报春花"行动。

4月15日：登陆队乘坐"黑天鹅"号护卫舰离开罗塞斯。

4月17日至18日：登陆队在翁达尔斯内斯上岸。

4月30日至5月1日：登陆队大部分人员在翁达尔斯内斯登上"加拉蒂"号巡洋舰。

5月3日：远征军的20名人员返回"胡德"号。

5月6日：除4名伤员外，远征军其他人员返回"胡德"号。

5月27日：由"女巫"号（Witch）、"护航"号（Escort）和"狼獾"号（Wolverine）驱逐舰护航，离开普利茅斯前往利物浦。

5月27日至28日：前往利物浦途中。

5月28日至6月12日：在利物浦。

5月28日至6月12日：在格莱斯顿船坞交由人员进行改装及修理。

6月11日："胡德"号派出的登船组俘虏了意大利"埃里卡"号货船。

6月12日：由加拿大"斯基纳河"号（Skeena）、"雷斯蒂古什河"号（Restigouche）和"圣洛朗河"号（St Laurent）驱逐舰护航，离开利物浦，掩护澳新军团搭乘的US3船队（"玛丽王后"号、"不列颠女皇"号、"阿基塔尼亚"号、"毛里塔尼亚"号、"安德斯"号和"加拿大女皇"号）从比斯开湾驶往克莱德河。

6月12日至16日：在海上。

6月14日至16日：为比斯开湾与US3船队会合，与"百眼巨人"号航空母舰，"多塞特郡"号、"什罗普郡"号和"坎伯兰"号巡洋舰及9艘驱逐舰一同护送船队前往克莱德河。

6月16日至18日：在格林诺克。

6月18日：由"弗雷泽"号、"雷斯蒂古什河"号、"流浪者"号（Wanderer）、"斯基纳河"号和"圣洛朗河"号驱逐舰护航，离开格林诺克，准备在马林岬（Malin Head）以西250英里处与"皇家方舟"号航空母舰会合，之后前往直布罗陀。

6月18日至23日：前往直布罗陀途中。

6月18日：与"皇家方舟"号航空母舰会合。

6月23日至26日：在直布罗陀。

6月26日：据报法国"黎塞留"号战列舰驶离了达喀尔，"胡德"号随辖有"皇家方舟"号及5艘驱逐舰的H舰队离开直布罗陀前往加那利群岛，准备拦截该舰，并在可能的情况下将其护送至直布罗陀。

6月26日至27日：在海上。

6月27日：据报告"黎塞留"号因发现"多塞特郡"号而返回达喀尔，"胡德"号转向驶往直布罗陀。

6月27日至28日：在直布罗陀。

6月28日：收到"黎塞留"号离开达喀尔的报告，与"皇家方舟"号一同离开直布罗陀；报告被证明有误，立即返回直布罗陀。

6月28日至7月2日：在直布罗陀。

6月30日：升起H舰队中将司令官詹姆斯·萨默维尔爵士的将旗。

7月2日：随H舰队离开直布罗陀前往阿尔及利亚的米尔斯克比尔，执行解除法国舰队威胁的"弩炮"行动；舰队还包括："皇家方舟"号、"勇士"号、"决心"号、"林仙"号（Arethusa）、"进取"号（Enterprise）及11艘驱逐舰：第8驱逐舰大队的"富尔克努"号（Faulknor）、"猎狐犬"号、"无恐"号、"福雷斯特"号（Forester）、"远见"号（Foresight）和"护航"号；第13驱逐舰大队的"凯珀尔"号、"活跃"号（Active）、"摔跤手"号（Wrestler）、"哨骑"号（Vidette）和"伏提庚"号（Vortigern）。

7月2日至3日：前往米尔斯克比尔途中。

7月3日至4日：在米尔斯克比尔外海。

7月3日：17点55分至18点04分，H舰队向港口中的法国舰队开火，击毁"布列塔尼"号，重创"敦刻尔克"号和"普罗旺斯"号；18点09分至18点12分，海岸炮台参战；英军追击逃走的"斯特拉斯堡"号至20点22分止；"胡德"号受到弹片伤害，2人轻伤。

7月4日：前往直布罗陀途中。

7月4日：受到法国轰炸机攻击，但攻击失败。

7月4日至5日：在直布罗陀。

7月5日：随H舰队（"皇家方舟"号、"勇士"号、"林仙"号、"进取"号及10艘驱逐舰）离开直布罗陀，执行"杠杆"行动，空袭搁浅在米尔斯克比尔的

"敦刻尔克"号。

7月5日至6日：前往米尔斯克比尔地区途中。

7月6日：在米尔斯克比尔外海；"皇家方舟"号在奥兰东北90英里处发动空袭。

7月6日：前往直布罗陀途中。

7月6日至8日：在直布罗陀。

7月8日：随H舰队离开直布罗陀，在两支船队从马耳他向亚历山大航行时，对卡利亚里的意大利机场进行伴攻；舰队还包括"皇家方舟"号、"勇士"号、"决心"号、"林仙"号、"进取"号及10艘驱逐舰：第8驱逐舰大队的"富尔克努"号、"猎狐犬"号、"无恐"号、"远见"号和"护航"号；第13驱逐舰大队的"凯珀尔"号、"道格拉斯"号（Douglas）、"威沙尔特"号（Wishart）、"守夜人"号（Watchman）和"伏提庚"号。

7月8日至11日：在海上。

7月9日：H舰队遭到意大利S. M. 79型轰炸机高空轰炸；无损伤；计划对卡利亚里机场进行的空袭被取消；H舰队驶回直布罗陀。

7月11日至31日：在直布罗陀。

7月27日："B"炮塔上的无旋转弹丸发射器意外地向港口上空发射了20枚火箭；3名士兵严重烧伤。

7月31日：随H舰队离开直布罗陀，执行"匆忙"行动，在飞机离开"百眼巨人"号航母上飞向马耳他时，对卡利亚里机场进行伴攻；舰队还包括"皇家方舟"号、"勇士"号、"决心"号、"进取"号及10艘驱逐舰："富尔克努"号、"猎狐犬"号、"福雷斯特"号、"远见"号、"暴躁"号（Hotspur）、"灵缇"号（Greyhound）、"英勇"号（Gallant）、"冒险"号（Escapade）、"遭遇"号（Encounter）和"迅疾"号（Velox）。

8月1日至8月4日：在海上。

8月1日：H舰队遭到意大利S. M. 79型轰炸机高空轰炸；无损伤。

8月2日：12架"飓风"式战斗机离开撒丁岛西南方的"百眼巨人"号飞往马耳他，同时"皇家方舟"号由"胡德"号护卫，对卡利亚里机场进行空袭；H舰队驶向直布罗陀。

8月2日至4日：前往直布罗陀途中。

8月4日：随"皇家方舟"号、"勇士"号、"决心"号、"林仙"号、"进取"号及9艘驱逐舰（"富尔克努"号、"猎狐犬"号、"福雷斯特"号、"远见"号、"冒险"号等）一同离开直布罗陀前往斯卡帕湾。

8月4日至10日：前往斯卡帕湾途中。

8月6日：由"林仙"号和"猎狐犬"号伴随，与"鞑靼人"号（Tartar）、"贝都因人"号（Bedouin）和"旁遮普人"号驱逐舰会合。

8月8日至10日：由"冒险"号驱逐舰护航，前往斯卡帕湾。

8月10日至16日：在斯卡帕湾。

8月10日：H舰队中将司令官詹姆斯·萨默维尔爵士的将旗移至"声望"号；战列巡洋舰中队司令官威廉·惠特沃斯的将旗从"声望"号移至"胡德"号。

8月16日：由"维米拉"号（Vimiera）驱逐舰护航，离开斯卡帕湾前往罗塞斯。

8月16日至24日：在罗塞斯。

8月17日至24日：交由人员更换"A"炮塔

左侧的15英寸炮。

8月24日：由4艘驱逐舰护航，离开罗塞斯前往斯卡帕湾。

8月24日至25日：前往斯卡帕湾途中。

8月25日至9月13日：在斯卡帕湾。

9月13日：针对德军可能发起的入侵，与"纳尔逊"号、"罗德尼"号，轻巡洋舰"邦纳文彻"号（Bonaventure）、"水中仙女"号、"开罗"号（Cairo）及7艘驱逐舰一同离开斯卡帕湾前往罗塞斯。

9月13日至28日：在罗塞斯。

9月28日：与"水中仙女"号一同离开罗塞斯，截击据报告出现在挪威斯塔万格（Stavanger）外海的敌方巡洋舰和船队。

9月28日至29日：在海上。

9月29日至10月15日：在斯卡帕湾。

10月15日：与"索马里人"号、"爱斯基摩人"号和"马绍那人"号驱逐舰一同离开斯卡帕湾，掩护攻击挪威特罗姆瑟（Tromsö）的D舰队（"暴怒"号、"贝里克"号（Berwick）和"诺福克"号）。

10月15日至19日：在海上。

10月17日：由于天气恶劣，前往斯卡帕湾。

10月19日至23日：在斯卡帕湾。

10月23日：与"反击"号，轻巡洋舰"黛朵"号（Dido）、"月神"号（Phoebe），驱逐舰"马塔贝列人"号（Matabele）、"旁遮普人"号和"索马里人"号一同离开斯卡帕湾，前往欧布瑞丝塔德，核实关于敌军行动的报告。

10月23日至24日：在海上。

10月24日：前往斯卡帕湾。

10月24日至28日：在斯卡帕湾。

10月28日：与"反击"号、"暴怒"号和6艘驱逐舰（"爱斯基摩人"号等）一同离开斯卡帕湾，截击据"驯象人"号（Mahout）轮船报告在北大西洋的敌方袭击舰。

10月28日至31日：在海上。

10月31日至11月5日：在斯卡帕湾。

11月5日：与"反击"号、第15巡洋舰中队（"黛朵"号、"水中仙女"号和"邦纳文彻"号）及6艘部族驱逐舰（"马塔贝尔人"号、"旁遮普人"号和"索马里人"号等）一同离开斯卡帕湾，监视通往布雷斯特和洛里昂（Lorient）的航道，以搜击攻击"杰维斯湾"号武装商船巡洋舰和HX84船队后可能返航的"舍尔海军上将"号袖珍战列舰（见第3章——译者注）。

11月5日至11日：在海上。

11月9日：取消在英格兰陆地最西端以西海域的巡逻，前往斯卡帕湾补充燃油。

11月9日至11日：与"月神"号、"水中仙女"号和"爱斯基摩人"号、"锡克人"号（Sikh）等3艘驱逐舰一同前往斯卡帕湾途中。

11月11日至23日：在斯卡帕湾。

11月23日：与"哥萨克人"号、"锡克人"号、"爱斯基摩人"号和"伊莱克特拉"号驱逐舰一同离开斯卡帕湾，掩护第1布雷中队、"曙光女神"号及驱逐舰"凯珀尔"号、"巴斯"号（Bath）和"圣奥尔本斯"号（St Albans）在丹麦海峡的行动。

11月23日至29日：在海上。

11月24日：与第1布雷中队及"曙光女神"号会合。主桅上的测距室内部起火烧毁。

11月25日：在冰岛的雷克雅内斯半岛（Reykjanes）外海。

11月29日至12月18日：在斯卡帕湾。

12月4日：迎接本土舰队新任总司令、海军上将约翰·托维爵士视察。

12月11日：迎接托维海军上将视察。

12月18日：与"纳尔逊"号、"反击"号，巡洋舰"尼日利亚"号（Nigeria）、"爱丁堡"号、"曼彻斯特"号（Manchester）、"曙光女神"号及多艘驱逐舰一同离开斯卡帕湾，前往法罗群岛西南方进行战术演习。

12月18日至20日：在海上。

12月20日至24日：在斯卡帕湾。

12月24日：与"爱丁堡"号、"哥萨克人"号、"回声女神"号（Echo）、"伊莱克特拉"号和"冒险"号一同离开斯卡帕湾，在冰岛和法罗群岛间的空白区域展开巡逻，以防德军"希佩尔海军上将"号巡洋舰通过。

12月24日至29日：在海上。

12月29日至1941年1月2日：在斯卡帕湾。

1941年

1月2日：与"回声女神"号、"锡克人"号、"伊莱克特拉"号和"爱斯基摩人"号驱逐舰一同离开斯卡帕湾，掩护第1布雷中队在法罗群岛以南和以北的行动。

1月2日至5日：在海上。

1月5日至11日：在斯卡帕湾。

1月11日：与"反击"号，巡洋舰"爱丁堡"号和"伯明翰"号，驱逐舰"索马里人"号、"爱斯基摩人"号、"鞑靼人"号、"贝都因人"号、"冒险"号和"蚀"号（Eclipse）一同离开斯卡帕湾，掩护两支大型船队，防备可能出现的德国袭击舰。

1月11日至13日：在海上。

1月13日：在邓尼特岬（Dunnet Head）外海；与"回声女神"号、"伊莱克特拉"号和"凯珀尔"号驱逐舰一同前往罗塞斯途中。

1月13日至3月18日：在罗塞斯。

1月16日至3月17日：交由人员进行改装及修理轮机。

1月17日：迎接首相丘吉尔阁下视察。

2月15日：拉尔夫·科尔上校接任舰长。

2月17日：准尉厨房起火。

3月6日：迎接乔治六世国王视察。

3月18日：离开罗塞斯前往法罗群岛西南200英里处，搜寻"沙恩霍斯特"号和"格奈森瑙"号。

3月18日至23日：在海上。

3月19日：在邓尼特岬外海与"伊丽莎白女王"号、"纳尔逊"号战列舰，"伦敦"号（London）巡洋舰，"爱斯基摩人"号、"伊莱克特拉"号、"箭"号、"英格菲尔德"号（Inglefield）、"回声女神"号和"蚀"号驱逐舰会合，截击"沙恩霍斯特"号和"格奈森瑙"号。

3月20日：在冰岛与法罗群岛间与"英王乔治五世"号（本土舰队总司令、海军上将约翰·托维爵士旗舰）会合。

3月21日："胡德"号奉命全速向南，截击"沙恩霍斯特"号和"格奈森瑙"号。

3月22日至23日：与"伊丽莎白女王"号及4艘驱逐舰一同前往斯卡帕湾途中。

3月23日至28日：在斯卡帕湾。

3月28日：与"冒险"号、"伊莱克特拉"号和"鞑靼人"号驱逐舰一同离开斯卡帕湾，为从哈利法克斯出发的HX118船队护航。

3月28日至4月6日：在海上。

3月28日：与"尼日利亚"号和"斐济"号（Fiji）巡洋舰转向驶往比斯开湾西部，接替H舰队，防备"沙恩霍斯特"号和"格奈森瑙"号从布雷斯特突破封锁。

4月4日：在布雷斯特外海被"英王乔治五世"号和"伦敦"号接替。

4月4日至6日：与"冒险"号、"伊莱克特拉"号和"鞑靼人"号驱逐舰一同前往斯卡帕湾补充燃油途中。

4月6日：在斯卡帕湾。

4月6日：与"祖鲁人"号（Zulu）、"毛利人"号（Maori）和"箭"号驱逐舰一同离开斯卡帕湾，继续在比斯开湾进行巡逻，防备"沙恩霍斯特"号和"格奈森瑙"号从布雷斯特突破封锁。

4月6日至14日：在海上。

4月13日至14日：与"肯尼亚"号巡洋舰及"哥萨克人"号、"祖鲁人"号、"毛利人"号和"箭"号驱逐舰一同前往斯卡帕湾途中。

4月14日至18日：在斯卡帕湾。

4月18日：与"肯尼亚"号巡洋舰及3艘驱逐舰一同离开斯卡帕湾，继续在布雷斯特外海巡逻。

4月18日至21日：在海上。

4月19日：接到"俾斯麦"号离开基尔港，与2艘"莱比锡"级巡洋舰和3艘驱逐舰一同驶向西北的报告后，改变航线驶往挪威海（报告后来被证明错误）。

4月21日：与"英格尔德"号驱逐舰一同转向驶往冰岛的鲸鱼峡湾，防备"俾斯麦"号突入大西洋。

4月21日至28日：在鲸鱼峡湾。

4月26日：协助"弯刀"号（Scimitar）驱逐舰的修理工作。

4月28日：与"萨福克"号、"诺福克"号，驱逐舰"回声女神"号、"活跃"号、"阿卡忒斯"号（Achates）和"安东尼"号（Anthony）一同离开鲸鱼峡湾进行巡逻。

4月28日至5月3日：在海上，为两支船队提供远程掩护，防备水面舰艇攻击。

5月3日至4日：在鲸鱼峡湾。

5月4日：由"回声女神"号、"安东尼"号及其他2艘驱逐舰护航，离开鲸鱼峡湾前往斯卡帕湾。

5月4日至6日：前往斯卡帕湾途中。

5月6日至22日：在斯卡帕湾。

5月8日：战列巡洋舰中队中司令官威廉·J.惠特沃斯的将旗降下。

5月12日：战列巡洋舰中队中将司令官兰斯洛特·E.霍兰德的将旗升起。

5月13日："胡德"号在彭特兰湾与"英王乔治五世"号一同进行测定射程和偏角的演习。

5月22日：与"威尔士亲王"号，驱逐舰"阿卡忒斯"号、"羚羊"号（Antelope）、"安东尼"号、"回声女神"号、"伊莱克特拉"号和"伊卡洛斯"号（Icarus）一同离开斯卡帕湾，截击"俾斯麦"号和"欧根亲王"号；报告称德舰离开了挪威的格里姆斯塔峡湾。

5月22日至24日：在海上。

5月23日："俾斯麦"号和"欧根亲王"号在丹麦海峡被"萨福克"号目视发现。

5月24日：5点35分，"威尔士亲王"号的瞭望哨发现17英里外、丹麦海峡中的"欧根亲王"号和"俾斯麦"号；5点37分，"胡德"号发现敌舰；5点37分，霍兰德下令舰队右转40度；5点43分，"胡德"号发出敌情报告；5点49分，"胡德"号继续右转20度；5点52分5秒，"胡德"号向"欧根亲王"号开火；约5点53分54分，"胡德"号转而向"俾斯麦"号开火；约5点55分，霍兰德下令舰队左转20度，朝向敌军；约5点55分，"胡德"号小艇甲板被"欧根亲王"号击中；5点59分至6点整，霍兰德下令舰队继续左转20度；6点整，"胡德"号转向时，被"俾斯麦"号的第5次齐射击中，遭到致命损伤；约6点03分，"胡德"号沉没；8点左右，3名幸存者被"伊莱克特拉"号救起，当天晚些时候在雷克雅未克上岸；"羚羊"号仅发现残骸。

△1920年3月，"胡德"号在阿兰岛附近海试的情景。（作者收藏照片）

致谢

　　研究了如"胡德"号这样的一艘船，便是享有了种种至高的荣幸。其中最重要的是世界各地许多人的陪伴、慷慨和友善。我首先感谢"胡德"号协会的弗兰克·艾伦和保罗·贝文德，他们毫无保留、自始至终地支持这项工作，毫不吝惜地拿出他们的时间和知识，以及hmshood.com网站上的资源。写成本书所用的记录和插图中，相当大一部分来自"胡德"号协会收藏的材料；归功于肯·克拉克以及现在艾伦和贝文德的努力，这些材料得以汇集，并能为越来越多的研究者所用。近来，保罗和弗兰克为收集本书插图使用的照片这项艰巨任务出了力，并且信手拈来地为疑问和难题找到了答案——每位作者的作品即将成书的时候，都会受到这类困扰。大恩不言谢，我惟有希望在他们看来，这份成果将深厚的敬意献给了他们心中的军舰，以及他们对她付出的一切。

　　接下来，我必须感谢来自"胡德"号的许多老兵，他们花费时间，不厌其烦地与我交谈或通信，通过电话、信件、电子邮件或者当面回答数不清的问题，甚至审阅冗长的章节并给出意见。他们包括：伊恩·布朗中校、肯·克拉克、已故的哈里·卡特勒、乔治·唐纳利、基斯·埃文斯中校、威廉·霍金斯、迪克·杰克曼、霍勒斯·金、已故的欧内斯特·麦康奈尔、罗宾·欧文中校、罗伊·庞诺尔、莫里斯·谢尔本、吉姆·泰勒、迪克·特纳、道格拉斯·特纳、乔治·沃克和已故的比尔·沃尔顿军医中校；也感谢"胡德"号协会主席泰德·布里格斯在我的研究开始时做了至关重要的介绍工作，感谢"威尔士亲王"号的詹姆斯·戈登和我交流他对"胡德"号沉没一幕的独特记忆。关于"胡德"号1941年春季的改装，以及皇家船坞中的一切，伊恩·格林提供了宝贵的见闻。乔治·斯夸尔斯回忆了1941年春季在鲸鱼峡湾登上"胡德"号的经历；玛丽·菲利普斯女士和E. G. 威尔金女士详尽讲述了她们对1941年5月24日上午海军部里情景的记忆，希拉·哈里斯则回顾了"胡德"号沉没后朴茨茅斯的生活。不过，我最感谢的是海军中将路易斯·勒·贝利爵士。不仅他为本书作序是我的荣幸，而且他细致入微地垂阅了每章各版本的草稿并给出了意见。30年代舰上生活的许多细节都来自他的精彩回忆；也正是归功于他，我对"胡德"号的轮机系统和人员的记载才勉强能与它和他们应有的地位相配。不过分地说，如果没有他的积极帮助，本书不可能达到现在的高度。用任何言语表达我对他的感谢都是轻描淡写。

还有一些人十分友善地帮助了我，向我提供知识、回忆、联系人和信息，以及让我查阅私人文档、照片和材料；有几次，这些甚至直接被馈赠给我。在这一点上，我也感谢《舰船月刊》和《故事》杂志的编辑慷慨地发布了征集信息的请求，下面列出的联系人中有许多因此与我接触：查尔斯·阿诺德、达芙妮·巴顿女士、罗杰·巴滕、席德·贝基特、吉尔·贝雷尔森、玛格丽特·贝里女士、威廉·M.贝里、朗·布拉顿、莱昂纳德·布鲁姆菲尔德、阿德里安·伯德特、伊恩·伯西、彼得·坎布里奇、威廉·卡里维克、斯蒂芬·丘布利、黛娜·库奇曼女士、约翰·克瑞布、杰夫·克劳福德中校、布莱恩·道森、鲁丝·道森女士、约翰·英格兰、休·富尔顿、布伦达·格拉斯女士、乔治·格林、埃里克·霍尔、约翰·海恩斯、理查德·海特、珍·杰克逊女士、克里斯·贾德、朱恩·凯利女士、比·肯钦顿女士、弗莱德·肯道尔、多丽丝·纳普曼女士、阿利斯泰尔·洛里默、诺拉·洛克瑟姆小姐、珍妮·麦金泰尔-斯威特女士、泰德·马利特、塞尔温·蒙特、多琳·米勒女士、塞尔玛·米勒女士、特雷弗·莫菲特、戴安娜·莫里斯女士、菲利普·莫里斯-琼斯、泰德·奥德菲尔德、莎拉·帕德威克女士、亚瑟·皮尔索尔、朗米德·皮勒、诺曼·浦利、茱莉亚·罗克珊女士、泰德·西尼尔、杰夫·史密斯、希拉·史密斯女士、玛丽·斯宾斯、玛乔丽·萨顿女士、B.塔尔伯特小姐、乔安娜·沃伦德小姐[1]、大卫·韦尔顿、珍·温特尔和杰里米·伍兹。我承蒙大卫·古尔德中校的好意，得到了海军将领弗朗西斯·普里德姆爵士的文章和詹姆斯·古尔德中校[2]的回忆录，并从尼克茜·塔文纳女士处得到了罗利·奥康纳中校的作品。E.D.罗伯茨女士友好地将亡夫E.W.罗伯茨中校的文章提供给我。杰里米·怀特霍恩不惜搁下自己在公共记录办公室的研究工作，帮我查阅一些篇幅相当长的参考文献。

我会特别感谢约克郡诺思阿勒尔顿的阿普尔加斯学校的教职工和校友——帕特·阿斯特伯里女士、阿兰·普罗克特、杰拉德·格兰杰、D.E.克罗默蒂和斯特拉·杨女士。阿斯特伯里女士和普罗克特先生不辞辛苦地翻查了学校档案，向我提供了有关学校战时与"胡德"号间特殊情谊的详细信息。格兰杰先生、克罗默蒂先生和杨女士友好地提供了他们关于此事的通信和回忆。我衷心感谢他们所有人。

除了以上提到的，还有下列人士审阅了本书各章，给出了意见，并提出了专业方面的建议：弗兰克·艾伦、保罗·贝文德、约翰·布鲁克斯博士、托尼·卡鲁、阿兰·道林、伊恩·约翰斯顿、比尔·朱伦斯博士、奈杰尔·林、丹尼尔·摩尔根、汤姆·奥利里和约翰·罗伯茨。写成第1章所用的材料，很多由伊恩·约翰斯顿友情提供。亨利·利奇海军元帅经历重重困难，为我查找了"胡

---

① 译注：阵亡的航海长的女儿，曾任"胡德"号协会副主席。
② 译注：普里德姆的女婿。

德"号炮术系统的细节；戈登·泰勒牧师提供了有关"胡德"号随舰牧师的大量有用信息。我衷心感谢他们所有人。有一点无需多言：他们尽了全力，所有遗留的错误都是我一人的。

还有一些人士带着贤者的耐心和不变的幽默感提供了技术支持，他们是：菲尔·康迪特、吉姆·菲尔特迈耶、沃伊切赫·吉尔、帕特里西娅·哈夫里尔丘夫和安妮塔·玛雅。我也感谢下列图书馆员和档案馆员让我查阅他们的馆藏：斯图加特当代历史博物馆的托马斯·魏斯；伦敦帝国战争博物馆的约翰·斯托普福德－皮克林和R. W. 萨德比；格林威治国家海洋博物馆的达芙妮·诺特、杰里米·米切尔和基莉·罗斯－琼斯；白厅街海军历史分部的凯特·提尔德斯利；美国罗得艾兰州纽波特海军战争学院的伊芙琳·切尔帕克；伊斯特尼皇家海军陆战队博物馆的约翰·安布勒；朴次茅斯皇家海军博物馆的斯蒂芬·考特尼和马修·谢尔顿；美国华盛顿国家档案馆的帕特里克·奥斯本和马里兰州安纳波利斯美国海军学会的保罗·斯蒂威尔。对一名远离英国海军历史资料集中地的英国海军历史学者来说，加州大学洛杉矶分校的查尔斯·杨研究图书馆提供的资源是不可缺少的。

我有幸在此记下新老朋友们的协助。丹尼尔·摩尔根甚至在他的合著者疏于他们自己的项目时，也一如既往地支持本书的写作。理查德和莎拉·摩尔根又一次盛情款待了我，劳伦斯·肯钦顿和比·肯钦顿、盖伊·布兰查德以及哈里·奥尔顿和卡洛琳·奥尔顿也如此，尽管作者滔滔不绝地谈论着海军一定屡次考验了他们的耐心。詹姆斯·哈里斯为了我，不止一次地放下哲学史，涉猎运输史。彼得·拉塞尔的才智和友情仍然是我的荣幸。托马斯·施密特为本书提供的平面图和插图的意义不言自明，他是值得信赖的朋友，大大加深了我对这个领域及其前景的认识。只有他和我知道他多少次帮我解决了技术和照片方面的问题。我也特别感谢艾尔·史密斯和阿兰·道林两位"床头闹钟"，他们每时每刻都以不同的方式提醒我，海军史领域中究竟什么才重要。同时，我的父母像从前一样充满耐心，乐意付出，自我克制。我能否回报他们？

不过，我最感谢的是辛西娅、艾玛和阿莱克斯，不仅感谢他们每天对我的爱和支持，也感谢漫长、艰辛的成书工作期间他们的耐心和牺牲。我希望，他们一页页翻看本书的时候，感到这一切都是值得的。

B.T.
2004年4月，洛杉矶

译者补遗："胡德"号历任舰长传略

威尔弗雷德·汤姆金森（1877—1971）： 1891年加入皇家海军；一战中先后任"勒车犬"号（Lurcher）驱逐舰、"曙光女神"号巡洋舰和"巨人"号（Colossus）战列舰舰长，其间1916年晋升为海军上校；1920至1921年任"胡德"号首任舰长，1927年晋升为海军少将，1931年以"胡德"号为旗舰任战列巡洋舰中队司令官，1932年晋升为海军中将，后退出现役；二战中任布里斯托尔海峡地区指挥官。

杰弗里·麦克沃思（1879—1952）： 1893年加入皇家海军；一战中先后任"纳皮恩"号（Napean）驱逐舰，"加百列"号（Gabriel）和"瓦尔基里"号（Valkyrie）驱逐领舰舰长；1918年12月晋升为海军上校，1919年任"库拉索"号巡洋舰舰长，对该舰5月在波罗的海触雷受创的事件负有责任；1921至1923年任"胡德"号舰长，1930年晋升为海军少将，1935年晋升为海军中将，同年退出现役；二战中指挥往返加拿大哈利法克斯等地的英国运输船队，1942年退休。

约翰·诺尔斯·伊姆·特恩（1881—1956）： 1895年加入皇家海军；一战中先后在"弗农"鱼雷学校中和"英王乔治五世"号等军舰上担任无线电军官，其间1918年晋升为海军上校；1921年任"谷物女神"号（Ceres）巡洋舰舰长，1923至1925年任"胡德"号舰长，1929年晋升为海军少将，1931年任海军参谋长助理，1933年任地中海舰队第1巡洋舰中队司令官，1935年晋升为海军中将，同年退出现役；二战期间曾在海军部工作。"胡德"号在伊姆·特恩指挥下完成了环球巡航。曾任地中海舰队总司令的威廉·沃兹沃斯·费舍尔海军上将评价：他拥有出众的专业知识、思维能力和交际技巧，但他的个性适合担任军校等机构的管理工作，而不适合指挥较大的舰队。（引自英国国家档案馆档案编号ADM 196/90/187。）

哈罗德·欧文·雷诺德（1877—1962）： 1891年加入皇家海军；一战中先后任"欧律阿勒斯"号（Euryalus）巡洋舰航海官、"鲁珀特亲王"号（Prince Rupert）浅水重炮舰舰长，其间1917年晋升为海军上校；1925至1927年任"胡德"号舰长,1928年晋升为海军少将,1933年晋升为海军中将,同年退出现役;1942年初任南安普顿地区海军指挥官,9月因健康原因离职。

威尔弗雷德·富兰克林·弗伦奇爵士(1880—1958): 1902年晋升为海军上尉,1917年晋升为海军上校;1927至1929年任"胡德"号舰长;二战爆发时为海军中将,任奥克尼群岛与设得兰群岛地区海军指挥官,虽然明确指出了斯卡帕湾反潜措施的漏洞并请求海军部及时弥补,但因"皇家橡树"号战列舰被击沉而受到不公正的追责,于1939年12月晋升为海军上将并退出现役,前往华盛顿任英国驻美国代表,1944年返回英国并退休。

朱利安·弗朗西斯·奇切斯特·帕特森(1884—1972): 1899年加入皇家海军;一战中任"猎户座"号(Orion)战列舰炮术军官,随该舰参加日德兰海战;1921年晋升为海军上校,1925至1928年任澳大利亚"布里斯班"号巡洋舰舰长,1931至1932年任"胡德"号舰长,1933年晋升为海军少将,同年退出现役。

托马斯·休·宾尼爵士(1883—1953): 1897年加入皇家海军;一战中任"伊丽莎白女王"号战列舰炮术军官;1922年晋升为海军上校,1928至1930年任"纳尔逊"号舰长,1932至1933年任"胡德"号舰长,1934年晋升为海军少将,1938年晋升为海军中将;1939年12月接替弗伦奇任奥克尼群岛与设得兰群岛地区海军指挥官,1942年晋升为海军上将,1943年退出现役,1944年任加的夫地区海军指挥官;1945年12月至1951年5月任澳大利亚塔斯马尼亚州州督。

弗朗西斯·托马斯·巴特勒·塔尔爵士(1885—1964): 1902年加入皇家海军;一战中任"巴勒姆"号战列舰炮术军官;1920年任"胡德"号炮术军官,1923年晋升为海军上校,1933至1935年任"胡德"号舰长,1935年底晋升为海军少将,1939年晋升为海军中将,后退出现役;1945年1月任南安普顿地区海军指挥官,1946年再次退出现役。

亚瑟·弗朗西斯·普里德姆爵士(1886—1975): 1901年加入皇家海军;一战中先后任"香农"号装甲巡洋舰和"马尔伯罗"号战列舰炮术军官;1926年晋升为海军上校,1929至1930年任"杓鹬"号(Curlew)巡洋舰舰长,1933至1935年任"卓越"炮术学校校长,1936至1938年任"胡德"号舰长,1938年晋升为海军少将;1941年晋升为海军中将,同年退出现役,1942至1945年任皇家海军军械委员会主席。

哈罗德·托马斯·库尔特哈德·沃克爵士（1891—1975）： 1908年加入皇家海军；一战中在"柏勒罗丰"号战列舰上服役，1918年4月负伤住院；1931年12月晋升为海军上校，1934年任澳大利亚"堪培拉"号巡洋舰舰长，1938至1939年任"胡德"号舰长；二战爆发时任"巴勒姆"号战列舰舰长，1941年晋升为海军少将，1944年任第5巡洋舰中队司令官，同年12月晋升为海军中将，并任第3战列舰中队司令官；战后任英国驻德国海军司令官及盟国管制委员会中的英国海军首席代表，1947年退出现役，1948年晋升为退役海军上将。1903年，英国海军部根据威廉·帕尔默（第二代塞尔伯恩伯爵）和约翰·费舍尔的提议成立了皇家海军学院奥斯本分院，沃克在该分院毕业生中第一个晋升为海军上校。除随舰阵亡的科尔外，沃克是"胡德"号任期最短的舰长。

威廉·威尔克洛斯·戴维斯爵士（1901—1987）： 1917年加入皇家海军；1939至1940年任"胡德"号副舰长，并于1939年1月至5月任代理舰长；1940年晋升为海军上校，1943年任"毛里求斯"号巡洋舰舰长，指挥该舰参加了西西里登陆和诺曼底登陆；1948年任本土舰队参谋长，1954年任海军副参谋长，1956年晋升为海军上将，1958年任本土舰队总司令，1960年退出现役。

埃尔文·戈登·格伦尼爵士（1892—1980）： 1905年加入皇家海军；一战中先后任P36号巡逻艇艇长、"纳皮恩"号驱逐舰代理舰长；1930至1932年在海军部工作，1933年晋升为海军上校，1936至1939年任"阿喀琉斯"号（Achilles）巡洋舰舰长；1939年5月至1941年1月任"胡德"号舰长，1941年1月晋升为海军少将，5月担任地中海舰队驱逐舰队司令官，参加了克里特岛战役，1943年晋升为海军中将，1945年在百慕大任美洲与西印度群岛海军站总司令，1947年以海军上将军衔退出现役。

拉尔夫·科尔（1891—1941）： 1904年加入皇家海军；1914年1月在"不屈"号战列巡洋舰上服役；一战中大部分时间在"本鲍"号（Benbow）战列舰上服役，参加了日德兰海战，1918年4月任"哥萨克人"号驱逐舰代理舰长；一战结束后先后任"瓦尔基里"号、"温莎"号等驱逐舰舰长，1935年晋升为海军上校，1936年任"科伦坡"号巡洋舰舰长；1939年7月至1941年1月任第15驱逐舰大队司令官，1941年2月任"胡德"号舰长，5月24日随舰阵亡。其子拉塞尔·查尔斯·科尔为英国陆军上尉，在第82坦克团及皇家炮兵部队任职，于1945年3月24日在缅甸阵亡。

"胡德"号彩图集

以下几页上的图片是取自两部彩色电影的剧照。电影由"胡德"号的轮机长R. T. 格罗根轮机中校拍摄。他于1939年5月5日来舰上服役，两年后随舰阵亡。这些影像用16毫米电影摄影机拍摄，展现了军舰从1939年夏季至1940年秋季的形象，包括1939年6月或7月的全速试航、战争的最初几个月，以及最后1940年夏季在地中海的短期服役结束后的经历。计划中的成品——名为《"胡德"号眼中的战争》的有声电影的全貌尚未露面，但已发现的片段以图像的形式提供了"胡德"号生涯最后阶段开始时的珍贵记录。罗伯特·特伦斯·格罗根于1901年前后（"胡德"号协会资料则称1899年——译者注）出生于肯特郡，据推测于一战爆发前后进入达特茅斯皇家海军学院。他是一名出色的轮机师，并因在布鲁克兰（Brooklands）赛车场疾驰而出名。他在被派往"胡德"号前，已是新锐的"谢菲尔德"号巡洋舰的高级轮机官。格罗根在军舰上的主要爱好是拍摄电影和录音。由于有录音的爱好，1940年12月圣诞节，当其他军官饱食午餐后都在睡觉时，他录下了国王的广播讲话；他还在引擎室前部控制平台的日志下方安装了一台设备，来记录路易斯·勒·贝利轮上尉在引擎室里的闲谈。①

格罗根的作品首次未经剪辑公开播放，可能是1939年10月在军官活动室里的同僚们面前。这些材料看来主要包括军舰当年夏季的全速试航（图5至图12），但无疑也包括了9月救援"旗鱼"号潜艇的行动（见第347页、第350页）。那场行动中，记录显示格罗根带着摄影机出现在舱面上。信号桥楼的镜头（图15至图17）很可能也是这次行动中拍摄的。12月中旬，当"胡德"号与"决心"号、"反击"号和"厌战"号一同护送加拿大的首支战时运兵船队驶入格林诺克时（图21），格罗根再次拿起了摄影机。他拍摄的另一段影片中出现了法国"乔治·莱格"号（Georges Leygues）和"蒙特卡姆"号（Montcalm）轻巡洋舰，表明他也拍摄了皇家海军11月末与法国海军共同进行的巡逻行动。1940年初，格罗根的作品得到了海军部的许可，并由英国高蒙新闻（British Gaumont News）播放，尽管通常仅以黑白格式公布。多年后，1940年最初几个月曾作为军官候补生在"胡德"号上服役过的彼得·拉·尼斯海军少将回忆在格罗根身旁看他拍摄影片的情景，这些片段后来成为无数战争纪录片的材料：

> 轮机长爱好电影摄影，他很出名，甚至得到了海军部官方配发的一台摄影机。他拍摄一段影片时我就在他身旁，这正是那段被保存在档案里、现在仍然一次次出现在电视播放的纪录片里的影像；每当我看见主力舰在巨浪中前进的影像，我总会想起那些巡逻行动。②

"胡德"号短期部署在地中海期间，格罗根的摄影机也留下了记录：首先是在直布罗陀（图22），之后据推测是在一次前往西海盆的行动中。最后一段可辨识的影片是1940年秋季该舰在罗塞斯时拍摄的（图23）。之后1940年10月军官活动室播放电影的报告表明，格罗根拍摄了"胡德"号和"皇家方舟"号7月或8月遭到意大利飞机空袭的情景，但本书的截图中并未包含这次险情。③也许某处被遗忘的阁楼或某个无人问津的包装箱里，正躺着一套题为《"胡德"号眼中的战争》的盒装胶片和同步录音盘，等待着为她的最后时光添上闪亮的一笔。但愿如此。

---

① 伊亚戈《书信集》（格林诺克，1940年12月25日），及海军中将路易斯·勒·贝利爵士给作者的信，2004年2月1日。
② 拉·尼斯《起早贪黑的工作》第29页。
③ 伊亚戈《书信集》（斯卡帕湾，1940年10月10日及11月1日）。

1. 1939年夏季，从朴次茅斯出发前往怀特岛附近进行海试时，"胡德"号高速从镜头前驶过。舰员以分队为单位集合在艏楼上、小艇甲板上以及"B"炮塔和"X"炮塔顶部。请注意军舰刚被涂成蓝灰色的AP507A涂装（本土舰队深灰色）。

2. 1939 年夏季，"胡德"号驶离朴次茅斯的栈桥时，舰上的海军陆战队分队在"X"炮塔旁集合。军乐队在后甲板上行进。舰后方为"反击"号。

3. 1939 年夏季，一艘海军部拖船协助"胡德"号驶出朴次茅斯。右侧可见右舷 3 号 5.5 英寸炮。

4. 从左后方观察到的"胡德"号，该图与图 1 取自同一段影片。海军陆战队分队仍然在后甲板上集合。

5. 1939 年夏季，"胡德"号以最高速度航行，海浪飞溅在艏楼上。这段影片是从罗经平台右侧拍摄的，该位置可俯视主指挥仪顶部的 30 英尺测距仪。

6. 从司令舰桥见到的同一场景。左侧为指挥塔，右侧帆布罩下为右舷 0.5 英寸联装机枪"嘎嘎"。

7. 1939 年 6 月，"胡德"号全速试航中，观察到的后烟囱和瞭望台。顶部指挥仪后方可见前顶桅的白色基座。

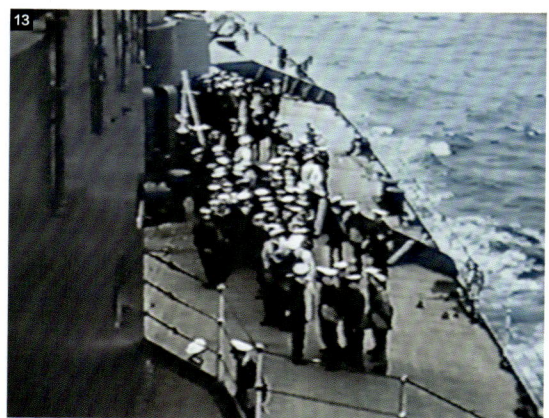

8－9. 1939年6月,"胡德"号全速试航中,从司令舰桥左侧观察到的两座烟囱。图8中可见过量蒸汽从安全阀涌出。请注意加固烟囱的支杆和右侧的44英寸探照灯。

10. 1939年6月,"胡德"号全速试航中,海浪开始涌上后甲板。"X"炮塔和"Y"炮塔间有一根天棚支柱和一部电动绞车。

11. 1939年6月,"胡德"号全速试航中的后甲板。近景中,一根天棚支柱已被放倒,远处可见一根弹药吊装机支架的底座。

12. 1939年6月,"胡德"号全速试航中,海浪在舰艉下方翻滚。拍摄点可能位于"X"炮塔左侧,从这一角度观察的后甲板显得较短。

13. 1939年6月,一队队舰员在艏楼上接受分派的工作。多数人肩上挂着装有防毒面具的帆布袋。该画面从信号桥楼右侧拍摄。

14. 1939 年前后，在强涌浪中，舰员吃力地爬上"胡德"号搭载的一艘 25 英尺高速摩托艇。艇甲板的大部分被军舰侧舷遮住了，但画面左侧可辨认出红棕色的地毯。

15 – 18. 1939 年前后，少年信号兵在信号桥楼右侧工作。他们正在从柜子里取出指定的旗帜，并将它们挂在旗绳上，准备升起来。军舰 1939 年 2 月至 6 月进行改装时，信号桥楼左右侧均被扩大，后端用新的柜子封闭（见图 15 至图 17）。这次改装中增加的另一件装备是图 17 中可见的右舷 1 号双联 4 英寸高炮。少年信号兵携带着防毒面具。

19. 1939 至 1940 年，转向右舷的"X"炮塔。炮口用帆布罩遮盖，以免受天气影响。

20. 后甲板左侧，"X"炮塔和"Y"炮塔转向右舷。图中可见一名舰员从"Y"炮塔测距仪后方的通行舱口出来。

21. 1939年12月，"胡德"号在高海况下护送首支加拿大运兵船队驶入格林诺克时，后甲板上浪。舰艉方向可见"决心"号战列舰。这段影片的一幅截图曾在舰上被制成明信片出售。

22. 1940年夏季，在直布罗陀观察到的"胡德"号。图中舰员身着热带制服，在副舰长会见区列队。图中可辨认出军舰最终使用的浅色涂装 AP507B（本土舰队中灰色），这表明军舰改用这种涂装的时间较先前认定的为早。请注意后舱壁上的木制梯子，以及灰色的筏子和小艇。

23. 1940年秋季，罗塞斯的黎明。影像是从后甲板向前方拍摄的。"X"炮塔两侧可见左舷3号及右舷3号双联装4英寸火炮。背景为福斯大桥。

24. 1939至1940年的冬季，日落时分，大西洋的海浪拍打着"胡德"号的舱面。

"胡德"号内部布局，1941年5月

这几页上的图片呈现了"胡德"号轮机区和引擎区的内部布局；"A"炮塔和"B"炮塔的剖面结构也一并表现，并在第6章详细展示。烟囱下方是"Y""X"和"B"锅炉室，舰桥建筑下方的"A"锅炉室也显示了一部分。锅炉室上方是将烟和气排入烟囱的排烟道，外侧将有将蒸汽输送到引擎区的19英寸管道。3座引擎室位于后方，其中大部分空间被驱动螺旋桨轴的轮机组占据。2具外侧的桨轴由前部引擎室中的2台轮机驱动，中部引擎室和后部引擎室的轮机则分别连接左舷内侧和右舷内侧的桨轴。图中可见右舷

外侧桨轴，它从前部引擎室通到舰体上的桨轴架，长度超过250英尺。该桨轴的推力轴承位于前部引擎室与中部引擎室之间的舱壁外侧，推力轴承后方的桨轴上则有若干较小的带座轴承。这些图片也展示了"胡德"号舰体结构的关键特征。舰体有双层舰底，"X"炮塔舷侧为突出部的一段。引擎室上方可见向下弯曲的2英寸外板，锅炉室上方可见一根纵向加强梁。最后，"A"引擎室和"B"炮塔之间，可见突出部提供浮力的部分中安装的密闭压溃管。

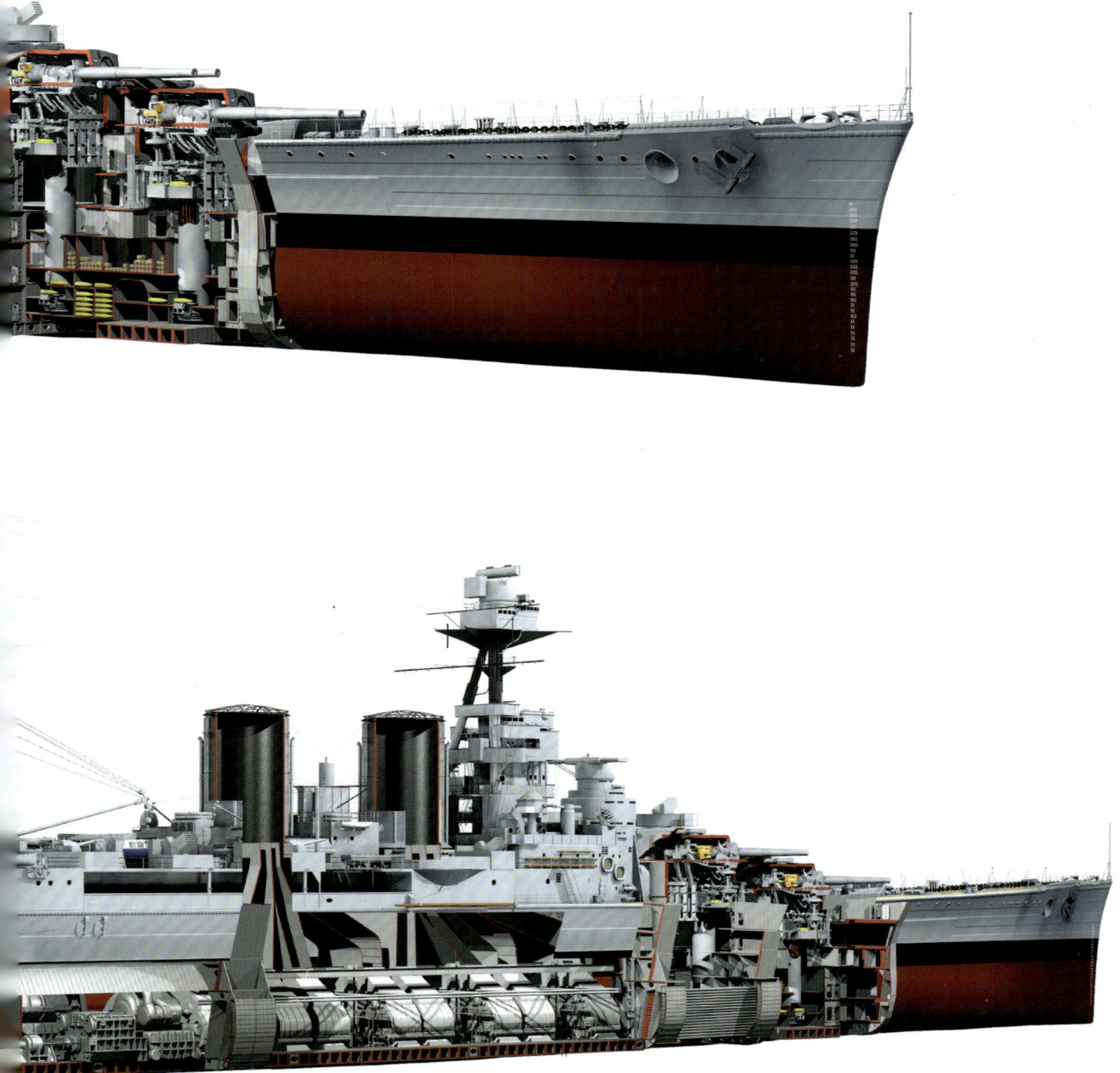

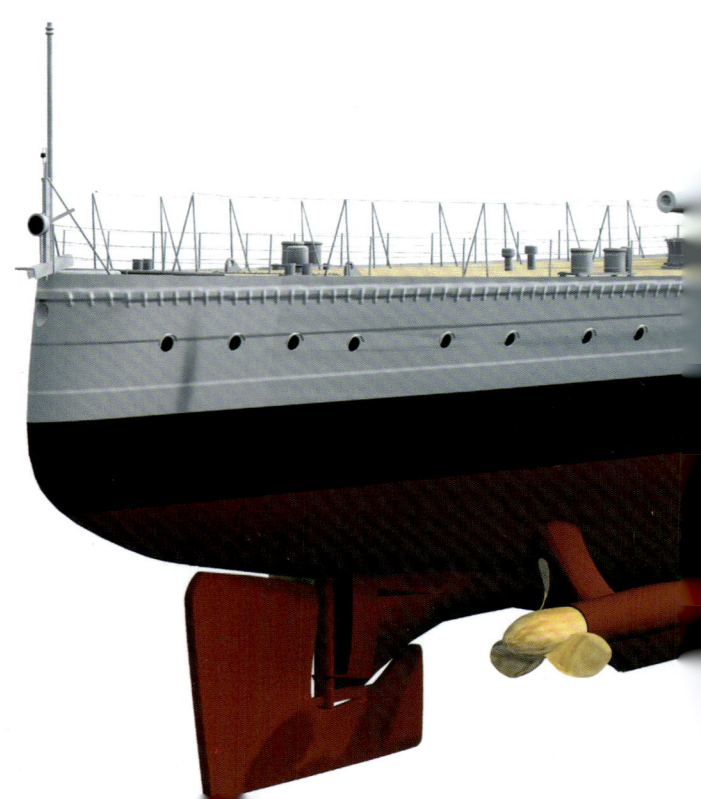

HOOD

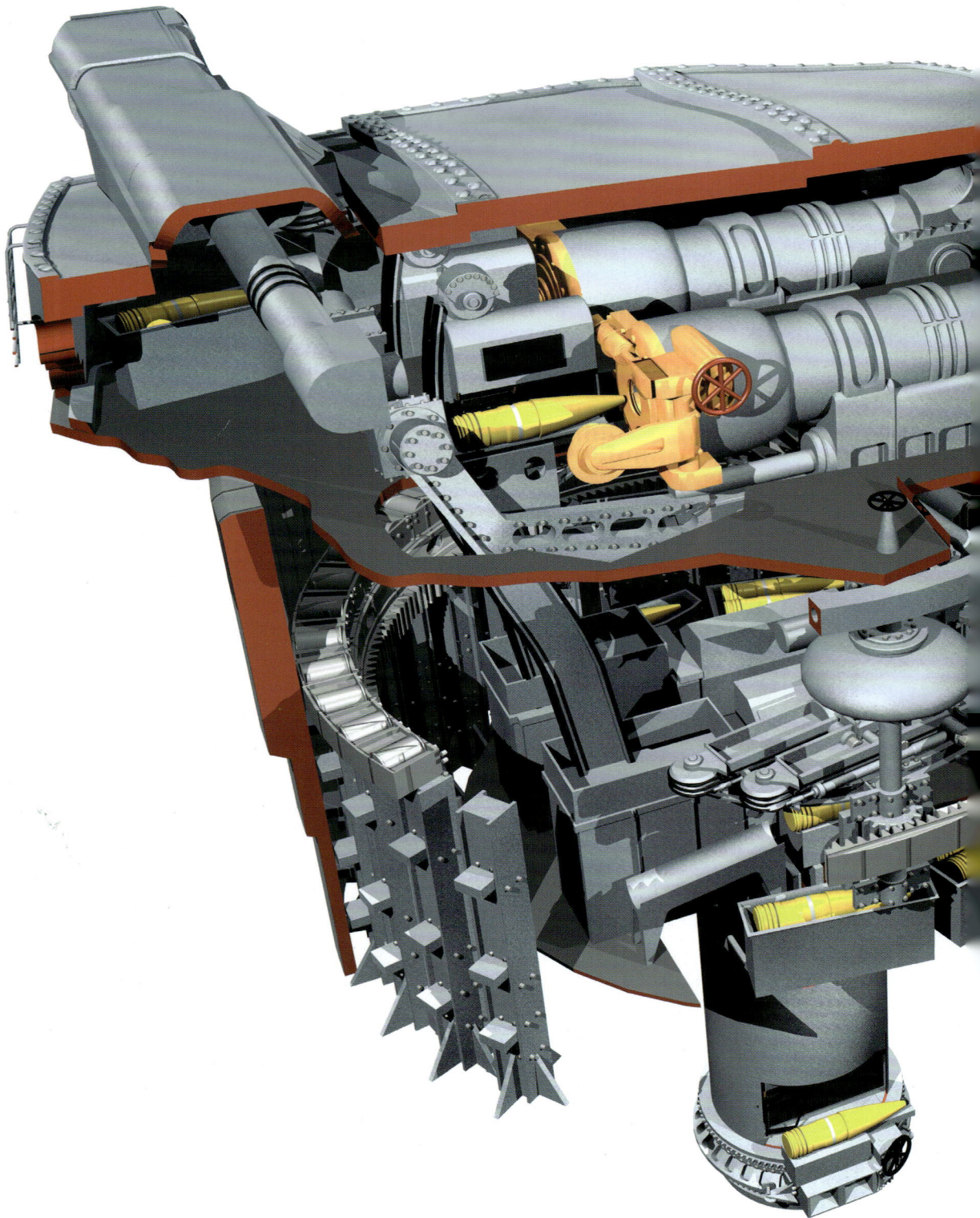

15英寸Mk II炮塔及其供弹系统

　　此为"A"炮塔的剖面图,这一视角展现了处于供弹过程不同阶段的炮弹,每门炮可单独完成这一过程。在扬弹通道的底部,一枚15英寸炮弹放在台车上,接着会被向上送到工作间里。工作间的用途是将炮弹和无烟火药从主扬弹笼中转到装弹笼中;图中省略了许多机械、管道和板材,以展示这一工作所需的主要设备。工作间中央的倾斜状设备为待用无烟火药位置四周的防闪爆箱,其前方的两个物体为开关,分别控制为两门火炮供弹的两具扬弹机。蘑菇形设备为旋转斜盘引擎的变速箱,该引擎通过其下方的齿条—齿轮传动装置,驱动炮塔回转。炮室地板上的黑色手轮控制紧贴其下方的回转离合器。炮塔在滚道上回转,滚道下方则为结构复杂的环状舱壁,环绕着炮塔基座内部。工作间中的应急炮弹箱十分显眼,它们用于应对供弹停顿的情况。它们的内侧可见另一枚炮弹置于待装弹槽中,准备转移进入装弹笼;装弹笼降下后会停放在左侧连有导轨的箱状结构中。本插图中呈现的装弹笼实际上位于右侧火炮炮尾位置。炮弹已被放置在装弹槽中,安装在弹性装弹臂中的链式装弹机将把它从此处推入炮膛。接着,无烟火药包将被从装弹笼上层取出,以相同方式推入炮膛。之后炮尾将被用力关闭,火炮发射前最后的准备工作将完成。图中未表现位于炮室右后方的控制间,但可见30英尺测距仪,以及炮室左侧的待用弹药箱和吊装炮弹的起重设备。炮室中的工作环境的特点是照明昏暗,重型机械猛烈震动,空气中弥漫着油料尤其是无烟火药的气味——因为每一次开火前无烟火药都会被运到炮塔中。

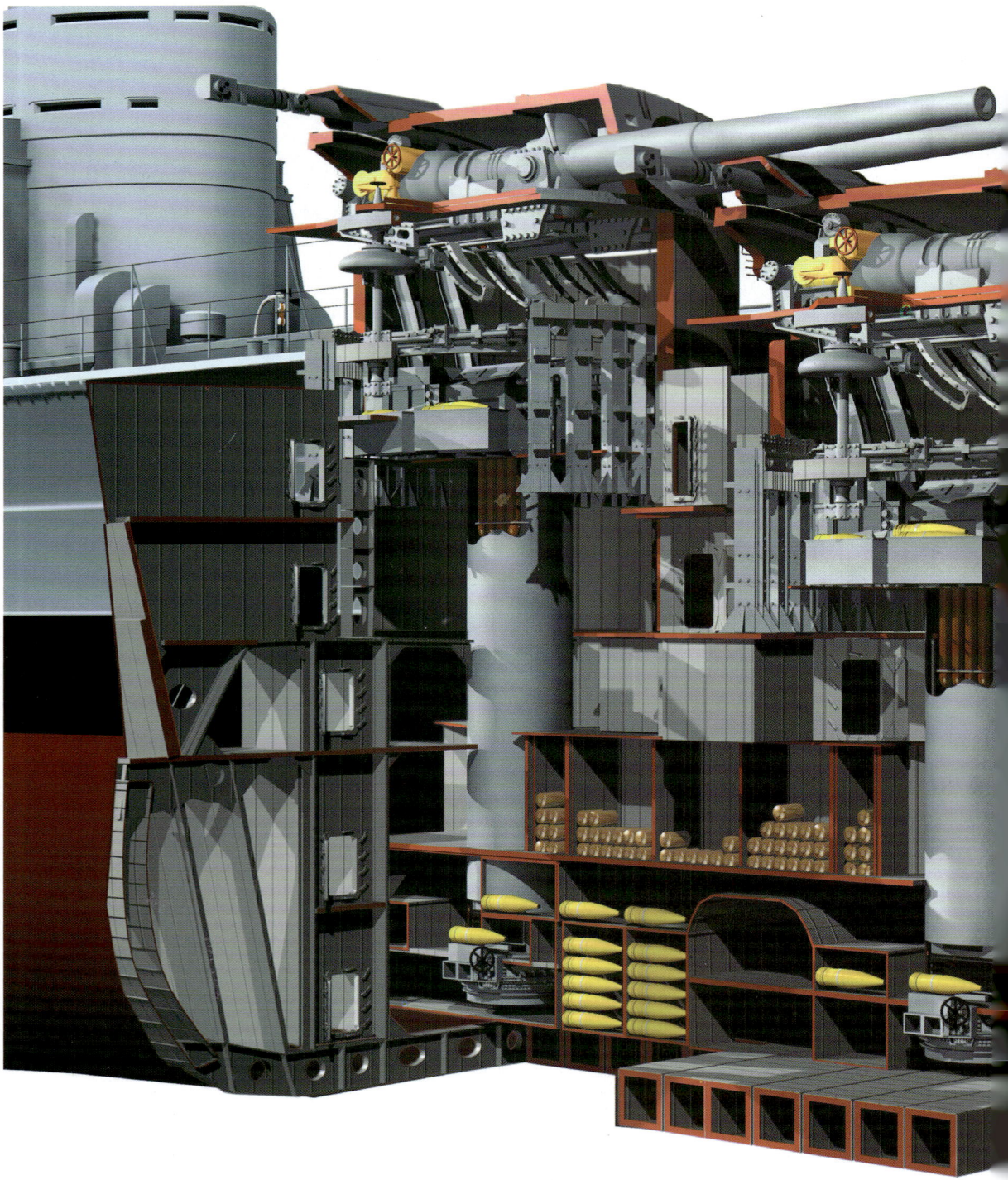

"A"炮塔和"B"炮塔侧面的舰体剖面图。这一视角展现了双层舰底的盒状结构、军械舱中的炮弹箱和炮弹库，以及平台甲板上的火药库；火药库由一层2英寸厚的装甲板保护，其上方的主甲板上还有一层3英寸厚的装甲。左侧是复杂的水下防御系统的一段，另有12英寸和7英寸厚的装甲带以及向下弯曲的2英寸装甲板，这些装甲构成了"胡德"号防御炮火的主要手段。图中十分明显的是"A"炮塔和"B"炮塔的回转结构。每座炮塔从炮室至军械舱中的扬弹通道底座重约890吨。两座炮塔中分别可见一枚炮弹放置于下层平台的台车上，准备被吊装至扬弹通道内部，向上送到工作间中。本图将工作间之下的扬弹通道的外壁去掉了一部分，展示每次开火后清洁炮膛用的压缩空气罐。伸入围井中的物体是炮管侧面的导轨，其前方是控制每根炮管升降的气缸。

锅炉室及其运作

　　此为"丫"锅炉室的3张照片，每张均为从右舷侧向左舷侧拍摄。图1从下层平台甲板上俗称锅炉舱的位置表现了这处空间的总体布局。6台锅炉以3台为一排相对布置，每台由一名锅炉兵操作，而锅炉兵听从锅炉军士长和后者的锅炉军士助手的命令。画面中间柱子对面的设备是一台排水灭火泵，用于应对进水或火灾。图2从与图1几乎相同的位置拍摄，表现了一台锅炉的更多细节。锅炉底部和中部的8具矩形设施中有通风用的风箱，锅炉中央则为喷油器，它向铺有砖的燃烧室供油，使其内部燃烧。两侧斜向放置的物体为锅炉外壳，装有大量管道。燃烧室将这些管道中的水加热，使其变为蒸汽，蒸汽汇聚在图中锅炉顶端、台架后方的一具汽包里。台架所在层被称为上层锅炉舱，由

一名上等锅炉兵司水员负责，他的任务是监视每排锅炉的自动给水控制装置。如控制装置失灵，则需要立即切换到手动操作，以防止锅炉发生大爆炸。左侧各杆状物体一端的手轮用于检查和控制给水，右侧长杆状物体上的手轮则控制在锅炉中蒸汽过量的情况下使用的安全阀泄放装置。图3从风扇间所在高度拍摄，不过为了展现全景而牺牲了包括风扇间本身在内的很多细节。排烟道从每台锅炉引出，将烟和气排入后烟囱。两侧贯穿远近的是锅炉管道，它们为通向前部引擎室轮机的主管道提供蒸汽。当"丫"锅炉室的全部6台锅炉点火时，闷热中尖利的响声和高压风扇产生的强风想必代表了这里的气氛。

2

3

“胡德”号，1941年5月

"胡德"号，1941年5月

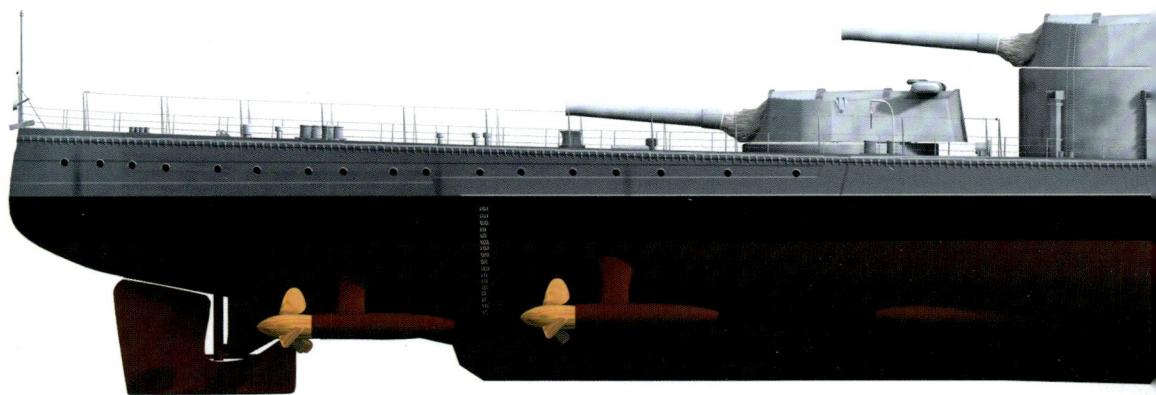

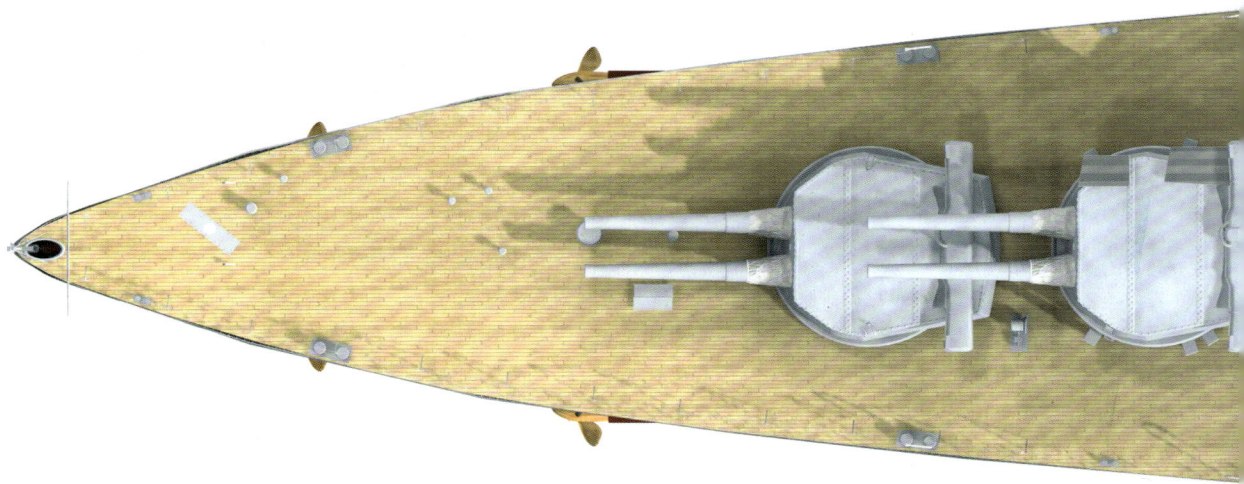

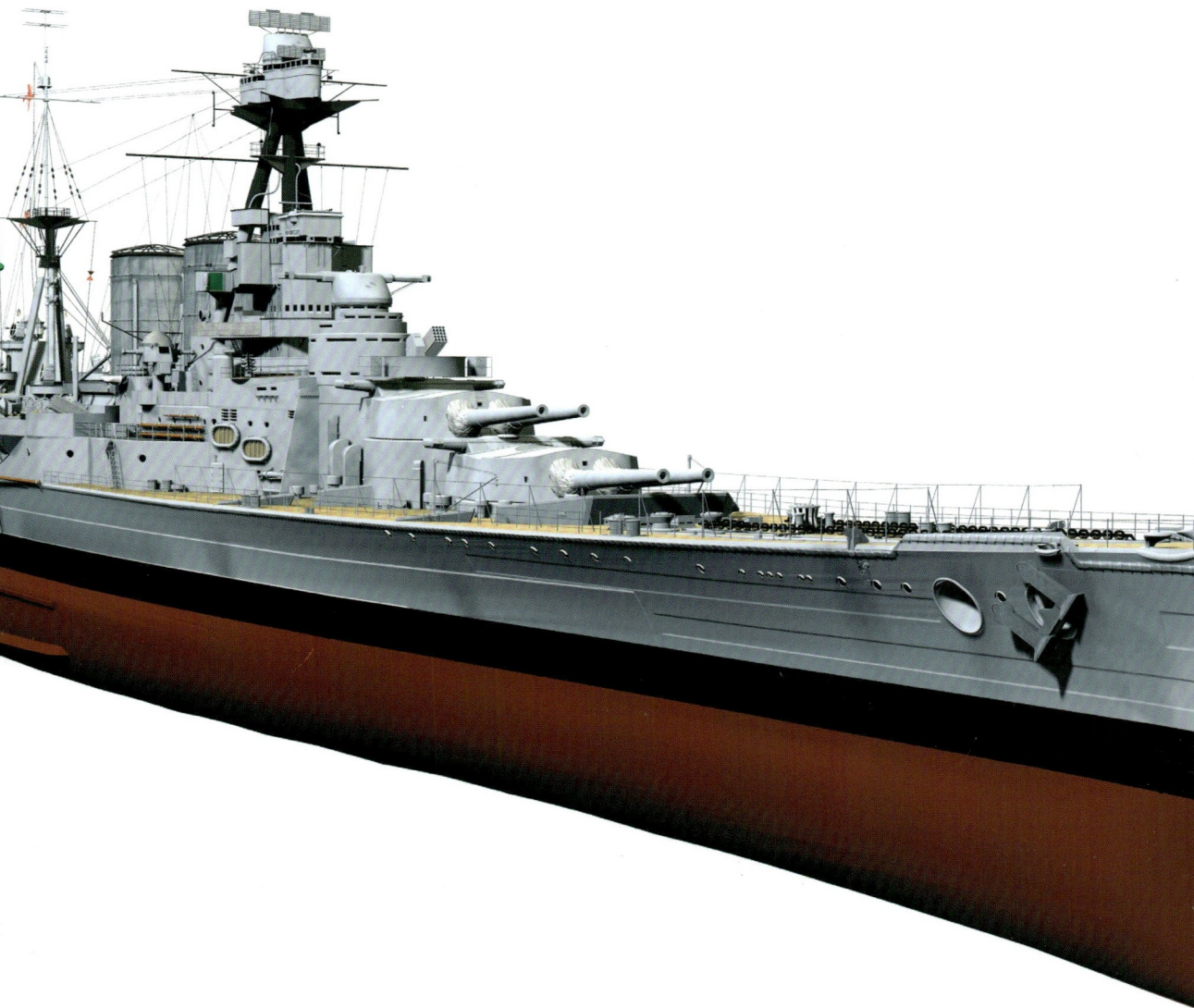

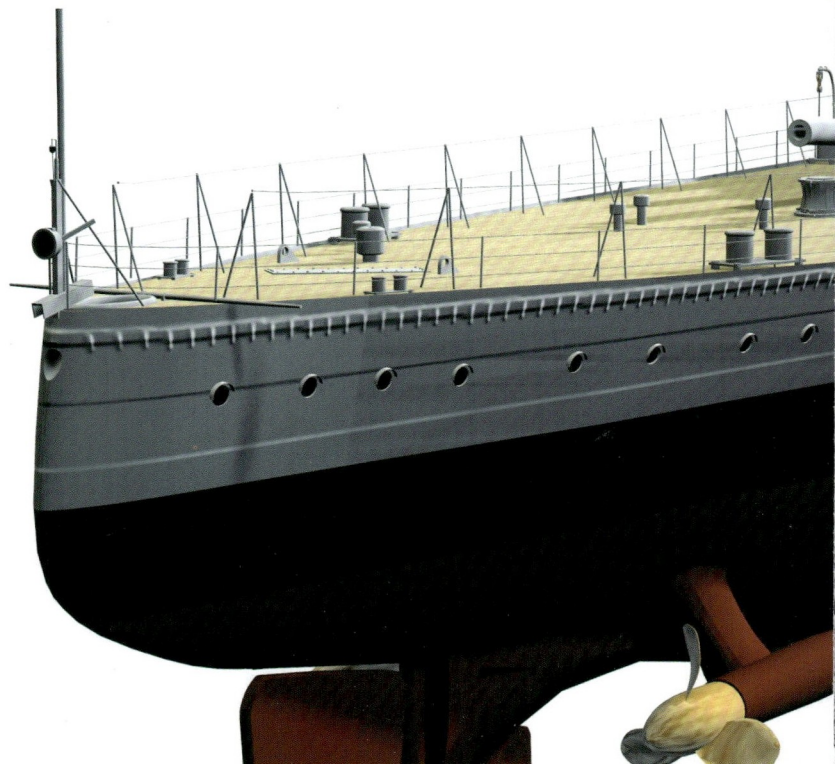

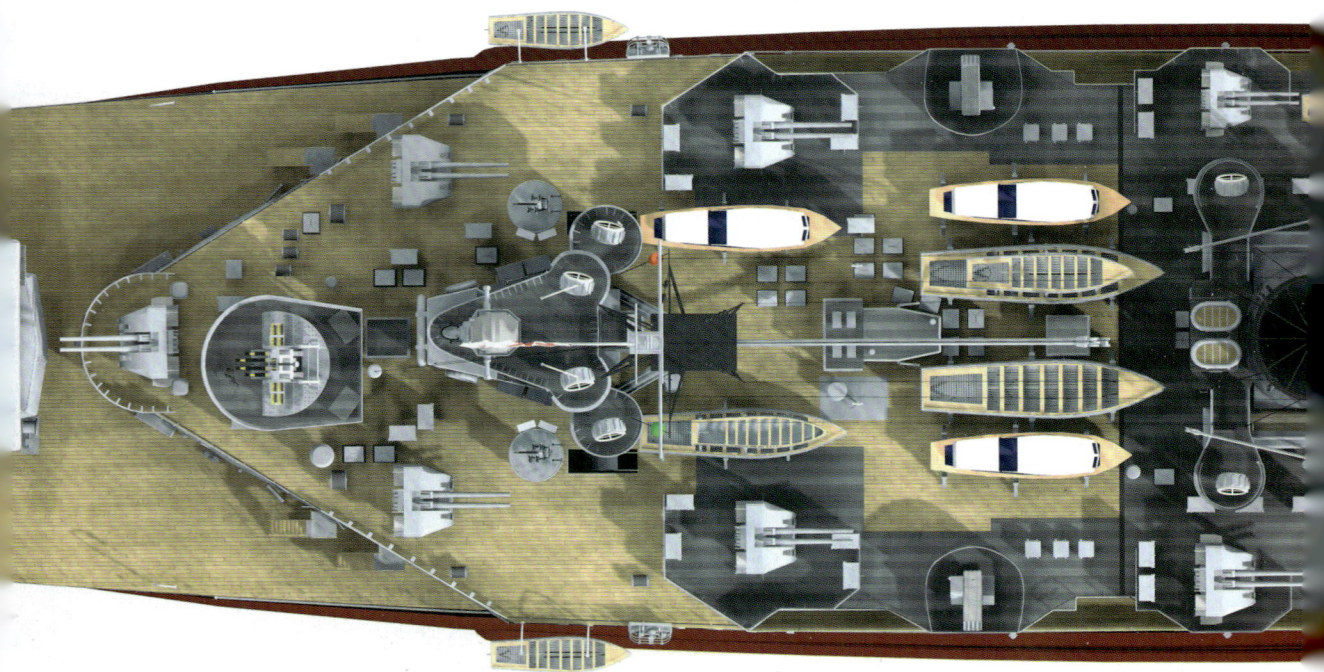